浙江省高等教育重点建设教材

新世纪高等院校本科精品教材 ● 公共基础类

工程物理学

（第二版）

诸葛向彬　主编

浙江大学出版社

第二版序言

《工程物理学》出版至今刚好三年了。在这段时间里,我们曾以不同方式向本书的使用者广泛征求意见,同时结合当前我国高等教育事业迅速发展的形势,以及工程类专业对物理学教学提出的新要求,认为现在出一个新版是合适的。

为了提高教学效果,便于易教易学,我们根据本书使用者的意见和自己的教学经验及体会,对全书作了深入细致的审改,同时阅读了国内外一些最新出版的物理学书籍和科学文献,经过深入细致的比较和分析,最后我们对书中某些部分的叙述作了重大修改,主要是改进了一些物理内容的表述方法,对问题的论述更加深入浅出,同时注意内容的正确性和科学性,并使物理概念更为准确。取消了一些较难的例题,对有些论题和部分内容补充了新的基本例题。归结为一句话,就是要更加方便教师进行课堂教学,更加方便学生课后阅读和正确理解,也更加适应通识教育和社会对人才知识结构的需求。

这次再版,我们对习题作了较大的改进,习题数目比原来增加了25%,大部分新增题目都经过了课堂使用。为了方便教学,我们还编写了习题解答,供使用该教材的师生作为教学参考书。

为了适应目前高等学校工程类专业物理课程教学时数普遍比较少的情况,本书的总字数在原先比同类书籍少的情况下,这次不但没有增加,还适当减少了一些,这对使用本书的教师在教学上是十分有利和方便的。

本书第二版的修改工作仍由原作者负责各自的工作,这样既有利于加深对教材内容的理解和思考,又保持了编写工作的连贯性,从而提高了教材的编写质量。

限于作者水平,书中仍会有不少错误和不当之处,欢迎读者批评指正。

作　者
2002 年壬午仲秋
于杭州求是园

第一版序言

《工程物理学》是浙江省高等教育重点教材建设项目,是适合于高等学校工程类专业使用的大学物理教材,是一本面向 21 世纪的教材。就内容的深度和广度来说,本书也可供有关院校物理专业的师生使用和参考。

本书是根据浙江省有关重点教材建设项目文件的精神编写的,在成书过程中,曾以讲义的形式在浙江大学有关工程类专业试用,在通过各种方式征求同行专家和学生意见的基础上,进行了认真的修改直至最后定稿。

本书有两个突出的特点:现代化和工程化。

作者认为,物理学是不断发展的,随着物理学的前沿课题在各学科领域不断向纵深推进,教材中应尽量体现最现代化的内容和观点——在内容上,应尽量反映 20 世纪的新成就;在篇幅上,要压缩经典物理,加强近代物理。为此,本书把对称性、相对性、量子性和非线性作为一条线索,贯穿到全书的叙述中去,用现代物理的这些观点审视整个经典物理的内容,从而达到经典物理更新观念和现代化的目的。

作者还强调,物理学是具有实际应用的基础科学,因此本书作为工程类专业大学生的基础教科书,不仅要反映物理知识在新技术和工程中的应用,而且要加强物理学与各工程学科之间互相交叉、互相渗透的联系,特别要结合工程实际阐述物理学的概念。读者可在书中看到现代科学技术和现代生活中的各类物理知识。

当用现代物理的观点审视传统的牛顿力学时,不难发现牛顿力学中最基本的力的概念在现代物理中已经显得单薄了,牛顿运动定律在微观领域中也不适用了。因此,本书非常突出动量、能量和角动量的概念,从寻找守恒量的观点出发自然地引入这三个守恒量,并以动量、能量和角动量三个守恒定律为中心来展开整个传统力学的内容;把三大守恒定律提高到时空对称性的高度加以介绍,指出守恒律缘于对称性,并用"普物风格"对深奥莫测的对称性和守恒律的关系进行了简明的论证。

作者把热学改革的重点放在把传统的熵概念拓宽到信息熵,引入自由能概念以加深对熵概念的理解;还用大学物理的语言介绍了耗散结构,使读者能够看到熵在信息论、生命科学及社会科学中广泛应用的前景。

在讲述电磁学时,虽然标题和通常的教材差不多,但是研讨的方法已和传统方法有所不同,从一开始就把注意力集中到电荷守恒、电荷不变性和场的意义上。同时,我们采用循序渐进的方法先介绍经典电磁学,然后用狭义相对论和电荷不变性来阐明运动电荷的电场和磁场,从而在狭义相对论的基础上建立起电磁学的新体系。

在光学中,我们主要抓住相干性、量子性和非线性这条线索作为思路进行编写,努力反映现代光学中的一些主要原理和应用,力求使经典光学和现代光学接轨。

非线性物理已成为现代科学技术中的一个前沿课题,本书用"普物风格"在适当的章节中增加了激波、分岔、混沌等内容的介绍。

在现代物理方面，内容上有了明显的加强，这是大学物理教学内容现代化的需要。从广度上来说，除了介绍相对论和量子力学之外，还简明地论述了原子物理、凝聚态物理、核物理和粒子物理，以及天体物理等前沿科学的内容；在深度上，运用定性、半定量的方法引进了有关现代科学的新概念，尽量地避开繁琐和复杂的数学演绎，突出问题的提出和物理模型的建立，这种处理方法很受学生欢迎。

在思考题和习题的配置上，我们对国内外教材进行了统计和比较，以选取合适的思考题和习题数量。在题型上，除尽量反映新学科内容外，还首次配置了少量用计算机解答的习题，以提高读者用计算机解题的能力。

本书在保证经典物理基本内容完整的前提下，用较大篇幅介绍了现代物理和现代科学技术，但与目前国内外同类大学物理教科书相比，全书在字数上不但没有增加，反而有较大的压缩，这给国内采用本书的教师在教学上带来方便，即在使用时可根据不同专业的教学要求及学时数，对有关内容作适当选择；若学时数不够，可略去部分内容，一般来说，它不会影响教材前后内容的连贯性。

本书的物理学名词和符号基本上采用和参照全国自然科学名词审定委员会公布的《物理学名词》和国家标准确定的物理量名称和符号，适当考虑长期的教学习惯，保留了少数现行用法。

本书由诸葛向彬主编。具体编写工作分工如下：诸葛向彬编写第 1 章至第 7 章、第 13 章至第 19 章、第 24 章至第 28 章，以及全部附录；浙江工程学院（原浙江丝绸工学院）田中一编写第 9 章至第 12 章；王琴妹编写第 8 章、第 20 章至第 23 章（含思考题和习题）；潘正权编写第 1 章至第 7 章、第 9 章至第 19 章、第 24 章至第 28 章的思考题和习题。全书最后由诸葛向彬进行统稿。另外，宗普和阅读了初稿，并提出许多宝贵意见，在此表示谢意。

本书由浙江大学博士生导师曹培林教授负责审稿，他对原稿进行了认真、仔细的审阅，并结合自己在浙江大学混合班长期讲授 R. Resnick 等编著的 *Physics* 课程的丰富教学经验，对本书的思想性和科学性提出了不少宝贵意见，浙江大学的吴璧如教授也提出了许多有益和宝贵的意见。作者在此一并表示衷心的感谢。

由于时间紧迫和限于作者的教学经验及学术水平，书中一定还存在不少缺点和错误，欢迎同行专家及广大读者批评指正。

作　者
1998 年戊寅仲秋
于杭州求是园

主要物理量符号索引

l　长度，m

t　时间，s；摄氏温度，℃

v,u　速度，波速，m/s

θ　平面角，rad；角位移，rad

a　加速度，m/s^2

R　半径，m；电阻，Ω

ρ　曲率半径，m；质量体密度，kg/m^3；电荷体密度，C/m^3

r　半径、矢径，m

S　面积，m^2；熵，J/K；坡印廷矢量，W/m^2

V　体积，m^3；电势，V

m　质量，kg

p　动量，kg·m/s；压强，Pa；电偶极矩，C·m

F　力，N；亥姆霍兹自由能，J

G　重力，N；万有引力常量，m^3/(kg·s^2)

N　正压力，N

k　劲度系数，N/m

$f(f_s)$　摩擦力（静摩擦力），N

$\mu(\mu_s)$　动摩擦因数（静摩擦因数）

T　张力，N；热力学温度，K；周期，s

E　能量，J；电场强度，N/C

E_k　动能，J

W　功，J

P　功率，W；电极化强度，C/m^2

s　路程，m；位移，m

U　势能，J

ω　角速度，rad/s；角频率，rad/s

α　角加速度，rad/s^2

L　角动量，kg·m^2/s；自感，H

M　力矩，N·m；磁化强度，A/m；互感，H

I　冲量，N·s；转动惯量，kg·m^2；平均能流密度，W/m^2；电流，A

Ω　旋进角速度，rad/s；热力学概率

φ　平面角，rad；相位，rad

λ　波长，m；电荷线密度，C/m

ν　频率，Hz；物质的量，mol

A　振幅，m；面积，m^2

w　能量密度，J/m^3；致冷系数

Φ　能流，J/s

n　分子数密度，1/m^3；折射率

μ　气体的摩尔分子质量，kg/mol；相对磁导率

$\bar{\lambda}$　平均自由程，m

$\bar{Z}$　碰撞频率，1/s

η　气体的动力粘度，Pa·s；热机效率

κ　热导率，W/(m·K)

D　气体扩散系数，m^2/s；电位移矢量，C/m^2

Q　热量，J；电量，C

C　热容，J/K；电容，F

c　比热容，J/(kg·K)；光速，m/s

c_V　定体比热容，J/(kg·K)

C_m　摩尔热容，J/(mol·K)

$C_{V,m}$　定体摩尔热容，J/(mol·K)

$C_{p,m}$　定压摩尔热容，J/(mol·K)

γ　比热容比

q　电量，C

σ　电荷面密度，C/m^2

ε　相对介电常数（相对电容率）

χ_e　电极化率

U_e　电场能量，J

u_e　电场能量密度，J/m^3

E_K　非静电性场强，N/C

j　电流密度，A/m^2

$\mathscr{E}$　电动势，V

B　磁感应强度,T

p_{m}　磁矩,A·m^2

Φ_B　磁通量,Wb

j_{m}　面束缚电流密度,A/m

I_{m}　束缚电流,A

H　磁场强度,A/m

χ_{m}　磁化率

Ψ　磁通匝链数,Wb;波函数

U_{m}　磁场能量,J

u_{m}　磁能密度,J/m^3

Φ_D　电位移通量,C

I_D　位移电流,A

M_λ　单色辐出度,W/m^3

$M(T)$　辐射出射度,W/m^2

$\tilde{\nu}$　波数,1/m

ψ　定态波函数

目　　录

第1章

绪　论

在人类发展的历史中,物理学的每一项重大突破都极大地推动了工程技术的迅速发展,进而对社会进步产生重大的影响。

1-1　物理学的范畴

物理学是研究物质结构和运动基本规律的科学。它是集中体现客观世界最普遍的性质和现象的学说。自古以来,物理学就与哲学紧密相联,物理学的有些论断在性质上很难与哲学论断区分开,于是可以说,一个物理学家应该是一个哲学家。

通常把 19 世纪后期建成的牛顿力学、热学、光学和电磁学称为经典物理学,把 20 世纪初至 30 年代发展起来的相对论和量子力学称为近代物理学。经典物理学研究的对象是一般大小(比原子的尺度 10^{-10} m 大得多)的、速度远小于光速(3×10^8 m/s)运动的物体的行为。它起源于伽利略(G. Galileo)和牛顿(I. Newton)的力学著作,到 19 世纪末,当热力学和电磁学的理论得到充分发展时,经典物理学写下了最后的几章。经典物理学的体系是很严谨的,这使当时大多数物理学家深信,他们已完全了解自然界一切可能认识的事物。然而,很多敏锐的物理学家已认识到经典物理学大厦的弱点,即它们的理论不适合于原子和原子核大小的物体的运动或高速粒子的运动。读者将会看到:前者必须求助于量子论,后者则必须采用相对论。

物理学的发展过程是人类对物理现象的理解程度越来越深入的过程。物理学的研究目的,是寻求尽可能简单的基本原理,用于解释最普遍的物理事实。因此,科学水平每提高一步,基本理论和基本定律就变得更少、更简单。举例来说,自然界中名目繁多的力的数目,随着研究的深入和时间的推移而越来越少。因此,越接近真理,基本定律就越简单。这是从科学史研究中得到的结论,它被后人称为"奥克姆准则"。

当今物理学研究涉及两个领域,一个是高能物理,它在最小的空间尺度探索深层次的物质结构,即"基本粒子";另一个是天体物理,它在最大的空间尺度研究宇宙的演化和起源。近些年的研究表明,这两个表面上看似完全不同的研究领域之间是互相关联地结合在一起的。

物理学家在研究宏观世界和微观世界各种各样的相互作用时,发现了四种基本相互作用(见表 1-1),而宇宙中到目前为止所有已知的力和相互作用,都是以这四种相互作用为基础的。

如果"基本粒子"及其相互作用是真正基本的,那么它们不仅应当说明微观世界,而且也应当说明宏观世界物理学的基本定律;不仅"基本粒子"适用,而且宇宙中的恒星和星系也同样适用。而怎样用基本定律说明恒星与星系的结构,这个问题的研究也属于物理学的范畴。物理学和生命科学中相互渗透和交叉领域的研究,其前途更是不可估量。

表 1-1　四种基本相互作用

类　　型	源	相对强度	作用距离
万有引力相互作用	质量	$\sim 10^{-38}$	长
电磁相互作用	电荷	$\sim 10^{-2}$	长
强相互作用 （核力）	强子 （质子、中子、介子等）	1	短（$\sim 10^{-15}$m）
弱相互作用	所有粒子	$\sim 10^{-15}$	短（$\sim 10^{-15}$m）

1-2　物理学与工程技术

物理学是从研究宏观物理现象开始的,这导致了经典物理学的诞生、发展和在生产中的广泛应用。19 世纪后期,物理学研究进入微观和高速运动领域,其研究范围迅速扩大和深入。一个世纪以来,物理学建立的基本规律深刻地影响了其他学科的发展,也推动了技术和工程科学的重大进步和创新,对社会和经济发展产生了重大影响。

从历史上看,物理学的发展对世界上三次大的技术革命起着十分关键的作用。

第一次技术革命开始于 18 世纪 60 年代,其主要标志是蒸汽机的广泛应用,而这正是牛顿力学和热力学理论应用和发展的直接结果。最初,由瓦特(J. Watt)发明的蒸汽机虽然已被用于火车、轮船,但其热效率仅为 5%～8%。直到 1824 年,法国青年工程师卡诺(S. Carnot)为提高热机效率提出了被后人称为卡诺定理的理论,奠定了热力学理论的基础,才为从实用中提高热机效率指明了方向,从而使当今的蒸汽机效率提高到 15%,内燃机效率提高到 40%,涡轮机效率提高到 50%。

第二次技术革命始于 19 世纪 70 年代。它的主要标志是电力的广泛应用和无线电通讯技术的发明和使用。这是电磁现象和电磁学理论的重大突破和发展的必然结果。自从 1831 年法拉第(M. Faraday)发现电磁感应定律后,各种发电机和电动机的研究便应运而生,到 19 世纪 70 年代,电力已在许多方面得到了应用。而 1862 年麦克斯韦(J. C. Maxwell)电磁场理论的建立和 1888 年赫兹(H. R. Hertz)关于电磁波的实验,又进一步导致了无线电的发明,从而促进了当代广播、电视、传真等新技术产业的诞生和发展。

第三次技术革命发生于 20 世纪 40 年代。由于一些重要实验的发现,以爱因斯坦(A. Einstin)为代表的一批杰出物理学家创立了相对论和量子力学,为近代物理学奠定了基础,这使 20 世纪成为物理学史上最富有创造性的年代。近代物理学所提出的新概念和发现的实验事实,使世界的面貌从此焕然一新,出现了信息技术、新材料技术、新能源技术、生物工程和空间技术等一系列高新技术,并以它们为基础创造出了一系列新产品和新装置。例如,半导体、电子计算机、激光器、核电站和通讯卫星等等。它们不仅改变着人们的生产和生活方式,而且还拓宽和完善了人类探索大自然及社会现象的手段。

下面,我们就以一些活跃的学科为例,作一些简单介绍。

凝聚态物理是物理学中内容最丰富、应用最广泛的一个学科。由于固体能带理论以及半导体锗和硅的基础性研究,从1947年贝尔实验室的巴丁(J. Bardeen)、布拉顿(W. H. Brattain)和肖克莱(W. B. Shockley)发明晶体管,到1962年制造出集成电路,1967年制成大规模集成电路,1978年制成超大规模集成电路,短短30年,电子计算机就四次更新换代!其中,半导体物理、微电子学和磁学的贡献是功不可没的。

1917年,爱因斯坦在他的辐射理论中预见了受激发射的存在,于是才有可能在1960年诞生了第一台激光器,而且很快地在军事、工农业生产、医疗卫生等方面得到广泛应用。激光可以被用来测量距离,而且测量精度很高。例如,测量月球和地球之间的距离,精度可达到±2cm;在现代战争中,使用精度为±5cm的激光测距仪配上弹道计算机,可使火炮命中率高达97%。在工业上,激光可用于打孔、焊接;在医学上,则可用"激光刀"进行外科手术。激光技术与核技术结合起来,还可实现激光核聚变。

高能物理和核物理的研究不仅向人们揭示了微观世界的基本规律,而且其研究成果迅速地被转化为生产力。如原子核裂变和链式反应的发现,使人们能够建造核电站,制造核武器和核动力舰船;加速器技术在同位素生产、放射治疗、食品保鲜和辐射育种等方面得到广泛的应用。

在物理学研究进入微观世界之后,对生物学的研究也起到了促进作用。由于X光衍射、中子衍射、核磁共振、电子显微镜等的应用,使生物学的研究进入到分子层次。例如,测量到很大蛋白质的分子结构,观察到DNA的复制过程等等。

物理学的研究成果和实验技术在医学中也有日益广泛的应用。如X光层析照相、核磁共振层析照相、超声成象技术等,使医学中的诊断技术发生了天翻地覆的变化。

综上所述,一方面,物理学的研究成果在工程技术中源源不断地得到应用;另一方面,社会发展和技术进步也向物理学提出了大量研究课题,促使物理学不断地向前发展和建立新的理论。毫无疑问,物理学和工程技术的关系将继续十分紧密地联系在一起,作为一种理论基础和思想方法,物理学与工程技术的结合将结出丰硕的果实,造福于人类。

1-3　物理量与测量单位

物理学是一门量度的科学,它的大部分内容都要涉及到物理量的测量,如长度、时间、频率、速度、体积、质量、密度、电荷、温度、能量等等。这些物理量并不是相互独立的,其中有不少是相互联系的。例如速度是长度除以时间,密度是质量除以体积。我们可以从所有可能的物理量中挑选出少数几个叫做基本量的物理量,所有其他的量均可由它们导出,因而被看作是导出量。基本量是不能用其他物理量定义的,而导出量可用基本量表示。基本量的数目,应该是完整描述物理学中所有各量中的最小数目。大多数物理量都与长度、质量和时间有关,因此它们通常被选择为基本量。

负责基本量的选择和标准确定等事务的是位于巴黎附近塞弗尔(Sévres)的国际计量局,它与全世界的标准化实验室保持联系。国际计量大会定期开会,作出决议或建议。1971年举行的第14届国际计量大会选择了列于表1-2中的七个量的单位作为物理量的基本单位,这是国际单位制(缩写为SI,来源于法文"Le Système International d'Unites")的基础。

我们将在全书中给出许多国际单位制导出单位,诸如速度、力等等,它们均可由表1-2

导出.例如力的国际单位制单位叫牛[顿](国际符号为N),它用国际单位制中的基本单位定义为

$$1N = 1kg \cdot m/s^2$$

表 1-2　国际单位制(SI)基本单位

量	单位	国际符号	中文符号
长度	米	m	米
质量	千克	kg	千克
时间	秒	s	秒
电流	安培	A	安
热力学温度	开尔文	K	开
物质的量	摩尔	mol	摩
发光强度	坎德拉	cd	坎

当我们用国际单位制(基本单位或导出单位)表示诸如地球的半径或两个原子核事件的时间间隔时,往往要用到很大和很小的数字。为便于表示起见,第14届国际计量大会也在以前工作的基础上推荐了一些级次词头,现把部分常用词头列于表1-3。于是,我们可以把地球的平均半径 6.37×10^6 m 写为 6.37Mm;而把核物理中经常遇到的时间间隔,例如 2.35×10^{-9} s,写为 2.35ns。十进倍数的词头来源于希腊语;十进分数的词头来源于拉丁语。

表 1-3　国际单位制(SI)级次词头

十进倍数	中文词头	国际符号(中文)	十进分数	中文词头	国际符号(中文)
10^1	十	da(十)	10^{-1}	分	d(分)
10^2	百	h(百)	10^{-2}	厘	c(厘)
10^3	千	k(千)	10^{-3}	毫	m(毫)
10^6	兆	M(兆)	10^{-6}	微	μ(微)
10^9	吉伽	G(千兆)	10^{-9}	纳	n(纳)
10^{12}	太拉	T(太)	10^{-12}	皮	p(皮)

除国际单位制外,目前世界上还有两种重要的单位制。一种是高斯制,许多物理文献是用它来表述的。另一种是英制,英、美等国的工业界仍经常采用,其长度单位是英寸、英尺、码、英里;重量单位是盎司、磅、吨。目前,全世界的科学研究实验室已普遍采用国际单位制单位来测量和记录所有的物理量。为此,在本书中将全部采用国际单位制单位,有关高斯制、英制和国际单位制的换算关系可参看有关书籍。

1. 长度单位·标准米尺

在国际单位制中,长度的标准单位是米。国际公认的标准米尺是一条铂-铱合金棒,存放于巴黎的国际计量局。各国都有其复制品作为本国的长度标准,每条复制米尺都称为国际米原器。任何工厂生产的尺子必须直接或间接地用这些米原器校准。

1m 的标准长度最初定义为从地球赤道到北极的距离的千万分之一,并以铂-铱合金棒的两端刻线为记,但后来用这种铂-铱合金棒刻线所代表的 1m 去精确测量赤道到北极的距离时,却不正好是 1m 的 1 千万倍,而多出 880m——略有误差。

随着时间的推移,存放于巴黎的标准米尺不能免除被损坏的危险;而更重要的是,用显微镜对照细刻线的技术来进行长度之间的相互比较,其精度已不能满足近代科学技术的需要。于是,科学家们多年来一直努力寻求一种既不易损坏又不受外界影响的长度标准。经过对各种建议的反复研究,现在大多数工业国家都法定采用某特定光谱线的波长来校准 1m 的长度。

利用迈克尔孙干涉仪这种十分精密的光学仪器,现已正式法定用氪 86(Kr^{86})原子的一条橙黄色谱线的波长来定义标准米,规定米为这条橙黄色谱线波长的 1 650 763.73 倍。新标准使长度比较的精度比旧标准(铂-铱合金棒)提高了 10 倍。

2. 时间单位·标准秒

时间是一个物理概念,因而它的定义就与某些物理定律有关。例如,地球自转的周期在很大精度内是恒定不变的,这个事实就可以用来定义时间的一个基本单位——平均太阳日。现在平均太阳日仍然是天文学家常用的测量标准,1 平均太阳秒规定为 1 平均太阳日的 1/86 400。用地球自转定义的时间叫做世界时间。

1960 年,科学家又根据物理定律采用了新的秒定义。人们发现,在石英晶体振荡器中,如果温度等外界条件保持不变,则振动着的石英晶体的振动周期也保持不变,所以可把石英晶体振荡器做成非常精确的时钟。最好的这种石英钟在一年中的最大记时误差为 0.02s。现在我们在市场上看到的由电池开动的石英手表和电子数字手表里用的就是石英振荡器。

然而,如果我们用精确的石英钟来测量地球的自转,就会发现,地球的自转速度夏季大而冬季小(北半球),而且逐年不断地慢下来。现在我们知道,风的季节性运动导致地球自转的季节性变化,作用于地球上的潮汐力引起地球自转的变慢。另一方面,如果我们将两个完全相同的石英晶体振荡器的频率作比较,就会发现,它们也会有很小的差别。这种漂移效应,现在已被人们充分了解了。我们对物理定律的理解,使我们期望利用原子中的电子振动频率,使时间测量达到更高的精度。目前,最精确的时钟是按照铯(Cs^{133})原子的辐射来计时的,它是利用铯原子周期性振动的特征频率作为时间标准的。1967 年,第 13 届国际计量大会正式采用以铯钟为基础的秒作为国际标准秒。秒的定义是 Cs^{133} 原子特定跃迁中周期性地振动 9 192 631 770 次所用的时间。这一规定使时间测量的精度提高到 1/10^{12}。如果将两个铯钟在这一精度下运转,则它们在运行 6 000 年后相差将不超过 1s。

1-4 量　纲

在许多物理问题中,必须从一二个基本方程出发导出一个特定的公式.假如我们忘记了如何推导这个特定的公式,或者在某个中间步骤遇到了困难,怎么办呢?一般情况下,可以用一种简单而有效的方法来推导或检验任何公式,这个方法就是量纲校核法.它可以给出正确的函数形式,而只差一个无量纲的比例常数.

任何一个物理量通过物理关系与基本量联系起来的关系式称为量纲,任意一个物理量的量纲符号用该量的字母置于方括号内来表示.我们常用特殊符号表示基本量的量纲:L 是长度的量纲,M 是质量的量纲,T 是时间的量纲.例如速度的量纲是长度除以时间,记为 $[v]=\dfrac{[l]}{[t]}=LT^{-1}$;加速度的量纲是长度除以时间平方,记为 $[a]=\dfrac{[v]}{[t]}=LT^{-2}$,对于一个力学量 Q 的量纲可写为 $[Q]=L^pM^qT^r$(p,q,r 为量纲指数,可以为正数,也可以为负数,也可以为零)的形式.在任何合理的物理方程中,所有各项的量纲必定是相同的,各个量的量纲符号,可以完全像代数量一样处理,可以合并、消除等等,就像方程中的因子一样.

下面我们用例子来说明量纲应用的步骤.

例如,一辆汽车由静止出发作匀加速直线运动,经过的距离为 x.我们希望有一个特定的公式,把速度 v 表示为加速度 a 与距离 x 的函数.在这个例子中,基本方程是速度与加速度的定义式.因此,可先写出一个总是成立的普遍关系式

$$v \propto a^p x^q \tag{1-1}$$

其中 p,q 均为未知的指数.然后,我们来检查此式两边的量纲.速度的量纲是 LT^{-1},在上式的右边,我们看到 $a^p x^q$ 的量纲是

$$\left(\frac{L}{T^2}\right)^p L^q = L^{(p+q)}T^{-2p}$$

令两边的量纲相等,就得到

$$LT^{-1} = L^{(p+q)}T^{-2p}$$

由于两边 L 的指数必定相等,就有

$$1 = p + q \tag{1-2}$$

再令 T 指数相等,就得到

$$-1 = -2p, \qquad p = \frac{1}{2}$$

把 p 的值代入(1-2)式得

$$q = \frac{1}{2}$$

然后把求出的 p,q 的值代入(1-1)式,就得到

$$v \propto a^{1/2} x^{1/2}$$

即

$$v \propto \sqrt{ax}$$

这特定的公式应为 $v = \sqrt{2ax}$,这里仅差一个因子 $\sqrt{2}$.

量纲还可以用来检验任何物理公式的正确性。具体方法是检验其中所有各项的量纲。例如,用量纲来检验公式 $x=x_0+v_0t+\frac{1}{2}at^2$ 时,我们注意到 x 和 x_0 具有长度的量纲 L,故其余两项也必定具有长度的量纲。v_0t 这一项的量纲是

$$\frac{L}{T}T = L$$

而 $\frac{1}{2}at^2$ 这一项的量纲是

$$\frac{L}{T^2}T^2 = L$$

所以这公式在量纲上是正确的。

例1 试问一辆质量为 10^3kg 的汽车应该以多大速率行驶,才能使空气阻力与其重量大致相等。假定该车的横截面积约为 $2m^2$,空气密度约为 $1kg/m^3$;再假定空气阻力与车的截面积 A 有关,又与车排开前方空气的密度 ρ 有关,而且还与车的速度 v 有关,即

$$F_阻 \propto A^p\rho^q v^r \tag{1-3}$$

解 力的量纲为 MLT^{-2},因此有

$$MLT^{-2} = (L^2)^p(ML^{-3})^q(LT^{-1})^r$$

令两边的有关指数相等:

对于 M $\qquad\qquad\qquad 1=q$
对于 L $\qquad\qquad\qquad 1=2p-3q+r$
对于 T $\qquad\qquad\qquad -2=-r$

解上述方程得到 $q=1,r=2,p=1$。把这些值代入(1-3)式,得到

$$F_阻 \propto A\rho v^2$$

事实上,将这个比例式改为等式,只须右边乘上一个因子 2。从上式可求出车速 v 为

$$v \propto \sqrt{\frac{F_阻}{A\rho}}$$

当空气阻力大到与汽车重量相等时,由题意知 $F_阻 = 10^4$kg·m/s²,我们有

$$v \propto \sqrt{\frac{10^4}{2\times 1}} = 70.7(\text{m/s}) = 254(\text{km/h})$$

结论是,要使汽车以大约 254km/h 的速率前进,所需要的发动机推动力,大约相当于它在竖直墙面上向上行驶时所需要的推动力。此外,我们知道空气阻力正比于车速的平方,所以这辆汽车若以 63km/h 的速率前进,则所受空气阻力仅约为原来的 1/16。显然,开慢车可以节约燃料。

1-5 科学记数法

在科学研究和工程技术中,往往要用一些极大的或很小的数字。天文学家所遇到的距离很大、时间很长;而研究分子、原子和原子核的人碰到的却是连电子显微镜都很难分辨的小距离。原子和亚原子事件变化的时间短至纳秒量级。为了便于书写和处理这些数量,标准的方法是:对任何量,不管大小,都写成 1 与 10 之间的数(称为尾数)乘以 10 的适当幂次,这就是科学记数法。例如地球到最近的星云(在仙女座中)的距离是 2×10^{22}m,其尾数为 2,而 10 的幂次或者说 10 的指数就为 22;电子的质量记作 9.11×10^{-31}kg。对于有科学记数性能的

计算器的计算范围,可从 10^{-99} 到 10^{99}。显然,使用具有科学记数法的计算器对学物理的学生来说是很有用的。

科学记数法的另一优点是,在 10 的几次方的数字相乘或相除时,只要将指数相加或相减就可以了,即我们可以利用这样的关系式:

$$10^a \times 10^b = 10^{(a+b)}, \qquad 10^a \div 10^b = 10^{(a-b)}$$

其次,我们在计算中应适当选取有效数字,不要把各类量值一律用一长串数字来表示,这是没有意义的。

思考题

1-1 什么是 SI? SI 中有哪些基本单位? 什么是导出单位? 它们与基本单位有何联系?

1-2 什么是量纲? 量纲有什么用途? 量纲和单位有何区别与联系?

1-3 什么是科学记数法? 科学记数法有什么优点?

习 题

1-1 试写出下列物理量的量纲表达式:速度、加速度、力、功、动能、势能、力矩、功率、动量、冲量。

1-2 试用量纲方法导出质点作匀速圆周运动时所需向心力的表达式。

1-3 某同学算得一习题答案为 $F = \frac{1}{3}\rho v^2$(式中 F 和 ρ 分别表示力和密度,v 表示速度),试判断该结果是否正确?

1-4 试确定万有引力常量 G 在 SI 中的单位。

1-5 一质量为 m 的物体悬挂在劲度系数为 k 的弹簧下面作竖直振动,不考虑空气阻力时,物体在振动过程中所受的合力为 $F = -kx$,x 为物体离开平衡位置的位移。试用量纲分析来确定物体的振动周期 T 与 k、m 的关系式。

第 2 章

质点运动学

运动学的主要任务是描述物体的运动,而运动是在空间和时间中发生的,因此运动学是将空间和时间的概念结合起来描述物体的运动的,不涉及运动产生和改变的原因。

2-1　机械运动

机械运动是物质运动最简单的形式。它是指物体与物体之间或物体内部各部分之间相对位置随时间而变动的过程。力学就是研究物体的机械运动规律的。在日常生活中,我们经常可以看到物体的这种运动。由此可见力学概念的直观性,这就是为什么在所有自然科学中力学最先获得广泛发展的原因。

在力学中,运动就是物体相对位置的变化,即如果没有任何能指出物体位置变化的参考物体,就谈不上该物体的运动。因此,要描述某一物体的运动,必须选择另一个物体作参考物,然后研究这个物体相对于参考物是如何运动的。这个在描述物体运动时选作参考的物体称为参考系。

运动既在空间中发生,又在时间中发生(空间和时间是物质存在的不可分割的形式),所以为了描述运动,还必须确定时间,这可利用时钟来实现。

同一物体相对于不同的参考系,其运动会有不同的形式。例如,在一列匀速前进的火车中,车厢顶上落下一个物体,站在车厢里的人看到物体沿直线自由落下,而地面上的人却看到物体作平抛运动。其原因是他们所选的参考系不同:车厢上的人以车厢为参考系,地面上的人以地面为参考系。这一事实,称为描述运动的相对性。从对运动的描述来说,参考系可以任意选择,主要由问题的性质和研究的方便来决定。

为了定量地确定一个物体相对于某参考系的位置,还需要在参考系上选用一个适当的坐标系,而物体的位置就由它在坐标系中的坐标决定。最常用的坐标系是直角坐标系。根据需要,也可以选用极坐标系、自然坐标系、球面坐标系等等。

在物理学中,没有一个物理问题能绝对精确地求解,通常得到的都是近似解,其近似程度决定于问题的性质和所要求的精确度。在近似解答问题时,为了突出研究对象的主要性质,我们往往忽略一些次要的因素。例如,当研究地球绕太阳运动时,地球的大小完全可以忽略不计,这样,地球运动的描述就可以大大地简化。因为在这种情况下,地球空间的位置由一个点来确定。因此,在研究机械运动时,我们可以根据所给定的问题的条件来选择近似的程度。如当物体的形状和大小影响不大而可以忽略不计时,我们就可以把该物体看作是一个具有质量的点——质点。当然,这是一个理想化的模型。能否把一个具体给定的物体当作质点,不决定于物体的大小,而决定于问题的条件。同一物体在某些情况下可当作质点,但在另外的情况下必须考虑其形状和大小。

处理一个质点比处理一个有大小的物体简单得多,所以我们将首先研究质点力学,并且先从运动学开始,再深入研究动力学。

2-2 速 度

质点在运动过程中所经过的路径称为轨道(或轨迹)。根据轨道的形状,可将质点的运动分为直线运动、圆周运动和曲线运动等等。设曲线$\overset{\frown}{AB}$是质点运动轨道的一部分(图 2-1),在时刻 t,质点在 A 点;在时刻 $t+\Delta t$,质点到达 B 点;质点在 A,B 两点的位置分别用矢量 r_A 和 r_B 表示,叫做位置矢量,或称为矢径。在时间 Δt 内,质点沿曲线$\overset{\frown}{AB}$实际走过的长度 Δs 称为路程,是一个标量;而质点位置的变化可用 A 到 B 的矢量 Δr 来表示,称为位移矢量,位移矢量 Δr 和位置矢量(矢径)r_A,r_B 之间的关系为

$$\Delta r = r_B - r_A \qquad (2-1)$$

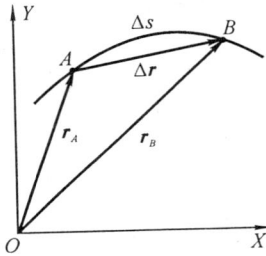

图 2-1 曲线运动中的位移

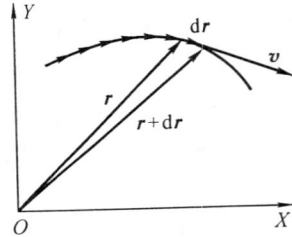

图 2-2 速度矢量

在物理学中,速度是一个矢量,它不但描述质点在每一时刻沿轨道移动的快慢,而且描述其每一时刻在轨道上运动的方向。我们注意到在直线运动中,位移和运动轨道完全重合;在曲线运动中,只有在 Δt 很短的情况下,质点的位移和运动轨道才可以近似地看作重合;在 $\Delta t \to 0$ 的极限情况下,位移和相应的无限小的轨道弧元重合。因此,在研究运动速度时,可以把曲线运动看作是由无穷多个无限短的直线运动所组成,于是,我们可把轨道分成长度为 $\mathrm{d}s$ 的无限小线段,每一小线段对应一个无限小的位移 $\mathrm{d}r$,用相应的时间 $\mathrm{d}t$ 除这个位移,于是得到轨道上给定点的速度,即

$$v = \lim_{\Delta t \to 0} \frac{\Delta r}{\Delta t} = \frac{\mathrm{d}r}{\mathrm{d}t} \qquad (2-2)$$

速度是一个矢量,是质点的位置矢量对时间的导数。位移 $\mathrm{d}r$ 同无限小的轨道弧元 $\mathrm{d}s$ 相重合,因此,矢量 v 的方向沿轨道的切线方向(图 2-2)。

下面来求(2-2)式中速度 v 的大小:

$$v = |v| = \left|\lim_{\Delta t \to 0} \frac{\Delta r}{\Delta t}\right| = \lim_{\Delta t \to 0} \frac{|\Delta r|}{\Delta t} \qquad (2-3)$$

上式中不允许用 Δr 代替 $|\Delta r|$;因为矢量 Δr 实质上是两个矢量之差($t+\Delta t$ 时刻的 r 减 t 时

刻的 r）。符号 $|\Delta r|$ 表示矢量 r 的增量的大小，而 Δr 是矢量 r 的大小的增量，即 $\Delta|r|$。这两个量，一般说来并不相等，即

$$|\Delta r| \neq \Delta|r| = \Delta r$$

轨道弧元 Δs 在 $\Delta t \to 0$ 的极限情况下和 $|\Delta r|$ 相等，所以在(2-3)式中能用 Δs 代替 $|\Delta r|$，结果得到 v 的大小为

$$v = \lim_{\Delta t \to 0} \frac{\Delta s}{\Delta t} = \frac{ds}{dt} \qquad (2\text{-}4)$$

于是，质点速度的大小等于其路程对时间的导数。

速度的大小叫速率。显然，日常生活中所谓的速度实际上是速度的大小，即速率。

速度矢量在直角坐标系中可表示为

$$\boldsymbol{v} = v_x \boldsymbol{i} + v_y \boldsymbol{j} + v_z \boldsymbol{k} \qquad (2\text{-}5)$$

式中 v_x, v_y, v_z 为 $\boldsymbol{v}$ 的三个分量

$$v_x = \frac{dx}{dt}, \qquad v_y = \frac{dy}{dt}, \qquad v_z = \frac{dz}{dt} \qquad (2\text{-}6)$$

而式中 x, y, z 是矢径 r 在直角坐标系中的三个分量。

速度 $\boldsymbol{v}$ 的大小可表示为

$$v = \sqrt{v_x^2 + v_y^2 + v_z^2} \qquad (2\text{-}7)$$

2-3 加速度

质点的速度 $\boldsymbol{v}$ 的大小和方向都可能随时间 t 变化。为了反映速度变化的快慢，我们引进加速度的概念。如图 2-3 所示，在时刻 t 质点位于 A 点，速度为 $\boldsymbol{v}_A$；在时刻 $t + \Delta t$，质点位于 B 点，速度为 $\boldsymbol{v}_B$；在 Δt 时间间隔内，速度的增量为 $\Delta \boldsymbol{v} = \boldsymbol{v}_B - \boldsymbol{v}_A$。这时，质点在 t 时刻的加速度为

$$\boldsymbol{a} = \lim_{\Delta t \to 0} \frac{\Delta \boldsymbol{v}}{\Delta t} = \frac{d\boldsymbol{v}}{dt} \qquad (2\text{-}8)$$

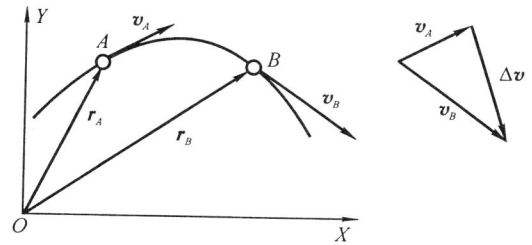

图 2-3 速度增量

这就是说，加速度 $\boldsymbol{a}$ 等于速度 $\boldsymbol{v}$ 对时间的导数。它既反映速度大小的变化，又反映速度方向的变化。

质点沿曲线运动时，速度矢量 $\boldsymbol{v}$ 沿着轨道的切线方向，但加速度 $\boldsymbol{a}$ 并不沿着切线方向，而是与 $d\boldsymbol{v}$ 方向一致。如果质点沿着平面曲线运动，那么我们可以把加速度矢量 $\boldsymbol{a}$ 分解为沿着轨道的切向和法向两个分量。设 $\boldsymbol{\tau}$ 为 t 时刻质点沿轨道上 A 点的切线的单位矢量，$\boldsymbol{n}$ 为沿轨道法向的单位矢量；又设在一个极短的时间间隔 Δt 内，质点沿曲线运动到 B 点，如图 2-4(a)所示。显然，随着质点的运动，单位矢量 $\boldsymbol{\tau}$ 和 $\boldsymbol{n}$ 的方向是在不断地变化的。可以证明，切

向单位矢量 $\boldsymbol{\tau}$ 的导数和法向单位矢量 $\boldsymbol{n}$ 之间有如下关系式[①]：

$$\frac{\mathrm{d}\boldsymbol{\tau}}{\mathrm{d}t} = \frac{\mathrm{d}\theta}{\mathrm{d}t}\boldsymbol{n} \tag{2-9}$$

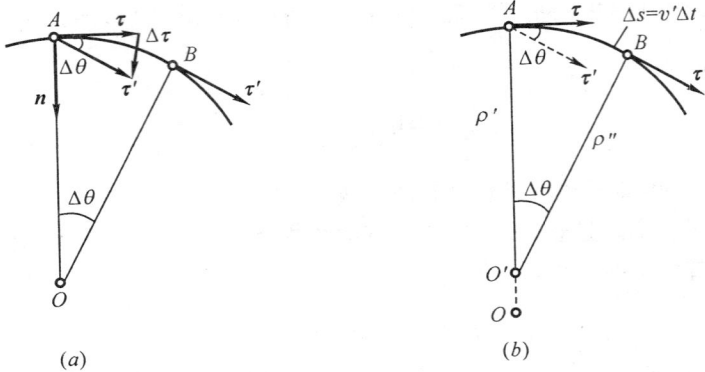

图 2-4　自然坐标系中的加速度

由于速度 $\boldsymbol{v}$ 沿着轨道的切线方向，与 $\boldsymbol{\tau}$ 的方向相同，故可将速度矢量 $\boldsymbol{v}$ 写成表达式

$$\boldsymbol{v} = v\boldsymbol{\tau} \tag{2-10}$$

式中 v 是速度的大小。

将 $\boldsymbol{v}$ 的表达式(2-10)代入(2-8)式，得

$$\boldsymbol{a} = \frac{\mathrm{d}\boldsymbol{v}}{\mathrm{d}t} = \frac{\mathrm{d}(v\boldsymbol{\tau})}{\mathrm{d}t} = \frac{\mathrm{d}v}{\mathrm{d}t}\boldsymbol{\tau} + v\frac{\mathrm{d}\boldsymbol{\tau}}{\mathrm{d}t} \tag{2-11}$$

因而加速度矢量 $\boldsymbol{a}$ 就能表示为两个分量的矢量和形式，其中第一项与 $\boldsymbol{\tau}$ 同方向，即沿着轨道的切线方向，所以用 $\boldsymbol{a}_\tau$ 表示，并称之为切向加速度，记为

$$\boldsymbol{a}_\tau = \frac{\mathrm{d}v}{\mathrm{d}t}\boldsymbol{\tau} \tag{2-12}$$

(2-11)式中的第二项 $v\dfrac{\mathrm{d}\boldsymbol{\tau}}{\mathrm{d}t}$，方向沿轨道的法向，并指向曲线凹侧，所以用 $\boldsymbol{a}_n$ 表示，并称之为法向加速度，记为

$$\boldsymbol{a}_n = v\frac{\mathrm{d}\boldsymbol{\tau}}{\mathrm{d}t} \tag{2-13}$$

---

① 证明如下：如图 2-4(a)所示。在很短的时间间隔 Δt 内，切向单位矢量 $\boldsymbol{\tau}$ 转过一角度 $\Delta\theta$，由于 $|\boldsymbol{\tau}| = |\boldsymbol{\tau}'| = 1$，因此在 $\Delta\theta$ 很小的情况下，切向单位矢量增量的大小 $|\Delta\boldsymbol{\tau}| \approx |\boldsymbol{\tau}|\Delta\theta = \Delta\theta$。$\Delta\theta$ 愈小，近似等式愈精确，切向单位矢量的增量 $\Delta\boldsymbol{\tau}$ 能表示为下述形式：

$$\Delta\boldsymbol{\tau} = |\Delta\boldsymbol{\tau}|\boldsymbol{n}_{\Delta\tau} \approx \Delta\theta\boldsymbol{n}_{\Delta\tau}$$

式中 $\boldsymbol{n}_{\Delta\tau}$ 是 $\Delta\boldsymbol{\tau}$ 的单位矢量。在 $\Delta\theta \to 0$ 的极限情况下，$\boldsymbol{n}_{\Delta\tau}$ 的方向将与垂直于 $\boldsymbol{\tau}$ 的法向单位矢量重合，即是 $\boldsymbol{n}$ 的方向。根据矢量导数的定义，切向单位矢量 $\boldsymbol{\tau}$ 的导数为

$$\frac{\mathrm{d}\boldsymbol{\tau}}{\mathrm{d}t} = \lim_{\Delta t \to 0}\frac{\Delta\boldsymbol{\tau}}{\Delta t} = \lim_{\Delta t \to 0}\frac{\Delta\theta}{\Delta t}\boldsymbol{n}_{\Delta\tau} = \frac{\mathrm{d}\theta}{\mathrm{d}t}\boldsymbol{n}$$

于是得

$$\frac{\mathrm{d}\boldsymbol{\tau}}{\mathrm{d}t} = \frac{\mathrm{d}\theta}{\mathrm{d}t}\boldsymbol{n}$$

在轨道是平面曲线的简单情况下,可以证明法向加速度分量为①

$$a_n = \frac{v^2}{\rho}\boldsymbol{n} \tag{2-14}$$

式中 ρ 是曲线上给定点的曲率半径。

下面我们来研究这两个分量的性质。

在轨道是平面曲线运动的情况下,切向加速度(2-12)式的大小为

$$a_\tau = \frac{\mathrm{d}v}{\mathrm{d}t} \tag{2-15}$$

a_τ 反映了速度大小的变化。若 $\frac{\mathrm{d}v}{\mathrm{d}t}>0$,即速度在数值上增大,则矢量 $\boldsymbol{a}_\tau$ 与 τ 同方向,即与 $\boldsymbol{v}$ 同方向;若 $\frac{\mathrm{d}v}{\mathrm{d}t}<0$,即速度在数值上随时间减小,则矢量 $\boldsymbol{a}_\tau$ 的方向与 $\boldsymbol{v}$ 的方向相反;在 $\frac{\mathrm{d}v}{\mathrm{d}t}=0$ 的匀速运动情况下,没有切向加速度。

---

① 证明如下:我们先从明确法向加速度(2-13)式的性质开始。为此,先确定 $\frac{\mathrm{d}\tau}{\mathrm{d}t}$,即确定轨道切线方向随时间变化的快慢。显然,轨道愈弯曲,以及质点沿轨道移动得愈快,这个变化率就愈大。

平面曲线弯曲的程度由曲率 k 表示。k 的定义为

$$k = \lim_{\Delta s \to 0} \frac{\Delta\theta}{\Delta s} = \frac{\mathrm{d}\theta}{\mathrm{d}s} \tag{1}$$

式中 Δs 是质点从 A 沿着曲线到 B 所经历的路程,$\Delta\theta$ 是曲线上彼此相距 Δs 的那两个点的切线的夹角。

曲率 k 的倒数称为曲线在给定点的曲率半径,并用字母 ρ 表示:

$$\rho = \frac{1}{k} = \lim_{\Delta\theta \to 0} \frac{\Delta s}{\Delta\theta} = \frac{\mathrm{d}s}{\mathrm{d}\theta} \tag{2}$$

曲率半径是一个圆的半径,该圆在给定点与曲线无限小线段相重合,因而称为曲率圆。该曲率圆的圆心称为曲线在给定点的曲率中心。曲线上不同的点具有不同的曲率半径,曲率半径 ρ 愈小,曲线在该处的弯曲程度愈大。

曲线在 A 点的曲率中心和曲率半径(图 2-4(b))可用下述方式决定:取 A 点的邻近点 B,在这两点分别作切线 τ 和 τ',这两条切线的垂线将交于 O' 点。必须指出,对于非圆曲线,距离 ρ' 和 ρ'' 有微小差别。若让 B 点趋近 A 点,则垂线的交点 O' 将沿直线 ρ' 移动;在 B 点趋近 A 点的极限情况下,O' 将移到 O 点,这个 O 点就是曲线在 A 点的曲率中心,这时距离 ρ' 和 ρ'' 将趋向共同的极限——曲率半径 ρ。事实上,若 A 点和 B 点彼此接近,则可写出 $\Delta\theta \approx \frac{\Delta s}{\rho'}$ 或 $\rho' \approx \frac{\Delta s}{\Delta\theta}$,在 $\Delta\theta \to 0$ 的极限情况下,这个近似等式变为精确等式 $\rho = \frac{\mathrm{d}s}{\mathrm{d}\theta}$,这与曲率半径的定义式(2)相一致。

现在我们可以转而计算法向加速度 $\boldsymbol{a}_n$,由图 2-4(b)得

$$\Delta\theta \approx \frac{\Delta s}{\rho'} = \frac{v'\Delta t}{\rho'}$$

式中 $\Delta\theta$ 是切向单位矢量 τ 在 Δt 时间间隔内转过的角度,它与垂线 ρ' 和 ρ'' 的夹角相等;v' 是在路程 Δs 上的平均速率。从而有

$$\frac{\Delta\theta}{\Delta t} \approx \frac{v'}{\rho'}$$

在 $\Delta t \to 0$ 的极限情况下,近似等式变为精确等式,平均速率 v' 变为 A 点的瞬时速率 v,ρ' 变成 A 点的曲率半径 ρ,于是得到

$$\frac{\mathrm{d}\theta}{\mathrm{d}t} = \frac{v}{\rho} \tag{3}$$

根据(2-13)式、(2-9)式和(3)式,我们得到法向加速度的公式为

$$\boldsymbol{a}_n = v\frac{\mathrm{d}\tau}{\mathrm{d}t} = v\frac{\mathrm{d}\theta}{\mathrm{d}t}\boldsymbol{n} = \frac{v^2}{\rho}\boldsymbol{n} \tag{4}$$

法向加速度(2-14)式的大小为

$$a_n = \frac{v^2}{\rho} \qquad (2\text{-}16)$$

a_n 反映了速度方向的变化。

这样,质点沿平面曲线运动时的加速度可表示为

$$\boldsymbol{a} = \boldsymbol{a}_\tau + \boldsymbol{a}_n = \frac{\mathrm{d}v}{\mathrm{d}t}\boldsymbol{\tau} + \frac{v^2}{\rho}\boldsymbol{n} \qquad (2\text{-}17)$$

加速度矢量 $\boldsymbol{a}$ 的大小为

$$a = \sqrt{a_\tau^2 + a_n^2} \qquad (2\text{-}18)$$

上述将加速度矢量 $\boldsymbol{a}$ 分解为切向分量 a_τ 和法向分量 a_n 是比较方便的。矢量的这种表示法,我们通常称为"自然坐标系"表示法。由于这种分解方法和所选用的坐标无关,故上述方程又称为内禀方程。

质点在作直线运动的情况下,法向加速度 $a_n = 0$,故 $a = a_\tau$;若质点作匀速圆周运动,速度的大小不变,方向不断变化,因而切向加速度 $a_\tau = \dfrac{\mathrm{d}v}{\mathrm{d}t} = 0$,只有法向加速度,且大小不变,方向恒指向圆心,$\boldsymbol{a} = \boldsymbol{a}_n = \dfrac{v^2}{R}\boldsymbol{n}$($R$ 为圆的半径);若质点作变速圆周运动,如图 2-5 所示,则有

切向加速度 $a_\tau = \dfrac{\mathrm{d}v}{\mathrm{d}t}$,反映速度大小的变化

法向加速度 $a_n = \dfrac{v^2}{R}$,反映速度方向的变化

总加速度 $\boldsymbol{a}$ 的大小为

$$a = \sqrt{a_\tau^2 + a_n^2}$$

$\boldsymbol{a}$ 和 $\boldsymbol{v}$ 的夹角为

$$\tan\theta = \frac{a_n}{a_\tau}$$

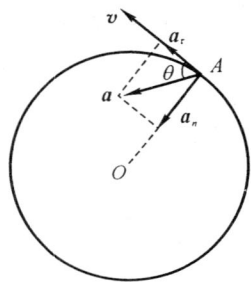

图 2-5 变速圆周运动中的
加速度

有时用 R 和 T 表示质点作匀速圆周运动时向心加速度的大小较为方便,其中 T 为质点绕转周期。此时质点的速率 $v = \dfrac{2\pi R}{T}$,向心加速度为

$$a = \frac{v^2}{R} = \frac{(2\pi R/T)^2}{R} = \frac{4\pi^2}{T^2}R \qquad (2\text{-}19)$$

此式常用于计算行星的向心加速度。

例 1 试问:地球赤道上的物体,由于地球自转所引起的向心加速度为多大?已知地球半径 $R = 6.37 \times 10^6\,\mathrm{m}$。

解 周期 $T = 1$ 天 $= 8.64 \times 10^4\,\mathrm{s}$,由(2-19)式,向心加速度为

$$a = \frac{4\pi^2}{T^2}R = \frac{4\pi^2 \times 6.37 \times 10^6}{(8.64 \times 10^4)^2} = 0.034\,(\mathrm{m/s^2})$$

这仅为 $g = 9.8\,\mathrm{m/s^2}$ 的 0.35%,如果地球是理想的球体,那么人在赤道上的体重比在两极附近的体重减少 0.35%。这就是人们认为在赤道上比在高纬度处容易打破以前的运动记录的理由之一。

2-4 相对运动

假定在一列正在加速运行的火车中,旅客以恒定速度在车厢里行走,那么旅客相对于车厢的运动是匀速的,而相对于地面的运动则是加速的,这就是我们前面提到的运动描述的相对性。虽然描述物体运动的参考系是可以任意选择的,但参考系选得是否适当,对描述物体运动是否方便有很大关系,所以在实际问题中我们常从一个参考系变换到另一个参考系。因此要研究两个参考系之间的变换关系,即讨论一个参考系所确定的一物体的位移、速度和加速度和另一个参考系所确定的同一物体的位移、速度和加速度之间的变换关系。这里,第二个参考系是相对于第一个参考系运动的。

我们分别以地面和运动的车厢为参考系来观察车厢中旅客的运动。通常取地面为静止参考系,用 S_1 系表示,取车厢为运动参考系,用 S_2 系表示,如图 2-6 所示。S_2 系相对 S_1 系作匀加速直线运动。在时刻 t,S_2 系(车厢)相对 S_1 系(地面)的矢径为 r_0;旅客 P 相对 S_1 系(地面)的矢径、速度和加速度分别为 r_1,v_1 和 a_1,则旅客 P 相对 S_2 系(车厢)的矢径 r_2、速度 v_2 和加速度 a_2 分别为

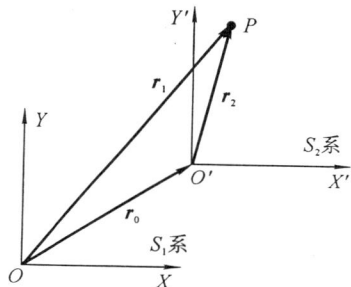

图 2-6 相对运动

$$\left. \begin{aligned} &r_2 = r_1 - r_0 \\ &v_2 = \frac{\mathrm{d}r_2}{\mathrm{d}t} = \frac{\mathrm{d}r_1}{\mathrm{d}t} - \frac{\mathrm{d}r_0}{\mathrm{d}t} = v_1 - v_0 \\ &a_2 = \frac{\mathrm{d}v_2}{\mathrm{d}t} = \frac{\mathrm{d}v_1}{\mathrm{d}t} - \frac{\mathrm{d}v_0}{\mathrm{d}t} = a_1 - a_0 \end{aligned} \right\} \tag{2-20}$$

式中 v_0,a_0 分别为 S_2 系相对 S_1 系的速度和加速度。如果用旅客(研究对象)、地面和车厢(两个参考系)来表示的话,(2-20)式中的速度和加速度可改写成

$$v_{人对车} = v_{人对地} - v_{车对地}$$

$$a_{人对车} = a_{人对地} - a_{车对地}$$

(2-20)式是经典力学中同一物体在相对作平动的两个参考系中位移、速度和加速度的变换式。需要指出的是,它们建立在经典力学中绝对时空观之上,即假设在两个参考系中具有同一时间变量 t,而且两个参考系的相对运动速度 v_0 远低于光速 c 的情况下是成立的。从相对论的观点看,这只是一种很好的近似。当 $v_0 \to c$(光速)时,绝对时间概念和上述变换式整个都不对了。例如,S_2 系相对 S_1 系沿 x 正方向以 $v_0 = 0.9c$ 运动,P 点相对 S_2 系沿 x 正方向以 $v_2 = 0.3c$ 运动,则 P 点相对 S_1 系速度由(2-20)式应为 $v_1 = v_2 + v_0 = 1.2c$,结果速度 v_1 超过光速,这是不可能的。因此,在相对论中,它们将为洛伦兹(A. H. Lorentz)变换所代替。

例 2 如图 2-7 所示,两船 A 和 B 各以速度 v_A 和 v_B 在平静的湖水中行驶,它们是否会相碰?

解 取 A 为参考系,B 船相对 A 船的速度 $v_{BA} = v_B - v_A$。若 v_{BA} 的方向指向 A 船,则两船将要相碰;若 v_{BA} 方向不指向 A 船,则两船不会相碰。在此题中,若我们

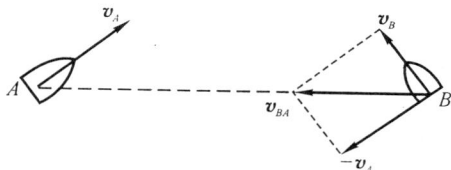

图 2-7 v_{BA} 方向指向 A 船将相碰

用水面作参考系,就不容易看清楚,难以得出正确的结论。

例 3 在无风的下雨天行人走路撑伞的问题。如图 2-8 所示,雨滴以 5.0m/s 的速度竖直下落,行人以 2.5m/s 的速度行走,求雨滴相对于行人的速度为多少?

解 以行人为参考系,行人观察到雨滴的速度为

$$\boldsymbol{v}_{雨对人} = \boldsymbol{v}_{雨} - \boldsymbol{v}_{人}$$

由矢量合成得

$$v_{雨对人} = \sqrt{v_{雨}^2 + (-v_{人})^2}$$
$$= \sqrt{5^2 + (-2.5)^2} = 5.59(\text{m/s})$$
$$\theta = \arctan \frac{v_{人}}{v_{雨}} = \arctan \frac{2.5}{5.0} = 26.57(°)$$

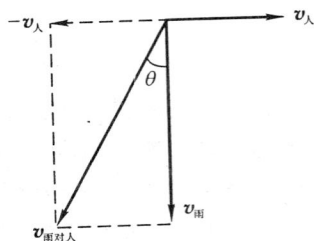

图 2-8 雨天行人走路撑伞

所以,行人观察到的雨滴是与竖直方向成 26.57°斜着落下来的。人跑得越快,行人看到的雨滴斜得越厉害,所以雨天急着行走的人要向前斜着撑雨伞。

本章摘要

1. 力学研究的对象是机械运动。运动学只描述物体的运动。
2. 质点是忽略物体形状和大小的一种理想化模型,注意它不是几何点。
3. 参考系是描述运动时选作参考的物体系,或者说是观察者所在的系统。
4. 研究曲线运动的方法是选取适当的坐标系将运动加以分解,例如,平面运动在自然坐标系中

   切向加速度 $\qquad a_\tau = \dfrac{\mathrm{d}v}{\mathrm{d}t}$

   法向加速度 $\qquad a_n = \dfrac{v^2}{\rho}$

5. 研究质点运动时,必须注意位移、速度和加速度的相对性、瞬时性和矢量性。
6. 相对运动是分析质点在两个相对作平动的参考系中位移、速度和加速度之间的关系和差异。公式

   $$\boldsymbol{v}_2 = \boldsymbol{v}_1 - \boldsymbol{v}_0, \qquad \boldsymbol{a}_2 = \boldsymbol{a}_1 - \boldsymbol{a}_0$$

   中,$\boldsymbol{v}_0$ 和 $\boldsymbol{a}_0$ 为 S_2 系相对 S_1 系的速度和加速度。上述变换式仅在非相对论情况下成立。

思考题

2-1 为什么在研究物体运动时要引入参考系、坐标系和质点等概念？

2-2 什么是理想化模型？它们在研究问题时有何实际意义？写出物理学中你所知道的理想化模型。

2-3 在图(a),(b)中,分别标出 $\Delta r, \Delta r$ 与 Δv ,Δv。

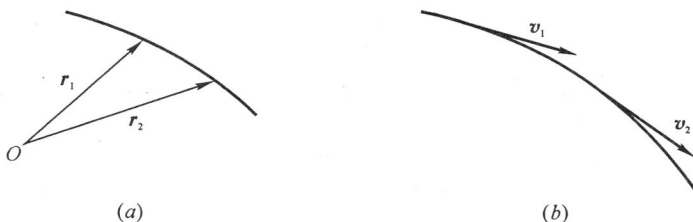

(a)　　　　　　　　　　　(b)

思考题 2-3 图

2-4 速度与速率有何区别？物体能否具有恒定的速率而仍有变化的速度？如果物体具有恒定的速度,是否可能仍有变化的速率？

2-5 物体作曲线运动时,加速度通常可分为法向加速度 a_n 和切向加速度 a_τ,它们分别反映速度哪方面的变化？什么样的运动只有 a_τ 而没有 a_n？什么样的运动只有 a_n 而没有 a_τ？

2-6 在一般曲线运动中,加速度 a 与速度 v 之间的夹角为 θ,那么切向加速度 a_τ 等于多少？法向加速度 a_n 等于多少？若 θ 角始终保持 $0°$,是什么运动？θ 角始终保持 $90°$,是什么运动？

2-7 汽车仪表盘的速度计显示的速度是什么速度？试分析。

2-8 装有竖直挡风玻璃的公共汽车在大雨中以速度 u 前进,而雨滴以速率 v_r 恰好竖直下落。问雨滴以什么角度打击挡风玻璃？

习　　题

2-1 一架小型运输机至少要达到 $360 \text{km} \cdot \text{h}^{-1}$ 的速度才能从跑道上起飞,假定飞机加速度恒定且跑道长为 1.8km,试问飞机至少要有多大的加速度才能从静止开始起飞？

2-2 一汽车正以 $45 \text{km} \cdot \text{h}^{-1}$ 的速度向某交叉路口驶去,当汽车离交叉路口还有 20m 时,交叉路口的红灯突然闪亮。设驾驶员的反应(从看见红灯到开始刹车)时间为 0.7s,刹车的加速度为 $-7.0 \text{m} \cdot \text{s}^{-2}$。试通过计算判断该驾驶员会不会闯红灯？（设红灯亮的时间足够长）

2-3 已知一质点的运动方程为 $r=2ti+(2-t^2)j$(SI),求:

(1)质点轨迹;

(2)从 $t=1\text{s}$ 到 $t=2\text{s}$ 的位移;

(3)$t=1\text{s}$ 和 $t=2\text{s}$ 时的速度和加速度。

2-4 一质点在 $X-Y$ 平面内运动,其运动方程分别为 $x=3\cos 4t, y=3\sin 4t$(SI),试求:

(1)质点任一时刻的速度和加速度的表达式;

(2)质点的切向加速度和法向加速度的大小。

2-5　一质点沿 X 轴运动,其加速度 a 与位置坐标 x 的关系为:$a=4+3x^2$(SI)。若质点在原点处的速度为零,试求其在任意位置处的速度。

2-6　如图所示,手球运动员以初速度 v_0 与水平方向成 α 角抛出一球,当球运动到 M 点处,它的速度与水平方向成 θ 角,若忽略空气阻力,求:

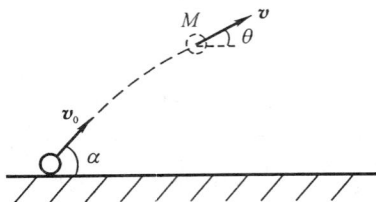

(1)球在 M 点处速度的大小;

(2)球在 M 点处切向加速度和法向加速度的大小;

(3)抛物线在该点处的曲率半径。

2-7　一滑块以加速度 $a=-\pi^2\sin\dfrac{\pi}{2}t$(SI)沿直线运动,设滑块初速度 $v_0=2\pi$,且以滑块中心与坐标原点重合时为起始位置,求:

(1)滑块任意时刻的速度;

(2)滑块的运动方程。

习题 2-6 图

2-8　一人造卫星在地球表面的上方 640km 的圆形轨道上运动,今测得它绕地球一周的时间为 98min,求它在轨道上的向心加速度。(取地球半径 $R=6400$km)

2-9　一汽车沿半径为 50m 的圆形公路行驶,任意时刻汽车经过的路程 $s=10+10t-0.5t^2$(SI)。求 $t=5$s 时,汽车的速率以及切向加速度、法向加速度和总加速度的大小。

2-10　一车技演员在半径为 R 的圆形轨道内进行车技表演,其速率与时间的关系为 $v=ct^2$(式中 c 为常量)求:

(1)他运动的路程与时间的关系;

(2)t 时刻他的切向加速度和法向加速度。

2-11　一质点从静止出发沿半径 $R=3$m 的圆周运动,切向加速度为 $a_\tau=3$m·s^{-2},试问:

(1)经过多少时间它的总加速度与径向成 $45°$?

(2)在上述时间内,质点所经过的路程为多少?

2-12　一队战士以 1.5m·s^{-1} 的速度前进,一个通讯员从队伍末尾骑马到队伍前面,传令后又返回到队伍末尾,共计 10min。若队伍长为 1 200m,求通讯员骑马的速度。

2-13　一只小船在河中逆水划行,刚好在经过某座桥时,从船上掉下一个木箱,30min 后被发觉,立即掉头追赶,终于在该桥的下游 5.0km 处赶上木箱。假设小船顺流和逆流时相对水流的划行速度不变,试求小船回程追赶所需时间,并求水流速度。

2-14　某飞机在飞行中遇到方向稳定向北、大小为 65km·h^{-1} 的风,同时飞机上的罗盘指出飞机的飞向向东(相对空气),飞机速率指示器显示为 215km·h^{-1},试求:

(1)飞机相对于地面的速度;

(2)如果要求飞机向东飞行,它应朝向何方飞行? 相对于地面的速率大小如何?

2-15　一人骑自行车在风中向东而行。当车速为 10m·s^{-1} 时,觉得有南风;当车速为 15m·s^{-1} 时,觉得有东南风,求风的速度。

2-16　一升降机以加速度 1.22m·s^{-2} 上升,当上升速度为 2.44m·s^{-1} 时,有一螺帽自升降机的顶板上落下,升降机顶板与升降机的底面相距 2.74m,问:

(1)螺帽相对于升降机作什么运动? 其加速度为多少? 螺帽相对于地面作什么运动? 其加速度为多少?

(2)螺帽从升降机顶板落到升降机底面需多少时间?

(3)螺帽相对于升降机外固定柱子下降多少距离?

2-17　如图所示,在离水面高度为 h 的岸边上,有人用绳子拉船靠岸,收绳的速率恒为 u,求船与岸的水平距离为 x 时,船的速度和加速度的大小。(提示:绳长 $s^2=h^2+x^2$,$u=\dfrac{\mathrm{d}s}{\mathrm{d}t}$)

2-18 某一雨滴在下落时受到空气阻力的作用,其运动方程为

$$\frac{\mathrm{d}v}{\mathrm{d}t}=g-cv$$

式中 g 为重力加速度, c 是与空气黏滞性有关的常量。请设计一个计算机程序来计算任意时刻雨滴的速度,并画出相应的 $v-t$ 图。要求程序能输入 g,c 等值,讨论 c 取 $0,0.1,0.15$ 和 0.30 等值时的各种情形,并进行分析总结。[提示:方程变换后, $v=\frac{g}{c}(1-e^{-\alpha})$,并设雨滴离地面足够高]

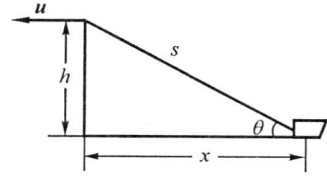

习题 2-17 图

第3章

动量·动量守恒定律

动力学主要研究物体间的相互作用及引起物体运动状态变化的规律。

动力学的内容一般总是以牛顿(I. Newton)运动三定律为核心来展开的,把质量和力作为动力学中最基本的概念,从而导出动量和能量的概念以及三大守恒定律。但是,现代物理学的发展表明,在描述物质的运动和相互作用时,动量和能量的概念比力的概念要基本得多,守恒定律比牛顿定律更基本、更普遍、更重要。例如,动量和动量守恒定律不仅适用于宏观世界,也同样适用于微观世界,而牛顿定律在微观世界并不适用。因此,与传统的处理方法不同,我们没有完全按照历史的发展从牛顿定律导出动量守恒定律,而是反过来把动量守恒定律作为最基本的定律去介绍。最后,还得强调指出,牛顿定律在工程上仍有很重要的实际意义。

3-1 牛顿第一定律与惯性系

伽利略(G. Galileo)通过实验归纳出一个结论,即不受外界作用的物体,运动状态是不变的。隔了一代人之后,牛顿成功地总结了动力学的一条最基本的定律:

任何物体都保持它的静止或匀速直线运动的状态,直至其他物体的作用强迫它改变这种状态为止。

这就是牛顿第一定律。物体保持原有运动状态不变的特性,称为惯性。因此,牛顿第一定律也被称作惯性定律。

牛顿第一定律不是在任何参考系都成立的,我们曾指出,运动的特征与参考系的选择有关。我们考察两个彼此以一定加速度相对运动的参考系,若一物体相对于其中一个参考系是静止的,那么显然,它相对于另一参考系作加速运动,因此牛顿第一定律不能同时在这两个参考系中成立。

牛顿第一定律在其中成立的参考系称为惯性系,否则称为非惯性系。实验表明,任何一个相对某惯性系作匀速直线运动的参考系同样是一个惯性系,因此可以说有无限个惯性系存在。实验还表明,原点位于太阳中心而其轴指向适当选取的恒星的参考系是一个惯性系,这个参考系称为日心参考系,任何相对日心参考系作匀速直线运动的参考系都是惯性系。

地球相对太阳和其他恒星沿椭圆曲线轨道运动,而曲线运动总是具有一定加速度的;此外,地球还绕自身轴转动,因此,与地球表面相连的参考系相对日心参考系作加速运动,即严格说来,它不是惯性系。但是,这个参考系的加速度是如此之小,以至于在很多场合下可把它当作惯性系。以后若不加特别说明,我们就把与地球相连的参考系当作惯性系,并称之为基本参考系。

3-2 质量·动量和动量守恒定律

1. 质 量

质量(mass)一词是 17 世纪初开始流行起来的。现在我们用一个理想实验给出关于质量的定义.设想两个质点,它们仅仅在自身之间有相互作用,而与外界物体没有作用,即这是一个封闭系统.假如我们使这两个质点发生相互作用,它们各自的速度随时间而改变,则它们的路径一般是弯曲的,如图 3-1 中的曲线 1 和曲线 2 所示.在 t 时刻,质点 1 在 A 点,速度为 $\boldsymbol{v}_1$,质点 2 在 B 点,速度为 $\boldsymbol{v}_2$;在 t' 时刻,两个质点分别位于 A' 和 B' 处,速度分别为 $\boldsymbol{v}_1'$ 和 $\boldsymbol{v}_2'$,则在这段时间内,速度的增量分别为

$$\Delta \boldsymbol{v}_1 = \boldsymbol{v}_1' - \boldsymbol{v}_1$$
$$\Delta \boldsymbol{v}_2 = \boldsymbol{v}_2' - \boldsymbol{v}_2$$

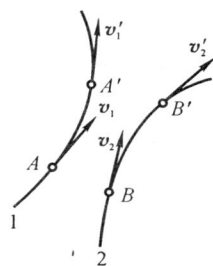

图 3-1　两个质点之间的相互作用

实验证明,速度增量 $\Delta \boldsymbol{v}_1$ 和 $\Delta \boldsymbol{v}_2$ 的方向总是相反的,然而,$\Delta \boldsymbol{v}_1$ 和 $\Delta \boldsymbol{v}_2$ 的大小之比总是不变的,与这两个给定质点的相互作用方式和强度无关[①].因此,我们可以写成

$$\Delta \boldsymbol{v}_1 = - K\Delta \boldsymbol{v}_2 \tag{3-1}$$

比例系数 K 仅仅取决于两个质点的某种固有属性,故令

$$K = \frac{m_2}{m_1}$$

则

$$m_2 = - \frac{\Delta \boldsymbol{v}_1}{\Delta \boldsymbol{v}_2} m_1 \tag{3-2}$$

m_1 和 m_2 就分别称为质点 1 和质点 2 的质量.

如果我们选定一个物体作为标准物体,然后让任意质点与标准物体碰撞,并把标准物体的质量 m_0 作为标准质量,则(3-2)式可写成

$$m = - \frac{\Delta \boldsymbol{v}_0}{\Delta \boldsymbol{v}} m_0 \tag{3-3}$$

式中 $\Delta \boldsymbol{v}_0$ 是标准物体的速度增量,$\Delta \boldsymbol{v}$ 是任意质点 m 的速度增量.

由上式就可以确定任意质点的质量.

如果我们取标准质量 $m_0 = 1$,(3-3)式变成

$$\Delta \boldsymbol{v}_0 = - m\Delta \boldsymbol{v}$$

可见,这样定义的质量,其大小反映了质点在相互作用过程中速度改变的难易程度,或者说,反映了质点惯性的大小.因此,我们把这样定义的质量称为惯性质量,以与后面讲到的引力

---

① 这个结论仅当质点的速度比光速小得多的情况下成立,否则要考虑相对论效应.

质量相区别。

2. 动量·动量守恒定律

我们把由上述理想实验得到的结果(3-2)式,改写成下列形式

$$m_1 \Delta \boldsymbol{v}_1 + m_2 \Delta \boldsymbol{v}_2 = 0 \tag{3-4}$$

然后把 $\Delta \boldsymbol{v}_1 = \boldsymbol{v}_1' - \boldsymbol{v}_1, \Delta \boldsymbol{v}_2 = \boldsymbol{v}_2' - \boldsymbol{v}_2$ 代入(3-4)式,经移项后得到

$$m_1 \boldsymbol{v}_1 + m_2 \boldsymbol{v}_2 = m_1 \boldsymbol{v}_1' + m_2 \boldsymbol{v}_2' \tag{3-5}$$

结果表明,在两质点相互作用的过程中,每一质点的质量 m 和它的速度 $\boldsymbol{v}$ 的乘积都是一个守恒量。用符号 $\boldsymbol{p}$ 表示,则有

$$\boldsymbol{p} = m\boldsymbol{v} \tag{3-6}$$

我们把 $\boldsymbol{p}$ 称为质点的动量,动量是一个矢量,其方向与速度相同,于是(3-5)式可写成

$$\boldsymbol{p}_1 + \boldsymbol{p}_2 = \boldsymbol{p}_1' + \boldsymbol{p}_2' \tag{3-7}$$

这里 $\boldsymbol{p}_1, \boldsymbol{p}_2$ 和 $\boldsymbol{p}_1', \boldsymbol{p}_2'$ 分别为两质点在时刻 t, t' 的动量。于是我们得出结论:由两个相互作用的质点组成的封闭系统的总动量保持恒定,即

$$\boldsymbol{p} = \boldsymbol{p}_1 + \boldsymbol{p}_2 = 常量 \tag{3-8}$$

上述结论就是动量守恒定律,它是物理学中最基本的普适原理之一。

当今航天和宇航技术有了高度的发展,载人飞往月球和进行星际探索都已成为事实。火箭的喷气推进原理是动量守恒定律最重要的应用之一,以下就以火箭为例,探讨动量守恒定律的应用。

火箭体内燃料燃烧生成的高温高压气体不断从火箭尾部喷出形成高速气流,在喷射气体的反方向上给火箭一个反冲力,这个反冲力就成为火箭向前推进的动力。显然,火箭不依靠空气提供推力,因而可以在空气稀薄的高空甚至没有空气的太空中飞行。由于火箭体内燃料不断燃烧,不断喷出气体,因此火箭是一个变质量的物体。为简单起见,我们考虑火箭在外层空间飞行,此时火箭受到的重力和空气阻力都足够小,可以忽略不计。对于由火箭和喷出气体组成的系统,其动量守恒。

设火箭飞行中的某一时刻 t,火箭和燃料的总质量为 m,它们相对于地面的速度为 v(如图 3-2(a) 所示),该时刻的总动量为 mv,经过时间 dt 以后,喷出的气体质量为 dm,喷出气体相对于火箭的速度 v_r 称为喷气速度,于是喷出气体相对于地面的速度为 $v - v_r$,而这时火箭和未燃烧的燃料的质量已减少到 $m - dm$,其速度变为 $v + dv$,如

图 3-2　火箭喷气推进原理

图 3-2(b) 所示。因此,在 $t + dt$ 时刻,火箭的动量为 $(m - dm)(v + dv)$,喷出气体的动量为 $dm(v - v_r)$,系统的总动量为

$$(m - dm)(v + dv) + dm(v - v_r)$$

根据动量守恒定律,可以写出

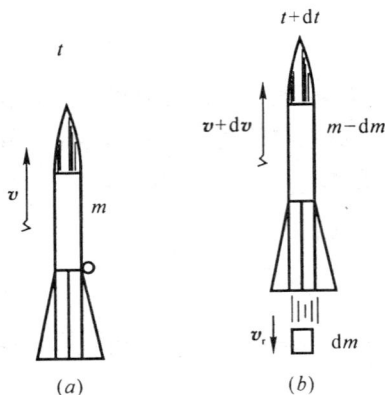

$$(m - \mathrm{d}m)(v + \mathrm{d}v) + \mathrm{d}m(v - v_r) = mv$$

整理并忽略二阶无穷小量 $\mathrm{d}m\mathrm{d}v$,得

$$m\mathrm{d}v - v_r\mathrm{d}m = 0$$

$$\mathrm{d}v = v_r \frac{\mathrm{d}m}{m} \tag{3-9}$$

式中,m 为火箭的质量,$\mathrm{d}m$ 为喷出气体的质量。由于喷出气体的质量就是火箭质量的减少量,因此火箭质量的减少量应为 $-\mathrm{d}m$,于是(3-9)式可写成

$$\mathrm{d}v = v_r \frac{(-\mathrm{d}m)}{m} = -v_r \frac{\mathrm{d}m}{m} \tag{3-10}$$

上式表示:火箭每喷出质量 $\mathrm{d}m$ 的气体,速度就增加 $\mathrm{d}v$。将上式积分后,可得

$$\int_{v_1}^{v_2}\mathrm{d}v = \int_{m_1}^{m_2} - v_r \frac{\mathrm{d}m}{m}$$

即

$$v_2 - v_1 = v_r \ln \frac{m_1}{m_2} \tag{3-11}$$

此式表示火箭质量从 m_1 减至 m_2 时,火箭速度相应从 v_1 增加到 v_2。

我们研究一下(3-11)式的含义。火箭速度的增加与喷气速度 v_r 成正比。理论上,通过化学燃烧能达到的最大喷气速度大约为 5 000m/s。但在实际上,由于燃烧不完全和其他损失,很难超过这个理论值的 50%,即 2 500m/s;另一方面,火箭速度的增加还和质量比 m_1/m_2 的对数成正比,为了增大质量比,应当使火箭携带尽可能多的燃料。例如,要使火箭具有 7 900m/s 的速度(第一宇宙速度),在喷气速度为 2 000m/s 的情况下,所需的质量比约为 50,即一吨重的火箭必须具备 49 吨燃料,这在技术上有很大困难。其次,只要计算一下就可看出,通过提高质量比来增加火箭速度,效果并不显著,因此,对燃料携带来说很不合算。在目前的技术条件下,一般火箭喷气速度达到 2 500m/s,质量比达到 6 左右时,火箭所能达到的速度约为 4 500m/s。由此可知,要使火箭绕地球运转,用单级火箭是无法达到的,必须采用多级火箭。

动量守恒定律是在惯性系中推论出来的,但其适用性十分普遍。本来动量守恒定律是针对机械运动的,后来在电磁学中,物理学家又把动量的概念推广到电磁场。例如,两个运动着的带电粒子,在它们之间的电磁相互作用下,两者动量的矢量和看起来似乎不守恒,但是若把系统内的机械动量和电磁场动量一起考虑进去,总动量仍然保持守恒。

总之,无论是在天体物理学中,还是在原子和原子核物理学中,都严格遵守动量守恒定律。迄今为止,还没有发现违背动量守恒定律的例子。

3-3 力·质点系的动量守恒条件

1. 力·牛顿运动定律

牛顿在伽利略所作研究的基础上,用牛顿第一定律确定了力的科学意义。力是描述物体间的相互作用,是改变物体运动状态的基本物理量,因此,力和动量的改变之间有着密切的

联系。如果有一个力 F 作用在一个质量为 m 的物体上，则力 F 就定义为动量的时间变化率，即

$$F = \frac{\mathrm{d}\boldsymbol{p}}{\mathrm{d}t} \tag{3-12}$$

17 世纪末，牛顿在他的《自然哲学的数学原理》一书中最先表述了这一关系，我们称之为牛顿第二定律，它可以表述为

作用于质点上的外力，等于该质点动量的时间变化率。

对于质量 m 不变的物体，(3-12)式可写成

$$F = \frac{\mathrm{d}(m\boldsymbol{v})}{\mathrm{d}t} = m\frac{\mathrm{d}\boldsymbol{v}}{\mathrm{d}t}$$

即

$$F = m\boldsymbol{a} \tag{3-13}$$

这里 $\boldsymbol{a} = \dfrac{\mathrm{d}\boldsymbol{v}}{\mathrm{d}t}$ 是质点的加速度。(3-13)式是牛顿第二定律的另外一种形式，(3-12)式是它更一般的形式，在相对论中也适用。

在实际问题中，若不止一个力作用于质点上，(3-12)式中的力 F 就是质点上所有作用力的矢量和：

$$F = F_1 + F_2 + \cdots + F_n = \sum_{i=1}^{n} F_i \tag{3-14}$$

式中 F 称为合外力。(3-14)式称为力的叠加原理。

牛顿第二定律在直角坐标系中的分量形式为

$$F_x = ma_x, \qquad F_y = ma_y, \qquad F_z = ma_z$$

在研究圆周运动和曲线运动的自然坐标系中，采用切向和法向的分量形式为

$$\left.\begin{array}{l} F_\tau = ma_\tau = m\dfrac{\mathrm{d}v}{\mathrm{d}t} \\[2mm] F_n = ma_n = m\dfrac{v^2}{\rho} \end{array}\right\} \tag{3-15}$$

如果我们考虑图 3-1 两个质点间的相互作用，则由动量守恒定律可知该系统的总动量不变：

$$\boldsymbol{p}_1 + \boldsymbol{p}_2 = \text{常量}$$

两个质点在相互作用中传递着动量。在 $\mathrm{d}t$ 时间内，质点 2 失去的动量 $\mathrm{d}\boldsymbol{p}_2$ 等于质点 1 获得的动量 $\mathrm{d}\boldsymbol{p}_1$，于是可得

$$\mathrm{d}\boldsymbol{p}_1 = -\mathrm{d}\boldsymbol{p}_2$$

在单位时间内两质点间交换的动量为

$$\frac{\mathrm{d}\boldsymbol{p}_1}{\mathrm{d}t} = -\frac{\mathrm{d}\boldsymbol{p}_2}{\mathrm{d}t} \tag{3-16}$$

(3-16)式反映了每个质点在相互作用中动量的变化率。由牛顿第二定律，我们定义，$F_{12} = \dfrac{\mathrm{d}\boldsymbol{p}_1}{\mathrm{d}t}$ 为质点 2 给质点 1 的作用力，$F_{21} = \dfrac{\mathrm{d}\boldsymbol{p}_2}{\mathrm{d}t}$ 为质点 1 给质点 2 的作用力，则由(3-16)式得

$$F_{12} = -F_{21} \tag{3-17}$$

在 F_{12} 和 F_{21} 两个力中,如果把 F_{12} 称为作用力,那么 F_{21} 就称为反作用力。(3-17)式表明:两个质点之间的作用力和反作用力大小相等、方向相反、在同一直线上。

这就是牛顿第三定律。

2. 质点系的动量守恒条件

动量守恒定律指出,由两个相互作用的质点组成的封闭系统的总动量保持不变。总动量是指系统内所有质点的动量矢量和。封闭系统是指没有任何外力作用的系统,所有的力都是内力,它们都起源于系统的内部。但是,现实问题往往涉及由若干个相互作用的物体(质点)组成的系统,我们称之为质点系。为了处理问题方便,我们往往从一个大系统中分离出一个子系统作为研究对象,并称为"系统",把大系统的其余部分称为系统的外部;系统内质点之间的相互作用力称为内力,外部质点给系统内质点的力称为外力。于是,系统内第 i 个质点所受的作用力为

$$F_i = F_{i外} + f_{i内} \tag{3-18}$$

式中 $F_{i外}$ 和 $f_{i内}$ 表示第 i 个质点所受的合外力和合内力。

系统的总动量为 $p = \sum_i p_i$,它所受到的总作用力为

$$F = \frac{\mathrm{d}p}{\mathrm{d}t} = \sum_i \frac{\mathrm{d}p_i}{\mathrm{d}t} = \sum_i (F_{i外} + f_{i内}) = F_外 + \sum_i f_{i内} \tag{3-19}$$

式中 $F_外 = \sum_i F_{i外}$ 为系统所受的合外力。由牛顿第三定律 $f_{ij} = -f_{ji}$,得系统内力的矢量和 $\sum_i f_{i内} = 0$,于是(3-19)式化为

$$F_外 = \frac{\mathrm{d}p}{\mathrm{d}t} \tag{3-20}$$

如果系统所受合外力 $F_外 = 0$,则

$$\frac{\mathrm{d}p}{\mathrm{d}t} = 0$$

或

$$p = \sum_i p_i = 常量 \tag{3-21}$$

(3-21)式是动量守恒定律(3-8)式的推广。它不仅把系统扩充到两个质点以上,而且不要求系统必须是封闭的。(3-21)式表明:第一,只要系统所受合外力为零,其动量就守恒;第二,(3-21)式是个矢量式,由于矢量的各个分量的独立性,即使系统合外力不等于零,只要某一方向上的合外力分量等于零,则尽管系统的总动量不守恒,但该方向上的动量分量保持守恒。炮车的反冲就是动量分量守恒的一个例子。动量守恒定律说明系统的内力可以改变系统内每个质点的动量,但并不能改变系统的总动量。这一结果与内力的性质无关,也就是说,无论什么类型的相互作用力(引力、电磁力、核力等)都遵从这个规律。

例 1 一辆质量为 $M = 1.5 \times 10^3 \mathrm{kg}$ 的卡车以 $v_M = 50\mathrm{km/h}$ 的速度从后面撞到一辆质量 $m = 5 \times 10^2 \mathrm{kg}$ 的停着的小汽车的保险杆上,使得两辆车的前后保险杆搭在一起。问这两辆汽车碰撞后的共同速度为多少?

解 停着的这辆小汽车在被撞前的速度为零。用动量守恒定律可求出它们碰撞后的共同速度。

$$Mv_M = (M + m)v$$

$$v = \frac{Mv_M}{(M + m)} = \frac{1.5 \times 10^3 \times 50}{(1.5 \times 10^3 + 5 \times 10^2)} = 37.5(\text{km/h})$$

可见,我们在驾驶汽车时要注意交通安全,避免交通事故的发生。

例 2 如图 3-3 所示,炮车以仰角 α 发射一颗炮弹。炮车和炮弹的质量分别为 M 和 m,炮弹的出口速度为 u,求炮车的反冲速度 v。设炮车和地面的摩擦可忽略不计。

解 把炮车和炮弹看作是一个系统,则系统所受外力有炮弹和炮车的重力、地面的正压力。在火药点燃前,正压力与重力是平衡的;但在炮弹发射过程中,由于炮车反冲力的作用,地面的正压力增大,因而系统的合外力不等于

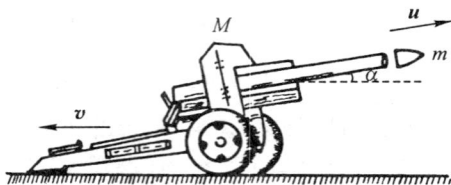

图 3-3 炮车的反冲

零(注意:炮弹发射过程中,炮弹受到的冲击力和炮车受到的反冲力是系统的一对相互作用的内力),系统的总动量不守恒。然而,这些外力都是竖直方向的,即系统在水平方向不受外力作用。因此,系统的水平分动量守恒,可用分动量守恒定律。其次,物体的速度必须相对于同一惯性系,否则会造成错误。题目给出的炮弹出口速度 u 是炮弹相对于炮筒的速度,根据相对速度公式,炮弹相对地面在水平方向的速度分量为

$$u\cos\alpha - v$$

于是有

$$m(u\cos\alpha - v) - Mv = 0$$

由此解得

$$v = \frac{m}{M + m}u\cos\alpha$$

[说明] 如果考虑炮车和地面间的摩擦力,则系统在水平方向也受外力作用,即系统在水平方向的动量也不守恒,不能应用分动量守恒定律解本题。但在炮弹发射过程中,由于火药爆炸产生的内力比摩擦力大得多,因此可以近似地应用水平方向的分动量守恒定律。

例 3 一个 α 粒子(氦原子的核),由最初处于静止状态的铀 238 的核中,以 $1.4 \times 10^7\text{m/s}$ 的速度被发射出来。试求剩余原子核(钍 234)的反冲速度。

解 设由钍和 α 粒子组成的系统最初被束缚在一起构成铀核,然后分裂成两个部分。由于分裂时无外力作用,因此系统动量守恒。设 α 粒子和钍核的质量分别为 m_α 和 $m_{\text{钍}}$,速度分别为 v_α 和 $v_{\text{钍}}$,而且分裂前是静止的。于是

$$m_\alpha v_\alpha + m_{\text{钍}} v_{\text{钍}} = 0$$

$$v_{\text{钍}} = -\frac{m_\alpha}{m_{\text{钍}}}v_\alpha = -\frac{4}{234} \times 1.4 \times 10^7 = -2.4 \times 10^5(\text{m/s})$$

负号表示剩余原子核(钍)朝着和 α 粒子运动相反的方向反冲。

3-4 冲量·动量定理

牛顿第二定律给出了质点动量的时间变化率和所受合外力的瞬时关系。现在,我们来讨论在任意一段时间内,质点的动量改变和外力作用之间的关系。设质点是在变力 $\boldsymbol{F}$ 作用下运动,则在极小的时间间隔内,其动量的增量由(3-12)式为

$$\boldsymbol{F}\mathrm{d}t = \mathrm{d}\boldsymbol{p}$$

而质点在变力 $\boldsymbol{F}$ 作用下,在 t_1 到 t_2 的一段时间内的动量增量 $\boldsymbol{p}_2 - \boldsymbol{p}_1$ 可对上式两边积分求得

$$\int_{t_1}^{t_2} \boldsymbol{F} dt = \boldsymbol{p}_2 - \boldsymbol{p}_1 = m\boldsymbol{v}_2 - m\boldsymbol{v}_1 \tag{3-22}$$

上式左方的矢量 $\boldsymbol{I} = \int_{t_1}^{t_2} \boldsymbol{F} dt$ 称为在 t_1 到 t_2 时间间隔内变力 $\boldsymbol{F}$ 作用在物体上的冲量。(3-22)式称为动量定理,用文字表述如下:

物体在一段时间间隔内所受合外力的冲量等于该时间间隔内物体动量的增量。

动量定理是直接由牛顿第二定律导出的,所以它同样只在惯性系中成立。

变力的冲量表示在一段时间间隔内,力的时间累积作用。通过冲量的作用,所产生的效果是使受力物体的动量发生变化。在 SI 中,冲量的单位是 N·s。

冲量是个矢量。在变力 $\boldsymbol{F}$ 的作用下,从 t_1 到 t_2,由于 $\boldsymbol{F}$ 的方向随时间变化,因此冲量的方向不能由某一瞬时合外力 $\boldsymbol{F}$ 的方向来确定,而直接用积分 $\int_{t_1}^{t_2} \boldsymbol{F} dt$ 求矢量和是很困难的,且往往求不出。但(3-22)式告诉我们,冲量 $\boldsymbol{I}$ 的方向与物体动量的增量 $\boldsymbol{p}_2 - \boldsymbol{p}_1$ 的方向相同,因此无需考虑物体在运动过程中外力方向的变化;而冲量的大小完全决定于物体在此段时间间隔内的动量增量的绝对值。这正是应用动量定理解决力学问题的优点所在。

如果 $\boldsymbol{F}$ 是一个方向不变、但大小不断在变化的变力,则冲量的大小等于外力随时间变化曲线下的面积。如图 3-4 所示,图中恒力 $\overline{\boldsymbol{F}}$ 下面的矩形阴影面积和变力 $\boldsymbol{F}$ 曲线下面的面积相等,于是可用恒力 $\overline{\boldsymbol{F}}$ 的冲量来代替变力 $\boldsymbol{F}$ 的冲量

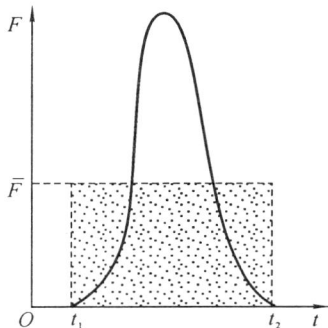

图 3-4　冲力随时间变化曲线和平均冲力

$$\boldsymbol{I} = \int_{t_1}^{t_2} \boldsymbol{F} dt = \overline{\boldsymbol{F}}(t_2 - t_1) \tag{3-23}$$

式中 $\overline{\boldsymbol{F}}$ 称为平均冲击力。

动量定理在解决碰撞、冲击等问题中非常有用。在生产实际中,我们有时要利用冲击力,增大冲击力;有时又要设法减小冲击力,避免造成损害。例如,利用冲床冲击钢板,由于冲头受到钢板给它的冲量作用,冲头的动量很快减到零,相应的冲击力很大。根据牛顿第三定律,钢板所受到的反作用冲击力也同样很大,所以钢板被冲断了。又如,在高层建筑工地上,工人在高空作业时,万一不慎跌落到地面上,则在与地面碰撞过程中,人的动量将发生很大的改变,人体将因受到地面的冲击力而受伤致残;但如果在周围空中放置安全网,人一旦落在网上,由于人与网的持续作用时间较长,因此在人的动量改变差不多的情况下,网作用于人身上的冲击力就小得多,从而起到安全保护作用。

例 4　跳伞员从飞机上跳下时,不是立即打开降落伞而是经过一定时间后才打开,此时跳伞员受到很大的冲击力。若打开伞前的速度为 50m/s,伞完全打开后的速度为 5m/s,打开伞的时间是 1.5s,并假定下降过程是直线运动(忽略空气对人体的阻力)。求跳伞员在打开伞的过程中所受到的绳的平均冲力。

解　跳伞员受降落伞绳的平均拉力 $\overline{F}$ 和重力 mg 的作用,取竖直向下为正方向,根据动量定理有

$$(mg - \overline{F})\Delta t = mv - mv_0$$

$$\overline{F} = \frac{mv_0 - mv}{\Delta t} + mg = (\frac{v_0 - v}{g\Delta t} + 1)mg = (\frac{50 - 5}{9.8 \times 1.5} + 1)mg \approx 4mg$$

可见跳伞员在打开伞的过程中受到绳的平均拉力约为本身体重的 4 倍。

3-5 牛顿定律的实际应用

牛顿定律并非对所有参考系都成立,而只能在惯性系中成立。地面参考系是一个近似的比较好的惯性参考系。下面先简单介绍自然界中的常见力。

1. 力学中常见的力

前面已经提到力有四种基本类型:万有引力、电磁力、强相互作用和弱相互作用。万有引力和电磁力是长程力,在宏观现象中起着重要的作用;强相互作用和弱相互作用是短程力,它们的作用只有在原子核内才显示出来。由于牛顿力学规律对于原子核内的运动不再适用,因此,在力学范围内只涉及万有引力、电磁力,以及弹性力和摩擦力。后两种力决定于物质分子间相互作用的性质。当分子互相靠近时,它们之间会出现电荷之间相互作用的电磁力。两个物体互相接触时出现的弹性力、摩擦力等接触力,实际上是两个物体的分子互相靠近,电磁力起作用的结果。因此,弹性力和摩擦力在本质上属电磁力。

万有引力和电磁力是基本力,它们不能归结为其他更简单的力,而弹性力和摩擦力不是基本力。

下面我们简单介绍力学中几种常见的力。

(1)重　力

地球对其表面附近物体的引力称为重力。物体因受重力作用而具有的加速度称为重力加速度。根据牛顿第二定律,重力 $G = mg$。

物体作用于其悬吊物或支承物的力称为重量。我们在日常生活中用秤来称量物体时,实际上测得的是该物体作用在秤上的力,这个力的大小就是物体的重量。必须指出,人们往往把重力 G 和重量混为一谈,事实上重力和重量是作用于两个不同的物体上的。另外,重力 G 永远等于 mg,而重量却依赖于物体和支承物运动的加速度,它可能大于或小于 mg,特别是在失重情况下,它等于零。

(2)弹性力

物体在受到力的作用而发生形变时,其内部就产生反抗力,力图恢复物体原状,这种力称为弹性力。例如,用手拉伸弹簧,就会出现弹性力。在弹性限度内,弹簧中的弹性力与弹簧的伸长量(或压缩量)成正比,并且总是与拉伸(或压缩)的方向相反,这就是胡克(R. Hooke)定律:

$$F = - kx \tag{3-24}$$

其中 k 为弹簧的劲度系数,x 为伸长量(或压缩量),负号表示弹性力与拉伸(或压缩)方向相反。

当两个物体互相挤压时,在两物体接触处要产生挤压形变,于是在接触面处会出现弹性力,这种弹性力的方向与接触面垂直,故称为正压力。

当绳子受到拉伸时,也会略有伸长,出现弹性拉力,这种力的方向沿绳长方向。这种弹性力不仅作用在绳子两端连结绳的物体上,同时也存在于绳的内部。我们可以在一条拉紧的绳上任意处,设想作一截面把绳截为两部分,则这两部分在截面处彼此都有弹性拉力的作用,通常把绳上任意截面处两侧的弹性拉力称为张力。如果绳的质量可以忽略不计,则绳中各处张力相等;如果绳的质量不可忽略,则张力还和绳的加速度有关。一般说来,绳中不同截面处的张力不再相等,因而绳两端的张力大小不同。

综上所述,如果形变物体是弹簧,受力后有明显的可以确定的形变,则可以利用胡克定律来确定弹性力的大小。然而在一般涉及正压力和绳中张力问题时,我们不能企图通过这些无确定的形变计算出弹性力,而必须根据各个物体的运动情况,利用牛顿定律来确定。

（3）摩擦力

当两个互相接触的物体作相对运动或有相对运动趋势时,它们之间就有摩擦力。

摩擦可分为干摩擦和湿摩擦两类。干摩擦是两个固体表面之间的摩擦,又叫外摩擦。湿摩擦是液体（或气体）内部,或者固体和液体（或气体）之间的摩擦,因此又叫粘滞性摩擦或内摩擦。

干摩擦可分为静摩擦、滑动摩擦和滚动摩擦。这里仅介绍静摩擦和滑动摩擦两种。

当两个互相接触的物体相对静止但有相对滑动的趋势时,它们之间产生的摩擦力称为静摩擦力。静摩擦力的大小和外力大小相等,方向相反,但它的大小是可以改变的,依具体情况,可随外力的增大取零到某个最大值之间,这个最大值叫做最大静摩擦力,其大小为

$$f_{s,max} = \mu_s N \tag{3-25}$$

式中 μ_s 叫做静摩擦因数,其数值由两物体的性质和表面情况而定。

当两个物体之间有相对滑动时,存在于接触面上的摩擦力叫滑动摩擦力,其大小为

$$f = \mu N \tag{3-26}$$

式中 μ 称为动摩擦因数,其数值不但与两物体的性质和表面情况有关,而且还与物体的相对速度有关。

滑动刚开始时,滑动摩擦力比最大静摩擦力小,而且随着相对速度的增大而继续减小,之后又随着相对速度的增加而增加。

与干摩擦不同,湿摩擦的特征是湿摩擦力随速度同时趋于零,其所遵循的规律这里不再介绍。

在自然界中,摩擦有很重要的意义。例如,在冰层覆盖的道路上,使行人脚底或车辆的轮子与路面的摩擦显著减小时,将给行人走路和车辆行驶带来困难,因此要设法增大摩擦,如在鞋底和轮胎上做出凹凸不平的花纹。

然而在很多情况下,摩擦的作用是十分不利的,要消耗大量的能源,如使机器发热甚至烧毁,因而必须采取措施减少摩擦。减少摩擦的最根本方法是用滚动摩擦代替滑动摩擦。因为在滚动情况下,摩擦因数小得多,因此滚动摩擦力要比滑动时小得多,这正是我们在机器和车辆中尽量使用滚珠轴承的道理。其次,是变干摩擦为湿摩擦。例如,在机器的零部件表面和轴承处涂以润滑油或充入高压气体,使两表面之间形成薄薄的油层或气层,将大大减少滑动摩擦。高速行驶的气垫船就是利用这个原理制成的:它在船上装有几个大功率的吹风机,使船体与水面（或地面）之间形成气垫,船体浮在空气层上,从而大大减少了摩擦,达到高速行驶的目的。

2. 应用举例

应用牛顿定律可以解决两类问题:一类是由已知力求物体的运动;另一类是已知运动求力;或者是二者的混合问题。

下面我们举几个例子,说明牛顿定律的实际应用。

例 5 如图 3-5 所示,A 和 B 为定滑轮;质量为 $m_1 = 0.5\text{kg}$ 的物体受到 $F = 10\text{N}$ 的力在光滑地面上拉动;$m_2 = 0.8\text{kg}$ 的物体悬挂在 B 滑轮上,滑轮和绳子的质量可忽略不计。试求 m_1,m_2 物体的加速度及绳中的张力。

解 这是连结体问题的一种类型,由于不计滑轮及绳的质量,故可认为绳中张力处处相等。分别选物体 m_1 和 m_2,滑轮 A 和 B 为研究对象,画隔离图。

根据牛顿第二定律

$$F - T = m_1 a$$
$$T - m_2 g = m_2 a$$

联立上面二式,可解得

$$a = \frac{F - m_2 g}{m_1 + m_2} = \frac{10 - 0.8 \times 9.8}{0.5 + 0.8}$$
$$= 1.66 (\text{m/s}^2)$$
$$T = m_2(a + g)$$
$$= 0.8(1.66 + 9.8)$$
$$= 9.17 (\text{N})$$

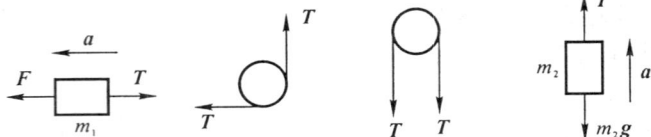

图 3-5 滑轮连结的两物体

例 6 如图 3-6 所示,物体 A 的质量 $m_A = 2\text{kg}$,它与斜面间的动摩擦因数 $\mu = 0.3$;物体 B 的质量 $m_B = 4\text{kg}$。求 A,B 的加速度及连接 A,B 之间的绳中的张力 T。设绳和滑轮质量及滑轮与轴间摩擦均忽略不计,重力加速度 $g = 10\text{m/s}^2$。

解 首先作隔离图,进行受力分析。根据牛顿第二定律

$$T - m_A g \sin 30° - \mu m_A g \cos 30° = m_A a_A \qquad (1)$$
$$T_1 = 2T \qquad (2)$$
$$m_B g - T_1 = m_B a_B \qquad (3)$$

根据动滑轮性质,在相同的时间内,物体 A 通过的路程是物体 B 通过路程的两倍,故得

$$a_A = 2a_B \qquad (4)$$

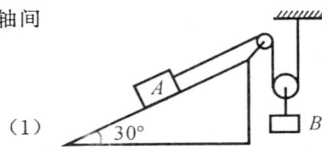

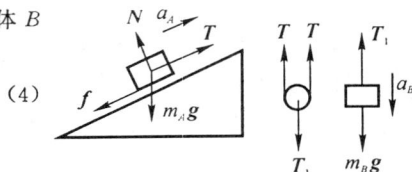

图 3-6

联立方程(1)~(4)得

$$a_B = \frac{[m_B - 2m_A(\sin 30° + \mu \cos 30°)]g}{4m_A + m_B}$$
$$= \frac{[4 - 2 \times 2(\sin 30° + 0.3 \times \cos 30°)] \times 10}{4 \times 2 + 4} = 0.8 (\text{m/s}^2)$$
$$a_A = 2a_B = 1.6 (\text{m/s}^2)$$
$$T_1 = \frac{2m_A m_B(2 + \sin 30° + \mu \cos 30°)g}{4m_A + m_B}$$
$$= \frac{2 \times 2 \times 4(2 + \sin 30° + 0.3\cos 30°) \times 10}{4 \times 2 + 4} = 36.8 (\text{N})$$
$$T = \frac{T_1}{2} = 18.4 (\text{N})$$

例 7 如图 3-7 所示，在光滑的水平桌面上放着一块质量为 $M=10\mathrm{kg}$ 的平板；质量为 $m=5\mathrm{kg}$ 的物块压在平板上，物块与平板间的静摩擦因数 $\mu_s=0.1$，动摩擦因素 $\mu=0.09$；质量为 $m_1=1\mathrm{kg}$ 的重物由跨过滑轮的细绳与物块 m 连接。设滑轮与细绳的质量忽略不计。求物块 m 与平板 M 的加速度及摩擦力。

解 首先分别对 M,m,m_1 作隔离图，进行受力分析。根据牛顿第二定律

$$f=Ma_M \tag{1}$$

$$T-f=ma \tag{2}$$

$$m_1g-T=m_1a \tag{3}$$

联立(2)式和(3)式得

$$m_1g-f=(m+m_1)a \tag{4}$$

物块 m 与平板 M 间的最大静摩擦力为

$$f_{s,\max}=\mu_s mg=0.1\times5\times9.8$$

$$=4.9(\mathrm{N})$$

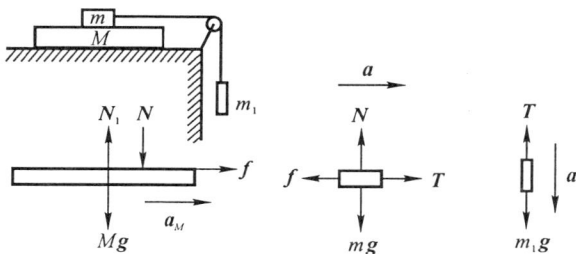

图 3-7

故平板 M 的最大加速度为

$$a_{M,\max}=\frac{f_{s,\max}}{M}=\frac{4.9}{10}=0.49\ (\mathrm{m/s^2})$$

如果物块 m 和平板 M 一起运动，则必须 $a=a_M=a_{共}$，由(1)~(3)式得

$$a_{共}=\frac{m_1g}{m+M+m_1}=\frac{1\times9.8}{5+10+1}=0.61\ (\mathrm{m/s^2})$$

但是，平板 M 的最大加速度 $a_{M,\max}<0.61\mathrm{m/s^2}$

所以物块 m 与平板 M 之间将发生相对运动，这时 f 应为滑动摩擦力，其大小为 $f=\mu N=\mu mg=0.09\times5\times9.8=4.41(\mathrm{N})$。

由(1)式和(4)式得

$$a_M=\frac{f}{M}=\frac{4.41}{10}=0.44(\mathrm{m/s^2})$$

$$a=\frac{m_1g-f}{m+m_1}=\frac{1\times9.8-4.41}{5+1}=0.9(\mathrm{m/s^2})$$

例 8 设有一条半径为 100m 而不倾斜的弯曲公路；又设橡胶与沥青之间的摩擦因数在晴天时为 0.75，在雨天时为 0.50，橡胶与冰之间的摩擦因数为 0.25。求：(a) 天晴的时候、(b) 下雨的时候、(c) 结冰的时候，汽车在该公路上行驶的最大安全速度为多少？

解 如图 3-8 所示，汽车在公路上转弯的向心力为摩擦力。设汽车质量为 m，则有

$$f=\mu mg$$

由牛顿第二定律

$$f=m\frac{v^2}{R}=\mu mg$$

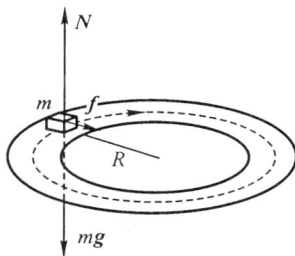

图 3-8 汽车在水平
弯道上行驶

故

$$v=\sqrt{\mu Rg}$$

(a) 天晴时，$\mu=0.75$ $v_晴=27.11\mathrm{m/s}$

(b) 天雨时，$\mu=0.50$ $v_雨=22.14\mathrm{m/s}$

(c) 结冰时，$\mu=0.25$ $v_冰=15.65\mathrm{m/s}$

我们可以发现，这些安全速度均与汽车质量无关。

3-6　非惯性系

前面我们已经提到,牛顿定律只在惯性系中成立。牛顿定律不能成立的参考系叫做非惯性系。在实际问题中,我们经常和非惯性系打交道。

在非惯性系中牛顿定律不成立的原因是:对于同一个运动物体,虽然在非惯性系与惯性系中所受的作用力相同,但加速度不同。例如,有一质量为 m 的小球静止在光滑的水平地面上,如图 3-9 所示。站在地面上的人 A 看到小球 m 静止在地面上;而对于站在以加速度 a 向前行驶的汽车上的人 B 来说,小球 m 却以 $-a$ 的加速度向后作加速运动。站在地面上的人 A 是以地面为参考系来描述小球 m 的运动的,他对于所看到的现象可以这样来解释:因为地面光滑,小球 m 在水平方向不受力,根据牛顿第二定律,它在水平方向没有加速度,所以保持静止状态。但是,站在汽车上的人 B 以汽车为参考系来描述这一现象时,就出现问题了。因为在他看来,小球 m 在水平方向未受到任何作用力,但却有加速度向后作加速运动,也就是说,不受力产生加速度,这显然不符合牛顿定律。

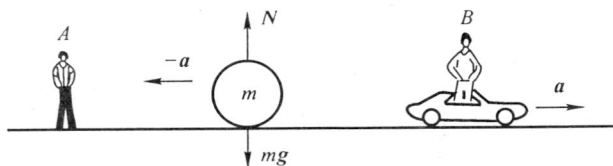

图 3-9　在汽车参考系中观察小球

为了能在非惯性系中求解力学问题,我们设想小球 m 除了受到物体间相互作用的力外,还有一个等于 $-ma$ 的力作用于小球上,这个力叫惯性力 $F_惯$。在非惯性系中引入惯性力 $F_惯$ 后,我们就能利用牛顿定律描述物体在非惯性系中的运动了。即

$$F + F_惯 = ma' \tag{3-27}$$

式中 F 是物体受到相互作用力的合外力;$F_惯$ 是惯性力,其大小等于受力物体的质量 m 乘以非惯性系的加速度 a,方向与 a 相反,即 $F_惯 = -ma$,a' 是物体相对非惯性系的加速度。

读者必须注意,不能把惯性力与弹性力、重力和摩擦力同等看待,因为它不是由于物体间的相互作用而产生的真实力。惯性力是一种虚拟力,既没有施力者,也没有反作用力。惯性力的实质是物体的惯性在非惯性系中的反映。

$F_惯 = -ma$ 形式的惯性力适用于作加速平动的非惯性系,对于作转动的非惯性系,同样可以引入相应的惯性力,只不过表示有所不同而已,本书中不作介绍。

下面我们通过例子来说明惯性力概念的应用,并分别比较用惯性系和非惯性系处理问题的一致性。

例 9　一质量为 m 的小球用细线悬挂在小车上。当小车沿水平面以加速度 a 作匀加速直线运动时,悬线偏离铅直线一角度 θ(见图 3-10(a))。求悬线偏离铅直线的角度和线中的张力(见图 3-10)?

解法 1　在地面参考系(惯性系)中,如图 3-10(b)所示。小球 m 受两个力:线的张力 T 和重力 mg。根据牛顿第二定律,有

$$T\sin\theta = ma$$
$$T\cos\theta - mg = 0$$

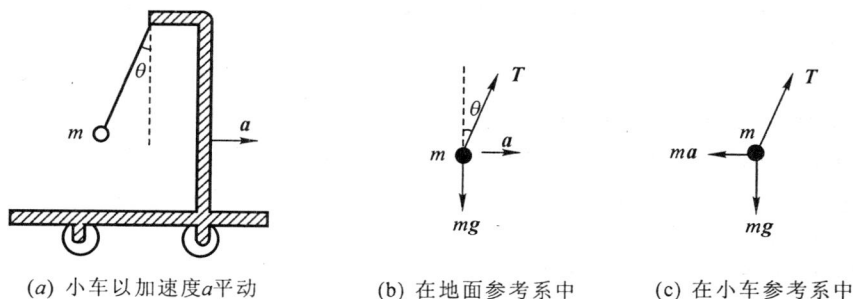

(a) 小车以加速度a平动　　　(b) 在地面参考系中　　　(c) 在小车参考系中

图 3-10

解得

$$T = m\sqrt{a^2 + g^2}, \qquad \theta = \arctan\frac{a}{g}$$

解法 2　以小车为参考系(非惯性系),如图 3-10(c)所示。在小车上的观察者看来,小球 m 静止不动,它除了受张力 T 和重力 mg 以外,还受到一惯性力 $F_{惯}$,此三力应互相平衡。应用牛顿定律有

$$T\sin\theta - ma = 0$$
$$T\cos\theta - mg = 0$$

于是可解得同样的结果。

本章摘要

1. 牛顿第一定律和惯性系。

2. 惯性质量是物体惯性大小的量度。

3. 动量:

$$\boldsymbol{p} = m\boldsymbol{v}$$

动量守恒定律:当质点系所受合外力为零时,$\sum_i \boldsymbol{p}_i = $常量。利用动量守恒定律,可将未知质量 m 与标准质量 m_0 进行比较,然后算出未知质量 m。

4. 力是物体动量的时间变化率,即在单位时间内物体在相互作用中传递的动量。

5. 冲量是描述力在时间上的累积作用的物理量。它是一个矢量,$\boldsymbol{I} = \int_{t_1}^{t_2} \boldsymbol{F}\mathrm{d}t$。

动量定理:　$\boldsymbol{I} = \int_{t_1}^{t_2} \boldsymbol{F}\mathrm{d}t = m\boldsymbol{v}_2 - m\boldsymbol{v}_1$

6. 牛顿第二定律和第三定律只能在惯性系中成立。

7. 惯性力是惯性在非惯性系中的反映。在平动非惯性系中,$F_{惯} = -m\boldsymbol{a}$。

思考题

3-1　在杂技表演中,常可看到一杂技演员平躺在钉子上,身上压着一块大而重的石板,另一演员用大

铁锤猛击石板,结果石裂而人不伤。这是什么原因?有人说如果用很厚的棉被代替石板,演员会更安全,你说对吗?试分析之。

3-2 在"马拉车、车拉马"的问题中,马拉车的作用力等于车拉马的反作用力,大小相等且方向相反,为什么车还能前进呢?

3-3 试推算离地面高度为 $h=210$km 处的人造卫星绕地球运转的速度。设该高度处 $g=9.2$m $\cdot$ s^{-2}(因为重力加速度随地面高度增加而减小),地球半径 $R=6$ 370km。

3-4 如图所示,用一根线 C 把质量为 m 的物体挂在天花板上,再用一根相同的线 D 系在物体下面。试说明以下事实:如果突然快拉 D,D 就断;如果慢慢拉 D,C 就断。

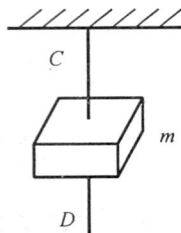

思考题 3-4 图

3-5 试分析飞机和火箭的飞行原理有何不同之处。

3-6 在一个轨道上运转的太空实验室(宇宙航行器)中的宇航员想不断记录他每天的体重,假如他处于失重的状态,你能否设想一个帮他测定自己体重的方法?

3-7 如图所示,弹性球置于光滑的桌面上,质量分别为 m_1,m_2,速度分别为 v_1,v_2,相向而行发生碰撞。

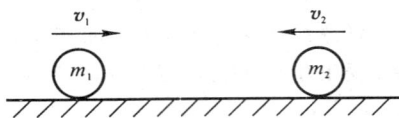

(1)若碰撞后 m_2 恰好静止,求此时 m_1 的速度;

(2)若 m_2 固定于桌面(譬如说,钉在桌上),m_1 以 v_1 的速度与它碰撞,再以 v_1 的速度弹回。问此时两球组成系统的动量有无变化?为什么?讨论上述两种情况是不是完全弹性碰撞?

思考题 3-7 图

3-8 为什么雨滴在它下降的最后阶段速度总是恒定的?

3-9 站在秤台上仔细观察你在站起和蹲下的过程中,秤台读数的变化。试用牛顿定律解释之。

3-10 如果有大小不同的两只船与堤岸的距离相同,为什么从小船跳上岸去比较难,而从大船跳上岸却比较容易?

3-11 一个人静止在覆盖着整个池塘的完全光滑的冰面上,试问他怎样才能到达岸边?他能否由步行、滚动、挥动双臂或踢动双脚而到达岸上?

3-12 惯性力有没有反作用力?它是怎样产生的?为什么要引进惯性力?它的大小与方向如何确定?

习 题

3-1 如图所示,一手榴弹投出方向与水平面成 45°角,投出的速率为 25m $\cdot$ s^{-1}。若它在刚要接触与投射点在同一水平面的目标时爆炸,并分成质量相等的三块:一块以速度 v_3 竖直向下,一块顺爆炸处的切线方向以速度 $v_2=15$ m $\cdot$ s^{-1}飞出,一块沿轨道法线方向以速度 v_1 飞出,求 v_1 和 v_3。(不计空气阻力)

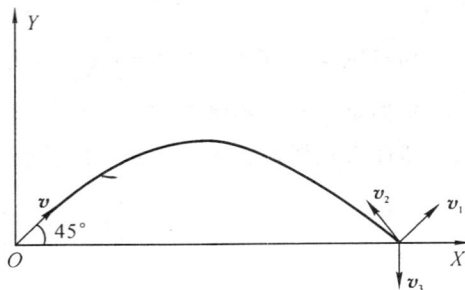

3-2 在一次 α 粒子散射过程中,α 粒子与静止的氧原子核发生"碰撞"。实验测得碰撞后 α 粒子沿与入射方向成 $\theta=72°$角的方向运动,而氧原子核沿与 α 粒子入射方向成 $\beta=41°$角方向"反冲",如图所示。求碰撞前后 α 粒子的速率之比。

3-3 一个质量为 m 的人站在质量为 M 的小船

习题 3-1 图

的船头上,小船以速度 v_0 在静水中向前行驶。若此人突然以相对于小船的速度 u 向船尾跑去,问小船的速度变为多少?如果人到达船尾后停止跑动,此时小船的速度又变为多少?

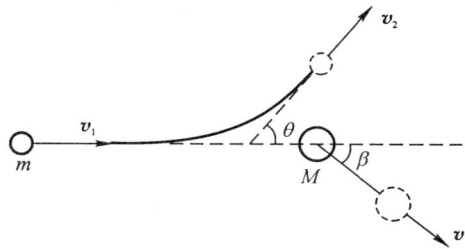

3-4 一垒球的质量 $m=0.20\text{kg}$,如果投出时速度为 $30\text{m}\cdot\text{s}^{-1}$,被棒击回的速度为 $50\text{m}\cdot\text{s}^{-1}$,方向相反.试求球的动量变化和打击力的冲量。如果球与棒接触时间为 $\Delta t=0.0020\text{s}$,求打击的平均力。

3-5 如图所示,A 和 B 两木块质量分别为 m_A 和 m_B,并排在光滑的水平面上。今有一子弹水平地

习题 3-2 图

穿过木块 A 和 B,所用时间分别为 Δt_1 和 Δt_2.若木块对子弹的阻力为恒力 F,求子弹穿过后,两木块的速度各为多少?

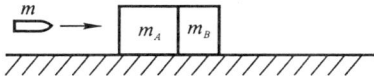

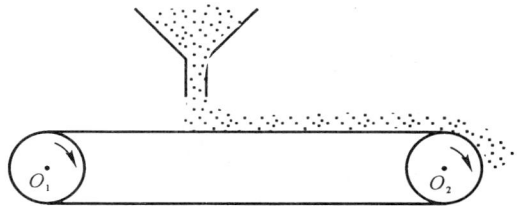

习题 3-5 图

习题 3-7 图

3-6 一飞机以 $300\text{m}\cdot\text{s}^{-1}$ 的速度飞行,途中撞到了一只质量为 2.0kg 的鸟,鸟的长度为 0.3m。假设鸟撞上飞机后随飞机一起运动,试计算它们相撞过程中的平均冲力。

3-7 如图所示,小石子从料斗中落在水平传送带上,靠传送带输送出去。设每分钟落下的小石子为 20kg,皮带速率为 $15\text{m}\cdot\text{s}^{-1}$。试求匀速传送时皮带作用在小石子上的水平力。

3-8 在无重力场影响下,由静止发射一个质量为 $6.0\times10^4\text{kg}$ 的三级火箭。

(1)设燃料相对于火箭的喷出速率为 $v_r=2\,500\text{m}\cdot\text{s}^{-1}$;三级火箭依次发射后,火箭主体的质量分别变为 $2.0\times10^4\text{kg},\frac{2}{3}\times10^4\text{kg},\frac{2}{9}\times10^4\text{kg}$,求火箭的最终速率。

(2)若把上述火箭改装成一级火箭,发射后火箭主体质量变为 $1.2\times10^4\text{kg}$,问火箭的最终速率是多少?

3-9 一喷气式飞机以 $200\text{m}\cdot\text{s}^{-1}$ 的速度飞行,燃气轮机每秒钟吸入 50kg 空气,与机上每秒喷出 2kg 的燃料混合燃烧后,相对飞机以 $400\text{m}\cdot\text{s}^{-1}$ 向后喷出。求该燃气轮机的推力。

3-10 如图所示,一辆汽车驶入曲率半径为 R 的弯道;弯道路面与水平面之间倾斜一角度 θ;轮胎与路面之间的摩擦因数为 μ。求汽车在路面上不作侧向滑动时的最大和最小速率。

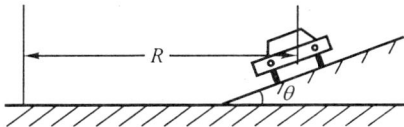

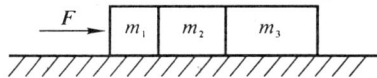

习题 3-10 图

习题 3-11 图

3-11 光滑的水平面上放着三个相互接触的物体,它们的质量分别为 $m_1=1\text{kg},m_2=2\text{kg},m_3=4\text{kg}$。若用 $F=98\text{N}$ 的水平力作用在 m_1 上,如图所示。求:

(1)m_1,m_2,m_3 之间的相互作用力;

(2)若此力 F 水平向左作用在 m_3 上,情况又如何?

3-12 如图所示,升降机中水平桌面上有质量为 m 的物体 A,它以细绳与质量也为 m 的物体 B 相连。当升降机以加速度 $a=g/2$ 上升时,若略去各种摩擦,机内的人和地面上的人观测到 A 和 B 的加速度各是多少?

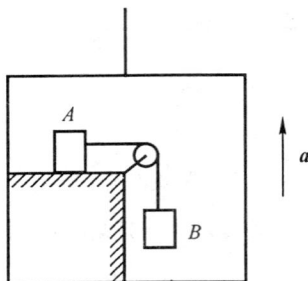

习题 3-12 图

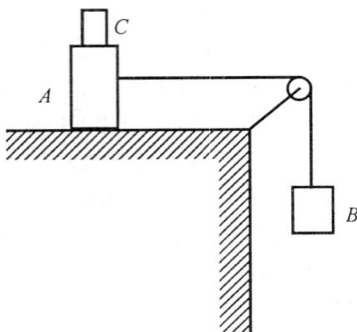

习题 3-13 图

3-13 如图所示,物体 A 的质量为 4.4kg,物体 B 为 2.6kg;物体 A 与桌面间静摩擦因数为 0.18,动摩擦因数为 0.15。求:

(1)至少要在 A 物体上放置质量多大的物体 C 才能使 A 不滑动?

(2)如果突然从 A 上拿起 C 物体,则物体 A 的加速度是多少?

3-14 如图所示,$m_1=1.0$kg,$m_2=5.0$kg,m_1 与 m_2 之间的摩擦因数 $\mu_1=0.10$,m_2 与地面之间的摩擦因数 $\mu_2=0.20$。m_1 与 m_2 用一跨过滑轮的轻绳相连,滑轮质量忽略不计。今用大小为 $F=19.6$N 的力来拉 m_2,试求 m_1 及 m_2 运动时的加速度,并求绳子的张力。

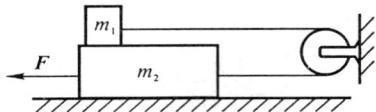

习题 3-14 图

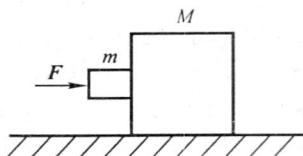

习题 3-15 图

3-15 如图所示,有两个可以自由移动的物体:$m=16$kg,$M=88$kg;两物体间的静摩擦因数 $\mu_s=0.38$,而 M 与地面间无摩擦。求要使 m 能紧贴着 M 运动的最小水平力 F。

3-16 如图所示,物体 A,B,C 的质量各为 m_1,m_2,m_3,且有 $m_3>m_2>m_1$。若物体 A,B 与桌面的滑动摩擦因数均为 μ,求三物体的加速度及绳内的张力(不计绳和滑轮的质量及轴承摩擦,绳不可伸长)。

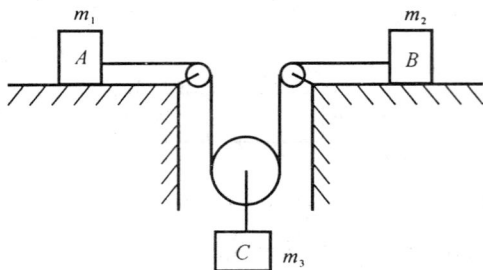

习题 3-16 图

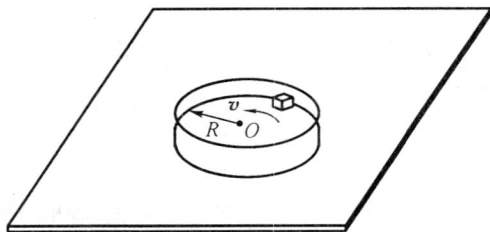

习题 3-17 图

3-17 如图所示,一质量为 m 的木块在一光滑水平面上沿一半径为 R 的环内侧滑动。已知木块与环面

间的摩擦因数为 μ,求下列各量作为 m,R,μ 和 v 的函数表达式:

(1)任意时刻作用在木块上的摩擦力;

(2)任意时刻木块的切向加速度;

(3)木块的速率 v 由初始 v_0 降为 $v_0/3$ 所经历的时间。

3-18 一物体以初速 $\boldsymbol{v}_0$ 从地面竖直上抛。物体质量为 m,所受空气阻力大小为 kv^2,k 为正常量,求物体所能达到的最大高度。

3-19 水平拉力 $\boldsymbol{F}$ 拉一静止在水平地面上、质量为 $m=$ 10kg 的木箱。$\boldsymbol{F}$ 的大小随时间变化的关系曲线如图所示。从 $t=0$ 到 $t=4s$ 期间,$F=30N$;从 $t=4s$ 到 $t=7s$ 期间,F 由 30N 线性减小到零。木箱与地面间的摩擦因数为 $\mu=0.2$,求:

(1)$t=4s$ 时木箱的速度;

(2)$t=7s$ 时木箱的速度;

(3)$t=6s$ 时木箱的速度。

3-20 当一电梯以 $g/3$ 的加速度下降时,电梯中质量为 M 的人开始以相对电梯为 $2g/3$ 的加速度举起一质量为 m 的物体。试分别以地面和电梯为参考系,求人对电梯底板的压力。

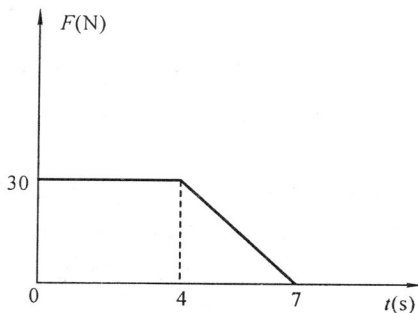

习题 3-19 图

第 4 章

能量·能量守恒定律

在物理学的发展过程中,能量这个概念起到很大的作用。它不仅把自然界中不同形式的运动联系在一起,而且形式多样,可以相互转换。能量概念的巨大价值正在于它转换时的守恒性。

能量的概念是英国的物理学家托马斯·杨(Thomas Young)在 1807 年发表的著作《自然哲学讲义》中第一次提出的,之后,这一新概念很快便在力学、热学、电磁学和化学领域中出现并得到应用。从 1842 年开始,迈尔(J. R. Mayer)、焦耳(J. P. Joule)和亥姆霍兹(H. von Helmholtz)等人对能量概念作了大量的研究工作,明确地提出能量守恒定律。有趣的是,他们三个人都不是正宗的科班出身的物理学家。迈尔是德国的医生;焦耳是曼彻斯特一个酿酒师的儿子,是个业余科学家;亥姆霍兹是德国的医生和生理学家。这也从一方面说明能量在各个学科领域存在的多样性。

能量守恒定律的确立,对制造永动机的梦想从科学上作了最后的彻底的否定。在理论上,这个定律为经典物理学和现代物理学的飞速发展奠定了基础。

4-1 动能和功

质量为 m 的物体的运动方程为

$$m\frac{\mathrm{d}\boldsymbol{v}}{\mathrm{d}t} = \boldsymbol{F} \tag{4-1}$$

式中 $\boldsymbol{F}$ 是作用于物体的合外力。

在(4-1)式等式两边点乘物体的位移 $\mathrm{d}\boldsymbol{s} = \boldsymbol{v}\,\mathrm{d}t$,得

$$m\frac{\mathrm{d}\boldsymbol{v}}{\mathrm{d}t} \cdot \boldsymbol{v}\,\mathrm{d}t = \boldsymbol{F} \cdot \mathrm{d}\boldsymbol{s} \tag{4-2}$$

由于乘积 $\frac{\mathrm{d}\boldsymbol{v}}{\mathrm{d}t}\mathrm{d}t$ 是物体在时间 $\mathrm{d}t$ 内的速度增量 $\mathrm{d}\boldsymbol{v}$,再根据 $\boldsymbol{v} \cdot \mathrm{d}\boldsymbol{v} = \mathrm{d}(\frac{\boldsymbol{v}^2}{2})$ 及 $\boldsymbol{v}^2 = \boldsymbol{v} \cdot \boldsymbol{v} = v^2$,可得

$$m\frac{\mathrm{d}\boldsymbol{v}}{\mathrm{d}t} \cdot \boldsymbol{v}\,\mathrm{d}t = m\boldsymbol{v} \cdot \frac{\mathrm{d}\boldsymbol{v}}{\mathrm{d}t}\mathrm{d}t = m\boldsymbol{v} \cdot \mathrm{d}\boldsymbol{v} = m\mathrm{d}(\frac{v^2}{2}) = \mathrm{d}(\frac{1}{2}mv^2) \tag{4-3}$$

把上式代入(4-2)式,得关系式

$$\mathrm{d}(\frac{1}{2}mv^2) = \boldsymbol{F} \cdot \mathrm{d}\boldsymbol{s} \tag{4-4}$$

若系统为封闭系统,即物体所受合外力 $\boldsymbol{F} = 0$,那么

$$\mathrm{d}(\frac{1}{2}mv^2) = 0$$

则量

$$E_k = \frac{1}{2}mv^2 \qquad (4-5)$$

保持恒定,是一个守恒量,我们把 E_k 称为物体的动能。

将(4-5)式的分子和分母同时乘以 m,并注意到乘积 mv 等于物体的动量 p,则动能的表达式可写为

$$E_k = \frac{p^2}{2m} \qquad (4-6)$$

若有力作用在物体上,则动能将发生变化。在这种情况下,根据(4-4)式,在 dt 时间内物体动能的增量等于力与位移的标积 $\boldsymbol{F} \cdot d\boldsymbol{s}$。量

$$dW = \boldsymbol{F} \cdot d\boldsymbol{s} \qquad (4-7)$$

称为力 $\boldsymbol{F}$ 在位移 $d\boldsymbol{s}$ 上作的功。用 ds 表示位移 $d\boldsymbol{s}$ 的大小,θ 表示 $\boldsymbol{F}$ 和 $d\boldsymbol{s}$ 之间的夹角,则上式可写成

$$dW = Fds\cos\theta \qquad (4-8)$$

对(4-4)式沿某一路径从点 1 到点 2 积分,得

$$\int_1^2 d(\frac{1}{2}mv^2) = \int_1^2 \boldsymbol{F} \cdot d\boldsymbol{s}$$

上式左边部分是物体在点 2 和点 1 间的动能之差,即物体在路径 1 至路径 2 上的动能增量。于是得

$$E_{k2} - E_{k1} = \frac{1}{2}mv_2^2 - \frac{1}{2}mv_1^2 = \int_1^2 \boldsymbol{F} \cdot d\boldsymbol{s} \qquad (4-9)$$

量

$$W = \int_1^2 \boldsymbol{F} \cdot d\boldsymbol{s} \qquad (4 \cdot 10)$$

是在路径 1 至路径 2 上力所作的功,记为 W。它表明,作用于物体上的合外力的功使物体的动能产生一增量:

$$W = E_{k2} - E_{k1} \qquad (4-11)$$

(4-11)式表明,动能是通过相互作用力做功来传递的,这就是动能定理。

若力与位移成锐角($\cos\theta > 0$),则功为正;成钝角($\cos\theta < 0$),则功为负;当 $\theta = \pi/2$ 时,功等于零。这后一种情况特别清楚地表明,力学中功的概念在本质上不同于日常生活中"工作"的概念。在日常生活的含义中,任何用力,例如肌肉紧张,总伴随着"工作"。例如,用手夹持一静止着的重物,然后沿水平路径搬运此重物,搬运工人要费很多劲,亦即"工作"。然而,在这种情况下,我们这里作为力学量定义的功,由于力和位移垂直($\theta = \pi/2$),其功等于零。

现在我们考虑做功所涉及的时间。将一物体举到一定的高度,不论所用时间长或短,所作的功都相同,但我们有时更关心的不是能作多少功,而是做功的效率,即单位时间内作了多少功。单位时间内作的功称为功率,用 P 表示。若在 dt 时间内做功 dW,则功率为

$$P = \frac{dW}{dt} \qquad (4-12)$$

因 $dW = \boldsymbol{F} \cdot d\boldsymbol{s}$,而 $\frac{d\boldsymbol{s}}{dt} = \boldsymbol{v}$,故

$$P = \boldsymbol{F} \cdot \boldsymbol{v} \qquad (4\text{-}13)$$

根据此式,功率等于力与力的作用点的运动速度的标积。

从上面给出的动能和功的定义,不难看出:能量与功具有同样的单位量度。在 SI 中,这个单位叫做焦[耳],记作 J:

$$1J = 1N \cdot m \qquad (4\text{-}14)$$

功率的单位为瓦[特],记作 W,1W＝1J/s。[①]

例1 劲度系数为 k 的弹簧未拉伸时的长度为 AB,其一端固定在 A 点,另一端与一质量为 m 的物块相连,变力 $\boldsymbol{F}$ 与半径为 R 的光滑圆柱面相切,如图 4-1(a)所示。在变力 $\boldsymbol{F}$ 的作用下,物块缓慢地沿着圆柱体表面从位置 B 移到位置 C,试用积分法计算变力 $\boldsymbol{F}$ 所作的功。

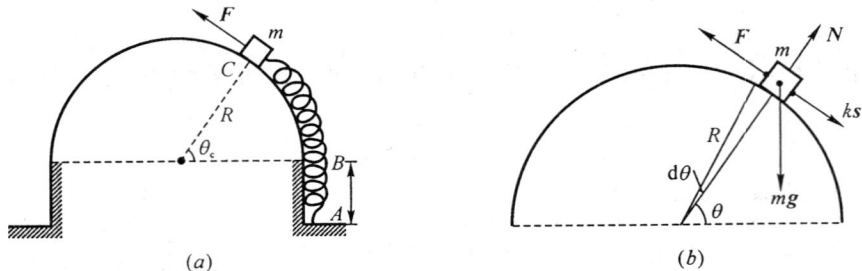

图 4-1 变力做功

解 物块在任一位置时的受力分析如图 4-1(b)所示。正压力 $\boldsymbol{N}$ 不做功。由于物块沿表面移动缓慢,故在切线方向受力平衡,物块处在一个动平衡状态,故有

$$F = ks + mg\cos\theta$$

因为 $s = R\theta$,$\mathrm{d}s = R\mathrm{d}\theta$,$\boldsymbol{F}$ 与 $\mathrm{d}s$ 方向一致,得变力 $\boldsymbol{F}$ 做功

$$W_{BC} = \int_B^C \boldsymbol{F} \cdot \mathrm{d}s = \int_0^{\theta_c} (kR\theta + mg\cos\theta)R\mathrm{d}\theta = \frac{1}{2}kR^2\theta_c^2 + mgR\sin\theta_c$$

4-2 势 能

一个静止的物体可以由于它所处的位置而具有能量。在使物体从某一水平高度提高到另一高度时,必须对它做功,物体所在位置的能量增大。在物体下落的过程中,这种能量转变为动能,兰金(W. J. M. Rankine)建议把物体这种储存着的供以后使用的潜在能量叫做势能,并得到了普遍的赞同和认可。因此势能这个名称就一直被沿用下来了。如果我们从守恒的观点来观察问题,势能的概念更是不可缺少的。下面我们从保守力做功来引入势能的概念。

1. 保守力

我们以重力做功为例来定义保守力。

---

① 在工程单位制中,功率的单位叫马力(hp),这是塞佛利提出的。他是第一个发明用蒸汽开动抽水机的人,当时,矿井里抽水都靠马作为动力,所以,塞佛利建议将一匹马做功所能达到的功率定为功率的单位。后来瓦特采纳了他的建议,用一匹马所发出的功率作为功率的单位:1hp＝736W。

设一质量为 m 的物体,在重力 $\boldsymbol{G}$ 的作用下,从 a 点沿任意曲线 acb 运动到 b 点。a 点和 b 点距地面的高度分别为 h_a 和 h_b,如图 4-2 所示。

在任意位移元 $\mathrm{d}s$ 中,重力 $\boldsymbol{G}$ 所作的功为

$$\mathrm{d}W = \boldsymbol{G} \cdot \mathrm{d}\boldsymbol{s} = G\mathrm{d}s\cos\theta$$
$$= mg\mathrm{d}s\cos\theta = -mg\mathrm{d}h$$

式中 $\mathrm{d}h = \mathrm{d}s\cos(\pi - \theta) = -\mathrm{d}s\cos\theta$ 是在位移元 $\mathrm{d}s$ 中物体上升的高度,故重力做功为

$$W = \int \mathrm{d}W = \int_{h_a}^{h_b} -mg\mathrm{d}h$$
$$= mgh_a - mgh_b \tag{4-15}$$

可见,重力做功只与物体的始末位置(h_a 和 h_b)有关,而与物体经过的路径无关。也就是说,如果物体沿另

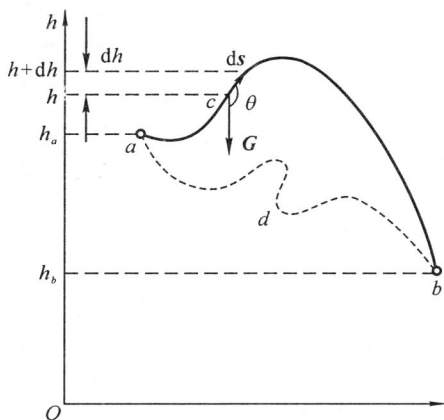

图 4-2 重力做功与路径无关

一路径 adb 从 a 点运动到 b 点,重力所作的功仍与(4-15)式一样,我们把具有这种性质的力称为保守力。

由保守力做功与路径无关可知,保守力沿任意闭合路径绕行一周时所作的功等于零,即

$$\oint \boldsymbol{F} \cdot \mathrm{d}\boldsymbol{s} = 0 \tag{4-16}$$

上式中积分符号 $\oint$ 表示沿闭合曲线求积分。为证明(4-16)式,我们把任意一个闭合路径分为两部分:路径 1 表示物体沿它由 A 点到 B 点,路径 2 表示物体沿它由 B 点回到 A 点,如图 4-3 所示,故保守力 $\boldsymbol{F}$ 所作的功为

$$\oint \boldsymbol{F} \cdot \mathrm{d}\boldsymbol{s} = \int_{A(1)}^{B} \boldsymbol{F} \cdot \mathrm{d}\boldsymbol{s} + \int_{B(2)}^{A} \boldsymbol{F} \cdot \mathrm{d}\boldsymbol{s} = \int_{A(1)}^{B} \boldsymbol{F} \cdot \mathrm{d}\boldsymbol{s} - \int_{A(2)}^{B} \boldsymbol{F} \cdot \mathrm{d}\boldsymbol{s} = 0$$

(4-15)式和(4-16)式都是反映保守力做功特点的数学表达式,这样一来,保守力能用两种方式定义:

(1)保守力是这样一种力,它所作的功与路径无关,仅与始末位置有关。

(2)保守力是沿任意闭合路径做功为零的力。

可以证明,上述两种定义是完全等效的。

由上述可知,重力是保守力。此外,还可证明弹性力、万有

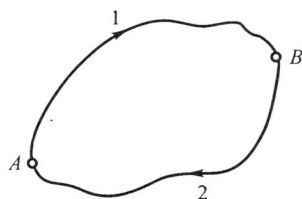

图 4-3 保守力沿闭合
路径的功为零

引力、静电力等也是保守力。然而,并非所有的力都是保守力。例如摩擦力就是非保守力的一个例子。在摩擦力阻碍物体运动的情况下,作用于物体上的摩擦力 $\boldsymbol{F}_r$ 总朝着物体位移 $\mathrm{d}\boldsymbol{s}$ 的反方向,在每段路径上摩擦力 $\boldsymbol{F}_r$ 的功为负值,即

$$\mathrm{d}W = \boldsymbol{F}_r \cdot \mathrm{d}\boldsymbol{s} = -F_r\mathrm{d}s < 0$$

所以,沿任意闭合路径一周的功也是负的,即不等于零。

前面我们提到,自然界中所有的力都由四种基本力组成,它们都是保守力。那么为什么还会出现非保守力呢?这是由于摩擦力虽然在微观上属于分子和原子间的电磁力,但它却是一种宏观现象,而在宏观现象中是可以不考虑各个原子或分子所发生的热力学能变化的。摩

擦力是由于动量迁移给原子或分子而产生的,因而受到摩擦力作用的物体的宏观动能减少了,但微观的原子或分子的热力学能却增加了,而宏观动能的减少就是由于摩擦力沿闭合路径一周作负功之故。如果我们既考虑宏观的动能,又考虑微观上原子或分子产生的热力学能,那么总能量就保持不变,因而也就不存在非保守力。导致能量损耗的力称为耗散力,故摩擦力是耗散力。最后,必须指出,非保守力不一定都是耗散力。

2. 势能

保守力的功同样应该能够改变系统的能量。(4-15)式表明,对于由物体和地球组成的系统,重力做功仅与物体的始末位置有关,与路径无关。可见,保守力做功所改变的能量仅仅由系统内物体的相对位置决定,因此我们可以引进一个由空间位置决定的函数,相应地由两个位置决定的函数的差表示保守力做功时引起的能量的改变,这个由位置决定的函数叫做势能函数(即势函数),简称势能,用 U 表示。于是,可得到保守力做功和势能间的关系为

$$W_{ab} = U_a - U_b = -\Delta U \tag{4-17}$$

式中 U_a 和 U_b 表示物体在 a 点和 b 点时系统的势能,ΔU 表示系统势能的增量。(4-17)式表明,保守力的功等于系统势能的减少。

读者或许已注意到,(4-17)式只能计算势能 U 的变化值,但不能计算势能 U 本身的数值。设想一质点沿着 X 轴从 a 点运动到 b 点,并且受到一保守力 $F(x)$ 的作用。为了确定质点在 b 点处的势能 U_b,根据(4-17)式我们得到

$$U_b = \Delta U + U_a = -\int_{x_a}^{x_b} F(x)\mathrm{d}x + U_a \tag{4-18}$$

在我们给 U_a 以确定的数值之前,我们不可能得到 U_b 的数值。如果 b 点是在任意位置 x,使 $U_b = U(x)$,并预先选取 a 点为某一方便的参考点,我们就可给出势能 $U(x)$ 的数值了。我们把参考点的位置用 $x_a = x_0$ 来表示,而且当质点处于参考点 a 时,可给势能 $U_a = U(x_0)$ 任意确定一个数值,于是,(4-18)式就变成

$$U(x) = -\int_{x_0}^{x} F(x)\mathrm{d}x + U(x_0) = \int_{x}^{x_0} F(x)\mathrm{d}x + U(x_0) \tag{4-19}$$

通常取质点在参考点的势能 $U(x_0)$ 等于零,于是,得到质点在任意点 P 的势能为

$$U_P(x) = \int_{x}^{x_0} F(x)\mathrm{d}x \tag{4-20}$$

式中 x 为任意点 P 的位置,x_0 为参考点的位置。往往为方便起见,将参考点 x_0 选取在作用于质点上的力为零的地方。例如,当弹簧处于自然状态时,弹簧对质点的作用力为零,我们通常就说势能也为零。同样,物体离开地球无限远处时,地球对物体的引力为零,通常我们取无限远处为参考点,并规定与该点引力相联系的势能为零。但是直到现在,我们涉及较多的作用在物体上的地球引力,物体位置大多在地球表面附近,地球引力实际上是一个恒量(等于 mg),因此,为方便起见,我们就把势能零点取在地球表面而不取在无限远处。

势能的具体形式取决于相应保守力的性质,与重力的功相联系的势能叫重力势能,由(4-15)式知,重力势能等于物体的重力 mg 和高度 h 的乘积。即

$$U_{重} = mgh \tag{4-21}$$

弹性力是保守力,所以可以引进相应的弹性势能。图 4-4 表示一水平放置在光滑平面上的弹簧,它一端固定,另一端与一质量为 m 的物体相连接。取弹簧未拉长时物体的位置 O 为坐标原点。当物体沿 OX 轴的正方向从 x_1 拉伸到 x_2 时,弹性力做功为

$$W_{12} = \int_{x_1}^{x_2} \boldsymbol{F} \cdot \mathrm{d}\boldsymbol{x} = \int_{x_1}^{x_2} -kx\mathrm{d}x$$
$$= \frac{1}{2}kx_1^2 - \frac{1}{2}kx_2^2 \tag{4-22}$$

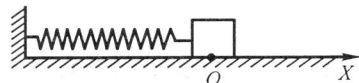

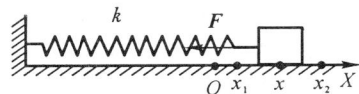

我们把 $\frac{1}{2}kx^2$(去掉下标)称为弹簧的弹性势能。记为

$$U_{弹} = \frac{1}{2}kx^2$$

图 4-4　弹性力的功

如果让弹簧从拉伸状态恢复原状,则这时潜在着的弹性势能就变成了动能。

弹性势能 $U_{弹} = \frac{1}{2}kx^2$ 是一个普遍的表达式,它不仅适用于弹簧伸长的情况,也适用于弹簧压缩的情况。弹簧的弹性势能属于整个弹簧。

3. 势能的性质

(1)势能属于以保守力相互作用着的整个物体系统。它实质上是一种相互作用能,因此我们不能说单个物体的势能。例如,当一个物体落向地球时,我们平时常说该物体损失了势能,这是不严格的,实际上是地球和物体组成的系统失去了势能。

(2)势能在大小上只有相对意义。(4-17)式只给出了势能之差,实际上我们也总是只关心势能的差值,所以势能零点的选择是任意的。对于重力势能,我们可以根据需要选择一个方便的水平面作为重力势能的零点;对于弹性势能,通常将势能零点选在弹簧原长处。

(3)势能是位置的能量。例如,当弹簧由于拉伸或压缩而变形时,系统就具有势能。只要弹簧保持上述形变,势能就一直被储藏起来;一旦弹簧恢复原状,这个储藏着的能量就被释放出来。弹簧的变形实际上是组成它的原子间相对位置的距离发生了改变。

(4)势能是与保守力做功有关的概念。对于非保守力做功,不能引用势能的概念。

4-3　能量守恒定律

1. 机械能守恒定律

在机械运动范围内,机械能是指宏观的动能和势能之和,而把由热运动产生的微观动能和势能排除在机械能概念之外。下面我们就来研究封闭保守系统内的机械能情况。所谓封闭系统是指没有外力作用的系统,所谓保守系统是指系统内所有相互作用力都是保守力的系统。把(4-11)式推广到封闭保守系统得

$$\sum_i W_i = \sum_i E_{k2i} - \sum_i E_{k1i} \tag{4-23}$$

式中 $\sum\limits_i W_i$ 是封闭保守系统内所有保守力作的功,记为 $W_保$;$\sum\limits_i E_{k1i}$ 和 $\sum\limits_i E_{k2i}$ 分别是封闭保守系统内所有物体在始末状态的总动能,记为 E_{k1} 和 E_{k2}。于是,(4-23)式可改写成

$$W_保 = E_{k2} - E_{k1} \tag{4-24}$$

我们知道,系统内保守力的功等于系统势能的减少,即

$$W_保 = U_1 - U_2 \tag{4-25}$$

式中 U_1 和 U_2 分别表示封闭保守系统在始末状态的总势能。把(4-25)式代入(4-24)式得

$$U_1 - U_2 = E_{k2} - E_{k1}$$

整理后得

$$E_{k1} + U_1 = E_{k2} + U_2 = E = 常量 \tag{4-26}$$

式中 E 表示系统的总机械能。

从(4-26)式我们得出如下结论:对于一个封闭保守的物体系统,其总机械能保持恒定。这就是机械能守恒定律。

如果一个系统除保守内力外,还受到外力和非保守内力的作用,由(4-11)式推广可得

$$W_外 + W_{保守内力} + W_{非保守内力} = E_{k2} - E_{k1}$$

把(4-25)式代入上式得

$$W_外 + W_{非保守内力} = (E_{k2} + U_2) - (E_{k1} + U_1) = E_2 - E_1 \tag{4-27}$$

式中 $W_外$ 是系统外力所作的功;$W_{非保守内力}$ 是系统内非保守内力所作的功;E_1 和 E_2 分别表示系统在始末状态的总机械能。

(4-27)式表明,系统机械能的增量等于系统外力和非保守内力对它所做的功,这就是系统的功能定理。

从(4-27)式还可以看到,任意系统机械能守恒的条件是

$$W_外 + W_{非保守内力} = 0 \tag{4-28}$$

2. 能量守恒定律

前面已经介绍了能量的两种形式——动能和势能,它们在一定的条件下守恒。摩擦力是非保守力,摩擦力所作的功既没有转化为势能,又没有转化为动能,但却使系统的总机械能减少,那么摩擦力所作的功到那里去了呢?经验告诉我们,物体经摩擦后会变得热起来,以后在热学中将知道,热是能量的一种形式,热能是原子或分子无规则热运动的动能。所以,摩擦力做功所消耗掉的机械能转化为了能量的另外一种形式——热能。

能量的形式除了机械能和热能之外,还有电磁能、化学能、声能和原子能等等。这表明能量具有形式上的多样性。

机械能守恒定律是比较普遍的能量守恒定律的一个简单情况。如果系统内存在摩擦力做功时,系统的机械能就会减少,实际上这部分消耗掉的机械能转化为等量的热能,即能量并没有减少,而是从一种形式转变为另一种形式。能量概念的重大价值,就在于转换的守恒性。人们在能量转换问题上做了大量的研究工作,得到了物理学中一个非常有用的结论:

能量既不能产生,也不能消灭,它只能从一种形式转换为另一种形式,但总能量是恒定不变的。

这就是能量守恒定律。这个结论是从大量实验事实中总结出来的,直到今天,还没有发现与之发生矛盾的现象,因此它是整个自然界都遵守的普遍规律。

例 2 在半径为 R 的光滑半球面顶点处,一质量为 m 的物体由静止开始下滑,如图 4-5 所示。若半球面固定不动,问当 θ_c 角为多大时物体开始脱离球面? 此时物体的速率 v_c 为多大?

解 物体下滑过程中只受重力 mg 和正压力 N 的作用。若以物体 m 和地球作为系统,则正压力 N 是外力,但不做功,重力 mg 是保守内力,因此系统的机械能守恒。取地面重力势能为零,则在下降高度为 h 的任意位置处有

$$\frac{1}{2}mv^2 + mg(R - h) = mgR$$

得

$$v = \sqrt{2gh} = \sqrt{2gR(1 - \cos\theta)}$$

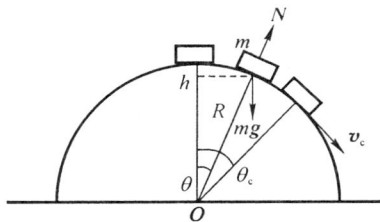

图 4-5 物体从光滑半球面上下滑

物体是否脱离球面与球面对物体正压力 N 有关,而物体在下滑过程中 N 是个变力,由牛顿第二定律,有

$$mg\cos\theta - N = m\frac{v^2}{R}$$

$$N = mg\cos\theta - m\frac{v^2}{R}$$

将 v 值代入上式,有

$$N = mg\cos\theta - 2mg(1 - \cos\theta) = mg(3\cos\theta - 2)$$

于是可看出,在物体下滑过程中,随着 θ 角的增大,N 值将变小,当 N 值减到零时,设此时 $\theta = \theta_c$,$v = v_c$,得

$$mg\cos\theta_c = m\frac{v_c^2}{R}$$

此时重力的法向分量 $mg\cos\theta_c$ 恰好等于物体 m 作半径为 R 的圆周运动时所需的向心力。当物体再向下滑时,$\theta > \theta_c$,此时重力的法向分力 $mg\cos\theta$ 不足以提供所需的向心力,物体就脱离球面了,所以 $N = 0$ 是物体开始脱离球面的条件。于是有

$$N = mg(3\cos\theta_c - 2) = 0$$

解得

$$\cos\theta_c = \frac{2}{3}, \qquad \theta_c = 48°12'$$

此时物体的速率为

$$v_c = \sqrt{2gR(1 - \cos\theta_c)} = \sqrt{2gR(1 - \frac{2}{3}))} = \sqrt{\frac{2gR}{3}}$$

可见,物体开始脱离半球面时的角度 θ_c 与半球面的半径 R 无关;开始脱离半球面时的速率 v_c 与半球面的半径 R 有关,R 越大,则 v_c 越大。

4-4 一维势能曲线

在许多物理问题中,力的表达式是很复杂的,不能用简单的函数关系表示出来,这使力学问题的求解十分困难。在这种情况下,可根据势能曲线图,定性地描述各种类型的运动,因此在物理学中,势能曲线图十分有用和重要。

前面讲过,势能是位置的函数,在一维的情况下,位置可用单一坐标 x 来表示,势能 $U =$

$U(x)$ 只是 x 的函数。图 4-6 是一条某系统的势能曲线图,从该势能曲线图上我们可以得到下述的信息:

(1)如前所述,保守力的功等于势能的减少。将(4-17)式用于一维无限小过程,则可写成

$$F\mathrm{d}x = -\,\mathrm{d}U(x)$$

或者

$$F = -\frac{\mathrm{d}U(x)}{\mathrm{d}x} \tag{4-29}$$

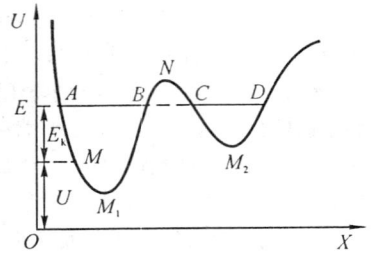

图 4-6 一维势能曲线

上式表明,保守力 F 的大小等于势能曲线的斜率,力 F 的方向指向势能减少的方向。

(2)在总能量为 E 的封闭保守系中,作水平直线 E 表示总能量,则物体在某一位置上的动能 $E_k = E - U$ 可以用总能量和物体在曲线上位置的高度差来表示。例如,曲线上某点 M 与水平直线 E 的高度差就表示 M 点处的动能 E_k,而 M 点位置以下的高度则表示该处的势能。从图中可见,动能 E_k 越大,势能 U 越小,反之亦然。这反映了动能和势能相互转换而保持总机械能守恒的规律。

由于动能 E_k 不可能取负值,水平直线 E 低于势能曲线的区间是具有该能量 E 的物体不可能达到的区间,故在图 4-6 中,这些区间的水平直线用虚线表示。

(3)在势能曲线局部范围内的每个最低点(如图 4-6 中的 M_1 和 M_2),曲线的斜率为零,所以力 F 为零,这一点称为稳定平衡点。在势能曲线极小值附近的物体总受到指向平衡点的保守力的作用,它使物体可能围绕稳定平衡点作小振动。

在势能曲线局部范围内的每个最高点(如图 4-6 中的 N 点)都是不稳定平衡点,如果物体稍偏离这一点,保守力就有把它推得更远的倾向。

例 3 双原子分子中两原子间相互作用的势能函数可近似地写成

$$U(x) = \frac{a}{x^{12}} - \frac{b}{x^6}$$

式中 a, b 均为正的常量;x 为原子间的距离。求:

(1)x 为何值时,$U(x)$ 等于零? x 为何值时,$U(x)$ 为极小值?

(2)两原子间的力 F 为多少?

图 4-7 双原子分子中两原子间的(a)势能曲线;(b)力与原子间的距离 x 的关系曲线

解 (1)图 4-7(a)为势能曲线。令

$$U(x) = \frac{a}{x^{12}} - \frac{b}{x^6} = 0$$

得

$$x^6 = \frac{a}{b}, \quad x = \sqrt[6]{\frac{a}{b}}$$

此外 $x \to \infty$ 时,$U(x) = 0$,故 $x = \infty$ 也是以上方程的解。

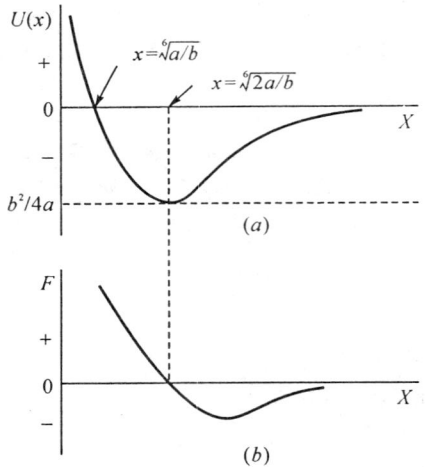

$U(x)$为极小值时的 x 值可由下式

$$\frac{dU(x)}{dx} = 0$$

求得

$$-\frac{12a}{x^{13}} + \frac{6b}{x^7} = 0$$

即

$$x^6 = \frac{2a}{b}, \quad x = \sqrt[6]{\frac{2a}{b}}$$

(2)两原子间的力为

$$F = -\frac{dU(x)}{dx} = -\frac{d}{dx}\left(\frac{a}{x^{12}} - \frac{b}{x^6}\right) = \frac{12a}{x^{13}} - \frac{6b}{x^7}$$

图 4-7(b)表示力 F 与原子间的距离 x 的关系曲线。

本章摘要

1. 能量是一个守恒量,能量概念的巨大价值在于它在形式上的多样性及不同能量之间的转换,转换时保持数量守恒。
2. 动能是运动状态的函数。

质点的动能: $E_k = \frac{1}{2}mv^2$

3. 势能是位置的函数。

一维势能公式:$U_P(x) = \int_x^{x_0} F(x)dx$

重力势能: $U_重 = mgh$

弹性势能: $U_弹 = \frac{1}{2}kx^2$

4. 功: $dW = \boldsymbol{F} \cdot d\boldsymbol{s} = F\cos\theta ds$

5. 保守力是做功与路径无关但与始末位置有关的力。

6. 机械能守恒定律:物体之间仅有保守力作用的封闭系统的总机械能守恒,即

$$E = E_k + U = 常量$$

对于任意系统机械能守恒的条件是:一切外力和非保守内力所作的总功等于零,即

$$W_外 + W_{非保守内力} = 0$$

7. 一维势能曲线:

(1)力 F 指向势能减少的方向,大小正比于曲线的斜率

$$F = -\frac{dU(x)}{dx}$$

(2)物体只能在势能低于总机械能的范围内运动。

(3)势能曲线的极小值对应于稳定平衡点,极大值对应于不稳定平衡点。

思考题

4-1 判断下列说法是否正确：

(1)作用力的功恒等于反作用力的功；

(2)若某种力对物体不做功,则对它的运动状态不产生影响；

(3)甲对乙作正功,则乙对甲作负功。

4-2 将一只箱子从地面搬到桌子上,慢慢搬上去所做的功与很快搬上去所做的功是否相同?

4-3 一辆汽车在高速公路上行驶。当司机踩下刹车后,汽车会滑行一段距离才能停住,在这种情况下汽车的动能到哪里去了呢?

4-4 "能量守恒"概念是否与"能量危机"(如要及时熄灯等)一词相矛盾?

4-5 试比较下列规律之间的异同点:

(1)动能定理与动量定理；

(2)功能定理与动能定理。

4-6 如果两个质量不等的物体具有相同的动能,则哪一个物体的动量较大? 如果两个质量不等的物体具有相同的动量,则哪一个物体的动能较大?

4-7 保守力的特征是什么? 利用这种特征引入的势能函数怎样来量度保守力所作的功?

4-8 用一弹簧将两块圆板连接起来放在桌面上,如图所示,现将上面的圆板尽量向下压(在弹性范围内),然后将它释放。试问:上面圆板被弹回时,能否将下面的圆板拉离桌面? 在这样的情况下,机械能是否守恒?

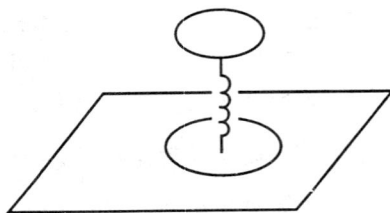

思考题 4-8 图

4-9 一汽车以匀速 v 沿平直路面前进,车中一人以相对于车厢的速率 u 向上和向前各抛出一质量为 m 的小球。若将参考系选在车上,刚抛出时两球的动能各为多少? 若将参考系选在地面上,两球的动能又各是多少?

4-10 一粒子沿 X 轴运动,其势能曲线如图所示。设该粒子所具有的总能量 $E=0$,试问:

(1)该粒子的运动范围多大? 平衡位置在何处?

(2)当粒子处在 x_2 位置时,其动能多大?

(3)该粒子在什么位置受力最大?

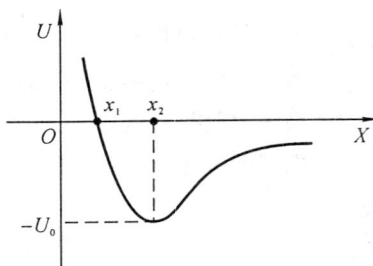

思考题 4-10 图

习 题

4-1 一质点在几个力同时作用下的位移为 $\Delta r = 4i - 5j + 6k (m)$,其中有一恒力 $F = 3i - 5j + 9k(N)$,问该力在此过程中做功多少?

4-2 一电梯空载时质量为 516kg,它设计的最大载客量为 20 人,并能在 18s 内从底层到达 26 层。假定乘客的平均质量为 71kg,两楼层之间的距离为 3.5m,那么该电梯马达的最小功率应为多少? (假设电梯上升时所有的功均来自马达且电梯没有平衡重物,并假设 g 取 $10\text{m}\cdot\text{s}^{-2}$)

4-3 用铁锤将一铁钉击入木板,设木板对铁钉的阻力与铁钉进入木板的深度成正比。在铁锤第一次击打时,能将铁钉击入木板内 1cm,问第二次击打时能击入多深?(假设打击时铁锤没有回跳,且两次打击时的速度相同)

4-4 一质量 $m=10\text{kg}$ 的物体在合力 $F=3+4x$(SI)的作用下,沿 X 轴运动。设物体开始时静止在坐标原点,求该物体经过 $x=3\text{m}$ 处时的速度。

4-5 一质量 $m=0.3\text{kg}$ 的小球与一轻弹簧相连接;轻弹簧的另一端固定,放在光滑的水平面上。若小球运动过程中受到弹簧回复力 $F=-6x-4x^3$(SI),其中 x 为弹簧的伸长量。

(1)证明此回复力是保守力;

(2)以平衡位置为势能零点,写出势能函数;

(3)先将小球拉到 $x=0.2\text{m}$ 处,然后由静止放手,求小球运动到 $x=0.1\text{m}$ 处时的速度。

4-6 能较好描述核子(如组成原子核的质子和中子)间相互作用的势能函数(Yukawa 势能)如下:

$$U(r) = -\frac{r_0}{r}U_0\text{e}^{-r/r_0}$$

其中常量 $r_0=1.5\times10^{-15}\text{m}$,$U_0$ 约为 50MeV。

(1)试求相应的相互作用力表达式;

(2)计算 $r=2r_0,4r_0,10r_0$ 的力相对于 $r=r_0$ 时力的比率。(可以发现这种力是一种短程力)

4-7 一竖直悬挂的弹簧(劲度系数为 k)下端挂一物体,平衡时弹簧已有一定伸长。若以物体的平衡位置为竖直 Y 轴的原点,并作为弹性势能和重力势能的零点。试证:物体的位置坐标为 y 时,其弹性势能和重力势能之和为 $\frac{1}{2}ky^2$。

4-8 如图所示,质量为 $m=2\text{kg}$ 的物体从静止开始,沿着 1/4 圆周,从 A 点滑到 B 点。在 B 点处物体的速度 $v=6\text{m}\cdot\text{s}^{-1}$。已知圆的半径 $R=4\text{m}$,求物体从 A 滑到 B 过程中摩擦力所做的功。

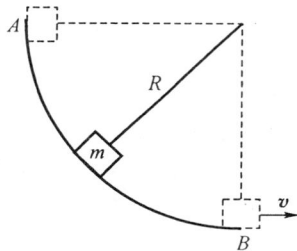

习题 4-8 图

4-9 测子弹速度的方法如图所示。已知子弹质量是 0.02kg,木块质量是 8.98kg,弹簧劲度系数为 $100\text{N}\cdot\text{m}^{-1}$;子弹射入木块后,弹簧被压缩了 0.10m,求子弹的速度。设木块与平面间摩擦因数为 0.2。

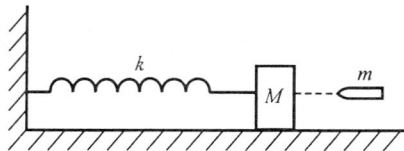

习题 4-9 图

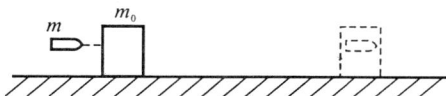

习题 4-10 图

4-10 在光滑水平面上放置一静止木块,木块质量为 m_0。一质量为 m 的子弹以速度 v 沿水平方向射入木块,然后与木块一起运动,如图所示,试求:

(1)木块施于子弹的力所做的功;

(2)子弹施于木块的力所做的功;

(3)碰撞过程中所损耗的机械能。

4-11 如图所示,一质量为 m、长为 l 的均匀链条放在桌面上,桌面与链条间的摩擦因数为 μ。当链条通过桌面边缘处一个光滑铁环而下垂长度为 a 时,由静止开始下滑,求链条刚好全部从桌面上经铁环滑下时的速度。

4-12 质量为 m 的物体在离平板为 H 高处自由下落,打在平板上,弹起高度为 h。平板质量为 m_0,置于劲度系数为 k 的弹簧上,如图所示,求弹簧的最大压缩量。(设碰撞时间很短)

4-13 如图所示,A、B 两球的质量均为 $m = 0.1\text{kg}$。现用已压缩的轻弹簧将 A 球沿光滑水平面弹射出去,接着 A 球与静止的 B 球发生完全非弹性碰撞,然后沿光滑竖直圆形轨道运动。设弹簧的劲度系数 $k = 196\text{N} \cdot \text{m}^{-1}$,圆轨道半径 $R = 0.1\text{m}$。试问弹簧至少要压缩多少后弹射 A 球,才能使两球碰撞后能沿着

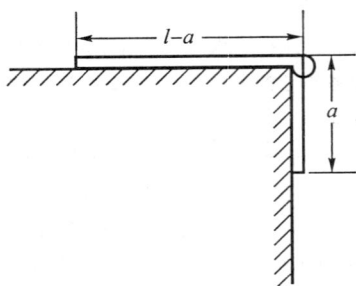

习题 4-11 图

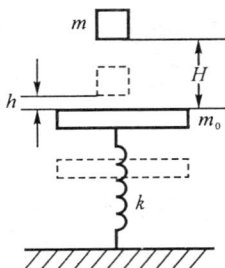

习题 4-12 图

圆形轨道通过顶点 C?

4-14 质量为 m 的小物体沿半径为 R、质量为 M 的半圆形光滑槽从最高点滑下。槽放在光滑的水平桌面上。开始时槽和小物体都静止,如图所示。试求:

(1)当小物体滑到槽中 C 点处(θ 角),小物体相对槽的速度 v',槽相对于地面的速度 v;

(2)当小物体滑到槽最低点 B 处,槽相对地面移动的距离。

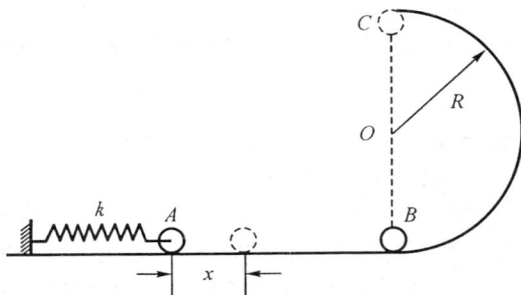

习题 4-13 图

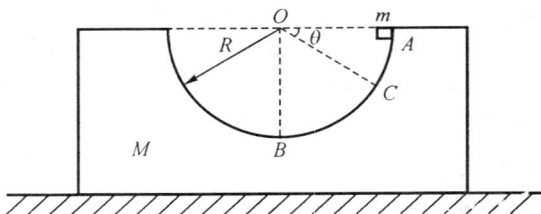

习题 4-14 图

第 5 章

角动量·角动量守恒定律

角动量的概念是在研究物体的转动问题时引入的。一个封闭系统的角动量与动量和能量一样,是一个守恒量。因此,角动量守恒是一个与动量守恒和能量守恒并列的守恒定律。借助于角动量守恒定律,可以使许多物理问题的描述和分析大为简化,因此,角动量是一个基本的物理量,它在现代物理学中的意义远远超过了它在经典力学中的地位。

5-1 角动量

在第 3 章和第 4 章里,我们分别介绍了两个守恒量—动量和能量,其中动量是与平动相联系的守恒量,现在我们来介绍与转动相联系的守恒量—角动量。角动量的概念和数学表达要比动量难以理解和复杂,为此,我们采取循序渐进的办法,就单个质点这一特殊情况来定义角动量。

设有一个质量为 m 的质点,该质点相对于参考点 O 的矢径为 r,速度为 v,即具有动量 $p=mv$,并设该质点受外力 F 作用。如图 5-1 所示,质点 m 的运动方程为

$$F = m\frac{\mathrm{d}v}{\mathrm{d}t} \tag{5-1}$$

首先,用质点 m 的矢径 r 与方程(5-1)式作矢积,则得

$$r \times F = m\left(r \times \frac{\mathrm{d}v}{\mathrm{d}t}\right) \tag{5-2}$$

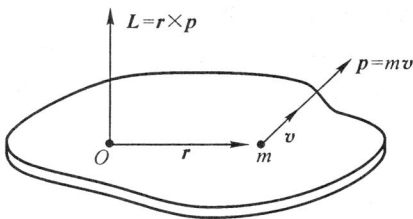

图 5-1 单个质点的角动量

根据矢量的矢积导数公式有

$$\frac{\mathrm{d}}{\mathrm{d}t}(r \times v) = r \times \frac{\mathrm{d}v}{\mathrm{d}t} + \frac{\mathrm{d}r}{\mathrm{d}t} \times v = r \times \frac{\mathrm{d}v}{\mathrm{d}t} + v \times v = r \times \frac{\mathrm{d}v}{\mathrm{d}t} \tag{5-3}$$

把(5-3)式中的关系式代入(5-2)式,我们得到方程

$$r \times F = m\frac{\mathrm{d}}{\mathrm{d}t}(r \times v) \tag{5-4}$$

在经典力学中,质量是不变的标量,所以它可放入对时间求导的括号内,于是(5-4)式变为

$$r \times F = \frac{\mathrm{d}}{\mathrm{d}t}(r \times mv) = \frac{\mathrm{d}}{\mathrm{d}t}(r \times p) \tag{5-5}$$

若质点所受外力 F 为零,则(5-5)式的等式左边部分为零,于是有

$$\frac{\mathrm{d}}{\mathrm{d}t}(r \times p) = 0$$

则量

$$L = r \times p \tag{5-6}$$

保持恒定,是一个守恒量,我们把 $L = r \times p$ 称为相对于参考点 O 的角动量,旧时称为动量矩。若我们研究的是一个系统,则系统中所有质点的角动量的矢量和称为系统相对参考点 O 的角动量,可由下式给出

$$L = \sum_i L_i = \sum_i (r_i \times p_i) \tag{5-7}$$

质点角动量(5-6)式在通过参考点 O 的 Z 轴上的分量称为质点对 Z 轴的角动量

$$L_Z = (r \times p)_{Z分量} \tag{5-8}$$

类似的有

$$L_Z = \sum_i L_{iz} = \sum_i (r_i \times p_i)_{Z分量} \tag{5-9}$$

称为系统对 Z 轴的角动量

必须指出,质点的角动量与参考点 O 的选择有关,因此,在讲述质点的角动量时,必须指出是相对于哪一点的角动量,以便确定质点的矢径 r。

在 SI 中,角动量的单位为 $\mathrm{kg \cdot m^2/s}$。下面,我们研究两个有代表性的例子。

(1)一个质点沿图 5-2 中用虚线描绘的直线运动。在这种情况下,质点相对于 O 点的角动量只能有量值的改变,而方向不变,其大小为

$$L = mvr\sin\theta \tag{5-10}$$

方向始终垂直纸面向里。

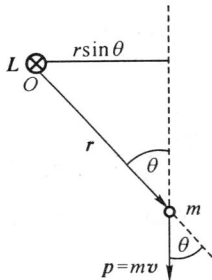

图 5-2 质点作直线运动时的角动量   图 5-3 质点作圆周运动时的角动量

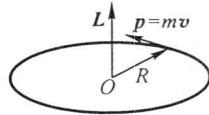

(2)质量为 m 的质点沿半径为 R 的圆周运动(图 5-3),它相对于圆心 O 的角动量大小为

$$L = mvR \tag{5-11}$$

角动量 L 的方向垂直于圆平面向上,质点运动方向与角动量 L 的方向符合右手螺旋定则。由于 R 是常量,角动量的大小仅随速度大小的改变而改变。在质点作匀速圆周运动的情况下,角动量的大小和方向都不变。

例 1 玻尔氢原子理论中,有一个假设是电子绕核运动时,只有电子的轨道角动量满足 $L = n\dfrac{h}{2\pi}(n=1,2,3,\cdots)$ 的那些轨道才是稳定的。已知氢原子处于 $n=1$ 的基态,电子作圆周运动的半径为 $r_1 = 5.29 \times 10^{-11}\mathrm{m}$,式中普朗克常量 $h = 6.63 \times 10^{-34}\mathrm{kg \cdot m^2/s}$。求电子在此轨道上运动时的速度大小?

解 由轨道角动量定义 $L = r_1 \times mv$,得轨道角动量的大小为

$$L = mvr_1 = \frac{h}{2\pi}$$

代入数值得

$$v = \frac{h}{2\pi m r_1} = \frac{6.63 \times 10^{-34}}{2\pi \times 9.1 \times 10^{-31} \times 5.29 \times 10^{-11}} = 2.2 \times 10^6 (\text{m/s})$$

在经典物理学中,角动量的值是连续的;但在近代物理中,角动量只能取一些确定的不连续的数值,即角动量是量子化的。

5-2 角动量守恒定律

1. 力矩

在研究物体转动运动时,其转动能力不仅与作用力的大小有关,而且与力的作用点和力的方向有关。下面就在惯性参考系中观察单个质点这一特殊情况来定义力矩,以后再将力矩概念推广到质点系(包括刚体)中去。

设力 F 作用在一质点上,这质点相对于惯性参考系中某一固定参考点 O 的位置由矢径 r 给定,如图 5-4 所示。我们定义作用在质点上的力 F 对参考点 O 的力矩为

$$M = r \times F \tag{5-12}$$

力矩是矢量,它的大小为

$$M = rF\sin\theta \tag{5-13}$$

力矩的方向垂直于矢径 r 和力 F 所决定的平面,其指向用右手螺旋定则确定。

当一个质点受到几个力矩的作用时,质点受到的合力矩应是各力矩的矢量和

$$M = \sum_i M_i \tag{5-14}$$

此式称为力矩的叠加原理。

图 5-4 力矩的定义

力矩 M 表征力 F 使物体绕参考点 O(相对于该点取矩)转动的能力。必须指出,当一个物体能相对于参考点 O 作任何形式的旋转时,则在力 F 的作用下,物体只能绕垂直于由力 F 和矢径 r 组成的平面的轴转动。

在 SI 中,力矩的单位是 N·m。

2. 角动量守恒定律

根据力矩和质点角动量的定义式,(5-5)式可以写成

$$M = \frac{\mathrm{d}L}{\mathrm{d}t} \tag{5-15}$$

上式表明,作用于质点上的力对参考点 O 的合力矩等于质点对该参考点 O 的角动量随时间的变化率。这与牛顿第二定律 $F = \dfrac{\mathrm{d}p}{\mathrm{d}t}$ 在形式上是相似的。

如果质点所受合力矩为零,即 $M = 0$,则有

$$L = r \times p = 恒矢量 \tag{5-16}$$

上式表明,当作用在质点上的力相对于参考点 O 的力矩为零时,则质点相对于该参考点 O

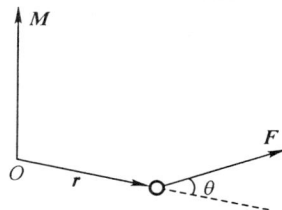

的角动量保持恒定。这就是质点的角动量守恒定律。

现在考虑质点系的问题。质点系内每个质点所受到的力都可以分成内力和外力两种。系统内质点相互作用的内力对参考点 O 的力矩称为内力矩，外力对 O 点的力矩称为外力矩。由于质点间相互作用的内力大小相等，方向相反，且沿同一直线，它们相对于任一参考点 O 的力矩，数值上相等，但方向相反，因而，内力矩总是成对地彼此平衡。所以，对任何质点系，所有内力矩之和总是等于零，即

$$\sum_i \boldsymbol{M}_{i\text{内}} = 0 \tag{5-17}$$

根据系统角动量的表达式(5-7)和合力矩的表达式(5-14)，我们可以把(5-15)式推广到任意质点系，则有

$$\frac{\mathrm{d}\boldsymbol{L}}{\mathrm{d}t} = \sum_i \boldsymbol{M}_{i\text{外}} \tag{5-18}$$

式中 $\boldsymbol{L}$ 是质点系的角动量，$\sum_i \boldsymbol{M}_{i\text{外}}$ 是质点系的合外力矩。

(5-18)式表明：质点系相对于惯性参考系中某一固定参考点 O 的总角动量随时间的变化率等于作用在质点系上的外力相对于该点的力矩的矢量和。这就是质点系的角动量定理。

如果系统所受的合外力矩 $\sum_i \boldsymbol{M}_{i\text{外}} = 0$，则

$$\frac{\mathrm{d}\boldsymbol{L}}{\mathrm{d}t} = 0$$

或

$$\boldsymbol{L} = \sum_i \boldsymbol{L}_i = \text{常量} \tag{5-19}$$

(5-19)式指出：对于一个非封闭的质点系统，在合外力矩等于零的条件下，其总角动量也保持恒定。这就是质点系的角动量守恒定律。

例2 一个质量为 m 的质点沿 $\overrightarrow{AB}$ 直线作匀速直线运动，如图 5-5 所示，试证 $L_A = L_B$。

解 由于质点 m 作匀速直线运动，不受外力作用，所以角动量守恒。质点在 A 点时的角动量 $L_A = r_1 \times mv$，在 B 点时角动量 $L_B = r_2 \times mv$，因 $\overrightarrow{AB} = (r_2 - r_1)$，且与 v 平行，$\overrightarrow{AB} \times v = 0$，故

$$\boldsymbol{L}_B - \boldsymbol{L}_A = r_2 \times mv - r_1 \times mv = (r_2 - r_1) \times mv$$

$$= \overrightarrow{AB} \times mv = 0$$

实际上，质点作匀速直线运动时，动量 mv 是常量，矢径从 r_1 变到 r_2，其方向和大小都改变，但是与 v 成直角的方向上的垂直分量 $r_\perp$（称为力臂）保持不变，所以质点 m 的角动量 $r \times mv$ 是常量。

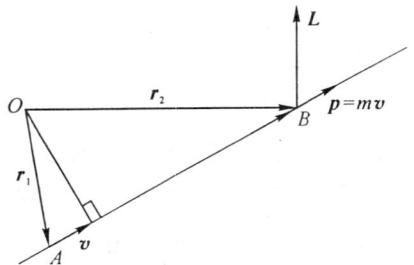

图 5-5 作匀速直线运动的质点相对 O 点具有恒定的角动量

3. 有心力与角动量守恒

自然界中有些力具有这样的性质：力的方向始终通过某一固定点，力的大小仅依赖于质点与这个点之间的距离。我们称这样的力为有心力，相应的固定点称为力心。例如，静电作用力是有心力，其力心是产生静电场的点电荷(力源)所在处；万有引力是有心力，其力心是

质点(力源)的所在处。能够产生有心力的力场称为有心力场。容易设想,若有心力为吸引力,其方向与矢径相反;若有心力为排斥力,其方向与矢径同向。图 5-6 给出有心力排斥质点的情况,其坐标原点 O(矢径 r 的起始点)置于有心力场的力心。显然,有心力对力心 O 点的力矩等于零,即 $M=r\times F=0$,这是因为力臂等于零之故。于是可得出结论:在有心力作用下运动的质点,其对力心 O 的角动量守恒。角动量 $L=r\times p$ 在任何时刻都垂直于由 $r\times p$ 所构成的平面。若 L 等于常量,这个平面将是固定的,这样,当质点在有心力作用下运动时,其矢径 r 始终位于某一平面内,动量 p 也始终位于这个平面内,因此质点的运动轨迹是平面曲线。轨迹所在的平面通过有心力场的力心,如图 5-7 所示。因此,在有心力作用下运动的问题可认为是一个平面问题。

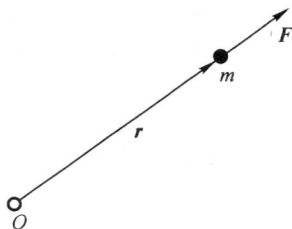

图 5-6　有心力为排斥力的情况

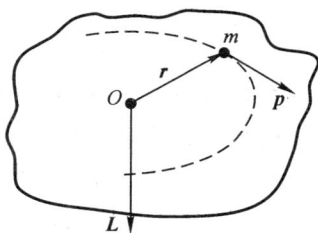

图 5-7　力场力心 O、矢径 r 及运动轨迹处在同一平面内

例 3　太阳对行星的引力属于有心力,太阳系中八大行星绕太阳运行时的轨道角动量守恒。试用上述性质证明,任何行星到太阳的矢径在相等的时间内扫过相等的面积。

解　太阳在位于行星椭圆轨道的焦点上,太阳对行星的引力指向太阳,是有心力。因引力不产生力矩,行星沿椭圆轨道绕太阳运行保持角动量守恒。如图 5-8 所示,设在 t 时刻,行星位于 A 点;在 $t+\mathrm{d}t$ 时刻,行星位于 B 点;在 $\mathrm{d}t$ 时间间隔内,太阳到行星的矢径 r 扫过的阴影面积为 $\mathrm{d}S$。由于 $\mathrm{d}t$ 很小,所以 $\overset{\frown}{AB}$ 和 $v\,\mathrm{d}t$ 可认为重合,因此这个面积等于由 r 与矢量 $v\,\mathrm{d}t$ 组成的平行四边形的面积的一半;而这个平行四边形的面积等于矢积 $r\times v\,\mathrm{d}t$ 的模(参看矢积的性质),因此阴影面积为

$$\mathrm{d}S=\frac{1}{2}|r\times v\,\mathrm{d}t|=\frac{1}{2m}|r\times mv|\mathrm{d}t$$
$$=\frac{1}{2m}|r\times p|\mathrm{d}t=\frac{L}{2m}\mathrm{d}t$$

将上式两边除以 $\mathrm{d}t$,得

$$\frac{\mathrm{d}S}{\mathrm{d}t}=\frac{L}{2m}=常量$$

量 $\dfrac{\mathrm{d}S}{\mathrm{d}t}$ 是行星矢径在单位时间内扫过的面积,角动量 L 是常量,所以行星的掠面速度 $\dfrac{\mathrm{d}S}{\mathrm{d}t}$ 保持恒定。这就是第 7 章中讲到的开普勒行星运动第二定律。

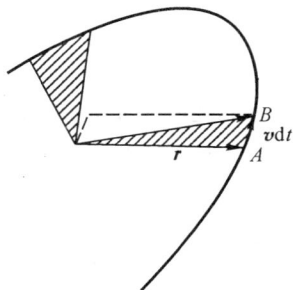

图 5-8　行星绕太阳运行时,在 $\mathrm{d}t$ 时间内矢径 r 扫过的面积相等

5-3　对称性与守恒律

在封闭系统中,存在着如动量、能量和角动量这样一些函数:它们是构成系统的质点的坐标和速度的函数,它们都具有可加性,它们在运动过程中保持恒定值。现在我们已经清楚,动量、能量和角动量这三个物理量是守恒量,相应地有三个守恒定律,即动量守恒定律、能量守恒定律和角动量守恒定律。现代物理告诉我们,守恒律和对称性有着密切的关系,守恒律

源于对称性。这是物理学的一个重要进展。当我们用现代物理观点重新审视牛顿力学时发现，牛顿理论中已经隐含着这些思想。我们阐述它们之间的关联，是为了与现代物理更好地接轨。

1. 什么是对称性？

对称性的概念起源于日常生活中的经验常识。如左右对称的物体都具有一个对称面，将物体分成左右两半部，树叶、蝴蝶及古建筑等都是属于左右对称的物体，除了左右对称，还有轴对称、球对称等。

德国著名的数学家和物理学家魏尔(H·Weyl)首先提出了关于对称性的普遍定义：

如果一个操作体系从一个状态变换到另一个等价的状态，我们就说这体系对于这一操作是对称的，而这个操作叫做该体系的对称操作。

最常见的对称操作是时空对称操作，空间平移、转动、镜象反射等属于空间对称操作：例如一个物体对于平面镜反射后物体形状不变，就属于空间对称操作。时间平移、时间反演等属于时间对称操作。例如，在电影里，我们把拍好的电影胶卷倒过来放映，使时间倒流，这就是时间反演，属于时间对称操作。

2. 不变性

上面我们已经将对称性与某种对称操作下的不变性联系起来了。在物理学中，物理定律的对称性是指经过一定的对称操作后，物理定律的形式保持不变，因此，物理定律的对称性又叫不变性。今后在讨论对称性时，要注意区分两类不同性质的对称性：一类是物体的对称性，如圆柱体具有轴对称性；另一类是物理定律的对称性，如牛顿定律 $F=ma$ 具有伽利略变换不变性。

我们在一个实验室中做一个物理实验，然后将实验装置平移到另一个实验室，在外部条件相同的情况下做同一个实验。两次实验结果是相同的，说明物理定律没有因平移而发生变化，这就是物理定律的空间平移不变性。它表明空间各处对物理定律是一样的，称之为空间的均匀性。

如果在一个实验室做实验，不管实验装置朝什么方向放置，在同样的外部条件下，所得到的实验结果相同，说明空间各个方向对物理定律是一样的，这就是物理定律的空间转动不变性，称之为空间的各向同性。

如果我们在先后两个不同的时间里，在同样的外部条件下用同样的实验装置做同一个实验，所得的实验结果相同，说明物理定律不因时间而改变，这就是物理定律的时间平移不变性。

3. 对称性和守恒律

令人惊异的是，时空的上述性质各自与一个守恒定律密切相关，下面我们分别加以讨论。

(1)空间平移不变性与动量守恒定律

空间平移不变性(即空间均匀性)导致动量守恒定律。我们可用下例证明。为了简便，考虑一维的情况。

设两质点相互作用的封闭系统沿 x 方向运动,开始时两质点的位置分别为 x_1 和 x_2,两质点之间的距离为 $\Delta x = x_2 - x_1$,系统的势能为 $U(x_1, x_2)$;当系统沿 x 方向平移 x_0 时,两质点的位置分别变为 $x_1' = x_1 + x_0$,$x_2' = x_2 + x_0$,但两质点间的相对位置保持不变,仍为 $\Delta x = x_2' - x_1' = x_2 - x_1$。显然,这种空间对称操作属于物理定律的空间平移不变性,由平移不变性的含义可知,平移前后的势能保持不变,这说明两质点的相互作用势能仅与两质点的相对位置 Δx 有关,即

$$U = U(x_1, x_2) = U(x_1', x_2') = U(\Delta x) \tag{5-20}$$

于是,得到质点 1 的受力为

$$F_1 = -\frac{\partial U}{\partial x_1} = -\frac{\mathrm{d}U(\Delta x)}{\mathrm{d}(\Delta x)} \frac{\partial(\Delta x)}{\partial x_1} = \frac{\mathrm{d}U(\Delta x)}{\mathrm{d}(\Delta x)} \tag{5-21}$$

质点 2 的受力为

$$F_2 = -\frac{\partial U}{\partial x_2} = -\frac{\mathrm{d}U(\Delta x)}{\mathrm{d}(\Delta x)} \frac{\partial(\Delta x)}{\partial x_2} = -\frac{\mathrm{d}U(\Delta x)}{\mathrm{d}(\Delta x)} \tag{5-22}$$

由(5-21)式和(5-22)式可得

$$F_1 + F_2 = 0 \tag{5-23}$$

由牛顿第二定律可得

$$F_1 = \frac{\mathrm{d}p_1}{\mathrm{d}t}, \qquad F_2 = \frac{\mathrm{d}p_2}{\mathrm{d}t}$$

代入(5-23)式可得

$$\frac{\mathrm{d}p_1}{\mathrm{d}t} + \frac{\mathrm{d}p_2}{\mathrm{d}t} = \frac{\mathrm{d}(p_1 + p_2)}{\mathrm{d}t} = 0$$

即

$$p_1 + p_2 = 常量$$

这就是两质点相互作用的封闭系统中的动量守恒定律。

(2)时间平移不变性与能量守恒定律

时间平移不变性导致能量守恒。仍可用两质点相互作用的封闭系统作为例子来证明。为简便,还是考虑一维的情况。

物理定律的时间平移不变性的含义告诉我们,系统在空间位置不变的情况下,在两个不同的时间 t_1 和 t_2,系统的势能保持不变,即

$$U(x_1, x_2, t_1) = U(x_1, x_2, t_2) = U(x_1, x_2) \tag{5-24}$$

式中 x_1 和 x_2 表示两质点在空间的位置。对于两质点的封闭系统,其总机械能为

$$E = E_k + U = \sum_{i=1}^{2} \left(\frac{1}{2} m_i v_i^2 \right) + U$$

于是有

$$\frac{\mathrm{d}E}{\mathrm{d}t} = \frac{\mathrm{d}}{\mathrm{d}t} \left(\sum_{i=1}^{2} \frac{1}{2} m_i v_i^2 + U \right) = \sum_{i=1}^{2} m_i v_i \frac{\mathrm{d}v_i}{\mathrm{d}t} + \sum_{i=1}^{2} \frac{\partial U}{\partial x_i} \frac{\mathrm{d}x_i}{\mathrm{d}t}$$

$$= \sum_{i=1}^{2} \frac{\mathrm{d}x_i}{\mathrm{d}t} \left(m_i \frac{\mathrm{d}v_i}{\mathrm{d}t} - F_i \right) = \sum_{i=1}^{2} \frac{\mathrm{d}x_i}{\mathrm{d}t} (F_i - F_i) = 0 \tag{5-25}$$

式中 $F_i = m_i \dfrac{\mathrm{d}v_i}{\mathrm{d}t}$ 是系统内另一质点对 m_i 的作用力,为保守内力。因系统势能 $U = U(x_1, x_2)$ 仅是位置的函数,所以 $F_i = -\dfrac{\partial U}{\partial x_i}$ 也是系统内质点 m_i 受到的保守内力,因此(5-25)式中括号内为零。

(5-25)式表明,对于两质点相互作用的封闭系统,由于具有时间平移不变性,即 $\dfrac{\partial U}{\partial t} = 0$,因此系统的机械能守恒。这就建立了时间平移不变性和系统能量守恒定律之间的重要联系。

(3)空间转动不变性与角动量守恒定律

物理定律的空间转动不变性(即空间的各向同性)是角动量守恒的基础,其含义是一个封闭系统的整体转动不影响其力学规律。我们可用与前面类似的方法证明空间各向同性与角动量守恒定律的联系,这里就不再加以论述了。

本章摘要

1. 角动量:

   质点的角动量: $\boldsymbol{L} = \boldsymbol{r} \times m\boldsymbol{v}$

   质点系的角动量: $\boldsymbol{L} = \sum_i \boldsymbol{r}_i \times m_i \boldsymbol{v}_i$

2. 力矩:

   质点的力矩: $\boldsymbol{M} = \boldsymbol{r} \times \boldsymbol{F}$

   质点系的力矩: $\boldsymbol{M} = \boldsymbol{M}_{外} = \sum_i \boldsymbol{r}_i \times \boldsymbol{F}_{i外}$

3. 角动量定理的数学表达式:

$$\boldsymbol{M}_{外} = \frac{\mathrm{d}\boldsymbol{L}}{\mathrm{d}t}$$

4. 角动量守恒定律:

$$若 \sum_i \boldsymbol{M}_{i外} = 0, \quad \boldsymbol{L} = \sum_i \boldsymbol{L}_i = 常量$$

5. 对称性与守恒律:

   空间平移不变性(空间均匀性)——动量守恒定律;

   时间平移不变性——能量守恒定律;

   空间转动不变性(空间各向同性)——角动量守恒定律。

思考题

5-1 角动量主要是用于描述物体的什么运动特性?它的大小与所选的参考系有何关系?

5-2 试分析下列说法是否正确:

"质点的动量为零,则质点的角动量也一定为零;质点的角动量为零,则质点的动量也一定为零。"

5-3 如图所示,小球 m 在细线的约束下绕竖直细杆在水平面内旋转,因而使细线逐渐绕在细杆上,细线愈来愈短,但小球的角速度将逐渐增加,试解释此现象。

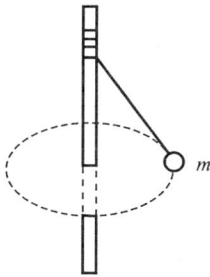

思考题 5-3 图

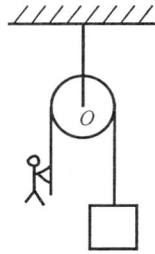

思考题 5-4 图

5-4 如图所示,一轻绳跨过定滑轮,绳的一端吊一重物,另一端有一人由静止开始沿绳往上爬。设人和重物质量相等,若滑轮质量可以忽略,人与重物组成系统的动量守恒吗?系统对定滑轮轴的角动量守恒吗?

5-5 自然界中对称性和守恒律之间有何联系?试举例说明。

习   题

5-1 如图所示,用轻绳将三个质量均为 m 的质点连接起来并系在固定点 O 上,然后使这一系统以角速度 ω 绕固定点 O 转动,转动中三个质点均保持在一条直线上。求:

(1)中间质点相对于固定点 O 的角动量的大小?

(2)三个质点相对于固定点 O 的总角动量的大小?

5-2 一个质量为 m 的质点从 P 点由静止开始沿 Y 轴自由下落,如图所示。以原点 O 为参考点,求:

(1)任意时刻作用在 m 上的力矩 M;

(2)任意时刻 m 的角动量 L;

(3)证明本题中 $M = \mathrm{d}L/\mathrm{d}t$。

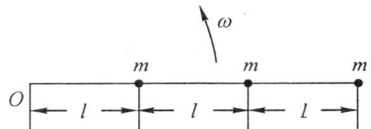

习题 5-1 图

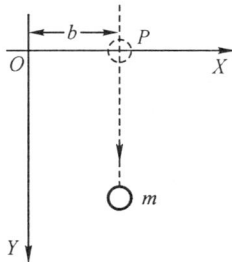

习题 5-2 图

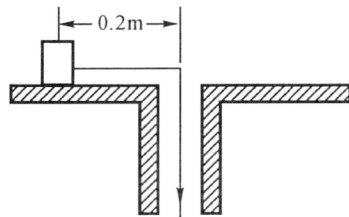

习题 5-3 图

5-3 如图所示,质量为 0.05kg 的物体置于一无摩擦的水平桌面上。有一绳连接此物体并使绳穿过桌面中心的小孔;该物体原以 3rad·s^{-1} 的角速度在距孔 0.2m 的圆周上转动。现将绳从小孔往下拉,使物体的转动半径减为 0.1m(该物体可视为质点),求:

(1)拉下后物体的角速度(圆周运动中 $v = \omega r$, ω 为角速度);

(2)拉力作的功。

5-4　如图所示,在光滑的水平面上有一长 $L=2$m 的绳子,一端固定于 O 点,另一端系一质量 $m=0.5$kg 的物体。开始时,物体位于位置 A 处,OA 间的距离 $d=0.5$m,绳子处于松弛状态。现在使物体以与 OA 相垂直的初速度 v_A $=4$m·s^{-1} 向右运动,到达位置 B 时物体速度的方向与绳垂直,试求物体在 B 处的角动量和角速度。

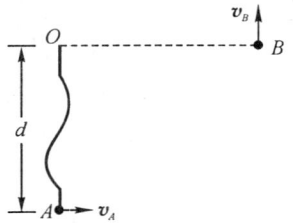
习题 5-4 图

5-5　已知地球质量为 $m_1=5.98\times10^{24}$kg,它离太阳的平均距离约为 $r_1=$ 1.50×10^{11}m,绕太阳的公转周期约为 $T_1=3.16\times10^7$s;电子的质量为 $m_2=9.$ 11×10^{-31}kg,它到氢原子核的平均距离为 $r_2=5.29\times10^{-11}$m,其轨道运动的角速度 $\omega_2=4.13\times10^{16}$rad·s^{-1}。假设它们的运动轨道均为圆形,试计算地球绕太阳运动的角动量,以及经典图象中电子绕氢原子核运动的角动量。

5-6　地球在远日点时,它离太阳的距离为 $r_{\max}=1.52\times10^{11}$m,运动速率 $v_1=2.93\times10^4$m·s^{-1},试问:半年之后,当地球处在距离太阳为 $r_{\min}=1.47\times10^{11}$m 的近日点时,运动速率 v_2 多大?上述两种情况下地球绕太阳运动的角速度 ω_1 和 ω_2 多大?

5-7　两个质量均为 m 的质点用一根长为 $2a$、质量可以忽略不计的轻杆相连,构成一个简单的质点组。如图所示,两质点绕固定轴 $O'Z$ 以匀角速度 ω 转动,轴线通过杆的中点 O 与杆的夹角为 θ,求质点组对 O 点的角动量的大小及方向。

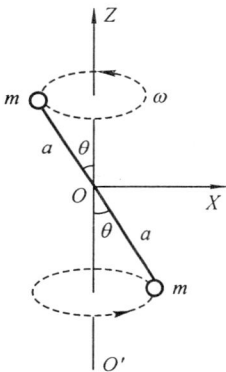

习题 5-7 图

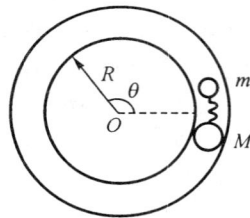

习题 5-8 图

5-8　在一固定半径为 R 的水平光滑圆形沟槽内,放有两个质量分别为 m 和 M 的水球。一轻弹簧被压缩在两球间(未与球连接)。用线将两球缚紧,并使之静止,如图所示。

(1)现将线剪断,则两球被弹开后沿相反方向在沟槽内运动,问此后 m 转过多大角度就要与 M 相碰?

(2)设原来储存在被压缩弹簧中的势能为 U_0,问线断后两球经过多长时间才会相撞?

5-9　我国第一颗人造卫星绕地球沿椭圆轨道运动时,地球中心在该椭圆的一个焦点上。已知地球的平均半径 $R=6$ 378km,人造卫星距离地面的最近距离 $l_1=439$km,最远距离 $l_2=2$ 384km。若人造卫星在近地点的速度 $v_1=8.10$km·s^{-1},试求人造卫星在远地点的速度 v_2。

5-10　一轻绳跨过轻定滑轮,一猴子抓住绳的一端,滑轮另一侧的绳子则挂一质量与猴子相等的重物。若猴子从静止开始以速度 $\boldsymbol{v}$ 相对绳子向上爬,求重物上升的速度。

第6章

刚体力学

在前面的章节中,我们多把运动物体看作质点或质点系。对于质点,因为只考虑其质量,形状和大小是忽略不计的,所以谈不上自转和空间取向。但是,自然界中的许多物体都是有一定的形状和大小的,它们既有转动又有平动,如果问题涉及到物体的转动及其形状和大小,就不能再把这些物体当作质点来处理,而要考虑其他模型。

6-1 刚体的运动

物体在外力作用下,严格说来,其形状和大小都会发生不同程度的改变。如果在研究物体运动时,物体形状和大小的改变小得可以忽略,我们就得到实际物体的另外一个抽象模型——刚体。所谓刚体,是指形状和大小完全不变的物体。因此,刚体可以被看成由许多质点组成,每一个质点叫做刚体的一个质量元。在外力作用下,刚体各质量元之间的相对位置保持不变,而有关质点系的基本定律也适用于刚体。

1. 刚体的平动和转动

刚体有两类基本的运动形式——平动和转动。

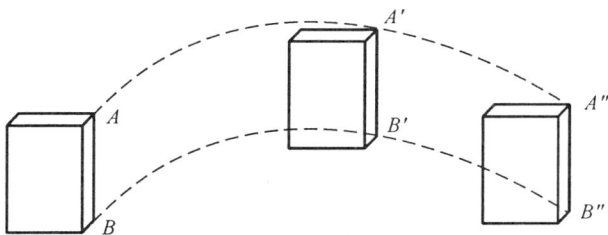

图 6-1 刚体的平动

如果在运动过程中,刚体内的任意直线始终保持平行,这种运动就称为平动。图 6-1 所示为一块砖的运动,这里砖上任意直线 $AB /\!/ A'B' /\!/ A''B''$,故砖的运动是平动。在平动时,刚体上各点的运动轨迹 $AA'A''$ 和 $BB'B''$ 都相同,而且各点在同一时刻的速度和加速度也相同。因此,我们可以选取刚体上任何一点的平动来描述刚体的平动。

如果刚体在运动过程中,其上所有各点都绕同一直线作圆周运动,这种运动便称为转动,该直线就叫做转轴。例如,机器上齿轮的转动。如果转轴是固定不动的,就称这种运动为定轴转动。刚体作定轴转动时,轴上所有各点都保持不动,轴外各点在同一时间间隔 Δt 内都转过同样的角度 $\Delta\varphi$。所以,我们可以通过一个共同的角位移、角速度、角加速度来描述刚体的转动。

刚体的一般运动可看成为平动和转动的合成运动。图 6-2 所示的圆柱体从位置 1 到位置 2 的运动可以分解为圆柱体由 1 到 1′ 的平动和绕 O′ 轴的转动。也可以分解为由 1 到 1″ 的平动和绕 O″ 轴的转动。在上面两种分解中,尽管转轴的位置不同,然而转过的角度 $\Delta\varphi$ 却是一样的。可见,由于转轴位置的选择不同,可以有多种平动和转动的分解方式,但转动的角位移和角速度总是相同的,和转轴位置无关。

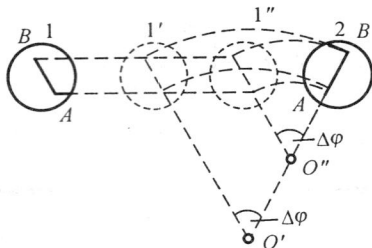

图 6-2　刚体的一般运动
　　　　——平动＋转动

2. 刚体的角速度和角加速度

刚体在时间间隔 Δt 内转过的角度 $\Delta\varphi$ 称为刚体的角位移。角位移不但有大小而且有方向,其方向由右手螺旋定则规定沿转轴的方向。然而,并非一切具有大小和方向的量都是矢量。根据矢量的定义,具有大小和方向,并且按照平行四边形定则相加的量称为矢量,而且满足矢量加法定则的条件更重要。一个刚体按顺序先后经过两次有限角位移的转动后的最终位置与将转动次序颠倒后刚体得到的最终位置不同。可见,有限角位移的合成与转动的先后次序有关,不服从矢量加法的交换律。因此,有限角位移 $\Delta\varphi$ 不是矢量。但是,如果经过时间间隔 dt 后,刚体转过一个无限小角位移 $d\varphi$,相加的次序就不再影响最后的结果。所以,无限小角位移是矢量。[①]

用无限小角位移 $d\varphi$ 定义的一些量也是矢量。例如,角速度的定义为

$$\omega = \frac{d\varphi}{dt} \tag{6-1}$$

式中 $d\varphi$ 是无限小角位移,是矢量,而 dt 是标量,所以角速度 ω 是矢量。可以证明,角速度的合成服从平行四边形定则。角速度的单位为 rad/s 或 1/s。

如果刚体作变速运动,为了表示角速度 ω 的变化快慢,还要引入角加速度的概念。角加速度 α 定义为角速度的时间变化率:

$$\alpha = \frac{d\omega}{dt} \tag{6-2}$$

因为 $d\omega$ 是矢量,dt 是标量,所以角加速度也是矢量。当刚体作加速转动时,α 为正值;反之为负。角加速度的单位为 rad/s² 或 1/s²。有关刚体作匀角加速定轴转动的转动运动学方程,可直接从质点作匀加速直线运动的平动运动学方程的类比中得出:

$$\omega = \omega_0 + \alpha t \tag{6-3}$$

$$\varphi = \varphi_0 + \omega_0 t + \frac{1}{2}\alpha t^2 \tag{6-4}$$

$$\omega^2 = \omega_0^2 + 2\alpha(\varphi - \varphi_0) \tag{6-5}$$

刚体绕定轴转动时,刚体上所有的质点都绕轴作圆周运动,在相同的时间内都转过相同的角位移 $\Delta\varphi$,而且在任意瞬间各质点的角速度 ω 和角加速度 α 都相同。但是,它们沿圆弧的线速度 v 和线加速度 a 随着它们与转轴的距离不同而不同。

----

① 关于有限角位移 $\Delta\varphi$ 不是矢量,无限小角位移 $d\varphi$ 是矢量的论述。可参阅 R. Rensenick,D. Haliday 著物理学(1977 年第三版)中译本第一卷第一册,11—4 节,313 页。

角量相同,线量不同,这一刚体转动运动学的基本特征是我们以后研究刚体转动问题时必须采用由角量定义的物理量、采用含角量而不是含线量的定律和公式的根本原因。

假如在时间间隔 $\mathrm{d}t$ 内,刚体转过角位移 $\mathrm{d}\varphi$,如图 6-3(a)所示,那么,与转动轴的距离为 R 的 P 点所通过的路程 $\mathrm{d}s = R\mathrm{d}\varphi$,则 P 点线速度的值为

$$v = \frac{\mathrm{d}s}{\mathrm{d}t} = R\frac{\mathrm{d}\varphi}{\mathrm{d}t} = R\omega \tag{6-6}$$

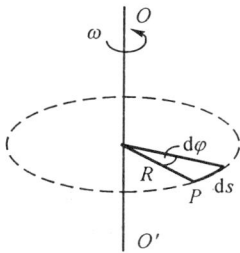

(a) 线速度 v 和角速度 ω 的数值关系 (b) 线速度 v 和角速度 ω 的矢量关系

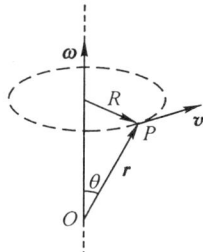

图 6-3   线速度和角速度关系

(6-6)式把线速度的大小和角速度的大小联系起来了。下面我们来求将矢量 $\boldsymbol{v}$ 和 $\boldsymbol{\omega}$ 联系起来的表达式。刚体上被研究的 P 点的位置由矢径 $\boldsymbol{r}$ 确定,这个矢径 $\boldsymbol{r}$ 由位于转动轴上的坐标原点 O 发出,如图 6-3(b)所示。由图可见,矢积 $\boldsymbol{\omega} \times \boldsymbol{r}$ 的方向与矢量 $\boldsymbol{v}$ 的方向一致,其大小为 $\omega r\sin\theta = R\omega$,因而

$$\boldsymbol{v} = \boldsymbol{\omega} \times \boldsymbol{r} \tag{6-7}$$

根据(6-6)式,又可求得 P 点的法向加速度 a_n 和切向加速度 a_τ 与刚体的角速度 ω 和角加速度 α 的关系如下:

$$a_n = \frac{v^2}{R} = \frac{(R\omega)^2}{R} = R\omega^2 \tag{6-8}$$

$$a_\tau = \frac{\mathrm{d}v}{\mathrm{d}t} = R\frac{\mathrm{d}\omega}{\mathrm{d}t} = R\alpha \tag{6-9}$$

可见,知道了刚体的转动情况后,就可利用以上这些关系式求出刚体上任意点的线速度和线加速度了。

6-2   刚体的质心运动

刚体只有平动时,刚体上任意点的运动都可以代表整个刚体的运动;刚体既有平动又有转动时,刚体中各点的运动状态将有很大的不同,因而给描述运动带来麻烦。为此有必要引出刚体质心的概念。

1. 质   心

当我们只关心刚体的整体运动,而不考虑运动的细节时,对任何刚体我们都能找到一个特殊点,它的运动方式和质量与刚体相等的单个质点在相同外力作用下的运动方式相同。这

个特殊点我们称为质心。图 6-4 表示一个体操棍棒被人投往另一个人时，其质心作简单的抛物线运动，而棍棒上没有其他任何一点是以这样简单的方式运动的。可见，引入质心的概念，能够很简洁地描述刚体整体运动的特征。下面我们来确定质心及它的速度。

图 6-4　体操棍棒的质心
作简单的抛物线运动

将刚体分成许多质量元后，就可以将其看作为一个质点系。按照动量守恒定律，一个封闭的质点系的动量是常量；而按照惯性定律，一个孤立质点的动量是常量。一个孤立的质点和一个封闭的质点系在这一点上很相似，即两者都有不变的动量。但动量守恒与系统内各质点的运动细节完全无关，这意味着，封闭的质点系与孤立质点的动量的等价性，即我们可以用一个等价的、其动量等于系统总动量的单个质点去代替整个系统。设想单个质点具有质量 m 和速度 v_c，其动量 mv_c 等于系统的总动量，于是我们得到系统的总动量为

$$p = \sum_i p_i = \sum_i m_i v_i = m v_c \tag{6-10}$$

式中，$p_i = m_i v_i$ 表示质点 m_i 的动量；m 为系统的总质量；v_c 是系统质心的速度。

于是，由（6-10）式给出质心的速度 v_c 为

$$v_c = \frac{\sum_i m_i v_i}{m} = \frac{\sum_i m_i \frac{\mathrm{d} r_i}{\mathrm{d} t}}{m} \tag{6-11}$$

在质量 m_i 与速度无关的情况下，上式可以写成

$$v_c = \frac{\mathrm{d}}{\mathrm{d} t} \left[\frac{\sum_i m_i r_i}{m} \right] \tag{6-12}$$

定义系统质心的矢径 r_c 为

$$r_c = \frac{\sum_i m_i r_i}{m} \tag{6-13}$$

其位置由矢径 r_c 确定的点 C 称为系统的质心，即质点系的"质量中心"。质心可看作整个质点系的代表点，系统的全部质量 m 和总动量 p 都集中在质心上面。

在直角坐标系中，质心的坐标有

$$x_c = \frac{\sum_i m_i x_i}{m}, \quad y_c = \frac{\sum_i m_i y_i}{m}, \quad z_c = \frac{\sum_i m_i z_i}{m} \tag{6-14}$$

可以将一个刚体当作一个质量连续分布的系统来处理，即可以认为它是由无限多个无限小的质量元组成。以 $\mathrm{d} m$ 表示任意质量元的质量，r 表示其矢径，则刚体的质心位置的矢径为

$$r_c = \frac{\int r \mathrm{d} m}{m} \tag{6-15}$$

它在直角坐标系中的分量式表示为

$$x_c = \frac{\int x\mathrm{d}m}{m}, \quad y_c = \frac{\int y\mathrm{d}m}{m}, \quad z_c = \frac{\int z\mathrm{d}m}{m} \tag{6-16}$$

注意,对于几何尺寸不十分大的物体,质心与重心是重合的。

2. 质心运动定理

现在我们来看质心概念在物理上的重要意义。我们把系统的总动量 $\boldsymbol{p} = m\boldsymbol{v}_c$ 代入牛顿第二定律得

$$\boldsymbol{F}_{外} = \frac{\mathrm{d}\boldsymbol{p}}{\mathrm{d}t} = m\frac{\mathrm{d}\boldsymbol{v}_c}{\mathrm{d}t} = m\boldsymbol{a}_c \tag{6-17}$$

式中 $\boldsymbol{a}_c$ 是质心的加速度,(6-17)式称做质心运动定理。该式表明,将全部质量 m 集中于质心,系统的所有外力 $\boldsymbol{F}_{外}$ 平移作用于质心,质心的运动就等同于一个在外力 $\boldsymbol{F}_{外}$ 作用下质量为 m 的质点的运动。因此,对系统整体运动的描述可以用质心运动的描述来替代。

整个质点系可以是不发生形变的刚体,也可以是可形变的物体;可以旋转,也可以爆炸,但质心运动定理都成

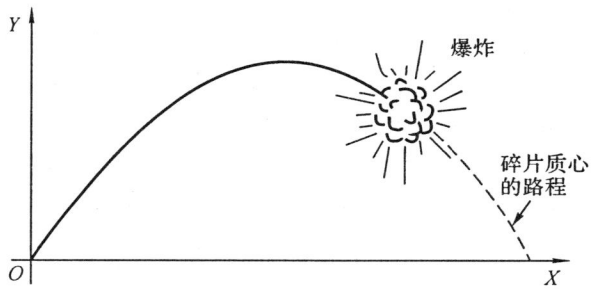

图 6-5 沿抛物线飞行的炮弹爆炸后,质心仍沿原抛物线路径向前运动

立(参看图 6-4 和图 6-5)。对于质心运动来说,系统的内力不起作用。因此,研究质心的运动对解决物体运动情况比较复杂的问题较为方便。

例 1 地球质量 $M = 5.98 \times 10^{24}\mathrm{kg}$,月球质量 $m = 7.35 \times 10^{22}\mathrm{kg}$,地月的中心距离 $l = 3.84 \times 10^5\mathrm{km}$,如图 6-6 所示。求地月系统的质心位置。

解 地球和月球的质心都在各自的球心 O 和 O' 处,选地心 O 为坐标原点,则地月系统的质心坐标为

$$\begin{aligned}x_c &= \frac{M \cdot 0 + ml}{M + m} \approx \frac{ml}{M}\\&= \frac{7.35 \times 10^{22} \times 3.84 \times 10^5}{5.98 \times 10^{24}}\\&= 4.72 \times 10^3(\mathrm{km})\end{aligned}$$

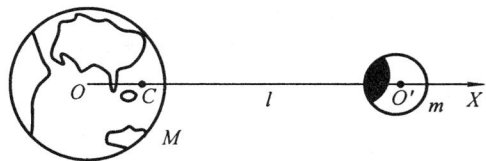

图 6-6 地月系统的质心位置

地月系统质心 C 在地月联线距地心 $4.72 \times 10^3\mathrm{km}$ 处,即质心在地球体内距地心约 3/4 个地球半径处。

6-3 刚体的定轴转动

1. 刚体相对定轴的角动量

首先说明一下,角动量 $\boldsymbol{L}$ 与角速度 $\boldsymbol{\omega}$ 的大小成正比,但一般说来,它们不在同一方向上,即使刚体绕定轴转动的情况下也可能如此,这是因为角动量的定义是对某一参考点而言

的,这一点要特别注意。

现在我们讨论刚体绕定轴转动的角动量,由于轴是固定不动的,这时,起作用的只是角动量在通过参考点 O 的 Z 轴上的分量,即刚体相对于 Z 轴的角动量 L_z,以后为了方便,我们去掉了下标。

如图 6-7 所示,有一刚体以角速度 ω 绕 Z 轴(定轴)转动。由于刚体可看成由许多质点组成,因此,当刚体绕定轴转动时,刚体上的所有质点都以相同角速度 ω 在垂直于 Z 轴(定轴)的转动平面内绕 Z 轴(定轴)作圆周运动,显然所有的圆心全在 Z 轴上,而且所有质点相对各自圆心的角动量的方向均沿着 Z 轴的同一方向,因而整个刚体相对 Z 轴的角动量即等于刚体上所有质点绕 Z 轴作圆周运动的角动量之和。

图 6-7 刚体相对于 Z 轴的角动量

在刚体上任取一个质量元 Δm_i,作圆周运动的圆心为轴上一点 O,半径 r_i,速度为 $\boldsymbol{v}_i$,根据质点角动量的定义,它相对圆心 O 的角动量为

$$L_i = \Delta m_i r_i v_i = \Delta m_i r_i^2 \omega \tag{6-18}$$

将(6-18)式对刚体上所有质量元的角动量 L_i 求和,就得到刚体相对于 Z 轴的角动量为

$$L = \sum_i L_i = \sum_i \Delta m_i r_i^2 \omega = \left(\sum_i \Delta m_i r_i^2\right)\omega \tag{6-19}$$

(6-19)式中括号内的量定义为

$$I = \sum_i \Delta m_i r_i^2 \tag{6-20}$$

我们把 I 称为刚体绕 Z 轴的转动惯量,它等于刚体中诸质量元的质量和质量元到轴的距离平方的乘积之和。利用(6-19)式和(6-20)式,刚体相对 Z 轴的角动量可写成下面的矢量形式

$$L = I\omega \tag{6-21}$$

可见,刚体对 Z 轴的角动量 L(即 L_z)和角速度 ω 同方向。

这里必须再次强调一下,刚体绕定轴转动时,根据角动量的定义,刚体的角动量也是相对于轴上某一参考点 O 的,角动量的大小和方向也不是(6-21)式所表示的那样,其方向一般与角速度 ω 不同。但是,我们可以证明,(6-21)式所表示的角动量就是刚体相对 Z 轴上参考点 O 的角动量在 Z 轴上的分量,即刚体相对 Z 轴的角动量。在刚体作定轴转动时,由于轴是固定的,因此,实际起作用的就是刚体的角动量在 Z 轴上的分量,这也是我们在研究刚体定轴转动问题时经常用到和感兴趣的角动量。

从(6-21)式中我们发现,刚体对定轴的角动量 $L = I\omega$ 和质点的动量 $\boldsymbol{p} = m\boldsymbol{v}$ 在形式上非常相似:角速度 ω 起着线速度 v 的作用,转动惯量 I 起着质量 m 的作用。质量是质点惯性的量度,转动惯量是刚体转动惯性的量度,转动惯量这一名词正是这样命名的。

2. 作用在刚体上的力相对定轴的力矩

力矩 $\boldsymbol{M} = \boldsymbol{r} \times \boldsymbol{F}$ 的定义是对某一固定参考点 O 而言的,称为力 $\boldsymbol{F}$ 相对于 O 点的力矩。式中 $\boldsymbol{r}$ 是从 O 点引向力 $\boldsymbol{F}$ 的作用点的矢径。

刚体绕定轴转动时,起作用的还是力矩 $\boldsymbol{M}$ 沿 Z 轴(定轴)方向的分量 M_z,我们把 M_z 称

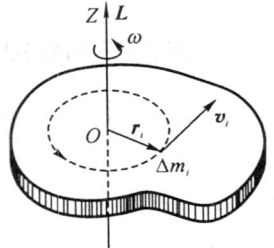

为作用在刚体上的力相对于 Z 轴的力矩,为了方便,我们在以后去掉了下标。

如图 6-8(a)所示,刚体绕 Z 轴作定轴转动。作用在刚体内 P 点上的力 F 在垂直于 Z 轴的转动平面内,我们取该转动平面与 Z 轴的交点 O 为参考点,r 为由参考点 O 到力 F 的作用点 P 的矢径,θ 为矢径 r 和力 F 之间的夹角。

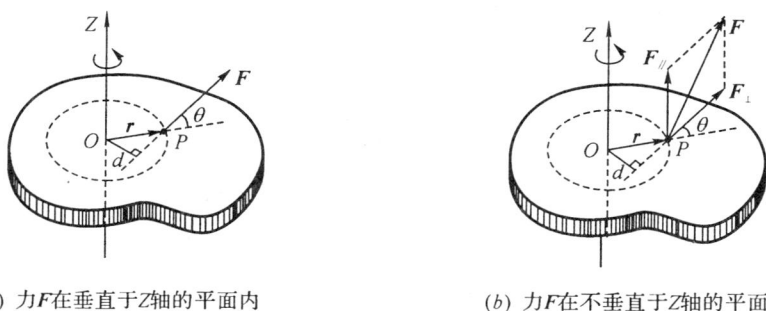

(a) 力F在垂直于Z轴的平面内　　　　　　(b) 力F在不垂直于Z轴的平面内

图 6-8　作用在刚体上的力 F 相对 Z 轴的力矩

这时,力 F 相对于参考点 O 的力矩的方向是沿着 Z 轴的,它就是力 F 相对于 Z 轴的力矩,即

$$M = r \times F \tag{6-22}$$

其大小为

$$M = M_z = Fr\sin\theta = Fd \tag{6-23}$$

式中 d 为力臂,即 O 点到力 F 的作用线的垂直距离。

在刚体定轴转动中,力矩的方向是沿着 Z 轴的,只有两种可能的方向可取,用正负即可表示之。

如果力 F 不在垂直于 Z 轴的平面内,如图 6-8(b)所示,我们可把力 F 分解为两个分力:一个是与 Z 轴平行的分力 $F_\parallel$,另一个是与 Z 轴垂直的分力 $F_\perp$。这两个分力中,$F_\parallel$ 产生的力矩与 Z 轴垂直,因而在 Z 轴上的分量为零,该力矩的作用是欲使 Z 轴转动,但由于 Z 轴是固定轴,所以这个力矩不影响刚体的定轴转动。因此只有在转动平面内的垂直分力 $F_\perp$ 产生的力矩(其方向沿着 Z 轴)能使物体转动。实际上,它就是力 F 相对于 Z 轴的力矩。

根据上面的分析可知,在刚体绕 Z 轴作定轴转动时,无论力 F 是否在转动平面内,只有力 F 相对于 Z 轴的力矩才是表征刚体绕 Z 轴转动的能力。所以在讨论刚体定轴转动问题时,我们只需考虑这一力矩(即 M_z)就行了。本教科书在研究刚体定轴转动问题时,力 F 均在转动平面内,这一点请读者注意。

同样需要再强调一下,力矩的定义是对某一固定参考点而言的,同样可以证明,刚体绕定轴转动时,作用在刚体上的力相对 Z 轴的力矩就是该力相对于某一固定参考点 O 在 Z 轴方向上的分量。

在刚体的定轴转动中,如果有几个外力同时作用在刚体上,而且这几个外力都在垂直于 Z 轴(定轴)的平面内,它们的作用将相当于一个力矩的作用,这个力矩称为这几个外力的合外力矩,它们的合外力矩的量值等于这几个外力矩的代数和。即

$$M = \sum_i M_i = \sum_i F_i r_i \sin\theta_i \tag{6-24}$$

式中 r_i 是 F_i 的作用点到 Z 轴的垂直距离(即矢径 r_i 的大小),θ_i 是矢径 r_i 和外力 F_i 之间的夹角。

若 $M>0$,合外力矩的方向沿 Z 轴的正向,若 $M<0$,则合外力矩的方向与 Z 轴的正向相反。

3. 刚体的定轴转动定律

把刚体看成质点系,则根据质点系的角动量定理(5-18)式有

$$M_外 = \frac{dL}{dt}$$

考虑到刚体绕定轴转动时,起作用的仅是合外力矩和角动量的 Z 轴分量,即刚体相对于 Z 轴的合外力矩 $M_外$ 和刚体相对于 Z 轴的角动量 L。于是得到

$$M_外 = \frac{dL}{dt} = \frac{d(I\omega)}{dt} \tag{6-25}$$

在绕定轴转动情况下,刚体的转动惯量是不变的,故有

$$M_外 = I\frac{d\omega}{dt} = I\alpha \tag{6-26}$$

上式称为刚体的定轴转动定律。它表明:

刚体对于某一固定轴的合外力矩等于刚体对同一转轴的转动惯量与角加速度的乘积。

(6-26)式与牛顿第二定律 $F=ma$ 的形式非常类似,这里的合外力矩 $M_外$ 对应于力 F;转动惯量 I 对应于质量 m;角加速度 α 对应于加速度 a。

4. 转动惯量

在研究刚体绕定轴转动时,我们引入了转动惯量的概念。但是,必须注意,转动惯量这个量并非转动时才存在,每个物体相对于任意轴具有一定的转动惯量是一种客观存在,这与物体是否在转动无关,正像一个物体具有质量而与它是否运动无关一样。

根据转动惯量的定义式

$$I = \sum_i \Delta m_i r_i^2$$

可以看出,转动惯量是可加量,它表明刚体的转动惯量等于其各部分的转动惯量之和。

对于质量连续分布的刚体来说,(6-20)式应改为积分

$$I = \int r^2 dm = \int r^2 \rho dV \tag{6-27}$$

式中 dm 是质量元,ρ 代表密度,dV 是体积元,积分对整个体积 V 进行。

在国际单位制中,转动惯量的单位是 kg·m²。

下面举几个简单而重要的例子说明转动惯量的计算方法。

(1)长度为 l、质量为 m 的均匀细棒相对于垂直通过其质心的转轴的转动惯量。

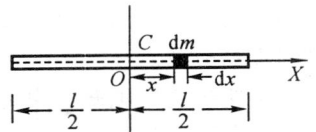

如图 6-9 所示。取沿棒长方向为 X 轴,质心 C 为原点,在棒

图 6-9　细棒的转动惯量

上任取线元 $\mathrm{d}x$，则质量元 $\mathrm{d}m = \lambda \mathrm{d}x$，其中 λ 为棒的线密度，且 $\lambda = \dfrac{m}{l}$。根据 (6-27) 式，有

$$I_c = \int x^2 \mathrm{d}m = \int_{-\frac{l}{2}}^{\frac{l}{2}} x^2 \lambda \mathrm{d}x = \frac{1}{12} \lambda l^3 = \frac{1}{12} m l^2$$

（2）质量为 m、半径为 R 的均匀细圆环相对于垂直通过其环面的中心转轴的转动惯量。

如图 6-10 所示。细圆环上任意质量元 $\mathrm{d}m$ 到中心转轴的距离都为 R，故

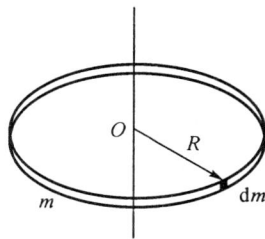

图 6-10　细圆环的转动惯量

$$I_c = \int R^2 \mathrm{d}m = R^2 \int \mathrm{d}m = m R^2$$

（3）质量为 m、半径为 R 的均匀薄圆盘相对于垂直通过其盘面的中心转轴的转动惯量。

如图 6-11 所示。圆盘的面密度 $\sigma = \dfrac{m}{\pi R^2}$，任取半径为 r、宽为 $\mathrm{d}r$ 的圆环，其面积元为 $2\pi r \mathrm{d}r$，质量元为 $\mathrm{d}m = 2\pi \sigma r \mathrm{d}r$，则

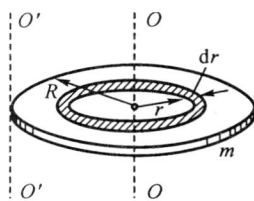

$$I_c = \int r^2 \mathrm{d}m = \int_0^R r^2 \, 2\pi \sigma r \mathrm{d}r = \frac{\pi \sigma R^4}{2} = \frac{1}{2} m R^2$$

此结果也适用于圆柱的情况。

图 6-11　薄圆盘的转动惯量

在以上例子中，由于物体是均匀对称的，而且转轴都是通过质心的对称轴，所以，求转动惯量相对简单。如果我们把垂直于圆盘中心的轴平移到圆盘的边缘，例如 $O'O$ 轴，再求圆盘相对于该轴的转动惯量（见图 6-11），显然，计算要复杂得多。不过，如果利用平行轴定理求此类问题的转动惯量将使运算大大简化。平行轴定理表述如下：

如果质量为 m 的刚体相对于通过其质心转轴的转动惯量为 I_c，则它相对于与此轴平行相距为 d 的任意轴的转动惯量为

$$I = I_c + m d^2 \tag{6-28}$$

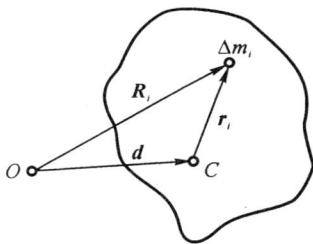

图 6-12　平行轴定理的证明

按照平行轴定理，圆盘相对于边缘 $O'O'$ 轴的转动惯量为

$$I_{O'} = I_c + m R^2 = \frac{1}{2} m R^2 + m R^2 = \frac{3}{2} m R^2$$

可见，平行轴定理的实质是把刚体相对于任意轴的转动惯量问题归结为相对于通过质心轴的转动惯量求解。

为了证明平行轴定理，我们研究通过刚体质心的 C 轴以及与 C 轴平行相距为 d 的 O 轴的情况。如图 6-12 所示，两轴都与图面垂直，用 $\boldsymbol{r}_i$ 表示由 C 轴引到任意质量元 Δm_i 且垂直于 C 轴的矢量，用 $\boldsymbol{R}_i$ 表示从 O 轴引向质量元 Δm_i 且垂直于 O 轴的矢量。另外，还引入垂直这两个轴的矢量 $\boldsymbol{d}$，它把 O 轴和 C 轴上的相应点连接起来。对于任意一对相应点，矢量 $\boldsymbol{d}$ 具有相同的大小（等于两轴间的距离 d）和相同的方向。于是得到

$$\boldsymbol{R}_i = \boldsymbol{r}_i + \boldsymbol{d}$$

由于质量元 Δm_i 对通过 O 轴的转动惯量为 $\Delta m_i R_i^2$，应用矢量点乘，我们可以等效地把它写成

$$\Delta m_i R_i^2 = \Delta m_i \boldsymbol{R}_i \cdot \boldsymbol{R}_i = \Delta m_i (\boldsymbol{r}_i + \boldsymbol{d}) \cdot (\boldsymbol{r}_i + \boldsymbol{d})$$
$$= \Delta m_i (\boldsymbol{r}_i \cdot \boldsymbol{r}_i + \boldsymbol{d} \cdot \boldsymbol{d} + 2\boldsymbol{r}_i \cdot \boldsymbol{d})$$
$$= \Delta m_i (r_i^2 + d^2 + 2\boldsymbol{r}_i \cdot \boldsymbol{d})$$

现在，我们把刚体中所有质量元 Δm_i 对于 O 轴的转动惯量加起来，则有

$$I = \sum_i \Delta m_i R_i^2 = \sum_i \Delta m_i (r_i^2 + d^2 + 2\boldsymbol{r}_i \cdot \boldsymbol{d})$$
$$= \sum_i \Delta m_i r_i^2 + \sum_i \Delta m_i d^2 + 2\left(\sum_i \Delta m_i \boldsymbol{r}_i\right) \cdot \boldsymbol{d} \tag{6-29}$$

上式中右边的三项解释如下：第一项为刚体相对于通过质心的 C 轴的转动惯量，用 I_c 表示，则

$$I_c = \sum_i \Delta m_i r_i^2$$

第二项为刚体的总质量 $m = \sum_i \Delta m_i$ 乘以两轴间距离 d，即

$$\sum_i \Delta m_i d^2 = md^2$$

第三项中包含矢量 $\sum_i \Delta m_i \boldsymbol{r}_i$，根据质心的定义式（6-13）有

$$\boldsymbol{r}_c = \frac{\sum_i \Delta m_i \boldsymbol{r}_i}{m}$$

故

$$\sum_i \Delta m_i \boldsymbol{r}_i = m \boldsymbol{r}_c$$

由于由 C 轴到任一质量元 Δm_i 的矢量 $\boldsymbol{r}_i$ 都垂直于 C 轴，并不全是在一个转动平面内，如图 6-13 所示，因此 $\boldsymbol{r}_c$ 应是从 C 轴到刚体质心且垂直于 C 轴的矢量，它的大小表示质心离开 C 轴的垂直距离。但是，由于质心的位置选在 C 轴上，所以这个矢量 $\boldsymbol{r}_c$ 等于零，也就是说 $\sum_i \Delta m_i \boldsymbol{r}_i = 0$，因而（6-29）式中的第三项为零。于是（6-29）式化为

$$I = I_c + md^2$$

至此定理证明完毕。

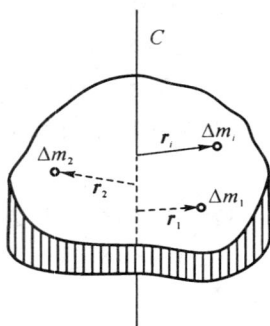

图 6-13 $\boldsymbol{r}_c$ 的几何意义

这里必须指出，在上述证明平行轴定理时，符号 C 和 O 表示的是两平行轴，C 并不是质心的位置（参见图 6-12），质量元 Δm_i 和质心不全在同一个转动平面内，以往的教科书中对此概念交代往往不清。

最后，我们引入刚体的回转半径概念。

圆环绕中心轴的转动惯量与单个质点一样，为 $I = mR^2$，其所有的质量都分布在同一距离 $R = \sqrt{\dfrac{I}{m}}$ 上。受此启发，我们可以定义任意形状刚体的回转半径 $R_g = \sqrt{\dfrac{I}{m}}$。其意思是说，

回转半径表示相对于转轴的一段垂直距离,刚体相对于转轴的转动惯量相当于把其全部质量都集中分布在半径为回转半径的圆周上的转动惯量。例如,绕圆盘中心轴的回转半径可如下求得

$$I = mR_g^2 = \frac{1}{2}mR^2$$

$$R_g = \frac{\sqrt{2}}{2}R$$

回转半径是刚体相对于轴的质量分布的一种量度,回转半径越大,质量分布离轴越远。对不规则形状的刚体,R_g 值可用实验测定。

表 6-1 列出了几种常见刚体的转动惯量。

表 6-1　常见刚体的转动惯量

刚　　体	转轴位置	转动惯量
细棒	通过中心与棒垂直	$I_c = \frac{1}{12}ml^2$
细棒	通过端点与棒垂直	$I = \frac{1}{3}ml^2$
细圆环	通过中心与环面垂直	$I_c = mR^2$
薄圆盘	通过中心与盘面垂直	$I_c = \frac{1}{2}mR^2$
圆柱体	对称轴	$I_c = \frac{1}{2}mR^2$
球体	直径	$I_c = \frac{2}{5}mR^2$

例2 如图 6-14 所示,一均匀圆盘半径为 R、质量为 M,其中心轴装在一个光滑且固定的轴承上;在圆盘的边缘上绕一轻绳,绳的另一端挂一个质量为 m 的物体,试求圆盘的角加速度与圆盘边缘上一点的切向加速度。设绳的质量忽略不计。

解 对物体 m 有

$$mg - T = ma$$

对圆盘,合外力矩为 TR,转动惯量 $I = \frac{1}{2}MR^2$,因而有

$$TR = I\alpha = \frac{1}{2}MR^2\alpha$$

利用关系式 $a = R\alpha$,上述方程联合求解可得

$$\alpha = \frac{2m}{(M+2m)R}g$$

$$a = \frac{2m}{M+2m}g$$

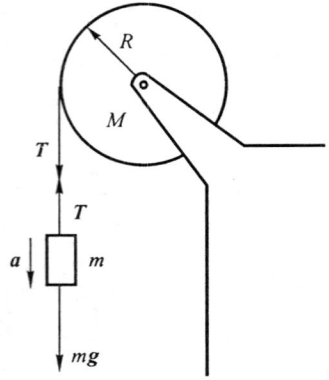

图 6-14 圆盘边缘由绳挂一下落重物

例3 如图 6-15 所示,一长为 l、质量为 m 的细棒,可以绕其一端的 O 轴在竖直平面内自由转动。开始时棒静止在水平位置,然后释放。当它下摆至与水平线成 θ 角时,求:(1)角加速度;(2)角速度;(3)轴对棒的约束力。

解 (1)细棒下摆时受到重力对转轴的力矩,棒的质心 C 在 $\overline{OC} = \frac{1}{2}l$ 处,故

$$M = |\boldsymbol{M}| = |\overrightarrow{OC} \times mg|$$
$$= \frac{l}{2}mg\sin(90^0 - \theta) = \frac{1}{2}mgl\cos\theta$$

由转动定律得棒的角加速度为

$$\alpha = \frac{M}{I} = \frac{\frac{1}{2}mgl\cos\theta}{\frac{1}{3}ml^2} = \frac{3g\cos\theta}{2l}$$

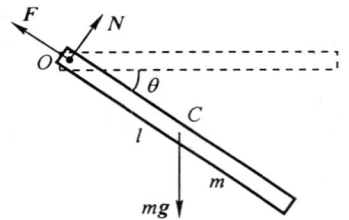

图 6-15 细棒绕一端的定轴转动

(2)我们仍从转动定律求棒的角速度

$$M = I\alpha = I\frac{d\omega}{dt}$$
$$Mdt = Id\omega$$

等式两边乘以 ω,并将力矩 M 值代入,则得

$$\frac{1}{2}mgl\cos\theta\omega dt = I\omega d\omega$$

因为 $\omega = \frac{d\theta}{dt}$,$d\theta = \omega dt$,所以有

$$\frac{1}{2}mgl\cos\theta d\theta = I\omega d\omega$$

两边积分:

$$\int_0^\theta \frac{1}{2}mgl\cos\theta d\theta = \int_0^\omega I\omega d\omega$$

得

$$\frac{1}{2}mgl\sin\theta = \frac{1}{2}I\omega^2$$

所以

$$\omega = \sqrt{mgl\sin\theta/I} = \sqrt{mgl\sin\theta/\frac{1}{3}ml^2} = \sqrt{3g\sin\theta/l}$$

（3）在 O 处，轴对棒的作用力为 **F** 和 **N**（如图 6-15），则细棒沿棒方向的合力应为棒转动时的向心力，垂直于棒的合力产生棒的切向加速度。我们用自然坐标系写出质心运动定理

$$mg\cos\theta - N = ma_{cr}$$
$$F - mg\sin\theta = ma_{cn}$$

因为 $a_{cr} = \frac{l}{2}\alpha$，$a_{cn} = \frac{l}{2}\omega^2$，所以代入方程后得

$$N = mg\cos\theta - ma_{cr} = mg\cos\theta - m\frac{l}{2}\frac{3g\cos\theta}{2l} = \frac{1}{4}mg\cos\theta$$

$$F = m\frac{l}{2}\frac{3g\sin\theta}{l} + mg\sin\theta = \frac{5}{2}mg\sin\theta$$

5. 角冲量

对刚体在绕定轴转动情况下得到的(6-25)式两边乘以 $\mathrm{d}t$ 并积分，就得到

$$\int_0^t M_{外}\mathrm{d}t = \int_{L_0}^L \mathrm{d}L = L - L_0 = I\omega - I\omega_0 \tag{6-30}$$

上式左端表示刚体相对于固定轴的合外力矩在一段时间内的累积效应，称为角冲量。它等于刚体相对于固定轴的角动量的增量，这就是刚体绕定轴转动的角动量定理。

在 SI 中，角冲量的单位为 N·m·s。

(6-30)式表明，当刚体相对于固定轴的合外力矩 $M_{外}=0$ 时，刚体对该轴的角动量保持恒定，即刚体角动量的轴向分量守恒，这就是刚体绕定轴转动的角动量守恒定律。

6. 刚体转动中的功和能

（1）力矩的功

如图 6-16 所示，刚体在垂直于 Z 轴的平面内的外力 $\boldsymbol{F}_i$ 作用下绕 Z 轴转过一角位移 $\mathrm{d}\varphi$，力 $\boldsymbol{F}_i$ 的作用点的位移为 $\mathrm{d}s_i$，且 $\mathrm{d}s_i$ 在垂直于轴的转动平面内。这时外力 $\boldsymbol{F}_i$ 对刚体所作元功为

$$\mathrm{d}W_i = \boldsymbol{F}_i \cdot \mathrm{d}s_i = F_i\mathrm{d}s_i\cos(\frac{\pi}{2} - \theta_i)$$
$$= F_i r_i \sin\theta_i \mathrm{d}\varphi = M_i \mathrm{d}\varphi$$

式中 M_i 是力 $\boldsymbol{F}_i$ 相对于 Z 轴的力矩。

如果物体同时受到几个外力的作用，则外力对刚体做功为

$$\mathrm{d}W = \sum_i \mathrm{d}W_i = \sum_i M_i\mathrm{d}\varphi = M\mathrm{d}\varphi$$

式中 M 为几个外力相对于 Z 轴的合外力矩。

对于有限的角位移，外力做功可用积分求得

$$W = \int \mathrm{d}W = \int_{\varphi_1}^{\varphi_2} M\mathrm{d}\varphi \tag{6-31}$$

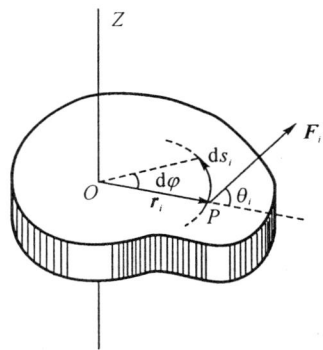

图 6-16　力矩的功

(6-31)式的功称为力矩的功,它是力做功在刚体定轴转动中的特殊形式。

(2)刚体的转动动能

刚体的定轴转动动能应为组成刚体的所有质量元 Δm_i 的动能之和。设质量元 Δm_i 的线速度 $v_i = r_i \omega$,r_i 为质量元 Δm_i 到转轴的垂直距离,于是

$$E_k = \sum_i \frac{1}{2} \Delta m_i v_i^2 = \sum_i \frac{1}{2} \Delta m_i r_i^2 \omega^2 = \frac{1}{2} \sum_i \Delta m_i r_i^2 \omega^2 = \frac{1}{2} I \omega^2 \qquad (6\text{-}32)$$

(3)刚体的重力势能

刚体的重力势能就是所有质量元 Δm_i 的重力势能之和。如果刚体处在一个均匀的重力场中,即刚体不太大时,刚体处处有相同的重力加速度 g,此时刚体的重力势能为

$$U_重 = \sum_i \Delta m_i g h_i = g \sum_i \Delta m_i h_i$$

根据质心的定义,刚体质心 C 的高度为

$$h_c = \frac{\sum_i \Delta m_i h_i}{m}$$

于是得到

$$U_重 = mgh_c \qquad (6\text{-}33)$$

即刚体重力势能等于它的总质量集中在质心 C 时所具有的势能。

7. 刚体绕定轴转动的动能定理

设刚体在合外力矩 M 作用下,在 dt 时间内,刚体绕定轴转过角位移 $d\varphi = \omega dt$,再根据刚体的定轴转动定律,合外力矩对刚体所作的元功可写成

$$dW = M d\varphi = I \frac{d\omega}{dt} \omega dt = I \omega d\omega$$

若上式中刚体转动惯量 I 为常量,那么当刚体的角速度在一段时间内由 ω_1 变为 ω_2 时,在这个过程中合外力矩对刚体所作的功为

$$W = \int dW = \int_{\omega_1}^{\omega_2} I \omega d\omega$$

即

$$W = \frac{1}{2} I \omega_2^2 - \frac{1}{2} I \omega_1^2 \qquad (6\text{-}34)$$

(6-34)式表明,合外力矩对刚体所作的功等于刚体转动动能的增量,这就是刚体绕定轴转动的动能定理。

例4 如图 6-17 所示,一根长为 l、质量为 $3m$ 的均匀细棒,顶端悬挂在 O 点的水平轴上。今有质量为 m 的子弹以水平速度 v_0 射入棒的下端里面。然后,棒上摆至下端高度 h 处的位置。求:(1)子弹和棒刚开始转动时的角速度。(2)棒下端达到的高度 h。

解 (1)以子弹和棒作为系统。在子弹射入棒的过程中,由于所经历的时间极短,系统所受外力(重力和轴的支承力)对于 O 轴不产生力矩,故系统对 O 轴的角动量守恒

$$mlv_0 = I\omega$$

$$I = ml^2 + \frac{1}{3} 3ml^2 = 2ml^2$$

于是得

$$\omega = \frac{mlv_0}{I} = \frac{v_0}{2l}$$

（2）棒上摆过程中，系统的机械能守恒

$$\frac{1}{2}I\omega^2 = (3m + m)gh_c \tag{1}$$

式中 h_c 为质心 C 升高的高度。

子弹在棒内时，质心的位置为

$$l_c = \frac{ml + 3m\dfrac{l}{2}}{m + 3m} = \frac{5}{8}l \tag{2}$$

由（1）式得

$$h_c = \frac{v_0^2}{16g}$$

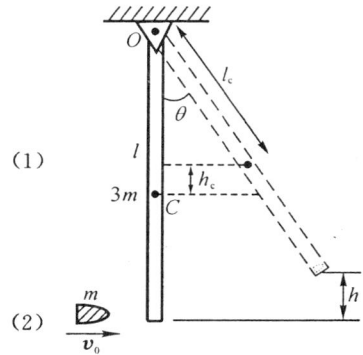

图 6-17　子弹射入棒内

因为 $h_c = l_c(1 - \cos\theta)$，故

$$h = l(1 - \cos\theta) = l\frac{h_c}{l_c} = l\frac{\dfrac{v_0^2}{16g}}{\dfrac{5}{8}l} = \frac{v_0^2}{10g}$$

注意，在子弹射入棒的过程中，由于棒的顶端受到轴水平方向的约束力，所以系统水平方向的总动量不守恒。

6-4　刚体的平面平行运动

刚体中所有点都在一些平行平面中的运动叫做刚体的平面平行运动。如圆柱体沿平面的滚动就是一种平面平行运动。为了研究这种运动，可以取平行于该平面的任意剖面加以研究。

在刚体的平面平行运动中，转动轴是垂直于运动平面的，因此它与定轴转动的区别仅仅在于转轴本身可以横向移动。根据运动叠加原理，刚体的平面平行运动可分解为质心的平动和绕质心的转动，二者的刚体动力学方程分别为

质心的平动　　　　　　　　$\boldsymbol{F}_外 = m\boldsymbol{a}_c$ 　　　　　　　　　　（6-35）

绕质心的转动　　　　　　　$\boldsymbol{M}_{c外} = I_c\alpha$ 　　　　　　　　　　（6-36）

（6-36）式中 $M_{c外}$，I_c，α 分别是刚体相对于通过质心的转轴的合外力矩、转动惯量和角加速度。

例 5　一半径为 R、质量为 m 的均匀圆柱体沿倾角为 θ、高为 $h(h \gg R)$ 的斜面无滑动地滚下，如图 6-18 所示。圆柱体的初速度等于零。求圆柱体到达水平段瞬间的质心速度和质心角速度。

解　圆柱体受到三个力的作用：重力 mg、摩擦力 f_s、正压力 N。

圆柱体与斜面的摩擦力发生在它们相接触的 P 点上。在无滑动的情况下，圆柱体上的这些接触点是静止的，因此我们涉及的摩擦力是静摩擦力。静摩擦力的取值范围从零到最大值 $f_{s,\max}$，当摩擦力取上述范围内的值时，将不出现滑动，这时圆柱体沿斜面运动的接触点的线速度为零。由此得

$$v_c = R\omega, \qquad a_c = R\alpha \tag{1}$$

v_c 和 a_c 是质心平动的速度和加速度，ω 和 α 是刚体绕过质心的轴的角速度和角加速度。

在满足上述关系式而静摩擦力又没有超出最大值的情况下，圆柱体作无滑动滚动（即纯滚动），否则无

滑动的滚动是不可能的。

圆柱体的接触点 P 参与两种运动:一方面随质心 C 以 v_c 作平动,同时又以角速度 ω 绕过质心的轴转动。故得到下列动力学方程

$$mg\sin\theta - f_s = ma_c \qquad (2)$$

$$Rf_s = I_c\alpha = \frac{1}{2}mR^2\alpha \qquad (3)$$

由(1)式、(2)式和(3)式解得

$$f_s = \frac{1}{3}mg\sin\theta$$

$$a_c = \frac{2}{3}g\sin\theta$$

图 6-18 圆柱体沿斜面作纯滚动

$$\alpha = \frac{2g}{3R}\sin\theta$$

由 a_c 为常量可知,圆柱体的质心作匀加速运动。当圆柱体滚到底部时,它通过的距离为 $\dfrac{h}{\sin\theta}$。设所需的时间间隔为 t,于是得

$$\frac{h}{\sin\theta} = \frac{1}{2}a_c t^2$$

代入 a_c 值后得

$$t = \frac{1}{\sin\theta}\sqrt{\frac{3h}{g}}$$

t 的数值与 a_c 一样,与圆柱体的质量和半径无关,仅取决于斜面的倾角 θ 和高度 h。

当圆柱体到达水平底部时,其质心速度为

$$v_c = a_c t = \sqrt{\frac{4}{3}gh}$$

这时圆柱体的角速度为

$$\omega = \alpha t = \frac{1}{R}\sqrt{\frac{4}{3}gh}$$

现在我们再看看圆柱体作无滑动滚动的条件。由上面的分析,所需的静摩擦力 f_s 必须不超过最大静摩擦力 $f_{s,\text{max}}$,即

$$f_s \leqslant \mu_s N$$

于是有

$$\frac{1}{3}mg\sin\theta \leqslant \mu_s mg\cos\theta$$

得到

$$\mu_s \geqslant \frac{1}{3}\tan\theta$$

或

$$\tan\theta \leqslant 3\mu_s$$

可见,若斜面的倾角的正切 $\tan\theta$ 大于圆柱体与斜面间的静摩擦因数 μ_s 的三倍,则不可能实现无滑动滚动。

必须指出,静摩擦力 f_s 对圆柱体不做功,因为静摩擦力在圆柱体上的作用点 P 在任何时间都是静止的。

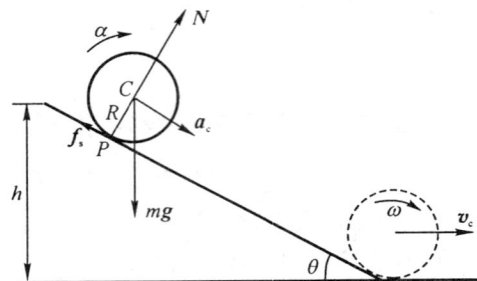

下面我们再从机械能守恒定律的角度来思考这个问题。由于静摩擦力不做功,圆柱体沿斜面作纯滚动时,机械能守恒:

$$mgh = \frac{1}{2} I_c \omega^2 + \frac{1}{2} m v_c^2$$

由于 $v_c = R\omega, I_c = \frac{1}{2} mR^2$,代入后得

$$v_c = \sqrt{\frac{4}{3} gh}$$

$$\omega = \frac{v_c}{R} = \frac{1}{R} \sqrt{\frac{4}{3} gh}$$

显然,后者解法比前者解法简单得多。

6-5　回转效应

形状对称的物体绕其自身对称轴高速转动,且轴上一点固定不动,则这个物体就叫做回转仪,或称为陀螺仪。由于回转仪或陀螺仪的轴本身又可绕该固定点转动,故回转仪的运动是刚体绕定点的运动。回转仪运动的详尽分析极其复杂,下面我们对它的主要特性作一个近似的简单的介绍。

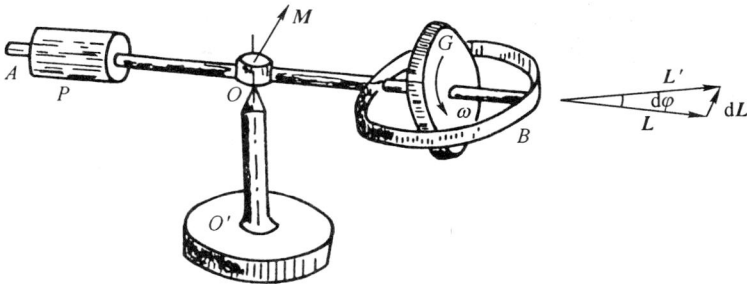

图 6-19　回转仪的回转效应

回转仪的一个重要特性是它受到外力矩作用时所产生的回转效应,又称旋进效应。图6-19 所示的是一杠杆回转仪。杆 AB 可绕光滑支点 O 在水平面或倾斜面内自由转动。回转仪 G 和平衡重物 P 分别置于杆的两端,调节平衡,使杆 AB 保持水平。使回转仪绕自转轴 AB 快速转动,由于没有外力矩作用,自转轴 AB 的方向始终不变。若将重物 P 移近 O 点,则杆的重心偏向右方,因而杆受到重力矩作用,杆就会向右下方倾斜;但如果让回转仪绕自转轴 AB 快速转动,则杆 AB 并不倾斜,而是绕 OO' 轴在水平面内转动,且由上向下看为逆时针方向转动。回转仪自转轴的这种转动,叫做旋进。回转仪受外力矩作用产生旋进的效应,叫做回转效应。

下面我们根据力矩和角动量的概念对回转效应予以简单的解释。

回转仪是一个相对自转轴转动惯量很大的轴对称刚体,故可近似认为其角动量与角速度的方向都沿自转轴方向,可表示为 $L=I\omega$。以 L 表示原来的角动量,方向沿 AB。当重物 P 移近 O 点以后,杆 AB 失去平衡,回转仪受到重力矩 M 的作用,其方向垂直纸面向里。由(5-18)式容易得到,在时间间隔 dt 内,重力矩 M 引起的角动量的增量 dL 等于角冲量 Mdt,

其方向与 M 相同；经过 dt 时间后，角动量变为 $L'=L+\mathrm{d}L$。根据矢量的平行四边形合成定则，L' 仍在水平面内，其方向绕 OO' 轴转过角度 dφ（自上向下看为逆时针转动），回转仪自转轴从 L 的方向转到 L' 方向，也就是说，回转仪自转轴绕 OO' 轴在水平面内沿此方向产生旋进。由于回转仪的快速转动，角动量 L 的数值很大，但当时间间隔 dt 足够小，而外力矩 M 不太大时，dL 和 L 在数值上相比为很小，因此新的角动量 L' 和原来的角动量 L 的大小可看成近似相等，仅方向有所不同。这样，我们就定性地说明了回转仪的旋进，即回转效应。旋进角速度可由下式求得

$$M\mathrm{d}t = \mathrm{d}L = L\mathrm{d}\varphi = I\omega\mathrm{d}\varphi$$

$$\Omega = \frac{\mathrm{d}\varphi}{\mathrm{d}t} = \frac{M}{I\omega} \qquad (6\text{-}37)$$

上式表明，旋进角速度 Ω 与回转仪自转角速度 ω 成反比，自转愈快，旋进愈慢。

容易发现，上述分析只是近似正确的。因为我们只考虑了回转仪的自转角动量，而实际上回转仪绕 OO' 轴旋进时，其角动量不仅有绕自转轴的角动量，而且应该包括整个回转仪绕 OO' 轴旋进的角动量；其次，回转仪绕 OO' 轴旋进时，肯定会产生与旋进相关的动能，而由能量守恒定律知，这意味着系统的势能或自转产生的转动动能必定发生变化。事实上，回转仪开始旋进时，最初杆 AB 总要稍微倾斜一下，紧接着杆 AB 向上作旋进。回转仪自转轴的这种上下振动称为章动。因此，自转轴 AB 绕 OO' 轴作旋进的同时还在竖直平面内作章动，回转仪转得愈快，章动振幅愈小。此外，章动还会由于支点的摩擦力而窒息，所以实际问题中，章动通常不显著。可见，近似理论只适用于回转仪作快速转动，且外力矩很小，即作纯旋进的情况；否则运动情况要复杂得多。

根据同样的道理，我们很容易解释陀螺的旋进现象，在这里不另加叙述了。

回转仪的回转效应在工程上得到广泛的应用。例如，炮弹或子弹在高速飞行中要受到空

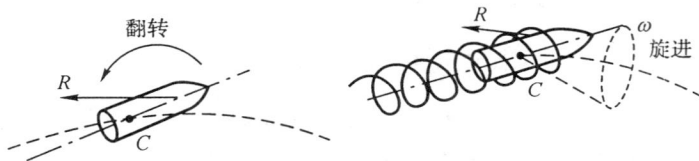

图 6-20　炮弹沿飞行方向旋进

气阻力 R 的作用，空气阻力 R 一般不通过质心，这样空气阻力 R 相对于质心 C 产生的力矩很容易使弹头翻转而偏离飞行方向，从而不能很好击中目标。因此，人们在炮膛和枪膛内壁刻制了螺旋形的来复线，以使炮弹或子弹出膛后绕自身的对称轴高速旋转。由于回转效应，空气阻力的力矩使炮弹转轴绕着前进方向旋进（见图 6-20），使炮弹的自身轴线始终与其前进方向保持不太大的偏转。

在航空和航海中广泛应用的回转罗盘也是根据回转效应原理制成的。回转罗盘实质上就是一个回转仪，它利用地球自转中给回转罗盘的力矩的方向就是地球自转角速度方向（即南北方向）的特点，使回转罗盘的自转轴稳定在地球子午线方向上。这样，罗盘就始终能够准确地指向北方了。

回转效应相当广泛地存在，有时也会产生有害的影响。例如，当轮船转向时，由于回转效

应,旋进产生的回转力矩将使涡轮机的轴承受到附加的压力,若轮船转弯时的旋进角速度过大时,涡轮机轴承受到压力过大,就容易毁坏,因此,轮船一般不能急转弯。其他具有转动部件的行驶工具也有同样的问题。

本章摘要

1. 刚体运动学:刚体的任何运动都可分解为两类基本的运动形式——平动和转动。

   平动——运动过程中刚体上的任意直线始终保持平行。

   转动——刚体上所有各点都绕转动轴作圆周运动,转动轴可以在刚体之外。

2. 刚体的质心运动:

$$F_外 = ma_c$$

3. 刚体的定轴转动包括以下重要内容:

   刚体相对定轴的角动量: $L = I\omega$

   定轴转动定律: $M_外 = I\alpha$

   其中 $M_外$ 是外力相对转轴的力矩的矢量和,I 为刚体对转轴的转动惯量。

   转动惯量定义:

$$I = \sum_i \Delta m_i r_i^2$$

   平行轴定理: $I = I_c + md^2$

   角冲量: $\int_0^t M_外 dt = I\omega - I\omega_0$

   力矩的功: $W = \int_{\varphi_1}^{\varphi_2} M d\varphi$

   刚体定轴转动的动能定理: $W = \dfrac{1}{2} I\omega_2^2 - \dfrac{1}{2} I\omega_1^2$

4. 刚体的平面平行运动包括以下要点:

   动力学方程

   质心的平动: $F_外 = ma_c$

   绕质心的转动: $M_{c外} = I_c \alpha$

   机械能

   动能: $E_k = \dfrac{1}{2} I_c \omega^2 + \dfrac{1}{2} mv_c^2$

   势能: $U_重 = mgh_c$

5. 回转效应:

   回转仪——具有大转动惯量,以高速绕自身的对称轴转动的对称性刚体。

   回转效应——回转仪受到外力矩作用时所产生的一种旋进现象。

6-1　什么样的运动物体可看作刚体？刚体的主要运动特征是什么？为什么常采用角量来描述刚体的运动？

6-2　你自己身体的质心是固定在身体内的某一点吗？你能把你身体的质心移到身体的外面吗？

6-3　一轮盘绕通过其中心且与盘面垂直的固定轴转动。考虑盘边缘上的一点，问：

(1)当轮盘以恒定角速度转动时，这点是否具有法向加速度或切向加速度？

(2)当轮盘以恒定角加速度转动时，这点是否具有法向加速度或切向加速度？

(3)上述两种情况下这些加速度大小是否改变？

6-4　试问：(1)计算物体的转动惯量时，我们可否将物体的质量看作集中在质心处，当作质点来处理？

(2)如果已知回转半径为 R_g，可否将质量集中在一点，其转动惯量写为 $I = m R_g^2$？

6-5　用旋转鸡蛋的方法可区分熟蛋和生蛋，试说明之。

6-6　要使一根长铁棒保持水平，为什么握住中点比握住它的端点容易？

6-7　将一根直尺竖立在光滑的平面上，如果它倒下，其质心将经过一条怎样的轨迹？

6-8　汽车轮子在泥泞中打滑时，汽车速率 v 和车轮角速度 ω 是否满足 $v = \omega r$？为什么？

6-9　已知银河系中有一天体是均匀球体，其半径为 R，绕对称轴自转的周期为 T。由于引力凝聚，它的体积不断收缩，假定一万年后它的半径缩小为 r。试问一万年后，此天体绕对称轴自转的周期比现在大还是小？它的动能是增加还是减少？

6-10　一花样滑冰运动员做旋转动作，最初转动惯量为 I_0，角速度为 ω_0；然后将两手收回到胸前，转动惯量和角速度分别为 I' 和 ω'。问转动过程中角动量是否守恒？转动动能是否守恒？如不守恒，如何解释？

6-11　如图所示，轮子以 ω 转动，求此装置中轮子自转轴的旋进方向。

6-12　你骑自行车前进时，车轮的角动量指向什么方向？你身体向左倾斜时，对轮子施加了什么方向的力矩？试根据旋进原理说明这时你的自行车为什么会向左转弯。

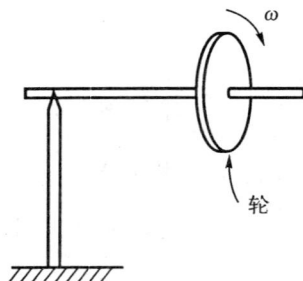
思考题 6-11 图

习　题

6-1　一小船质量为 100kg，船头到船尾的长度为 3.6m，现有一质量为 50kg 的人从船尾走到船头时，不计水的阻力，问船在水中移动了多少距离？（提示：用系统质心方法求解）

6-2　如图所示，一质量均匀分布的细杆弯成半圆形，其半径为 R，求其质心的位置。

6-3　如图所示，四个质点牢固地安装在很轻的圆形框架上，求：

(1)此系统对通过圆心并垂直纸面轴的转动惯量；

(2)绕通过此系统质心并垂直纸面轴的转动惯量。

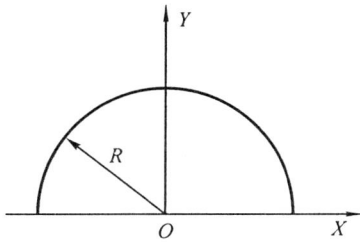

习题 6-2 图

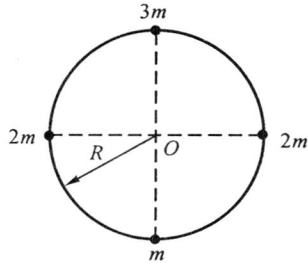

习题 6-3 图

6-4 一电机在达到 $20 rev \cdot s^{-1}$ 的转速时电源关闭。若令电机仅在摩擦力矩的作用下减速,需 240s 才停下来;若加上阻滞力矩 $500 N \cdot m$,则在 40s 内即可停止。试计算电机的转动惯量。

6-5 如图所示,钟摆可绕 O 轴转动。设细杆长 l,质量为 m;圆盘半径为 R,质量为 M。求:

(1)钟摆对 O 轴的转动惯量;

(2)钟摆质心 C 位置和相对质心轴的转动惯量。

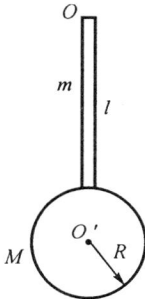

习题 6-5 图

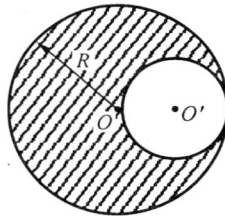

习题 6-6 图

6-6 如图所示,一大圆板内挖去一个直径为大圆板半径的圆孔,如果剩余部分质量为 m,求它对经过 O 点且与板平面垂直轴的转动惯量。

6-7 如图所示,一直杆质量线密度 $\lambda = kx$(其中 k 为常量),长为 l,试求:

(1)此杆的质心位置;

(2)此杆对通过 O 点并与杆垂直的轴的转动惯量。

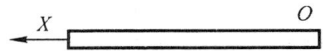

习题 6-7 图

6-8 一蒸汽机飞轮的质量为 $200 kg$,回转半径为 $2m$,当此飞轮以 $120 rev \cdot min^{-1}$ 的转速转动时,把蒸汽关闭:

(1)假定飞轮经 5min 停止,试求由于轴上的摩擦而施于飞轮上的阻力矩;

(2)在这段时间内,阻力矩所作的功等于多少?

6-9 一长为 l、质量为 m 的橡皮绳单层绕在一个滑轮上;滑轮的质量为 M,半径为 R,可绕固定轴自由转动。设绳悬挂在滑轮外,长度为 x,如图所示。试求滑轮转动时角加速度与 x 之间的关系式(设绕在滑轮上那部分橡皮绳的质心恰好通过转轴,且绳与滑轮间无相对滑动。)

6-10 如图所示,有质量为 m_1 和 m_2 的两物体分别悬挂在两个不同半径的组合轮上,求物体的加速度和绳的张力。设两轮相对于轴的转动惯量分别为 I_1 和 I_2,半径为 r 和 R,轮和轴间摩擦不计。

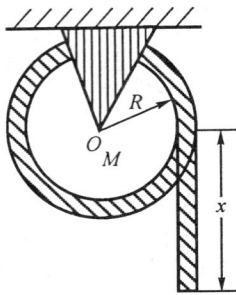

习题 6-9 图

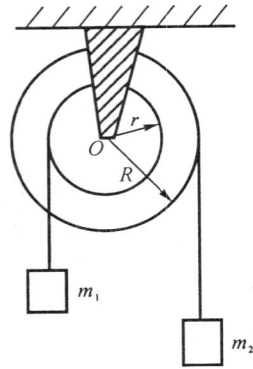

习题 6-10 图

6-11 如图所示,一质量为 M、长为 l 的匀质杆两端用细线悬挂起来,杆的方向是水平的。设我们突然将杆右端的悬线剪断,问:

(1)在这瞬间杆将如何运动?

(2)另一根悬线上的张力如何?

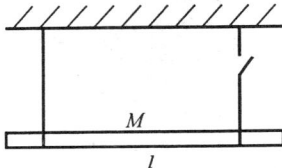

习题 6-11 图

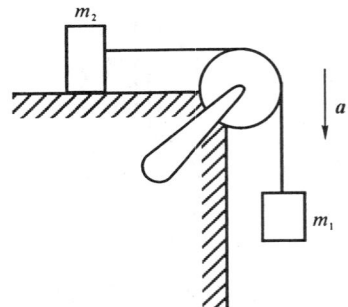

习题 6-12 图

6-12 如图所示,两物体的质量分别为 m_1 和 m_2;滑轮的转动惯量为 I,半径为 r。设绳的质量不计,且与滑轮无相对滑动。

(1)如质量为 m_2 的物体与桌面间的滑动摩擦因数为 μ,求两物体加速度的大小 a 及它们所受绳的拉力 T_1 和 T_2;

(2)如果桌面光滑,求两物体的加速度 a 及拉力 T_1 和 T_2。

6-13 如图所示,有一根轻绳绕在一圆盘上,圆盘质量 $M=0.60$kg,半径 $R=0.08$m;此绳另一端无摩擦地通过一小环,再悬挂在 Q 点。小环下悬挂一个质量为 $m=2.4$kg 的物体,求物体 m 的加速度。

6-14 假设地球为一质量不变的匀质实心球,现在的半径为 6 370km。从对地球上三亿六千多万年前的珊瑚虫生长规律的分析,可推知当时地球一年有

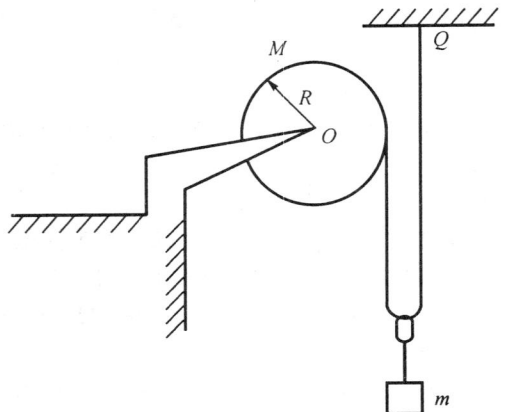

习题 6-13 图

480 天,试计算那时地球的半径大约是多少?

6-15 机械冲床利用飞轮的转动动能通过曲柄联杆结构的传动,带动冲头在铁板上穿孔。已知飞轮的

半径为 $r=0.4\text{m}$，质量为 $m=600\text{kg}$，可视为均匀圆盘。飞轮的正常转速为 $n_1=240\text{rev} \cdot \text{min}^{-1}$，冲一次孔转速减低 20%。求冲一次孔，冲头做了多少功？

6-16 半径为 R，质量为 m 的匀质圆盘，放在粗糙桌面上，盘可绕竖直中心轴在桌面上转动，盘与桌面间的摩擦因数为 μ。设圆盘的初始角速度为 ω_0，问经过多长时间后，盘将停止转动？摩擦阻力共做多少功？

6-17 有一个脉冲星(中子密聚而成)质量为 $m=1.5\times10^{30}\text{kg}$，半径 $R=20\text{km}$，自旋转速为 $2.1\text{rev} \cdot \text{s}^{-1}$，且以 $1.0\times10^{-15}\text{rev} \cdot \text{s}^{-2}$ 的变化率减慢。试问此时刻它的动能以多大的变化率减少？如果这一动能变化率保持不变，这个脉冲星约经过多长时间停止自转？(设脉冲星可视为匀质实心球)

6-18 由于潮汐对海岸的摩擦作用，地球每经过一年，其自转周期将增加 $3.5\times10^{-5}\text{s}$。假设地球对自转轴的转动惯量为 $\frac{1}{3}MR^2$，M 为地球质量，$M=5.98\times10^{24}\text{kg}$；$R$ 是地球半径，$R=6.37\times10^6\text{m}$，试求：

(1)地球每年自转动能减少多少？

(2)潮汐对地球的平均阻力矩多大？

(提示：$\dfrac{\mathrm{d}E_k}{E_k}=2\dfrac{\mathrm{d}\omega}{\omega}=-2\dfrac{\mathrm{d}T}{T}$)

6-19 一长为 L、质量为 m 的均匀细棒一端悬挂在 O 点上，可绕水平轴无摩擦地转动；在同一悬挂点，有长为 l 的轻绳悬一小球，质量也为 m。当小球悬线偏离铅直方向某一角度时，由静止释放(如图所示)，则小球在悬点正下方与静止的细棒发生完全弹性碰撞。问当绳的长度为多少时，小球与棒碰撞后，小球刚好静止？(略去空气阻力)

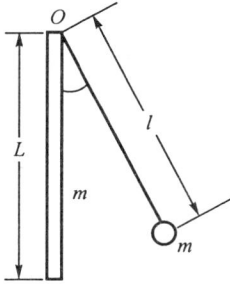

习题 6-19 图

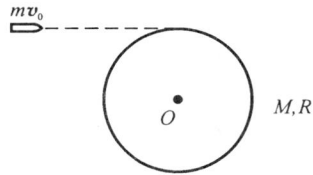

习题 6-20 图

6-20 设一圆盘，质量为 M，半径为 R，可绕通过中心并垂直盘面的固定水平轴转动。开始时，圆盘处于静止状态。现有一质量为 m 的子弹，以速度 $\boldsymbol{v}_0$ 水平地射向圆盘边缘，如图所示。求：

(1)当子弹嵌入圆盘边缘时，圆盘的角速度为多少？

(2)当子弹与圆盘边缘相擦而过，子弹速度变为 $\boldsymbol{v}_1$，圆盘的角速度为多少？

(3)两种情况下能量是否守恒？

6-21 一质量为 m 的人站在质量为 M、长为 l 的竹筏(可视作均匀细杆)的一端，竹筏静止在河水中，水的阻力可忽略。若人以速度 $\boldsymbol{v}$(相对于河岸)沿垂直于竹筏的方向跳出，试求竹筏获得的角速度。

6-22 一劲度系数为 k 的轻弹簧与一均匀细棒相连。如图所示，细棒的质量为 m，长度为 l。当 $\theta=0°$ 时，弹簧无伸长，试问细棒至少应以多大的角速度 ω 才能使棒从 $\theta=0°$ 的位置转到水平位置？

6-23 如图所示，一质量为 M、半径为 R 的均匀球体赤道上绕有轻绳，绳的另一端跨过转动惯量为 I、半径为 r 的定滑轮，悬挂一个质量为 m 的物体。设均匀球可绕通过球心的光滑竖直轴转动。物体 m 由静止开始向下运动，试求物体向下运动距离为 h 时的速度。

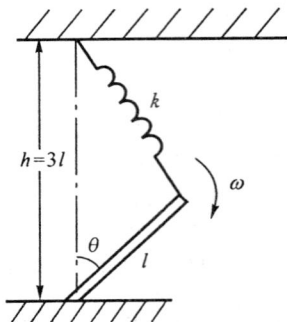

习题 6-22 图

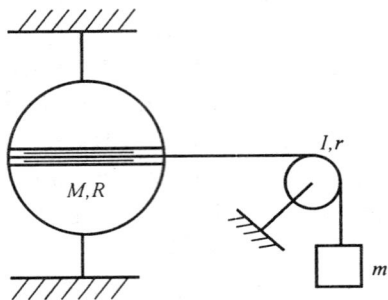

习题 6-23 图

6-24　如图所示,一质量为 m、长为 l 的均匀细杆上端连接一个质量也为 m 的小球,杆可绕通过下端并与杆垂直的水平轴自由转动。设杆最初静止于竖直位置,受扰动而往下转动,试求当杆转到水平位置时:

(1)杆的角速度;

(2)杆的角加速度;

(3)轴对杆的作用力。

6-25　一根质量均匀分布的米尺,在 60cm 刻度处钻孔钉在墙上,并可以在竖直平面内自由转动。先用手使米尺保持水平,然后释放。求刚释放时米尺的角加速度和米尺到竖直位置时的角速度分别为多大?

6-26　如图所示,质量为 M,半径为 R 的匀质圆柱体放在粗糙的水平面上,圆柱体的外侧绕有细绳,绳子跨过一个质量忽略不记的小滑轮,并挂上一质量为 m 的物体。设圆柱体在地面只滚不滑,并且圆柱体与滑轮之间的绳子是水平的。试求:

(1)圆柱体的质心加速度 a_c、物体的加速度 a 和绳子的张力 T;

(2)当物体从静止开始释放,下落距离为 h 时,圆柱体转动的角速度为多大?

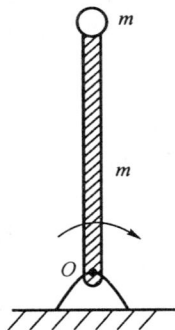

习题 6-24 图

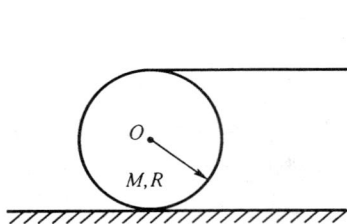

习题 6-26 图

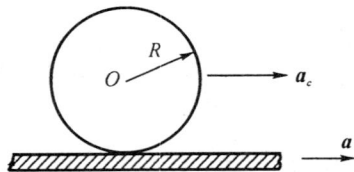

习题 6-27 图

6-27　在一个表面很粗糙的平板上放有一个匀质的实心球,球的半径为 R,只能在平板上做纯滚动。设用力拉此平板,并使其有一加速度 a,问该球相对于地面的质心加速度 a_c 有多大?

第 7 章

万有引力

远在古代,人类就对太阳系九大行星的运动规律发生了极大的兴趣,并开始萌发关于引力的思想。胡克((R. Hooke)是最早使用"万有引力"这个词的人[①]。一提起万有引力,大家就联想到牛顿"苹果和月亮"的故事。据说 1665 年的一天,牛顿和他的朋友斯多克雷(Stukeley)坐在自家花园的苹果树下喝茶,正好目睹了一只苹果从树上落到地下,当时牛顿对斯多克雷说,眼前的情景和我产生引力观念时的情景一样。苹果落地使他想到地球吸引这只苹果的力也可能延伸到远处的月亮。后来牛顿写过如下的话:"就在这一年,我开始考虑伸展到月球轨道上的重力……"(图 7-1)。

7-1　牛顿与苹果的漫画

牛顿在引力问题上的研究取得进展后,把物体落地和月球绕地球运动方面的研究成果推广到行星运动上去,进一步得出所有物体之间都存在万有引力作用的结论。牛顿还根据这一定律进行演绎,建立了天体力学理论。这是人类认识史上的一次重大飞跃。

本章将介绍开普勒行星运动定律和万有引力定律,以及卡文迪许(H. Cavendish)实验对它的直接验证,并简要讨论等效原理、引力势能和宇宙航行中人造天体的宇宙速度。

7-1　开普勒行星运动定律

公元 2 世纪,希腊人托勒密(C. Ptolemy)为了说明太阳系的运动,首次提出了太阳系的地心说。这种学说认为:地球静止于太阳系的中心,其他行星(包括太阳和月亮在内)都绕着地球转动。如今"日出"、"日落"这样的词汇就体现了这种学说的思想。

16 世纪哥白尼(Nicolaus Copernicus)提出了日心说,即位于太阳系中心的是太阳而不是地球,地球仅作为一个行星绕着太阳运动。从描述行星运动这一点来看,哥白尼的学说比托勒密的简单得多,但两者都相信行星在作圆周运动。

两种学说之间长期的激烈争论激励着天文学家们去获得更多更准确的观察数据。其中,丹麦的天文学家第谷(Tycho Brahe)从 16 岁开始,长年观察、记录行星的天体位置,绘制了上千颗恒星的星图,积累了大量的观察资料。他也是最后一位没有使用望远镜进行观测的大

---

① 参看丁士章等编写的《简明物理学史》.山西人民出版社出版,1988 年 3 月 第 1 版,p.57

天文学家。之后，第谷的学生、德国的天文学家开普勒（Johannes Kepler）前后大约花了20年的时间来分析解释第谷得到的关于行星运动的观察数据，他相信哥白尼的日心说基本上是正确的。在经过对火星轨道的详尽研究后，开普勒终于找到了一条与观察数据符合得相当好的火星轨道，这一成果既有力地支持了日心学说，又否定了行星作匀速圆周运动的古老观念。开普勒于1609年和1619年将其研究成果陆续公诸于世，这些行星运动的重要规律被总括成开普勒行星运动三定律：

所有行星都沿着椭圆轨道绕太阳运行，太阳位于椭圆的一个焦点上（轨道定律）。

任何行星到太阳的矢径在相等的时间内扫过相等的面积（面积定律）。

所有行星绕太阳运动的椭圆轨道半长轴 a 的立方与周期 T 的平方成正比，其比值是与行星性质无关的常量，即

$$\frac{a^3}{T^2} = K \tag{7-1}$$

以太阳为参考物，利用这些定律可以很简单地描述出行星的运动。但是，这些定律仅仅是经验定律，它们只描述了观察到的行星运动，而没有给出任何理论解释。当时力的概念尚未明确形成，开普勒不可能推导出形成这些规律的原因，也不可能由此想到行星受到的是有心力，行星在太阳系中运动时遵守角动量守恒定律。

7-2 万有引力定律

1. 万有引力定律的发现和表述

开普勒定律没有解释行星为什么会作椭圆轨道运动。1684年，胡克、哈雷（E. Halley）和伦恩等人在一次聚会中提出要推进引力问题的研究，给开普勒定律一个完满的解释，但当时对引力的概念还是很不清楚的。在此期间，牛顿也一直致力于有关引力问题的思考。当他看到苹果落地的情景时，就向自己提出这样的问题：是什么使苹果落向地面？如果地球与苹果之间有吸引力，那么地球和月球之间也应有吸引力，这将使月球因偏离直线运动而偏向地球，形成绕地球的运动。如果没有这样一种力的作用，月球就不能保持在它的椭圆轨道上运行。

牛顿还考虑到如果把苹果移到离地面很远之处，如图7-2所示，作用于苹果上的力是否会减小？他推断，如果把苹果移到离地球的距离与月球一样远，那么它的加速度也将同月球一样。这也就是说，地球与月球的引力与地球和苹果之间的引力在性质上是一样的——出于同一个原因。

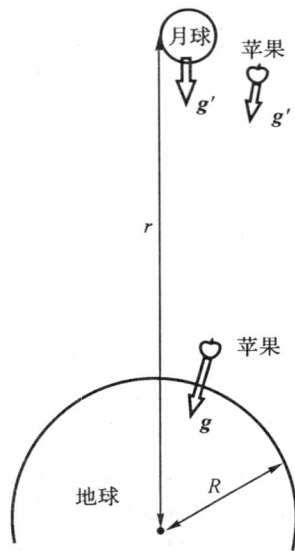

图 7-2 把苹果移到离月球一样远的距离

牛顿把他在月球方面得到的结果推广到行星的运动上去，进一步得出所有物体之间都存在着万有引力作用的结论。毫无疑问，牛顿万有引力定律的发现是建立在众多人工作的基础之上，或受到其他人工作的影响的，在这些人中包括与牛顿同

时代的开普勒、哈雷和胡克。

牛顿的万有引力定律可表述如下：

宇宙中的任何两物体间都存在相互作用的引力，力的方向沿两物体的联线方向，力的大小与两物体质量的乘积成正比，和它们之间的距离的平方成反比。

其数学表达式为

$$F = G\frac{m_1 m_2}{r^2} \tag{7-2}$$

式中 G 为万有引力常量，m_1 和 m_2 是两物体的引力质量，r 为两物体间的距离。

(7-2)式表述的万有引力定律，只有当两物体的形状大小比它们之间的距离小得多时，才是正确的。因此，可以说万有引力定律仅对质点成立。宇宙中各星体均满足以上条件，故可直接运用上式。如果我们要确定有一定大小的物体之间的引力，而又不能把它们看成质点，就得将每个物体分成许多质点，然后算出所有质点之间的引力。一般说来，这是一个非常复杂的数学问题。牛顿研究积分的一部分动机就是要解决这个问题。不过，就均匀球体而言，计算可以大大简化。因为均匀球体的质量可看作集中于球的中心，因此均匀球体之间的万有引力可当成质点一样来处理。

2. 万有引力常量 G 的测定——称量地球的实验

为了测定万有引力常量 G 的数值，就必须测量两个已知质量的物体之间的引力。牛顿虽然没能在实验室条件下测出两物体间的微小引力，但他在《自然哲学的数学原理》一书中拟出了一种方法，这种方法经过一个世纪之后由卡文迪许予以成功地实现了。因为一旦知道万有引力常量 G 的数值，就可以根据万有引力定律算出地球的质量，所以卡文迪许称这个实验为称量地球的实验。

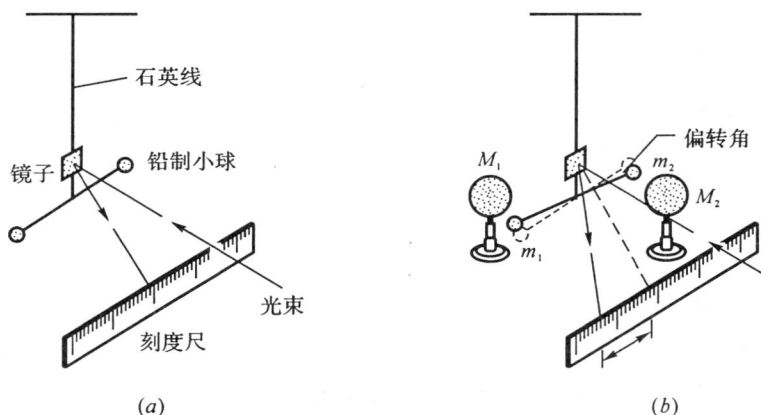

图 7-3　卡文迪许扭秤实验原理图

卡文迪许在 1797 年和 1798 年两年间进行了这一实验，他的结果非常精确，与当前大家公认的数值只差 1% 左右。他设计了一个非常精巧的扭秤装置来测量两物体间极微小的引力。实验是这样进行的：如图 7-3 所示，选一根适当的长而细的石英线，使它扭转少许角度时所需的力和两个几乎相接触的铅球之间的引力差不多同样小，并预先测出石英线的扭转系数;然后用这根石英线悬吊一根轻棒,轻棒两端各系一个已知质量和半径的小铅球,制成一个扭秤,如图 7-3(a)所示。当把已知质量和半径的大铅球放到小球的两侧时,细棒因大球和小球间的万有引力产生的力矩而转动,从而使悬丝扭转一定角度,最后引力力矩和悬丝的弹性恢复力矩平衡。悬丝扭转的角度可以通过镜尺测量出来,如图 7-3(b)所示。由于已知两小球的距离 l、扭转系数 D 和悬丝扭转角度 θ,因此可利用公式

$$F = D\frac{\theta}{l} \tag{7-3}$$

计算出大球和小球间的引力 F。知道了大球和小球的质量及它们之间的距离,就可通过万有引力定律计算出万有引力常量 G,目前公认的 G 值是

$$G = 6.67 \times 10^{-11} \text{m}^3/(\text{kg} \cdot \text{s}^2)$$

对于地面上的苹果来说,它离地球中心的距离等于地球的半径 R,于是地球(质量 M)和苹果(质量 m)之间的万有引力为

$$F = G\frac{Mm}{R^2}$$

根据牛顿第二定律,这个力应等于 ma,而这里 $a=g$,所以

$$G\frac{Mm}{R^2} = mg$$

$$M = \frac{gR^2}{G} \tag{7-4}$$

卡文迪许把实验得到的 G 值代入(7-4)式,就得出了地球的质量,其精度与 G 的测量精度一样精确。卡文迪许不仅在实验室里用几个铅球之间的引力称量地球,而且同时还以同样的精度称量了太阳的质量、木星的质量以及所有其他可观测到的行星的质量。

3. 万有引力定律的伟大成就

牛顿的万有引力定律、牛顿运动定律和开普勒行星运动定律构成了天体力学这一分支学科的基础,使行星的运动可以极为精确地计算出来,因此行星轨道的很小不符之处都会导致天文学家们去寻找和发现新的行星。

1781 年,英国人赫歇尔(F. W. Herschel)发现了天王星。在以后的许多年里,人们用牛顿的引力理论对天王星的轨道进行了推算,然而推算出的轨道数值和实际观察到的数值之间却有很小的出入,而且这个偏差一直持续不断地出现,而人们对此却得不出解释。于是,有人认为,万有引力定律在太阳系的边远之处不再成立。

1840 年,两个年轻的天文学家——剑桥大学的亚当斯(J. C. Adams)和巴黎的勒维聂尔(U. Leverrier)各自独立地想到,可能有一颗未知的行星使天王星出现摄动[①]。他们两人花费了好多年进行艰苦的计算,终于预言出这颗新行星的位置。

1840 年 10 月,亚当斯写信给格林威治天文台的天文学家。信中说,天王星的摄动可以用一颗外行星的存在来解释,这颗星当时位于某一经纬度的位置上,希望能观察一下。然而

---

① 在太阳系中,每个天体都对其他一切物体有一个"扰动力",从而影响了按开普勒定律算出的行星轨道,这种偏差叫做"摄动"。

没有任何结果。后来勒维聂尔写信给柏林天文台台长伽勒(J.C,Galle),建议他在天空中的某一处寻找这颗行星。伽勒接到信后,就在 1846 年 9 月 23 日晚,将望远镜对准勒维聂尔指出的那个天空,并且几乎立即在与预言的位置相差不到一度的地方发现了这颗新行星,并取名为海王星。它证明了牛顿万有引力定律在整个太阳系内都是适用的。

不到一个世纪,人们发现海王星也有摄动,因此,有人认为还有另一颗未知的行星,这促使人们又开始了新一轮的寻找。1930 年,洛韦耳天文台的汤鲍(C.W.Tambaugh)终于发现了这颗行星——冥王星。

那么,太阳系中还有其他行星吗?1972 年,美国加利福尼亚大学的伯莱第根据计算机对哈雷彗星摄动的分析,预言还有一颗行星存在,他认为这颗行星有三个土星那么大,能造成对哈雷彗星的摄动。但也有人认为,如果有这样一颗大行星,那它早就该被发现了,由此推论摄动是由其他原因造成的。哪一种观点正确呢? 只有时间才能作出解答。

牛顿的万有引力定律,为我们在空间找到了新邻居。

例 1 试用万有引力定律"称一称"地球的质量。已知质量 $m=1\mathrm{kg}$ 的物体,在地球表面受到重力 $F=9.8\mathrm{N}$。设地球的平均半径 $R=6.38\times10^6\mathrm{m}$。

解 由万有引力定律

$$F = G\frac{Mm}{R^2}$$

得地球的质量

$$M = \frac{FR^2}{Gm} = \frac{9.8\times(6.38\times10^6)^2}{6.67\times10^{-11}\times1} = 5.96\times10^{24}(\mathrm{kg})$$

7-3　惯性质量和引力质量

现在,质量已出现在两个不同的定律中——牛顿第二定律和万有引力定律。在第一种情况下,它反映物体的惯性性质,我们称为惯性质量 $m_{惯}$;在第二种情况下,它反映物体的引力性质,即物体相互吸引的能力,我们称为引力质量 $m_{引}$。因此,发生了一个问题,是否必须把它们区分为惯性质量 $m_{惯}$ 和引力质量 $m_{引}$ 呢?

这个问题只能由实验来回答。我们知道,所有地球表面附近的物体在自由下落时都受到地球引力的作用,这个引力为

$$F = G\frac{M_{引}\,m_{引}}{R^2}$$

式中 $M_{引}$ 和 $m_{引}$ 分别为地球和物体的引力质量,R 是地球的半径。在这个力的作用下,物体获得的加速度 a 应等于 F 除以物体的惯性质量 $m_{惯}$,即

$$a = \frac{F}{m_{惯}} = G\frac{M_{引}}{R^2}\cdot\frac{m_{引}}{m_{惯}}$$

实验表明:在地球表面的给定点,所有物体的加速度 a 都是相同的,因子 $G\dfrac{M_{引}}{R^2}$ 对所有物体也是相同的,因此,比值 $\dfrac{m_{引}}{m_{惯}}$ 对所有物体也是相同的。所有能显示惯性质量和引力质量区别的其他实验都导致了同样结果。

牛顿在地球表面附近的给定点测量到所有物体自由下落时的加速度都相同,其精度达到了 1/1 000。匈牙利的一位物理学家厄缶(R. Eötvös)前后用了 25 年的时间进行实验,并于 1909 年把这个测定的精度提高到 1/10^8。1964 年,美国普林斯顿大学的迪克(R. H. Dicke)对厄缶的测量方法作了改进,迪克得到的结论是:在测量精度为 1/10^{11} 范围内,比值 $\dfrac{m_{引}}{m_{惯}}$ 是相同的。后来,苏联物理学家布拉金斯基(В. Б. Брагинский)和巴诺夫(В. Н. Панов)又于 1971 年在测量精度为 1/10^{12} 的范围内,获得了上述比值为常数的结论。

总之,所有实验事实表明:在极高的实验精度下,所有物体的惯性质量和引力质量严格地互成比例。这意味着,在适当选取单位的情况下,引力质量和惯性质量是相同的,可视为同一个量。物理学中简单地称之为质量。

由 $m_{惯}=m_{引}$ 可推出一个结论,那就是无法区分一个与外界隔绝的封闭实验室究竟是处在一个没有引力场的地方向上作加速度运动还是在一个均匀引力场中处于静止状态。这一论断说明惯性力和引力是等效的。详细说明可看第 8 章广义相对论一节。

惯性质量和引力质量的同一性以及惯性力和引力等效,这就是等效原理的全部内容。它与别的物理定律一样,是一条以实验为基础的基本定律。经典物理学将惯性质量和引力质量的同一性看作是一种巧合,并不具有什么深刻的意义,而现代物理学将等效原理看成是导致对引力更深刻理解的一条思路的起点。事实上,等效原理正是爱因斯坦(A. Einstein)广义相对论的基础和出发点。

7-4 引力势能

前面我们讨论了物体与地球的重力势能,那时没有考虑地球对物体的引力随高度的改变,因此所得的结果是近似的,只适用于物体在地球表面附近的情况。在本节中,我们将取消这一限制,从万有引力定律导出在普遍情形下的引力势能。

如图 7-4 所示,M 为地球的质量,R 为地球的半径,r 表示质量为 m 的质点到球心之间的距离。质点 m 在距球心 r 处沿矢径 r 方向位移 $\mathrm{d}r$ 时,万有引力所做的元功为

$$\mathrm{d}W = \boldsymbol{F} \cdot \mathrm{d}\boldsymbol{r}$$

$$= F\mathrm{d}r\cos\pi = -G\frac{Mm}{r^2}\mathrm{d}r$$

若把质点 m 从 a 点沿矢径移至 b 点时,万有引力所作的功为

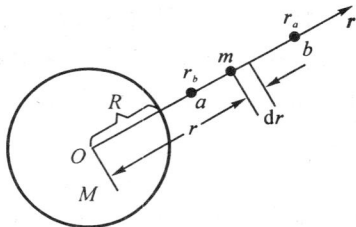

图 7-4 引力势能

$$W_{ab} = \int_{r_a}^{r_b} \boldsymbol{F} \cdot \mathrm{d}\boldsymbol{r} = \int_{r_a}^{r_b} -G\frac{Mm}{r^2}\mathrm{d}r$$

$$= -\left(G\frac{Mm}{r_a} - G\frac{Mm}{r_b}\right) \tag{7-5}$$

这个结论是有普遍意义的。可以证明:质点 m 由任意位置 r_a(a 点)沿任意路径到另一位置 r_b(b 点),即不一定沿矢径 r 方向,万有引力所做的功都等于上式。也就是说,万有引力的功与路径无关,仅取决于始末位置。因此,万有引力是保守力,具有万有引力势能,简称为引力势

能。万有引力所作的功等于引力势能的减少，如果用 U_a 和 U_b 分别表示质点 m 在 a 点和 b 点的引力势能，则有

$$W_{ab} = U_a - U_b = -(G\frac{Mm}{r_a} - G\frac{Mm}{r_b}) \tag{7-6}$$

如果质点 m 在无限远处，质点 m 所受的万有引力接近于零，因此我们可选取质点 m 在无限远处的引力势能为零，即 $r = \infty$ 时，$U_\infty = 0$。

根据上述对引力势能零点的选择，我们把质点 m 从 a 点移到无穷远处时，有 $r_b = \infty$，$U_b = 0$，于是，由(7-6)式得

$$U_a = -G\frac{Mm}{r_a}$$

这就是质点 m 在任意一点 a 的引力势能。略去下标 a，可得质点 m 在离球心 r 处的引力势能为

$$U(r) = -G\frac{Mm}{r} \tag{7-7}$$

势能为负值是因为保守力是引力，它表示质点 m 在引力范围内任意点的引力势能都比在无穷远处时的引力势能要小。

图 7-5 表示质量为 M 和 m 的两质点间的引力势能曲线是它们之间距离 r 的函数。

如果质点 m 放在离地球表面高为 h 的地方，由引力势能公式(7-7)式可知

$$U_h = -G\frac{Mm}{r} = -G\frac{Mm}{(R+h)}$$

这时，质点和地球系统的引力势能也可称为重力势能。若质点 m 在地球表面，那么质点 m 在地球表面的重力势能为

$$U_0 = -G\frac{Mm}{R}$$

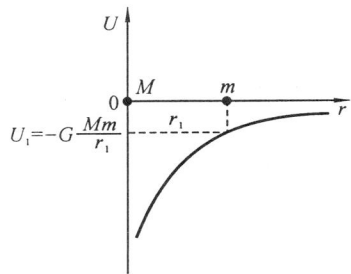

图 7-5　引力势能 U 是质量为 M 和 m 的两质点间距离 r 的函数

因此，得到质点 m 在距地面高为 h 和在地球表面的重力势能之差为

$$U_h - U_0 = -GMm(\frac{1}{R+h} - \frac{1}{R}) = \frac{GMmh}{(R+h)R}$$

已知地球表面附近的重力加速度 $g = \frac{GM}{R^2}$，且 $R \gg h$，故上式可写为

$$U_h - U_0 = mgh$$

如果选地球表面作为重力势能为零的参考点，即 $U_0 = 0$，那么

$$U_h = mgh$$

与以前的结果一致。

本章摘要

1. 开普勒行星运动定律：

轨道定律——行星沿椭圆轨道运行。

面积定律——掠面速度不变。

$$\frac{a^3}{T^2} = K。$$

2. 万有引力定律：

$$F = G\frac{Mm}{r^2},$$

方向沿两质点的联线。式中 $G = 6.67 \times 10^{-11} \text{m}^3/(\text{kg} \cdot \text{s}^2)$。

3. 惯性质量和引力质量：

（1）$m_{惯} = m_{引}$。

（2）惯性力和引力等效。

4. 引力势能

$$U = -G\frac{Mm}{r}, \qquad U(\infty) = 0$$

思考题

7-1 假设一人造卫星沿一圆形轨道绕地球运动,试说明下列卫星的有关各量与轨道半径 r 的变化关系：

（1）周期；

（2）动能；

（3）角动量；

（4）速度。

7-2 请你"称一下"月球质量有多大？已知月球表面的自由落体加速度 $g' = 1.67 \text{ m} \cdot \text{s}^{-2}$,半径 $R_{月} = 1.74 \times 10^6 \text{m}$。

7-3 引力势能的大小与参考系有无关系？与选取的参考点有无关系？

7-4 太阳对行星都有万有引力,为什么行星不会掉到太阳上去呢？

习　题

7-1 试计算下列物体间的万有引力：

（1）相距为 0.65m、质量为 7.3kg 的两个铅球；

（2）地球与月亮（$M_e = 5.98 \times 10^{24}$kg, $M_m = 7.36 \times 10^{22}$kg,两者相距 $d = 3.82 \times 10^8$m）。

7-2 如图所示,一半径为 R 的铅制球体中有一位于表面与中心之间的空洞,在该球体的右侧有一质量为 m 的质点,该质点位于铅球和空洞的连心线上,离铅球球心的距离为 d。设该铅球未挖空前的质量为 M,试求这一中空铅球与质点之间的万有引力。

7-3 为了将一颗同步通讯卫星送到地球赤道上方的轨道中,则该轨道离地面的高度为多少？

7-4 已知地球质量为 M,半径为 R。现有一质量为 m 的人造卫星在离地面高度 $2R$ 处。以地球和卫星为系统,若取地面的引力势能为零,则系统的引力势能为多少? 若取无限远处引力势能为零,则系统的引力势能又为多少?

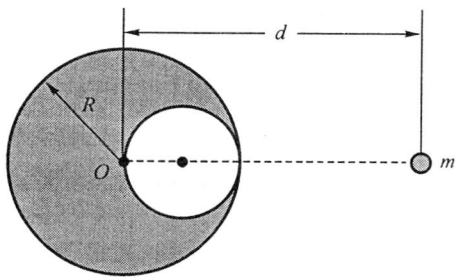

习题 7-2 图

7-5 有一陨石,质量为 $5 \times 10^3 kg$,从天外落到地球上,求万有引力所作的功。(已知地球质量 $M \approx 6.0 \times 10^{24}$ kg,半径 $R \approx 6.4 \times 10^6 m$)

7-6 两个质点的质量分别为 m_1 和 m_2,只受相互间的万有引力作用。开始时,它们之间的距离为 a,都处于静止状态。试求当它们的距离为 $a/2$ 时,速度各为多少?

7-7 水星绕太阳运动轨道的近日点距太阳为 $r_{min} = 4.59 \times 10^{10} m$,远日点距太阳为 $r_{max} = 6.98 \times 10^{10} m$。试求水星经近日点和远日点时的运动速率 v_1 和 v_2。

7-8 人造地球卫星的椭圆轨道离地心最近距离为 $3R$(R 为地球半径),最远距离为 $6R$。取地球表面的重力加速度为 g,求此卫星的最小速率和最大速率。

7-9 有一宇宙飞船欲考察质量为 M、半径为 R 的某星球,当它静止于空中离星球中心 $5R$ 处时,以初速 v_0 发射一质量为 m 的仪器仓,且 $m \ll M$。过球心作一直线与 v_0 平行,问飞船与此直线间的垂直距离 b (称为瞄准距离)多大时,恰好使仪器仓掠过此星球的表面而着陆?

7-10 一个没有大气层的静止球状行星质量为 M,半径为 R。从它的表面上发射一质量为 m 的粒子,发射速率等于逃逸速率的 3/4。试计算下列情况下,粒子

(1)沿径向发射所能达到的最远距离;

(2)沿切向发射所能达到的最远距离。

(从行星中心算起,逃逸速率 $v = \sqrt{\dfrac{2GM}{R}}$,提示:总能量和角动量守恒)

7-11 人造卫星在万有引力作用下绕地球作圆周运动,请编一计算机程序来演示人造卫星的运动轨道,要求能输入卫星的初始位置 x_0, y_0;初速度 v_{0x}, v_{0y},并讨论下列两种情况:

(1)$x_0 = 0, y_0 = R + h = 6.57 \times 10^6 m, v_{0x} = 8 \times 10^3 m \cdot s^{-1}, v_{0y} = 0$;

(2)$x_0 = 0, y_0 = 6.57 \times 10^6 m, v_{0x} = 10 \times 10^3 m \cdot s^{-1}, v_{0y} = -2 \times 10^3 m \cdot s^{-1}$。

(提示:万有引力 $\boldsymbol{F} = -G \dfrac{m_1 m_2}{r^2} \hat{\boldsymbol{r}}$ 可分解为 $F_x = -G \dfrac{m_1 m_2 x}{(x^2 + y^2)^{3/2}}$,$F_y = -G \dfrac{m_1 m_2 y}{(x^2 + y^2)^{3/2}}$)

第8章

相对论

前面几章介绍的内容是以牛顿运动定律为基础的,故又称牛顿力学,它是在17世纪形成的。在以后的两个多世纪里,牛顿力学在自然科学和工程技术等领域得到了极为广泛的应用和成功。但是,在19世纪末20世纪初,物理学的研究开始从宏观发展到微观,从低速发展到高速,这时出现了一系列牛顿理论所无法解释的物理现象。物理学的发展,要求对牛顿力学及某些长期以来被认为是正确的基本概念作出根本性的变革。相对论就是在这一背景下诞生的。

相对论包括两个部分:狭义相对论和广义相对论。狭义相对论是爱因斯坦(A. Einstein)在1905年提出的,它是关于时间、空间与物质运动之间关系的理论。在这一新的时空观理论的基础上,爱因斯坦给出了高速物体的运动规律,它在宇宙星体、粒子物理、原子能等领域中得到广泛应用。广义相对论是爱因斯坦在1915年建立的,是关于引力场的理论,它为现代天体物理和宇宙学的发展打下了基础。

本章着重介绍狭义相对论的基本原理、时空观以及力学定律的形式。对广义相对论只作简单的定性介绍。

8-1 牛顿力学的时空观

1. 伽利略相对性原理

在牛顿力学中,我们已经强调指出在研究物体运动时,必须选择一个参考系,参考系选得不同,则对运动的描述也不同。如果仅仅为了描述运动,原则上可视问题的方便而选取任何参考系,但是对于不同的参考系,力学规律是否可表示为相同的形式呢?

早在1632年,伽利略在他的名著《关于托勒密和哥白尼两大世界体系的对话》中,通过他的代言人萨尔维阿蒂讲述了下面这段话:把你和一些朋友关在一条大船的甲板下的主舱里,你们带着几只苍蝇、蝴蝶和其他小飞虫;舱内放一只大水碗,其中有几条鱼。然后,挂上一个水瓶,让水一滴一滴地滴到下面的一个宽口罐里。当船停着不动时,你留神观察:小虫都以等速向舱内各方向飞行,鱼向各个方向随意游动,水滴滴进下面的罐中。你把任何东西扔给你的朋友时,只要距离相等,向这一方向不必比另一方向用更多的力;你双脚齐跳无论向哪个方向跳过的距离都相等。当你仔细地观察了这些事情之后,再使船以任何速度前进,只要运动是匀速的,也不忽左忽右地摆动,你将发现,所有上述现象丝毫没有改变。你也无法从其中任何一个现象确定,船是在运动还是停着不动。

这段话道出了一条极为重要的真理,即:

不可能在惯性系内部进行任何力学实验来确定该惯性系本身是静止的还是在作匀速直

线运动。

我们把这一论断称为伽利略相对性原理。

伽利略相对性原理也可表述为：

对于力学规律来说，一切惯性系都是平权的等价的。

应该指出，牛顿真正相信的是：在所有的惯性参考系中存在一个特殊的参考系，它是"绝对静止"的，而其他惯性系相对它的运动是"绝对运动"。然而，伽利略相对性原理表明，如果真的存在这种"绝对静止"的特殊

图 8-1　萨尔维阿蒂的大船

参考系，是不可能通过任何力学实验来找到的。因为对力学规律来说，所有惯性系都是等价的，没有哪个惯性参考系能表现出任何的特殊性。于是，在历史上曾有人企图通过非力学的现象来找到这种"绝对静止"的参考系。

2. 绝对时空观

在物理学中，为了描述物体的运动或者说明物体运动所遵循的规律，都离不开时间和空间这两个基本概念。那么，相对于不同的参考系，空间和时间的测量结果是否一样呢？

牛顿力学认为：空间和时间的量度是绝对的，和参考系是无关的，而且时间和空间彼此是独立的。用牛顿的话来说："绝对的真正的数学时间，就其本质而言，是永远均匀地流逝着，与任何外界事物无关。""绝对空间就其本质而言是与任何外界事物无关的，它从不运动，并且永远不变。"这就是牛顿力学的时空观，也称为绝对时空观。按照这种观点，不论从哪个参考系的观察者来测定空间两点的距离，总是一样长的。某个事件所经历的时间间隔也是相同的。

3. 伽利略坐标变换

时间和空间的性质在物理学中是通过坐标系的变换来体现的，下面我们从牛顿力学的绝对时空观来导出伽利略坐标变换。

如图 8-2 所示，有两个惯性系 S 和 S'，它们的坐标轴彼此平行，S' 系相对于 S 系以速度 v 沿 OX 轴的正方向运动，并假定当两坐标系的原点重合时作为计时起点，即 $t'=t=0$。

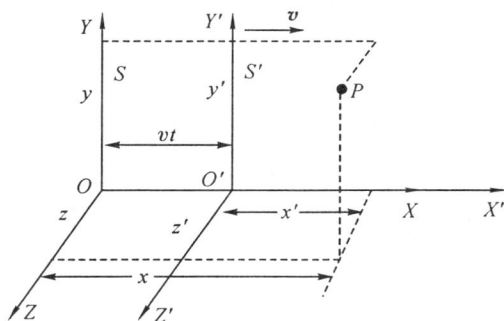

图 8-2

现有一事件 P，从 S 系看来，是在 t 时刻、坐标 (x,y,z) 点发生的；从 S' 系来看，是在 t' 时刻、坐标 (x',y',z') 点发生的。所谓坐标变换即同一事件的两组时空点之间的关系。

由于时间量度的绝对性，只要 S 和 S' 系中的钟结构相同，又有相同的计时起点，则由两个参考系测得同一事件的时刻一定相等，即 $t=t'$。又由于空间量度的绝对性，可用统一的尺

子测量空间的距离,由图 8-2 可得出如下的变换式

$$x' = x - vt, \qquad y' = y, \qquad z' = z, \qquad t' = t$$

或
$$x = x' + vt', \qquad y = y', \qquad z = z', \qquad t = t' \tag{8-1}$$

这组公式称为伽利略变换式。从以上的推导可以清楚地看到,伽利略坐标变换体现了牛顿的绝对时空观。

为了研究 P 点的运动速度,将(8-1)式两边对时间求导,并考虑到 $\mathrm{d}t = \mathrm{d}t'$,可得

$$u_x' = u_x - v$$
$$u_y' = u_y \tag{8-2}$$
$$u_z' = u_z$$

写成矢量式,即

$$\boldsymbol{u}' = \boldsymbol{u} - \boldsymbol{v} \tag{8-3}$$

其中 $\boldsymbol{u}'$ 是质点相对于 S' 系的速度,$\boldsymbol{u}$ 是相对于 S 系的速度。(8-2)式和(8-3)式就是众所周知的经典速度变换式,也称为伽利略速度变换。

将(8-3)式两边再对时间求导,由于 $\boldsymbol{v}$ 是常量,所以有

$$\boldsymbol{a}' = \boldsymbol{a} \tag{8-4}$$

这说明了同一质点的加速度在 S 和 S' 系中测得的结果是相同的。

在牛顿力学中,质点的质量和运动速度没有关系。即对同一物体,在不同的参考系所测得的质量是相同的,即 $m' = m$,而且力也是和参考系无关的,即 $\boldsymbol{F}' = \boldsymbol{F}$。所以牛顿第二定律 $\boldsymbol{F} = m\boldsymbol{a}$ 在伽利略坐标变换下,形式上保持不变。我们常把伽利略变换下的不变性说成是伽利略相对性原理在经典力学中的数学表述。但由于伽利略变换是在绝对时空的前提下推导出来的,而相对性原理却没有绝对时空这一前提,它是在实验的基础上总结出来的。所以这两者有本质的区别,不能把它们等同起来。我们只能说,绝对时空观、伽利略变换和伽利略相对性原理在经典力学的范畴内是互相一致的。

8-2　牛顿力学的困难·爱因斯坦两个基本假设

1. 牛顿力学的困难

在牛顿等对力学现象进行深入研究后,人们对其他物理现象,如光和电磁现象的研究也逐步深入。在这些领域里,牛顿理论遇到了不可克服的困难。下面来看几个这方面的例子。

900 多年前,有一次非常著名的超新星爆发事件,当时北宋王朝的天文学家曾做了详细的记载。据史书称:爆发出现在公元 1054 年。在开始的 23 天中,这颗超新星非常之亮,白天也能在天空上看到它,随后逐渐变暗,直到公元 1056 年 3 月,才不能为肉眼所见,前后历时 22 个月。这次爆发的残骸就形成著名的金牛座中的星云,叫做蟹状星云。

这条古老的记载同光速颇有关系。当一颗恒星发生超新星爆发时,它的外围物质将向四面八方飞散。如图 8-3 所示,有些爆发物以速度 u 向着地球运动(图中 A 处),有些则在垂直方向运动(图中 B 处)。如果光线服从前面所讲的经典速度变换规则,那么 A 点向地球发出

光的速度是 $c+u$，而 B 点向地球发来的光的速度是 c。这样，由 A 点发出的光到达地球的时间是 $t=L/c+u$，而由 B 点发出的光到地球的时间是 $t'=L/c$，沿其他方向运动的抛射物所发出的光到达地球所需的时间则介于二者之间。蟹状星云到地球的距离 L 大约是 5 000 光年，爆发速度是 1 500km/s 左右。用这

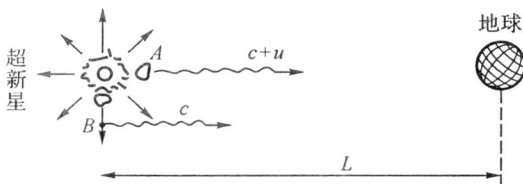

图 8-3　超新星爆发过程中光线传播引起的疑问

些数据来计算，可得 $t'-t=25$ 年。也就是说，至少在 25 年里都可以看到爆发时所产生的强光。然而，这是与观察记录不相符合的。这就说明了上面的推导有问题，光速可能并不遵从经典的速度变换。

牛顿力学的另一困难是关于电磁现象。19 世纪 60 年代，麦克斯韦(J. C. Maxwell)总结了电磁运动规律，建立了麦克斯韦方程组，并由此得出了电磁波在真空中传播的速度为 c。当时，人们很自然地将伽利略相对性原理推广到电磁现象中去。按照相对性原理，对所有惯性系，麦克斯韦方程组应具有同一形式，由此得出电磁波在所有惯性系中都以 c 传播的结论。而根据伽利略速度变换规则，如果电磁波相对于某一参考系的速度为 c，则它相对于另一惯性系的速度就不可能为 c。这样，伽利略变换和电磁运动规律是否符合相对性原理发生了矛盾。为了解决这一矛盾，有人提出相对性原理只适用于力学而不适用于电磁学，即麦克斯韦方程组只对某一特定的惯性系成立，电磁波也只能够对此特定的参考系传播速度为 c。于是，寻找这一特殊的参考系成为 19 世纪末物理学的一个重要课题，其中最著名的就是迈克尔逊(A. A. Michelson)-莫雷(E. W. Morley)实验。该实验结果说明：这种特殊的、绝对参考系是不存在的，光速也不遵从经典的速度变换规则，这从根本上否定了伽利略变换。

2. 爱因斯坦两个基本假设

正当人们忙于修补原有经典理论时，爱因斯坦在对牛顿力学以及电磁学(特别是与光有关的现象)中暴露出来的许多矛盾经过多年反复思考之后认为相对性原理对力学和电磁学都正确，麦克斯韦理论也是电磁现象的正确理论，不正确的只是经典的绝对时空观以及由此推出的经典物理的速度变换公式。基于对绝对时空观的否定，爱因斯坦在 1905 年发表的论文《论动体的电动力学》中，推出了两个完全崭新的假设。

(1)相对性原理

任何物理定律在所有惯性系中都有相同的表示形式，即所有惯性系都是等价的、平权的。

爱因斯坦的相对性原理和伽利略相对性原理在思想上是基本一致的。但是伽利略给出的伽利略坐标变换只适用于牛顿力学，它不能保证任何物理规律都满足相对性原理。爱因斯坦提出的相对性原理则把一切物理规律都包括进去，从而说明了不论用什么物理实验方法都不能找到绝对参考系，绝对静止的参考系是不存在的。

(2)光速不变原理

在任何惯性系中，光在真空中的速率都相等，恒为 $c=3\times10^8$m/s。

光速不变原理说明了光速与观察者及光源的运动无关。这是和经典的速度变换公式不

相容的。从光速不变原理还可以得出一些与经典时空观格格不入的概念。

爱因斯坦的两个基本假设构成了整个狭义相对论的基础。以后的科学技术实践证明：在引力场可以忽略时，狭义相对论的一切结论都与实验符合，这也就间接地证明了这两条基本假设的正确性。

8-3　洛伦兹坐标变换

如前所述，伽利略变换和爱因斯坦的光速不变原理以及相对性原理是相互矛盾的。事实上，相对论的基本原理是在否定了经典的时空观，因而也否定了伽利略变换的基础上提出的，因此在相对性原理和光速不变原理的要求下，应有新的坐标变换来代替伽利略变换。

仍考察图 8-2 所示的两个惯性系 S 和 S'。现有一事件 P，从 S 系来看时空坐标为 (x,y,z,t)，从 S' 系来看时空坐标为 (x',y',z',t')。下面根据狭义相对论的基本原理来找出这个同一事件的两组时空坐标之间的关系。

首先讨论与运动方向垂直的两组坐标 (y,z) 和 (y',z') 之间的关系。因为在 Y 轴和 Z 轴方向，这两坐标系没有相对运动，再考虑到 S 系和 S' 系是等价的，空间是各向同性的，所以

$$y' = y, \qquad z' = z \tag{8-5}$$

再讨论两组时空点 (x,t) 和 (x',t') 之间的变换关系。由于它们的关系必须满足相对性原理，故这个变换关系应该是线性的。因为对同一事件自 S 系和 S' 系所观察的结果必须一一对应，就是说，如果从 S 系观察只能得到一个结果，那么自 S' 系观察也只能有一个结果，而不能有两个。另外，还应考虑到当速度 $v \ll c$ 时，这个变换应退化为伽利略变换，因为牛顿力学在低速情况下，经长期实践验证是正确的。我们可将这个变换的线性形式写为

$$x = ax' + bt', \qquad x' = ax - bt \tag{8-6}$$

式中 a,b 为待求的两个与 S' 系相对于 S 系的速度 v 有关的常量。既然 a,b 皆为常量，而这个变换又是一般成立的，所以可找两个特殊的事件来确定它们。先在 S 系中考察 S' 系的原点 O' 的运动，由 (8-6) 第二式，当 $x'=0$，得

$$\frac{\mathrm{d}x}{\mathrm{d}t} = \frac{b}{a} = v \tag{8-7}$$

其次，(8-6) 式还应满足光速不变原理。我们设想，当 O 和 O' 重合时，即 $t'=t=0$，在 O,O' 处发一个光信号，考察它们沿 x,x' 轴传播的情况。从 S 系看，于 t 时刻，这个信号到达 x 点；从 S' 系看，对这个信号相应地记为 t' 时刻出现在 x' 点。由光速不变原理，光信号在两坐标系中都以 c 传播，于是有

$$x = ct, \qquad x' = ct'$$

将它们代入 (8-6) 式，再考虑 (8-7) 式，得

$$ct = a(c + v)t', \qquad ct' = a(c - v)t$$

从这两式中可得到

$$a = \frac{1}{\sqrt{1 - v^2/c^2}} \tag{8-8}$$

把 (8-7) 式、(8-8) 式代回到 (8-6) 式，并作简单的代数运算，可得从 S 到 S' 系的坐标变换

$$x' = \frac{x - vt}{\sqrt{1 - v^2/c^2}} = \frac{x - vt}{\sqrt{1 - \beta^2}}, \qquad y' = y, \qquad z' = z$$

$$t' = \frac{t - \frac{v}{c^2}x}{\sqrt{1 - v^2/c^2}} = \frac{t - \frac{v}{c^2}x}{\sqrt{1 - \beta^2}}$$

$$(8-9)$$

把 v 代以 $-v$，带撇的和不带撇的互相交换，则可得到从 S' 到 S 系的坐标变换

$$x = \frac{x' + vt'}{\sqrt{1 - v^2/c^2}} = \frac{x' + vt'}{\sqrt{1 - \beta^2}}, \qquad y = y', \qquad z = z'$$

$$t = \frac{t' + \frac{v}{c^2}x'}{\sqrt{1 - v^2/c^2}} = \frac{t' + \frac{v}{c^2}x'}{\sqrt{1 - \beta^2}}$$

$$(8-10)$$

式中 $\beta = v/c$，上面两组变换式是等价的，都称为洛伦兹(H. A. Lorentz)坐标变换。[①] 与伽利略变换相比，洛伦兹变换最突出的特征就是时间坐标的变换式中含有空间坐标，即时、空坐标不再是相互独立的，它们在变换中是互相掺杂的。由此可知，时间和空间的测量在不同的惯性系中将会有不同的结果。

由(8-9)式或(8-10)式容易看出，当物体的运动速度远小于光速(即 $v \ll c$)时，洛伦兹变换就退化为伽利略变换。这说明牛顿力学是狭义相对论的一种极限情况，只有运动物体的速度远小于光速时，牛顿力学才是正确的；而在日常现象中，物体的运动速度往往远小于光速，所以牛顿力学能准确成立。

当 $v > c$ 时，因子 $\sqrt{1 - v^2/c^2}$ 变为虚数，洛伦兹变换失去了意义。狭义相对论认为，物体的运动速度不能超过真空中的光速 c，光速 c 是自然界里的极限速度。迄今为止，实验上还从未发现过物体的运动速度超过光速。

8-4 相对论的时空观

伽利略变换体现的是经典的时空观，洛伦兹变换应体现的是相对论的时空观。下面我们就从洛伦兹坐标变换出发，讨论相对论的时空观。

1. 同时的相对性

如图 8-4 所示的两个参考系，因为 z 在我们所讨论的问题中不变，为简单起见只画二维图。

一车厢随 S' 系一起运动，M' 处于车厢的中点，A' 和 B' 为车厢的两端。在 M' 发一光脉冲，在 S' 系看来，光信号将同时到达 A' 和 B'。如果我们把光信号到达 A' 和 B' 看作两个事件 P_1 和 P_2，这两事件在 S' 系中的时空坐标可表示为 (x_1', t_1') 和 (x_2', t_2')，其中 $t_1' = t_2'$；在 S 中的时空坐标可表为 (x_1, t_1) 和 (x_2, t_2)。那么，在 S 系中是否也可观察到光信号同时到达 A', B' 点呢？由洛伦兹变换有

---

① 洛伦兹坐标变换是洛伦兹于 1904 年为修补经典理论而拼凑出来的，爱因斯坦从狭义相对论的两个基本原理出发，于 1905 年独立地得出了这两组方程，但名称未作相应的改变。

$$t_1 = \frac{t_1' + \frac{v}{c^2}x_1'}{\sqrt{1 - \beta^2}}, \qquad t_2 = \frac{t_2' + \frac{v}{c^2}x_2'}{\sqrt{1 - \beta^2}}$$

两式相减,得到

$$t_2 - t_1 = \frac{t_2' - t_1' + \frac{v}{c^2}(x_2' - x_1')}{\sqrt{1 - \beta^2}}$$

由于 $t_1' = t_2'$,所以

$$t_2 - t_1 = \frac{\frac{v}{c^2}(x_2' - x_1')}{\sqrt{1 - \beta^2}} \qquad (8\text{-}11)$$

图 8-4 同时的相对性

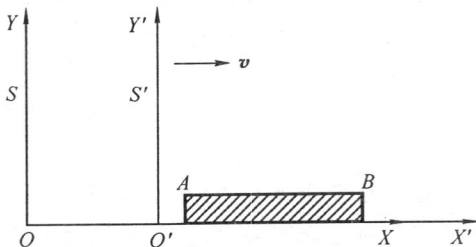

从图 8-4 可知,$x_2' > x_1'$,所以 $t_2 > t_1$。即在 S 系看来,信号不是同时到达 A' 点和 B' 点的,而是光信号到达 A' 端在先,到达 B' 端在后。可见,在 S' 系中同时异地的两事件,在 S 系中不是同时发生的。同理,在 S 系中同时异地的两事件,在 S' 系中也不会同时发生。由此得出结论:

若两个事件在某一参考系内为同时异地事件,在其他参考系中这两事件就一定不是同时事件。这就是同时的相对性。

由(8-11)式可见,当 $v \ll c$ 时,$t_2 = t_1$,这时经典力学同时概念才是适用的。

2. 长度的缩短

如图 8-5 所示,AB 表示一根沿 X' 轴放置、与 X' 轴相对静止的棒。我们知道,一根棒的长度可由它的两个端点坐标来确定。对 S' 系来说,由于棒相对测量者是静止的,测量棒的两个端点坐标不论是同时进行,还是不同时进行,都不会影响棒长的测量结果。如果 S' 系中的测量者测得两端点 A 和 B 的坐标分别为 x_1' 和 x_2',那么其长度就是

$$l' = x_2' - x_1'$$

图 8-5 长度的相对性

对 S 系来说,棒相对测量者作匀速运动,测量棒的两个端点坐标必须是同时进行。如果先测 B 端后测 A 端,就会把棒测短了。反之先测 A 端后测 B 端,又会把棒测长了。我们把测量每一端的坐标看成一个事件,则在 S 系中这两个事件的时空坐标是 (x_1, t_1) 和 (x_2, t_2),其中 $t_1 = t_2$,在 S 系中测得的棒长 $l = x_2 - x_1$,由洛伦兹坐标变换得

$$x_1' = \frac{x_1 - vt_1}{\sqrt{1 - \beta^2}}, \qquad x_2' = \frac{x_2 - vt_2}{\sqrt{1 - \beta^2}}$$

所以

$$x_2' - x_1' = \frac{x_2 - x_1}{\sqrt{1 - \beta^2}}$$

即

$$l = l'\sqrt{1 - \beta^2}$$

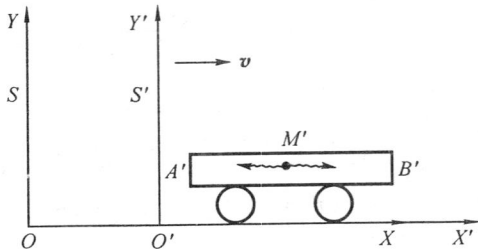

由于 $\sqrt{1-\beta^2}<1$，所以在 S 系中测量，棒的长度缩短了。同理，如果棒和 S 系固连，由 S' 系上的人来测量，测得的棒的长度也是缩短的。

综上所述，可以得到下述结论：

（1）被测物体和测量者相对静止时，测得物体的长度最长，这时测得的长度称该物体的固有长度，用 l_0 来表示。

（2）被测物体和测量者相对运动时，测量者测得的沿其运动方向的长度变短了。如果棒的运动长度用 l 表示，则有

$$l=l_0\sqrt{1-\beta^2} \tag{8-12}$$

上式也称为动尺缩短效应。至于垂直于物体运动方向的长度，在不同惯性参考系中的测量者测得的结果都是相同的。

由(8-12)式可以看出，当 $v\ll c$ 时，$l\approx l_0$，这时经典力学的长度概念才是适用的。

例 1 一艘宇宙飞船静止时的长度为 10m，当以速度(1)$v=9\times10^3$m/s；(2)$v=1.8\times10^8$m/s 相对于地面作匀速直线运动时(运动方向沿飞船长度方向)，地面上的观测者测得的飞船的长度是多少？

解 （1）宇宙飞船静止时的长度即为它的固有长度 $l_0=10$m，地面上的观测者测得的长度为运动长度，用 l 表示。当 $v=9\times10^3$m/s 时，

$$l=l_0\sqrt{1-v^2/c^2}=10\sqrt{1-(\frac{9\times10^3}{3\times10^8})^2}=9.999\,999\,995\,5(\text{m})$$

这个结果说明：当 $v\ll c$ 时，长度缩短效应是如此之小，以至于完全可以忽略。

（2）$v=1.8\times10^8$m/s 时，

$$l=l_0\sqrt{1-v^2/c^2}=10\sqrt{1-(\frac{1.8\times10^8}{3\times10^8})^2}=8(\text{m})$$

说明当物体的运动速度接近光速时，相对论的长度缩短效应非常显著。

3. 时间延缓

如图 8-6 所示，假定在惯性参考系 S 中的某固定点 $x=x_0$ 处升旗。在 S 系中的观察者，测得旗于 $t=t_1$ 时刻从地面开始向上升，于 $t=t_2$ 时刻升到顶端，升旗这一事件所经历的时间间隔为 $\Delta t=t_2-t_1$。而在 S' 系中的观察者，测得该事件开始在 $t'=t_1{}'$，结束在 $t'=t_2{}'$，所经历的时间间隔为 $\Delta t'=t_2{}'-t_1{}'$。

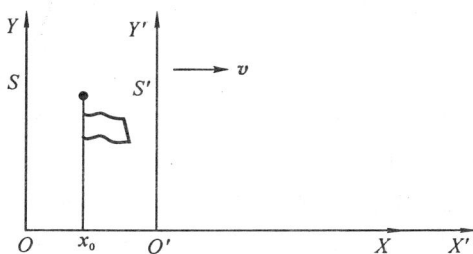

图 8-6　时间的相对性

根据洛伦兹坐标变换式，有

$$t_1{}'=\frac{t_1-\frac{v}{c^2}x_0}{\sqrt{1-\beta^2}},\qquad t_2{}'=\frac{t_2-\frac{v}{c^2}x_0}{\sqrt{1-\beta^2}}$$

两式相减

$$t_2{}'-t_1{}'=\frac{t_2-t_1}{\sqrt{1-\beta^2}}$$

即

$$\Delta t' = \frac{\Delta t}{\sqrt{1 - \beta^2}} \qquad\qquad (8\text{-}13)$$

因为 $\sqrt{1 - \beta^2} < 1$，所以 $\Delta t' > \Delta t$。这就是说，在 S 系中记录的某一固定点发生事件所经历的时间间隔，小于由 S' 系记录的该事件所经历的时间间隔。这一相对论效应称为时间延缓。

对 (8-13) 式给出的结论也可理解为：S' 系的钟记录 S 系中某一固定点发生的事件所经历的时间间隔，比 S 系中的钟所记录的时间要长些；或者说由于 S 系是以一定的速度相对于 S' 系运动的，因此从 S' 系来看，S 系的钟（运动的钟）走慢了。同理，从 S 系看 S' 系的钟（运动的钟），也认为 S' 系的钟走慢了。所以时间延缓也可表述为运动的钟变慢。

综上所述，可以得到下述结论：

(1) 在相对发生事件的地点静止的参考系中所测得的该事件所经历的时间是最短的，这一时间称该事件的固有时，用 τ_0 来表示。

(2) 在相对发生事件的地点运动的参考系中所测得的该事件所经历的时间将延长，如果延长的时间用 τ 来表示，则

$$\tau = \frac{\tau_0}{\sqrt{1 - \beta^2}} \qquad\qquad (8\text{-}14)$$

在日常生活中，一般 v 比较小，所以 $\sqrt{1 - \beta^2} \to 1$，$\tau \approx \tau_0$，时间延缓效应是完全可以忽略的；但在运动速度接近于光速时，时间延缓变得非常重要。在高能物理领域里，此效应已得到大量实验的验证。例如，静止的 π 介子平均寿命为 2.6×10^{-8}s，在高能加速器中 π 介子获得 $v = 0.75c$ 的速度。按此速度计算它在衰变前能够运行的距离 $l = \tau_0 v = 5.85$m，而实验室中测得 π 介子衰变前通过的距离 $l = 8.8$m，结果是矛盾的。利用时间延缓效应可以解释这一矛盾，因为 π 介子相对于实验室作高速运动，所以它的寿命将延长为 $\tau = \dfrac{\tau_0}{\sqrt{1 - v^2/c^2}} = 3.9 \times 10^{-8}$s，在此寿命内它能够走过的距离 $l = v\tau = 8.8$m，这和实验结果完全一致。

时间延缓效应和长度缩短效应是相关的。例如宇宙线中含有许多能量极高的 μ 子，这些 μ 子是在大气层上部产生的。静止 μ 子的平均寿命只有 2.197×10^{-6}s，如果不是由于相对论效应，这些 μ 子即使接近光速运动时也只能飞越约 660m。但实际上很大部分 μ 子都能穿透厚厚的大气层到达底部。在地面上的参考系，把这现象描述为运动 μ 子寿命的延长效应。但在固定于 μ 子的参考系来看，它的寿命并没有延长，而是由于它观察到大气层相对它作高速运动，因而大气层的厚度缩小了。因此在 μ 子寿命以内可以飞越大气层。

由以上分析可以看出，时间延缓和长度缩短效应都是运动着的物质相互之间的时空关系的反映，并不是主观感觉的产物。不超过光速运动的粒子在较短的固有寿命中能够飞越大气层，这是客观事实；在不同的参考系中可以有不同的描述方法，但最后的物理结论应该是一致的。

8-5　相对论的速度变换

爱因斯坦的光速不变原理和经典的速度变换公式是根本对立的。这说明经典的速度变换公式在高速领域不再适用，需要寻找包含光速不变的新的速度变换公式。下面我们从洛伦

兹坐标变换推出相对论的速度变换。

如图 8-2 所示，一质点 P 在空间运动。在某一时刻，质点在 S 系中的时空坐标为$(x,y,$ $z,t)$，速度为 $\boldsymbol{u}(u_x,u_y,u_z)$；在 S' 系中的时空坐标称为(x',y',z',t')，速度为 $\boldsymbol{u}'(u_x',u_y',u_z')$；它们的速度分量分别为

$$u_x = \frac{\mathrm{d}x}{\mathrm{d}t}, \qquad u_y = \frac{\mathrm{d}y}{\mathrm{d}t}, \qquad u_z = \frac{\mathrm{d}z}{\mathrm{d}t}$$

及

$$u_x' = \frac{\mathrm{d}x'}{\mathrm{d}t'}, \qquad u_y' = \frac{\mathrm{d}y'}{\mathrm{d}t'}, \qquad u_z' = \frac{\mathrm{d}z'}{\mathrm{d}t'}$$

对洛伦兹坐标变换(8-10)式，两边取微分，得

$$\mathrm{d}x = \frac{\mathrm{d}x' + v\mathrm{d}t'}{\sqrt{1-\beta^2}}, \qquad \mathrm{d}y = \mathrm{d}y', \qquad \mathrm{d}z = \mathrm{d}z'$$

$$\mathrm{d}t = \frac{\mathrm{d}t' + \frac{v}{c^2}\mathrm{d}x'}{\sqrt{1-\beta^2}}$$

即得

$$u_x = \frac{u_x' + v}{1 + \frac{v}{c^2}u_x'}, \qquad u_y = \frac{u_y'\sqrt{1-\beta^2}}{1 + \frac{v}{c^2}u_x'}, \qquad u_z = \frac{u_z'\sqrt{1-\beta^2}}{1 + \frac{v}{c^2}u_x'} \qquad (8\text{-}15)$$

这就是相对论速度变换公式。若将上式中 v 换成 $-v$，带撇与不带撇的量互换，即得其逆变换为

$$u_x' = \frac{u_x - v}{1 - \frac{v}{c^2}u_x}, \qquad u_y' = \frac{u_y\sqrt{1-\beta^2}}{1 - \frac{v}{c^2}u_x}, \qquad u_z' = \frac{u_z\sqrt{1-\beta^2}}{1 - \frac{v}{c^2}u_x} \qquad (8\text{-}16)$$

从上式可以看出，当 $v \ll c$ 时，相对论的速度变换就简化为伽利略速度变换，所以伽利略速度变换是相对论速度变换在低速下的极限形式。

现在讨论光在真空中的速度。设一光束沿 X 轴运动，光对 S 系的速度是 c，即 $u_x = c$。根据相对论速度变换式，光对 S' 系的速度为

$$u_x' = \frac{u_x - v}{1 - \frac{u_x v}{c^2}} = \frac{c - v}{1 - \frac{cv}{c^2}} = c$$

也就是说，光相对于 S 系和 S' 系的速度相等，这个结论符合光速不变原理。

例 2 在实验室中，若电子 A 以 $0.8c$ 的速度向右方运动，而电子 B 以相同的速度向左方运动，求 B 电子相对于 A 电子的速度为多少？

解 如图 8-7 所示，S 为和实验室固连的参考系，S' 为和电子 A 固连的参考系，则 S' 系相对 S 系以 $v = 0.8c$ 的速度沿 X 轴正方向运动。电子 B 相对 S 系的速度 $u_x = -0.8c$，求 B 电子相对于 A 电子的速

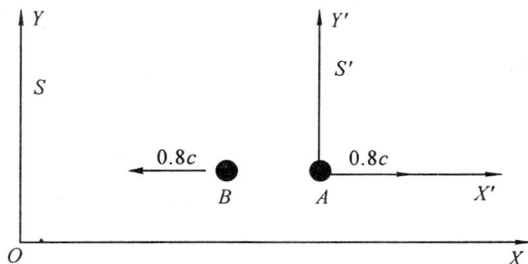

图 8-7 例 2 图

度实际上是求 B 电子相对于 S' 的速度 u'_x。由相对论速度变换公式

$$u_x' = \frac{u_x - v}{1 - \frac{v}{c^2}u_x} = \frac{-0.8c - 0.8c}{1 - 0.8 \times (-0.8)} = -0.976c$$

即电子 B 相对于电子 A 以 $0.976c$ 的速度沿 X 轴负向运动。

这一结果和伽利略速度变换$(u_x'=u_x-v)$给出的结果$(-1.6c)$是不同的。它说明,按相对论速度变换,任何物体的速度都不可能超过光速。

8-6 相对论的质量和动量·运动方程

在牛顿力学中,动量定义为 $p=mv$,其中质量是不变量。动量守恒在伽利略变换下,对一切惯性参考系均成立。如果动量仍用这个定义,那么原有形式的动量守恒定律在洛伦兹变换下不是对一切惯性参考系都成立。按照爱因斯坦的相对性原理,动量守恒、角动量守恒和能量守恒在一切惯性参考系中都成立。因此,如果承认相对性原理和洛伦兹变换,就必须将原有的动量和质量定义加以修正。

在相对论中,根据动量守恒定律和相对论速度变换的关系,可以证明物体的质量是随着速度而改变的,两者关系如下:

$$m = \frac{m_0}{\sqrt{1 - (\frac{v}{c})^2}} \tag{8-17}$$

这就是著名的相对论质量公式。式中 m_0 为粒子静止质量,m 为粒子以速率 v 运动时的质量。应该注意:速率 v 是粒子相对于某一参考系的速率,同一粒子相对于不同的参考系有不同的速率,故在不同参考系中测得的粒子的质量也是不同的,即质量的大小也是相对的。

当 $v \ll c$ 时,(8-17)式给出 $m \approx m_0$,这时可以认为物体的质量和速率无关,等于其静止质量,这就是经典力学中质量的概念。只有当物体的速度可与光速相比拟时,质量的相对论效应才明显地表现出来。对于光子来说,$v=c$,若静止质量不为零,由(8-17)式知,光子质量趋于无穷大,这显然是不正确的,所以光子的静止质量必为零。可以说,一切速率等于光速的粒子的静止质量都为零。

物体的质量和它运动速度有关的现象,早在狭义相对论之前就为人们所知。1901 年,考夫曼(W. Kaufmann)曾观察在磁场作用下不同速度的电子的偏转,从而测得了电子的质量。他测得电子的质量与速率有关。后来又有许多人用不同的方法对电子和质子验证了质量与速率的依赖关系。图 8-8 给出了电子的相对论质量随速

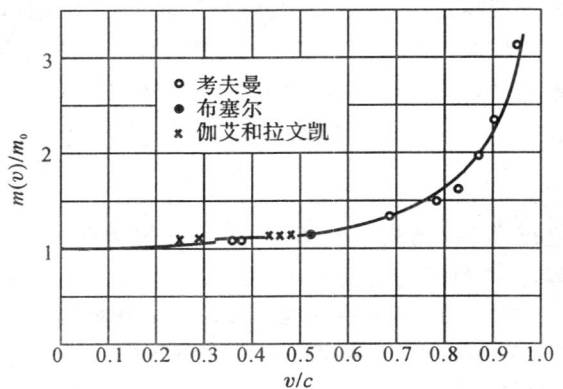

图 8-8 电子质量随速度的变化
考夫曼(Kaufmann)、布塞尔(Bucherer)
伽艾(Guye)和拉文凯(Lavanchy)

率的变化曲线,并附有几名早年作者的实验数据点。这些实验结果都证明了相对论质量公式

的正确性。

利用相对论质量表示式,相对论动量可表示为

$$p = mv = \frac{m_0 v}{\sqrt{1 - (\frac{v}{c})^2}} \tag{8-18}$$

在相对论中,仍可用动量变化率来定义质点受的力,即

$$F = \frac{\mathrm{d}p}{\mathrm{d}t} = \frac{\mathrm{d}}{\mathrm{d}t}(mv) = \frac{\mathrm{d}}{\mathrm{d}t} \frac{m_0 v}{\sqrt{1 - (\frac{v}{c})^2}} \tag{8-19}$$

这就是单粒子的相对论动力学方程。(8-19)式可以进一步写作

$$F = m \frac{\mathrm{d}v}{\mathrm{d}t} + \frac{\mathrm{d}m}{\mathrm{d}t} v$$

这与牛顿第二定律的公式不同,在等式右方多了第二项,它表示 m 是随时间变化的量。当 v $\ll c$ 时,$m \approx m_0$,$F = m_0 \frac{\mathrm{d}v}{\mathrm{d}t}$。这时相对论动力学方程退化为牛顿第二定律公式。

由(8-19)式可知,物体在恒力作用下,由于质量随速率变化而变化,所以其加速度并不是恒定的。当速度 $v \to c$ 时,$m \to \infty$,这时无论物体受到多大的力,加速度 $a \to 0$。所以任何加速器都不可能把物体从静止状态加速到其速度等于或大于真空中的光速 c。

例3 一静止质量为 m_0、带电量为 q 的粒子初速度为零,在均匀电场 E 中加速。求时刻 t 时它所获得的速度。

解 带电量为 q 的粒子在均匀电场中所受的力 $F = qE$,根据相对论动力学方程有

$$\frac{\mathrm{d}}{\mathrm{d}t}\left[\frac{m_0 v}{\sqrt{1 - (\frac{v}{c})^2}}\right] = qE$$

上式两边乘以 $\mathrm{d}t$ 后,积分

$$\int_0^t qE\mathrm{d}t = \int_0^{v(t)} \mathrm{d}\left[\frac{mv}{\sqrt{1 - (\frac{v}{c})^2}}\right]$$

得

$$v(t) = \frac{qE}{m_0 \sqrt{1 + \frac{q^2 E^2}{m_0^2 c^2} t^2}} t$$

由上式知,$t \to \infty$ 时,$v(t) \to c$。

8-7 相对论动能

在相对论中,功能关系仍具有牛顿力学中的形式,即在某一过程中,作用在质点上合外力的功等于该质点动能的增量。考虑一微小过程,则

$$\mathrm{d}E_k = F \cdot \mathrm{d}r = \frac{\mathrm{d}(mv)}{\mathrm{d}t} \cdot \mathrm{d}r = \mathrm{d}(mv) \cdot v$$

$$= \mathrm{d}m(v \cdot v) + mv \cdot \mathrm{d}v = mv\mathrm{d}v + v^2 \mathrm{d}m$$

将 $m=m_0/\sqrt{1-v^2/c^2}$ 平方整理后得

$$m^2c^2 = m_0^2c^2 + m^2v^2$$

再将上式两边微分得

$$2mc^2\mathrm{d}m = 2m^2v\mathrm{d}v + 2mv^2\mathrm{d}m$$

即

$$v^2\mathrm{d}m + mv\mathrm{d}v = c^2\mathrm{d}m$$

所以有

$$\mathrm{d}E_k = c^2\mathrm{d}m$$

质点静止时的动能应为零,对上式两边作定积分

$$\int_0^{E_k}\mathrm{d}E_k = \int_{m_0}^m c^2\mathrm{d}m$$

可得

$$E_k = mc^2 - m_0c^2 = \frac{m_0c^2}{\sqrt{1-(\dfrac{v}{c})^2}} - m_0c^2 \tag{8-20}$$

上式称为相对论的动能公式。它与牛顿力学中的动能表示形式完全不同,当 $v \ll c$ 时,将 $\dfrac{1}{\sqrt{1-(\dfrac{v}{c})^2}}$ 作泰勒展开,并忽略高阶项,得

$$\frac{1}{\sqrt{1-v^2/c^2}} = 1 + \frac{1}{2}\frac{v^2}{c^2} + \cdots \approx 1 + \frac{v^2}{2c^2}$$

$$E_k = \frac{m_0c^2}{\sqrt{1-v^2/c^2}} - m_0c^2 = \frac{1}{2}m_0v^2$$

这又回到了牛顿力学的动能公式。

由(8-20)式可以得到质点速率和其动能之间的关系为

$$v^2 = c^2[1 - (1 + \frac{E_k}{m_0c^2})^{-2}]$$

我们知道,随着做功数量的无限增加,质点的动能可以无限增大。但上式表明,无论 E_k 增到多大,质点的速率不会无限增大,而是有一极限值 c。

8-8 质能关系

1905 年,爱因斯坦在第一篇狭义相对论的论文发表后三个月,又专门写了一篇不到两千字的论文来讨论惯性质量和能量的关系。在这篇论文中,他给出了一个被誉为新时代标志之一的著名公式

$$E = mc^2 \tag{8-21}$$

其中 E 表示粒子以速率 v 运动时所具有的能量,也就是相对论意义上的总能量,m 是粒子质量,c 是光速。这一公式我们称之为爱因斯坦质能关系式。

由(8-21)式可以看到,即使当粒子静止时,它的能量也不等于 0,而是为 m_0c^2,这个能量是粒子静止时具有的能量,称为静能。物体的静能,实际上是物体内能的总和,包括分子的运动能量、分子间的相互作用能;分子内部各原子的动能和相互作用势能;以及原子内部、原子核内部和质子、电子内部……各组成粒子间的相互作用能。在牛顿力学中,只认识到动能、势能等形式的能量,而不知道还有静能形式的能量。物体有静止能量是狭义相对论的重要成果之一,它指出一定质量的粒子具有一定的内部能量。反过来,带有一定内部运动能量的粒子就有一定的惯性质量。

质能关系反映了能量和质量之间不可分割的联系。当一个物体的能量发生变化时,它的质量必定随之改变,两者满足关系式

$$\Delta E = \Delta m c^2 \tag{8-22}$$

(8-22)式也称为质能关系式。相对论的质能关系不仅对一个粒子而且对一组粒子组成的复合体都适用。

考虑一组粒子组成复合体,该复合体的静止质量以 M_0 表示。但 M_0 一般不等于组成它的诸粒子的静止质量之和,两者之差以 ΔM 表示,则

$$\Delta M = \sum_i m_{0i} - M_0$$

ΔM 称为质量亏损。上式等号两侧乘以 c^2,则

$$\Delta E = \sum_i m_{0i} c^2 - E_0 \tag{8-23}$$

式中 $\Delta E = \Delta M c^2$,$E_0 = M_0 c^2$。ΔE 称为该复合体的结合能,由(8-23)式可以看出,物体的结合能是当物体组成时所放出的能量,它是原子能利用的主要理论依据。重原子核的裂变和轻核的聚变,静质量都会减小,都有一定的静能转化为动能、热能及电磁辐射能。核弹、原子能电站等都利用了这种核能。

按照相对论质能关系及能量守恒,可以得出在几个粒子相互作用过程中的质量守恒表示式

$$\sum_i m_i = 常量$$

上式称为相对论质量守恒式。最初,能量守恒和质量守恒(物质不灭)是各自独立建立起来的,但在相对论中,由于质能关系二者完全统一起来了。应该注意,在历史上的质量守恒只涉及粒子的静质量,它只是相对论质量守恒在粒子能量变化很小时的近似。在日常现象中,一般只涉及到原子外层电子的能量,系统能量变化不大,其相应的质量变化很小。例如,把 1kg 水由 0℃加热到 100℃时所增加的能量

$$\Delta E = 4.18 \times 10^3 \times 100 = 4.18 \times 10^5 (\text{J})$$

质量相应增加了

$$\Delta M = \frac{\Delta E}{c^2} = \frac{4.18 \times 10^5}{(3 \times 10^8)^2} = 4.6 \times 10^{-12} (\text{kg})$$

可见,由于质量变化是如此之小,以至可以认为静质量近似守恒。当涉及到核内部的能量时,由于系统的能量变化比较大,静质量不再守恒,但相对论质量无论在何种过程中,始终都是守恒的。

例 4 设有两个静止质量为 m_0 的粒子，以大小相同、方向相反的速度相撞。若相撞后合成为一个复合粒子，试计算这个复合粒子的静止质量。

解 如图 8-9 所示，设两粒子的速率为 v，质量为 m；复合粒子的速率为 u，质量 M，根据动量守恒

$$mv - mv = Mu$$

显然 $u=0$，即合成粒子是静止的，故

$$M = M_0$$

图 8-9　两个粒子相撞后
成为一个复合粒子

再根据能量守恒

$$mc^2 + mc^2 = M_0 c^2$$

即

$$M_0 = \frac{2m_0}{\sqrt{1-(\dfrac{v}{c})^2}}$$

显然 $M_0 > 2m_0$，而

$$M_0 - 2m_0 = \frac{2m_0}{\sqrt{1-(\dfrac{v}{c})^2}} - 2m_0 = \frac{2E_k}{c^2}$$

式中 $E_k = mc^2 - m_0 c^2$ 为两粒子碰前的动能。可见，碰撞前后静质量是不守恒的，这是由于碰前两粒子的动能转化为复合粒子的静能之故。

例 5 已知质子的静止质量为 $m_p = 1.672\,65 \times 10^{-27}\text{kg}$；中子的静止质量为 $m_n = 1.674\,95 \times 10^{-27}\text{kg}$。两个质子和两个中子组成一个氦核，实验测得它的静止质量为 $m_{He} = 6.644\,90 \times 10^{-27}\text{kg}$。试计算形成一个氦核时放出的能量。

解 两个质子和两个中子组成氦核之前，总质量为

$$m = 2m_p + 2m_n = 6.695\,34 \times 10^{-27}(\text{kg})$$

而实验测定的氦核质量小于两个质子和两个中子的总质量，所以在这一过程中的质量亏损

$$\Delta m = m - m_{He} = 5.044\,32 \times 10^{-29}(\text{kg})$$

根据质能关系，当某一系统总质量改变 Δm 时一定有相应的能量的改变，即

$$\Delta E = \Delta m c^2 = 0.453\,99 \times 10^{-11}(\text{J})$$

这就是两个质子和两个中子组成氦核时释放出的能量。若由质子和中子组成 1mol 氦核，则释放出的能量

$$E = N_A \cdot \Delta E = 6.022 \times 10^{23} \times 0.450 \times 10^{-11} = 2.734\,0 \times 10^{12}(\text{J})$$

这差不多相当于燃烧 100 吨煤时所放出的能量。可见聚变核反应所释放的能量是十分巨大的。

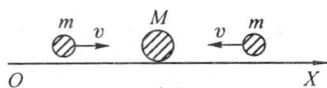

8-9　相对论能量和动量的关系

如前所述，静质量为 m_0、速度为 $\boldsymbol{v}$ 的物体的动量和总的能量各为

$$\boldsymbol{p} = m\boldsymbol{v} = \frac{m_0 \boldsymbol{v}}{\sqrt{1-v^2/c^2}}, \qquad E = mc^2 = \frac{m_0 c^2}{\sqrt{1-v^2/c^2}}$$

将两式平方消去 v，可得

$$E^2 = m_0^2 c^4 + p^2 c^2 = E_0^2 + p^2 c^2 \tag{8-24}$$

这就是相对论的能量和动量所满足的关系式。(8-24)式可用如图 8-10 所示的动-质-能三角形来表示。这是个直角三角形，底边是与参考系无关的静质能 $m_0 c^2$；斜边为总能量 E，它随正

比于动量的高 pc 的增大而增大。

有些微观粒子,如光子、中微子等,以光速 c 运动,它们的静质量 $m_0=0$。对于这类粒子,能量和动能相等,能量和动量的关系式

$$E = pc \qquad\qquad (8\text{-}25)$$

原子物理和粒子物理中的大量实验事实间接地证明了上式。

相对论力学彻底改变了牛顿力学的基础内容,但二者并不矛盾。牛顿力学是相对论力学低速($v \ll c$)情况下的近似,而相对论本身又得出在牛顿力学中不曾有过的崭新结论。自相对论发表到现在,它已被大量的实验事实所证实,而且已经成为研究宇宙星体、粒子物理以及一系列工程技术等问题的基础。这些都表明:相对论力学比牛顿力学更真实地反映了物质世界的客观规律。

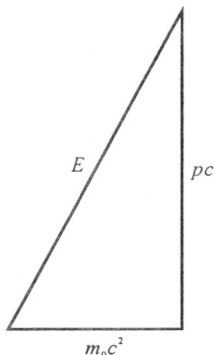

图 8-10　动质能三角形

8-10　广义相对论简介

在狭义相对论建立以后,仍然有些问题使爱因斯坦困惑不安。例如,为什么在物理学中惯性参考系比其他参考系更为优越?为什么一切物体在引力场中下落都具有同样的加速度?为什么狭义相对论一用到引力场就遇到困难? 为解决这些问题,爱因斯坦又经过 10 年的潜心研究,在 1915 年创立了广义相对论。由于严格地介绍广义相对论要借助于更高深的数学,所以这里只定性地对广义相对论的基本原理及广义相对论预言的几个可观察的效应作简要介绍。

1. 等效原理

在牛顿力学中,我们已经知道了这样一个事实:物体的引力质量等于其惯性质量。这一事实在牛顿力学中并没有得到解释,但它却引起了爱因斯坦的注意,成为广义相对论的一个重要依据。爱因斯坦 1933 年在《广义相对论的来源》一文中这样写道:"在引力场中一切物体都具有同一加速度,这条定律可以表述为惯性质量和引力质量相等的定律,它当时使我认识到它的全部重要性。我为它的存在感到极为惊奇,并猜想其中必定有一把可以更加深入地了解惯性和引力的钥匙。"爱因斯坦就是利用这把钥匙建立了广义相对论的基本原理——等效原理。下面我们利用著名的爱因斯坦升降机来具体说明等效原理。

(a) 静止于地球　　　　(b) 在无引力场的太
引力场中　　　　　　空中加速上升

图 8-11　爱因斯坦理想电梯实验

如图 8-11 所示,一个密封的升降机中装着各种实验用具,一位实验物理学家可以在里面进行各种实验。当升降机相对于地球静止时,实验者看到升降机里的东西都会受到一种力,这种力会使物体落向升降机的底板;而且,所有物体都以同一加速度 g 下落。当升降机在远离地球引力场的太空中,以加速度 g 上升时,实验者发现升降机里一切物体都以同一加速度下落,所有

现象和处于地球引力场中时一样。这表明在密封的升降机里,不论进行什么实验都无法区分升降机是静止(或匀速)地处于引力场中还是在无引力场的太空中作加速运动。由此可以得出结论:

一个均匀的引力场与一个匀加速参考系是完全等价的。

这一结论就称为等效原理,它是广义相对论的基础。下面我们来看从这一原理得出的一些结论。

2. 等效原理的几个推论及实验验证

(1) 光线在引力场中的偏转

从等效原理可以得出的第一个结论是光线在引力场中要发生偏转。设想一太空船静止在无引力场的空间中,如图 8-12(a)所示。现由装在太空船左壁 A 处的光源向右水平地发出一光束,则此光速必水平地到达 B 处。如果太空船在无引力场的空间加速上升,如图8-12(b)所示,当在太空船里来观察,这时光束不再到达 B 处,而是到达 B' 处,光束的路径是一条抛物线。按照等效原理,在无引力场中匀加速参考系和在引力场中静止(或匀速运动)的参考系是完全等价的,所以我们可以得出结论:当光线通过引力场时,它会偏离它的直线路径向引力方向偏折。

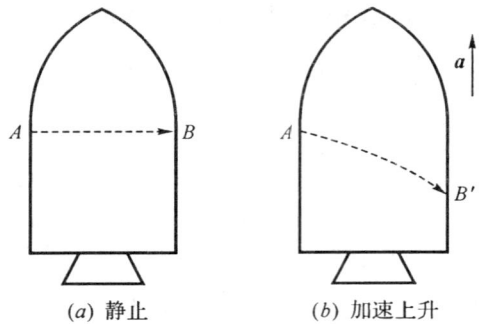

(a) 静止   (b) 加速上升

图 8-12

根据这一结论,爱因斯坦指出,光线经过太阳附近时由于太阳引力的作用会产生弯曲,光线的弯曲会改变星体的表观位置,如图 8-13 所示;并且指出这一现象可以在日全食时进行观察。1919 年日全食期间,英国皇家学会和英国皇家天文学会派出了由爱丁顿(A. S.

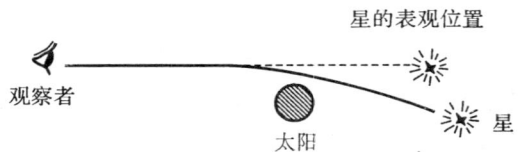

图 8-13 光束因太阳的引力作用而弯曲

Eddington)等人率领的两支观察队分赴西非的普林西比岛(Principe)和巴西的索布腊尔(Sobral)两地观测。他们在这两地拍摄了日全食时太阳附近的星空照片,然后和太阳不在这个天区时的星空照片相比较,求出了光线弯曲的数值。结果与理论预言相当好地符合,从而令人信服地证实了广义相对论的预言。

(2) 引力红移

等效原理的另一推论是引力的时间膨胀效应,即强引力场中的钟要比弱引力场中的钟走得慢一些。这一效应可用光谱线的引力红移现象来证明。我们知道,原子发出的光的频率可以被看作是一种钟的计时信号。由于引力的时间膨胀效应,在强引力场中的钟慢,即在引力强的地方的原子发出光的频率要比引力弱的地方同种原子发出光的频率要低。因此,在引力弱的地方接收到的来自引力强的地方原子发出的光的频率要低一些,由于在可见光的范围内,红光的频率最低,所以就把这种频率降低的现象称作引力红移。反之,在引力强的地方接收到来自引力弱的地方原子发出的光的频率要高一些。这种现象则称为引力蓝移。

在太阳引力场里,引力红移效应是非常小的,以至于很难测量。白矮星是一种致密星,它的质量大半径小,引力红移效应较强。1925 年,英国威尔逊山天文台的亚当斯(W. S. Adams)观察了天狼星的伴星天狼 A,这颗伴星是白矮星。观察它发出的谱线,得到的频移与广义相对论的预期值基本相符。

1958 年发现的穆斯堡尔效应使得在地面实验室中定量地检验引力红移理论成为可能。1960 年,庞德(R. V. Pound)等人在一个高 22.6m 的塔底部放一个 ^{57}Co 的 γ 光源,在塔顶放一个 ^{57}Fe 接收器进行实验。当 ^{57}Co 所发出的 γ 射线到达顶部时,理论预言将发生一微小的红移。结果是测量与理论预言非常一致。

(3) 水星近日点进动

20 世纪以前,牛顿万有引力定律一直是研究引力问题的基础。人们利用它正确地解释了潮汐现象、地球的形状、行星和卫星的运行轨道等,特别是海王星的发现使牛顿引力理论的正确性进一步得到证实。但牛顿的引力理论也不是十分完善的,随着观测手段的改进,测量精度的提高,在天文观察上出现了一些牛顿引力理论不能解决的问题。一个特出的例子就是水星近日点的进动。

水星是距太阳最近的一颗行星。按照开普勒行星运动定律,在太阳引力的作用下,水星的运动轨道将是一个封闭的椭圆。实际的天文观测告诉我们,水星的轨道并不是严格的椭圆,而是每转一圈它的长轴就略有转动,如图 8-14 所示。这种长轴的转动就称为进动。水星的进动速率是每 100 年 1°33′20″。牛顿力学对此的解释是,作用在水星上的力除了太阳引力外,还有其他各行星的引力,由于后者很小,所以只引起缓慢的进动。运用牛顿引力理论计算,可得出水星的进动是每一百年 1°32′37″。

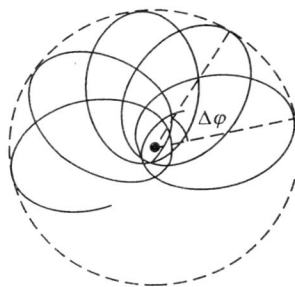

图 8-14　水星椭圆轨道的进动

这一理论值和实际观测值有 −43″/百年之差。这小小的 43″/百年之差,在以牛顿理论为基础的天体力学中一直是一个谜。直到爱因斯坦创立了广义相对论,并运用他所建立引力场方程对水星绕日运动作了计算,计算结果与观察结果非常接近。这个结果成了当时广义相对论最有力的一个证据。

广义相对论引力场理论对水星近日点进动的成功解释,并不否认牛顿的万有引力理论。实际上,牛顿的引力理论是爱因斯坦引力场理论在引力比较弱时的极限情况。在牛顿引力理论的适用范围内,也就是弱引力场的情况,它仍然是一个相当好的理论,能够正确说明许多现象。

3. 黑　洞

在弱引力场的情况,广义相对论效应是非常小的,这时爱因斯坦的引力场理论和牛顿的引力理论所得的结论基本上是一致的。所以,和复杂的广义相对论相比,人们更偏爱用较简单的牛顿理论。只有在引力特别强的地方,牛顿引力理论无能为力了,爱因斯坦的引力场理论才有了它的用武之地。这种引力特别强的地方就是黑洞。

按照广义相对论,星体演化的最终结局有两个,一是有限坍缩而形成的白矮星和中子星,另一是无限坍缩而形成的黑洞。那么,什么是黑洞呢？一个质量足够大的星体由于引力坍缩成密度极大的状况下,会产生非常强大的引力场,以至于连光线都不能逃逸,任何从星体表面发出的光还没到达远处就会被星体的引力吸引回去。由于从它们那里发出的光不会到达我们这儿而使我们不能看到它们,因而这种星体被认为是"黑"的,称之为黑洞。

为了理解黑洞的形成,设想在一正在坍缩的星体表面有一无畏的宇航员手持一盏强大的灯和星体一起向内坍缩,如图8-15所示。在坍缩前,星体表面的引力场还很弱,灯光可以向四面八方发射,光线大体都沿直线传播；当星体开始坍缩后,质量逐渐集中,表面引力越来越大,从而引起光线弯曲；最初,只有那些在水平方向的光线发生弯曲,但这些弯曲的光线没有射出星体,而是折回到星体表面,随着星体进一步坍缩,将有更多的光线折回星体,最后所有光线都不再能逃离星体表面,于是便形成了黑洞。

图 8-15　黑洞的形成

按照广义相对论,一个质量为 M 的物体成为黑洞时,其最大半径和质量的关系为

$$R = \frac{2GM}{c^2}$$

这一半径又叫做史瓦西特(K. Schwarzschild)半径。式中 c 为光速,G 为万有引力常量。由这一公式可以推算出,要使太阳成为黑洞,必须把它的全部质量压缩到半径小于 3km 的球体以内；要把地球变成黑洞,必须把它的全部质量压缩到半径小于 0.9cm 的球体以内。有些天文学家相信,宇宙中存在许多黑洞,它们可以用间接的办法检测到。这是因为黑洞对它周围的物体有引力作用。当外界物质落到黑洞周围时,由于受非常强的引力场的作用,这些物质将因变热而发出 X 射线。当然,孤立在天空中的黑洞,因很少有外界物质落到其中去而很难观察。但是,天体中有许多双星系统,它们是由两颗星组成的体系,相互围绕着旋转。如果黑洞能成为双星的一员,当另一颗星的物质落到黑洞周围时,就会发出 X 射线,从而使我们能够观察到它。

天文学家认为 X 射线源"天鹅 X-1"是最有希望的黑洞候选者,其他还有"圆规座 X-1"等。关于黑洞的探索与研究目前还在进一步发展之中。

本章摘要

1. 经典的绝对时空观。

2. 爱因斯坦的两个基本假设：

    (1) 狭义相对性原理——所有惯性系是平权的，其中的物理规律都一样。

    (2) 光速不变原理——在所有惯性系中，真空中的光速都是 c。

3. 洛伦兹坐标变换：

$$\begin{cases} x' = \dfrac{x-vt}{\sqrt{1-\beta^2}} \\[2mm] y' = y \\[1mm] z' = z \\[2mm] t' = \dfrac{t-\dfrac{v}{c^2}x}{\sqrt{1-\beta^2}} \end{cases} \quad 或 \quad \begin{cases} x = \dfrac{x'+vt'}{\sqrt{1-\beta^2}} \\[2mm] y = y' \\[1mm] z = z' \\[2mm] t = \dfrac{t'+\dfrac{v}{c^2}x'}{\sqrt{1-\beta^2}} \end{cases}$$

4. 相对论的时空观：

    (1) 时间的相对性：

        同时的相对性——在某一参考系中为同时异地的事件，在其他参考系中一定不是同时发生的。

        时间延缓（运动的钟变慢）：$\tau = \dfrac{\tau_0}{\sqrt{1-\beta^2}}$，其中 τ_0 为固有时

    (2) 空间的相对性：

        长度缩短效应：$l = l_0\sqrt{1-\beta^2}$，其中 l_0 为固有长度

5. 相对论速度变换：

$$\begin{cases} u_x' = \dfrac{u_x-v}{1-u_x v/c^2} \\[3mm] u_y' = \dfrac{u_y\sqrt{1-\beta^2}}{1-u_x v/c^2} \\[3mm] u_z' = \dfrac{u_z\sqrt{1-\beta^2}}{1-u_x v/c^2} \end{cases} \quad 或 \quad \begin{cases} u_x = \dfrac{u_x'+v}{1+u_x' v/c^2} \\[3mm] u_y = \dfrac{u_y'\sqrt{1-\beta^2}}{1+u_x' v/c^2} \\[3mm] u_z = \dfrac{u_z'\sqrt{1-\beta^2}}{1+u_x' v/c^2} \end{cases}$$

6. 质速关系：

$$m(v) = \dfrac{m_0}{\sqrt{1-v^2/c^2}}$$

    动量：$\boldsymbol{p} = m\boldsymbol{v} = \dfrac{m_0\boldsymbol{v}}{\sqrt{1-v^2/c^2}}$

    质能关系：$E = mc^2$，

    动能表示式：$E_k = mc^2 - m_0 c^2$

    动量和能量关系：$E^2 = p^2 c^2 + m_0^2 c^4$

7. 等效原理：引力和加速度的效应等价。

8. 广义相对论可观察效应：光的引力偏转、引力红移、水星近日点的进动。

9. 黑洞简介。

思考题

8-1 什么是动尺缩短？什么是固有长度？什么是动钟变慢？什么是固有时？

8-2 一列行进中的火车前、后两处遭雷击。在车上的人看来，它们是同时发生的，在地面上的人看来是否同时？何处雷击在先？

8-3 静止的立方体边长为 50cm，当它以 $1.8 \times 10^8 \text{m/s}$ 的速度平行于一边运动时，体积变为多少？

8-4 μ 介子静止时的平均寿命约为 2.2×10^{-6}s，今在离地球上空 8×10^3m 处产生了一个速度为 0.998c 的 μ 介子，方向朝地球而来。问该 μ 介子能否到达地球表面？

8-5 你认为可以把物体的速度加速到光速吗？为什么？

8-6 S 系中的观察者有一根米尺固定在 X 轴上，其两端各装一手枪；在 S' 系中的 X' 轴上固定有另一根长尺。当后者从前者旁边经过时，S 系中的观察者同时扳动两手枪，使子弹在 S' 系中的尺上打出两个记号。试问在 S' 系中这两个记号之间的距离是小于、等于还是大于 1m？

8-7 有人认为："一物体在恒力作用下，即使加速时间足够长，物体的速率也不可能超过光速。因此，物体的动量的量值只能趋于一个极限值，不可能无限增加。"你认为这种说法对不对？为什么？

8-8 甲乙两汽车静止时一样长，当它们在马路上迎面而过时，甲车上的人测得乙车比甲车短；乙车上的人测得甲车比乙车短。

(1)你觉得谁对？这个矛盾如何解决？

(2)如果你站在马路旁边观测，将得出什么结论？

8-9 有一物体静止质量为 m_0，现以速度 $v = 0.6c$ 运动。有人用下面的方法计算它的动能：

由相对论质量公式

$$m = \frac{m_0}{\sqrt{1 - \left(\frac{v}{c}\right)^2}} = \frac{5}{4} m_0$$

再根据动能公式

$$E_k = \frac{1}{2}mv^2 = \frac{1}{2} \times \frac{5}{4}m_0 \times (0.6c)^2 = 0.225 m_0 c^2$$

你认为这样的计算正确吗？

8-10 典型中子星的质量与太阳的质量 $M_s = 2 \times 10^{30}$kg 同数量级，半径约为 10km。若该中子星进一步坍缩为黑洞，其史瓦西特半径为多少？对质子那样大小的微黑洞(10^{-15}m)，质量是什么数量级？

习　　题

8-1 在 S 系中观测到在同一地点发生两个事件，第二事件发生在第一事件之后 2 秒钟。在 S' 系中观测到第二事件发生在第一事件后 3 秒钟。求在 S' 系中两事件的空间距离。

8-2 一火箭的固有长度为 L，相对地面作匀速直线运动的速率为 v。火箭上有一个人从火箭的后端向前端上的一个靶子发射一颗相对火箭速率为 v' 的子弹，求在地面上测得子弹从射出到击中靶的时间间隔。

8-3　在海拔50km处,由高能宇宙线产生的π^+介子以$0.995c$的速度垂直飞向地球表面。已知其固有的平均寿命$\tau = 2.6 \times 10^{-8}$s,问:

(1)从地球系来看,π^+介子的平均寿命是多少? 它在平均海拔多少米处衰变?

(2)若不是由于相对论效应,它只能飞越多少距离?

8-4　一列静止长度为150m的火车,以30m/s的速度在地面上匀速直线前进。地面上观察者发现有两个闪电同时击中车头和车尾,问火车上的观察者测得这两个闪电的时间间隔为多少?

8-5　一短跑运动员在地球上以10s的时间跑完了100m。在沿短跑方向飞行速度为$0.98c$的飞船中的观察者看来,这运动员跑了多长时间和多长距离?

8-6　远方的一颗星以$0.8c$的速度离开我们。若接收到它辐射出来的闪光按5昼夜的周期变化,固定在此星上的参考系测得的闪光周期为多少? 在每一周期间相对我们走了多远?

8-7　一根米尺与S'系固连,它与S'系的X'轴成30°角。如果该米尺与S系的X轴成45°角,则S'相对S系的速度必须是多少? 由S系测得的米尺的长度是多少?

8-8　试证明:

(1)如果两个事件在某惯性系中是同一地点发生的,则对一切惯性系来说这两个事件的时间间隔,只有在此惯性系中最短。

(2)如果两个事件在某惯性系中是同时发生的,则对一切惯性系来说这两个事件的空间距离,只有在此惯性系中最短。

8-9　一原子核以$0.5c$的速度离开一观察者而运动。若原子核先在它运动方向上向前发射一电子,该电子相对核有$0.8c$的速度;此原子核又向后发射一光子指向观察者。对观察者来讲,电子和光子各具有多大的速度?

8-10　两宇宙飞船相对于某遥远恒星以$0.8c$的速率朝相反方向离开。试求两飞船的相对速度,并将结果与伽利略速度变换所得的结果进行比较分析。

8-11　地球上的观察者发现,一只以速率$0.6c$向东航行的宇宙飞船将在5s钟后同一个以$0.8c$速率向西飞行的彗星相撞。问:

(1)飞船中的人们看到彗星以多大的速率向他们接近?

(2)按照飞船上的钟,还有多少时间允许他们离开原来航线避免碰撞?

8-12　设有两把互相平行的尺子在各自静止的参考系中的长度均为l_0。若它们以相同的速率v相对于某一惯性系运动,两把尺都与运动方向平行,但彼此的运动方向相反。求在与其中某一尺固连的参考系中测量的另一把尺子的长度是多少?

8-13　一观察者测得某电子质量为$2m_0$,求电子的速率为多少? 电子的动量和能量各为多少?

8-14　一电子在实验室中以$0.6c$的速率运动,观察者A沿电子运动方向以$0.8c$相对于实验室运动,问A观察到的电子的动能和能量各为多少?

8-15　设快速运动的介子能量约为3 000MeV,而这种介子在静止时的能量为100MeV。若这种介子的固有寿命为2×10^{-6}s,求它运动的距离。

8-16　一粒子的静止质量为$\frac{1}{3} \times 10^{-26}$kg,以速率$\frac{3}{5}c$垂直进入水泥墙。墙厚50cm,粒子从墙的另一面穿出时的速率减少为$\frac{5}{13}c$,求:

(1)粒子受到的墙的平均阻力;

(2)粒子穿过墙所需的时间。

8-17　太阳由于向四面空间辐射能量,每秒损失质量4×10^9kg。求太阳的辐射功率。

8-18　在某聚变过程中,四个氢核转变成一个氦核,同时以各种辐射的形式放出能量。已知氢核的静止质量为1.008 1原子质量单位,而一个氦核的静止质量为4.003 9原子质量单位,试计算四个氢核聚变成一个氦核时所释放出来的能量。

8-19 两个相同的粒子静质量为 m_0。若粒子 A 静止,粒子 B 以 $0.6c$ 的速率向 A 碰撞,设碰撞是完全非弹性的,求碰撞后复合粒子质量、动量及能量。

8-20 设有一 π^+ 介子在静止下来后,衰变为 μ^+ 子和中微子 ν,三者的静止质量分别为 m_π,m_μ 和 0,求 μ^+ 子和中微子的动能。

第9章

机械振动

物体在平衡位置附近所作的往复的周期性运动称为机械振动。振动又称为振荡,是一种十分普遍的运动形式。从广义上说,任何一个物理量在某一定值附近作周期性变化,都称为振动,例如交流电路中电流的变化。振动理论是机械原理、建筑力学、电工学、无线电技术、波动学、光学、原子物理学等不可缺少的基础。

传统教材以自由简谐振动特征定义简谐振动,视力 $F=-kx$、微分方程 $\dfrac{\mathrm{d}^2 x}{\mathrm{d}t^2}=-\omega^2 x$ 和余弦表达式 $x=A\cos(\omega t+\varphi)$ 等价。该定义不能概括其他的简谐振动,如受迫振动定态、简谐波中各点的简谐振动以及由复杂振动分解的简谐振动。从数学上说,上述力、微分方程和余弦表达式并不等价,例如受迫振动定态就不满足上述的力和微分方程。

本章以余弦表达式定义简谐振动,具有广泛的适用性。

9-1 简谐振动

简谐振动是最简单、最基本的振动。物体运动时,如果离开平衡位置的位移(或角位移)按余弦函数(或正弦函数)的规律随时间变化,这种运动就称为简谐振动或谐振动。

1. 简谐振动的余弦表达式

质点作简谐振动时,若以 x 表示质点相对于平衡位置的位移(取平衡位置为坐标原点,x 就是质点的位置坐标),则简谐振动的余弦表达式为

$$x = A\cos(\omega t + \varphi) \tag{9-1}$$

式中 A 称为振幅,ω 称为角频率,φ 称为初相。

质点作简谐振动时,其速度为

$$v = \frac{\mathrm{d}x}{\mathrm{d}t} = -A\omega\sin(\omega t + \varphi) = -v_{\mathrm{m}}\sin(\omega t + \varphi) = v_{\mathrm{m}}\cos\left(\omega t + \varphi + \frac{\pi}{2}\right) \tag{9-2}$$

式中 $v_{\mathrm{m}} = A\omega$,称为速度振幅。质点的加速度为

$$a = \frac{\mathrm{d}v}{\mathrm{d}t} = -A\omega^2\cos(\omega t + \varphi) = -a_{\mathrm{m}}\cos(\omega t + \varphi) = a_{\mathrm{m}}\cos(\omega t + \varphi + \pi) \tag{9-3}$$

式中 $a_{\mathrm{m}} = A\omega^2$,称为加速度振幅。由(9-1)式和(9-3)式可以看出,质点作简谐振动时,其位移和加速度大小成正比,方向相反。

质点作简谐振动时,其位移、速度和加速度都是时间的周期函数。图9-1画出了 $\varphi=0$ 时的 $x\text{-}t$,$v\text{-}t$ 和 $a\text{-}t$ 图线,其中 $x\text{-}t$ 图线称为简谐振动曲线。

2. 描述简谐振动的物理量

简谐振动具有时间周期性,用周期和频率表示。振动物体完成一次完全振动所需的时间称为简谐振动的周期,用 T 表示。由图9-1可以看出 $T=\dfrac{2\pi}{\omega}$。单位时间内物体所作的完全振动的次数称为简谐振动的频率,用 ν 表示。因为频率等于周期的倒数,即 $\nu=\dfrac{1}{T}$,所以

$$\omega = \frac{2\pi}{T} = 2\pi\nu \qquad (9\text{-}4)$$

上式表明,ω 是 2π 秒时间内物体所作的完全振动的次数,称为简谐振动的角频率。

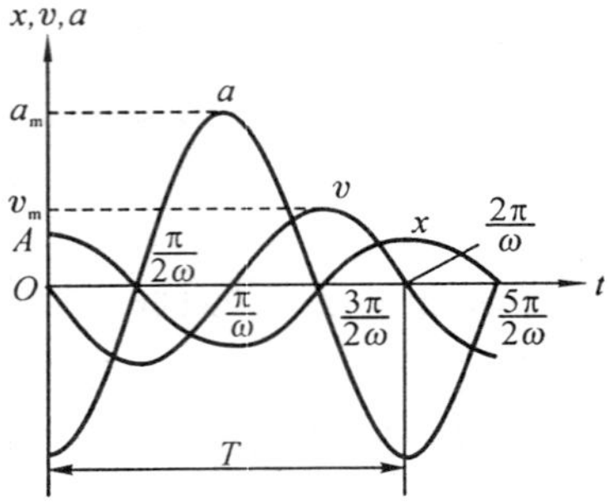

图 9-1 简谐振动图线($\varphi=0$)

根据(9-4)式,简谐振动的余弦表达式又可写作

$$x = A\cos(2\pi\nu t + \varphi) = A\cos\left(\frac{2\pi}{T}t + \varphi\right) \qquad (9\text{-}5)$$

国际单位制中,T 的单位是秒(s),ν 的单位是赫[兹](Hz),ω 的单位是弧度每秒(rad/s 或 s^{-1})。

由图 9-1 可以看出:振幅 A 是物体离开平衡位置的最大位移;速度振幅 $v_m = A\omega$ 是物体的最大速度;加速度振幅 $a_m = A\omega^2$ 是物体的最大加速度。A,v_m,a_m 都规定为正值。国际单位制中,A 的单位是米(m)。

质点的机械运动状态由其位置和速度(动量)确定。由图 9-1 可以看出:在一个周期内,作简谐振动的物体的运动状态在任何时刻都不相同;相隔一个周期的两时刻,物体的运动状态相同。为了不仅能描述作简谐振动的物体的运动状态,而且能反映运动状态变化的周期性,引入描述简谐振动运动状态的物理量 $\omega t+\varphi$,称为时刻 t 简谐振动的相位,简称相。其中 φ 是 $t=0$ 时刻的相,称为初相。由(9-1)式和(9-2)式可以看出,在振幅 A 和角频率 ω 确定的情况下,简谐振动的运动状态由相位确定。国际单位制中,相位的单位是弧度(rad)。

3. 简谐振动的旋转矢量表示法

旋转矢量可以形象地描述简谐振动的三个特征量:A,ω 和 φ,是研究简谐振动的一种有用的方法。如图 9-2(a)所示,自原点 O 作一矢量 A,使其长度等于简谐振动的振幅的量值,$t=0$ 时 A 与 X 轴的夹角等于简谐振动的初相 φ 的量值。令矢量 A 沿逆时针方向绕通过 O 点的竖直轴作匀角速旋转,其角速度大小等于简谐振动的角频率 ω 的量值,则在

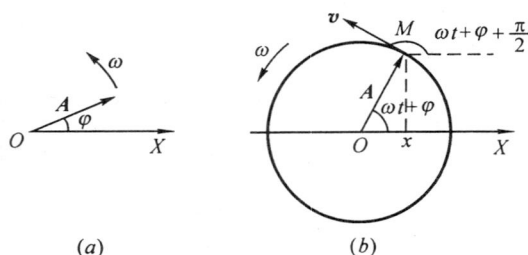

图 9-2 旋转矢量法

任意时刻 t,A 与 X 轴的夹角等于简谐振动的相位 $\omega t+\varphi$ 的量值,A 沿 X 轴的分量 $x=A\cos(\omega t+\varphi)$ 表示简谐振动。A 旋转一周的时间等于简谐振动的周期 T。A 称为旋转矢量,简谐振

动的这种表示方法称为旋转矢量法，又称振幅矢量法。

当 A 匀速旋转时，其矢端 M 作匀速圆周运动，称该圆为参考圆，点 M 称为参考点。如图 9-2(b) 所示，在时刻 t，点 M 的 X 坐标为

$$x = A\cos(\omega t + \varphi)$$

点 M 的速度 $\boldsymbol{v}$ 的 X 分量为

$$v_x = |\boldsymbol{v}|\cos\left(\omega t + \varphi + \frac{\pi}{2}\right) = A\omega\cos\left(\omega t + \varphi + \frac{\pi}{2}\right)$$

这正是简谐振动的速度。可见，旋转矢量法是借助于匀速圆周运动来研究简谐振动的。

4. 简谐振动曲线与旋转矢量图的对应关系

现以 $x = A\cos(\omega t + \pi/4)$ 为例来说明这种对应关系。图 9-3 左方是旋转矢量图，右方是简谐振动曲线，左、右两图的 X 轴平行，且左图中原点 O 在右图 t 轴的延长线上。初始时刻，旋转矢量 A 与 X 轴的夹角 $\varphi = \pi/4$。因为 A 以匀角速度 ω 按逆时针方向旋转，旋转一周的时间为周期 T，所以每经过 $T/8$ 时间，A 旋转的角度为 $\pi/4$，即简谐振动的相位增加 $\pi/4$。从位置 1 开始，参考点依次经过 2，3，4，… 各点。与此相对应，在 x-t 图的 t 轴上将周期 T 分成八等分，每经过一个分点作平行于 X 轴的竖直线，这些竖直线与简谐振动曲线的交点依次为 1，2，3，… 各点，它们分别与参考点的相应位置对应，连接对应点的虚线平行于 t 轴。

在旋转矢量图中，简谐振动速度 v 的正负由参考点速度 $\boldsymbol{v}$ 在 X 轴上投影的正负决定。由图9-2(b)可以看出：当 $\varphi\in$ $(0,\pi)$时，$v_0<0$；$\varphi\in(\pi,2\pi)$时，$v_0>0$；$\varphi=$ 0 或 π 时，$v_0=0$。在 x-t 图中，v 的正负由简谐振动曲线的斜率的正负决定。

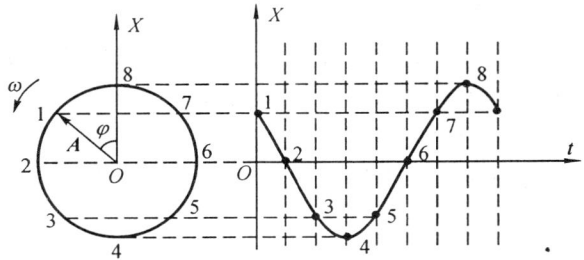

图 9-3　旋转矢量图与简谐振动曲线的对应关系

5. 相位差

相位是相对的。对于单个简谐振动来说，我们总可以选择适当的计时零点，使初相 φ 为零；对于多个简谐振动来说，它们之间的相位差 $\Delta\varphi$ 起重要作用。两个同频率的简谐振动在同一时刻的相位差恒等于它们的初相差，即

$$\Delta\varphi = (\omega t + \varphi_2) - (\omega t + \varphi_1) = \varphi_2 - \varphi_1 \tag{9-6}$$

当 $\Delta\varphi$ 为零或 2π 的整数倍时，两振动的步调一致，称这两个振动同相；当 $\Delta\varphi$ 为 π 或 π 的奇数倍时，两振动的步调相反，称这两个振动反相；当 $\Delta\varphi$ 为其他值时，称两个振动不同相或不同步。当 $\varphi_2>\varphi_1$ 时，称振动 2 比振动 1 超前，或称振动 1 比振动 2 落后，如图 9-4 所示；当 $\varphi_2<\varphi_1$ 时，称振动 2 比振动 1 落后，或称振动 1 比振动 2 超前。超前与落后是时间先后的概念，两个不同步的振动到达同一运动状态是有先后的。从图 9-4(a)可以看出：当 $\varphi_2>\varphi_1$ 时，旋转矢量 $\overrightarrow{A_2}$ 先到达 $\overrightarrow{OM}$ 状态，而旋转矢量 $\overrightarrow{A_1}$ 后到达该状态。从图 9-4(b)可以看出：振动 2 到达该状态的时刻 t_2 小于振动 1 到达该状态的时刻 t_1，即 $t_2<t_1$，这可由两振动到达同一状态的等式

$$\omega t_2 + \varphi_2 = \omega t_1 + \varphi_1$$

得出

$$t_2 - t_1 = \frac{1}{\omega}(\varphi_1 - \varphi_2)$$

上式表明,当 $t_2 < t_1$ 时,$\varphi_2 > \varphi_1$,这是振动 2 比振动 1 超前的情况。

由(9-1)式、(9-2)式和(9-3)式可以看出:物体作简谐振动时,其位移比速度落后 $\pi/2$,加速度比速度超前 $\pi/2$,位移与加速度反相。

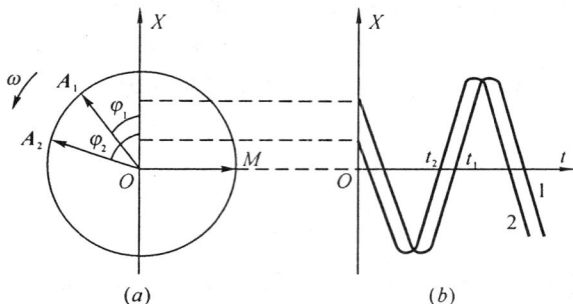

图 9-4　振动 2 比振动 1 超前

9-2　自由简谐振动

系统在不受外界影响和阻尼可以忽略的情况下的振动称为自由振动,自由振动又称固有振动或无阻尼振动。本节以弹簧振子和复摆为例研究自由简谐振动。

1. 弹簧振子

弹簧振子是由一根质量可以忽略不计的轻弹簧和一个物体所构成的振动系统。弹簧的一端固定,另一端与物体相连接,如图 9-5 所示。当弹簧振子水平放置时,忽略物体所受的摩擦力,将物体稍作移动后放手,则物体将在平衡位置附近作自由简谐振动。物体处在平衡位置时,其所受的合外力为零。取平衡位置为坐标原点 O,则物体相对于平衡位置的位移为 x 时,物体所受的合外力为

$$F = -kx$$

F 是弹簧的弹性力,x 是弹簧的形变量。

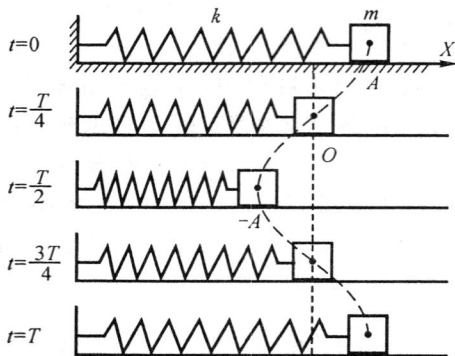

图 9-5　水平放置的弹簧振子

当弹簧振子竖直悬挂放置时,物体将受到弹簧的弹性力和重力的作用。如图 9-6 所示,取物体平衡位置为坐标原点,竖直向下为 X 轴正向,弹簧无形变时,其活动端的位置为 $-x_0(x_0 > 0)$。当物体处于平衡位置时,弹簧的伸长量为 x_0,弹簧的弹性力 $-kx_0$ 和重力 mg 等值反向,因而有

$$mg - kx_0 = 0$$

当物体处于任意位置 x 时,其所受合外力为

$$F = mg - k(x + x_0)$$

$$= mg - kx - kx_0 = -kx \tag{9-7}$$

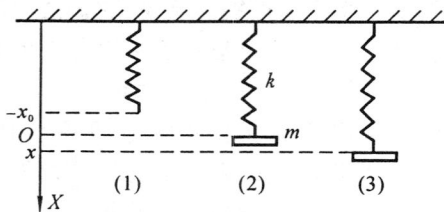

图 9-6　竖直悬挂的弹簧振子
(1)弹簧无形变,(2)平衡位置,(3)任意位置

F 是重力和弹簧的弹性力的合力,x 是相对于平衡位置的位移,$x + x_0$ 为弹簧的形变量。

由此可见,弹簧振子所受的合外力和弹簧的弹性力虽形式相同,都是 $F=-kx$,但含义不同。为了区别起见,我们称弹簧振子所受的合外力为线性恢复力。所谓"线性"是指合外力与物体相对于平衡位置的位移 x 的一次方成正比;所谓"恢复"是指合外力的方向始终指向平衡位置。线性恢复力和弹簧的弹性力的区别是:前者是物体所受的合外力,后者是单个力;前者的参考点是平衡位置,x 是物体相对于平衡位置的位移,后者的参考点是弹簧自然伸展状态的活动端,x 是弹簧的形变量。虽然对水平放置的弹簧振子来说两者一致,但对竖直放置的弹簧振子而言两者不同。

将(9-7)式代入牛顿第二定律,物体的运动方程为

$$-kx = m\frac{\mathrm{d}^2x}{\mathrm{d}t^2}$$

对于给定的弹簧振子,k 和 m 都是常量,而且都取正值,故令 $\omega_0^2 = \frac{k}{m}$,由上式得

$$\frac{\mathrm{d}^2x}{\mathrm{d}t^2} = -\omega_0^2 x \tag{9-8}$$

该微分方程的解为

$$x = A\cos(\omega_0 t + \varphi) \tag{9-9}$$

上式表明,弹簧振子作简谐振动,其角频率

$$\omega_0 = \sqrt{\frac{k}{m}} \tag{9-10}$$

由振动系统本身性质决定,称为固有角频率。(9-8)式称为自由简谐振动的运动方程或称自由简谐振动方程,若能建立起(9-8)式,即可求出固有角频率。

固有简谐振动的振幅和初相可由初始条件确定。设 $t=0$ 时,$x=x_0$,$v=v_0$,则由(9-1)式和(9-2)式得

$$\left.\begin{array}{l} x_0 = A\cos\varphi \\ v_0 = -A\omega_0\sin\varphi \end{array}\right\} \tag{9-11}$$

可解出

$$A = \sqrt{x_0^2 + \frac{v_0^2}{\omega_0^2}} \tag{9-12}$$

$$\tan\varphi = -\frac{v_0}{\omega_0 x_0} \tag{9-13}$$

2. 复　摆

一个能在重力作用下绕固定水平轴自由摆动的刚体称为复摆,又称物理摆。如图9-7所示,刚体绕水平轴 P 摆动,其质量为 m,对 P 轴的转动惯量为 I,质心 C 到 P 轴的垂直距离为 b,某时刻其摆角为 θ,相对于转轴 P 的重力矩为 $M=-mgb\sin\theta$,负号表示力矩 M 与摆角 θ(相对于平衡位置的角位移)方向相反。M 的作用是使复摆回复到平衡位置,但这是非线性力矩,M 与 θ 不成线性关系,故一般情况下,刚体不作简谐振动。当摆角较小,有 $\sin\theta \approx \theta$ 时,合外力矩为

$$M \approx -mgb\theta \tag{9-14}$$

这是线性恢复力矩,对刚体应用定轴转动定律,有

$$-mgb\theta = I\alpha = I\frac{\mathrm{d}^2\theta}{\mathrm{d}t^2}$$

由此得复摆的运动微分方程为

$$\frac{\mathrm{d}^2\theta}{\mathrm{d}t^2} = -\frac{mgb}{I}\theta \qquad (9\text{-}15)$$

这是固有简谐振动方程。对照(9-8)式,得复摆的固有角频率为

$$\omega_0 = \sqrt{\frac{mgb}{I}} \qquad (9\text{-}16)$$

(9-15)式的解为

$$\theta = \theta_{\mathrm{m}}\cos(\omega_0 t + \varphi) \qquad (9\text{-}17)$$

图 9-7 复摆

上式表明:复摆作简谐振动,式中 θ_{m} 是最大角位移,即振幅。复摆的角速度为

$$\Omega = \frac{\mathrm{d}\theta}{\mathrm{d}t} = -\theta_{\mathrm{m}}\omega_0\sin(\omega_0 t + \varphi) = \Omega_{\mathrm{m}}\cos\left(\omega_0 t + \varphi + \frac{\pi}{2}\right) \qquad (9\text{-}18)$$

式中 $\Omega_{\mathrm{m}} = \theta_{\mathrm{m}}\omega_0$ 是角速度振幅。复摆的角加速度为

$$\alpha = \frac{\mathrm{d}\Omega}{\mathrm{d}t} = -\theta_{\mathrm{m}}\omega_0^2\cos(\omega_0 t + \varphi) = \alpha_{\mathrm{m}}\cos(\omega_0 t + \varphi + \pi) \qquad (9\text{-}19)$$

式中 $\alpha_{\mathrm{m}} = \theta_{\mathrm{m}}\omega_0^2$ 是角加速度振幅。应该注意区别摆角 θ 与初相 φ、角速度 Ω 与角频率 ω_0。

在摆动固有简谐振动中,振幅和初相也可由初始条件确定。设 $t=0$ 时,$\theta=\theta_0$,$\Omega=\Omega_0$,则由(9-17)式和(9-18)式得

$$\theta_0 = \theta_{\mathrm{m}}\cos\varphi, \qquad \Omega_0 = -\theta_{\mathrm{m}}\omega_0\sin\varphi \qquad (9\text{-}20)$$

由此可解出

$$\theta_{\mathrm{m}} = \sqrt{\theta_0^2 + \frac{\Omega_0^2}{\omega_0^2}}, \qquad \tan\varphi = -\frac{\Omega_0}{\omega_0\theta_0} \qquad (9\text{-}21)$$

单摆可以看作是复摆的特例,单摆的摆长 l 就是摆锤的质心到转轴的垂直距离 b,摆锤对转轴的转动惯量 $I = ml^2$,故由(9-16)式得单摆的固有角频率为 $\omega_0 = \sqrt{\dfrac{mgl}{ml^2}} = \sqrt{\dfrac{g}{l}}$。

复摆的角频率相当于摆长 $l_0 = \dfrac{I}{mb}$ 的单摆的角频率,通常把 l_0 称为复摆的等值摆长。在刚体上延长 PC 到 O 点,如图9-7所示,使 $PO=l_0$,称该 O 点为振动中心。对于任何复摆,其悬置中心 P 和振动中心 O 是可以互换的,称 P 点和 O 点为一对共轭点。复摆可用来准确地测定重力加速度。

从弹簧振子和复摆的讨论可以看出,固有简谐振动方程可统一表示为

$$\frac{\mathrm{d}^2\xi}{\mathrm{d}t^2} = -\omega_0^2\xi \qquad (9\text{-}22)$$

其解为

$$\xi = A\cos(\omega_0 t + \varphi) \qquad (9\text{-}23)$$

式中 ξ 代表某一物理量,它可以是位移 x 或角位移 θ,也可以是电荷 q 或电流 I 等。

例1 已知简谐振动的固有角频率 $\omega_0 = 2\mathrm{s}^{-1}$,初始条件 $x_0 = 1\mathrm{m}$,$v_0 = 2\mathrm{m/s}$,试确定简谐振动的初相。

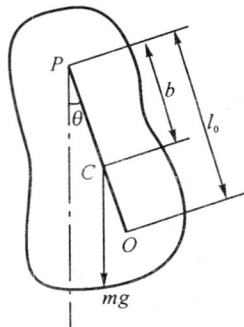

解 用三角函数求解。将初始条件和 ω_0 值代入(9-11)式,得

$$1 = A\cos\varphi, \quad 2 = -2A\sin\varphi$$

因此有

$$\sin\varphi = -\frac{1}{A} < 0, \quad \tan\varphi = \frac{\sin\varphi}{\cos\varphi} = -1,$$

由上两式可确定 $\varphi = -\dfrac{\pi}{4}$。

例 2 已知某简谐振动曲线如图 9-8(a)所示,试写出该简谐振动的余弦表达式。

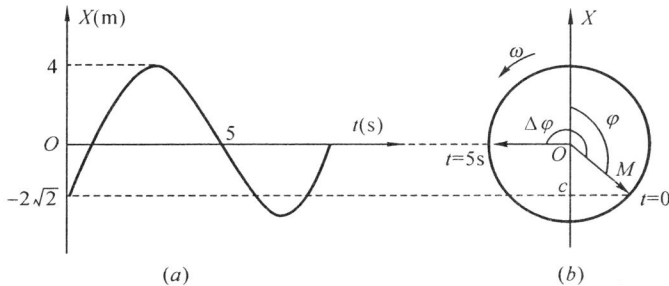

图 9-8 用旋转矢量法确定周期

解 用旋转矢量法求解。根据简谐振动曲线与旋转矢量图的对应关系,画出 $t=0$ 和 $t=5$s 时的旋转矢量位置,如图 9-8(b)所示。由直角三角形 MCO 知,$\angle COM = \dfrac{\pi}{4}$,所以初相

$$\varphi = -\pi + \frac{\pi}{4} = -\frac{3}{4}\pi$$

因此,在前 5s 时间内,旋转矢量转过的角度为

$$\Delta\varphi = \frac{3}{2}\pi - \frac{\pi}{4} = \frac{5}{4}\pi$$

因为旋转矢量旋转一周的时间为周期 T,相位改变为 2π,故周期为

$$T = \frac{2\pi}{\Delta\varphi}\Delta t = \frac{2\pi}{\frac{5}{4}\pi} \times 5 = 8(\text{s})$$

由(9-5)式得简谐振动的余弦表达式为

$$x = 4\cos(\frac{2\pi}{8}t - \frac{3}{4}\pi) = 4\cos(\frac{\pi}{4}t - \frac{3}{4}\pi)(\text{SI})$$

例 3 如图 9-9 所示的物体系中,定滑轮的转动惯量为 I,半径为 R;弹簧的劲度系数为 k;斜面上物体的质量为 m;斜面的倾角为 θ;转轴 O 和斜面光滑无摩擦;绳不可伸长,其质量可忽略;绳与滑轮间无相对滑动。将物体 m 从平衡位置稍作移动后释放,整个系统进入振动状态。求振动系统的固有角频率。

解 用牛顿第二定律和刚体定轴转动定律求解。当物体、滑轮和弹簧组成的系统处于平衡状态时,选物体 m 的平衡位置为坐标原点 O',取沿斜面向下为 X 轴的正方向,如图 9-9 所示。因为物体 m 平衡时弹簧已伸长,并设平衡时弹簧伸长量为 x_0,则有

$$mg\sin\theta = kx_0 \qquad (1)$$

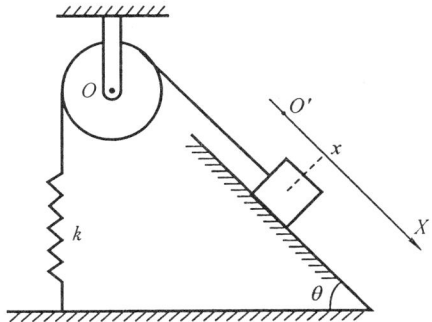

图 9-9 定轴转动刚体和
质点联动作简谐振动

当物体 m 从平衡位置沿斜面向下运动 x 时，由牛顿第二定律，物体 m 的运动方程为

$$mg\sin\theta - T = m\frac{\mathrm{d}^2x}{\mathrm{d}t^2} \tag{2}$$

考虑到物体 m 运动时，绳子不伸长，故当物体 m 沿斜面向下运动 x 时，弹簧的总伸长量为 (x_0+x)，于是根据刚体定轴转动定律，有

$$TR - k(x_0 + x)R = I\alpha \tag{3}$$

因绳与滑轮间无相对滑动，有

$$\frac{\mathrm{d}^2x}{\mathrm{d}t^2} = R\alpha \tag{4}$$

由 (1)～(4) 式联立得

$$-kx = (m + \frac{I}{R^2})\frac{\mathrm{d}^2x}{\mathrm{d}t^2}$$

这是固有简谐振动方程，所以固有角频率为

$$\omega_0 = \sqrt{\frac{k}{m + \dfrac{I}{R^2}}} = \sqrt{\frac{kR^2}{mR^2 + I}}$$

9-3 自由简谐振动的能量

本节以弹簧振子为例，讨论自由简谐振动的机械能。

1. 势　能

线性恢复力是保守力，令系统处于平衡状态时的自由简谐振动势能为零，则势能

$$U = \int_x^0 -kx\mathrm{d}x = \frac{1}{2}kx^2 \tag{9-24}$$

与弹性势能形式相同，但应明确这是两个不同的概念。上式中 x 表示相对于平衡位置的位移，而弹性势能中 x 表示弹簧的形变量；自由简谐振动势能是线性恢复力对应的势能，是合外力对应的势能，对于竖直悬挂的弹簧振子，线性恢复力是弹簧的弹性力和重力之和，这时，(9-24) 式包括了弹性势能和重力势能。

将 (9-9) 式代入 (9-24) 式，得自由简谐振动势能为

$$U = \frac{1}{2}kA^2\cos^2(\omega_0 t + \varphi) \tag{9-25}$$

上式表明，势能随时间作周期性变化，变化周期是简谐振动周期的一半。

2. 动　能

$$E_k = \frac{1}{2}mv^2 = \frac{1}{2}mA^2\omega_0^2\sin^2(\omega_0 t + \varphi)$$

由 (9-10) 式得 $m\omega_0^2 = k$，所以动能为

$$E_k = \frac{1}{2}kA^2\sin^2(\omega_0 t + \varphi) \tag{9-26}$$

上式表明,自由简谐振动动能随时间作周期性变化,变化周期是简谐振动周期的一半。

3. 自由简谐振动的机械能

$$E = U + E_k = \frac{1}{2}kA^2\cos^2(\omega_0 t + \varphi) + \frac{1}{2}kA^2\sin^2(\omega_0 t + \varphi) = \frac{1}{2}kA^2 \qquad (9-27)$$

上式表明,自由简谐振动系统的机械能守恒,且能量与振幅的平方成正比。由此可见,简谐振动的振幅是表征其能量的物理量。

4. 用能量法建立固有简谐振动方程及求固有角频率

固有简谐振动系统机械能守恒。对于平动,有

$$\frac{1}{2}kx^2 + \frac{1}{2}mv^2 = 常量 \qquad (9-28)$$

上式对 t 求一阶导数,得

$$kx\frac{\mathrm{d}x}{\mathrm{d}t} + mv\frac{\mathrm{d}v}{\mathrm{d}t} = 0$$

因为 $v = \dfrac{\mathrm{d}x}{\mathrm{d}t}, \dfrac{\mathrm{d}v}{\mathrm{d}t} = \dfrac{\mathrm{d}^2x}{\mathrm{d}t^2}$,上式消去 v 后化为

$$\frac{\mathrm{d}^2x}{\mathrm{d}t^2} = -\frac{k}{m}x = -\omega_0^2 x$$

由此可见,只要能写出机械能守恒方程(9-28)式,通过对 t 求导数就能得到固有简谐振动方程,且由(9-28)式中位移平方项系数(k)和速度平方项系数(m)可确定固有角频率 $\omega_0 = \sqrt{\dfrac{k}{m}}$。

9-4 阻尼振动·受迫振动·共振

1. 阻尼振动

自由简谐振动系统的能量守恒表明:系统一旦作自由简谐振动,就将永远振动下去。这是一种理想的情况。实际上,由于阻尼作用,振动系统的能量将不断减少,振动将逐渐衰减。振动系统的阻尼通常分为两种:一种是摩擦阻尼,由于存在摩擦阻力,振动系统的能量将逐渐转变为热能;另一种是辐射阻尼,由于引起周围介质的振动,振动系统的能量向四周辐射出去,转变为波的能量。例如,音叉振动时,一方面受空气阻力,另一方面辐射声波,因此能量逐渐减少,振动逐渐衰减。

一般情况下,摩擦阻力中以粘滞阻力为主,而由辐射引起的阻力的作用也常与粘滞阻力相似,因此我们只讨论粘滞阻力的作用。实验指出,当运动物体的速度不太大时,物体受到的粘滞阻力与速度成正比,其方向与速度相反,即 $f = -\gamma v = -\gamma\dfrac{\mathrm{d}x}{\mathrm{d}t}$,式中 γ 为正的比例常量,

其大小决定于物体的形状、大小、表面状况和介质的性质。物体在线性恢复力和上述粘滞阻力作用下的运动方程为

$$-kx - \gamma \frac{\mathrm{d}x}{\mathrm{d}t} = m \frac{\mathrm{d}^2x}{\mathrm{d}t^2} \qquad (9-29)$$

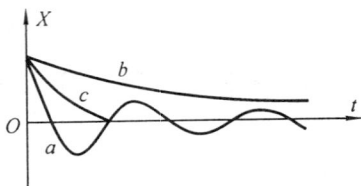

图 9-10　三种阻尼的比较
(a 为弱阻尼，b 为过阻尼，c 为临界阻尼)

当阻尼较小时，物体作如图 9-10(a)所示的阻尼振动，这种情况称为弱阻尼；若阻尼过大，能量迅速减少，系统连一次振动也未完成就趋于平衡位置，如图 9-10(b)所示，这种情况称为过阻尼；如果阻尼大小正好使系统回到平衡位置而不作振动，如图 9-10(c)所示，这种情况称为临界阻尼。与弱阻尼和过阻尼情况相比，在临界阻尼情况下，物体从运动趋于平衡所需的时间最短。物理实验中，灵敏电流计两端短接，可使其指针很快回到零位，就是利用电磁阻尼作用的结果。

2. 受迫振动

只受线性恢复力和粘滞阻力作用的振动系统，其振幅总是随时间衰减的。为了使振动持久而不衰减，可以利用外界驱动力。它们主要有周期力和单方向的力两种，其中用周期力驱动的振动，叫做受迫振动。

设周期性驱动力为 $F = H\cos\omega t$，则受迫振动的运动方程为

$$-kx - \gamma \frac{\mathrm{d}x}{\mathrm{d}t} + H\cos\omega t = m \frac{\mathrm{d}^2x}{\mathrm{d}t^2} \qquad (9-30)$$

受迫振动开始时的情况比较复杂，驱动力有时对物体作正功(当其方向与物体速度方向一致时)，有时作负功(当其方向与速度方向相反时)，而阻尼力始终作负功，但是总的趋势是振动系统的能量逐渐增大，振动加强。随着振动加强，阻尼也加强，系统因阻尼而损耗的能量也增多。经过一定时间后，在一个周期时间内，当驱动力所作的功正好等于阻尼所损耗的能量时，受迫振动达到稳定状态，振动系统作简谐振动，称为受迫振动定态。它与固有简谐振动不同：其角频率不是由系统本身性质决定的，而是等于驱动力的角频率；其 A 和 φ 与受迫振动的初始条件无关，而与系统本身性质和驱动力有关。

3. 共　振

当驱动力的角频率等于振动系统的固有角频率时，受迫振动定态的速度振幅达最大值，这种现象称为速度共振。速度共振时，驱动力与物体振动的速度同相，这表明驱动力始终对振动系统作正功，驱动力的输入功率达最大。速度共振时，驱动力的输入功率始终等于阻尼力的输出功率，即受迫振动系统的机械能守恒。

当驱动力的角频率为 $\omega = \sqrt{\omega_0^2 - 2\delta^2}$ 时(式中 $\delta = \dfrac{\gamma}{2m}$ 称为阻尼系数)，受迫振动定态的振幅 A 达最大值，这种现象称为位移共振。

共振现象在声学、无线电电子学、光学和原子物理学等领域都有广泛的应用。例如，收音机利用电磁共振选台，一些乐器利用共振提高音响效果，核内的核磁共振被用来进行物质结构的研究和进行医疗诊断等。但共振也会产生不利的作用，例如，共振时因振幅过大会造成机器设备的损坏。可通过改变振动系统的固有频率、驱动力的频率或阻尼大小来控制共振现

象。

9-5　简谐振动的合成

1. 两个同方向、同频率简谐振动的合成

设一质点同时参与两个同方向、同频率的简谐振动

$$x_1 = A_1\cos(\omega t + \varphi_1), \qquad x_2 = A_2\cos(\omega t + \varphi_2) \tag{9-31}$$

其合运动为

$$x = x_1 + x_2 = A_1\cos(\omega t + \varphi_1) + A_2\cos(\omega t + \varphi_2)$$

　　现利用旋转矢量法求合成结果。如图 9-11 所示，旋转矢量 A_1 和 A_2 分别表示两个简谐振动 x_1 和 x_2，A_1 和 A_2 的合矢量 A 表示合运动 $x_1 + x_2$。因为 A_1、A_2 的长度一定，而且以相同的角速度 ω 旋转，所以合矢量 A 的长度不变，并且以同一角速度 ω 匀速旋转，此合运动是简谐振动

$$x = A\cos(\omega t + \varphi) \tag{9-32}$$

其角频率与分振动的角频率相同，由三角形 OMM_1 得合振动的振幅为

$$A = \sqrt{A_1^2 + A_2^2 + 2A_1 A_2 \cos(\varphi_2 - \varphi_1)} \tag{9-33}$$

由直角三角形 OPM 得合振动的初相满足

图 9-11　两个同方向同频率
简谐振动合成

$$\tan\varphi = \frac{A_1\sin\varphi_1 + A_2\sin\varphi_2}{A_1\cos\varphi_1 + A_2\cos\varphi_2} \tag{9-34}$$

　　由(9-33)式可以看出，合振动的振幅不仅与两分振动的振幅有关，而且与两分振动的相位差

$$\Delta\varphi = (\omega t + \varphi_2) - (\omega t + \varphi_1) = \varphi_2 - \varphi_1$$

有关。

　　(1)两分振动同相，即

$$\Delta\varphi = \varphi_2 - \varphi_1 = \pm 2k\pi, \quad k = 0,1,2,\cdots \tag{9-35}$$

时，$\cos(\varphi_2 - \varphi_1) = 1$，有

$$A = \sqrt{A_1^2 + A_2^2 + 2A_1 A_2} = A_1 + A_2 \tag{9-36}$$

合振动振幅最大，合成结果使振动加强。当 $A_1 = A_2$ 时，$A = 2A_1$。

　　(2)两分振动反相，即

$$\Delta\varphi = \varphi_2 - \varphi_1 = \pm(2k+1)\pi, \quad k = 0,1,2,\cdots \tag{9-37}$$

时，$\cos(\varphi_2 - \varphi_1) = -1$，有

$$A = \sqrt{A_1^2 + A_2^2 - 2A_1 A_2} = |A_1 - A_2| \tag{9-38}$$

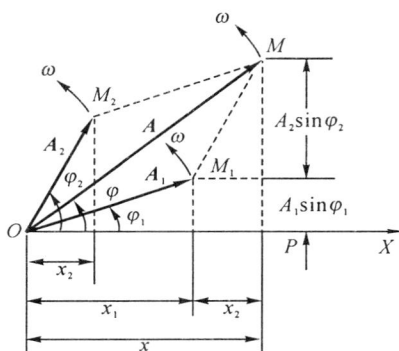

合振幅最小,合成结果使振动减弱。当 $A_1=A_2$ 时,$A=0$,质点静止不动。

(3)两分振动不同相,即 $\Delta\varphi=\varphi_2-\varphi_1$ 为其他值时,合振动振幅介于 A_1+A_2 和 $|A_1-A_2|$ 之间,由(9-33)式决定。

2. 两个同方向、不同频率简谐振动的合成·拍

设一质点同时参与两个同方向、不同频率的简谐振动,它们的角频率分别为 ω_1 和 ω_2,振幅都是 A。由于二者频率不同,两分振动总有机会同相,选此时刻开始计时,则二者的初相相同。这样,两分振动可写成

$$x_1 = A\cos(\omega_1 t + \varphi), \qquad x_2 = A\cos(\omega_2 t + \varphi) \tag{9-39}$$

利用三角函数和差化积公式可得合运动为

$$x = x_1 + x_2 = A\cos(\omega_1 t + \varphi) + A\cos(\omega_2 t + \varphi)$$

$$= 2A\cos\frac{\omega_2 - \omega_1}{2}t\cos(\frac{\omega_2 + \omega_1}{2}t + \varphi) \tag{9-40}$$

一般情况下,合成结果比较复杂。但当两个分振动的频率都较大,而二者相差却很小,即 $|\omega_2-\omega_1|\ll\omega_1+\omega_2$ 时,上式中 $2A\cos\frac{\omega_2-\omega_1}{2}t$ 随时间的变化比 $\cos(\frac{\omega_2+\omega_1}{2}t+\varphi)$ 要缓慢得多。这时,合运动可近似地看成振幅为 $\left|2A\cos\frac{\omega_2-\omega_1}{2}t\right|$、角频率为 $\frac{\omega_2+\omega_1}{2}$ 的简谐振动。因为简谐振动的振幅是不随时间变化的,所以这种振幅随时间缓慢变化的振动可看成是近似的简谐振动。如图9-12所示,这种合振幅时而加强时而减弱的现象称为拍,单位时间内振动加强或减弱的次数称为拍频。拍频的值可由振幅公式 $\left|2A\cos\frac{\omega_2-\omega_1}{2}t\right|$ 求出。由于余弦函数的绝对值在一个周期内两

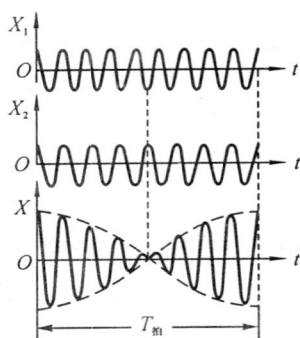

图 9-12　拍的形成

次达到最大值,所以拍的周期 $T_拍$ 为 $2A\cos\frac{\omega_2-\omega_1}{2}t$ 的周期的一半,即

$$T_拍 = \frac{1}{2}\frac{2\pi}{\left|\frac{\omega_2-\omega_1}{2}\right|} = \frac{2\pi}{|\omega_2-\omega_1|} = \frac{1}{|\nu_2-\nu_1|}$$

拍频为

$$\nu_拍 = \frac{1}{T_拍} = |\nu_2 - \nu_1| \tag{9-41}$$

拍是一种重要的现象,有许多应用。例如,可以利用标准音叉来校准钢琴的频率,当二者频率有微小差别时就会出现拍音,调整到拍音消失,钢琴的一个键就被校准了。

3. 两个互相垂直的同频率简谐振动的合成

设一质点同时参与两个互相垂直的同频率简谐振动

$$x = A_1\cos(\omega t + \varphi_1), \qquad y = A_2\cos(\omega t + \varphi_2) \tag{9-42}$$

消去 t,质点的轨迹方程为

$$\frac{x^2}{A_1^2} + \frac{y^2}{A_2^2} - 2\frac{xy}{A_1 A_2}\cos(\varphi_2 - \varphi_1) = \sin^2(\varphi_2 - \varphi_1) \qquad (9\text{-}43)$$

这是一个椭圆方程,椭圆位于以 $2A_1$ 和 $2A_2$ 为边的矩形内,其形状、方位和绕行方向都与相位差 $\varphi_2 - \varphi_1$ 有关,如图 9-13 所示。

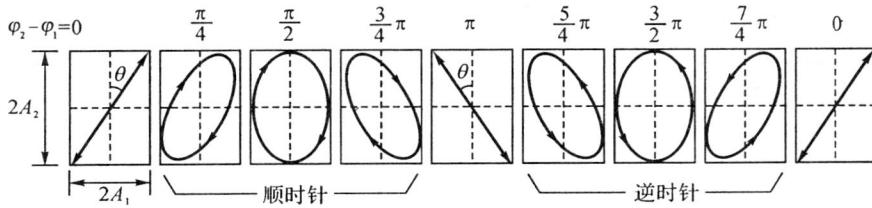

图 9-13　两个垂直的同频率简谐振动的合成

(1) $\varphi_2 - \varphi_1 = 0$,即两分振动同相,有 $\cos(\omega t + \varphi_1) = \cos(\omega t + \varphi_2)$,由 (9-42) 式得

$$y = \frac{A_2}{A_1}x$$

这时质点的运动轨迹是通过原点、斜率为 $\dfrac{A_2}{A_1}$ 的直线。时刻 t,质点相对于原点的位移为

$$r = \sqrt{x^2 + y^2} = \sqrt{A_1^2 + A_2^2}\cos(\omega t + \varphi_1)$$

上式表明:质点作简谐振动,振幅为 $\sqrt{A_1^2 + A_2^2}$,频率与分振动频率相同。

(2) $\varphi_2 - \varphi_1 = \pi$,即两分振动反向,有 $\cos(\omega t + \varphi_1) = -\cos(\omega t + \varphi_2)$,由 (9-42) 式得

$$y = -\frac{A_2}{A_1}x$$

$$r = \sqrt{x^2 + y^2} = \sqrt{A_1^2 + A_2^2}\cos(\omega t + \varphi_1)$$

上两式表明:质点的运动轨迹是通过原点、斜率为 $-\dfrac{A_2}{A_1}$ 的直线,合运动是简谐振动,振幅为 $\sqrt{A_1^2 + A_2^2}$,频率与分振动频率相同。与 $\varphi_2 - \varphi_1 = 0$ 时比较,振动方位转动了 2θ 角,如图 9-13 所示,θ 是振动方位与 Y 轴的夹角。

(3) $\varphi_2 - \varphi_1 = \dfrac{\pi}{2}$,有 $\cos(\omega t + \varphi_1) = \sin(\omega t + \varphi_2)$,由 (9-42) 式得

$$\frac{x^2}{A_1^2} + \frac{y^2}{A_2^2} = 1$$

上式表明:质点的运动轨迹是一个以坐标轴为轴线的椭圆。因为 y 的相位超前于 x 的相位 $\pi/2$,所以质点的位置坐标总是先经过 y 的最大值,经过 1/4 周期后才经过 x 的最大值。这就是说,质点沿椭圆运动是按顺时针方向旋转的。

(4) $\varphi_2 - \varphi_1 = -\dfrac{\pi}{2}$,有 $\cos(\omega t + \varphi_1) = -\sin(\omega t + \varphi_2)$,由 (9-42) 式得

$$\frac{x^2}{A_1^2} + \frac{y^2}{A_2^2} = 1$$

质点的运动轨迹也是一个以坐标轴为轴线的椭圆,但因为 y 的相位落后于 x 的相位 $\pi/2$,所

以质点的位置坐标总是先经过 x 的最大值,经过 $T/4$ 后才经过 y 的最大值。这就是说,质点沿椭圆轨道按逆时针方向旋转。

对于上述两种情况,即 $\varphi_2-\varphi_1=\pm\pi/2$ 时,若两分振动的振幅相等,即 $A_1=A_2$,则质点作圆周运动,如图 9-14 所示。与(1)和(2)两种情况比较,当质点的合运动轨道是圆时,若两分振动的相位差改变 $\pi/2$,则轨迹由圆变为直线。

以上讨论说明,两个互相垂直的、同频率简谐振动的合运动轨迹为椭圆、直线或圆。反之,一个直线简谐振动、匀速圆周运动或椭圆运动都可分解为两个互相垂直的简谐振动。

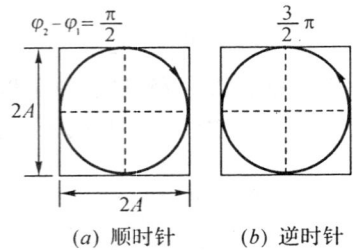

图 9-14　两个等幅的相位差为 $\pm\pi/2$ 的垂直的同频率的简谐振动的合成

4. 两个互相垂直的不同频率简谐振动的合成·利萨如图形

一般来说,两个振动方向垂直的不同频率简谐振动的合运动比较复杂,而且轨迹往往是不稳定的。但是如果两个简谐振动的频率成简单的整数比时,合成运动具有稳定的轨迹,这种轨迹图形称为利萨如图形,利萨如(J. A. Lissajous)图形与两个分振动的振幅比、频率比,以及初相 φ_1,φ_2 有关。

利萨如图形可以用旋转矢量法画出,下面举例说明。

设有两个互相垂直的、频率成简单整数比的简谐振动

$$x=A_1\cos\left(3\pi t+\frac{\pi}{4}\right),\qquad y=A_2\cos\left(2\pi t-\frac{\pi}{2}\right) \tag{9-44}$$

它们的频率之比为 3:2。如图 9-15 所示,在右上方作 X 方向简谐振动的旋转矢量图,在左下方作 Y 方向简谐振动的旋转矢量图。根据频率比,将 X 方向简谐振动的参考圆分成 8 等份,Y 方向简谐振动的参考圆分成 12 等份。当 A_1 旋转 45°时,A_2 旋转 30°,因此两参考圆上对应分点的位置是同一时刻旋转矢量 A_1 和 A_2 矢端的相应位置。过右上方参考圆上各分点作竖直线,过左下方参考圆上各分点作水平线,过对应点的竖直线和水平线在图的右下方相交,连接这些交点,就得到合振动的利萨如图形。

若利萨如图形与水平线的交点数为 n_1,与竖直线的交点数为 n_2,则 n_1 与 n_2 之比等于水平方向分振动周期 T_1 与竖直方向分振动周期 T_2 之比,即

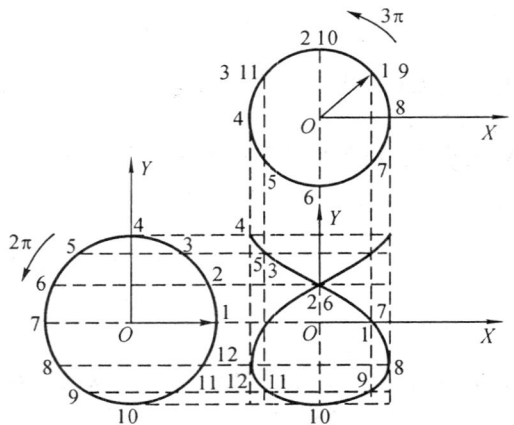

图 9-15　利萨如图形图示法

$$\frac{n_1}{n_2}=\frac{T_1}{T_2}=\frac{\nu_2}{\nu_1} \tag{9-45}$$

如果已知 ν_1,就可根据利萨如图形求出 ν_2。示波器实验中,就是利用(9-45)式测定未知频率的。

本章摘要

1. 简谐振动:
$$x = A\cos(\omega t + \varphi)$$

速度: $v = -A\omega\sin(\omega t + \varphi) = v_\mathrm{m}\cos(\omega t + \varphi + \frac{\pi}{2})$

加速度: $a = -A\omega^2\cos(\omega t + \varphi) = a_\mathrm{m}\cos(\omega t + \varphi + \pi)$

周期与频率:描述时间周期性 $\omega = 2\pi\nu = \dfrac{2\pi}{T}$

振幅:表征能量。

相位 $\omega t + \varphi$:描述运动状态。

相位差:比较两简谐振动的步调:同相、反相、超前与落后。

用旋转矢量表示简谐振动。

2. 自由简谐振动:
$$x = A\cos(\omega_0 t + \varphi)$$

受力特点:

平动——合外力 $F = -kx$,$x = 0$ 是平衡位置。

转动——合外力矩 $M = -k\theta$,$\theta = 0$ 是平衡位置。

运动方程: $\dfrac{\mathrm{d}^2 x}{\mathrm{d}t^2} = \omega_0^2 x$

固有角频率:弹簧振子 $\omega_0 = \sqrt{\dfrac{k}{m}}$,单摆 $\omega_0 = \sqrt{\dfrac{g}{l}}$,复摆 $\omega_0 = \sqrt{\dfrac{mgb}{I}}$。

由初条件确定振幅和初相:

平动 $x_0 = A\cos\varphi$, $v_0 = -A\omega_0\sin\varphi$,

转动 $\theta_0 = \theta_\mathrm{m}\cos\varphi$, $\Omega_0 = -\theta_\mathrm{m}\omega_0\sin\varphi$

能量: $E = E_\mathrm{k} + U = \dfrac{1}{2}mv^2 + \dfrac{1}{2}kx^2 = \dfrac{1}{2}kA^2$

3. 阻尼振动:弱阻尼、过阻尼、临界阻尼。

4. 受迫振动定态:
$$x = A\cos(\omega t + \varphi)$$

速度共振 $\omega = \omega_0$,位移共振 $\omega = \sqrt{\omega_0^2 - 2\delta^2}$。

5. 简谐振动合成:

同方向、同频率: $x = x_1 + x_2 = A\cos(\omega t + \varphi)$

$A = \sqrt{A_1^2 + A_2^2 + 2A_1A_2\cos(\varphi_2 - \varphi_1)}$, $\varphi = \arctan\dfrac{A_1\sin\varphi_1 + A_2\sin\varphi_2}{A_1\cos\varphi_1 + A_2\cos\varphi_2}$。

$A_\mathrm{max} = A_1 + A_2$, $\varphi_2 - \varphi_1 = \pm 2k\pi$, $k = 0, 1, 2, \cdots$

$$A_{min} = |A_1 - A_2|, \qquad \varphi_2 - \varphi_1 = \pm(2k+1)\pi, \quad k = 0, 1, 2, \cdots$$

拍——同方向、不同频率,而且满足 $|\omega_2 - \omega_1| \ll \omega_1 + \omega_2$,

$$x = x_1 + x_2 = 2A\cos\frac{\omega_2 - \omega_1}{2}t\cos(\frac{\omega_2 + \omega_1}{2}t + \varphi)$$

$$T_{拍} = \frac{1}{|\nu_2 - \nu_1|}, \quad \nu_{拍} = |\nu_2 - \nu_1|$$

相互垂直、同频率,轨迹一般是椭圆。$\Delta\varphi = 0$ 或 π 是直线;$A_1 = A_2$, $\Delta\varphi = \pm\frac{\pi}{2}$ 是圆。

利萨如图形——相互垂直、频率成简单整数比,是测量频率的一种方法

$$\frac{n_1}{n_2} = \frac{T_1}{T_2} = \frac{\nu_2}{\nu_1}。$$

思考题

9-1 简谐振动的运动特征是什么?什么条件下物体可以作简谐振动?

9-2 什么叫两个简谐振动同相或者反相?

9-3 判断下列运动是否为简谐振动?说明理由。

(1)小球在光滑的球面形碗底附近作小幅度往复运动;

(2)自由下落的小球与地面作完全弹性碰撞形成的上下运动;

(3)质点在合外力 $F = -kx^2$ 作用下沿 X 轴运动;

(4)质点作匀变速圆周运动时,它在直径上投影点的运动。

9-4 有一弹簧振子,为了测定其系统的振动周期,只要把它竖直挂起后,测出弹簧的伸长量 x(即平衡时的长度和自然长度之差)即可,试说明道理。

9-5 什么是相位?把单摆从平衡位置拉开,使摆线与竖直方向成 θ_0 角,然后放手任其摆动,那么单摆振动的初相是否就是 θ_0?单摆从最左端摆向右方,最左端的相位是多少?从左向右运动到达中点时相位是多少?从右向左运动到中点时相位又是多少?

9-6 伽利略提出并解决了这样一个问题:一根很长的细线挂在又高又暗的城堡中,既看不到它的上端,又无法爬到高处去测量它的长度,只能看见它的下端,如何用简便方法测量此线的长度。试给出你的方法。

9-7 用水通过空心球上的一个小孔将其充满,再用一根长线把这球悬挂起来,然后让水从球的底部慢慢流出来,这时会发现振动周期先增大而后减小,试说明之。

9-8 如图所示为两个摆锤质量不同、摆长相同的单摆 A 和 B。开始时,把单摆 A 向左拉开一个很小的角度 θ_0,把单摆 B 向右拉开一个很小的角度 $2\theta_0$,然后同时由静止释放,问它们在什么位置相碰?为什么?从释放到首次相碰经历的时间为多少?

9-9 为避免振动系统和外力发生共振而带来有害的影响,可采取一些措施。试说明以下各种情况中采取的措施所根据的原则:

(1)改变电机的转速;

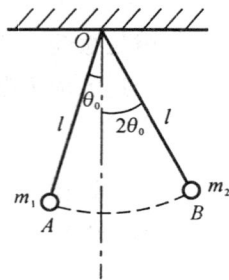

思考题 9-8 图

(2)调整机器的转动部分,使其质量中心尽量通过中心轴;

(3)将房屋的木梁之间用大钉相连,在发生振动时相互牵制,以减弱振动;

(4)队列过桥时变成便步走;

(5)挑担时颤抖太厉害时,倒换脚步。

9-10 切断电源后,在电动机的转速逐渐减少直到最后停止的过程中,往往出现底座在短暂的一段时间内振动得很厉害的现象,这是什么原因?

9-11 若一个质点同时参与两个相互垂直的简谐振动,则这两个谐振动必须满足什么条件才能使其运动轨迹为圆?

习 题

9-1 已知简谐振动表达式 $x = 0.1\cos(8\pi t + \frac{2}{3}\pi)$(SI),求:

(1)振动频率、周期、振幅、初相,以及速度、加速度的最大值;

(2)$t = \frac{1}{24}$s,$\frac{1}{12}$s,$\frac{1}{6}$s 等时刻的相位,并用旋转矢量图表示。

9-2 一弹簧振子沿 X 轴作振幅为 A 的简谐振动,该简谐振动的表达式用余弦函数表示。若 $t = 0$ 时,振动物体的运动状态分别为:

(1)$x_0 = -A$;

(2)过平衡位置向 X 轴正方向运动;

(3)过 $x = \frac{A}{2}$ 处,且向 X 轴负方向运动。试用旋转矢量图分别确定相应的初相。

9-3 两个小球都在竖直方向上作周期相同的简谐振动,第二个小球的振幅是第一个小球的两倍。当小球1自振动正方向回到平衡位置时,小球2恰在振动的正方向端点。已知小球1的简谐振动表达式为 $y = A\cos(\omega t + \varphi)$,试写出小球2的简谐振动表达式。

9-4 如图所示为两谐振动的 X-t 曲线,试分别写出其谐振动表达式。

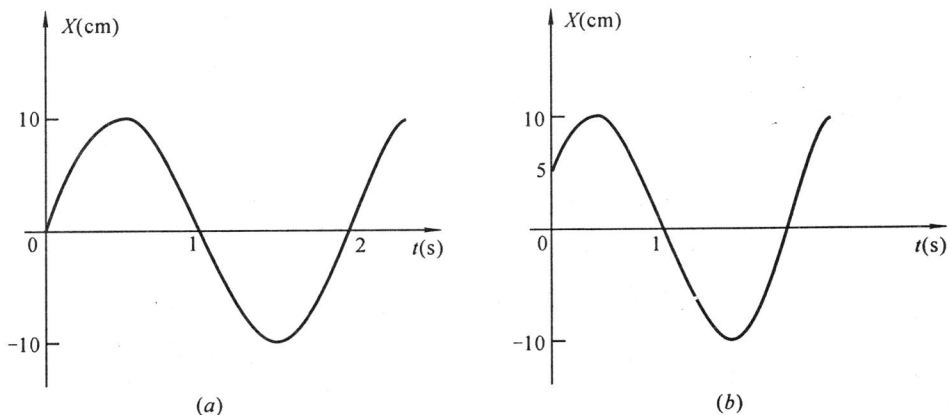

习题9-4图

9-5 一质量为 0.01kg 的物体作谐振动,其振幅为 0.24m,周期为 4s。当 $t = 0$ 时,位移为 0.12m,且向 X 轴正方向运动。试求:

(1)$t = 1$s 时物体所在的位置和所受的力;

(2)由起始位置第一次运动到 $x=-0.12m$ 处所需的时间。

9-6 已知某物体作简谐振动的 v-t 曲线如图所示,试求此简谐振动的振动表达式。

9-7 工地上某卷扬机正在吊一质量为 3 吨的重物,当重物在以 $3m \cdot s^{-1}$ 的速度下降时,卷扬机上吊重物的钢丝绳(其劲度系数为 $2.7 \times 10^6 N \cdot m^{-1}$)的上端突然因故被卡住,问该重物上下振动时产生的最大振幅为多少? 钢丝绳受到的最大拉力为多大?

9-8 播音员是通过扬声器的膜片振动发出动听悦耳的声音的。若扬声器膜片的振幅最大为 $1.0 \times 10^{-6}m$,问播音员必须以多高的频率说话才能使膜片的加速度超过 g?

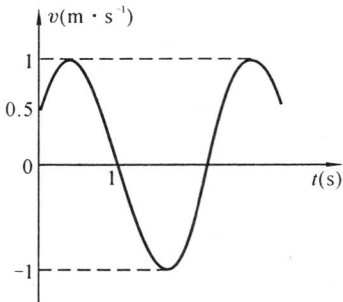

习题 9-6 图

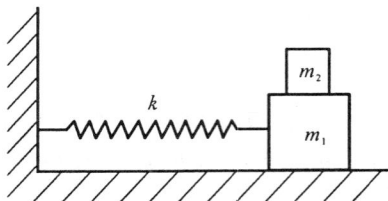

习题 9-9 图

9-9 如图所示的系统在光滑的水平面上作简谐振动。弹簧的劲度系数 $k=2.5N \cdot m^{-1}$,物体 $m_1=0.06kg$,$m_2=0.04kg$,m_1 和 m_2 之间的静摩擦因数 $\mu_s=0.5$。问要使 m_2 和 m_1 之间无相对滑动,简谐振动的最大振幅和最大动能各是多少?

9-10 有一弹簧振子,已知其弹簧的劲度系数 $k=4.5N \cdot m^{-1}$,物体质量 $m=0.02kg$。今把弹簧压缩 0.02m 后放手,任其自由振动。以放手时刻为计时起点,求:

(1)简谐振动的表达式;

(2)从起始时刻运动到弹簧伸长 0.01m 处所需的最短时间和在这段时间内相位的改变量;

(3)弹簧伸长 0.01m 时振动系统的总能量、势能和动能。

9-11 有一单摆摆线长 $l=1.0m$,摆锤质量 $m=0.01kg$。$t=0$ 时,摆角 $\theta_0=-0.06rad$,角速度 $\Omega_0=0.2rad \cdot s^{-1}$。若摆向平衡位置摆动,求:

(1)简谐振动表达式;

(2)初始时刻单摆的势能和动能。

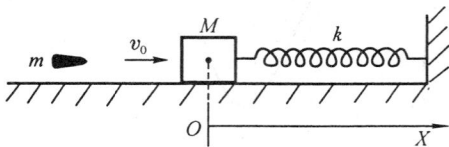

习题 9-12 图

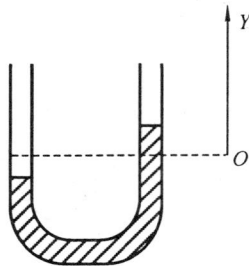

习题 9-13 图

9-12 如图所示,质量 $M=0.99kg$ 的滑块和劲度系数 $k=10^4 N \cdot m^{-1}$ 的弹簧组成一弹簧振子,静止在光滑水平面上。一质量为 $m=0.01kg$ 的子弹以速率 $v_0=400m \cdot s^{-1}$ 沿水平方向射入滑块内,从而和滑块一起振动。以滑块开始运动作为计时起点,写出滑块的振动方程。

9-13 一竖直放置的 U 形管横截面积为 S,管内盛有水银,其密度为 ρ,质量为 m。现使水银在管内作微振动,忽略摩擦阻力,求其振动周期。

9-14 一定滑轮半径为 R,转动惯量为 I,其上挂一轻绳,绳的一端系一质量为 m 的物体,另一端与一固定的轻弹簧相连,如图所示。弹簧劲度系数为 k,绳与滑轮间无相对滑动,滑轮转轴处的摩擦力可以忽略。将物体从平衡位置拉下一微小距离后放手,试证明物体作简谐振动,并求出振动周期。

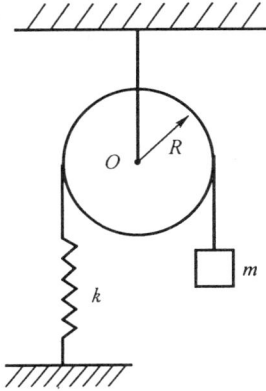

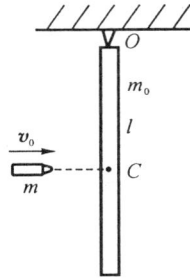

习题 9-14 图   习题 9-15 图

9-15 如图所示,质量为 m_0、长为 l 的匀质细棒可绕轴自由转动。若有一质量为 m 的子弹,以水平速度 v_0 射入棒的中心 C 处后,棒作谐振动(即摆角 θ 较小),试计算它的振动周期及振动表达式(以子弹射入棒瞬间为计时起点)。

9-16 如图所示的三种振动系统中,k_1,k_2,k 分别为弹簧的劲度系数,m 为物体的质量。若弹簧的质量和物体 m 与接触面之间的摩擦可以忽略,试分别计算三种系统的固有频率。

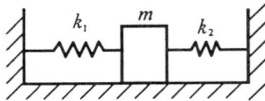

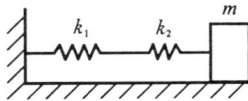

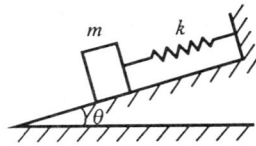

(a) (b) (c)

习题 9-16 图

9-17 固体中原子在常温下的振动频率约为 $10\text{THz}(1\text{THz}=10^{12}\text{Hz})$,假想原子间以类似"弹簧"的作用相连。若在这种情况下,一个银原子以上述频率振动,而其他原子均保持静止,试计算该谐振动的"劲度系数"k。(1mol 银原子有 6.02×10^{23} 个原子,其摩尔质量为 0.108kg)

9-18 就竖直振动而言,可以认为一辆汽车是被安装在一弹簧上的。若汽车质量为 $3\times10^3\text{kg}$,其固有振动频率为 3Hz,试求:

(1)弹簧的劲度系数;

(2)若汽车载重物的质量为 10^3kg,其载重后的振动频率为多少?

9-19 如图所示,一辆小车由车体和装在光滑轴上的四个车轮组成。设车体的质量为 M,每个轮子可看作半径为 r、质量为 m 的均匀圆盘。若小车在所系弹簧作用下在水平路面上作来回无滑动的运动,弹簧的劲度系数为 k,求小车的振动频率。(提示:用能量法求解)

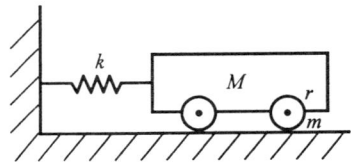

习题 9-19 图

9-20 沿轨道匀速行驶的火车经过接轨处时都要受到震动,从而使车厢在弹簧上作上下振动。设每段铁轨长为 12.5m,弹簧每受 10^4N 的重力作用即压缩 $1.6\times10^{-3}\text{m}$。若空气阻力不计,每根弹簧所支持的车

厢及其载重共为 0.5×10^3kg,火车的危险速度为多少?

9-21 有两个同方向、同频率的简谐振动:

$$x_1 = 0.05\cos(10t + \frac{3}{4}\pi), \qquad x_2 = 0.06\cos(10t + \frac{\pi}{4})(\text{SI})$$

试求:(1)合振动的振幅和初相;

(2)若另有一方向和频率均相同的简谐振动 $x_3 = 0.07\cos(10t + \varphi_3)(\text{SI})$,问当 φ_3 为何值时,$x_1 + x_3$ 的振幅最大?

(3)φ_3 为何值时,$x_2 + x_3$ 的振幅最小?

9-22 有两个同方向、同频率的简谐振动:

$$x_1 = 0.4\cos(4\pi t + \frac{\pi}{6}), \qquad x_2 = 0.2\cos(4\pi t + \frac{5\pi}{6})(\text{SI})$$

试写出这两谐振动合成的振动表达式。

9-23 有两个同方向、同频率的简谐振动,其合振动的振幅为 0.2m,相位与第一振动的相位差为 $\frac{\pi}{6}$。若第一振动的振幅为 $\sqrt{3} \times 10^{-1}$m,求第二振动的振幅及第一、第二两个振动之间的相位差。

9-24 质量为 m 的质点同时参与互相垂直的两个振动,其振动表达式为

$$x = 0.06\cos(\frac{\pi}{3}t + \frac{\pi}{3}), \qquad y = 0.03\cos(\frac{\pi}{3}t - \frac{\pi}{6})(\text{SI})$$

求:(1)用旋转矢量法求出质点的运动轨迹,并指明它是顺时针旋转还是逆时针旋转?

(2)质点在任意位置所受的作用力。

9-25 为了测待测音叉的频率,可使待测音叉和标准音叉(频率为 256Hz)同时发音,听到时强时弱的嗡嗡声响。若测得在 30s 内,音响的强弱变化为 75 次,问待测音叉的频率是多少?

9-26 在示波器的水平和垂直输入端分别加上余弦式的交流电压,荧光屏上出现如图所示的闭合曲线。已知水平方向振动的交流电频率为 2.70×10^4Hz,求垂直方向振动的交流电频率。

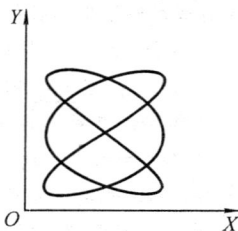

9-27 设有一质点同时参与两个振动方向相互垂直的简谐振动:

$$x = A_1\cos 2\pi\nu_1 t, \qquad y = A_2\cos(2\pi\nu_2 t + \Delta\varphi)$$

请设计一个计算机程序来演示质点的合成运动轨迹。要求程序可以输入两振动的振幅 A_1 和 A_2、振动频率 ν_1 和 ν_2 及它们的相位差 $\Delta\varphi$,并分下列两种情况进行分析:(为简单计,可假设 $A_1 = A_2$)

习题 9-26 图

(1)$\nu_1 = \nu_2$,$\Delta\varphi$ 取 $0, \frac{\pi}{4}, \frac{\pi}{2}, \frac{3\pi}{4}, \pi, \frac{3\pi}{2}$ 等值;

(2)$\nu_1 = 50, \nu_2 = 100, \Delta\varphi = 0, \frac{\pi}{4}; \nu_1 = 200, \nu_2 = 300, \Delta\varphi = 0, \frac{\pi}{6}, \frac{3\pi}{4}$。

第 10 章

机械波

波动是振动的传播过程,是一种重要的运动形式。自然界中广泛地存在着波动现象,如引起听觉的声波、电台辐射的电磁波、引起视觉的可见光波等。近代物理研究表明,波动性也是一切微观粒子的基本属性。各类波虽然本质不同,因而各具有其特殊的性质和规律;但也具有许多共同的特征和规律,具有相似的数学描述。波动学与工程技术有着密切的联系,是声学、地震学、电通信、光通信等技术学科的重要基础知识。本章讨论的机械波内容,将为学习电磁波和量子物理打下基础。

10-1 机械波的产生和传播

1. 机械波的产生和传播

机械振动在介质中的传播过程称为机械波,如声波、水波、地震波等。产生机械波的条件一是要有一个做机械振动的物体,称为波源,二是要有传播机械振动的介质。如人们说话时发出的声波,其波源是人的声带,声带的振动引起附近空气振动,附近空气的振动又引起更远处空气的振动,这样机械振动就在空气介质中传播,形成声波。

波动中,如果介质中各质元的振动方向和波的传播方向始终垂直,这种波称为横波,例如弦乐器中在弦上形成的波动。如果介质中各质元的振动方向和波的传播方向始终在一直线上,这种波称为纵波,例如空气中传播的声波。横波和纵波是较简单的波,地震波、水波等其他机械波比较复杂。

(1)横波的形成和传播

一根弹性绳,一端固定,另一端被拉至水平后上下抖动,此时绳中传播的波是横波。为了分析横波的形成和传播,可将绳分成许多质元,并把每一个质元都看作质点依次编号,质元之间存在着弹性力。$t=0$ 时,各质点都处于平衡位置,随后质点 1 受到推动开始向上运动,并且在弹性力的作用下带动质点 2,质点 2 又带动质点 3,这样各质点相继向上运动,到 $t=T/4$(T 为波源的振动周期),质点 1 离开其自身的平衡位置达到正最大位移,振动传至质点 4,质点 4 开始向上运动。随后,质点 5 和 6 也相继离开其平衡位置向上运动,$t=T/2$ 时,质点 1 回到其平衡位置,质点 4 达到正最大位移,振动传到质点 7。到 $t=3T/4$ 时,质点 1 达到负最大位移,质点 4 回到平衡位置,质点 7 达到正最大位移,振动传到质点 10。到 $t=T$ 时,质点 1 完成一次完全振动,回到平衡位置,振动传到质点 13。1 到 13 各质点连成的曲线是一个完整的波形,其中质点 10 处于正最大位移,称为波峰,质点 4 处于负最大位移,称为波谷。此后振动继续向前传播,如图 10-1 所示。这里讨论的是弹性介质中传播的机械波,称为弹性波。

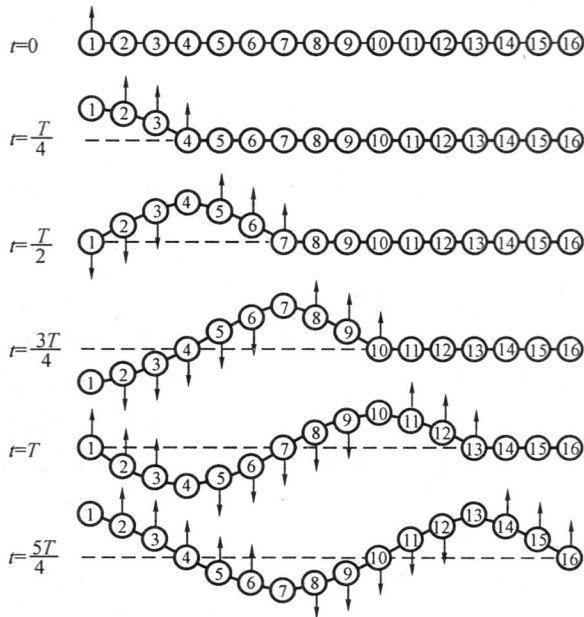

图 10-1　横波的形成和传播

（2）纵波的形成和传播

一根长弹簧一端固定，另一端被人手抓住。当手沿弹簧前后振动时，弹簧中形成纵波。为了分析纵波的形成和传播，可依前述，将弹簧分成许多质元，并把每一个质元看作质点依次编号。$t=0$ 时，各质点都处于平衡位置。随后在手的推动下质点 1 开始向右运动，并且在弹性力的作用下带动质点 2，于是各质点相继向右运动。到 $t=T/4$ 时，质点 1 达到正最大位移，振动传至质点 4，这样就在质点 1 与 4 之间形成一个密部。随后，质点 5 和 6 也相继离开其平衡位置向右运动。$t=T/2$ 时，质点 1 回到平衡位置，质点 4 达到正最大位移，振动传到质点 7，这时密部已传至质点 4 与 7 之间。$t=3T/4$ 时，质点 1 达到负最大位移，质点 4 回到平衡位置，质点 7 达到正最大位移，振动传到质点 10，这时密部已传至质点 7 与 10 之间，同时在质点 1 与 7 之间形成一个疏部。$t=T$ 时，质点 1 完成一次完全振动，振动传到质点 13，这时第一个密部已传至质点 10 与 13 之间，又在质点 1 与 4 之间形成第二个密部，而两密部之间夹着一个疏部在质点 4 与 10 之间，这样由质点 1 至 13 各点形成一个疏密相间的完整波形。此后振动继续向右传播，如图 10-2 所示。

液体和气体内部的弹性力只能由压缩和膨胀引起，因此在液体和气体中只能发生纵波；而在固体中，既能发生纵波，又能发生横波。

（3）波传播过程的实质

波传播过程是振动状态的传播过程，是波形的传播过程，也是能量的传播过程。

如上所述，波传播过程中介质中各质点在其平衡位置附近作振动（图 10-2 中，连接质点 1，4，7，10，13 各点的五条虚线，分别表示上述五点的振动曲线），质点并不随波向前传播；而是振动状态向前传播，各振动质点所形成的波形向前传播（图 10-1 中，连接各质点的五条实曲线，分别表示不同时刻的波形）。在振动状态的传播过程中，还伴随着能量的传播，如图

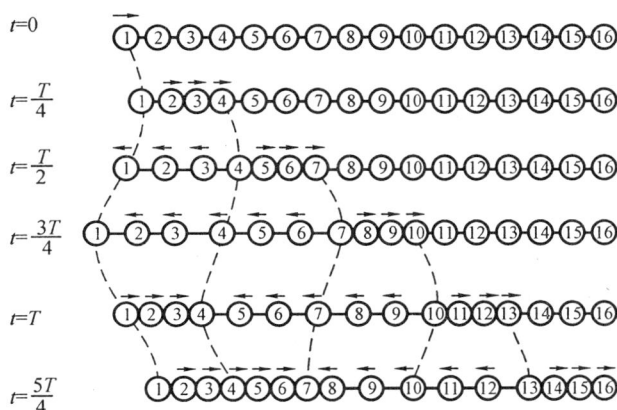

图 10-2　纵波的形成和传播

10-1和图 10-2 所示,质点 4 在 $t=T/2$ 和 $t=T$ 时处于正、负最大位移处,其振动速度和动能为零,这时点 4 附近介质无形变(比较该两时刻质点 3,4,5 这一小段介质的形状与 $t=0$ 时该小段的形状,并设想该三点靠得非常近),因此由形变而引起的弹性势能也为零;在 $t=3T/4$ 和 $t=5T/4$ 时,质点 4 处于平衡位置,其振动速度和动能达到最大值,这时点 4 附近介质的形变最大,因此弹性势能也达最大值。由此可见,波动过程中,介质中各质元的动能和势能同步变化:动能为零时,势能也为零,此时质元的机械能为零;动能最大时,势能也最大,此时质元的机械能最大。所以,在振动状态的传播过程中,各质元的机械能在不断地变化着,由大变小,又由小变大。当其能量增大时,表示从波传播方向的后方介质向其输入的能量大于其向波传播方向前方介质输出的能量;当其能量减小时,表明后方介质向其输入的能量小于其向前方介质输出的能量。这说明,波传播过程中伴随着能量的传播。这种振动状态、波形和能量都在传播的波称为行波。应该注意,波动中介质质元的动能和势能同步变化、量值相等,这与固有简谐振动中动能与势能之和保持不变是不同的。

2. 波面和波线·惠更斯原理

在波传播过程中,任何时刻由振动相位相同的点构成的面称为波面。波面是波动的同相面,波面有很多,它们形成波面族。有时把波传播方向上最前面的一个波面称为波前或波阵面。波面的法线称为波法线,又称波线。在各向同性介质中,波沿波线传播。

按照波面的形状,波可分为球面波、平面波和柱面波等。在各向同性的均匀介质中,点波源发出的是球面波,波面是一系列同心球面,点波源 S 位于球心处,如图 10-3(a)所示。当波源的几何线度比观察点到波源的距离小得多时,该波源称为点波源。球面波的波线是以点波源为中心的一组径向直线。波面为平面的波称为平面波,其波线是与波面垂直的一组平行线。对于由点波源发出的球面波来说,在远离点

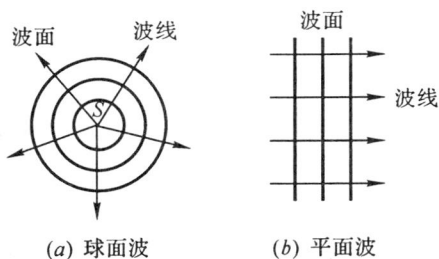

图 10-3　波面和波线

波源的情况下,其波面的一小部分可近似地看作平面波。波面为柱面的波称为柱面波。

惠更斯(C. Huygens)首先提出了关于波面在介质中传播的理论，称为惠更斯原理。它可以表述为：

波面上每一点都可看作是发射子波的波源，这些子波的包迹就是新波面。

根据惠更斯原理，可以用图示方法从某一时刻的波面确定下一时刻的波面。

惠更斯原理可以解释许多波的传播方向问题，如导出波的反射定律和折射定律，定性解释波的衍射现象等。波传播过程中经过障碍物时发生的偏离直线传播的现象称为波的衍射。图 10-4 表示平面波通过狭缝 AB 的情况，缝 AB 上每一点都可看作子波波源，这些子波波源向前发出的子波波面的包迹面的中间部分是平面，边缘部分是弯曲的，说明在边缘处波偏离原来的传播方向，产生衍射现象。但是，惠更斯原理不能说明衍射波的强度分布。

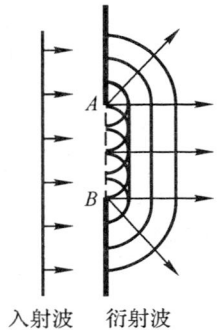

入射波　衍射波

图 10-4　波的衍射

3. 波速、波长、周期和频率

(1)波速

波动是振动状态(相位)的传播过程。在单位时间内，某一确定的振动状态(相位)传播的距离称为相速或波速，用 u 表示。应该注意，波速不同于波动过程中质点的振动速度。

波动理论指出，机械波的波速由介质的弹性和惯性决定，与波源的振动频率无关。在细长棒中，纵波的波速为 $u=\sqrt{E/\rho}$，式中 E 是棒的弹性模量，ρ 是棒的密度。在柔软的绳或弦中，横波的波速为 $u=\sqrt{T/\rho}$，式中 T 是绳或弦的张力，ρ 是绳或弦的质量线密度，即单位长度的质量。气体中的声速为 $u=\sqrt{\gamma p/\rho}$，式中 p 是气体的压强，ρ 是气体的密度，γ 是气体的比热容比(见 12-2)。双原子分子理想气体的 $\gamma=1.40$，单原子分子理想气体的 $\gamma=1.67$。例如，空气的比热容比 $\gamma=1.40$，在标准状态下，空气中声速为 $u=\sqrt{\dfrac{\gamma p}{\rho}}=$

$\sqrt{\dfrac{1.40\times1.013\times10^5}{1.293}}=331(\mathrm{m/s})$。

(2)波长

在同一波线上，相位差为 2π 的两个质点间的距离称为波长，用 λ 表示。在图 10-1 和图 10-2 中，质点 1 和 13、质点 2 和 14、质点 3 和 15 之间的距离都是一个波长。

(3)波的周期和频率

一个完整的波形通过波线上某一固定点所需的时间称为波的周期，用 T 表示。单位时间内通过波线上某一固定点的完整波数目称为波的频率，用 ν 表示。频率和周期的关系为

$$\nu=\frac{1}{T} \tag{10-1}$$

在波源静止的情况下，波源的振动周期和频率与由它激发的波动的周期和频率在量值上是相等的，但物理意义不同。

(4)波速、波长和频率之间的基本关系式

因为在一个周期内,振动状态传播的距离是一个波长,因此有

$$u = \frac{\lambda}{T} = \lambda\nu \tag{10-2}$$

即波速等于波长和频率的乘积。波长反映波动的空间周期性,频率(或周期)反映波动的时间周期性,上式把这两种周期性联系了起来,所以它是波动的一个基本关系式。运用该式时要注意:频率由波源决定,与介质无关;波速由介质决定,与波源无关。当波从一种介质传到另一种介质时,波的频率不变,波速和波长发生改变。

(5)波程、相位差和波传播时间之间的关系

因为波长是波线上两个相位差为 2π 的质点间的距离,而波传播一个波长的距离所需的时间为一个周期,所以,当波沿波线 OX 从 A 点传到 B 点时,波传播的距离,即波程为 $\Delta x = x_B - x_A$,若波传播的时间为 $\Delta t = t_B - t_A$,B 点的振动相位比 A 点的振动相位落后 $\Delta\varphi = \varphi_A - \varphi_B$,则有下列关系式

$$\frac{\Delta x}{\lambda} = \frac{\Delta\varphi}{2\pi} = \frac{\Delta t}{T} \tag{10-3}$$

例1 已知波源作简谐振动,其表达式为 $y = 0.06\cos\pi t$(SI),波动沿 X 轴正方向传播,波速 $u = 2\text{m/s}$。求:(1)波长;

(2)波源在 1s 和 2s 时的相位差;

(3)若波源位于 $x = 0$ 处,$x = 2\text{m}$ 处质点的振动相位比波源的相位落后多少?比 $x = 1\text{m}$ 处质点的振动相位又落后多少?

解 (1)由波源的简谐振动表达式知角频率为 $\omega = \pi\text{s}^{-1}$,故波源的振动频率为

$$\nu = \frac{\omega}{2\pi} = \frac{\pi}{2\pi} = 0.5(\text{Hz})$$

根据(10-2)式,波长为

$$\lambda = \frac{u}{\nu} = \frac{2}{0.5} = 4(\text{m})$$

(2)波源在 1s 和 2s 时的相位差为

$$\Delta\varphi = \varphi_1 - \varphi_2 = \omega(t_1 - t_2) = \pi(1 - 2) = -\pi$$

(3)根据(10-3)式,$x = 2\text{m}$ 处质点的振动相位比波源的相位落后

$$\Delta\varphi = \frac{2\pi}{\lambda}\Delta x = \frac{2\pi}{4} \times 2 = \pi$$

比 $x = 1\text{m}$ 处质点的振动相位落后

$$\Delta\varphi = \frac{2\pi}{\lambda}\Delta x = \frac{2\pi}{\lambda}(x_2 - x_1) = \frac{2\pi}{4} \times (2 - 1) = \frac{\pi}{2}$$

10-2 平面简谐波的余弦表达式

简谐振动的传播过程称为简谐波,波面是平面的简谐波称为平面简谐波。简谐波是最简单、最基本的波。描述平面简谐波的函数式称为平面简谐波表达式,或平面简谐波波函数。

介质中传播平面简谐波时,各质点都作简谐振动,它们有相同的振动频率和振幅,但同一时刻各质点的振动相位并不相同。因为振动的相以相速向前传播,所以各质点振动的相沿波速方向依次落后,存在确定的关系。波沿波线传播距离 Δx 所需时间 $\Delta t = \frac{\Delta x}{u}$,相应的相位

差为 $\Delta\varphi = \dfrac{2\pi}{T}\Delta t = \omega\dfrac{\Delta x}{u}$。

平面简谐波的表达式实际上是波线上各质点的简谐振动表达式组,这些简谐振动表达式的差别只是相,而各点的相又存在确定的关系,所以该简谐振动表达式组可归纳为一个表达式,即平面简谐波表达式,式中的相位是质点平衡位置的函数。

1. 平面简谐波余弦表达式

如图 10-5 所示,平面简谐波沿 X 轴正方向传播,波速为 u。用 x 表示质点的平衡位置,y 表示质点相对于平衡位置的位移。设波线上任意一点 O 的简谐振动表达式为

$$y_O = A\cos(\omega t + \varphi) \qquad (10\text{-}4)$$

设 O 点的振动初相为 φ,并取 O 点为坐标原点,则

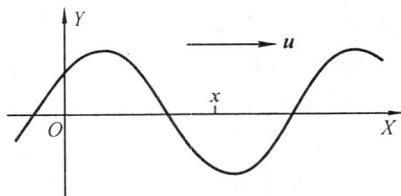

图 10-5　推导平面
简谐波余弦表达式用图

位置坐标为 x 的质点的振动相位比 $x=0$ 处质点的振动相位落后 $\Delta\varphi = \omega\Delta t = \omega\dfrac{x}{u}$。或者说,$x$ 点在 t 时刻的相位等于 O 点在 $t - \Delta t = t - \dfrac{x}{u}$ 时刻的相位。所以,坐标为 x 的质点的简谐振动余弦表达式为

$$y = A\cos\Big[\omega(t - \dfrac{x}{u}) + \varphi\Big] \qquad (10\text{-}5)$$

这就是沿 X 轴正方向传播的平面简谐波的余弦表达式。利用关系式

$$\omega = \dfrac{2\pi}{T} = 2\pi\nu, \qquad u = \lambda\nu = \dfrac{\lambda}{T}$$

上式也可写作

$$\left.\begin{aligned}
y &= A\cos\Big[2\pi(\dfrac{t}{T} - \dfrac{x}{\lambda}) + \varphi\Big] \\
y &= A\cos\Big[2\pi(\nu t - \dfrac{x}{\lambda}) + \varphi\Big] \\
y &= A\cos\Big[\dfrac{2\pi}{\lambda}(ut - x) + \varphi\Big]
\end{aligned}\right\} \qquad (10\text{-}6)$$

2. 平面简谐波表达式的物理意义

平面简谐波表达式中有两个自变量:时间 t 和质点的平衡位置坐标 x。现在我们讨论 (10-5)式的物理意义。

(1)固定 x

当固定 $x = x_0$ 时,y 只是 t 的函数,这时平面简谐波表达式变为平衡位置在 x_0 处的质点的简谐振动表达式。由(10-5)式得 x_0 处质点的简谐振动表达式为

$$y = A\cos(\omega t - \dfrac{\omega x_0}{u} + \varphi)$$

式中 $\varphi - \dfrac{\omega x_0}{u}$ 是振动初相。

（2）固定 t

当固定 $t=t_0$ 时，y 只是 x 的函数，这时平面简谐波表达式变为 t_0 时刻的波形方程。由 (10-5) 式得 t_0 时刻的波形方程为

$$y = A\cos(\omega t_0 - \frac{\omega x}{u} + \varphi)$$

式中 ωt_0 是常数，上式表示波线上各质点在 t_0 时刻的位移分布。以 Y 为纵坐标，X 为横坐标作出的余弦曲线称为波形曲线。

（3）x 和 t 都变化

这时平面简谐波表达式表示波线上各质点的位移分布随时间的变化，形象地说，这时平面简谐波表达式反映了波形的传播。如图 10-6 所示，时刻 t_0 的波形曲线为实线（1），时刻 $t_0 + \Delta t$ 的波形曲线为虚线（2），它们的波形方程分别为

$$y_1 = A\cos(\frac{\omega}{u}x - \omega t_0 - \varphi), \qquad y_2 = A\cos[\frac{\omega}{u}x - \omega(t_0 + \Delta t) - \varphi]$$

由上两式得

$$y_1(x, t_0) = A\cos[\frac{\omega}{u}(x + u\Delta t) - \omega(t_0 + \Delta t) - \varphi] = y_2(x + u\Delta t, t_0 + \Delta t)$$

上式说明，在 $t_0 + \Delta t$ 时刻位于 $x + u\Delta t$ 处质点的位移，正好等于在 t_0 时刻位于 x 处质点的位移，即在 Δt 时间内，整个波形沿波线向前传播了 $\Delta x = u\Delta t$ 的距离。由此可见，波形以波速 u 向前传播。

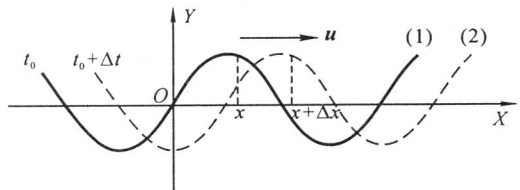

图 10-6　波形的传播

3. 质点的振动速度和加速度

波动传播过程中，介质中质点的振动速度是 y 对 t 的一阶偏导数，即

$$v = \frac{\partial y}{\partial t} = -A\omega\sin[\omega(t - \frac{x}{u}) + \varphi] \tag{10-7}$$

质点的振动加速度是 y 对 t 的二阶偏导数，即

$$a = \frac{\partial^2 y}{\partial t^2} = -A\omega^2\cos[\omega(t - \frac{x}{u}) + \varphi] \tag{10-8}$$

例 2 已知某质点的简谐振动表达式和波速 u，写出平面简谐波表达式：

(1) 已知 O 点的简谐振动表达式 $y = A\cos(\omega t + \varphi)$，波以速率 u 沿 X 轴负方向传播；

(2) 已知 x_1 点的简谐振动表达式 $y = A\cos(\omega t + \varphi)$，波以速率 u 沿 X 轴正方向传播。

解　(1) 波沿 X 轴负方向传播时，x 点的振动比 O 点的振动相位超前 $\Delta\varphi = \frac{\omega x}{u}$，所以平面简谐波的表达式为

$$y = A\cos[\omega(t + \frac{x}{u}) + \varphi]$$

(2) 波沿 X 轴正方向传播时，x 点在时刻 t 的相等于 x_1 点在时刻 $t - \frac{x - x_1}{u}$ 的相，所以平面简谐波的表达式为

$$y = A\cos\left[\omega\left(t - \frac{x - x_1}{u}\right) + \varphi\right]$$

10-3 机械波的能量和能流

1. 机械波的能量和能量密度

机械波在弹性介质中传播时,介质中各质元都在其平衡位置附近作振动,而且相邻质元的振动步调不一致,使介质发生形变。所以,介质中各质元既具有动能,又具有弹性势能。

设介质的密度为 ρ,某质元的体积为 $\mathrm{d}V$,质量为 $\mathrm{d}m$,当平面简谐波 $y = A\cos\omega\left(t - \frac{x}{u}\right)$ 在介质中传播时,该质元在时刻 t 的动能为

$$\mathrm{d}E_k = \frac{1}{2}\mathrm{d}m \cdot v^2 = \frac{1}{2}\rho\mathrm{d}V \cdot A^2\omega^2\sin^2\omega\left(t - \frac{x}{u}\right)$$

前已定性分析(不作定量证明)过:平面简谐波传播过程中,介质中各质元的弹性势能和动能同步变化,在任何时刻其动能和势能都相等,即

$$\mathrm{d}U = \mathrm{d}E_k = \frac{1}{2}\rho\mathrm{d}V \cdot A^2\omega^2\sin^2\omega\left(t - \frac{x}{u}\right)$$

所以,介质中质元的机械能为

$$\mathrm{d}E = \mathrm{d}E_k + \mathrm{d}U = \rho\mathrm{d}V \cdot A^2\omega^2\sin^2\omega\left(t - \frac{x}{u}\right)$$

单位体积内波的能量称为波的能量密度,用 w 表示。由上式得

$$w = \frac{\mathrm{d}E}{\mathrm{d}V} = \rho A^2\omega^2\sin^2\omega\left(t - \frac{x}{u}\right) \tag{10-9}$$

上式表明:波的能量密度是时间 t 和位置 x 的函数;对任意确定的单位体积,w 随时间不断变化。这说明波动过程是能量的传播过程。

能量密度在一个周期内的平均值称为平均能量密度,用 $\overline{w}$ 表示,即

$$\overline{w} = \frac{1}{T}\int_0^T w\mathrm{d}t = \frac{1}{T}\int_0^T \rho A^2\omega^2\sin^2\omega\left(t - \frac{x}{u}\right)\mathrm{d}t = \frac{1}{2}\rho A^2\omega^2 \tag{10-10}$$

上式表明:平均能量密度不随位置 x 而变,而与振幅的平方和角频率的平方成正比。

2. 机械波的能流和能流密度

为了描述波动过程中能量的传播,引入能流的概念。单位时间内通过某一面积的波的能量称为波通过该面积的能流,或称能通量。

单位时间内通过垂直于波传播方向的单位面积的能量称为能流密度。能流密度的时间平均值称为平均能流密度,又称波的强度,用 I 表示。如图 10-7 所示,在介质中垂直于波传播方向上取一面积 S,则 $\mathrm{d}t$ 时间内通过 S 的能量为 $wSu\mathrm{d}t$,因此通过面积 S 的能流为

$$\Phi = wSu \tag{10-11}$$

平均能流为

$$\overline{\Phi} = \overline{w}Su \qquad (10\text{-}12)$$

平均能流密度为

$$I = \frac{\overline{\Phi}}{S} = \overline{w}u \qquad (10\text{-}13)$$

其方向与波速 u 同向,故矢量式为

$$\boldsymbol{I} = \overline{w}\boldsymbol{u} \qquad (10\text{-}14)$$

将(10-10)式代入(10-13)式,得

$$I = \frac{1}{2}\rho A^2\omega^2 u \qquad (10\text{-}15)$$

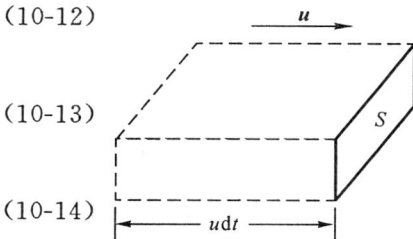

图 10-7 推导波的强度用图

上式表明:波的强度与振幅平方成正比。

国际单位制中,能流密度的单位是瓦[特]每平方米(W/m^2)。

3. 平面简谐波的振幅

在推导平面简谐波的余弦表达式时曾指出,在平面简谐波的传播过程中,介质中各质点的振幅相等。现根据(10-15)式和能量守恒定律加以证明。设有一平面简谐波在均匀的不吸收波能量的介质中传播,我们在垂直于波传播方向上取两个面积相等的平面 S_1 和 S_2,如图 10-8 所示。根据能量守恒定律,在一个周期内通过 S_1 面的能量应该等于通过 S_2 面的能量,即 $I_1S_1T = I_2S_2T$,所以 $I_1 = I_2$,由(10-15)式得 $\frac{1}{2}\rho A_1^2\omega^2 u = \frac{1}{2}\rho A_2^2\omega^2 u$,故

$$A_1 = A_2 \qquad (10\text{-}16)$$

上式表示:在均匀的不吸收波能量的介质中传播的平面简谐波的振幅保持不变。

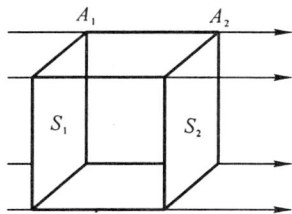

图 10-8 平面简谐波振幅 $A_1 = A_2$

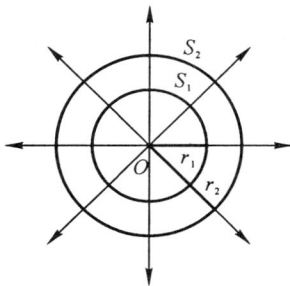

图 10-9 球面简谐波振幅

4. 球面简谐波的余弦表达式

波面是球面的简谐波称为球面简谐波。设有一球面简谐波在均匀的各向同性的不吸收波能量的介质中传播,点波源位于球心 O,如图 10-9 所示,波面 S_1 和 S_2 的半径分别为 r_1 和 r_2,根据能量守恒定律,在一个周期内通过 S_1 面和 S_2 面的能量相等,即 $I_1S_1T = I_2S_2T$,所以

$$\frac{I_1}{I_2} = \frac{S_2}{S_1} = \left(\frac{r_2}{r_1}\right)^2$$

根据(10-15)式,有

$$\frac{I_1}{I_2} = \left(\frac{A_1}{A_2}\right)^2$$

比较上两式,得

$$\frac{A_1}{A_2} = \frac{r_2}{r_1} \tag{10-17}$$

上式指出,在均匀的各向同性的不吸收波能量的介质中传播的球面简谐波的振幅与离点波源的距离成反比。若已知 r_1 处质点的振幅为 A_1,则 r 处质点的振幅为 r_1A_1/r。令 $A = r_1A_1$,得球面简谐波振幅为 A/r。

球面波的波线是以点波源为中心的一组径向直线。离波源 r 处质点的振动相位比波源的相位落后 $\Delta\varphi = \omega r/u$,因此球面简谐波的余弦表达式为

$$y = \frac{A}{r}\cos\left[\omega\left(t - \frac{r}{u}\right) + \varphi\right] \tag{10-18}$$

10-4 波的干涉

1. 波的叠加原理

当几列波同时在同一空间传播时,每列波并不因其他波的存在而改变各自的特征(频率、振幅、波长、振动方向和传播方向等),因此在几列波相遇的区域内,任意一点的振动是各列波单独传播时在该点激发的振动的合振动。

这一规律称为波传播的独立性,或波的叠加原理。例如,几个人同时讲话时,空气中同时传播着几列声波,而我们仍能分辨出各人的声音。

波的叠加原理适用于线性波,其波动方程是线性微分方程。对于非线性波,叠加原理不适用,例如强烈的爆炸声就有明显的相互影响。

一般地说,频率、振幅、相位等都不相同的几列波叠加时,情况很复杂。实验发现,满足一定条件的两列波叠加时,可能形成有的地方振动始终加强,有的地方振动始终减弱,从而形成强度在空间稳定分布的现象,这种现象称为波的干涉。

2. 波的干涉

干涉现象是一种最简单又具有重要实用意义的波的叠加现象,是波动的重要特征之一。能产生干涉现象的两列波称为相干波,产生相干波的波源称为相干波源。相干波源和相干波满足的条件是频率相同、振动方向相同、相位差恒定,称为相干条件。下面导出干涉现象中强度分布的规律。

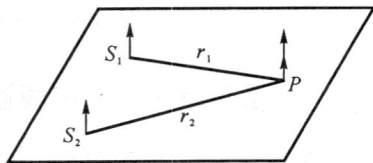

图 10-10 波的干涉用图

如图 10-10 所示,S_1 和 S_2 是两个相干波源,它们的简谐振动余弦表达式分别为

$$y_{10} = A_{10}\cos(\omega t + \varphi_1), \qquad y_{20} = A_{20}\cos(\omega t + \varphi_2)$$

它们所产生的相干波分别经过波程 r_1 和 r_2 传至 P 点。根据波的叠加原理,P 点的合振动是

两列波单独传播时在 P 点引起的振动

$$y_1 = A_1\cos\left[\omega(t - \frac{r_1}{u}) + \varphi_1\right] = A_1\cos(\omega t - \frac{2\pi}{\lambda}r_1 + \varphi_1)$$

$$y_2 = A_2\cos\left[\omega(t - \frac{r_2}{u}) + \varphi_2\right] = A_2\cos(\omega t - \frac{2\pi}{\lambda}r_2 + \varphi_2)$$

的合成,这是两个同方向、同频率的简谐振动的合成,合振动是简谐振动,其振幅为

$$A = \sqrt{A_1^2 + A_2^2 + 2A_1A_2\cos\Delta\varphi}$$

式中

$$\Delta\varphi = \varphi_2 - \varphi_1 - 2\pi\frac{r_2 - r_1}{\lambda} \tag{10-19}$$

其中 $\varphi_2 - \varphi_1$ 是两相干波源的初相差,$-2\pi\dfrac{r_2 - r_1}{\lambda}$ 是波程差 $r_2 - r_1$ 引起的相位差。因为波的强度与振幅的平方成正比,即

$$I \propto A^2, \quad I_1 \propto A_1^2, \quad I_2 \propto A_2^2$$

所以合成波的强度 I 与两相干波的强度 I_1 和 I_2 的关系为

$$I = I_1 + I_2 + 2\sqrt{I_1 I_2}\cos\Delta\varphi \tag{10-20}$$

(1)干涉相长

两列波发生干涉时,合振幅最大的地方,有最大的强度,称为干涉相长。其条件是

$$\Delta\varphi = \pm 2k\pi \qquad k = 0, 1, 2, \cdots \tag{10-21}$$

该处

$$A = A_{\max} = A_1 + A_2, \qquad I = I_{\max} = I_1 + I_2 + 2\sqrt{I_1 I_2} \tag{10-22}$$

当 $A_1 = A_2$ 时

$$A_{\max} = 2A_1, \qquad I_{\max} = 4I_1 \tag{10-23}$$

(2)干涉相消

两列波发生干涉时,合振幅最小的地方,强度最小,称为干涉相消。其条件是

$$\Delta\varphi = \pm(2k+1)\pi, \qquad k = 0, 1, 2, \cdots \tag{10-24}$$

该处

$$A = A_{\min} = |A_1 - A_2|, \qquad I = I_{\min} = I_1 + I_2 - 2\sqrt{I_1 I_2} \tag{10-25}$$

当 $A_1 = A_2$ 时,

$$A_{\min} = 0, \qquad I_{\min} = 0 \tag{10-26}$$

(3)$\varphi_1 = \varphi_2$ 时干涉相长和干涉相消的条件为

$$\Delta\varphi = 2\pi\frac{r_1 - r_2}{\lambda} = \begin{cases} \pm 2k\pi, & k = 0, 1, 2, \cdots & \text{干涉相长} \\ \pm(2k+1)\pi, & k = 0, 1, 2, \cdots & \text{干涉相消} \end{cases} \tag{10-27}$$

由于波程差 $\delta = r_1 - r_2$ 直观又易测量,所以上述条件常用 δ 表示为

$$\delta = r_1 - r_2 = \begin{cases} \pm k\lambda, & k = 0, 1, 2, \cdots & \text{干涉相长} \\ \pm(2k+1)\dfrac{\lambda}{2}, & k = 0, 1, 2, \cdots & \text{干涉相消} \end{cases} \tag{10-28}$$

k 称为干涉的级次。如 $\delta=\pm k\lambda$ 中，$k=1$ 称 1 级极大；$\delta=\pm(2k+1)\dfrac{\lambda}{2}$ 中，$k=2$ 称 2 级极小。

例 3 已知波源 B 的简谐振动表达式为 $y_1=0.02\cos2\pi t$(SI)，波源 C 的简谐振动表达式为 $y_2=0.02$ $\cos(2\pi t+\pi)$(SI)，P 点至 B 的距离 $\overline{BP}=0.4$m，P 点至 C 的距离 $\overline{CP}=0.5$m，波速 $u=0.2$m/s。求两相干波源 B 和 C 发出的两列相干波传到 P 点引起的两个分振动的相位差和合振动的振幅。P 点波的强度是单列波强度的几倍？

解 根据(10-19)式，P 点两分振动的相位差为

$$\Delta\varphi=\varphi_2-\varphi_1-\frac{2\pi}{\lambda}(\overline{CP}-\overline{BP})=\pi-\frac{2\pi}{0.2}(0.5-0.4)=0$$

即两分振动同相。根据(10-23)式，合振动振幅为 $A=2A_1=0.04$m，波的强度为 $I=4I_1$。

10-5 驻 波

驻波是一种特殊的干涉现象。振幅相同的两列相干波在同一直线上沿相反方向传播时叠加形成驻波。

1. 驻波的定性分析

如图 10-11 所示，有两列振幅相同的相干波沿 X 轴相向传播，正向传播的一列波用细实线表示，负向传播的一列波用虚线表示，合成波用粗实线表示。在两列波完全重叠时开始计时，经过 1/4 周期后，即 $t=T/4$ 时，两列波分别向 X 轴正向和负向传播了 1/4 波长的距离，这时各点的合位移都为零，合成波形与 X 轴重合。再经过 $T/4$，即 $t=T/2$ 时，两列波又完全重叠，这时的合成波形与 $t=0$ 时的波形不同，两时刻质点的合位移大小相同，方向相反。$t=3T/4$ 时，各点的合位移又为零，合成波形又与 X 轴重合。经过一个周期，波形和 $t=0$ 时的波形相同。由图 10-11 可见，不论什么时刻，X 轴线上有某些点始终静止不动，如 b,d,f 等点，称为驻波的波节；而另一些点的合振动振幅最大，如 a,c,e 等点，称为驻波的波腹；其他各点的合振动振幅在零和最大值之间。两个相邻波节或相邻波腹之间的距离是 $\lambda/2$，相邻波节与波腹之间的距离是 $\lambda/4$。因为波

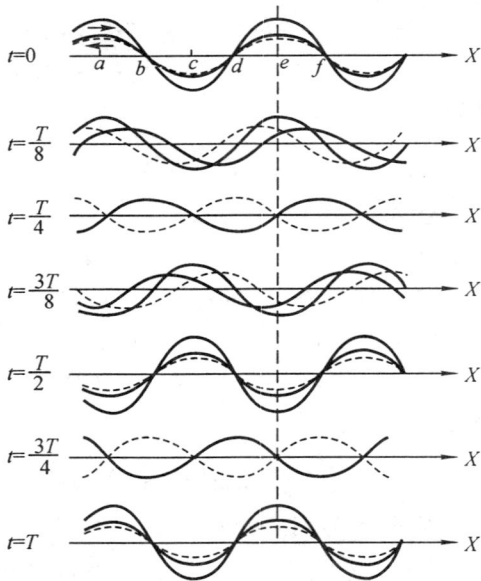

图 10-11 驻波的形成

节始终不动，整个合成波被波节分成许多分段，如 bd 段、df 段等，每一分段中各质点的振动相位都相同，两相邻分段中的质点振动相位相反。合成波形并不沿 X 轴方向传播，而是驻定在一定位置上，各质点分段作不等幅的集体振动，没有相位和波形的传播。驻波的能量被限制在波节和波腹之间长度为 $\lambda/4$ 的小段中，不存在能量的定向传播，只是动能和势能在波腹和波节之间转化。当各质点都达到其最大位移时，振动速度和动能为零，但介质发生形变，

尤其是靠近波节处形变最大,这时驻波能量以弹性势能的形式集中于波节附近。当各质点都处于平衡位置时,介质形变消失,势能为零,但各质点的速度和动能都达到各自的最大值,尤其是波腹处速度和动能最大,这时驻波能量以动能形式集中于波腹附近。

综上所述,驻波的特征是:

①没有相位的传播,波线上各点的相位并不是逐点变化的,而是在两个相邻波节之间各质点的振动相位相同,波节两侧质点的振动相位相反;

②没有波形的传播,波节始终静止不动,各质点分段作振幅不等的集体振动;

③没有能量的定向传播,只是在波腹与波节之间不断地进行着动能与势能的相互转化。

由此可见,驻波与行波有不同的特征。

2. 驻波的定量分析

当在两列简谐行波完全重叠时开始计时,并取 $t=0$ 时达到正最大位移的某波腹点作为坐标原点 O(如图 10-11 中的 a 点或 e 点),则两列简谐行波在 O 点引起的简谐振动的表达式分别为

$$y_{10} = A\cos\omega t = A\cos\frac{2\pi}{T}t, \qquad y_{20} = A\cos\omega t = A\cos\frac{2\pi}{T}t$$

所以,沿 X 轴正向传播的平面简谐波表达式为

$$y_1 = A\cos 2\pi\left(\frac{t}{T} - \frac{x}{\lambda}\right)$$

沿 X 轴负向传播的平面简谐波表达式为

$$y_2 = A\cos 2\pi\left(\frac{t}{T} + \frac{x}{\lambda}\right)$$

得驻波表达式为

$$y = y_1 + y_2 = \left(2A\cos\frac{2\pi}{\lambda}x\right)\cos\frac{2\pi}{T}t \tag{10-29}$$

上式表明:

①除波节外,各点均在其平衡位置附近作简谐振动;

②各点的振动频率相等,等于两列相干行波的频率;

③各点振动的振幅 $\left|2A\cos\dfrac{2\pi}{\lambda}x\right|$ 与该质点的平衡位置 x 有关,波节始终静止不动,故波节坐标满足 $\cos\dfrac{2\pi}{\lambda}x=0$,可解出波节的坐标为

$$x = \pm(2k+1)\frac{\lambda}{4}, \qquad k = 0,1,2,\cdots \tag{10-30}$$

相邻两波节的距离为

$$x_{k+1} - x_k = [2(k+1)+1]\frac{\lambda}{4} - (2k+1)\frac{\lambda}{4} = \frac{\lambda}{2} \tag{10-31}$$

因为波腹处振幅最大,故波腹坐标满足 $\left|\cos\dfrac{2\pi}{\lambda}x\right|=1$,由此可解出波腹坐标为

$$x = \pm k\cdot\frac{\lambda}{2}, \quad k = 0,1,2,\cdots \tag{10-32}$$

相邻两波腹的距离为

$$x_{k+1} - x_k = (k+1)\frac{\lambda}{2} - k\frac{\lambda}{2} = \frac{\lambda}{2} \tag{10-33}$$

相邻波节和波腹间的距离为

$$(2k+1)\frac{\lambda}{4} - k\frac{\lambda}{2} = \frac{\lambda}{4} \tag{10-34}$$

④质点振动的相位：

当 $\cos\frac{2\pi}{\lambda}x > 0$ 时，驻波表达式为 $y = \left|2A\cos\frac{2\pi}{\lambda}x\right|\cos\frac{2\pi}{T}t$；质点振动的相位为 $\frac{2\pi}{T}t$，它与质点的平衡位置 x 无关。

当 $\cos\frac{2\pi}{\lambda}x < 0$ 时，驻波表达式为 $y = \left|2A\cos\frac{2\pi}{\lambda}x\right|\cos(\frac{2\pi}{T}t+\pi)$；质点振动的相位为 $\frac{2\pi}{T}t + \pi$，它与质点的平衡位置 x 也无关。

因为波节满足 $\cos\frac{2\pi}{\lambda}x = 0$，所以波节两侧质点的振动相位相反，两相邻波节间各点的振动相位相同。这表明各质点分段作振动。

3. 半波损失

当波在固定端反射时，反射点是波节，这表明反射处反射波与入射波相位反相，因此波在反射过程中有相位突变 π。因为相位差 π 对应于波程差 $\lambda/2$，所以常将波在反射过程中产生的相位突变 π 的现象称为半波损失。波在自由端反射时，反射点是波腹，这表明在自由端反射波与入射波相位同相，不存在半波损失。

波从介质 1 垂直入射到分界面，再从介质 2 反射回介质 1 时，若满足 $\rho_2 u_2 \gg \rho_1 u_1$，则分界处形成波节，存在半波损失；若 $\rho_2 u_2 \ll \rho_1 u_1$，则分界处形成波腹，不存在半波损失。上面两个不等式中，ρ 是介质的密度，u 是介质中的波速，ρu 大的称波密介质，小的称波疏介质。

例 4 已知驻波表达式 $y = 4\cos 2x\cos 5t$(SI)，求：(1)叠加成此驻波的两列平面简谐行波的波长和波速大小；(2)0 到 10m 范围内波节和波腹的位置。

解 (1)用对照方法确定波长和波速。将驻波表达式与标准形式(10-29)对照，得 $\frac{2\pi}{\lambda} = 2\text{m}^{-1}$，$\frac{2\pi}{T} = 5\text{s}^{-1}$，所以波长为 $\lambda = 3.14\text{m}$，波速为

$$u = \frac{\lambda}{T} = \frac{2\pi}{T} \Big/ \frac{2\pi}{\lambda} = \frac{5}{2} = 2.5(\text{m/s})$$

(2)波节始终静止不动，满足 $\cos 2x = 0$，所以

$$2x = \pm(2k+1)\frac{\pi}{2}, \qquad k = 0,1,2,\cdots$$

由此解出从 0 到 10m 范围内波节的位置为

$$x = (2k+1)\frac{\pi}{4}(\text{m}), \qquad k = 0,1,2,3,4,5$$

因为相邻波腹与波节间距离为 $\frac{\lambda}{4} = \frac{\pi}{4}$，所以 0 到 10m 范围内波腹的位置为

$$x = (2k+1)\frac{\pi}{4} + \frac{\pi}{4} = (k+1)\frac{\pi}{2}(\text{m}), \qquad k = -1,0,1,2,3,4,5$$

例 5 已知入射波表达式 $y_1 = A\cos[2\pi(\frac{t}{T} + \frac{x}{\lambda}) + \varphi]$，在 $x=0$ 处发生完全反射，反射点为固定端。试写出：

(1)反射波表达式;(2)合成波表达式;(3)波节和波腹的位置。

解 (1)将 $x=0$ 代入入射波的表达式 y_1,得到入射波在 $x=0$ 处激发的振动的表达式为 $y_{10}=A\cos(2\pi\frac{t}{T}+\varphi)$,因反射点是固定端,故反射时有半波损失,反射波在 $x=0$ 处的振动 y_{20} 与 y_{10} 反相;又因是完全反射,没有透射,故 y_{20} 与 y_{10} 振幅相同;而频率在反射过程中不变。所以由 y_{10} 知 $y_{20}=A\cos(2\pi\frac{t}{T}+\varphi+\pi)$。由入射波表达式知,入射波沿 X 轴负方向传播,故反射波沿 X 轴正方向传播。由 y_{20} 得反射波表达式为

$$y_2 = A\cos[2\pi(\frac{t}{T}-\frac{x}{\lambda})+\varphi+\pi]$$

(2)由公式 $\cos\alpha+\cos\beta=2\cos\frac{1}{2}(\alpha+\beta)\cos\frac{1}{2}(\alpha-\beta)$ 得合成波表达式为

$$y = y_1 + y_2 = 2A\cos(\frac{2\pi x}{\lambda}-\frac{\pi}{2})\cos(\frac{2\pi t}{T}+\varphi+\frac{\pi}{2})$$

(3)由 $\cos(\frac{2\pi x}{\lambda}-\frac{\pi}{2})=0$ 解出波节位置为 $x=(k+1)\frac{\lambda}{2}$。因入射波沿 X 轴负方向传播,而在 $x=0$ 处完全反射,故波动发生在 X 轴正半轴,所以上式中 k 值取 $-1,0,1,\cdots$。波节位置亦可表示作 $x=k\frac{\lambda}{2},k=0,1,2,\cdots$。

由 $\left|\cos(\frac{2\pi x}{\lambda}-\frac{\pi}{2})\right|=1$ 解出波腹位置为 $x=(2k+1)\frac{\lambda}{4},k=0,1,2,\cdots$。

10-6 多普勒效应

由于波源与观测者(接收器)有相对运动使得观测者接收到的频率与波源的振动频率不同,这种现象称为多普勒(C. Doppler)效应。例如,当高速火车鸣笛而来时,站台上的旅客听到火车汽笛的音调变高;火车鸣笛而去时,旅客听到汽笛的声调变低。

下面讨论波源与观测者在两者连线上有相对运动时机械波的多普勒效应。取介质为参考系,用 v_s 表示波源相对于介质的速率,v_r 表示观测者相对于介质的速率。

1. 观测者的接收频率

观测者(接收器)的接收频率 ν_r 是单位时间内接收器所作的完全振动的次数,它等于单位时间内接收器接收到的完整波数目,即等于波对接收器的速率除以波长,所以

$$\nu_r = \frac{u \pm v_r}{\lambda} \tag{10-35}$$

如图 10-12 所示,当观测者 r 接近波源 S 时,观测者速度 v_r 向左,波速 u 向右,波对观测者的速率为 $u+v_r$;当 r 离开 S 时,v_r 向右,u 向右,波对观测者的速率为 $u-v_r$。所以上式中,当观测者接近波源时取"+"号,离开波源时取"-"号。

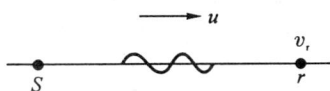

图 10-12 $\nu_r=\dfrac{u\pm v_r}{\lambda}$

2. 波长与波源的运动有关

(1)波源相对于介质静止($v_s=0$)

如图 10-13(a)所示,点波源 S 在 $t=0$ 时的振动状态于时刻 t 传到半径 $r_1=ut$ 的球面波

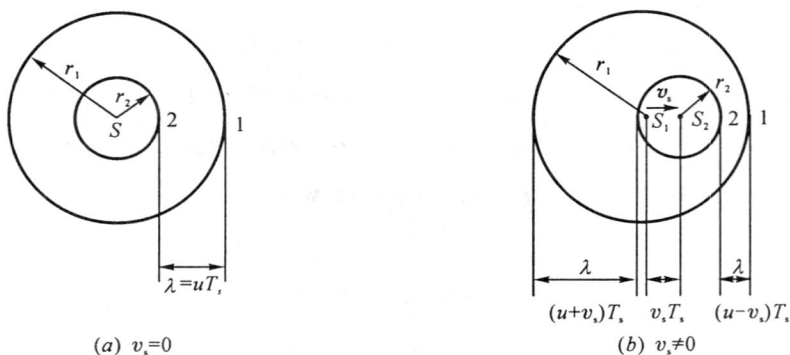

$(a)\ v_s=0$ $(b)\ v_s\neq0$

图 10-13 $\lambda=(u\pm v_s)T_s$

波面 1；S 在 $t=T_s$ 时的振动状态于时刻 t 传到半径 $r_2=u(t-T_s)$ 的球面波波面 2，波长等于波面 1 和波面 2 的间距，即 $\lambda=r_1-r_2=uT_s$。

（2）波源以速率 v_s 相对于介质运动（$v_s\neq0$）

如图 10-13(b)所示，$t=0$ 时波源位于 S_1，$t=T_s$ 时波源位于 S_2，S_1 与 S_2 之间的距离等于 v_sT_s。时刻 t，波源在 $t=0$ 时的振动状态传到波面 1，$t=T_s$ 时的振动状态传到波面 2，两波面的间距，即波长为

$$\lambda=r_1-r_2\mp v_sT_s=(u\mp v_s)T_s \tag{10-36}$$

在波源运动的前方取"$-$"号，后方取"$+$"号，即波源接近观测者时取"$-$"号，离开观测者时取"$+$"号。

3. 观测者接收频率 ν_r 与波源频率 ν_s 的关系

由(10-35)式和(10-36)式得

$$\nu_r=\frac{u\pm v_r}{\lambda}=\frac{u\pm v_r}{(u\mp v_s)T_s}=\frac{u\pm v_r}{u\mp v_s}\nu_s \tag{10-37}$$

上式中，当观测者接近波源时，v_r 前取"$+$"号，离开波源时取"$-$"号；波源接近观测者时，v_s 前取"$-$"号，离开观测者时取"$+$"号。

多普勒效应在科学技术上有广泛的应用。例如，利用声波的多普勒效应可以监测车速；利用超声波的多普勒效应可对心脏跳动情况进行诊断；利用电磁波的多普勒效应可以测定星球相对于地球的运动速度。

例 6 一辆汽车以速率 v 向一山崖驶去，汽车喇叭的振动频率为 ν，声速为 u，求司机听到的山崖回声的频率。

解 喇叭以速率 v 接近山崖，根据(10-36)式，在喇叭运动前方，波长为

$$\lambda=(u-v_s)T_s=\frac{u-v_s}{\nu_s}=\frac{u-v}{\nu}$$

司机以速率 v 接近山崖，反射波以速率 u 接近司机，所以波相对司机的速率为 $u+v$。根据(10-35)式，司机听到的回声频率为

$$\nu_r=\frac{u+v}{\lambda}=\frac{u+v}{u-v}\nu$$

本章摘要

1. 机械波的产生和传播：
    产生条件——波源和介质。
    行波是相位传播、波形传播和能量传播过程。

2. 波速、波长、周期和频率：
    波速 u 决定于介质的惯性和弹性。
    波长 λ 表示波的空间周期性。
    周期 T、频率 ν 表示波的时间周期性。

    相互关系： $u=\lambda\nu=\dfrac{\lambda}{T}$，$\dfrac{\Delta\varphi}{2\pi}=\dfrac{\Delta x}{\lambda}=\dfrac{\Delta t}{T}$

3. 简谐波表达式：
    平面简谐波： $y=A\cos\left[\omega\left(t-\dfrac{x}{u}\right)+\varphi\right]$

    球面简谐波： $y=\dfrac{A}{r}\cos\left[\omega\left(t-\dfrac{r}{u}\right)+\varphi\right]$

4. 波的能量和能流：动能和势能同步变化，量值相等。

    能量密度： $w=\rho A^2\omega^2\sin^2\omega\left(t-\dfrac{x}{u}\right)$，$w_{\max}=\rho A^2\omega^2$，$\overline{w}=\dfrac{1}{2}\rho A^2\omega^2$

    波的强度： $I=\overline{w}u=\dfrac{1}{2}\rho A^2\omega^2 u$

5. 波的干涉：
    波的相干条件——频率相同、振动方向相同、相位差恒定。

    干涉相长和相消条件： $\Delta\varphi=\varphi_2-\varphi_1-2\pi\dfrac{r_2-r_1}{\lambda}$

$$\Delta\varphi=\begin{cases}\pm 2k\pi, & k=0,1,2,\cdots & \text{干涉相长}\\ \pm(2k+1)\pi, & k=0,1,2,\cdots & \text{干涉相消}\end{cases}$$

$\varphi_1=\varphi_2$ 时

$$\delta=r_2-r_1=\begin{cases}\pm k\lambda, & k=0,1,2,\cdots & \text{干涉相长}\\ \pm(2k+1)\dfrac{\lambda}{2}, & k=0,1,2,\cdots & \text{干涉相消}\end{cases}$$

    两列波干涉的强度分布：$I=I_1+I_2+2\sqrt{I_1 I_2}\cos\Delta\varphi$。

6. 驻波：振幅相同、传播方向相反的两列相干波叠加而成，是一种特殊的干涉现象。
    驻波表达式（原点是波腹，$\varphi=0$）：

$$y=A\cos 2\pi\left(\dfrac{t}{T}-\dfrac{x}{\lambda}\right)+A\cos 2\pi\left(\dfrac{t}{T}+\dfrac{x}{\lambda}\right)=2A\cos\dfrac{2\pi}{\lambda}x\cos\dfrac{2\pi}{T}t$$

    相邻波节和波腹间距等于 $\lambda/4$。
    波节两侧质点振动相位相反，相邻波节间各质点振动相位相同。

7. 半波损失：行波在反射时引起的相位突变 π 的现象。

8. 机械波的多普勒效应：波源与观测者有相对运动时，$\nu_r\neq\nu_s$ 的现象。

$$\nu_r = \frac{u \pm v_r}{u \mp v_s} \nu_s$$

思考题

10-1 振动、波动有什么联系和区别？机械波中某一质点的谐振动表达式与该简谐波的表达式有何关系？有什么不同？

10-2 机械波通过不同介质时，波长 λ、频率 ν 和速度 v 中，哪些要改变？哪些不改变？

10-3 横波与纵波有何区别？波峰处质点的运动状态和波谷处质点的运动状态有什么不同？

10-4 要使小提琴的音调（频率）升高，可采取哪些措施？

10-5 为什么我们能同时听到各种声音，而且能同时辨别各种声波传来的方向？

10-6 某卫星发射恒定频率的电磁波。地面跟踪站探测到这一频率的电磁波，使它与某一标准频率的电磁波形成拍振动，然后将这个拍转入扬声器，于是人们就听到了卫星的讯号。试分析当卫星趋近跟踪站、通过跟踪站上空以及离开跟踪站时声音的变化情况。

10-7 男人和女人的声音哪一个容易绕射？当人朝着障碍物一边前进一边叫喊时，所听到的回声声调将发生什么变化？

10-8 已知某时刻横波的波形曲线如图所示，其中 a 点正向下运动，请在图中判断：

(1)波传播的方向；

(2)该时刻 b,c,d,e,f,g,h 各点的运动方向。

10-9 声源向静止的观察者运动和观察者向静止的声源运动，都会使听到的音调变高，试问这两者在物理上有什么区别？

10-10 什么是能流密度？它有什么物理意义？它与哪些因素有关？

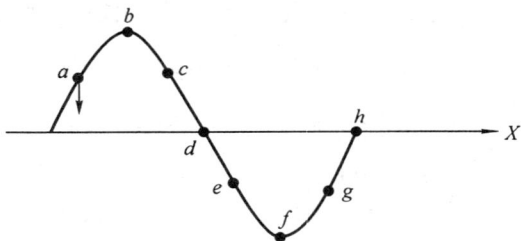

思考题 10-8 图

10-11 波在介质中传播时，为什么介质元的动能和势能具有相同的相位，而弹簧振子的动能和势能却没有这样的特点？

10-12 既然在波传播时，介质的质元并不随波迁移。但实际上在水面上有波形成时，可以看到漂在水面上的树叶会沿水波前进的方向移动。这是为什么？

习　题

10-1 潮汐波在太平洋中的速率约为 $740 \text{km} \cdot \text{h}^{-1}$，波长为 300km，问其频率为多大？从日本到美国旧金山的距离为 $8 \times 10^3 \text{km}$，问潮汐波传播所需的时间？

10-2 (1)频率在 $20 \sim 20 \times 10^3 \text{Hz}$ 的弹性波能触发人耳的听觉。设空气里的声速为 $330 \text{m} \cdot \text{s}^{-1}$，求这两个频率声波的波长；

(2)人眼所能见到的光（可见光）的波长范围是 400nm（紫光）到 760nm（红光），求可见光的频率范围。（$1\text{nm} = 10^{-9}\text{m}$，光速 $c = 3 \times 10^8 \text{m} \cdot \text{s}^{-1}$）

10-3 据报道，1976 年唐山大地震，有些物体曾被猛地向上抛起 2m 高。设地震横波为简谐波，且频率为 1Hz,波速为 3km·s^{-1}。问此地震波的波长多大？振幅多大？

10-4 频率为 500Hz 的平面波,波速 $u=350$m·s^{-1}。问：

(1)同一波线上,相位差为 π/3 的两点相距多远？

(2)介质中某质元在时间间隔为 10^{-3}s 的两个振动状态的相位差是多少？

10-5 频率为 3.0×10^3Hz、振幅为 1.0×10^{-3}m 的声波,以波速 $u=1.56\times10^3$m·s^{-1} 沿 X 轴正方向传播,已知 X 轴上 A 和 B 两点的距离为 $x_B-x_A=0.13$m。求：

(1)波长 λ；

(2)波从 A 传至 B 所需的时间；

(3)同一时刻,B 点的振动相位比 A 点的振动相位落后多少？

(4)质点振动速度和加速度的最大值。

10-6 已知一平面简谐波的表达式为 $y=5\cos(8t+3x+\frac{\pi}{4})$ (SI),问：

(1)该平面波沿什么方向传播？

(2)它的频率、波长和波速各是多少？

(3)表达式中的 $\frac{\pi}{4}$ 有什么意义？

10-7 某潜艇声纳发出的超声波表达式为：
$$y=1.20\times10^{-3}\cos(10^5\pi t-220x)\text{(SI)}$$
求:(1)波源的振幅和频率；

(2)海水中超声波的波长和波速；

(3)距波源为 $x_1=8.00$m 与 $x_2=8.05$m 处两质点的振动相位差。

10-8 一平面简谐波沿 X 轴正方向传播,波速 $u=400$m·s^{-1},$x=0$ 处质点的简谐振动曲线如图所示。求：

(1)平面简谐波的表达式；

(2)$x=2$m 处质点的振动表达式；

(3)$x_1=15$m 和 $x_2=16$m 处两质点的相位差。

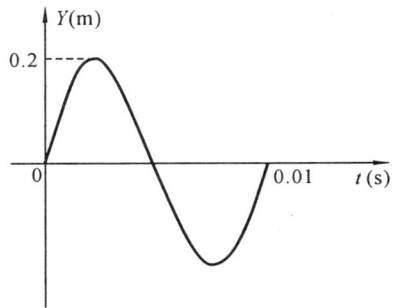

习题 10-8 图

10-9 一平面简谐波以速度 $u=10$m·s^{-1} 沿 X 轴负方向传播,波线上 A 点的振动表达式 $y_A=2\cos(2\pi t+\varphi)$ (SI),B 点和 A 点相距 5m,如图所示。试分别以 A 和 B 为坐标原点写出平面简谐波的表达式。

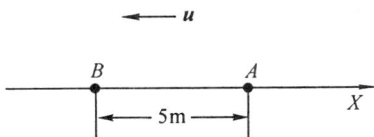

习题 10-9 图

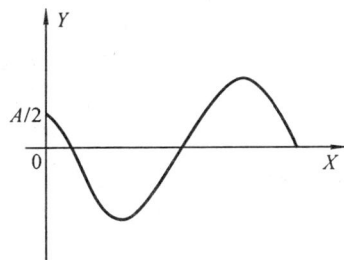

习题 10-10 图

10-10 沿 X 轴正方向传播的平面简谐波在 $t=0$ 时的波形曲线如图所示,波长 $\lambda=1$m,波速 $u=10$m·s^{-1},振幅 $A=0.1$m。试写出：

(1)O 点的振动表达式；

(2)平面简谐波表达式；

(3)$x=1.5$m 处质点的振动表达式。

10-11　一电台的功率为500W,求距电台500km处电磁波的平均能流密度(设电磁波为球面波)。

10-12　一平面简谐波在介质中传播,波速 $u=10^3 \mathrm{m \cdot s^{-1}}$,振幅 $A=1.0 \times 10^{-4} \mathrm{m}$,频率 $\nu=10^3 \mathrm{Hz}$,介质密度 $\rho=800 \mathrm{kg \cdot m^{-3}}$。求:

(1)波的强度;

(2)60s 内通过垂直于波传播方向上面积为 $S=4 \times 10^{-4} \mathrm{m^2}$ 平面的能量。

10-13　S_1 和 S_2 是两个相干波源,相距为 1/4 波长,S_1 比 S_2 相位超前 $\pi/2$。设两波在 $S_1 S_2$ 连线方向的强度相同且不随距离变化,皆等于 I_1。问此连线上在 S_2 外侧各点合成波的强度是多少?S_1 外侧各点合成波的强度是多少?

10-14　同一介质中 A 和 B 两点有两个相干波源 S_1 和 S_2,其振幅相等,频率均为 100Hz,相位差为 π。若 A 和 B 相距 30m,波在介质中的传播速度为 400m·s^{-1},试求 AB 连线上因干涉而静止的各点位置。

10-15　两相干点波源 S_1 和 S_2,已知 S_1 的相位比 S_2 超前 π,它们在坐标系中的位置如图所示,其振动方向垂直纸面(即 Y 轴方向),并以 $u=100 \mathrm{m \cdot s^{-1}}$ 的速度在 XOZ 平面内向四周传播,波的频率为 25Hz,试求:

(1)在两波源连线的垂直平分线上(即 Z 轴上)干涉加强或减弱点的位置;

(2)在两波源连线上 S_1 右侧干涉加强或减弱点的位置;

(3)在两波源连线上 S_1 和 S_2 之间干涉加强点的位置。

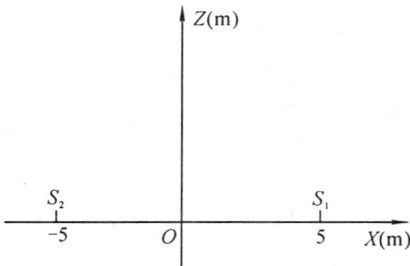

习题 10-15 图

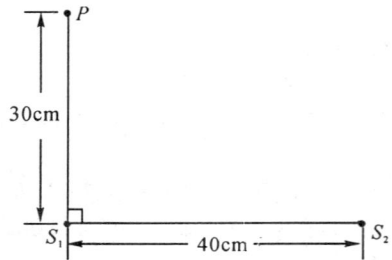

习题 10-16 图

10-16　同一介质中的两个相干波源 S_1 和 S_2 的振幅皆为 $A=0.33 \mathrm{m}$,如图所示。当 S_1 点为波峰时,S_2 恰为波谷。设介质中的波速为 100m·s^{-1},欲使两列波在 P 点干涉后得到加强,这两列波的最小频率为多少?

10-17　两列相向传播的平面简谐波为

$$y_1 = 6.0 \times 10^{-2} \cos \frac{\pi}{2}(2.0x - 8.0t) \mathrm{(SI)}$$

$$y_2 = 6.0 \times 10^{-2} \cos \frac{\pi}{2}(2.0x + 8.0t) \mathrm{(SI)}$$

求:(1)简谐波的频率、波长和波速;

(2)合成波波节和波腹的位置。

10-18　波速为 u 的平面简谐波沿 X 轴负方向传播。已知 O 点的简谐振动表达式为 $y_0=A\cos(\omega t+\varphi)$,此波在平面 BB' 处全反射,如图所示,反射点为波节,试写出反射波表达式。

10-19　一平面简谐波 $y_1=A\cos(\omega t-kx)$($k=\frac{2\pi}{\lambda}$ 称为波数)向右传播。若其在距坐标原点为 $x_0=4\lambda$ 处被墙壁反射,反射处可视为波节。试求:

(1)反射波的表达式;

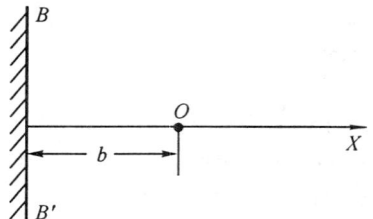

习题 10-18 图

(2)驻波的表达式;

(3)原点与 x_0 处之间各个波节和波腹的位置。

10-20 如图所示,一平面简谐波沿 X 轴正方向传播,波速 $u=40\text{m}\cdot\text{s}^{-1}$。已知在坐标原点 O 引起的振动方程 $y_0=A\cos\left(10\pi t+\dfrac{\pi}{2}\right)$ (SI),MN 是垂直于 X 轴的波密介质反射面,已知 $OO'=14\text{m}$,设反射波不衰减,试求:

(1)入射波和反射波的表达式;

(2)驻波的表达式;

(3)驻波波腹和波节的位置。

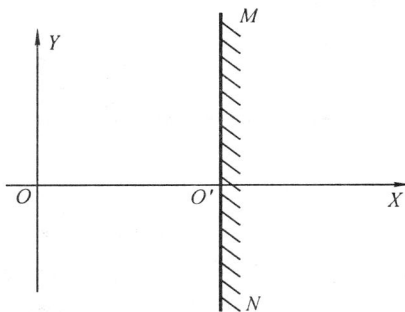

习题 10-20 图

10-21 一警报器发出频率为 1 000Hz 的声波,以速率 10m·s^{-1} 离开观测者向悬崖运动。已知声速 $u=340\text{m}\cdot\text{s}^{-1}$,问观测者接收到的下列频率是多少?

(1)直接从警报器发出的声波;

(2)从悬崖反射的声波。

10-22 一个观测者在铁路边,一列火车从远处开来,他接收到的火车汽笛声的频率为 650Hz。当火车从身旁驰过而远离他时,他测出的汽笛声频率为 540Hz。已知空气中声速为 $340\text{m}\cdot\text{s}^{-1}$,求火车行驶的速度。

10-23 X 轴上 A 和 B 两点的坐标分别为 $x_A=1\text{m}$,$x_B=1.5\text{m}$。波源位于 X 轴负半轴上,其速率 $v_s=100\text{m}\cdot\text{s}^{-1}$,频率 $\nu_s=200\text{Hz}$,波速 $u=200\text{m}\cdot\text{s}^{-1}$。求下列情况下,$A$ 和 B 两点的相位差 $\varphi_A-\varphi_B$:

(1)波源接近 A,B;

(2)波源离开 A,B。

10-24 人体主动脉内血液的流速一般是 $0.32\text{m}\cdot\text{s}^{-1}$。现在沿血液流动方向发射 4.0MHz 的超声波,被红血球反射回来的波与原发射波之间形成的拍频为多大?已知超声波在人体内的传播速度为 $1.54\times10^3\text{m}\cdot\text{s}^{-1}$。

10-25 设计一个计算机程序来动态演示平面简谐波 $y=A\cos\left[2\pi\left(\dfrac{t}{T}-\dfrac{x}{\lambda}\right)+\varphi_0\right]$ 在传播过程中遇到反射端形成反射波和驻波的过程。

要求程序能够选择反射处为固定端或自由端,并可在一定范围内改变波的周期 T、波长 λ 和反射端所处的位置。(提示:选择反射端为固定端或自由端,应在程序起始处通过设定标志值来区分,如 $k=-1$ 为固定端,$k=1$ 为自由端。选择 k 值后程序应会运行不同的子程序)

第 11 章

气体动理论

物质内部大量微观粒子的杂乱无规则运动叫做热运动,温度是描述热运动的最基本的物理量。与温度有关的宏观现象叫做热现象,热现象是大量微观粒子热运动的宏观表现。研究热现象有两种理论:一种是微观理论,叫做统计物理学;另一种是宏观理论,叫做热力学。统计物理学从物质的微观结构出发,依据微观粒子所遵循的力学规律,用统计的方法研究物质的宏观热现象。热力学不涉及物质的微观结构,而是根据观察和实验总结出来的热力学定律,用逻辑推理的方法研究热现象。这两种理论是相辅相成的,统计物理学从微观上对热现象作出本质的解释,使热力学理论获得更深刻的意义;热力学理论建立在实验规律的基础上,具有高度的普遍性和可靠性,可用来检验微观理论的正确性。

气体动理论是统计物理学的一部分,它从气体微观结构的一些简化模型出发,用力学规律和统计方法研究气体的宏观热现象,建立宏观量和微观量的关系,阐明宏观量的微观本质。描述系统的状态和性质的物理量称为宏观量,如气体的压强、温度、热力学能等。描述微观粒子运动状态和性质的物理量称为微观量,如分子的质量、速度、能量等。

11-1 平衡态·状态参量·理想气体

1. 热力学系统

统计物理学和热力学所研究的具体对象是由大量微观粒子(原子、分子、电子等)组成的宏观系统,称为热力学系统,简称系统。热力学系统可以是气体、液体、固体等。系统周围的环境称为外界。与外界无相互作用,即既没有物质交换也没有能量交换的系统称为孤立系统;与外界只有能量交换而无物质交换的系统称为封闭系统;与外界既有能量交换、又有物质交换的系统称为开放系统。

2. 平衡态

在不受外界影响的条件下,系统的宏观性质不随时间变化的状态称为平衡状态,或称平衡态。这里所说的外界影响,是指外界与系统交换能量和物质。例如,封闭在容器中的某种气体,当其与外界没有能量交换时,不论气体原来是否处于平衡状态,经过足够长时间后,气体内各处具有相同的温度,若忽略重力的作用,气体内各处的密度和压强也相同,这时气体达到了平衡态,而且气体能长期维持这一状态不变。实际上,完全不受外界影响,而且其宏观性质绝对保持不变的系统并不存在,所以平衡态是个理想概念。

从微观上看,系统处于平衡态时,其分子仍在不停地作热运动。因此,热学中的平衡是动的平衡,通常称为热动平衡。

3. 状态参量

系统处于平衡态时,其宏观性质可用一组宏观参量来描述,这些参量称为状态参量。对于一定质量的理想气体,其平衡态可用体积 V、压强 p 和温度 T 三个状态参量来描述。

国际单位制中,体积的单位是立方米(m^3)。压强的单位是帕[斯卡](Pa),简称帕,它等于在 $1m^2$ 面积上受到 $1N$ 的正压力。温度的单位和数值的表示方法称为温标。物理学中常用的温标有热力学温标和摄氏(Celsius)温标两种。热力学温标又称绝对温标或开尔文(Kelvin)温标,热力学温度用 T 表示,其单位是开[尔文](K)。摄氏温度用 t 表示,其单位是摄氏度(℃)。热力学温度与摄氏温度的关系为 $t = T - 273.15$,即规定热力学温度 273.15K 为摄氏温度 0℃,273.15K 是水的冰点。

4. 理想气体及其状态方程

理想气体是严格遵从玻意耳(Boyle)定律(一定质量的气体在温度不变时,其压强与体积成反比)、查理(Charles)定律(一定质量的气体在体积不变时,其压强与绝对温度成正比)和盖-吕萨克(Gay-Lussac)定律(一定质量的气体在压强不变时,其体积与绝对温度成正比)的气体。理想气体是真实气体的理想模型,实际气体在压强不太大、温度不太低的情况下,可近似地看成理想气体。

一定质量的理想气体处于平衡态时,只需用两个独立参量就能确定其宏观状态。理想气体状态参量 p, V, T 之间的关系式为

$$pV = \frac{M}{\mu}RT = \nu RT \tag{11-1}$$

称为理想气体状态方程,式中 M 为气体的质量;μ 为气体的摩尔分子质量,其单位是千克每摩[尔](kg/mol);ν 为物质的量,其单位是摩[尔](mol);R 称为气体常量,因为理想气体在标准状态($T_0 = 273.15K, p_0 = 1.013 \times 10^5 Pa$)下,摩尔分子体积为 $V_m = 22.4 \times 10^{-3} m^3/mol$,故由(11-1)式得 $R = \frac{p_0 V_m}{T_0} = \frac{(1 \times 1.013 \times 10^5) \times (22.4 \times 10^{-3})}{273.15} = 8.31 [J/(mol \cdot k)]$。1 摩尔分子的任何物质所含有的分子数皆为 $N_A = 6.02 \times 10^{23} mol^{-1}$,称为阿伏加德罗(Avogadro)常量。以 N 表示气体分子总数,m 表示分子质量,则(11-1)式可改写为

$$p = \frac{1}{V} \frac{M}{\mu} RT = \frac{1}{V} \frac{mN}{mN_A} RT = \frac{N}{V} \frac{R}{N_A} T$$

令 $n = \frac{N}{V}, k = \frac{R}{N_A}$,上式写作

$$p = nkT \tag{11-2}$$

这是理想气体状态方程的另一形式。式中 n 是单位体积内分子数,称为分子数密度;k 称为玻尔兹曼(L. Boltzmann)常量,其值为 $k = \frac{R}{N_A} = \frac{8.31}{6.02 \times 10^{23}} = 1.38 \times 10^{-23} (J/K)$

11-2 理想气体的压强和温度

本节从理想气体的微观模型出发,依据单个分子所遵循的力学规律,用统计平均方法建

立微观量的统计平均值与宏观量之间的联系,揭示压强和温度的统计意义。

从分子热运动出发阐明系统的宏观性质时,需要对单个分子的力学性质作出基本假设,称为气体的微观模型。为了阐明理想气体的微观模型,先介绍分子之间的相互作用力,称为分子力。

1. 分子力

分子由原子组成,原子由原子核和电子组成,电子绕核运动,形成电子云。两个分子之间既存在引力,也存在斥力,分子力 f 随两个分子的中心之间的距离 r 的变化情况如图 11-1 所示,斥力和引力用虚线表示,合力用实线表示。当两个分子分离较远时,如图中 $r > s$ 时,分子力几乎为零;s 称为分子的有效作用距离,实验表明,s 的数量级约为 $10^{-9} - 10^{-8}$m。这种随距离增大而急剧减小的力称为短程力,超出有效作用距离时,短程力实际上可以忽略不计。当 $r = r_0$ 时,引力和斥力互相抵消,合力为零,这一位置称为平衡位置。$r > r_0$ 时两分子的相互作用力表现为引力;$r < r_0$ 时,分子力表现为斥力。当 $r = d$ 时,斥力变得非常大,以致两个分子之间的距离不可能再小于 d,这相当于把分子视作直径为 d 的刚性球,d 称为分子的有效直径,实验表明,d 的数量级约为 10^{-10}m。

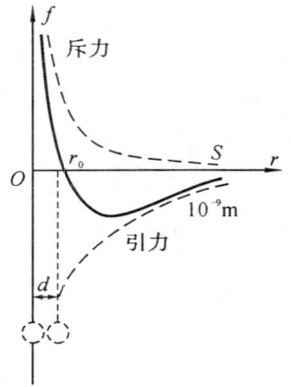

图 11-1 分子力

2. 理想气体的微观模型

根据分子力的性质,对理想气体单个分子的力学性质作下列三个假设:
①除碰撞的瞬间外,分子间不存在相互作用力;
②碰撞时,把分子视作直径为 d 的刚性球,分子小球的体积和气体体积相比可忽略不计;
③分子运动遵从牛顿力学规律,分子碰撞是完全弹性的。

这些假设称为理想气体的微观模型。该模型可概括为:理想气体是自由的无规则运动着的弹性小球的集合。

3. 统计假设

统计假设是对大量分子集体所作的假设。当气体处于平衡态时,若忽略重力的影响,分子数密度 n 处处相等。从微观上看,在任何短时间内,都有许多分子从各个方向进入某一体积元内,同时又有许多分子从该体积元内向各个方向出去。因此,n 处处相等,这意味着每个分子向任何方向运动的概率是相等的。所以,假设:
①气体分子向某一方向运动的分子数与向相反方向运动的分子数相等。如对于 X 坐标轴,$v_{ix} > 0$ 和 $v_{ix} < 0$ 的分子数相等,各占总分子数的一半。
②气体分子的速度沿各个方向的分量的各种平均值相等。如沿坐标轴的速度分量平方的平均值相等,即

$$\overline{v_x^2} = \overline{v_y^2} = \overline{v_z^2} \tag{11-3}$$

其中

$$\overline{v_x^2} = \frac{v_{1x}^2 + v_{2x}^2 + \cdots + v_{nx}^2}{N} = \frac{\sum_i N_i v_{ix}^2}{\sum_i N_i}, \qquad \overline{v_y^2} = \frac{\sum_i N_i v_{iy}^2}{\sum_i N_i}, \qquad \overline{v_z^2} = \frac{\sum_i N_i v_{iz}^2}{\sum_i N_i}.$$

式中 N_i 表示速度为 $\boldsymbol{v}_i$ 的分子数。对所有分子取平均值，有 $\overline{v^2} = \overline{v_x^2} + \overline{v_y^2} + \overline{v_z^2}$，与(11-3)式联立得

$$\overline{v_x^2} = \overline{v_y^2} = \overline{v_z^2} = \frac{1}{3}\overline{v^2} \tag{11-4}$$

4. 压强公式

从微观上看，容器中气体对器壁产生的压强是大量气体分子对器壁不断碰撞的平均效果。虽然每一个分子对器壁的碰撞是断续的，但大量分子对器壁的碰撞犹如密集的雨点打在伞上，产生一个持续的、恒定的压力。

设容器内有一定质量的理想气体处于热动平衡态，气体的体积为 V，分子总数为 N，分子质量为 m。气体分子热运动速度的大小和方向各不相同，为计算方便起见，把所有分子按速度区间分为许多组，每一组分子的速度大小和方向差不多相同。第 i 组分子的速度在 $\boldsymbol{v}_i$ 到 $\boldsymbol{v}_i + \Delta \boldsymbol{v}_i$ 区间内，分子数为 N_i，分子数密度为 N_i/V。在容器壁上取一块小面积 ΔA，并取垂直于该面积的方向为 X 轴方向，如图 11-2(a) 所示。

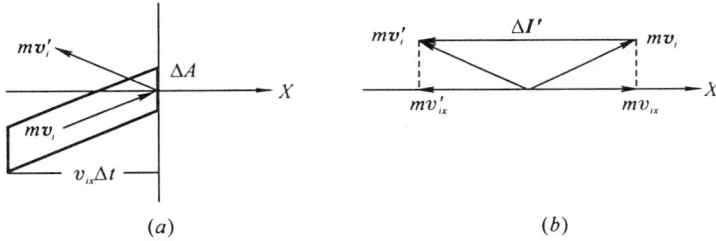

图 1_1-2　速度为 $\boldsymbol{v}_i$ 的分子对 ΔA 的碰撞

根据质点的动量定理，一个速度为 $\boldsymbol{v}_i$ 的分子小球与 ΔA 进行一次完全弹性碰撞受到的冲量为 $\Delta I' = m\boldsymbol{v}_i' - m\boldsymbol{v}_i$。如图11-2(b)所示，该冲量的大小为 $\Delta I' = 2mv_{ix}$，方向沿 X 轴负向。根据牛顿第二定律，该分子在碰撞中施于 ΔA 的冲量为 $\Delta I = 2mv_{ix}$，方向沿 X 轴正向。

为了计算在 Δt 时间内，所有与 ΔA 相碰分子施于 ΔA 的总冲量，把这些分子按速度区间分成许多组，图 11-2(a)所示的是速度区间为 $\boldsymbol{v}_i - \boldsymbol{v}_i + \Delta \boldsymbol{v}_i$，即速度基本上是 $\boldsymbol{v}_i (v_{ix} > 0)$ 的分子组，凡是底面积为 ΔA、斜高为 $v_i \Delta t$、高为 $v_{ix} \Delta t$ 的斜柱体内速度为 $\boldsymbol{v}_i - \boldsymbol{v}_i + \Delta \boldsymbol{v}_i$ 的分子，在 Δt 时间内都能与 ΔA 相碰。该斜柱体体积为 $v_{ix} \Delta t \Delta A$，所以在 Δt 时间内，速度为 $\boldsymbol{v}_i - \boldsymbol{v}_i + \Delta \boldsymbol{v}_i$ 与 ΔA 相碰的分子数为 $\dfrac{N_i}{V} v_{ix} \Delta t \Delta A$，这些分子在 Δt 时间内对 ΔA 作用的冲量为 $\left(\dfrac{N_i}{V} v_{ix} \Delta t \Delta A\right)(2mv_{ix})$，方向沿 X 轴正向。显然，在 Δt 时间内，所有与 ΔA 相碰的分子对 ΔA 作用的总冲量 I 是把上式对所有 $v_{ix} > 0$ 的各速度区间的分子求和，因为 $v_{ix} < 0$ 分子是不会与 ΔA 相碰的。根据统计假设，$v_{ix} > 0$ 与 $v_{ix} < 0$ 的分子数各占分子总数的一半，故有

$$I = \frac{1}{2} \sum_i \left(\frac{N_i}{V} v_{i\,x} \Delta t \Delta A \right) (2mv_{i\,x}) = \sum_i \frac{N_i}{V} mv_{i\,x}^2 \Delta t \Delta A$$

$\sum_i$ 表示对所有分子求和，$\sum_i$ 号前的 $1/2$ 表示只有 $v_{i\,x} > 0$ 的一半分子与 ΔA 相碰。根据冲量的定义式，ΔA 面所受的平均力为

$$\overline{F} = \frac{I}{\Delta t} = \sum_i \frac{N_i}{V} mv_{i\,x}^2 \Delta A$$

因此，压强为

$$p = \frac{\overline{F}}{\Delta A} = \sum_i \frac{N_i}{V} mv_{i\,x}^2 = \frac{Nm}{V} \frac{\sum_i N_i v_{i\,x}^2}{N} = \frac{N}{V} m \overline{v_x^2} = nm \overline{v_x^2}$$

利用(11-4)式，上式化为

$$p = \frac{1}{3} nm \overline{v^2} = \frac{2}{3} n \left(\frac{1}{2} m \overline{v^2} \right) = \frac{2}{3} n \overline{\varepsilon_t} \tag{11-5}$$

称为理想气体的压强公式，简称压强公式。式中 $\overline{\varepsilon_t} = \frac{1}{2} m \overline{v^2}$ 称气体分子的平均平动动能，是分子平动动能的统计平均值；n 是分子数密度，也是一个统计平均量。只有当分子数很大时，$\overline{\varepsilon_t}$ 和 n 才具有稳定的数值。压强公式把压强 p 与统计平均量 $\overline{\varepsilon_t}$ 和 n 联系了起来，所以压强是一个统计平均量，只有当分子数很大时，压强才有明确的意义。单个分子或少数分子对器壁碰撞不会产生稳定的压强，在这种情况下，压强也就失去了意义。

上述推导过程中，在求所有与 ΔA 相碰的分子对 ΔA 作用的总冲量之前，用了力学方法处理，说明个别分子遵从力学规律。在求大量分子对 ΔA 作用的总冲量和压强时，用了统计假设和统计平均方法，建立了微观量的统计平均值 $\overline{\varepsilon_t}$ 和宏观量的统计平均值 n 和 p 之间的联系，揭示了压强的统计意义。

5. 温度公式

由理想气体的压强公式(11-5)和理想气体状态方程 $p = nkT$ 联立得

$$\overline{\varepsilon_t} = \frac{3}{2} kT \tag{11-6}$$

称为理想气体的温度公式，简称温度公式。它指出理想气体分子的平均平动动能与气体热力学温度成正比，而与气体的其他性质无关，这说明气体的温度是理想气体分子的平均平动动能的量度。温度越高，分子平均平动动能越大，分子热运动越剧烈，所以气体温度是表征气体分子热运动剧烈程度的物理量。因为 $\overline{\varepsilon_t}$ 是统计平均值，只有当气体分子数很大时，$\overline{\varepsilon_t}$ 才有确定的值，所以温度具有统计意义，对个别分子或少数分子谈温度是没有意义的。

由温度公式(11-6)和 $\overline{\varepsilon_t} = \frac{1}{2} m \overline{v^2}$ 得

$$\sqrt{\overline{v^2}} = \sqrt{\frac{3kT}{m}} = \sqrt{\frac{3RT}{\mu}} \approx 1.73 \sqrt{\frac{RT}{\mu}} \tag{11-7}$$

式中 $\sqrt{\overline{v^2}}$ 称为理想气体分子的方均根速率，是分子速率的一种统计平均值。上式表明，方均

根速率与气体种类和绝对温度有关。在温度相同的情况下,气体分子的质量越大,方均根速率越小;对于同一种气体,温度越高,方均根速率越大。在 0℃时,氢气分子的方均根速率为 1.84×10^3m/s,氧气分子的方均根速率为 461m/s,氮气为 493m/s,空气为 484m/s。

11-3 能量均分定理·理想气体的热力学能

能量均分定理,有时又称为能量按自由度均分定理,是平衡态下大量分子能量所遵从的统计规律。用它可以计算理想气体的热力学能和热容量。在推导压强公式时,我们没有考虑分子的结构,而是在忽略分子间相互作用力的假设下,把分子看成质点,计算了气体分子的平均平动动能。实际上,分子除平动外,还有转动和振动,这涉及分子结构。因此,在计算气体分子的平均能量时,不能把分子看成质点。作为简化的模型,我们把原子看成质点,若只考虑分子的平动和转动,可把分子看成刚体;若要考虑分子的平动、转动和振动,可把分子看成弹性体。为了计算分子的平均能量,还需要利用自由度的概念。

1. 自由度

确定一个物体在空间的位置所需要的独立坐标数称为该物体的自由度。确定一个质点的空间位置需要三个独立坐标,所以在空间自由运动的质点有三个自由度,它们都是平动自由度。确定一个刚体的空间位置一般需要六个自由度,其中三个平动自由度,三个转动自由度。如图 11-3(a)所示,确定刚体中 A 点的位置,需要三个独立坐标 x,y 和 z,对应三个平动自由度。A 点位置确定后,整个刚体仍可绕 A 点转动,再用两个角坐标 θ,φ 可确定刚体中直线 AB 的位置,这时整个刚体还可以绕 AB 轴旋转,所以还需要用角坐标 ψ 来确定刚体绕 AB 轴转动的角位置。上述三个独立的角坐标对应三个转动自由度。因此,一般情况下刚体有三个平动自由度和三个转动自由度。如果刚体由一根刚性轻杆连接的两个质点组成,如图 11-3(b)中的 AB,则确定该刚体的位置只需五个独立坐标 x,y,z,θ,φ,对应五个自由度,其中三个平动自由度、两个转动自由度。

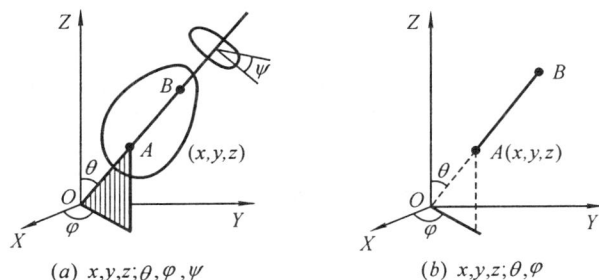

(a) $x,y,z;\theta,\varphi,\psi$　　　　(b) $x,y,z;\theta,\varphi$

图 11-3 刚体的自由度

本书采用刚性分子模型,即将原子看成质点,分子看成刚体,则单原子分子(如氩、氖、氦等)有三个平动自由度;双原子分子(如氢、氧、氮、一氧化碳等)有三个平动自由度,两个转动自由度,共五个自由度;多原子分子(三个或三个以上原子组成的分子,如水蒸汽、甲烷、乙醇等)有三个平动自由度、三个转动自由度,共六个自由度。

如果双原子分子中两个原子沿连线方向作微振动,则双原子分子可形象地比拟为用一根轻弹簧连接的两个质点,这种弹性双原子分子有六个自由度;其中三个平动自由度,两个转动自由度、一个振动自动度。对于弹性多原子分子的振动自由度,需要对分子结构作具体分析才能确定。

2. 能量均分定理

由温度公式(11-6)和(11-4)式得

$$\frac{1}{2}m\,\overline{v_x^2}=\frac{1}{2}m\,\overline{v_y^2}=\frac{1}{2}m\,\overline{v_z^2}=\frac{1}{2}kT \tag{11-8}$$

上式指出,气体分子沿 X,Y,Z 方向运动的平均平动动能都等于 $kT/2$,即分子的平均平动动能 $\overline{\varepsilon_t}$ 按自由度均匀分配,每一个平动自由度都具有相同的平均动能。

这个结论还可以推广到转动和振动中去。经典统计物理学可以证明:当物质处于平衡态时,其分子的每一个平动或转动自由度都具有相同的平均动能 $kT/2$;每一个振动自由度都具有相同的平均动能 $kT/2$ 和平均势能 $kT/2$。这一结论称为能量均分定理,有时也称为能量按自由度均分定理。由于一个振动自由度的平均能量为 kT,等效于两个平动或转动自由度,故称能量按自由度均分定理不够准确。

能量均分定理是一条统计规律,反映了大量分子的平均能量的规律性。它是经典统计物理学的一条定理。

3. 一个气体分子的平均能量

采用刚性分子模型,将自由度记作 i,其中平动自由度记作 t,转动自由度记作 r。根据能量均分定理,气体分子每一个平动或转动自由度具有的平均能量为 $\overline{\varepsilon_1}=kT/2$,气体分子的平均能量为 $\overline{\varepsilon}=ikT/2$。单原子分子的自由度 $i=3$,其平均能量为 $\overline{\varepsilon}=3kT/2$;双原子分子的自由度 $i=5$,其平均能量为 $\overline{\varepsilon}=5kT/2$;多原子分子的自由度 $i==6$,其平均能量为 $\overline{\varepsilon}=3kT$。

4. 理想气体的热力学能

从气体动理论的观点来看,系统的热力学能是组成系统的所有分子的热运动平动动能、转动动能和振动能量,以及由分子之间相互作用产生的分子势能的总和。由于理想气体分子之间的相互作用力忽略不计,所以理想气体的热力学能是所有分子的平动动能、转动动能和振动能量的总和。采用刚性分子模型,理想气体的热力学能是所有分子的平动动能和转动动能的总和。根据能量均分定理,1mol 分子理想气体的热力学能为 $E_m=N_A\overline{\varepsilon}=iRT/2$,故质量为 M 的理想气体的热力学能为

$$E=\frac{M}{\mu}\frac{i}{2}RT \tag{11-9}$$

上式表明,理想气体的热力学能是温度的单值函数。

例1 密闭容器内有 1mol 分子氧气,温度为 T,问:(1)氧气分子的平均转动动能是多少?(2)所有氧气分子的平动动能的总和是多少?(3)当气体温度升高 1K 时,其热力学能增加多少?

解 (1)氧气是双原子分子气体,氧分子有两个转动自由度,所以氧气分子的平均转动动能为 $\overline{\varepsilon_r}=2\overline{\varepsilon_1}=kT$。

（2）所有氧气分子的总平动动能为

$$E_t = N_A \overline{\varepsilon_t} = N_A \frac{3}{2}kT = \frac{3}{2}RT$$

（3）温度升高 1K 时，氧气的热力学能增量为

$$\Delta E_m = \frac{i}{2}R\Delta T = \frac{5}{2} \times 8.31 \times 1 = 20.8(J)$$

例 2 贮有氢气的容器以匀速 $v=100\text{m/s}$ 运动，容器壁四周绝热。令该容器突然停止，问容器中氢气的温度上升几度？

解 由于容器壁绝热，氧气与外界无热量交换。当容器突然停止时，通过分子与分子之间、分子与器壁之间的碰撞，定向运动动能转化为热运动能量，即转化为热力学能，从而使气体温度升高。根据能量守恒定律，有 $\frac{1}{2}Mv^2 = \frac{M}{\mu}\frac{i}{2}R\Delta T$，由此可解出温度增量为

$$\Delta T = \frac{\mu v^2}{iR} = \frac{2 \times 10^{-3} \times 100^2}{5 \times 8.31} = 0.481(K)$$

11-4　麦克斯韦速率分布律

气体中每个分子的热运动速率是千变万化的，分子之间的频繁碰撞使得分子速率不断发生变化，因此对某个分子来说，在某一特定时刻具有多大速率完全是偶然的。但是，对大量分子的整体来说，在一定条件下，分子数按速率分布服从确定的统计规律。平衡态下，理想气体分子数按速率分布的规律称为麦克斯韦速率分布律。

1. 速率分布函数和速率分布律

分子数按速率分布是把整个速率区间 0—∞ 分成许多相等的速率小区间 v—$v+dv$，指出各速率小区间内的分子数 dN 占总分子数 N 的比率。

dN/N 与速率区间的大小 dv 有关。当 dv 足够小时，可认为 dN/N 与 dv 成正比；dN/N 在不同的速率区间有不同的值，因此它与速率 v 的某一函数 $f(v)$ 成正比，故可写作

$$\frac{dN}{N} = f(v)dv \tag{11-10}$$

上式表明，$f(v)dv$ 表示速率在 v—$v+dv$ 区间内的分子数占总分子数的比率，称为速率分布律；而函数

$$f(v) = \frac{dN}{Ndv} \tag{11-11}$$

表示速率在 v 附近单位速率区间内的分子数占总分子数的比率。就个别分子而言，它表示某分子的速率在 v 附近单位速率区间内的概率。函数 $f(v)$ 称为速率分布函数。

应该指出，速率区间的大小 dv 是一个宏观上足够小而微观上足够大的量，这样的量称为物理无限小量。为了使速率分布函数 $f(v)$ 精确地反映分子数按速率分布的情况，dv 应该是宏观上足够小的量；同时由于分子之间的频繁碰撞，不断地有许多分子的速率由区间 v—$v+dv$ 外变为该区间内，也有许多分子的速率由该区间内变为区间外，因此速率在 v—$v+dv$ 区间内的分子数 dN 是一个统计平均值，只有当 dN 足够大时才可能有稳定的值，所以 dv 应该是微观上足够大的量。由此可见，dv 不能为零，因此说速率为某一确定值的分子数有多

少是没有意义的。分子数按速率分布规律给出的是速率区间内的分子数。

由(11-10)式得 $dN = Nf(v)dv$，所以 $Nf(v)dv$ 表示速率在 v—$v+dv$ 区间内的分子数。

上式积分得 $\Delta N = N\int_{v_1}^{v_2}f(v)dv$，$\dfrac{\Delta N}{N} = \int_{v_1}^{v_2}f(v)dv$，所以 $N\int_{v_1}^{v_2}f(v)dv$ 表示速率在 v_1—v_2 区间内的分子数；$\int_{v_1}^{v_2}f(v)dv$ 表示速率在 v_1—v_2 区间内分子数占总分子数的比率。由于速率在整个速率区间内的分子数为 N，故有 $N = N\int_0^\infty f(v)dv$，即

$$\int_0^\infty f(v)dv = 1 \tag{11-12}$$

称为速率分布函数的归一化条件。它表示速率在整个速率区间内的分子数占总分子数的比率为 100%。或者说，它表示某个分子的速率在整个速率区间内的概率为 100%。

2. 麦克斯韦速率分布律和速率分布函数

1895 年，麦克斯韦(J. C. Maxwell)从理论上得出：在平衡态下，当气体分子间的相互作用可以忽略时，分布在任意速率区间 v—$v+dv$ 内的分子数 dN 占总数分子数的比率为

$$\frac{dN}{N} = 4\pi\left(\frac{m}{2\pi kT}\right)^{3/2}e^{\frac{-mv^2}{2kT}}v^2dv \tag{11-13}$$

称为麦克斯韦速率分布律。式中 m 是分子的质量，k 是玻尔兹曼常量，T 是气体的热力学温度。麦克斯韦速率分布函数为

$$f(v) = 4\pi\left(\frac{m}{2\pi kT}\right)^{3/2}e^{-\frac{mv^2}{2kT}}v^2 \tag{11-14}$$

3. 麦克斯韦速率分布曲线

根据麦克斯韦速率分布函数画出的 $f(v)$-v 曲线，称为麦克斯韦速率分布曲线，如图 11-4 所示。速率分布曲线形象地表示出气体分子数按速率分布的情况。麦克斯韦速率分布曲线从原点出发经过一个极大值后，随着速率的增加而渐近于横轴，表明气体分子的速率可以取从零到无限大之间的任何数值，但速率很小和很大的分子所占的比率都很小，而具有中等速率的分子所占的比率较大，即气体分子具有中等速率的概率较大。与速率分布函数 $f(v)$ 的极大值对应的速率称为最概然速率，用 v_p 表示。它的物理意义是：在平衡态下，气体分子速率在 v_p 附近单位速率区间内的分子数占总分子数的比率具有最大值。或者说，分子速率取 v_p 附近的值的概率最大。由函数求极值条件 $\dfrac{df(v)}{dv}=0$ 求得最概然速率为

$$v_p = \sqrt{\frac{2kT}{m}} = \sqrt{\frac{2RT}{\mu}} \approx 1.41\sqrt{\frac{RT}{\mu}} \tag{11-15}$$

如图 11-4 所示，速率分布曲线下的面积在数值上等于速率在相应区间内的分子数占总分子数的比率：阴影面积 1 在数值上等于速率在 v—$v+dv$ 区间的分子数占总分子数的比率 $f(v)dv$；阴影面积 2 在数值上等于速率在 v_1—v_2 区间内的分子数占总分子数的比率 $\int_{v_1}^{v_2}f(v)dv$；整条速率曲线下的总面积为 $\int_0^\infty f(v)dv$，根据归一化条件，该面积等于 1。

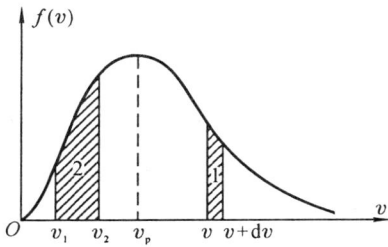

图 11-4　麦克斯韦速率分布曲线　　　　图 11-5　麦克斯韦速率分曲线随 T 或 m 的变化关系

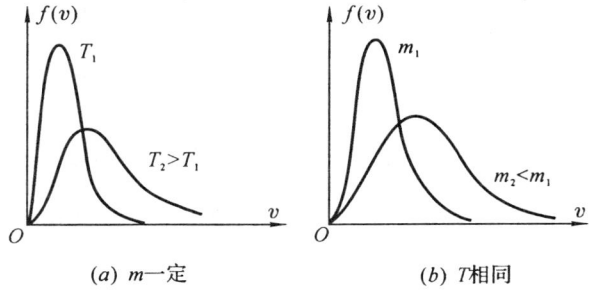

（11-15）式表明,对某种气体（m 一定）,当温度升高时,v_p 变大,速率分布曲线的极大值向右移,这时气体中速率较大的分子数增多,速率较小的分子数减少。因为速率分布曲线下的总面积保持一定,所以速率分布曲线向右移后,曲线变得比较平坦。据此,某种气体在两种不同温度下的两条麦克斯韦速率分布曲线如图 11-5（a）所示,其中 $T_2>T_1$。从（11-15）式还可看出,对不同气体,当温度相等时,分子质量越小,v_p 越大,速率分布曲线的极大值越靠右。相同温度的两种不同气体的麦克斯韦速率分布曲线如图 11-5（b）所示,其中 $m_2<m_1$。

4. 用速率分布律求平均速率

设气体中有 N 个分子,其中具有速率为 v_1 的分子有 ΔN_1 个,速率为 v_2 的分子有 ΔN_2 个,$\cdots$,速率为 v_n 的分子有 ΔN_n 个。分子总数 $N=\sum_{i=1}^{n}\Delta N_i$。气体中所有分子的平均速率定义为

$$\bar{v}=\frac{v_1\Delta N_1+v_2\Delta N_2+\cdots+v_n\Delta N_n}{\Delta N_1+\Delta N_2+\cdots+\Delta N_n}=\frac{\sum\limits_{i=1}^{n}v_i\Delta N_i}{\sum\limits_{i=1}^{n}\Delta N_i} \tag{11-16}$$

因为气体分子的速率 v 是连续取值的,所以上式中求和应换作积分,即

$$\bar{v}=\frac{\int v\mathrm{d}N}{\int \mathrm{d}N}=\frac{\int_0^{\infty}vNf(v)\mathrm{d}v}{\int_0^{\infty}Nf(v)\mathrm{d}v}=\frac{\int_0^{\infty}vf(v)\mathrm{d}v}{\int_0^{\infty}f(v)\mathrm{d}v}=\int_0^{\infty}vf(v)\mathrm{d}v \tag{11-17}$$

速率在 v_1—v_2 区间内的分子的平均速率算式为

$$\bar{v}=\frac{\int_{v_1}^{v_2}vf(v)\mathrm{d}v}{\int_{v_1}^{v_2}f(v)\mathrm{d}v}$$

根据（11-17）式和麦克斯韦速率分布律可以计算出气体中所有分子的平均速率。由于计算繁复,这里仅给出结果:

$$\bar{v}=\sqrt{\frac{8kT}{\pi m}}=\sqrt{\frac{8RT}{\pi\mu}}\approx 1.60\sqrt{\frac{RT}{\mu}} \tag{11-18}$$

至此,我们讨论了平衡态下理想气体分子的三种统计速率,它们是方均根速率 $\sqrt{\overline{v^2}}$、最

概然速率 v_p 和平均速率 $\bar{v}$,它们的相对大小为

$$\sqrt{\overline{v^2}} : \bar{v} : v_p = \sqrt{\frac{3RT}{\mu}} : \sqrt{\frac{8RT}{\pi\mu}} : \sqrt{\frac{2RT}{\mu}} = 1.73 : 1.60 : 1.41$$

其中 $\sqrt{\overline{v^2}}$ 最大,v_p 最小。三种速率各有其用处,如在讨论速率分布时要用到 v_p;在计算分子平动动能时要用到 $\sqrt{\overline{v^2}}$;在计算分子平均自由程时将用到 $\bar{v}$。在室温下,它们的数量级一般为几百米每秒。

5. 麦克斯韦速率分布律的实验验证

由于真空技术和测量技术的限制,测定气体分子速率分布的实验,直到 20 世纪 20 年代才实现。1920 年斯特恩(Otto·Stern)首先测定了银分子的速率。

我国物理学家葛正权对斯特恩所用的方法作了改进,于 1934 年测定了铋蒸气分子的速率分布。葛正权实验装置如图 11-6 所示,整个装置放在抽成高真空的容器中。图中 O 是产生铋蒸气分子的蒸气源,实验时把固体金属铋放在容器中,均匀地加热器壁使金属蒸发。铋

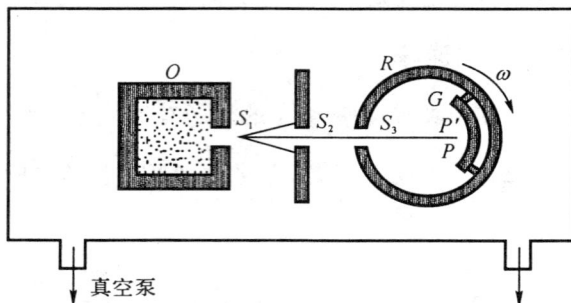

图 11-6　葛正权速率分布实验原理图

分子从狭缝 S_1 射出,再经狭缝 S_2 和 S_3 后成为一束很窄的分子束,投射在圆筒 R 内的弯曲玻璃板 G 上。如果圆筒 R 不动,分子束将沿直线射向 G,沉积在 P 处。当 R 以一定的角速度 ω 转动时,分子将不再沉积在 P 处,而且不同速率的分子将沉积在不同的地方。速率为 v 的分子从狭缝 S_3 进入圆筒,经过 Δt 时间穿越直径 D 到达玻璃板 G 上 P' 处,在这段时间内,R 所转过的角度为 $\Delta\theta = \omega \cdot \Delta t = \omega \cdot \dfrac{D}{v}$,所以弧 $\overset{\frown}{PP'}$ 的长度为

$$s = \frac{D}{2} \cdot \Delta\theta = \frac{D}{2} \cdot \omega \frac{D}{v} = \frac{D^2\omega}{2v}$$

得到速率 v 和弧长 s 的关系式为

$$v = \frac{\omega D^2}{2s}$$

式中 ω、D 一定,v 与 s 一一对应。实验时令 R 以 ω 转动较长时间,取下玻璃板 G,用光度计测量 G 上各处沉积的铋层厚度,就可以确定铋分子数按速率分布的规律,实验结果与麦克斯韦速率分布律符合。

6. 涨落现象

速率区间 v_1—v_2 内的分子数 $\Delta N = \int_{v_1}^{v_2} N f(v) \mathrm{d}v$ 是在该速率区间内的平均分子数。实际上该速率区间内的分子数决不是任何时刻都等于平均分子数，有时可能比它大些，有时可能比它小些，这种围绕统计平均值作无规则的微小变动的现象称为涨落。

用概率论可以证明，ΔN 的涨落幅度，即涨落的最大限度为 $\pm\sqrt{\Delta N}$，相对涨落为 $\sqrt{\Delta N}/N = 1/\sqrt{\Delta N}$。例如，若 $\Delta N = 10^6$，则涨落幅度为 10^3，相对涨落为 10^{-3}；若 $\Delta N = 10^2$，则涨落幅度为 10，相对涨落为 0.1。由此可见，分子数越多，涨落幅度越大，相对涨落越小。只有当分子数很多时，统计平均值才有意义。

涨落理论是统计物理学的一个组成部分，许多自然现象要用涨落理论来解释。涨落现象有两种：一种是围绕平均值的涨落；另一种是布朗运动，这是由于气体或液体中分子的杂乱热运动，使悬浮在其中的微小颗粒或仪器上的活动部件受到分子碰撞而发生的不规则运动。在导体中，电子的无规则热运动叠加在电子的有规则运动上，引起电流偏离平均值的涨落是约翰孙(Johnson)于 1928 年发现的，称为热噪声或称约翰孙噪声。热噪声是晶体管及电子线路中的一种障碍。电子管阴极发射电子数的涨落现象是肖脱基(Schottky)于 1918 年发现的，称散粒效应或称肖脱基效应，这是高倍放大的信号电路中的背景噪声的一个重要来源。

耗散结构理论指出，生命过程、激光、一个城市等耗散结构是通过涨落形成的。

例 3 求气体分子热运动速率在 v_p 到 $v_p + v_p/100$ 之间的分子数占总分子数的比率。

解 该比率为 $\dfrac{\Delta N}{N} = \int_{v_p}^{v_p + v_p/100} f(v)\mathrm{d}v$，由于速率区间较小，可近似认为在该速率区间内的速率分布函数为常量，等于 $f(v_p)$，则

$$\frac{\Delta N}{N} = \int_{v_p}^{v_p + \frac{v_p}{100}} f(v)\mathrm{d}v \simeq f(v_p)\left[(v_p + \frac{v_p}{100}) - v_p\right] = f(v_p) \cdot \frac{v_p}{100}$$

$$= 4\pi(\frac{m}{2\pi kT})^{3/2} \mathrm{e}^{-\frac{mv_p^2}{2kT}} v_p^2 \frac{v_p}{100} = \frac{4}{\sqrt{\pi}} \frac{1}{v_p^3} \mathrm{e}^{-1} \frac{v_p^3}{100} = \frac{4}{\sqrt{\pi}} \mathrm{e}^{-1} \frac{1}{100} = 0.83\%$$

例 4 已知 N 个粒子的速率分布律为

$$\frac{\mathrm{d}N}{N} = \begin{cases} Av^2 \mathrm{d}v & v < v_F \\ 0 & v > v_F \end{cases}$$

(1)用 v_F 定出常量 A；

(2)画出速率分布曲线；

(3)求粒子的平均速率。

解 (1)根据速率分布函数的归一化条件，有 $\int_0^{v_F} Av^2 \mathrm{d}v = 1$，解出 $\frac{1}{3}Av_F^3 = 1$，得

$$A = \frac{3}{v_F^3}$$

(2)根据题意，速率分布函数为 $f(v) = \begin{cases} \dfrac{3}{v_F^3}v^2 & v < v_F \\ 0 & v > v_F \end{cases}$

速率分布曲线 $f(v)$-v 如图 11-7 所示。

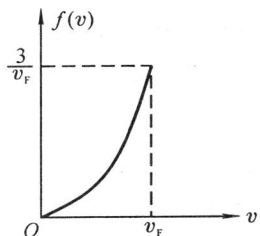

图 11-7　速率分布曲线

（3）根据平均速率的定义，得

$$\bar{v} = \int_0^{v_F} v f(v) \mathrm{d}v = \int_0^{v_F} \frac{3}{v_F^3} v^3 \mathrm{d}v = \frac{3}{4} v_F = 0.75 v_F$$

11-5 玻尔兹曼分布律

玻尔兹曼分布律是粒子数按能量分布的规律，它是经典统计物理学中的一条普遍规律，适用于保守力场中任何相互作用可忽略的大量同类粒子的集合。

麦克斯韦速率分布律是在平衡状态下，当气体分子间的相互作用可以忽略时，气体分子数按速率分布的规律，没有考虑外力场对分子位置分布的影响。当气体分子处在保守外力场中时，分子的能量包括动能和势能。分子的运动状态由位置矢量和速度矢量描述，动能由速度决定，势能由位置决定。因此，分子数按能量分布的规律是指出在速度区间和位置区间内的分子数。

玻尔兹曼（L. Boltzmann）从理论上导出：在保守力场中，系统处在平衡态，当分子间的相互作用可以忽略时，分布在速度区间 v_x—$v_x+\mathrm{d}v_x$，v_y—$v_y+\mathrm{d}v_y$，v_z—$v_z+\mathrm{d}v_z$ 和位置区间 x—$x+\mathrm{d}x$，y—$y+\mathrm{d}y$，z—$z+\mathrm{d}z$ 内的分子数为

$$\mathrm{d}N = n_0 (\frac{m}{2\pi kT})^{3/2} \mathrm{e}^{-\frac{\varepsilon}{kT}} \mathrm{d}v_x \mathrm{d}v_y \mathrm{d}v_z \mathrm{d}x \mathrm{d}y \mathrm{d}z \tag{11-19}$$

称为玻尔兹曼分布律。式中 $\varepsilon = \varepsilon_k + u$ 是分子的能量，ε_k 是分子动能，u 是分子在保守外力场中的势能；n_0 是势能 $u=0$ 处的分子数密度。

在同一状态区间 $\mathrm{d}v_x \mathrm{d}v_y \mathrm{d}v_z \mathrm{d}x \mathrm{d}y \mathrm{d}z$ 内的分子具有近似相等的能量 ε，不同状态内的分子一般具有不同的能量。玻尔兹曼分布律表明，当各状态区间相等时，分子数 $\mathrm{d}N$ 与 $\mathrm{e}^{-\varepsilon/kT}$ 成正比，能量较大的分子数较少，能量较小的分子数较多，表明分子总是优先占据低能量状态。$\mathrm{e}^{-\varepsilon/kT}$ 称为玻尔兹曼因子，它是决定分子数按能量分布的重要因素。

上式对所有可能速度积分，就得到在位置区间 x—$x+\mathrm{d}x$，y—$y+\mathrm{d}y$，z—$z+\mathrm{d}z$ 内的分子数 $\mathrm{d}N'$，即

$$\mathrm{d}N' = \left[n_0 (\frac{m}{2\pi kT})^{3/2} \iiint_{-\infty}^{+\infty} \mathrm{e}^{-\frac{m(v_x^2+v_y^2+v_z^2)}{2kT}} \mathrm{d}v_x \mathrm{d}v_y \mathrm{d}v_z \right] \mathrm{e}^{-\frac{u}{kT}} \mathrm{d}x \mathrm{d}y \mathrm{d}z = C \mathrm{e}^{-\frac{u}{kT}} \mathrm{d}x \mathrm{d}y \mathrm{d}z$$

C 代表方括号内的值，它与位置无关。所以势能为 u 的分子数密度为 $n = \mathrm{d}N'/(\mathrm{d}x \mathrm{d}y \mathrm{d}z) = C \mathrm{e}^{-u/kT}$。因为 $u=0$ 处的分子数密度为 n_0，故由上式得 $n_0 = C$，所以势能为 u 的分子数密度为

$$n = n_0 \mathrm{e}^{-\frac{u}{kT}} \tag{11-20}$$

这是玻尔兹曼分布律的一种常用形式，是分子数按势能的分布律。

分子在重力场中的势能为 $u = mgh$，根据（11-20）式，高度为 h 处的分子数密度为

$$n = n_0 \mathrm{e}^{-\frac{mgh}{kT}} \tag{11-21}$$

n_0 是 $h=0$ 处的分子数密度。上式是分子数在重力场中按高度分布的规律。它指出，在重力场中，理想气体的分子数密度随高度增加按指数减小。热运动促使气体分子在空间均匀分布，重力促使气体分子聚集在地面。达到平衡时，分子数按高度分布的规律由（11-21）式表述。温度越高，分子热运动越剧烈，n 随高度增加而减小得越缓慢；分子的质量越大，重力的

作用越显著，n 随高度增加而减小得越迅速。

由(11-21)式和 $p=nkT$ 得 $p=(n_0\mathrm{e}^{-\frac{mgh}{kT}})kT$，当 $h=0$ 时，$p_0=n_0kT$，所以

$$p = p_0\mathrm{e}^{-\frac{mgh}{kT}} = p_0\mathrm{e}^{-\frac{\mu gh}{RT}} \tag{11-22}$$

这是气体压强随高度变化的规律，称为等温气压公式。

例5 已知氢原子的基态能量 $E_1=-13.6\mathrm{eV}$，第一激发态的能量 $E_2=-3.4\mathrm{eV}$。设温度 $T=1\,000\mathrm{K}$，若处于能级 E_1 的氢原子数为 N_1，试用玻尔兹曼分布律计算处于能级 E_2 的氢原子数 N_2。

解 根据玻尔兹曼分布律，有

$$N_1 \propto \mathrm{e}^{-\frac{E_1}{kT}}, \qquad N_2 \propto \mathrm{e}^{-\frac{E_2}{kT}}, \qquad \frac{N_2}{N_1} = \mathrm{e}^{-\frac{E_2-E_1}{kT}}$$

所以

$$N_2 = N_1\mathrm{e}^{-\frac{E_2-E_1}{kT}} = N_1\exp\left[-\frac{(-3.4+13.6)\times1.60\times10^{-19}}{1.38\times10^{-23}\times1000}\right] = N_1\mathrm{e}^{-118} = 5.7\times10^{-52}N_1$$

11-6 气体分子的碰撞频率和平均自由程

一个分子在单位时间内与其他分子相碰撞的平均次数称为碰撞频率，用 $\overline{Z}$ 表示。一个分子在与其他分子连续两次碰撞之间所走的路程的平均值称为平均自由程，用 $\overline{\lambda}$ 表示。

在 Δt 时间内，一个分子所走过的平均路程是 $\overline{v}\Delta t$，与其他分子的平均碰撞次数是 $\overline{Z}\Delta t$，所以平均自由程、碰撞频率和平均速率三者之间的关系为

$$\overline{\lambda} = \frac{\overline{v}\Delta t}{\overline{Z}\Delta t} = \frac{\overline{v}}{\overline{Z}} \tag{11-23}$$

用麦克斯韦速度分布律可求得碰撞频率为

$$\overline{Z} = \sqrt{2}\,\pi d^2\overline{v}n \tag{11-24}$$

代入(11-23)式，得平均自由程为

$$\overline{\lambda} = \frac{1}{\sqrt{2}\,\pi d^2 n} \tag{11-25}$$

上两式中，n 是分子数密度，d 是分子的有效直径。将 $n=\dfrac{p}{kT}$ 代入上式得

$$\overline{\lambda} = \frac{kT}{\sqrt{2}\,\pi d^2 p} \tag{11-26}$$

上式表明，在一定温度下，平均自由程与压强成反比。但在低气压情况下，若按上式算出的 $\overline{\lambda}$ 大于容器的线度，则气体分子在容器内的实际平均自由程等于容器的线度。

下面对碰撞频率公式(11-24)作简化说明。设气体分子为刚性小球，直径为 d，其中只有一个分子以平均速率 $\overline{v}$ 运动，其他分子都静

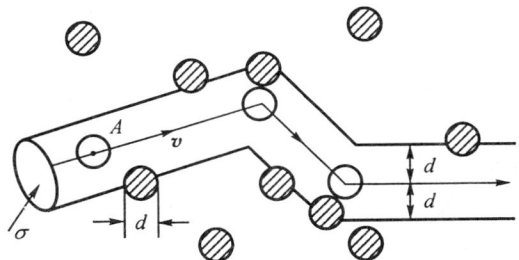

图 11-8 碰撞频率

止。如图 11-8 所示，分子 A 以速率 $\overline{v}$ 运动，它每碰撞一次就改变一次运动方向，所以 A 分子中心的轨迹是一条折线。以分子 A 中心的运动轨迹为轴线，以分子有效直径 d 为半径作一

曲折的圆柱体,该圆柱体的横截面积 $\sigma = \pi d^2$,称为分子的碰撞截面。凡是中心在此圆柱体内的其他分子都将与 A 碰撞。在 Δt 时间内,分子 A 走过的路程为 $\bar{v}\Delta t$,相应的圆柱体的体积为 $\pi d^2 \bar{v}\Delta t$,此圆柱体内的分子数为 $n\pi d^2 \bar{v}\Delta t$,因此碰撞频率为 $\bar{Z} = \dfrac{n\pi d^2 \bar{v}\Delta t}{\Delta t} = n\pi d^2 \bar{v}$。实际上,其他分子也在运动,因此分子 A 与其他分子碰撞的平均次数增多。计算表明,上式应乘以修正系数 $\sqrt{2}$,即碰撞频率为 $\bar{Z} = \sqrt{2}\, n\pi d^2 \bar{v}$。

11-7 气体的输运现象

当系统各部分的物理性质如流速、温度或密度不均匀时,系统处于非平衡态。系统将自发地向物理性质均匀的平衡态过渡,这种现象称为输运现象。输运现象涉及粘滞、热传导和扩散等现象,往往同时出现,情况复杂。为清晰起见,把三种现象分开来讨论。气体、液体、固体中都存在输运现象,本节讨论气体内的输运现象。

1. 粘滞现象

气体内各部分流动速度不同时,发生粘滞现象。相邻的气体层之间由于速度不同而引起的相互作用力称为粘滞力。为了说明粘滞现象的宏观规律,设气体装在两大平板之间,如图 11-9 所示,下面的板 A 静止,上面的板 B 沿 X 方向以速度 u_0 匀速运动,因而两板间气体被带着沿 X 方向流动,但平行于板的各层气体的速度不同,它们的流速 u 是 z 的函数。各层流速随 z 的变化情况可以用流速梯度 $\mathrm{d}u/\mathrm{d}z$ 表示,这是描述流速不均匀情况的物理量。设想在 $z = z_0$ 处有一分界平面,面积为 $\mathrm{d}S$,则下面流速小的气体层将对上面流速大的气体层产生向后的粘滞力 $\mathrm{d}f$,上面气体层

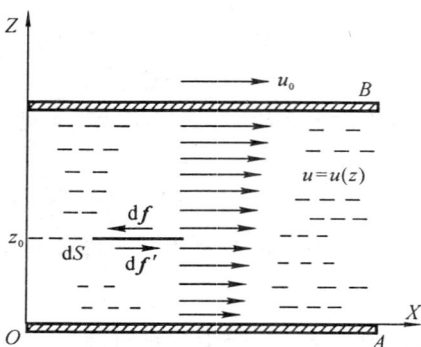

图 11-9 气体的粘滞现象

将对下面气体层产生向前的粘滞力 $\mathrm{d}f'$,$\mathrm{d}f' = -\mathrm{d}f$。实验指出,上面的和下面的气体通过 $\mathrm{d}S$ 面相互作用的粘滞力的大小 $\mathrm{d}f$ 与该处的流速梯度及面积 $\mathrm{d}S$ 成正比,可写作

$$\mathrm{d}f = \eta \left(\frac{\mathrm{d}u}{\mathrm{d}z}\right)_{z_0} \mathrm{d}S \tag{11-27}$$

式中比例系数 η 称为气体的动力粘度,简称粘度,它的数值与气体的性质和状态有关。粘度的国际单位是帕[斯卡]·秒(Pa·s)。

气体的粘滞现象和分子热运动有直接的关系。从微观上看,气体的宏观流动是分子在无规则热运动的基础上具有定向运动的表现。如图 11-9 中 $\mathrm{d}S$ 下面的气体分子的定向速度比上面的气体分子的小,由于无规则热运动,下面的分子会带着自己较小的定向动量越过 $\mathrm{d}S$ 跑到上面,经过碰撞把它的动量传给上面的分子。同时,上面的分子会带着自己较大的定向动量越过 $\mathrm{d}S$ 跑到下面,经过碰撞把它的动量传给下面的分子。这样交换的结果,将有净的定向动量由上向下输运,使下面气体分子的定向动量增大,宏观上表现为下面的气体受到向

前的作用力;同时上面气体分子的定向动量减小,宏观上表现为上面的气体受到向后的作用力。因此,气体的粘滞现象在微观上是分子在热运动中输运定向动量的过程。根据气体动理论可以导出,气体的粘度与分子运动的微观量的统计平均值有下述关系

$$\eta = \frac{1}{3} n m \bar{v} \bar{\lambda} \tag{11-28}$$

式中 n 为气体的分子数密度,m 为分子的质量,$\bar{v}$ 为平均速率,$\bar{\lambda}$ 为平均自由程。

2. 热传导现象

气体内各部分温度不均匀时,将有热力学能从温度较高处传递到温度较低处,这种现象叫热传导现象,在这种过程中所传递的热力学能的多少叫热量。为了说明热传导现象的宏观规律,设 A 和 B 两平板之间充以某种气体,其温度由下而上逐渐降低,故温度 T 是 z 的函数,如图 11-10 所示。温度随 z 的变化情况可以用温度梯度 $\dfrac{\mathrm{d}T}{\mathrm{d}z}$ 表示,这是描述温度不均匀情况的物理量。设想在 $z=z_0$ 处有一分界平面,面积为 $\mathrm{d}S$,实验指出,在 $\mathrm{d}t$ 时间内通过 $\mathrm{d}S$ 沿 Z 轴方向传递的热量为

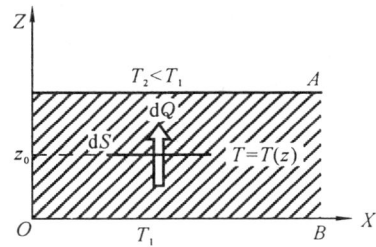

图 11-10 热传导现象

$$\mathrm{d}Q = - \kappa \left(\frac{\mathrm{d}T}{\mathrm{d}z}\right)_{z_0} \mathrm{d}S \mathrm{d}t \tag{11-29}$$

式中 κ 叫热导率。它的数值与气体的种类和状态有关,其国际单位是瓦[特]每米开[尔文]〔W/(m·K)〕。热导率 κ 总取正值,(11-29)式中的负号表示热量总是从温度高的区域向温度低的区域传递。

温度不均匀表明气体内各部分的分子平均热运动能量不同。气体分子在热运动中不断地由上而下和由下而上穿过 $\mathrm{d}S$ 面,$\mathrm{d}S$ 上、下方分子交换的结果将有净能量自下向上输运,这就在宏观上表现为热传导现象。因此,气体内的热传导现象在微观上是分子在热运动中输运热运动能量的结果。根据气体动理论可以导出,气体的热导率与分子运动的微观量的统计平均值有下述关系

$$\kappa = \frac{1}{3} n m \bar{v} \bar{\lambda} c_V \tag{11-30}$$

式中 c_V 为气体的定体比热容(见 12-2 节)。

3. 扩散现象

如果气体在各处的密度不均匀,密度大处的气体将向密度小处散布,使气体密度趋向均匀,这种现象叫扩散现象。为了说明扩散现象的宏观规律,考虑最简单的单纯扩散现象,即在扩散现象中既无宏观的气体流动,也无热传导现象的情况。为此,取分子质量相同的两种气体的混合气体,使混合气体的压强和温度处处相等。例如 N_2 和 CO。如图 11-11 所示,一种气体(用小圆圈表示)的密度沿 Z 轴方向减小,密度 ρ 是 z 的函数,其不均匀情况用密度梯度 $\dfrac{\mathrm{d}\rho}{\mathrm{d}z}$ 表示。设想在 $z=z_0$ 处有一分界平面 $\mathrm{d}S$,实验指出,在 $\mathrm{d}t$ 时间内通过 $\mathrm{d}S$ 传递的这种气体

的质量为

$$dM = -D\left(\frac{d\rho}{dz}\right)_{z_0} dS dt \qquad (11\text{-}31)$$

式中 D 称为扩散系数,它的数值与物质的性质有关,其国际单位是平方米每秒(m^2/s)。D 总取正值,(11-31)式中的负号说明扩散总是沿 ρ 减小的方向进行。

从微观上来说,气体中的扩散现象也和气体分子热运动有直接关系。上述气体在 dS 下面密度大,即单位体积内分子数多;dS 上面密度小,即单位体积内分子数少。由于热运动,在 dt 时间内由下向上穿过 dS 面的分子数比由上向下穿过 dS 面的分子数多,因此有净质量由下向上输运,这在宏观上表现为扩散现象。所以,气体内的扩散现象在微观上是分子热运动中输运质量的过程。由气体动理论可以导出,上述单纯情况下气体的扩散系数与分子运动的微观量的统计平均值有下述关系

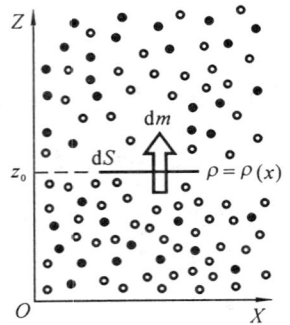

图 11-11　扩散现象

$$D = \frac{1}{3}\overline{v}\,\overline{\lambda} \qquad (11\text{-}32)$$

综上所述,当气体处于非平衡态时,气体内部存在某种不均匀性,输运现象的方向是消除这种不均匀性,使系统由非平衡态向平衡态过渡。从微观上看,输运现象是靠分子的热运动和分子之间的碰撞来实现的,三种输运系数 η,κ,D 都与热运动的平均速率 $\overline{v}$ 和平均自由程 $\overline{\lambda}$ 的乘积成正比,正反映了这一微观机制。

11-8　范德瓦耳斯方程

许多实际气体,如氢、氧、氮等在通常的温度和压强下近似地遵从理想气体状态方程,压强越低,近似程度越高。在压强趋于零的极限情况下,一切气体都严格遵从理想气体状态方程;但当压强很高时,实际气体的行为与理想气体状态方程偏离很大。

下面介绍一种形式简单、物理概念清晰的常用的实际气体状态方程,称为范德瓦耳斯方程。在采用理想气体的微观模型时,除碰撞瞬间外忽略了分子间的相互作用力,忽略了分子本身体积对气体体积的影响。范德瓦耳斯(J. D. Van der Waals)考虑了分子引力和分子体积的影响,修正了理想气体状态方程,建立了一个更接近实际气体性质的状态方程。

1. 分子体积引起的修正

考虑 1mol 分子气体 。按理想气体处理,其状态方程为

$$pV_m = RT \qquad (11\text{-}33)$$

式中 V_m 是摩尔分子体积,即 1mol 分子气体所能达到的空间。按照理想气体的微观模型,它就是容器的容积。考虑到分子本身的体积,1mol 分子气体所能达到的空间比容器的容积小,应修正为 (V_m-b),其中 b 是气体分子本身体积的修正项,其值可由实验测定。于是(11-33)式应修正为

$$p(V_m - b) = RT \qquad\qquad (11\text{-}34)$$

2. 分子引力引起的修正

分子引力是短程力,其有效作用距离为 s,以一个分子的中心为球心,以 s 为半径画一个球,则凡是中心位于该球内的其他分子都对该分子有引力的作用。观察处于气体内部的某一分子 A,如图 11-12 所示。由于平衡态时其他气体分子对 A 呈对称分布,故它们对 A 的引力相互抵消,所以气体内部的分子可视为不受分子引力的作用。但是,对于处于器壁附近厚度为 s 的表面层内的分子,如图 11-12 中的 B 分子,由于对 B 有引力作用的其他气体分子分布不对称,平均来说 B 分子受到一个指向气体内部的合力。气体分子在与器壁碰撞时,必通过该区域,

图 11-12 气体内压强的产生

于是这个指向气体内部的合力将减小分子撞击器壁的动量,从而减小它们对器壁作用的冲量。这层气体分子受到的指向气体内部的力所产生的总效果相当于一个指向内部的压强,称为内压强,记作 p_i。于是,(11-34)式中的压强应修正为

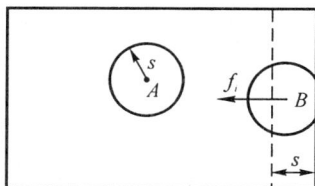

$$p = \frac{RT}{V_m - b} - p_i \qquad\qquad (11\text{-}35)$$

由于 p_i 等于表面层内分子受气体内部分子的单位面积的作用力,该力一方面与被吸引的表面层内的分子数密度 n 成正比,另一方面与施加力的那些内部分子的数密度 n 成正比,所以 p_i 与 n^2 成正比,又由于 n 与气体体积 V_m 成反比,所以有

$$p_i = \frac{a}{V_m^2} \qquad\qquad (11\text{-}36)$$

式中 a 是反映分子间引力的一个常量,其值可由实验测定。将(11-36)式代入(11-35)式,得 1mol 实际气体的范德瓦耳斯方程为

$$\left(p + \frac{a}{V_m^2}\right)(V_m - b) = RT \qquad\qquad (11\text{-}37)$$

对于质量为 M 的气体,其体积为 $V = \dfrac{M}{\mu} V_m$,将 $V_m = \dfrac{\mu}{M} V$ 代入(11-37)式得质量为 M 的气体的范德瓦耳斯方程为

$$\left(p + \frac{M^2}{\mu^2}\frac{a}{V^2}\right)\left(V - \frac{M}{\mu}b\right) = \frac{M}{\mu}RT \qquad\qquad (11\text{-}38)$$

实验发现,范德瓦耳斯修正量 a 和 b 不仅与气体种类有关,而且与温度和压强有关。

本章摘要

1. 热力学系统的平衡态:在不受外界影响下,系统的宏观性质不随时间改变的状态。

2. 理想气体状态方程:

$$pV = \frac{M}{\mu}RT = \nu RT, \quad p = nkT$$

3. 理想气体压强公式:

$$p = \frac{1}{3} nm \overline{v^2} = \frac{2}{3} n \overline{\varepsilon_t}$$

4. 理想气体温度公式：

$$\overline{\varepsilon_t} = \frac{3}{2} kT$$

5. 能量均分定理：

气体分子每个平动和转动自由度的平均能量：$\overline{\varepsilon_1} = \frac{1}{2} kT$

气体分子的平均能量： $\overline{\varepsilon} = \frac{i}{2} kT$

理想气体的热力学能： $E = \frac{M}{\mu} \frac{i}{2} RT$

6. 麦克斯韦速率分布律：

速率分布函数： $f(v) = \frac{\mathrm{d}N}{N\mathrm{d}v}$，归一化条件 $\int_0^\infty f(v)\mathrm{d}v = 1$。

麦克斯韦速率分布律： $\frac{\mathrm{d}N}{N} = f(v)\mathrm{d}v = 4\pi (\frac{m}{2\pi kT})^{3/2} \mathrm{e}^{-\frac{mv^2}{2kT}} v^2 \mathrm{d}v$。

气体分子的三种统计速率： $v_p = \sqrt{\frac{2kT}{m}}, \overline{v} = \sqrt{\frac{8kT}{\pi m}}, \sqrt{\overline{v^2}} = \sqrt{\frac{3kT}{m}}$。

7. 玻尔兹曼分布律：

$$\mathrm{d}N = n_0 (\frac{m}{2\pi kT})^{3/2} \mathrm{e}^{-\frac{\varepsilon}{kT}} \mathrm{d}v_x \mathrm{d}v_y \mathrm{d}v_z \mathrm{d}x \mathrm{d}y \mathrm{d}z, \quad n = n_0 \mathrm{e}^{-\frac{u}{kT}}$$

重力场中气体分子数密度按高度分布 $n = n_0 \mathrm{e}^{-\frac{mgh}{kT}}$

等温气压公式 $p = p_0 \mathrm{e}^{-\frac{mgh}{kT}} = p_0 \mathrm{e}^{-\frac{\mu gh}{RT}}$。

8. 气体分子碰撞频率和平均自由程：

$$\overline{Z} = \sqrt{2} \pi d^2 \overline{v} n, \qquad \overline{\lambda} = \frac{1}{\sqrt{2} \pi d^2 n} = \frac{kT}{\sqrt{2} \pi d^2 p}$$

9. 气体的输运现象：

粘滞现象——输运分子定向动量。

热传导现象——输运分子热运动能量。

扩散现象——输运分子质量。

10. 范德瓦耳斯方程：

$$(p + \frac{M^2}{\mu^2} \frac{a}{V^2})(V - \frac{M}{\mu} b) = \frac{M}{\mu} RT$$

思考题

11-1 何谓气体的平衡状态？当气体处于平衡状态时,是否组成气体的分子都已静止不动？气体的平衡状态与力学中的平衡状态有何不同？

11-2 物理量的统计平均值是如何定义的？统计规律与牛顿力学规律有什么不同？统计规律起作用的前提条件是什么？

11-3 一定量的理想气体,若温度 T 不变,则压强 p 随体积 V 的减少而增大;若体积不变,则压强 p 随温度 T 的升高而增大。从宏观上看,同样是使压强 p 增大,那么从微观上看,有什么区别?

11-4 试用气体动理论说明,一定体积的氢气和氧气的混合气体的总压强等于氢气和氧气单独存在于该体积内时所产生的压强之和。

11-5 试指出下列各式的物理意义:

(1) $\frac{1}{2}kT$; (2) $\frac{i}{2}kT$; (3) $\frac{i}{2}RT$; (4) $\frac{M}{\mu}\frac{i}{2}RT$

11-6 如图所示为某一温度下气体分子速率的分布曲线,下列各项的物理意义是什么?

(1) v_p;

(2) 图中小矩形(阴影)的面积 S_1;

(3) 图中曲线和直线 v_p 间(阴影)的面积 S_2;

(4) 过 v_0 作与 v 轴垂直的直线正好左右面积相等,则 v_0 的意义是什么?

11-7 速率分布函数 $f(v)$ 的物理意义是什么?试说明下列各式的物理意义:

(1) $f(v)\mathrm{d}v$; (2) $Nf(v)\mathrm{d}v$; (3) $\int_{v_1}^{v_2}f(v)\mathrm{d}v$;

(4) $\dfrac{\int_{v_1}^{v_2}vf(v)\mathrm{d}v}{\int_{v_1}^{v_2}f(v)\mathrm{d}v}$; (5) $\int_0^{\infty}\dfrac{1}{v}f(v)\mathrm{d}v$

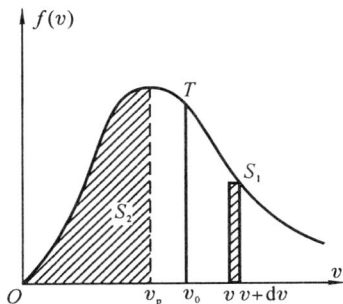

思考题 11-6 图

11-8 从麦克斯韦速率分布函数可以求得三种特征速率 $\bar{v}, v_p, \sqrt{\overline{v^2}}$。这三种速率有何异同?它们各有什么用处?

11-9 常温下,气体分子的平均速率可达几百米每秒,为什么气味的传播比它慢得多?

11-10 三种输运过程的宏观规律和微观本质是什么?

11-11 试说明分子模型在分子运动中所讨论的:压强公式、热力学能公式、分子平均碰撞频率、范德瓦耳斯方程等问题时,有何不同?

习 题

11-1 一个篮球在温度为 0℃ 时打入空气,直到球内的压强达到 $1.5\times10^5\mathrm{Pa}$。

(1) 在篮球比赛时,受到拍打后篮球的内部温度升高到 30℃,问这时球内的压强多大?

(2) 在篮球比赛过程中,球被刺破一小孔而漏气,问当球赛结束后,篮球的温度又恢复到 0℃ 时,最终漏掉的空气是球内原有空气的百分之几?

11-2 设想每秒钟有 $n=10^{23}$ 个氧分子以速率 $v=500\mathrm{m\cdot s^{-1}}$ 沿着与器壁法线成 $\theta=45°$ 角的方向,撞在面积为 $S=2\times10^{-4}\mathrm{m^2}$ 的器壁上,求这群分子作用在面积 S 上的压强。

11-3 容器内装有压强 $p=1.0\times10^5\mathrm{Pa}$、温度 $t=27℃$ 的氧气,求:

(1) 单位体积内的分子数;

(2) 分子的质量;

(3) 气体的密度;

(4) 分子的方均根速率;

(5)分子的平均平动动能。

11-4 设空气(气体的摩尔质量为 $28.9 \times 10^{-3}\text{kg} \cdot \text{mol}^{-1}$)的温度为0℃,求:

(1)空气分子的平均平动动能和平均转动动能;

(2)10g 空气的热力学能。

11-5 容积为 0.01 m^3 的盒子以速率 $v = 200\text{m} \cdot \text{s}^{-1}$ 匀速运动,盒内装有质量为 0.05kg 的氧气。若盒子突然停止,假定全部定向运动的能量都变为分子的热运动能量,求盒内气体达到平衡后,压强增加多少?

11-6 有下列的一群粒子(n_i 表示速度为 v_i 的粒子数)

n_i	$v_i(\text{km} \cdot \text{s}^{-1})$
2	1
4	2
6	3
8	4
2	5

试计算:(1)平均速率 $\overline{v}$;

(2)方均根速率 $\sqrt{\overline{v^2}}$;

(3)在上述的速率分布中,这群粒子的最概然速率 v_p。

11-7 某恒星的温度达到 10^8K,在此温度下,物质已不以原子形式存在,只有质子存在,试求:

(1)质子的平均动能是多少电子伏?

(2)质子的方均根速率多大?(质子质量 $m = 1.67 \times 10^{-27}\text{kg}$)

11-8 若能量为 10^{12}eV 的宇宙射线粒子射入一氖管,其能量全部被氖气分子所吸收。现知氖管中有氖气 0.01mol,如果有 10^4 个宇宙粒子射入氖管,问氖气的温度升高多少?

11-9 设想太阳是由氢原子组成的密度均匀的理想气体系统。若已知太阳中心的压强为 $p = 1.35 \times 10^{14}\text{Pa}$,试估计太阳中心温度和此状态下氢原子的方均根速率。已知太阳质量 $M = 1.99 \times 10^{30}\text{kg}$,太阳半径 $R = 6.96 \times 10^8\text{m}$,氢原子质量 $m = 1.67 \times 10^{-27}\text{kg}$。

11-10 一容器内贮有 1mol 的某种气体,今自外界输入 209J 的热量后,测得其温度升高了 10K,求该气体分子的自由度。

11-11 现有氢气、氦气和氨气各 1mol,求它们在温度为27℃时各自具有的热力学能。当温度升高1℃时,其热力学能各增加多少?(双原子或多原子分子均视为刚性分子)

11-12 设某房间充满着双原子分子理想气体,房间体积为 V,冬天室温为 T_1,压强为 p_0。现用取暖器将室温提高到 T_2,因房间不是封闭的,室内压强仍为 p_0。试证明:室温由 T_1 升高到 T_2 过程中房间内气体的热力学能不变,并说明取暖器加热的作用。

11-13 已知某氢气系统处在平衡态,其分子的最概然速率为 $1\,000\text{m} \cdot \text{s}^{-1}$。试问系统的温度是多少?并求出此温度时氢气分子的平均速率和方均根速率。

11-14 设氢气的温度为 300K,求速率在 $3\,000\text{m} \cdot \text{s}^{-1}$ 到 $3\,010\text{m} \cdot \text{s}^{-1}$ 之间的分子数 ΔN_1 与速率在 $1\,500\text{m} \cdot \text{s}^{-1}$ 到 $1\,510\text{m} \cdot \text{s}^{-1}$ 之间的分子数 ΔN_2 之比。

11-15 设由 N 个气体分子组成一热力学系统,其速率分布函数为

$$f(v) = \begin{cases} -k(v-v_0)v & (0 < v < v_0) \quad k \text{ 为常量} \\ 0 & (v > v_0) \end{cases}$$

(1)画出速率分布曲线;

(2)用 v_0 定出常量 k;

(3)求出分子的 $v_p, \overline{v}, \sqrt{\overline{v^2}}$。

11-16 有 N 个气体分子,分子质量为 m,速率分布曲线如图所示。试求:

(1)速率分布函数;

(2)a 值；

(3)速率在 $0.5v_0$ 到 $1.5v_0$ 区间的分子数；

(4)分子的平均速率；

(5)分子的平均平动动能。

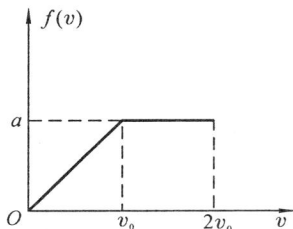

习题 11-16 图

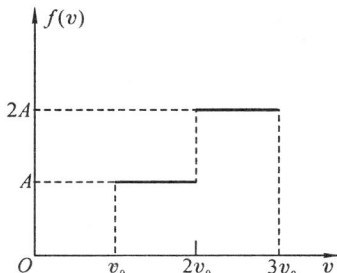

习题 11-17 图

11-17 某一气体系统的总分子数为 N，其速率分布曲线如图所示。设图中的 v_0 为已知，由图可知，分子速率大小从 0 到 v_0 的范围内速率分布函数为 0，分子速率大小从 v_0 到 $2v_0$ 的范围内速率分布函数为 A，分子速率大小从 $2v_0$ 到 $3v_0$ 的范围内速率分布函数为 $2A$，分子速率大于 $3v_0$ 的速率分布函数为 0。试求：

(1)分子速率在 v_0 到 $2v_0$ 之间的分子数占总分子数的百分数；

(2)所有分子的平均速率。

11-18 设空气的温度均为 0℃，问飞机上升到多少高度处大气压力降为地面的 75%？（空气的摩尔质量为 0.028 9kg. mol^{-1}）

11-19 在质子回旋加速器中，要使质子在 10^5km 的路径上不和空气分子碰撞，真空室内的压强应为多大？设真空室温度为 300K，质子的有效直径比空气分子的有效直径小得多，可以忽略不计，空气分子可认为静止不动。（设空气分子直径 $d=3\times10^{-10}$m）

11-20 在室温（$t=27℃$）和标准大气压（$p=1.013\times10^5$Pa）情况下，试计算氢气分子的平均自由程和平均碰撞频率。（H$_2$ 分子有效直径 $d=2.3\times10^{-10}$m）

11-21 一定量的理想气体贮于固定体积的容器中，初态温度 T_0，平均速率 $\overline{v_0}$，平均碰撞频率 $\overline{Z_0}$，平均自由程 $\overline{\lambda_0}$。若温度升高为 $4T_0$ 时，求 $\overline{v}$，$\overline{Z}$，$\overline{\lambda}$ 各变为多少？

11-22 假设地面上的风速为 60km · h^{-1}，考虑此风中的一氮气分子，它的热运动平均速率约为 500m · s^{-1}。该分子连续两次与其他分子碰撞之间的自由飞行时间平均为 10^{-10}s。则当此分子顺风移动 1cm 时，它经历了多少个平均自由程？总共运动了多少路程？

11-23 用 $\varepsilon_k=\dfrac{1}{2}mv^2$ 表示气体分子的动能，试根据关系式 $\dfrac{\mathrm{d}N}{N}=f(v)\mathrm{d}v=f(\varepsilon_k)\mathrm{d}\varepsilon_k$ 确定遵从麦克斯韦速率分布律的空气分子按动能分布的分布函数 $f(\varepsilon_k)$ 和最概然动能。

11-24 飞机在高空中以 360km · h^{-1} 的航速飞行，由于空气的粘滞作用，机翼能带动 4cm 厚的空气层。求作用在机翼表面积 1m^2 上的切向阻力。已知空气的粘滞系数 $\eta=0.18\times10^{-4}$N · s · m^{-2}。

11-25 现有 20mol 的 N$_2$，将其不断压缩至极限，试求：

(1)它最终所能接近的体积；

(2)此时由于分子间引力而产生的附加压强。

（设 N$_2$ 遵循范德瓦耳斯方程，其中范德瓦耳斯常量为 $a=0.141$Pa · m^6 · mol^{-2}，$b=39\times10^{-6}$m^3 · mol^{-1}）

第12章

热力学基础

热力学第一定律和热力学第二定律是两条基本定律。本章在讨论热力学第一定律对理想气体准静态过程的应用中充分利用了 p-V 图,尤其是证明了 p-V 图上理想气体准静态过程吸、放热的判别定则,并据此改进了传统教材中循环过程的 P-V 图。热力学第二定律和熵是本章讨论的重点和难点,通过理想气体自由膨胀过程的特例简化了一些问题的阐述和证明,尤其是利用它概要地论证了玻耳兹曼关系 $S = k\ln\Omega$,即系统的熵正比于系统的热力学概率 Ω 的自然对数,比例常量是玻耳兹曼常量 k;而在传统教材中,玻耳兹曼关系表示为 $S = k\ln W$,即熵正比于宏观态的热力学概率 W 的自然对数。

12-1 热力学第一定律

1. 准静态过程

系统从某一状态变化到另一状态,称为该系统经历了一个过程。在过程进行中,系统的状态不断地发生变化,所经历的中间状态都是非平衡态,称为非静态过程。例如,汽缸内的气体处于平衡态(a),经膨胀过程到达平衡态(c),如图 12-1 所示。在膨胀过程中,一方面气体内部各处分子数密度和压强并不相等,靠近活塞处较低,中间状态是非平衡态;另一方面,由于分子间的碰撞和分子热运动,非平衡态将趋于平衡态,气体内部各处分子数密度和压强将趋于均匀一致。平衡态被破坏后,需要经过一段时间才能达到新的平衡态,这段时间称为弛豫时间。如果过程进行得足够缓慢,过程经历的时间大于弛豫时间,可近似地认为过程经历的一切中间状态都接近于平衡态。例如,内燃机汽缸内活塞的运动速率约为 10m/s,而汽缸内压强由不均匀趋于均匀的速率约等于声速,即 300m/s,活塞运动的时

(a) 平衡态(膨胀前)

(b) 非平衡态(膨胀过程)

(c) 平衡态(膨胀后)

图 12-1 气体膨胀过程

间是弛豫时间的数十倍,活塞运动可认为足够缓慢,过程经历的中间状态可近似地按平衡态处理。这样,就能利用系统处于平衡态时的性质来研究过程的规律。理论上,引入一种理想的极限过程——准静态过程,该过程所经历的一切中间状态都无限接近于平衡态。显然,准静态过程只有在过程进行得无限缓慢的条件下才能实现。

理想气体的一个平衡态可以用 p-V 图上的一点来表示。所以,理想气体的一个准静态过程可以用 p-V 图上的一条曲线来表示,该曲线称为过程曲线。过程进行的方向,可用过程

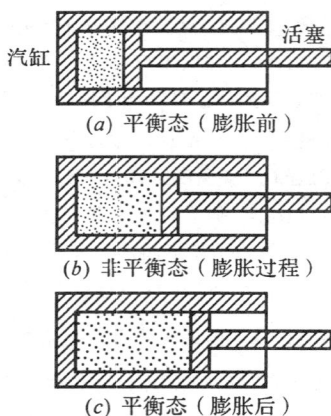

曲线上的箭号表示。对于非平衡态和非静态过程,不能在图上表示出相应的点和曲线。

2. 准静态过程中气体所作的功

现在我们根据力学中功的定义式,以汽缸内气体膨胀过程为例,导出气体体积变化时气体对外界做功的算式。设活塞的面积为 S,气体的压强为 p,则气体对活塞的压力为 pS,当活塞移动一微小位移 dl 时,气体所作的元功为

$$dW = \boldsymbol{F} \cdot d\boldsymbol{l} = Fdl = pSdl = pdV \qquad (12\text{-}1)$$

dV 是元过程中气体体积的增量。因为压强 p 总大于零,故由上式知,当气体膨胀时,$dV>0$,$dW>0$,气体对外界作正功;当气体被压缩时,$dV<0$,$dW<0$,气体对外界作负功,即外界对系统作正功。气体经历了一个有限的准静态过程,体积由 V_1 变化到 V_2,气体在整个过程中所作的功为

$$W = \int_{V_1}^{V_2} pdV \qquad (12\text{-}2)$$

(12-1)式和(12-2)式是通过特例导出的,但可以证明这是准静态过程中气体做功的一般计算公式。应该指出,气体体积变化做功仍然是力的功,它是力的功用气体状态参量 p 和 V 表示的一种形式,用这种形式计算气体做功比较方便。可见,气体做功不是功的新概念。

由定积分的几何意义知,用(12-2)式计算的功的数值等于 p-V 图上过程曲线下的面积值,即由过程曲线、过始末状态点所作的两条等体线和 V 轴包围的面积的量值。膨胀时面积取正值,压缩时面积取负值。如图 12-2 所示,过程 acb 中气体做功的数值等于面积 $acbV_bV_aa$ 的大小。对于过程 bca,气体做功数值等于该面积大小的负值。

过程曲线与等体线的切点是过程做功正负的转折点,图 12-2 中,该切点是 c 点,ac 段是压缩过程,气体作负功;cb 段是膨胀过程,气体作正功;通过 c 点的元过程,$dV=0$,$dW=0$,气体不做功。

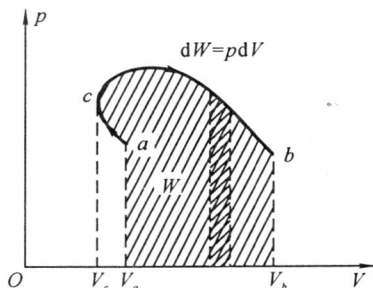

图 12-2　功的图示

力学中已指出,功是过程量,其大小不仅与始末状态有关,而且与过程有关。实验指出,绝热过程中功的数值只与始末状态有关,而与过程(准静态过程或非静态过程)无关。系统与外界没有热量交换的情况下进行的过程称为绝热过程。绝热过程中的功称为绝热功。

3. 热　量

力学中已指出,能量是状态的单值函数,功是能量改变的一种量度,系统对外界做功将改变系统的状态和能量。实验表明,传递热量也能改变系统的状态和能量。例如一壶冷水放在火炉上,由于温度不同,火炉向冷水传递热量,水温逐渐升高,改变了水的状态和能量。热量也是能量改变的一种量度,它是过程量,其大小不仅与始末状态有关,而且与状态变化过程有关。

传递热量和做功虽然都可改变系统的状态和能量,但它们是两种不同的改变能量的方式,做功是通过物体的宏观位移来实现的;传递热量是由于系统与外界温度不同而发生的。从本质上说,传递热量是分子之间或分子与电磁波之间相互作用的结果。温度不同表示分子

的平均能量不同,当外界的分子与系统的分子相互碰撞时就会交换分子能量,从而改变系统中分子的平均能量和系统的热力学能。实验证明,任何物体只要其温度不是绝对零度,都以电磁波的形式向外辐射热量,温度愈高,辐射的热量愈多。这种以电磁波的形式将热量从一个物体传给其他物体的过程称为热辐射。

4. 热力学能

实验发现,在热力学系统由某一状态变化到另一状态的过程中,虽然做功与传递热量都与过程有关,但做功与传递热量之和却与过程无关,只决定于初态和末态。因此,可以用状态变化过程中外界对系统所作的功和传递的热量之和来定义热力学系统的能量,如同力学中保守力做功与过程无关定义势能一样,该能量称为系统的热力学能。

用 E_1 表示系统初态的热力学能,E_2 表示系统末态的热力学能,Q 表示系统从初态变化到末态的过程中外界对系统传递的热量,W' 表示该过程中外界对系统所作的功,则有

$$Q + W' = E_2 - E_1 \qquad (12\text{-}3)$$

这就是热力学中热力学能的定义式。实际上只定义了两状态的热力学能之差。实用中,系统处于某一状态的热力学能值到底等于多少并不重要,重要的是热力学能的变化。

从微观上看,(12-3)式定义的热力学能应包括系统中所有分子的热运动平动动能、转动动能、振动能量和与分子之间相互作用力对应的分子势能,以及原子和原子核内部的能量等。但在热力学系统经历的过程中,并非上述所有能量都发生变化,如在一般情况下,热力学过程中不涉及原子和原子核内部能量的变化。根据热力学能定义式(12-3)式,热力学能中可不包括那些在过程中不发生变化的能量,因此在气体动理论中,热力学能定义为系统中所有分子的热运动平动动能、转动动能、振动能量和分子势能的总和。因为在温度不太高的情况下,气体分子的振动能量不发生变化,所以把理想气体分子看成是刚性的,只有平动和转动,理想气体热力学能只包括所有分子的平动动能和转动动能。

5. 热力学第一定律

按照习惯,Q 表示外界对系统传递的热量,W 表示系统对外界所作的功,$E_2 - E_1$ 表示热力学能增量,则由(12-3)式和 $W = -W'$ 得

$$Q = E_2 - E_1 + W \qquad (12\text{-}4)$$

这就是热力学第一定律的数学表达式。它是能量守恒定律在热现象中的具体表达形式。式中 $Q,E_2 - E_1,W$ 都是代数量,可以取正值,也可以取负值。系统从外界吸收热量时 Q 为正,系统向外界放出热量时 Q 为负;系统对外界作正功时 W 为正,外界对系统作正功时 W 为负;系统热力学能增加时($E_2 - E_1$)为正,系统热力学能减少时($E_2 - E_1$)为负。元过程中,热力学第一定律的数学表达式为

$$dQ = dE + dW \qquad (12\text{-}5)$$

在热力学第一定律建立以前,有人企图设计一种循环动作的机器,使系统经历状态变化后又回到原来状态,但在一个循环中对外所作的功大于它所消耗的能量。这种机器叫做第一种永动机。热力学第一定律建立后,人们知道这是违背能量守恒定律的,是不可能制成的。因为这种机器做功后又回到原来的状态,热力学能不改变。根据热力学第一定律,有 $Q = W$,即

一个循环中系统对外做功不可能大于它所消耗的能量。所以，热力学第一定律的另一种表述为：第一种永动机不可能造成。

12-2　热容量

1. 热容、比热容、摩尔热容

物质温度升高 1K 吸收的热量称为该物质的热容量，简称热容。其定义为

$$C = \frac{dQ}{dT} \tag{12-6}$$

其单位是焦[耳]每开[尔文](J/K)。在元过程中，当热量 dQ 与温度增量 dT 同号时，$C>0$；dQ 与 dT 异号时，$C<0$。

单位质量的热容称为该物质的比热容，用小写字母 c 表示，其定义式为

$$c = \frac{C}{M} = \frac{1}{M}\frac{dQ}{dT} \tag{12-7}$$

式中 M 是物质的质量。比热容的单位是焦[耳]每千克开[尔文][J/(kg·K)]。

1mol 物质温度升高 1K 所吸收的热量称为该物质的摩尔热容，用 C_m 表示，其定义式为

$$C_m = \frac{1}{\nu} \cdot \frac{dQ}{dT} \tag{12-8}$$

式中 ν 为物质的量。容易得出 $C_m = \frac{C}{\nu} = \frac{Mc}{\nu} = \mu c$。摩尔热容的单位是焦[耳]每摩[尔]开[尔文][J/(mol·K)]。

在某一过程中，温度从 T_1 变到 T_2，物质吸收的热量为

$$Q = \int_{T_1}^{T_2} dQ = \int_{T_1}^{T_2} \frac{M}{\mu} C_m dT \tag{12-9}$$

当过程中摩尔热容是常量时，由上式得物质吸收的热量为

$$Q = \frac{M}{\mu} C_m (T_2 - T_1) \tag{12-10}$$

因为热量 Q 与过程有关，故由上式可以看出，摩尔热容 C_m 与过程有关。最常用的是定体摩尔热容和定压摩尔热容。

2. 定体摩尔热容

1mol 物质在体积保持不变的条件下，温度升高 1K 所吸收的热量称为定体摩尔热容，用符号 $C_{V,m}$ 表示。根据热力学第一定律，对于等体过程，有 $dQ_V = dE$，故由（12-8）式得理想气体的定体摩尔热容为

$$C_{V,m} = \frac{1}{\nu}\frac{dQ_V}{dT} = \frac{1}{\nu}\frac{dE}{dT} = \frac{1}{\nu}\frac{\nu \frac{i}{2} R dT}{dT} = \frac{i}{2} R \tag{12-11}$$

上式指出，理想气体的定体摩尔热容只与分子的自由度 i 有关，与气体温度无关。对单原子分子理想气体，$i=3$，$C_{V,m}=12.5\text{J/(mol·K)}$；双原子分子理想气体，$i=5$，$C_{V,m}=20.8$

J/(mol·K)；多原子分子理想气体，$i=6$，$C_{V,\mathrm{m}}=24.9$J/(mol·K)。

理想气体热力学能公式可用 $C_{V,\mathrm{m}}$ 表示为

$$E = \frac{M}{\mu} C_{V,\mathrm{m}} T \tag{12-12}$$

热力学能增量可表示为

$$\mathrm{d}E = \frac{M}{\mu} C_{V,\mathrm{m}} \mathrm{d}T, \qquad E_2 - E_1 = \frac{M}{\mu} C_{V,\mathrm{m}} (T_2 - T_1) \tag{12-13}$$

上面二式对理想气体的任何过程都适用。

3. 定压摩尔热容

1mol 物质在压强不变的情况下，温度升高 1K 所吸收的热量称为定压摩尔热容，用符号 $C_{p,\mathrm{m}}$ 表示。根据热力学第一定律，对于等压过程，有 $\mathrm{d}Q_p = \mathrm{d}E + p\mathrm{d}V = \mathrm{d}E + \nu R\mathrm{d}T$，故由 (12-8)式得理想气体的定压摩尔热容为

$$C_{p,\mathrm{m}} = \frac{1}{\nu} \frac{\mathrm{d}Q_p}{\mathrm{d}T} = \frac{1}{\nu} \frac{\mathrm{d}E}{\mathrm{d}T} + \frac{1}{\nu} \frac{\nu R\mathrm{d}T}{\mathrm{d}T} = \frac{i}{2}R + R = \frac{i+2}{2}R \tag{12-14}$$

上式与(12-11)式联立得

$$C_{p,\mathrm{m}} - C_{V,\mathrm{m}} = R \tag{12-15}$$

称为迈尔(Mayer)公式。理想气体定压摩尔热容也只与分子的自由度有关，与气体温度无关。对单原子分子理想气体，$i=3$，$C_{p,\mathrm{m}}=20.8$J/(mol·K)；双原子分子理想气体，$i=5$，$C_{p,\mathrm{m}}=29.1$J/(mol·K)；多原子分子理想气体，$i=6$，$C_{p,\mathrm{m}}=33.2$J/(mol·K)。迈尔公式指出，1mol 分子理想气体温度升高 1K 时，等压过程要比等体过程多吸收 8.31J 的热量。这是因为，在等体升温过程中气体不做功，而在等压升温过程中气体因体积膨胀要对外做功，所以气体要多吸收一部分热量来补偿因对外做功而损失的热力学能。

一般地说，系统的 $C_{V,\mathrm{m}}$ 和 $C_{p,\mathrm{m}}$ 是不相等的。对于气体，二者差值不可忽略；对于液体和固体，由于它们体积随温度的变化很小，所以 $C_{V,\mathrm{m}}$ 和 $C_{p,\mathrm{m}}$ 相差很小，一般可不加区别。

定压摩尔热容 $C_{p,\mathrm{m}}$ 与定体摩尔热容 $C_{V,\mathrm{m}}$ 的比值称为比热容比，用 γ 表示，即

$$\gamma = \frac{C_{p,\mathrm{m}}}{C_{V,\mathrm{m}}} \tag{12-16}$$

将(12-11)式和(12-14)式代入上式，得理想气体的比热容比为

$$\gamma = \frac{i+2}{i} \tag{12-17}$$

由上式可见，理想气体的比热容比大于 1。对单原子分子理想气体，$\gamma = \frac{5}{3} = 1.67$；双原子分子理想气体，$\gamma = \frac{7}{5} = 1.40$；多原子分子理想气体，$\gamma = \frac{8}{6} = 1.33$。$\gamma$ 也只与分子的自由度有关，而与理想气体温度无关。

12-3 热力学第一定律在理想气体准静态过程中的应用

1. 等体过程

系统体积保持不变的过程称为等体过程。过程特征为 V 等于常量。代入理想气体状态方程,得过程方程为 $\dfrac{p}{T}=$ 常量。

根据功的算式,等体过程中气体做功为零,即

$$dW_V = 0, \qquad W_V = 0 \tag{12-18}$$

如图 12-3 所示,p-V 图上的等体过程曲线是垂直 V 轴的直线,称为等体线。显然,等体线下的面积为零。热力学能增量为

$$\Delta E_V = E_2 - E_1 = \frac{M}{\mu}\frac{i}{2}R(T_2 - T_1)$$

$$= \frac{M}{\mu}C_{V,m}(T_2 - T_1) \tag{12-19}$$

根据(12-10)式,热量为

$$Q_V = \frac{M}{\mu}C_{V,m}(T_2 - T_1) = \frac{M}{\mu}\frac{i}{2}R(T_2 - T_1) \tag{12-20}$$

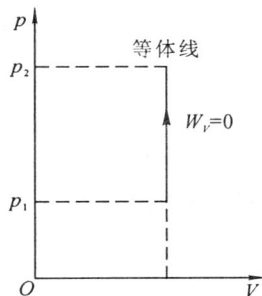

图 12-3 等体过程

2. 等压过程

系统压强保持不变的过程称为等压过程。过程特征为 p 等于常量。代入理想气体状态方程,得过程方程为 $\dfrac{V}{T}=$ 常量。

等压过程中气体做功为

$$W_p = \int_{V_1}^{V_2} p\,dV = p(V_2 - V_1)$$

$$= \frac{M}{\mu}R(T_2 - T_1) \tag{12-21}$$

如图 12-4 所示,p-V 图上的等压线是平行于 V 轴的直线,等压线下的矩形面积为 $p(V_2 - V_1)$。理想气体的热力学能增量为

$$\Delta E_p = E_2 - E_1 = \frac{M}{\mu}\frac{i}{2}R(T_2 - T_1)$$

$$= \frac{M}{\mu}C_{V,m}(T_2 - T_1) \tag{12-22}$$

图 12-4 等压过程

根据(12-10)式,热量为

$$Q_p = \frac{M}{\mu}C_{p,m}(T_2 - T_1) = \frac{M}{\mu}\frac{i+2}{2}R(T_2 - T_1) \tag{12-23}$$

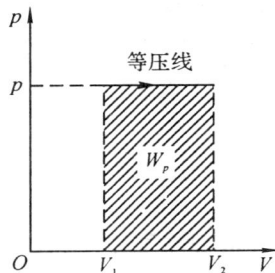

3. 等温过程

系统温度保持不变的过程称为等温过程。过程特征为 T 等于常量。过程方程为 $pV=$ 常量。对上式微分得 $p\mathrm{d}V+V\mathrm{d}p=0$，所以 p-V 图上等温线的斜率为

$$\frac{\mathrm{d}p}{\mathrm{d}V}=-\frac{p}{V} \qquad (12\text{-}24)$$

如图 12-5 所示，p-V 图上的等温线是双曲线。等温过程中气体做功为

$$W_T=\int_{V_1}^{V_2}p\mathrm{d}V=\int_{V_1}^{V_2}\frac{M}{\mu}RT\frac{\mathrm{d}V}{V}$$

$$=\frac{M}{\mu}RT\ln\frac{V_2}{V_1}=\frac{M}{\mu}RT\ln\frac{p_1}{p_2} \qquad (12\text{-}25)$$

因为理想气体的热力学能是温度的单值函数，所以等温过程中理想气体的热力学能保持不变，热力学能增量为零，即

$$\Delta E_T=E_2-E_1=0 \qquad (12\text{-}26)$$

根据热力学第一定律，热量为

$$Q_T=W_T=\frac{M}{\mu}RT\ln\frac{V_2}{V_1}=\frac{M}{\mu}RT\ln\frac{p_1}{p_2} \qquad (12\text{-}27)$$

根据（12-6）式，等温过程气体的热容量 $C_T=\pm\infty$。

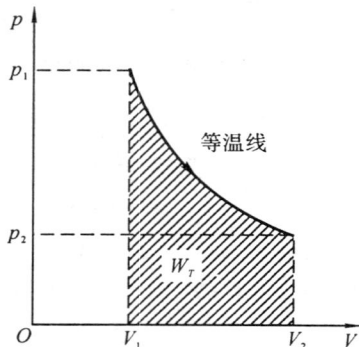

图 12-5　等温过程

4. 绝热过程

系统与外界没有热量交换的情况下进行的过程称为绝热过程。被良好的绝热材料所封闭的系统进行的状态变化过程，或者过程进行得较快以至系统来不及和外界进行显著的热量交换的过程，都可近似地看作是绝热过程。绝热过程的特征是 $\mathrm{d}Q=0$。现从热力学第一定律、绝热过程特征和理想气体状态方程导出理想气体的准静态绝热过程方程。根据热力学第一定律和 $\mathrm{d}Q=0$，有 $\mathrm{d}W=-\mathrm{d}E$，即

$$p\mathrm{d}V=-\frac{M}{\mu}C_{V,\mathrm{m}}\mathrm{d}T$$

对理想气体状态方程 $pV=\dfrac{M}{\mu}RT$ 微分得

$$p\mathrm{d}V+V\mathrm{d}p=\frac{M}{\mu}R\mathrm{d}T$$

由上两式消去 $\mathrm{d}T$ 得

$$C_{V,\mathrm{m}}(p\mathrm{d}V+V\mathrm{d}p)=-Rp\mathrm{d}V=-(C_{p,\mathrm{m}}-C_{V,\mathrm{m}})p\mathrm{d}V$$

解出

$$\frac{\mathrm{d}p}{p}+\frac{C_{p,\mathrm{m}}}{C_{V,\mathrm{m}}}\frac{\mathrm{d}V}{V}=0$$

即

$$\frac{\mathrm{d}p}{p} + \gamma \frac{\mathrm{d}V}{V} = 0$$

若 γ 是常数,则由上式积分得 $\ln(pV^{\gamma}) = $ 常量,有

$$pV^{\gamma} = 常量 \tag{12-28}$$

上式称为理想气体的准静态绝热过程方程,简称绝热过程方程,亦称泊松(Poisson)方程。上式与 $\frac{pV}{T} = $ 常量联立可导出绝热过程方程的另外两种表示形式:

$$TV^{\gamma-1} = 常量, \qquad p^{\gamma-1}T^{-\gamma} = 常量 \tag{12-29}$$

显然,三个绝热过程方程中的三个常量各不相同。

根据热力学第一定律,在理想气体的准静态绝热过程中,气体做功为

$$W_Q = -(E_2 - E_1) = -\frac{M}{\mu}C_{V,\mathrm{m}}(T_2 - T_1) = \frac{M}{\mu}C_{V,\mathrm{m}}(T_1 - T_2) \tag{12-30}$$

由 $\gamma - 1 = \dfrac{C_{p,\mathrm{m}}}{C_{V,\mathrm{m}}} - 1 = \dfrac{C_{p,\mathrm{m}} - C_{V,\mathrm{m}}}{C_{V,\mathrm{m}}} = \dfrac{R}{C_{V,\mathrm{m}}}$ 得

$$C_{V,\mathrm{m}} = \frac{R}{\gamma - 1} \tag{12-31}$$

代入(12-30)式,得

$$W_Q = \frac{M}{\mu}\frac{R}{\gamma - 1}(T_1 - T_2) = \frac{1}{\gamma - 1}(p_1V_1 - p_2V_2) \tag{12-32}$$

对泊松方程微分得 $p\gamma V^{\gamma-1}\mathrm{d}V + V^{\gamma}\mathrm{d}p = 0$,由此可解出 p-V 图上绝热线的斜率为

$$\frac{\mathrm{d}p}{\mathrm{d}V} = -\gamma\frac{p}{V} \tag{12-33}$$

比较(12-24)式和(12-33)式,因为 $\gamma > 1$,所以绝热线比等温线更陡些。如图 12-6 所示,从状态 A 出发,分别经绝热过程 AB 和等温过程 AC,使气体体积膨胀 ΔV,绝热过程压强降低 $p_A - p_B$ 比等温过程压强降低 $p_A - p_C$ 多些。这是因为,根据 $p = nkT$,压强由分子数密度 n 和温度 T 两个因素决定,等温膨胀过程压强降低完全是由于 n 的减少引起的,而绝热膨胀过程压强降低除了 n 减少相同数值外,温度也要降低,所以体积膨胀相同数值时,绝热过程比等温过程压强降低得多些。根据(12-6)式,绝热过程气体的热容量 $C_Q = 0$。

至此,我们讨论了热力学第一定律对理想气体四种准静态过程的应用,现将有关公式列于下表,供参考。

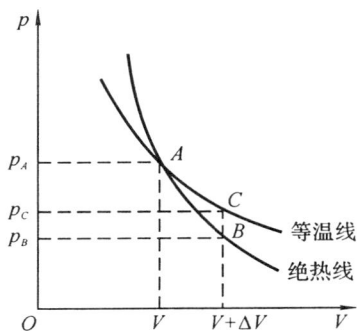

图 12-6　绝热线与等温线比较

表 12-1　理想气体准静态过程公式表

过程	特征	过程方程	能量转换关系	热力学能增量 E_2-E_1	功 W	热量 Q
等体	$V=C$	$\dfrac{p}{T}=C$	$Q=E_2-E_1$	$\dfrac{M}{\mu}C_{V,\mathrm{m}}(T_2-T_1)$	0	$\dfrac{M}{\mu}C_{V,\mathrm{m}}(T_2-T_1)$
等压	$p=C$	$\dfrac{V}{T}=C$	$Q=E_2-E_1+W$	$\dfrac{M}{\mu}C_{V,\mathrm{m}}(T_2-T_1)$	$p(V_2-V_1)$ $\dfrac{M}{\mu}R(T_2-T_1)$	$\dfrac{M}{\mu}C_{p,\mathrm{m}}(T_2-T_1)$
等温	$T=C$	$pV=C$	$Q=W$	0	$\dfrac{M}{\mu}RT\ln\dfrac{V_2}{V_1}$ $\dfrac{M}{\mu}RT\ln\dfrac{p_1}{p_2}$	$\dfrac{M}{\mu}RT\ln\dfrac{V_2}{V_1}$ $\dfrac{M}{\mu}RT\ln\dfrac{p_1}{p_2}$
绝热	$\mathrm{d}Q=0$	$pV^\gamma=C$ $TV^{\gamma-1}=C$ $p^{\gamma-1}T^{-\gamma}=C$	$E_2-E_1=-W$	$\dfrac{M}{\mu}C_{V,\mathrm{m}}(T_2-T_1)$	$\dfrac{M}{\mu}C_{V,\mathrm{m}}(T_2-T_1)$ $\dfrac{p_1V_1-p_2V_2}{\gamma-1}$	0

例 1　1mol 双原子分子理想气体经历如图 12-7 所示的过程 $abca$。已知 $V_1=1.0\times10^4\mathrm{cm}^3$，$V_2=3.0\times10^4\mathrm{cm}^3$，$p_1=2.0\times10^5\mathrm{Pa}$，$p_2=4.0\times10^5\mathrm{Pa}$，求：(1) T_a,T_b,T_c；(2) 过程 ab 中气体做功、吸热和热力学能增量；(3) 过程 bc,ca 中气体做功、吸热、热力学能增量的正、负或零。

解　(1) 根据理想气体状态方程，得

$$T_a=\frac{p_1V_1}{R}=\frac{2.0\times10^5\times1.0\times10^4\times10^{-6}}{8.31}=241(\mathrm{K})$$

$$T_b=\frac{p_2V_2}{R}=\frac{4.0\times10^5\times3.0\times10^4\times10^{-6}}{8.31}=1.44\times10^3(\mathrm{K})$$

$$T_c=\frac{p_1V_2}{R}=\frac{2.0\times10^5\times3.0\times10^4\times10^{-6}}{8.31}=722(\mathrm{K})$$

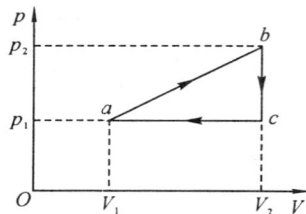

图 12-7　$W,Q,\Delta E$ 计算
和正负判断

(2) 如图 12-7 所示，过程 ab 中气体做功的大小等于梯形 abV_2V_1a 的面积值，即

$$W_{ab}=\frac{(p_1+p_2)(V_2-V_1)}{2}$$

$$=\frac{(2.0\times10^5+4.0\times10^5)(3.0\times10^4-1.0\times10^4)\times10^{-6}}{2}=6.0\times10^3(\mathrm{J})$$

根据理想气体的热力学能公式，气体热力学能增量为

$$\Delta E=\frac{i}{2}R(T_b-T_a)=\frac{5}{2}\times8.31\times(1.44\times10^3-241)=2.49\times10^4(\mathrm{J})$$

根据热力学第一定律，气体吸热为

$$Q_{ab}=E_b-E_a+W_{ab}=2.49\times10^4+6.0\times10^3=3.09\times10^4(\mathrm{J})$$

(3) 过程 bc 是等体降压过程。因等体，故 $W_{bc}=0$；因降压，由过程方程知气体温度降低，所以 $\Delta E<0$。根据热力学第一定律，$Q_{bc}=\Delta E<0$。

过程 ca 是等压压缩过程，故 $W_{ca}<0$。由过程方程知气体温度降低，所以 $\Delta E<0$。由热力学第一定律知 $Q_{ca}=\Delta E+W_{ca}<0$。

例 2　1mol 分子氧气经历过程 ab，过程曲线是 p-V 图上的负斜率直线，如图 12-8 所示。已知 $p_1=2\times10^5\mathrm{Pa}$，$V_1=1\times10^{-2}\mathrm{m}^3$，$p_2=1\times10^5\mathrm{Pa}$，$V_2=3\times10^{-2}\mathrm{m}^3$，求过程中的最高温度。

解 p-V 图上,等温线是双曲线,其斜率为 $-\dfrac{p}{V}$。根据理想气体状态方程,p-V 图上一定质量的理想气体的一组等温线中,位于右上方的等温线的温度较高,位于左下方的等温线的温度较低。如图 12-8 所示,与负斜率直线 ab 相交的等温线都位于与 ab 相切的等温线的左下方,表明切点 D 的温度 T_3 最高。

设直线 ab 的方程式为 $p=kV+b$,其中

$$k=\frac{p_2-p_1}{V_2-V_1}=\frac{1\times10^5-2\times10^5}{3\times10^{-2}-1\times10^{-2}}=-5\times10^6(\text{Pa/m}^3)$$

$$b=p_1-kV_1=2\times10^5+5\times10^6\times1\times10^{-2}=2.5\times10^5(\text{Pa})$$

D 点是直线 ab 与等温线 $T_3=C$ 的切点,由两线斜率相等,即 $k=-\dfrac{p_D}{V_D}$,及 p_D $=kV_D+b$ 联立解出 D 点的压强和体积分别为 $p_D=\dfrac{b}{2}$,$\quad V_D=-\dfrac{b}{2k}$。由理想气体状态方程得 D 点的温度为

$$T_3=\frac{p_DV_D}{R}=-\frac{b^2}{4kR}=-\frac{(2.5\times10^5)^2}{4\times(-5\times10^6)\times8.31}=376(\text{K})$$

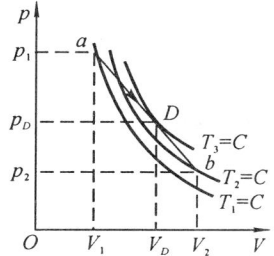

图 12-8 升降温转折点

例 3 用绝热壁包围的汽缸,被一绝热的活塞分成 a,b 两室,活塞在汽缸内可以无摩擦地自由滑动,两室中各有 1mol 双原子分子理想气体。开始时,气体都处于平衡状态,它们的压强都是 p_1,体积都是 V_1,温度都是 T_1。a 室中有一电加热器,现通过电加热器对 a 室中的气体徐徐加热,直到 a 室内的气体压强变为 $p_a=$ $2p_1$,问:(1)加热后,a 和 b 两室内气体的温度各为多少?(2)在这过程中 a 室内气体作了多少功?(3)加热器传给 a 室内气体的热量是多少?

解 (1)b 室中气体经历绝热压缩过程,平衡后活塞静止,两室中气体的压强相等,即 $p_a=p_b$,根据绝热过程方程(12-29)式,有 $p_b^{\gamma-1}T_b^{-\gamma}=p_1^{\gamma-1}T_1^{-\gamma}$,解出加热后 b 室内气体的温度为

$$T_b=\left(\frac{p_1}{p_b}\right)^{\frac{1-\gamma}{\gamma}}\cdot T_1=\left(\frac{1}{2}\right)^{\frac{1-1.4}{1.4}}\cdot T_1=1.22T_1$$

由泊松方程解出 b 室体积为

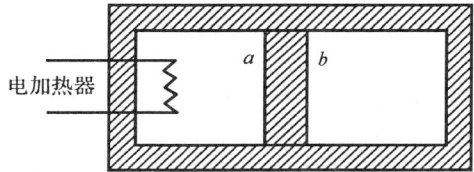

图 12-9 热力学第一定律对绝热过程的应用

$$V_b=\left(\frac{p_1}{p_b}\right)^{\frac{1}{\gamma}}\cdot V_1=\left(\frac{1}{2}\right)^{\frac{1}{1.4}}\cdot V_1=0.61V_1$$

所以 A 室体积为

$$V_a=2V_1-V_b=1.39V_1$$

根据理想气体状态方程,A 室内气体的温度为

$$T_a=\frac{p_aV_a}{p_1V_1}T_1=2\times1.39T_1=2.78T_1$$

(2)a 室气体膨胀时对 b 室气体所作的功全转变为 b 室气体热力学能的增加,所以 a 室气体做功

$$W=C_{V,m}(T_b-T_1)=\frac{5}{2}(1.22-1)RT_1=0.55RT_1$$

(3)根据热力学第一定律,a 室气体吸收的热量为

$$Q=W+\Delta E=W+C_{V,m}(T_a-T_1)=0.55RT_1+\frac{5}{2}(2.78-1)RT_1=5RT_1$$

12-4 循环过程·卡诺循环

1. 循环过程

一个系统由某一状态出发,经历一系列状态变化后又回到原来的状态,这样周而复始的变化过程称为循环过程,简称循环。实际的热机和致冷机都可以理想化为一定质量工作物质周而复始地进行某种循环。研究循环过程的规律在实践和理论上都有重要的意义。

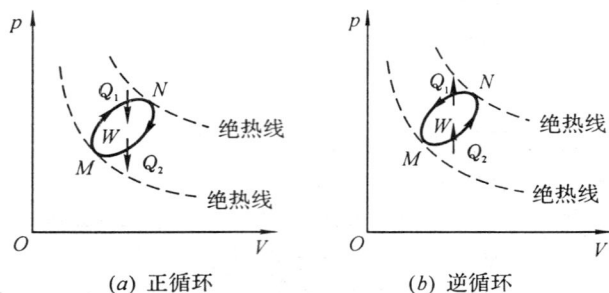

图 12-10 循环

p-V 图上,理想气体的准静态循环过程曲线是一条闭合线。如图12-10所示,(a)为顺时针方向进行的循环,称为正循环;(b)为逆时针方向进行的循环,称为逆循环。循环的特征是系统的热力学能增量为零,即 $\Delta E = 0$。

(1)正循环

在一次正循环中,气体膨胀时对外界作的正功 W_1 大于气体压缩时外界对气体作的功 W_2,两者之差 $W = W_1 - W_2$ 称为气体对外界作的净功,其量值等于 p-V 图上循环过程曲线所包围的面积。图 12-10 中点 M 和 N 是绝热线与循环过程曲线的两个切点。图 12-10(a) 中,由状态 M 变化到状态 N 的过程是单纯的吸热过程,吸收的热量用 Q_1 表示;由状态 N 变化到状态 M 的过程是单纯的放热过程,放出的热量用 Q_2 表示。Q_1 和 Q_2 都取正值。根据热力学第一定律,一次正循环中,系统对外界作的净功等于系统吸收的净热量,即

$$W = Q_1 - Q_2 \tag{12-34}$$

这是正循环过程中的能量转换关系。

热机中进行的循环是正循环。热机中的系统称为工作物质,简称工质。热机循环中,工质从高温热源吸收热量,对外作净功,又向低温热源放出热量。热机是利用热来做功的机器,其效能用一次循环中工质所吸收的热量有多少转化为有用的功来衡量,称为热机的效率,用符号 η 表示,其定义式为

$$\eta = \frac{W}{Q_1} \tag{12-35}$$

利用(12-34)式,可得

$$\eta = 1 - \frac{Q_2}{Q_1} \tag{12-36}$$

（2）逆循环

在一次逆循环中，如图 12-10(b)所示，从状态 M 变化到状态 N 的过程中系统吸热，吸收的热量用 Q_2 表示；从状态 N 变化到状态 M 的过程中系统放热，放出的热量用 Q_1 表示。Q_1 和 Q_2 都取正值。在整个循环中，外界对系统作正功，外界对系统作的净功 W 的量值等于循环过程曲线所包围的面积。根据热力学第一定律，一次逆循环中外界对系统所作的净功等于系统放出的净热量，即

$$W = Q_1 - Q_2 \tag{12-37}$$

上式与(12-34)式形式相同，Q_1 都表示系统与高温热源交换的热量，Q_2 都表示系统与低温热源交换的热量，W 分别表示系统或外界作的净功。

要使工作物质从低温热源吸收热量并向高温热源放出热量，外界必须对工作物质做功。致冷机的效能用工作物质在一次循环中从低温热源吸收的热量 Q_2 与外界对工作物质所作的净功 W 之比来表示，即

$$w = \frac{Q_2}{W} \tag{12-38}$$

称为致冷系数。利用(12-37)式，得

$$w = \frac{Q_2}{Q_1 - Q_2} \tag{12-39}$$

2. 卡诺循环

为了提高热机的效率，1824 年法国年轻的工程师卡诺(S. Carnot)提出了一种理想的最简单的循环过程，称为卡诺循环。卡诺循环中，工作物质只与两个恒温热源交换热量，整个循环由两个等温过程和两个绝热过程组成。

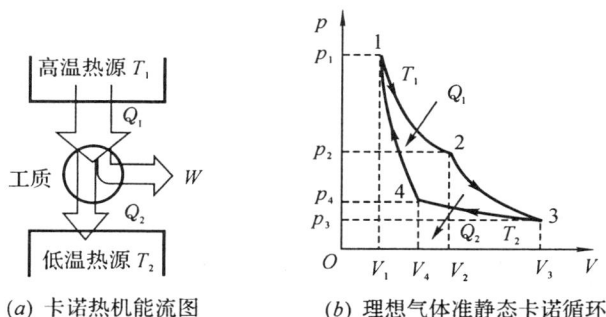

(a) 卡诺热机能流图 (b) 理想气体准静态卡诺循环

图 12-11　卡诺热机循环

卡诺热机的能流图如图12-11(a)所示，在与高温热源接触过程中，工作物质经历一个等温吸热过程，从高温热源吸收热量 Q_1；与低温热源接触过程中，工作物质经历一个等温放热过程，向低温热源放出热量 Q_2；这两个热量的差值 $Q_1 - Q_2$ 转变为对外界作的净功。

以理想气体为工质的准静态卡诺循环如图 12-11(b)所示，它由四个分过程组成：过程 1→2 和 3→4 是等温过程，过程 2→3 和 4→1 是绝热过程。

在过程 1→2 中，理想气体从高温热源吸收的热量为

$$Q_1 = \frac{M}{\mu} R T_1 \ln \frac{V_2}{V_1}$$

T_1 是高温热源的温度。在过程 3→4 中,理想气体向低温热源放出的热量为

$$Q_2 = \left| \frac{M}{\mu} R T_2 \ln \frac{V_4}{V_3} \right| = \frac{M}{\mu} R T_2 \ln \frac{V_3}{V_4}$$

T_2 是低温热源的温度。根据(12-36)式,卡诺循环的效率为

$$\eta_{\text{卡}} = 1 - \frac{Q_2}{Q_1} = 1 - \frac{T_2 \ln \dfrac{V_3}{V_4}}{T_1 \ln \dfrac{V_2}{V_1}}$$

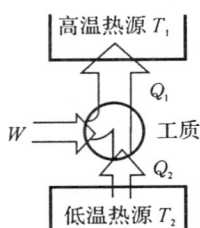

(a) 卡诺致冷机能流图　　(b) 理想气体准静态卡诺逆循环

图 12-12　卡诺致冷机循环

对两个绝热过程 2→3 和 4→1 分别应用绝热过程方程,得

$$T_1 V_2^{\gamma-1} = T_2 V_3^{\gamma-1}$$
$$T_1 V_1^{\gamma-1} = T_2 V_4^{\gamma-1}$$

上两式相比,得 $\dfrac{V_2}{V_1} = \dfrac{V_3}{V_4}$,所以卡诺循环效率公式为

$$\eta_{\text{卡}} = 1 - \frac{T_2}{T_1} \tag{12-40}$$

上式表明,卡诺循环的效率只与两个恒温热源的温度有关。高温热源的温度 T_1 越高,低温热源的温度 T_2 越低,卡诺循环的效率越高。要使 $\eta_{\text{卡}} = 1$,必须 $T_2 = 0$,但绝对零度是不能达到的,所以卡诺循环的效率必小于 1。

　　卡诺致冷机的能流图如图 12-12(a)所示,外界对系统作净功 W,系统从低温热源吸收热量 Q_2,向高温热源放出热量 Q_1。根据(12-37)式,有 $Q_1 = W + Q_2$。

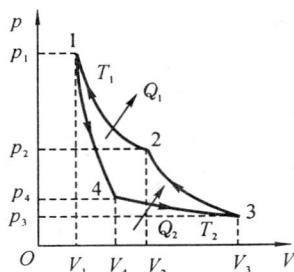

　　以理想气体为工质的准静态卡诺逆循环如图 12-12(b)所示,其致冷系数为

$$w_{\text{卡}} = \frac{Q_2}{Q_1 - Q_2} = \frac{\dfrac{M}{\mu} R T_2 \ln \dfrac{V_3}{V_4}}{\dfrac{M}{\mu} R T_1 \ln \dfrac{V_2}{V_1} - \dfrac{M}{\mu} R T_2 \ln \dfrac{V_3}{V_4}} = \frac{T_2}{T_1 - T_2} \tag{12-41}$$

可以看出,T_2 越小,$w_{\text{卡}}$ 越小;$T_1 - T_2$ 越大,$w_{\text{卡}}$ 越小。这说明,低温热源温度越低,或两热源的温度差越大,从低温热源吸取同样的热量所消耗的功越大,卡诺致冷机的效能越差。

　　例 4　一电冰箱在气温为 40℃ 的房间内工作,保持结冰室内的温度为 −10℃。由于冰箱壁的绝热层不是理想的,结冰室每小时自房间内吸收热量 3×10^5J。假设冷冻装置是卡诺致冷机,问冷冻机的电动机每小

时消耗多少能量?

解 为了保持结冰室内的温度,必须将结冰室自房间内吸收的热量及时放出。根据致冷系数公式

$$w = \frac{Q_2}{W}, \quad w_卡 = \frac{T_2}{T_1 - T_2}$$

得电动机每小时消耗的能量为

$$W = Q_2 \frac{T_1 - T_2}{T_2} = 3 \times 10^5 \times \frac{(273 + 40) - (273 - 10)}{263 - 10} = 5.7 \times 10^4 \text{J/h}$$

12-5 热力学第二定律

1. 自发过程的方向性

热力学第一定律是能量守恒定律在热现象中的具体表述形式,任何热力学过程都必须满足热力学第一定律,但是满足热力学第一定律的热力学过程却不一定都能实现。

自然界中,任何宏观自发过程都具有方向性。所谓自发过程是指在不受外界影响的条件下进行的过程。

(1)孤立系统的变化过程是不受外界影响的自发过程。实践表明,孤立系统自发过程进行的方向总是从非平衡态到平衡态,而不可能从平衡态过渡到非平衡态。例如,气体的输运现象。

(2)理想气体自由膨胀

如图 12-13 所示,一个容器中间有一隔板,左室盛有理想气体,右室为真空。当容器中间的隔板被抽去的瞬间,气体都聚集在容器的左室。此后气体向真空自发地迅速膨胀,充满整个容器,最后达到平衡态。这一过程称为理想气体自由膨胀过程。

因为理想气体向真空膨胀不需要克服外力做功,所以在理想气体自由膨胀的过程中,气体不做功,即 $W = 0$。因膨胀迅速,来不及与外界交换热量,可将其看成是绝热过程,有 $Q = 0$。根据热力学第一定律,理想气体的热力学能不变,即 $\Delta E = 0$,有 $\Delta T = 0$。可见,理想气体自由膨胀的过程不受外界影响,气体的热力学能不变,但体积增大。既然体积增大了,根据(12-2)式,理想气体应该做功,可为什么 $W = 0$?这是因为上式只适用于理想气体的准静态过程,而理想气体的自由膨胀过程是非静态过程,故(12-2)式不适用。

图 12-13　理想气体自由膨胀

相反的过程,即充满整个容器的气体自动地收缩到左半部分、右半部分为真空的过程,是不可能实现的。或者说,相反的过程可以发生,但必须存在外界的影响。如外力做功将气体等温压缩到左半部分,这时气体状态复原了,但外界对系统作了功,系统向外界放出了热量。或者,外力做功将气体绝热压缩至左半部分,这时气体体积复原了,但热力学能和温度增加了,再令气体作等体降压过程,气体放出热量,温度降至 T,这时气体状态复原了,但是外

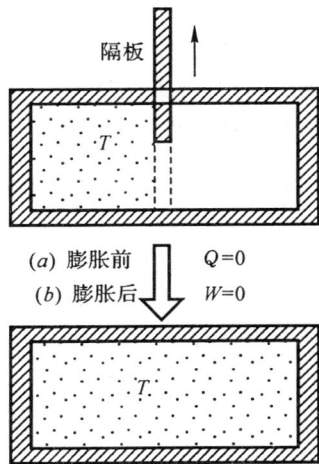

界对系统作了功,系统向外界放出了热量。

2. 可逆过程和不可逆过程

为了阐述热力学第二定律,物理学中引入了可逆过程与不可逆过程的概念。从理想气体的自由膨胀过程可以看出:自发过程的相反过程是可以发生的,自发过程的初始状态是可以复原的,但必须有外界的影响,并将引起外界的变化。

一个系统由某一状态 a 出发,经过一过程 L 达到另一状态 b。如果系统从状态 b 出发,沿过程 L 的反方向进行,可以经过和原来一样的那些中间状态,重新回到状态 a,而且消除过程 L 中外界所引起的一切影响,则过程 L 称为可逆过程。反之,如果沿过程 L 的反方向进行,不能使系统和外界完全复原,则过程 L 称为不可逆过程。

根据上述定义,无摩擦的准静态过程是可逆过程。例如,一定量的理想气体从平衡态 a 出发,经过一无摩擦的准静态膨胀过程变化到平衡态 b,中间状态都是平衡态,系统的热力学能由 E_a 变为 E_b,体积由 V_a 变为 V_b,对外做功 $W = \int_{V_a}^{V_b} p \mathrm{d}V$,吸收热量 $Q = E_b - E_a + W$;如果该气体从末态 b 出发,沿原过程的反方向回到初态 a,则其经历原过程中的所有中间平衡态,热力学能由 E_b 变为 E_a,体积由 V_b 变为 V_a,对外做功为 $\int_{V_b}^{V_a} p \mathrm{d}V = -W$,吸收热量为 $E_a - E_b - W = -Q$,显然,这一相反过程消除了原过程中外界所引起的一切影响,系统和外界完全复原。

因为准静态过程和完全无摩擦都是理想情况,所以可逆过程是一种理想过程。有摩擦的准静态过程是不可逆过程,因为逆过程中摩擦力做功不能抵消原过程中摩擦力作的功,当系统复原时,外界无法复原。通常我们都略去摩擦,称准静态过程为可逆过程。非静态过程一定是不可逆过程。

3. 热力学第二定律的表述

热力学第二定律是关于过程进行的方向的规律,是从大量实践经验中归纳出来的。其实质是指出自然界中一切与热现象有关的实际宏观过程都是不可逆过程,其表述方式是挑选某一不可逆过程,表述不可逆过程的共同特性,即指出该不可逆过程所产生的效果不论利用什么方法也不能完全恢复原状而不引起其他变化。热力学第二定律可以有许多种等效的表述方式,任何一不可逆过程都可表述不可逆过程的不可逆特性。这里介绍两种标准表述方式。

(1)开尔文(L. Kelvin)表述

不可能从单一热源吸收热量,使之完全变为有用的功,而不产生其他影响。

历史上把可以从单一热源吸收热量,使之完全变为有用的功,而不产生其他影响的机器叫做第二种永动机。据此,热力学第二定律的开尔文表述也可说成是:第二种永动机不可能造成。第二种永动机是效率为 100% 的热机,它并不违背热力学第一定律,而且这种机器是最经济的,因为它可以利用空气中、海洋中或土壤中的大量热量转化为功,而不需要消耗燃料。例如,让海水温度降低 0.01K,使它完全变为有用的功,可使地球上的全部机器工作十几个世纪。开尔文表述中的"单一热源"是指温度各处均匀一致并且恒定不变的热源;"其他影响"是指除了系统从单一热源吸热和对外做功以外的任何其他变化。如果热源温度不均匀,例如海水的温度随深度而变化,在不同深度的海水之间进行热机循环,吸热做功,这不违背热力学第二定律的开尔文表述,这时海水成为两个热源。如果在产生其他影响的情况下,从单一热源吸热,使之完全变为有用的功是可能的,例如理想气体的等温膨胀过程,除了从单一热源吸热和对外做功以外,气体还发生了体积膨胀。开尔文表述指出了摩擦生热过程的不可逆性,在不产生其他影响的条件下,功可以完全变为热,而热不能完全变为功。

(2)克劳修斯(R. Clausius)表述

不可能把热量由低温物体传到高温物体,而不引起其他变化。

克劳修斯表述中的"其他变化"是指除低温物体放热和高温物体吸热以外的任何其他变化。因此,克劳修斯表述也可说成是:"热量不能自动地由低温物体传到高温物体。"如果在引起其他变化的情况下,热量由低温物体传到高温物体是可能的,例如致冷机循环。克劳修斯表述指出了热传导过程的不可逆性——热量能自动地从高温物体传到低温物体,但不能自动地从低温物体传到高温物体。

4. 卡诺定理

1824 年卡诺在其论文"论火的动力"中提出了关于热机效率的定理,称为卡诺定理。历史上卡诺定理是热力学第二定律的出发点,克劳修斯在分析了卡诺定理的基础上,于 1850 年发表了关于热力学第二定律的论文。虽然卡诺定理是正确的,但卡诺当时的证明方法却是错误的。后来开尔文和克劳修斯从热力学第二定律出发证明了这一定理。这是一条具有重要实际意义和理论意义的定理。

卡诺定理讨论的是双热源循环的效率问题。系统只与两个恒温热源交换热量的循环称为双热源循环。双热源可逆循环必定是可逆卡诺循环,因为系统只有在温度 T_1 时与高温热源交换热量,在温度 T_2 时与低温热源交换热量,这必然是两个可逆等温过程,而系统从 T_1 变化到 T_2,再从 T_2 变化到 T_1,必须经历两个与外界不交换热量的可逆绝热过程。所以双热源可逆循环是由两个等温过程和两个绝热过程组成的可逆卡诺循环。双热源循环可以是不可逆循环,也可以是可逆卡诺循环。在可逆卡诺循环中,还可包括各种各样的可逆卡诺循环,它们所用的工作物质不同,可以是气体或液体,也可以是气体、液体、固体的混合物质等。

卡诺定理指出了这些双热源循环中,哪一个的效率最高。该定理有两条:

(1)在相同的高温热源和低温热源之间工作的一切不可逆循环的效率都不可能大于可逆卡诺循环的效率。

(2)在相同的高温热源和低温热源之间工作的一切可逆卡诺循环的效率都相等,与工作物质无关。

证明:(1)设有两个循环 C 和 C' 都工作于高温热源 T_1 和低温热源 T_2 之间,如图 12-14 (a)所示,C 为不可逆循环,C' 为可逆循环。循环 C 在一个循环过程中吸热 Q_1,放热 Q_2,对外做功 $W = Q_1 - Q_2$。循环 C' 在一个循环过程中吸热 Q'_1,放热 Q'_2,对外作功 $W' = Q'_1 - Q'_2$。调整循环运行情况,使 $Q_2 = Q'_2$。令不可逆循环 C 进行正循环,因为 C' 是可逆循环,可令其进行逆循环,将正循环 C 和逆循环 C' 联合起来组成一个联合循环,如图 12-14(b)所示,逆循环 C'

所需的功 W' 由循环 C 提供,则联合循环对外界所作的净功为

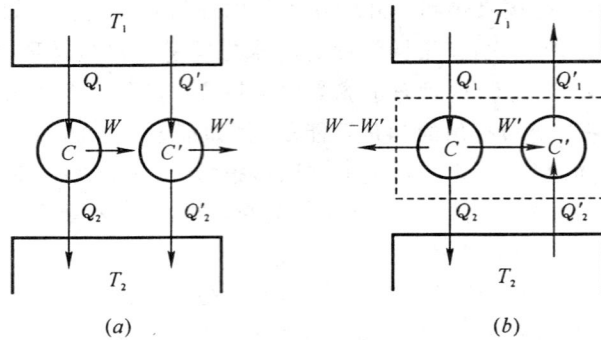

图 12-14　卡诺定理证明用图

$$W-W'=(Q_1-Q_2)-(Q'_1-Q'_2)=Q_1-Q'_1$$

从高温热源吸收热量为 $Q_1-Q'_1$,与低温热源交换的热量 $Q_2-Q'_2$ 为零。如果 $W-W'>0$,则联合循环违背热力学第二定律的开尔文表述。故必有 $W-W'\leqslant 0$。因此有

$$Q_1-Q'_1=W-W'\leqslant 0$$

即

$$Q_1\leqslant Q'_1$$

而 $Q_2=Q'_2$,所以

$$1-\frac{Q_2}{Q_1}\leqslant 1-\frac{Q'_2}{Q'_1}$$

即 $\eta\leqslant\eta'$,不可逆循环的效率不可能大于可逆卡诺循环的效率。

（2）如果 C 和 C' 都是可逆循环,令 C 作正循环,C' 作逆循环,并将两者联合起来组成一个联合循环,则根据定理(1)的证明,有

$$\eta\leqslant\eta'$$

若令 C' 作正循环,C 作逆循环,并将两者联合起来组成一个联合循环,则有

$$\eta'\leqslant\eta$$

因此,只有一个可能,即

$$\eta=\eta'$$

上式表明,可逆卡诺循环的效率相等。

既然可逆卡诺循环的效率与工质无关,那么它必然等于以理想气体为工质的可逆卡诺循环的效率 $\eta_卡=1-\dfrac{T_2}{T_1}$。根据卡诺定理,$\eta_卡$ 是双热源热机效率的最高限。热力学第一定律指出了效率大于 1 的热机是不可能制成的,热力学第二定律指出了效率为 1 的热机也是不可能制成的,卡诺定理指出了热机效率的最高限。

卡诺定理对提高热机效率具有理论上的指导意义,它指出了提高热机效率的途径。就过程来说,应使实际热机尽可能接近可逆卡诺热机,即一方面要尽量减少整个过程中的摩擦、漏气、散热等不可逆因素,另一方面要使循环尽量接近于卡诺循环;就热源来说,要尽量提高高温热源的温度、降低低温热源的温度。但低温热源的温度受大气温度的限制,所以主要是

提高高温热源的温度。

12-6　熵·熵增加原理

不可逆过程,不但在直接反向进行时不能消除外界的所有影响,而且不论用任何曲折复杂的方法,也不可能使系统和外界完全恢复原状。这不仅表明不可逆过程的不可逆性是过程本身的性质,而且指出不可逆过程的初态和末态之间存在着重大差异。正是这种差异决定了自发过程进行的方向。因此,要判断某一过程是不是可逆过程,可以不必研究这一过程的详细情况,而只要研究初态和末态的差异就够了。克劳修斯首先引入了态函数熵,用初态和末态熵的差异来判断过程是否可逆,判断自发过程进行的方向。

1. 克劳修斯等式

根据卡诺定理,一切可逆卡诺循环的效率都相等,与工作物质无关。因此对可逆卡诺循环,有 $\eta_卡 = 1 - \dfrac{Q_2}{Q_1} = 1 - \dfrac{T_2}{T_1}$,得 $\dfrac{Q_1}{T_1} - \dfrac{Q_2}{T_2} = 0$。上式中,$T_1$ 和 T_2 分别是高温热源和低温热源的温度,Q_1 和 Q_2 分别是系统吸收的热量和放出的热量,Q_1 和 Q_2 都取正值。如果仍采用热力学第一定律中的规定,热量 Q 作为代数量,系统吸热时 Q 为正,系统放热时 Q 为负,则上式改写为

$$\frac{Q_1}{T_1} + \frac{Q_2}{T_2} = 0 \tag{12-42}$$

这是一切可逆卡诺循环都满足的关系。任意可逆循环过程都可看成是由许多可逆卡诺循环组成的。如图 12-15 所示,用一系列绝热线和等温线将可逆循环 abca 分割成许多小可逆卡诺循环。任意两个相邻的小可逆卡诺循环的绝热线的绝大部分都是共同的,但过程进行的方向相反,所以效果互相抵消。因此,所有小可逆卡诺循环的总效果是图中锯齿形折线所表示的循环。当小可逆卡诺循环无限增多时,锯齿形折线所表示的循环就无限接近于可逆循环 abca。根据(12-42)式,对于每一个小可逆卡诺循环都有 $\dfrac{Q_i}{T_i} + \dfrac{Q_{i+1}}{T_{i+1}} = 0$。因此,对 n 个小可逆卡诺循环有

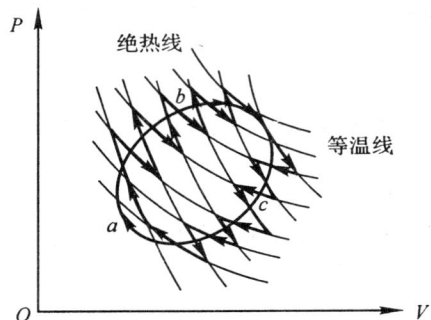

图 12-15　用折线代替光滑曲线

$$\sum_{i=1}^{2n} \frac{Q_i}{T_i} = 0$$

当 $n \to \infty$ 时,求和号变为积分号,则对任意可逆循环有

$$\oint_{(可逆循环)} \frac{\mathrm{d}Q}{T} = 0 \tag{12-43}$$

上式称为克劳修斯等式。它表示在可逆循环过程中,系统在各温度所吸收的热量 $\mathrm{d}Q$ 与该温度 T 的比值之和为零。顺便指出,从图 12-15 和(12-43)式可以看出:在一个任意可逆循环过

程中,系统与无穷多个温度不同的热源交换热量。

2. 熵·熵增加原理

根据克劳修斯等式,可以证明系统存在一个态函数。设有两个平衡态 A 和 B,如图 12-16 所示,$A1B$ 和 $A2B$ 是两个从状态 A 变化到状态 B 的可逆过程。根据克劳修斯等式,对可逆循环 $A1B2A$,有

$$\oint_{A1B2A} \frac{\mathrm{d}Q}{T} = 0$$

即

$$\int_{A1B} \frac{\mathrm{d}Q}{T} + \int_{B2A} \frac{\mathrm{d}Q}{T} = 0$$

因为过程是可逆的,故有

$$\int_{A2B} \frac{\mathrm{d}Q}{T} = -\int_{B2A} \frac{\mathrm{d}Q}{T}$$

代入上式得

$$\int_{A1B} \frac{\mathrm{d}Q}{T} = \int_{A2B} \frac{\mathrm{d}Q}{T}$$

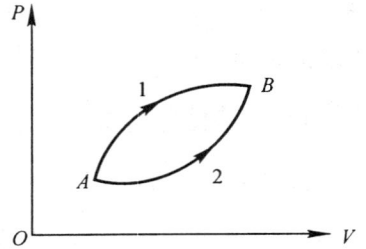

图 12-16 用克劳修斯
等式定义熵

上式指出,当系统从平衡态 A 沿可逆过程变化到平衡态 B 的过程中,积分 $\int_{A\,(可逆过程)}^{B} \frac{\mathrm{d}Q}{T}$ 只决定于始末两平衡态,而与从状态 A 到状态 B 的可逆过程如何选择无关。因此,该积分式可定义一个状态函数,称为熵,用符号 S 表示,即

$$S_B - S_A = \int_{A\,(可逆过程)}^{B} \frac{\mathrm{d}Q}{T} \tag{12-44}$$

上式定义了始末两平衡态的熵变。可逆元过程的熵变为

$$\mathrm{d}S = \frac{\mathrm{d}Q_r}{T} \tag{12-45}$$

式中 Q_r 表示可逆过程中的吸热,因此 $\mathrm{d}Q_r = T\mathrm{d}S$。根据热力学第一定律,对于理想气体可逆元过程,有

$$T\mathrm{d}S = \mathrm{d}E + p\mathrm{d}V \tag{12-46}$$

这是理想气体的热力学基本关系式。但它不适用于开放系统。若要确定某一平衡态的熵值,需规定一个基准状态的熵值。例如在热力工程中计算水和水汽的熵时取 0℃ 时纯水的熵值为零,并把其他温度时熵值计算出来列成数值表备用。熵的单位是焦[耳]每开[尔文](J/K)。

(1)熵是系统的状态函数

规定了基准状态及其熵值后,系统的每一平衡态都有一确定的熵值。熵是状态的单值函数。始末状态的熵变只决定于始态和末态,而与过程无关,不论过程是可逆的还是不可逆的。于是,有两种计算熵变的方法:一是先把熵变作为状态参量的函数求出来,然后代入状态参量计算熵变,如理想气体的熵变;二是利用(12-44)式计算熵变,要注意积分路经必须是连接始、末两态的任意可逆过程,如果系统实际经历的是不可逆过程,那么必须设计一个连接同

样始、末两态的可逆过程来计算。

（2）熵具有可加性

熵的可加性是指系统的总熵等于系统中各部分的熵的总和。根据熵的可加性，可定义非平衡态的熵。当系统处在非平衡态时，可把系统分成许多小部分，并认为每一小部分都处于平衡态，称为局域平衡，在这种局域平衡近似适用的条件下，各小部分的熵之和定义为非平衡态的熵。

（3）熵增加原理

可以证明，对于任意过程有

$$S_B - S_A \geqslant \int_A^B \frac{\mathrm{d}Q}{T}, \qquad \mathrm{d}S \geqslant \frac{\mathrm{d}Q}{T} \qquad (12\text{-}47)$$

式中等号适用于可逆过程，不等号适用于不可逆过程。当系统经历绝热过程时，$\mathrm{d}Q = 0$，由(12-47)式得

$$\mathrm{d}S \geqslant 0 \qquad (12\text{-}48)$$

式中等号适用于可逆绝热过程，不等号适用于不可逆绝热过程。上式可以表述为：

绝热过程中系统的熵永不减少；可逆绝热过程熵不变，不可逆绝热过程熵增加。

这就是熵增加原理。由于孤立系统与外界不发生任何相互作用，因此在孤立系统中进行的过程都是绝热过程，所以熵增加原理又可表述为：

一个孤立系统的熵永不会减少。

如果孤立系统原来处于平衡态，则它将一直处于该平衡；如果孤立系统原来处于非平衡态，则它将自发地从非平衡态变化到平衡态，这是不可逆过程。所以，孤立系统总是向熵增加的方向发展，达到平衡态时，熵增加到最大值。对于非孤立系统和非绝热系统，熵增加原理不适用。可将该系统与外界划成更大的孤立系统或绝热系统，再应用熵增加原理判断过程可逆与否和过程进行的方向。熵增加原理指出了自发过程进行的方向可用熵变来判断（熵增加的方向）。当熵增加到最大值时，孤立系统达到平衡状态，这是过程进行的限度。熵增加原理是热力学第二定律的数学表述。

（4）理想气体熵变的计算公式

根据(12-46)式，理想气体元过程的熵变为 $\mathrm{d}S = \dfrac{\mathrm{d}E + p\mathrm{d}V}{T}$。由理想气体热力学能公式得 $\mathrm{d}E = \dfrac{M}{\mu} C_{V,\mathrm{m}} \mathrm{d}T$，由理想气体状态方程得 $\dfrac{p}{T} = \dfrac{M}{\mu} \cdot \dfrac{R}{V}$，代入 $\mathrm{d}S$ 式得

$$\mathrm{d}S = \frac{M}{\mu} C_{V,\mathrm{m}} \frac{\mathrm{d}T}{T} + \frac{M}{\mu} R \frac{\mathrm{d}V}{V} \qquad (12\text{-}49)$$

对上式积分，得理想气体的熵变公式为

$$S_B - S_A = \int_A^B \mathrm{d}S = \frac{M}{\mu} C_{V,\mathrm{m}} \ln \frac{T_B}{T_A} + \frac{M}{\mu} R \ln \frac{V_B}{V_A} \qquad (12\text{-}50)$$

只要知道理想气体初态的状态参量 T_A, V_A 和末态的状态参量 T_B, V_B，不论过程是可逆还是不可逆，都可代入上式计算熵变 $S_B - S_A$。

理想气体熵变公式也可用温度 T 和压强 p 或体积 V 和压强 p 表示。推导如下：由理想气体状态方程 $pV = \dfrac{M}{\mu} RT$ 微分得 $p\mathrm{d}V + V\mathrm{d}p = \dfrac{M}{\mu} R\mathrm{d}T$，再把两等式的左边与右边分别相

除，得

$$\frac{dV}{V} + \frac{dp}{p} = \frac{dT}{T} \tag{12-51}$$

(12-49)式与(12-51)式联立消去 V，得用 T、p 表示的理想气体熵变微分式

$$dS = \frac{M}{\mu}C_{p,m}\frac{dT}{T} - \frac{M}{\mu}R\frac{dp}{p} \tag{12-52}$$

上式积分得用 T、p 表示的理想气体熵变积分式

$$S_B - S_A = \frac{M}{\mu}C_{p,m}\ln\frac{T_B}{T_A} - \frac{M}{\mu}R\ln\frac{p_B}{p_A} \tag{12-53}$$

同理，由(12-49)式与(12-51)式联立消去 T，得用 V、p 表示的理想气体熵变公式为

$$dS = \frac{M}{\mu}C_{p,m}\frac{dV}{V} + \frac{M}{\mu}C_{V,m}\frac{dp}{p} \tag{12-54}$$

$$S_B - S_A = \frac{M}{\mu}C_{p,m}\ln\frac{V_B}{V_A} + \frac{M}{\mu}C_{V,m}\ln\frac{p_B}{p_A} \tag{12-55}$$

例 5 1mol 双原子分子理想气体，初态体积为 V_1，经自由膨胀，末态体积 $V_2 = 2V_1$，求该过程的熵变。

解 用理想气体熵变公式计算。如图 12-13 所示，理想气体自由膨胀过程的初末态温度相等：$T_2 = T_1$。将初末态的状态参量 T_1, V_1, T_2, V_2 代入理想气体熵变公式(12-50)式，得所求过程熵变为

$$S_2 - S_1 = \frac{M}{\mu}C_{V,m}\ln\frac{T_2}{T_1} + \frac{M}{\mu}R\ln\frac{V_2}{V_1} = \frac{M}{\mu}R\ln\frac{V_2}{V_1} = 1 \times 8.31 \times \ln2 = 5.76(\text{J/K})$$

例 6 1kg 水在 $p = 1.013 \times 10^5\text{Pa}$ 下由 0℃ 的水变为 100℃ 的水蒸汽，已知水的比热容 $c = 4.18 \times 10^3$ J/(kg·K)，汽化热 $\lambda = 2.25 \times 10^6$ J/kg，求熵变。

解 整个过程的熵变 ΔS 等于由 0℃ 的水变到 100℃ 的水过程的熵变 ΔS_1 加上由 100℃ 的水变到 100℃ 的水蒸汽过程的熵变 ΔS_2。

先计算 ΔS_1。设想水的升温过程是一个可逆等压吸热过程，则 $dQ_r = McdT$，熵变为

$$\Delta S_1 = \int_1^2 \frac{dQ_r}{T} = \int_{T_1}^{T_2} \frac{McdT}{T} = Mc\ln\frac{T_2}{T_1} = 1 \times 4.18 \times 10^3 \times \ln\frac{373}{273} = 1.30 \times 10^3(\text{J/K})$$

再计算 ΔS_2。由于汽化过程温度不变，设想该过程是一个可逆等温过程，熵变为

$$\Delta S_2 = \int_2^3 \frac{dQ_r}{T} = \frac{1}{T_2}\int_2^3 dQ_r = \frac{M\lambda}{T_2} = \frac{1 \times 2.25 \times 10^6}{373} = 6.03 \times 10^3(\text{J/K})$$

所以，整个过程的熵变为

$$\Delta S = \Delta S_1 + \Delta S_2 = 1.30 \times 10^3 + 6.03 \times 10^3 = 7.33 \times 10^3(\text{J/K})$$

例 7 试证明：(1)违背克劳修斯表述的过程熵变小于零；(2)违背开尔文表述的过程熵变小于零。

证 (1)设有相互接触的两个物体 A 和 B，A 的温度为 T_A，B 的温度为 T_B，$T_A > T_B$。假如热量能自动地由低温物体 B 传向高温物体 A，在元过程中，B 放出热量 dQ，A 吸收热量 $dQ(dQ > 0)$，因为 dQ 很小，可认为 T_A 与 T_B 不变，故可用可逆等温过程计算物体 B 和物体 A 的熵变，分别为

$$dS_B = \frac{-dQ}{T_B}, \qquad dS_A = \frac{dQ}{T_A}$$

熵具有可加性，系统的熵等于系统各部分的熵之和。所以，元过程中 A 和 B 组成的孤立系统的熵变为

$$dS = dS_A + dS_B = \frac{dQ}{T_A} - \frac{dQ}{T_B}$$

因为 $T_A > T_B$，故 $dS < 0$。得证。

(2)假设有一台热机从单一恒温热源吸热，完全变为有用的功，而不产生其他影响。设恒温热源的温度

为 T,热机在一个循环中从该热源吸收的热量为 Q。在一次循环中,热源的熵变为 $\Delta S_1 = \dfrac{-Q}{T}$,热机的熵变为 $\Delta S_2 = 0$,所以热源和热机组成的绝热系统的熵变为

$$\Delta S = \Delta S_1 + \Delta S_2 = -\frac{Q}{T} < 0$$

证毕

12-7 热力学第二定律的统计意义

热力学第二定律的实质是指出自然界中一切与热现象有关的实际宏观过程都是不可逆过程。现以理想气体的自由膨胀为例,从微观上说明热力学第二定律的统计意义。为了简单起见,设气体中只有 4 个分子 a,b,c,d。参看图 12-13,打开隔板前这些分子只能在左室运动;隔板抽掉后,分子将在整个容器中无规则地运动:一会儿在左室,一会儿在右室。由于左、右两室容积相等,一个分子在左、右两室出现的概率相等,都是 1/2。因此,就单个分子来说,它回到左室的概率是很大的。然而对于气体中所有 4 个分子,它们都回到左室的概率就小了。若按左、右两室来说明容器中分子位置的分布,则 1 个分子在容器中的分布方式有 2 种,4 个分子在容器中的分布方式有 $2^4 = 16$ 种,如表 12-2 所示。因此,4 个分子全部回到左室的概率是 $\dfrac{1}{2^4} = \dfrac{1}{16}$。当气体中有 N 个分子时,这些分子在左、右两室的分布方式有 2^N 种。N 个分子同时回到左室的概率是 $1/2^N$,而气体中分子总数 N 很大,所以这个概率非常小,实际上这种情况不会发生。由此可见,理想气体自由膨胀过程的不可逆性具有统计意义,即只适用于大量分子的情况。如表 12-2 所示,4 个分子自由膨胀后有 16 个微观态、5 个宏观态。宏观态由分子分布情况决定。统计物理学假设:对于孤立系统,各微观态出现的概率相同。对应于给定宏观态的等概率微观态数目称为该宏观态的热力学概率,用 W 表示。表 12-2 中序号为 1,2,3,4,5 的宏观态的热力学概率分别为 1,4,6,4,1。系统可取的微观态总数称为系统的热力学概率,用 Ω 表示。显然,系统的热力学概率等于其各宏观态的热力学概率之和,即 $\Omega = \sum\limits_i W_i$。如上所述,若按左、右两室来区别分子状态,含 N 个分子的理想气体在自由膨胀过程中,初态位于左室,系统的热力学概率 $\Omega_1 = 1$;经自由膨胀后,气体充满整个容器,系统的热力学概率 $\Omega_2 = 2^N$。由此可见,理想气体的自由膨胀过程是由热力学概率小的状态向热力学概率大的状态方向进行的。相反的方向,在外界不发生任何影响的条件下,实际上是不可能发生的。

系统处于平衡态时,分子在容器内均匀分布,所以平衡态对应热力学概率最大的宏观态,该宏观态称为最概然宏观态。实际上,由于存在涨落,平衡态应看作是对应容器内左、右两室分子数相等或差不多相等的那些宏观态。计算表明,分子总数越多,左、右两室分子数相等或差不多相等的那些宏观态对应的微观态数占系统微观态总数的比例越大。对于分子总数 $N = 33$ 的系统,分子数按左、右两室分布的宏观态共有 34 种,表 12-3 列出了其中左室分子数 $n \sim N/2$ 的 6 种宏观态的微观态数,它们所包含的微观态数是系统的微观态总数的 70%。由于实际系统 N 很大,这一比例几乎是 100%。系统由非平衡态向平衡态变化,是由热力学概率小的宏观态向热力学概率大的宏观态变化。

表 12-2 4 个分子在容器左、右两室的分布情况

微观态	左室	$\begin{matrix}a\\b\\c\\d\end{matrix}$	$\begin{matrix}a\\b\\c\end{matrix}$	$\begin{matrix}a\\b\\d\end{matrix}$	$\begin{matrix}a\\c\\d\end{matrix}$	$\begin{matrix}b\\c\\d\end{matrix}$	$\begin{matrix}a\\b\end{matrix}$	$\begin{matrix}a\\c\end{matrix}$	$\begin{matrix}a\\d\end{matrix}$	$\begin{matrix}b\\c\end{matrix}$	$\begin{matrix}b\\d\end{matrix}$	$\begin{matrix}c\\d\end{matrix}$	a	b	c	d	o
	右室	o	d	c	b	a	$\begin{matrix}c\\d\end{matrix}$	$\begin{matrix}b\\d\end{matrix}$	$\begin{matrix}b\\c\end{matrix}$	$\begin{matrix}a\\d\end{matrix}$	$\begin{matrix}a\\c\end{matrix}$	$\begin{matrix}a\\b\end{matrix}$	$\begin{matrix}b\\c\\d\end{matrix}$	$\begin{matrix}a\\c\\d\end{matrix}$	$\begin{matrix}a\\b\\d\end{matrix}$	$\begin{matrix}a\\b\\c\end{matrix}$	$\begin{matrix}a\\b\\c\\d\end{matrix}$
	序数	1	2	3	4	5	6	7	8	9	10	11	12	13	14	15	16
宏观态	左室	4	3				2						1				0
	右室	0	1				2						3				4
	序数	1	2				3						4				5
	热力学概率 W	1	4				6						4				1

系统的热力学概率 $\Omega = 16$

表 12-3 33 个分子的位置分布

系统的热力学概率 $\Omega = 2^{33} = 8\ 589\ 934\ 592$

序号	宏观状态 左(n)	右($N-n$)	宏观态的热力学概率 $W = \dfrac{N!}{n!\ (N-n)!}$	$\dfrac{W}{\Omega}$
1	14	19	818 809 200	0.095 3
2	15	18	1 037 158 320	0.120 7
3	16	17	1 166 803 110	0.135 8
4	17	16	1 166 803 110	0.135 8
5	18	15	1 037 158 320	0.120 7
6	19	14	818 809 200	0.095 3

$$\sum_{i=1}^{6} W_i = 6\ 045\ 541\ 260 \qquad \frac{\displaystyle\sum_{i=1}^{6} W_i}{\Omega} = 0.703\ 8$$

1. 玻尔兹曼关系

根据熵增加原理,理想气体自由膨胀过程系统的熵增加。本节指出,理想气体自由膨胀过程系统的热力学概率增大。因此,系统的熵和热力学概率之间必然存在联系。

熵具有可加性,熵分别为 S_1 和 S_2 的两个独立系统组成的合系统的熵为 $S = S_1 + S_2$。热

力学概率具有相乘性,热力学概率分别为 Ω_1 和 Ω_2 的两个独立系统组成的合系统的热力学概率为 $\Omega=\Omega_1\Omega_2$。例如,理想气体自由膨胀过程中,4 个分子组成的系统的热力学概率 $\Omega_1=2^4$;5 个分子组成的系统的热力学概率 $\Omega_2=2^5$;这两个系统组成的合系统有 9 个分子,其热力学概率为 $\Omega=2^9$,即 Ω 具有相乘性:$2^9=2^4\times2^5$。由熵的可加性和热力学概率的相乘性可以证明熵与热力学概率的函数形式是自然对数,即

$$S=f(\Omega)=C\ln\Omega$$

现由理想气体自由膨胀的特例,确定上式中的常量 C。例 5 算出,理想气体自由膨胀过程的熵变为 $S_2-S_1=\dfrac{M}{\mu}R\ln\dfrac{V_2}{V_1}$,而由熵与热力学概率的对数关系得 $S_2-S_1=C(\ln\Omega_2-\ln\Omega_1)=C\ln\dfrac{\Omega_2}{\Omega_1}$,由上两式得

$$\frac{M}{\mu}R\ln\frac{V_2}{V_1}=C\ln\frac{\Omega_2}{\Omega_1}$$

将 $\dfrac{V_2}{V_1}=2$,$\dfrac{\Omega_2}{\Omega_1}=2^N$ 代入上式得

$$C=\frac{M}{\mu}\frac{R}{N}=\frac{R}{N_A}=k$$

即该常量等于玻尔兹曼常量。所以,熵与热力学概率的关系式为

$$S=k\ln\Omega \tag{12-56}$$

称为玻尔兹曼关系。上式表明,系统的熵正比于系统的热力学概率的自然对数。

根据玻尔兹曼关系和熵增加原理,在孤立系统或绝热系统中,系统的热力学概率永不减少,不可逆过程热力学概率增加,可逆过程热力学概率不变。这就是热力学第二定律的统计意义。

2. 从有序到无序

如果系统只有一个微观态,即 $\Omega=1$,根据玻尔兹曼关系,系统的熵 $S=0$。这种系统是完全有序的,每个分子的状态能被惟一地确定。当系统变化到包含多个微观态时,其 $\Omega>1$,$S>0$,系统中每个分子的状态不可能惟一地确定,这时系统由有序变化到无序。系统所包含的微观状态数越多,系统就越无序,系统的热力学概率和熵也越大,故系统的熵是系统无序性的量度。这就是熵的统计意义。所有从有序到无序的变化过程,随着无序程度的增加,系统的熵值也随之增加。例如功变为热的过程是大量分子的定向有序运动转变为无序的热运动,系统的无序性增加了,熵也增加了。

由玻尔兹曼关系得熵变公式为 $S_2-S_1=k\ln\dfrac{\Omega_2}{\Omega_1}$,上式与(12-50)公式联立得

$$\ln\frac{\Omega_2}{\Omega_1}=\frac{M}{\mu}\frac{R}{k}\left(\frac{i}{2}\ln\frac{T_2}{T_1}+\ln\frac{V_2}{V_1}\right)=N\ln\frac{V_2T_2^{\frac{i}{2}}}{V_1T_1^{\frac{i}{2}}}$$

所以

$$\frac{\Omega_2}{\Omega_1}=\left(\frac{V_2T_2^{\frac{i}{2}}}{V_1T_1^{\frac{i}{2}}}\right)^N \tag{12-57}$$

上式表明,系统的体积或温度增加都能使系统的热力学概率增大,因而系统的无序性增大。当初态和末态温度相同时,由上式得 $\frac{\Omega_2}{\Omega_1}=\left(\frac{V_2}{V_1}\right)^N$,这正是理想气体自由膨胀过程因体积增大而使系统所包含的微观态总数增大的定量关系。

本章摘要

1. 准静态过程、可逆过程、不可逆过程:

  准静态过程——过程进行中的所有中间状态都无限接近于平衡态。

  可逆过程——过程产生的系统和外界的变化都可以通过逆过程或其他过程完全复原。

  无摩擦的准静态过程是可逆过程;实际的宏观过程都是不可逆过程,如摩擦生热、热传导、气体自由膨胀等。

2. 热力学第一定律:
$$\mathrm{d}Q=\mathrm{d}E+\mathrm{d}W,\quad Q=E_2-E_1+W$$

  理想气体的热力学能增量: $\qquad E_2-E_1=\frac{M}{\mu}C_{V,\mathrm{m}}(T_2-T_1)$

  准静态过程中理想气体做功: $\qquad W=\int_{V_1}^{V_2}p\mathrm{d}V$

  热量: $Q=\frac{M}{\mu}C_\mathrm{m}(T_2-T_1)$

  理想气体四种准静态过程(表 12-1)。

3. 热容量:
$$C=\frac{\mathrm{d}Q}{\mathrm{d}T}$$

  比热容: $\qquad c=\frac{1}{M}\frac{\mathrm{d}Q}{\mathrm{d}T}$

  摩尔热容: $\qquad C_\mathrm{m}=\frac{1}{\nu}\frac{\mathrm{d}Q}{\mathrm{d}T}$

  理想气体定体摩尔热容: $\qquad C_{V,\mathrm{m}}=\frac{i}{2}R$;

  理想气体定压摩尔热容: $\qquad C_{p,\mathrm{m}}=\frac{i+2}{2}R$

  迈尔公式: $\quad C_{p,\mathrm{m}}-C_{V,\mathrm{m}}=R$,

  比热容比: $\qquad \gamma=\frac{C_{p,\mathrm{m}}}{C_{V,\mathrm{m}}}=\frac{i+2}{i}$

4. 循环:

  循环特征: $\quad \Delta E=0,\quad W=Q_1-Q_2$,

  热机效率: $\quad \eta=\frac{W}{Q_1},\quad \eta=1-\frac{Q_2}{Q_1}$;

  致冷机致冷系数: $\qquad w=\frac{Q_2}{W},\quad w=\frac{Q_2}{Q_1-Q_2}$

卡诺循环： $\qquad \eta_卡 = 1 - \dfrac{T_2}{T_1}$；

卡诺逆循环： $\qquad w_卡 = \dfrac{T_2}{T_1 - T_2}$

5. 热力学第二定律：开尔文表述和克劳修斯表述。

　　热力学第二定律是热力学过程进行方向的规律，其实质是指出一切实际的宏观过程都是不可逆过程。

　　熵增加原理是热力学第二定律的数学表述，在孤立系统或绝热系统中，$dS \geqslant 0$。

　　热力学第二定律的统计意义是：在孤立系统或绝热系统中，不可逆过程总是由热力学概率小的状态向热力学概率大的状态变化；总是向无序性增加的方向进行。

6. 熵是系统的状态函数：

熵变： $\qquad dS = \dfrac{dQ_r}{T}, \quad S_B - S_A = \displaystyle\int_A^B \dfrac{dQ_r}{T}$

理想气体的熵变： $\qquad S_B - S_A = \dfrac{M}{\mu} C_{V,m} \ln \dfrac{T_B}{T_A} + \dfrac{M}{\mu} R \ln \dfrac{V_B}{V_A}$

$$S_B - S_A = \dfrac{M}{\mu} C_{p,m} \ln \dfrac{T_B}{T_A} - \dfrac{M}{\mu} R \ln \dfrac{p_B}{p_A}$$

$$S_B - S_A = \dfrac{M}{\mu} C_{p,m} \ln \dfrac{V_B}{V_A} + \dfrac{M}{\mu} C_{V,m} \ln \dfrac{p_B}{p_A}$$

玻尔兹曼关系： $\qquad S = k \ln \Omega$

熵是系统无序性的一种量度。

思考题

12-1　热力学第一定律的物理意义是什么？它的数学表达式中各量的正负号是如何规定的？

12-2　为什么要引入可逆过程的概念？准静态过程是否一定是可逆过程？可逆过程是否一定是准静态过程？有人说："凡是有热接触的物体，它们之间进行热交换的过程都是不可逆过程。"这种说法对不对？为什么？

12-3　什么是摩尔热容？等压摩尔热容为什么大于等体摩尔热容？绝热过程的摩尔热容是多少？等温过程的摩尔热容是多少？

12-4　在 p-V 图上，通过同一点的绝热线的斜率为什么比等温线大？

12-5　试分析理想气体在如图所示的三个过程中的 $\Delta E, W, Q$ 的正负或零，其中过程 adb 是绝热过程，将结果填入表格内。

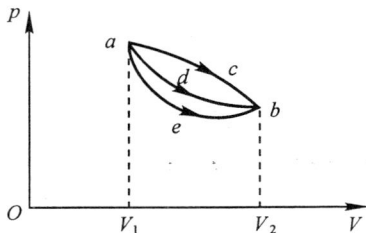

过程	acd	adb	aeb
ΔE			
W			
Q			

思考题 12-5 图

12-6 对于一定量的理想气体,下列过程是否有可能实现?

(1)恒温下的绝热膨胀;

(2)体积不变而温度上升,并且是绝热过程;

(3)吸热而温度不变;

(4)对外做功,同时放热。

12-7 循环过程的特征是什么?什么叫卡诺循环?热效率的定义如何?要提高热效率,应从哪些方面考虑?

12-8 解释下列两种现象:

(1)为什么热空气能上升?

(2)由于热空气上升,在房子里,天花板附近的空气温度最高;但在室外高空处,为什么越高温度越低?

12-9 一杯热水置于空气中冷却,最后与周围环境达到热平衡。在此过程中,水的熵下降了,这是否违反熵增原理?为什么?

12-10 有人设想制造一部机器,利用海洋表面与底面的温差来对外做功,这部机器是否是永动机?能否实现?

12-11 热力学第二定律的实质是什么?如何用熵来判断过程进行的方向和限度?

12-12 判断下列说法是否正确?并解释为什么。

(1)由热力学第一定律可以证明任何热机的热效率不可能等于1;

(2)由热力学第一定律可以证明任何卡诺循环的热效率都等于 $1-T_2/T_1$;

(3)有规则运动的能量能够变为无规则运动的能量,但无规则运动的能量不能变为有规则运动的能量。

12-13 在一个封闭的房间里,有一台电冰箱正在工作着。如果打开电冰箱的门,会不会使房间降温?会使房间升温吗?

习 题

12-1 设 1mol 氮气作极其缓慢的减压膨胀,其压强与体积的关系为 $p=(40-4000V)\times10^5$Pa;开始时,气体的体积 $V_1=1\times10^{-3}$m³;终止时,气体的体积 $V_2=4\times10^{-3}$m³。求该氮气在上述过程中做的功、吸收的热量和热力学能的增量。

12-2 如图所示,一系统由 a 态出发,沿 abc 到达 c 态,吸收了 400J 的热量,并对外做功 200J,问:

(1)沿 adc 过程,系统对外做功 100J,吸收多少热量?

(2)系统由 c 态沿曲线 cea 返回 a 态时,若外界对系统做功 130J,系统吸热还是放热?热量传递是多少?

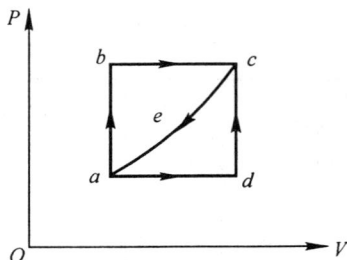

习题 12-2 图

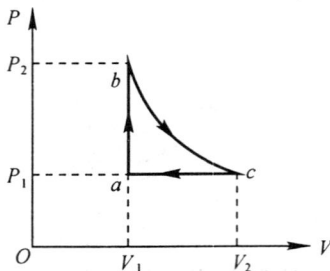

习题 12-3 图

12-3 质量 $M=2.8\times10^{-3}$kg 的氮气,经历如图所示的 $abca$ 过程。其中,ab 是等体过程;bc 是等温过程;ca 是等压过程。已知 $p_1=1.0\times10^5$Pa,$p_2=3p_1$,$T_a=300$K,求:

(1)V_1,V_2,T_b;

(2)ab,bc,ca 三过程中 W,ΔE,Q。

12-4 10mol 单原子分子理想气体在压缩过程中,外力对它做功 209J,气体温度升高 1K,求气体热力学能的增量。在此过程中气体吸收的热量和气体的摩尔热容为多少?

12-5 如图所示,某种双原子气体从状态 a 缓慢变化到状态 b。已知 $p_2=2p_1$,$V_2=2V_1$,求该气体的摩尔热容。

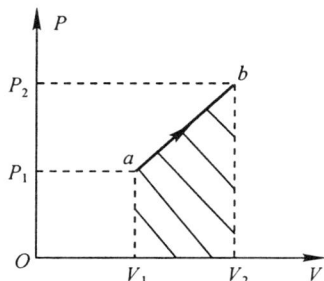

习题 12-5 图

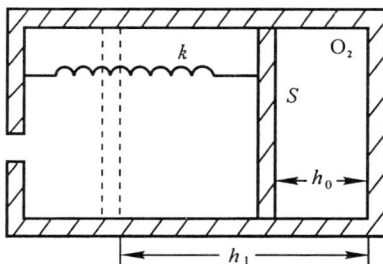

习题 12-6 图

12-6 一圆柱形汽缸横截面积为 $S=0.06m^2$,汽缸内活塞用劲度系数为 $k=1.0\times10^4$N·m^{-1} 的弹簧与汽缸的左端壁相连接,如图所示。不计活塞与汽缸壁之间的摩擦。汽缸的左室通大气,大气压为 $p_0=1.0\times10^5$Pa;右室内盛有 0.1mol 分子氧气。当氧气温度 $T=300$K 时,活塞处于平衡状态,此时弹簧处于自然伸展状态,活塞离汽缸右端壁的距离为 $h_0=0.04$m。今将氧气慢慢加热,使活塞向左移动到 $h_1=0.1$m,试求:

(1)此过程中,氧气对外做功多少?

(2)氧气的热力学能增加多少?

12-7 1mol 双原子分子理想气体由同一状态(p_0,V_0,T_0)出发,分别经过:①等压过程、②等温过程、③绝热过程,体积都增加到 $2V_0$,求这三个过程中气体的温度变化、对外作的功和吸收的热量。

12-8 今有 0.016kg 的氧气在标准状态下经过下列过程并吸收 300J 热量:

(1)若为等温过程,求终态体积;

(2)若为等体过程,求终态压强;

(3)若为等压过程,求热力学能的变化。

12-9 一定量的单原子分子理想气体初态 $p_1=1\times10^5$Pa,$V_1=0.1m^3$。先对气体等压加热,体积膨胀为 $2V_1$;然后等体加热,压强增大为 $2p_1$;最后绝热膨胀,直到温度恢复到初态温度为止。试在 p-V 图上画出过程曲线,并求:

(1)全过程中热力学能的变化;

(2)全过程中气体吸收的热量;

(3)全过程中气体所做的功。

12-10 0.1mol 氢气经历如图所示的 $abca$ 过程。已知 $p_1=1.0\times10^5$Pa,$p_2=1.5\times10^5$Pa,$V_1=1.0\times10^{-3}$m^3,$V_2=3.0\times10^{-3}$m^3,试求:

(1)T_a,T_b,T_c;

(2)bc 过程中 W,ΔE 和 Q。

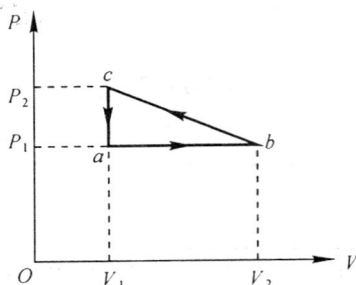 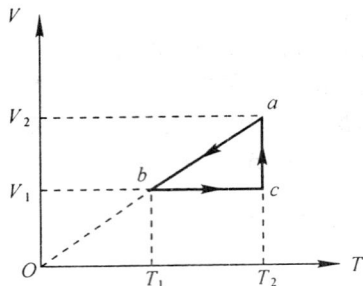

习题 12-10 图　　　　　　　　　　　　　习题 12-11 图

12-11　1mol 单原子分子理想气体经历如图所示的 $abca$ 过程。已知 $V_1=2.0\times10^{-2}\mathrm{m}^3$, $T_1=300\mathrm{K}$, $T_2=600\mathrm{K}$, 试求:

(1) a 点的体积 V_2 和压强 p_a;

(2) 判断 ab, bc, ca 过程中 W, Q, ΔE 的正负或零。

12-12　某汽缸内贮有压强为 $1.013\times10^5\mathrm{Pa}$、体积为 $10^{-2}\mathrm{m}^3$、热力学温度为 283K 的空气,今将空气绝热压缩,最终空气体积压缩到原来的 1/12。试求:

(1) 在压缩终了时空气的压强和温度;

(2) 在压缩过程中,外界对空气所做的功及气体热力学能的变化。(设空气可视为刚性双原子分子理想气体)

12-13　在 $1.013\times10^5\mathrm{Pa}$ 压强下,1mol 水在 100℃ 时变成水蒸汽,问它的热力学能增加多少?已知在此温度和压强下,水和水蒸汽的摩尔体积分别为 $V_{\text{水}}=1.88\times10^{-6}\mathrm{m}^3\cdot\mathrm{mol}^{-1}$, $V_{\text{汽}}=3.10\times10^{-2}\mathrm{m}^3\cdot\mathrm{mol}^{-1}$,水的汽化热为 $\lambda=4.06\times10^4\mathrm{J}\cdot\mathrm{mol}^{-1}$。

12-14　证明一条等温线与一条绝热线不能有两个交点。

12-15　一卡诺循环的高温热源温度是 400K,每一次循环从高温热源吸收热量 400J,并向低温热源放出热量 320J。求:

(1) 低温热源的温度;

(2) 循环的热效率。

12-16　现有 1.5mol 氧气在 400K 和 300K 之间作卡诺循环。已知循环中氧气的最小体积为 $1.2\times10^{-2}\mathrm{m}^3$,最大体积为 $4.8\times10^{-2}\mathrm{m}^3$。计算该氧气在此循环中所做的功,以及从高温热源吸收的热量和向低温热源放出的热量。

12-17　设想利用表层海水和深层海水的温差来制成热机。已知热带水域表层水温约 25℃,300m 深处水温约 5℃。问:

(1) 在这两个温度之间工作的卡诺热机的效率有多大?

(2) 如果有一发电站在最大理论效率下工作时获得的机械功率为 1MW,则该发电站每秒钟将排出多少废热?

12-18　喷气发动机内的工作循环可近似地用如图所示的循环来表示。其中 ab、cd 分别代表绝热过程, bc、da 分别代表等压过程。试证明当发动机内的工作物质为理想气体时,该循环的热效率为

$$\eta=1-\frac{T_d}{T_c}=1-\frac{T_a}{T_b}。$$

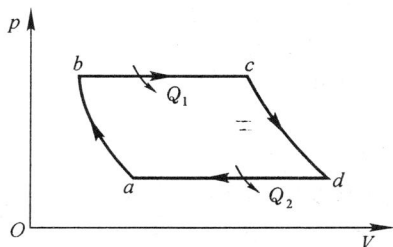

习题 12-18 图

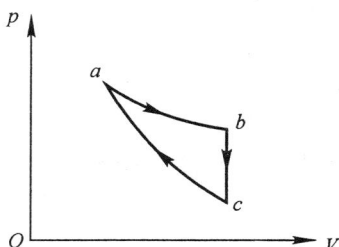

习题 12-19 图

12-19 1mol 双原子分子理想气体经历如图所示的循环 $abca$，其中 ab 是等温过程，bc 是等体过程，ca 是绝热过程。试求该循环过程的热效率。（已知 $T_a=500K$，$T_c=300K$）

12-20 1mol 理想气体氦经历如图所示的循环，求该循环的热效率。

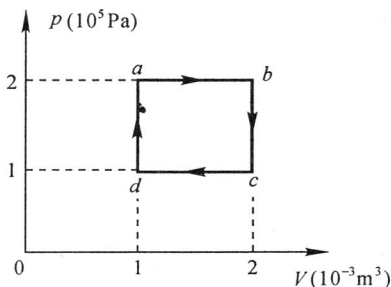

习题 12-20 图

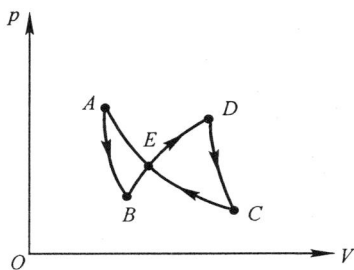

习题 12-21 图

12-21 如图所示，AB 和 DC 是绝热过程，CEA 是等温过程，BED 是任意过程，它们组成 $ABEDCEA$ 循环。若 EDC 面积表示的功为 70J，EAB 面积表示功为 30J，CEA 过程中放出热量 $Q_{CEA}=100J$，求 Q_{BED} 及循环的热效率 η。

12-22 一台可视作理想卡诺致冷机的家用冰箱处在室温为 27℃ 的房间内，设做一盘 -13℃ 的冰块需从冷冻室取走 2.09×10^5J 的热量，试求：

(1) 做一盘冰块所需要的功；

(2) 若此冰箱能以 2.09×10^2J·s^{-1} 的速率取出热量，此冰箱所要求的电功率；

(3) 做上述冰块所需时间。

12-23 将温度为 20℃ 的 1kg 水放到 100℃ 的炉子上加热，最后水也被加热到 100℃，已知水的比热为 4.18×10^3J·(kg·K)$^{-1}$。试问上述过程中水和炉子的熵分别变化了多少？

12-24 0.1mol 氧气（可视作刚性分子理想气体）经历 abc 过程，如图所示，求：

(1) 此过程中气体对外所作的功；

(2) 此过程中气体吸收的净热；

(3) 过程前后，气体熵的增量。

12-25 1mol 双原子分子理想气体，体积由 V_0 膨胀到 $4V_0$，过程方程为 $pV^2=$ 常量，求：

(1) 气体对外界所做的功（用 p_0，V_0 表示）；

(2) 气体的熵变。

12-26 现有 2mol 双原子分子理想气体由

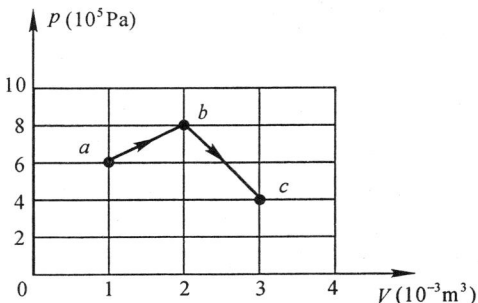

习题 12-24 图

$V_0 = 10 \times 10^{-3} \text{m}^3$, $p_0 = 5 \times 10^5 \text{Pa}$ 的状态绝热不可逆膨胀到 $V_1 = 20 \times 10^{-3} \text{m}^3$, $p_1 = 3 \times 10^5 \text{Pa}$，求此过程中气体的熵变。

12-27　已知在 0℃，1mol 的冰熔解为 1mol 的水需要吸热 6 000J，求：

(1)在 0℃时，这些冰化为水时的熵变；

(2)0℃时这些水的微观状态数与冰的微观状态数之比。

12-28　如图所示，在绝热容器中有一可移动且导热的隔板，将容器分成 A 和 B 两部分。A 中有 1mol 氦气，B 中有 1mol 氧气，初态 $T_A = 300\text{K}$，$T_B = 600\text{K}$，压强均为 $1.0 \times 10^5 \text{Pa}$。试求：

(1)整个系统达到平衡时的温度和压强；

(2)氦气和氧气各自的熵变。

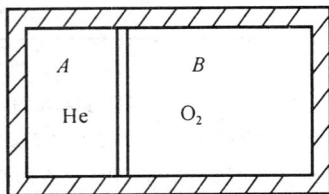

习题 12-28 图

第 13 章

静电场

本章研究真空中的静电场。我们将从库仑定律和电场叠加原理出发，推导出反映静电场基本性质的两条基本原理——高斯定理和电场强度的环流等于零；然后从电荷在静电场中的受力和电荷在静电场中移动时静电力对电荷所作的功两方面引入描述静电场特性的两个基本物理量——电场强度和电势；最后讨论电场强度和电势的关系。

13-1 电 荷

关于自然界中的四种基本相互作用，我们已研究了万有引力相互作用，现在我们来研究另一种基本相互作用——电磁相互作用。

如果我们计算一个电子和一个质子在相隔距离等于氢原子半径 $R_H = 0.529 \times 10^{-10}$m 时的万有引力，则得到

$$F = G \frac{m_p m_e}{R_H^2} = 3.63 \times 10^{-47} \text{N}$$

除了万有引力，在电子和质子之间还有另外一种引力，称为静电力，简称电力。在上述同样距离的情况下，电力的大小为 8.23×10^{-8}N，比万有引力大 2.27×10^{39}倍。这种强得多的力也遵循平方反比定律。

我们知道，所有普通物质都是由电子、质子和中子构成的。如果电子和质子之间以及电子与电子之间的静电力比万有引力大很多个数量级的话，那么，为什么对一般的巨大物体，我们只观察到它们之间的万有引力呢？这是因为两个电子（或者两个质子）之间的静电力是互相排斥的，其大小与间距相同的一个电子和一个质子之间的吸引力完全相同。通常，大物体都含有相同数目的电子和质子，所以它们的静电引力和静电斥力正好互相抵消，于是剩下的就只是非常微弱的万有引力了。

万有引力的力源是质量，而静电力的力源是电荷。电荷同质量一样，是粒子的属性，它们分别表示粒子在相互作用中所受到的静电力和万有引力的强度。这两种力是互不相关的。因此，在物体的质量与电荷之间不存在固定的关系。质量一般是正的，而电荷可能是正的也可能是负的，符号相反的电荷互相吸引，符号相同的电荷互相排斥。

电荷之间的排斥力可用一块毛织物摩擦两个气球而很容易地显示出来。因为羊毛原子上的外层电子摩擦时被气球俘获住，所以两个气球都带负电。这时，如果把一个气球移近到另一个气球，则在两个气球尚未接触时，一个气球就将另一个气球推开去了。

电荷的正负目前仍沿用富兰克林（B. Franklin）的命名方法，即在被丝绸摩擦过的玻璃棒上产生的电荷叫做正电荷，在被毛皮摩擦过的硬橡胶上产生的电荷叫做负电荷，这种称呼

的选择完全是一种历史的偶然性造成的。

实验表明,在自然界中,任何带电粒子所带的电荷不可能少于一个电子所带的电荷,也就是说,一个电子所带的电荷为电荷的基本单位,它等于 1.60×10^{-19} C,通常用符号 e 表示,称为基本电荷。正电子和质子所带的正电荷量与电子带的负电荷量完全相等。最新的实验得出结论:电子与质子电荷相等的精度达到 $1/10^{20}$。迄今还没有人能解释为什么它们的电荷相等的程度会如此惊人的准确。显然,电荷量子化是自然界中一个深刻而又普遍的规律。直到今天,我们所能测定到的任何带电物体只能带 e 的整数倍的电荷。为什么带有 $0.500e$ 或 $0.999e$ 电荷的带电粒子不存在,这只能留给后人去解决了。电荷量子化这一事实已超出经典电磁学的范围,我们将不再考虑它。还有一些粒子,例如,中子、光子以及中微子是不带电荷的。

从不同的惯性系中测量同一电荷,所得的电量都相同,因而电量是相对论性不变量。由此得出结论:电荷的量与该电荷是运动还是静止无关。

电荷可以消失,也可以重新产生,但符号不同的两种基本电荷总是同时产生或同时消失的。例如,电子和正电子在相遇时将湮灭,转变为中性的 γ 光子。在这种情况下,电荷 $-e$ 和 $+e$ 都消失了。在称为电子偶的产生过程中[1],坠入原子核场中的 γ 光子转变为一对粒子,即电子和正电子。在这种情况下,电荷 $-e$ 和 $+e$ 产生了。

由此可见:

对于一个电封闭系统,总电量不会改变。

这个结论称为电荷守恒定律,这是物理学的最基本定律之一。前面提到的正负电子湮灭,在湮灭前,净电荷为零;在湮灭后,净电荷也为零。电荷守恒定律已被很多精确的实验所证实。

应当指出,电荷守恒定律与电荷的相对论性不变性是紧密地相互联系着的。因为,如果要使电荷的量值与电荷的运动速度有关,则当电荷从静止运动起来时,封闭系统的总电量就改变了。

13-2 库仑定律

点电荷之间的相互作用力所遵从的定律,是库仑(C. A. Coulomb)于 1785 年从实验上确定的。所谓点电荷是这样的一个带电体,它的线度与它跟其他带电物体的距离相比,可以忽略。

库仑类似于卡文迪许确定引力常量时所用的扭秤装置,测量了两个带电小球之间的相互作用力跟两球所带的电量及两球间距离的关系。库仑根据实验结果得出结论:

两个静止点电荷之间的相互作用力与两者的电量之积成正比,而与两者间距离的平方成反比。力的方向在两电荷的连线上。

这就是库仑定律的全部内容。

我们指出,相互作用力方向应沿连接两个点电荷的直线,这也是从对称性考虑得出的结论。

---

① 电子偶是由一个电子和一个正电子组成的,除此之外,别无它物。这个"奇异"的原子能够存在大约 $1/10\mu s$ 左右的时间。

由于空间被认为是均匀的和各向同性的,因而对被移入该空间中的两个静止点电荷而言,由一个点电荷引向另一个点电荷的方向是能够标出的惟一方向。我们假定,作用于电荷 q_1 上的力 F 与由 q_1 指向 q_2 的方向的夹角不是零或 π,而是某一角度 θ,如图 13-1 所示。但由于轴对称,我们无法把力 F 从与 q_1-q_2 轴构成同一角度 θ 的其他方向的许多力中分离出来(这些力的方向围成一个立体角为 2θ 的圆锥)。只有在 θ 等于零或 π 时,由此而引起的困难才能自行消失和圆满地予以解决。

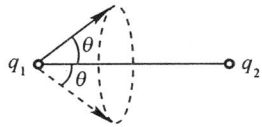

图 13-1　力 F 沿 q_1-q_2 的联线方向

库仑定律可以用矢量的形式简洁地表示为

$$F_2 = k\,\frac{q_1 q_2}{r^2}\hat{r} = -F_1 \tag{13-1}$$

式中 k 是由单位制决定的比例系数,通常称为库仑常量。q_1 和 q_2 分别是两个相互作用的点电荷的电量,r 是两点电荷间的距离,$\hat{r}$ 是由 q_1 指向 q_2 的单位矢量。F_2 是作用在 q_2 上的力,F_1 是作用在 q_1 上的力,如图 13-2 所示(图中 q_1,q_2 为同号电荷)。力 F_1 和 F_2 的差别仅差一个负号。

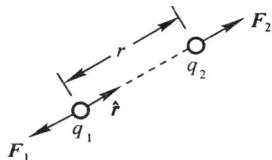

图 13-2　库仑定律的矢量表示

在国际单位制(SI)中,电量的单位为库〔仑〕(国际符号为 C),它是通过两相同电流之间的磁力来确定的。比例系数 k 由实验测得为

$$k = 10^{-7}c^2 \approx 9 \times 10^9 \text{N} \cdot \text{m}^2/\text{C}^2$$

式中 c 为光速。

由于电磁学中有许多公式中含有 4π 和 c 的因子,为了使这两个因子不再出现在实际上最重要的公式中,我们令库仑定律中的比例系数 k 等于 $\dfrac{1}{4\pi\varepsilon_0}$。在这种情况下,真空中的库仑定律可写成如下形式:

$$F_2 = \frac{1}{4\pi\varepsilon_0}\,\frac{q_1 q_2}{r^2}\hat{r} = -F_1 \tag{13-2}$$

这样,其他公式也相应地改变形式。公式的这种变形记法称为公式的有理化记法,利用有理化公式建立的单位制,也称为有理制。显然,SI 也属于有理制。

(13-2)式中的常量 ε_0 称为真空中的电容率,其物理意义为单位长度的电容。ε_0 的量值为

$$\varepsilon_0 = \frac{1}{4\pi k} = \frac{1}{4\pi \times 9 \times 10^9} = 8.85 \times 10^{-12}\text{C}^2/(\text{N} \cdot \text{m}^2)$$

应当指出,一些书中把真空中的电容率称为真空中的介电常数,这样的称呼是没有物理意义的。

库仑定律中重要的物理内容是对平方反比律的陈述。在某些距离范围内,它的实验验证已经十分精确,英国实验物理学家卡文迪许验证平方反比律的精度已达到 $1/10^9$。

有人提出 r 的指数为什么是 2,而不是 1.999 98 或 2.000 01? 这不是问题的实质。真正的问题在于两个点电荷的相互作用在多大的距离范围内平方反比律失效。就目前的实验手段而言,有两个区域可能使平方反比律失效,一个是距离小于 10^{-16}m 的极小范围;另一个是

非常大的距离范围内。例如,地理上的距离和天文上的距离。至今,我们尚未在这两个极端距离范围内做过实验验证。有意思的是,现代电磁场量子理论指出:若光子静止质量为零,则至少在几公里的范围内,库仑定律是足够准确的。

总的说来,库仑定律在 10^{-15}m 至几公里的巨大范围内都是十分可靠的,因而我们把它作为研究电磁学的基础。

库仑定律的另一重要物理内容是电荷在效果上的可加性,即两个电荷之间的作用力不会因第三个电荷的存在而改变。不管系统中有多少个电荷,每对电荷之间的作用力都能够用库仑定律来计算,这就是叠加原理。设有电荷 q_a 和另外 N 个电荷 $q_1, q_2, \cdots, q_N$,由上述可知,所有 N 个电荷 q_i 对 q_a 的作用力的合力 $\boldsymbol{F}$ 由下式确定:

$$\boldsymbol{F} = \sum_{i=1}^{N} \boldsymbol{F}_{ai}$$

式中 $\boldsymbol{F}_{ai}$ 是电荷 q_i 在其余 $N-1$ 个电荷不存在时作用于 q_a 上的力。

我们经常会碰到这样一些问题,其中静电力力源为均匀带电的、有一定大小的物体。例如,均匀带电的线段或者均匀带电的平板。在这种情况下,必须把带电体分成许多可以看成点电荷的电荷元 $\mathrm{d}q$,然后算出每个电荷元 $\mathrm{d}q$ 所产生的作用力 $\mathrm{d}\boldsymbol{F}$,这时静电力的合力为积分 $\boldsymbol{F} = \int \mathrm{d}\boldsymbol{F}$。下面,我们将对三种类型的电荷密度问题作一简单介绍。

若电荷连续分布在一定体积内(体分布),我们可引入体电荷密度 ρ,即单位体积内的电

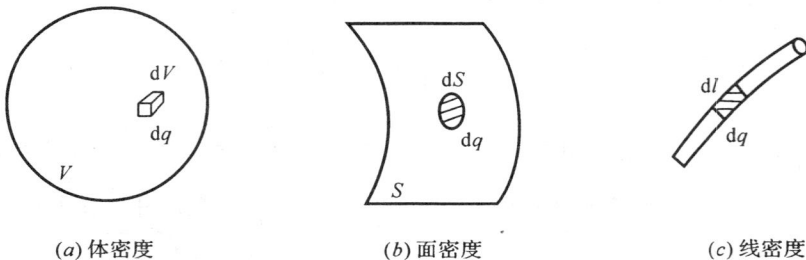

(a) 体密度   (b) 面密度   (c) 线密度

图 13-3 电荷密度概念

荷。如图 13-3(a)所示,这时可在带电体内取一体积元 $\mathrm{d}V$,体积元 $\mathrm{d}V$ 内的带电量为 $\mathrm{d}q$,则电荷体密度为

$$\rho = \frac{\mathrm{d}q}{\mathrm{d}V} \quad 或 \quad \mathrm{d}q = \rho \mathrm{d}V$$

有时电荷连续分布在一定的曲面上,我们可引入电荷面密度 σ,即单位面积内的电荷。如图 13-3(b)所示,这时可在曲面上取一面积元 $\mathrm{d}S$,其带电量为 $\mathrm{d}q$,则电荷面密度为

$$\sigma = \frac{\mathrm{d}q}{\mathrm{d}S} \quad 或 \quad \mathrm{d}q = \sigma \mathrm{d}S$$

如果电荷分布在某根细线或细棒上,我们可引入电荷线密度 λ,即单位长度内的电荷。如图 13-3(c)所示,这时可在细线上取一线元 $\mathrm{d}l$,其带电量为 $\mathrm{d}q$,则电荷线密度为

$$\lambda = \frac{\mathrm{d}q}{\mathrm{d}l} \quad 或 \quad \mathrm{d}q = \lambda \mathrm{d}l$$

13-3 电场·电场强度

1. 电　场

静止电荷之间的相互作用力是通过电场实现的[1]。那么,电场又是什么呢?在法拉第(M. Faraday)之前,人们认为静止电荷之间的力是一种直接的不需传递时间的相互作用——超距作用,这种观点后来被科学所抛弃。现在科学上已经证实,静止电荷之间的相互作用力是通过这些电荷在空间产生的电场来实现的。电场是客观存在的,是物质存在的一种形式,电荷相互作用是以有限速度传播的。电场的存在表现在:将另一电荷置于电场中任意点时,该电荷会受到力的作用。由此可见,欲知某处是否存在电场,只须将一个带电体(以后简称电荷)置于该处,看它是否受到电力作用,而根据该电荷所受作用力的大小就可以判断出电场的"强烈程度"。

于是,为了发现和研究电场,需要利用"试探"电荷;而要使试探电荷所受的力能表征"该点"的电场,试探电荷必须是点电荷,其所占的体积必须足够小,否则作用于试探电荷上的力将表示为试探电荷所占体积范围内电场的平均性质。

现在我们用试探电荷 q_0 来研究静止不动的点电荷 q 所产生的电场。将试探电荷放在电场中某点,该点相对于点电荷 q 的位置由矢径 $\boldsymbol{r}$ 确定,则作用于试探电荷上的力为

$$\boldsymbol{F} = \frac{1}{4\pi\varepsilon_0} \frac{q_0 q}{r^2} \hat{\boldsymbol{r}} \tag{13-3}$$

式中 $\hat{\boldsymbol{r}}$ 是矢径 $\boldsymbol{r}$ 的单位矢量。

2. 电场强度

由(13-3)式可知,试探电荷 q_0 所受的力不仅与决定电场的两个量 q 和 r 有关,而且还与试探电荷的电量 q_0 有关。显然,如果取电量不同的试探电荷,依次放在电场中同一点,则它们所受到的力 $\boldsymbol{F}$ 将不同。但是,对于所有的试探电荷,力 $\boldsymbol{F}$ 与 q_0 之比 $\boldsymbol{F}/q_0$ 却是相同的,并且其比值仅与决定试探电荷所在点的电场的两个量 q 和 r 有关。所以,我们把它作为表征电场的量,即

$$\boldsymbol{E} = \frac{\boldsymbol{F}}{q_0} \tag{13-4}$$

式中矢量 $\boldsymbol{E}$ 称为试探电荷所在点的电场强度。

根据(13-4)式,电场中某点的电场强度 $\boldsymbol{E}$ 在数值上等于放在该点的单位电荷所受的力,$\boldsymbol{E}$ 的方向与作用在该点正电荷上的力的方向一致。

必须指出,即使取负试探电荷($q_0 < 0$),(13-4)式也是正确的。在这种情况下,矢量 $\boldsymbol{E}$ 和 $\boldsymbol{F}$ 方向相反。

还要提醒读者注意的是,虽然我们是在研究静止的点电荷的电场这种情况下得出关于

---

[1]　在运动电荷的情况下,相互作用力除通过电场实现外,还可以通过磁场来实现。

电场强度的概念的,但是定义式(13-4)也可以推广到任意静止电荷所产生的电场的情况。不过在这种情况下,试探电荷 q_0 放入电场中之后,可能使所研究电场的原有电荷分布发生改变。例如,当产生电场的电荷是分布在导体上且能自由地在导体内移动时,就会发生这种电荷重新分布的情况。这时,为了不使所研究的电场发生明显的变化,试探电荷的电量必须足够小。

由(13-4)式和(13-3)式可知,点电荷的电场强度为

$$E = \frac{F}{q_0} = \frac{1}{4\pi\varepsilon_0}\frac{q}{r^2}\hat{r} \tag{13-5}$$

式中矢量 E 的方向沿着过源电荷 q 和所研究的场点的径向直线,q 为正时,E 背离电荷;q 为负时,E 指向电荷。

3. 电场叠加原理

由(13-4)式知,任何一个点电荷 q 在场强为 E 的点所受到的力将是

$$F = qE \tag{13-6}$$

前面曾指出,电荷系作用于系外某一电荷的力等于电荷系内所有电荷单独作用于该电荷的力的矢量和。由此得出结论:

电荷系在某点的总场强等于电荷系内每一电荷单独在该点产生场强的矢量和,即

$$E = \sum_i E_i \tag{13-7}$$

这就是电场的叠加原理。

叠加原理使我们能够计算电荷连续分布的带电体的场强:只要把电荷分成足够小的电荷元 $\mathrm{d}q$,就可以通过求点电荷 $\mathrm{d}q$ 在某点的场强 $\mathrm{d}E$,然后积分求得在该点的总场强为

$$E = \int \mathrm{d}E = \int \frac{1}{4\pi\varepsilon_0}\frac{\mathrm{d}q}{r^2}\hat{r} \tag{13-8}$$

4. 电场线

为了使电场的描述形象化,可以标出电场中每一点处电场强度 E 的大小和方向,这些矢量的集合构成一个电场强度矢量场。在流体中,利用流线可以很直观地表示速度矢量场。与此类似,利用电场线可以直观地描述电场。电场线要画得使线上每一点的切线都与该点的矢量 E 同方向,且穿过与电场线垂直的单位面积的电场线数目等于该处矢量 E

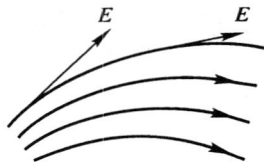

图 13-4 电场线的画法

的大小。这样,我们就可以由电场线的图象判断出电场中各点 E 的大小和方向。如图 13-4 所示。

用电场线描绘电场的缺点:一是在二维图上画三维空间的矢量 E 是一件困难的事情,二是不可能表示出电场中任意点的 E 的大小和方向。

根据静电场的性质,电场线总是从正电荷出发,终止于负电荷,但不会在没有电荷的地方中断;在没有点电荷的空间里,任何两条电场线不会相交。图 13-5 画出了几种常见的电场线图。

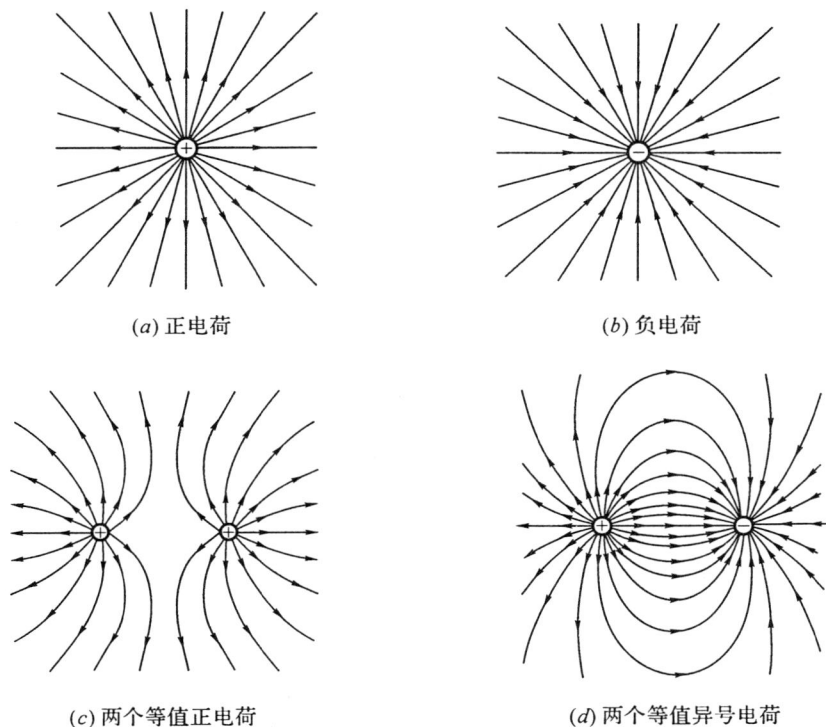

(a) 正电荷

(b) 负电荷

(c) 两个等值正电荷

(d) 两个等值异号电荷

图 13-5　电场线图

5. 电偶极子

电偶极子是指两个等值异号电荷 $+q$ 和 $-q$ 所组成的系统,这两个电荷之间的距离 l 远小于所求场点到它们的连线中心的距离 r,即 $r \gg l$。电偶极子的电量 q 和距离 l 的乘积称为电偶极矩,即 $\boldsymbol{p} = q\boldsymbol{l}$,其方向与 $\boldsymbol{l}$ 的方向相同,由负电荷指向正电荷。它是描述电偶极子属性的物理量。下面,我们来讨论在电偶极子延长线和中垂线上的场强表达式。

如图 13-6 所示,我们先求延长线上一点 P_1 的场强。P_1 点到 $\pm q$ 的距离分别为 $r \mp \dfrac{l}{2}$,所以 $\pm q$ 在 P_1 点产生的场强的大小分别为

$$E_+ = \frac{1}{4\pi\varepsilon_0} \frac{q}{(r - \frac{l}{2})^2}$$

$$E_- = \frac{1}{4\pi\varepsilon_0} \frac{q}{(r + \frac{l}{2})^2}$$

E_+ 方向指向右,E_- 方向指向左,故总场强大小为

$$E_1 = E_+ - E_- = \frac{q}{4\pi\varepsilon_0} \left[\frac{1}{(r - \frac{l}{2})^2} - \frac{1}{(r + \frac{l}{2})^2} \right]$$

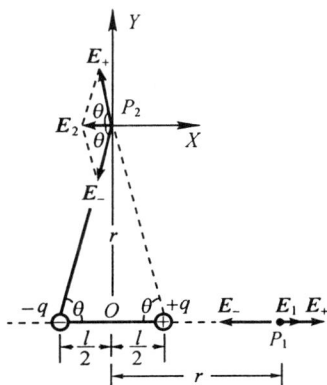

图 13-6　电偶极子在 P_1 和 P_2 点的场强

因为 $r \gg l$,故

$$E_1 = \frac{q}{4\pi\varepsilon_0} \frac{2lr}{(r^2 - \frac{l^2}{4})^2} \approx \frac{1}{4\pi\varepsilon_0} \frac{2ql}{r^3} = \frac{1}{4\pi\varepsilon_0} \frac{2p}{r^3} \tag{13-9}$$

E_1 的方向与电偶极矩 p 的方向相同。

下面再求在中垂线上一点 P_2 的场强。P_2 点到 $\pm q$ 距离都是 $\sqrt{r^2 + \frac{l^2}{4}}$,它们在 P_2 点产生的场强大小为

$$E_+ = E_- = \frac{1}{4\pi\varepsilon_0} \frac{q}{r^2 + \frac{l^2}{4}}$$

但两者方向不同,故必须对 P_2 点的总场强求矢量和,其大小为

$$E_2 = E_+ \cos\theta + E_- \cos\theta = 2E_+ \cos\theta$$

由图可见

$$\cos\theta = \frac{\frac{l}{2}}{\sqrt{r^2 + \frac{l^2}{4}}}$$

故

$$E_2 = \frac{1}{4\pi\varepsilon_0} \frac{ql}{(r^2 + \frac{l^2}{4})^{3/2}}$$

因为 $r \gg l$,得

$$E_2 \approx \frac{1}{4\pi\varepsilon_0} \frac{ql}{r^3} = \frac{1}{4\pi\varepsilon_0} \frac{p}{r^3} \tag{13-10}$$

E_2 的方向与电偶极矩 p 的方向相反。

实际中电偶极子的例子是很多的。例如,以后将要讲到,在外电场作用下,电介质的原子或分子里的正负电荷产生微小的相对位移,形成电偶极子。无线电中,金属发射天线里的电子作周期性运动,使天线两端交替地带正、负电荷,形成振荡电偶极子。

这里特别值得一提的是电偶极矩在生物物理学中的应用,它是目前研究最活跃的前沿课题之一。在基因分子生物学中有一种脱氧核糖核酸物质,即 DNA。它是所有细胞的遗传物质,是由称为脱氧核苷酸的较小分子结合成的大分子。每个核苷酸分子中均包含有一个碱基,核苷酸的排列由细链形式构成有规则的骨架,骨架中存在四种碱基:胸腺嘧啶(T)、胞嘧啶(C)、腺嘌呤(A)和鸟嘌呤(G)。碱基的排列次序意味着遗传信息,这种次序是非常无规则的,一种分子与另一种分子各不相同,这表明遗传信息是千差万别的。四种碱基中的胸腺嘧啶分子具有如图 13-7 所示的近似平面状的结构。它是一个多原子分子,其总的分子电偶极矩为每个化学键电偶极矩的矢量和,在图中键电偶极矩的方向由箭头示出。

当照射到 DNA 上的紫外线被邻近的胸腺嘧啶分子吸收,这些分子将溶合在一起组成胸腺嘧啶(T-T)二聚体,如图 13-8 所示。由于溶合的胸腺嘧啶二聚体不能作为形成后代品种的可靠模式,因此一旦辐射损伤胸腺嘧啶分子又不能修复时,通常是致命的。在正常细胞

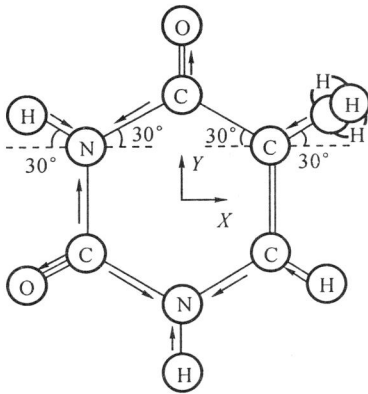

图 13-7　胸腺嘧啶分子结构（箭头表示
　　　　　键电偶极矩的方向）

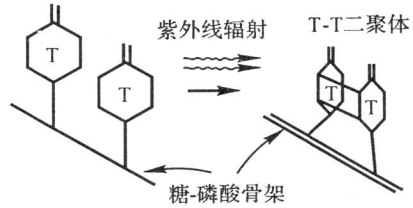

图 13-8　由于紫外线辐射在 DNA 中
　　　　　形成 T-T 二聚体

中，一般在损伤不明显时就已经修复，因此识别 DNA 中胸腺嘧啶（T-T）二聚体的几何结构是很重要的。而识别的方法就是测量胸腺嘧啶分子受紫外光照射后产物的电偶极矩，从中区别有无胸腺嘧啶二聚体的电偶极矩。

例 1　求均匀带电细棒外一点 P 的场强。设棒长为 l，电荷线密度为 λ，P 点到细棒的垂直距离为 a。

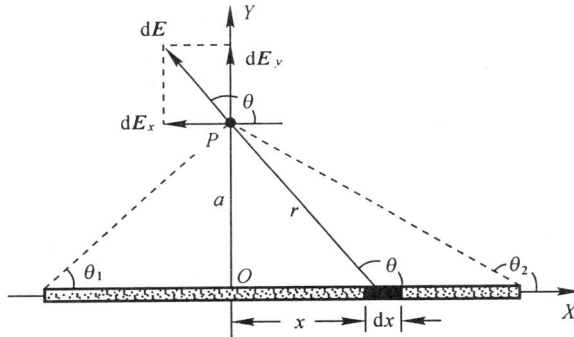

图 13-9　均匀带电细棒外任一点 P 的场强

解　选 P 点到细棒的垂足 O 为原点，作坐标系 XOY，如图 13-9 所示。由于细棒电荷是连续分布的，因此可以把整个电荷分成许多电荷元 dq，求出每一电荷元 dq 在 P 点产生的场强 dE，然后求矢量和 $E = \int dE$。由于 dE 是矢量，积分时必须把 dE 分解为 dE_x 和 dE_y，然后按 $E_x = \int dE_x$ 和 $E_y = \int dE_y$ 积分，最后求出总场强的大小为 $E = \sqrt{E_x^2 + E_y^2}$，其方向可用角度 $\alpha = \arctan \dfrac{E_y}{E_x}$ 表示。

我们在细棒离原点距离为 x 处任取一线元 dx，其上所带电量 $dq = \lambda dx$ 可视为点电荷。dq 在 P 点处产生的场强 dE 的大小为

$$dE = \frac{1}{4\pi\varepsilon_0} \frac{\lambda dx}{r^2}$$

dE 的方向如图示，与 X 轴的夹角为 θ，故 dE 沿 X 轴和 Y 轴的两个分量分别为

$$dE_x = dE\cos\theta, \qquad dE_y = dE\sin\theta$$

由于积分中含有 x, r, θ 三个变量，所以为了积分方便，需预先统一变量。由图可知

$$x = a\tan\left(\theta - \frac{\pi}{2}\right) = -a\cot\theta$$

$$\mathrm{d}x = a\csc^2\theta\,\mathrm{d}\theta$$

$$r^2 = a^2 + x^2 = a^2\csc^2\theta$$

于是得到

$$E_x = \int \mathrm{d}E_x = \int \mathrm{d}E\cos\theta = \int_{\theta_1}^{\theta_2} \frac{\lambda}{4\pi\varepsilon_0 a}\cos\theta\,\mathrm{d}\theta = \frac{\lambda}{4\pi\varepsilon_0 a}(\sin\theta_2 - \sin\theta_1)$$

$$E_y = \int \mathrm{d}E_y = \int \mathrm{d}E\sin\theta = \int_{\theta_1}^{\theta_2} \frac{\lambda}{4\pi\varepsilon_0 a}\sin\theta\,\mathrm{d}\theta = \frac{\lambda}{4\pi\varepsilon_0 a}(\cos\theta_1 - \cos\theta_2)$$

[讨论] 若带电细棒是无限长的,即 $\theta_1 = 0, \theta_2 = \pi$,则

$$E_x = 0, \qquad E = E_y = \frac{\lambda}{2\pi\varepsilon_0 a}$$

例2 如图 13-10 所示。一半径为 R 的均匀带电圆环带有电量 q,求在 X 轴上离圆环中心距离为 x 处的 P 点的场强。

解 设圆环上的电荷线密度为 $\lambda = \dfrac{q}{2\pi R}$,在环上任取一线元 $\mathrm{d}l$,其带电量 $\mathrm{d}q = \lambda\mathrm{d}l$ 可视为点电荷。在 P 点处产生场强 $\mathrm{d}E$ 的大小为

$$\mathrm{d}E = \frac{1}{4\pi\varepsilon_0}\frac{\mathrm{d}q}{r^2} = \frac{1}{4\pi\varepsilon_0}\frac{\lambda\mathrm{d}l}{r^2}$$

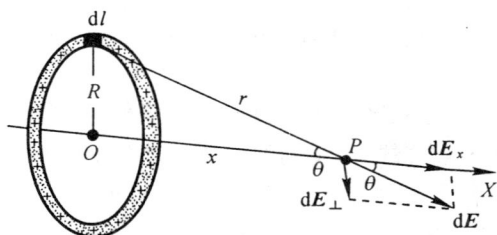

图 13-10　均匀带电圆环在轴线上 P 点处的场强

其方向如图。根据对称性分析,环上所有电荷元在 P 点产生的场强在垂直于 X 轴方向上的分量互相抵消,只剩下沿 X 轴方向的分量,故

$$E = E_x = \int \mathrm{d}E_x = \int \mathrm{d}E\cos\theta$$

式中 θ 和 r 在积分中均是不变量,故

$$E_x = \int \mathrm{d}E\cos\theta = \int \frac{1}{4\pi\varepsilon_0}\frac{\lambda\mathrm{d}l}{r^2}\cos\theta = \frac{1}{4\pi\varepsilon_0}\frac{\lambda\cos\theta}{r^2}\oint_L \mathrm{d}l = \frac{1}{4\pi\varepsilon_0}\frac{q}{2\pi R r^2}\frac{x}{r}\cdot 2\pi R$$

$$= \frac{1}{4\pi\varepsilon_0}\frac{qx}{r^3} = \frac{1}{4\pi\varepsilon_0}\frac{qx}{(x^2 + R^2)^{3/2}}$$

[讨论] 当 $x \gg R$ 时,$(x^2 + R^2)^{3/2} \approx x^3$,则有

$$E \approx \frac{1}{4\pi\varepsilon_0}\frac{q}{x^2}$$

这说明:远离环心的地方的场强与把环上电荷看成全部集中在环心处的点电荷产生的场强是一样的。

例3 计算电偶极子在均匀电场中所受到的力矩。

解 如图 13-11 所示。E 表示均匀电场的场强,l 是从 $-q$ 到 $+q$ 的矢量,θ 为 E 与 l 间的夹角。由场强的定义,正负电荷分别受到两个大小相等、方向相反的力 F_+ 和 F_- 的作用,这两个力构成力偶,它们对于中点 O 的力臂都是 $\dfrac{l}{2}\sin\theta$,对 O 点的力矩方向也相同,因而总力矩的大小为

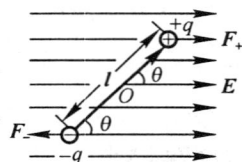

$$M = 2F_+ \frac{l}{2}\sin\theta = qEl\sin\theta = pE\sin\theta$$

不难看出,上式写成矢量形式为

$$M = p \times E$$

上述力矩的作用是使电偶极子转向沿着场强 E 的方向。

图 13-11　电偶极子在均匀电场中受到的力矩

13-4　高斯定理

1. 电通量

电场和电场源的关系可以用一种特别简单的方法来表示,而且这种方法十分有用。为此,需要定义一个新的量——电通量。

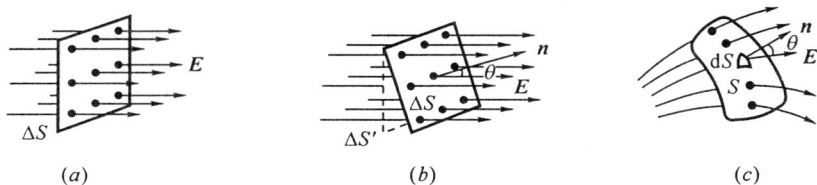

图 13-12　电通量

利用电场线的图象有助于我们对电通量的理解。在图 13-12(a)中,取一垂直于 E 的面元 ΔS。按照通常规定,这样的面元可用矢量 ΔS 表示,其大小为 ΔS,方向为面元 ΔS 的法线方向。我们把 ΔS 称为面元矢量,可表示为

$$\Delta S = \Delta S n \tag{13-11}$$

式中 n 为面元 ΔS 法线方向的单位矢量。这里 n 与 E 同方向。

我们令 $\Delta \Phi_E$ 为垂直穿过面元 ΔS 的电场线数目或称为电通量。则

$$E = \frac{\Delta \Phi_E}{\Delta S}$$

或

$$\Delta \Phi_E = E \Delta S$$

当所取的面元与该处的场强 E 不垂直的时候,如图 13-12(b)所示,则需考虑面元 ΔS 在垂直于 E 方向的投影面积 $\Delta S'$。设 n 与 E 之间的夹角为 θ,则通过斜面元 ΔS 的电场线数目为

$$\Delta \Phi_E = E \Delta S \cos\theta$$

注意到两矢量的标积,我们可以把上式改写为

$$\Delta \Phi_E = E \cdot \Delta S$$

若面元矢量为 dS,则通过 dS 的电通量为

$$d\Phi_E = E \cdot dS$$

电通量是标量,但可正可负。当 n 与 E 的夹角 θ 为锐角时,$\cos\theta > 0$,$\Delta \Phi_E$ 为正;当 θ 为钝角时,$\cos\theta < 0$,$\Delta \Phi_E$ 为负;当 $\theta = \frac{\pi}{2}$ 时,$\Delta \Phi_E = 0$。

对于一个任意曲面来说,如图 13-12(c)所示,曲面上场强的大小和方向一般是不均匀的。此时计算电通量,只需把曲面分成许多小面元 dS,然后积分求出曲面 S 上的总电通量:

$$\Phi_E = \int_S d\Phi_E = \int_S E \cdot dS \tag{13-12}$$

一个曲面有正、反两面,因此它的法线矢量也有正、反两种取法。对于不闭合的曲面,法

线矢量的正向取在哪一面,是无关紧要的;但对于闭合曲面,由于它把整个空间划分成内、外两部分,因此其法线矢量的方向必须有所区别:指向曲面外部空间的叫外法线矢量,指向曲面内部的叫内法线矢量。于是,我们规定:对于闭合曲面,总是取它的外法线矢量为正。如图 13-13 所示。这样一来,在电场线穿出曲面的地方(如图 13-13 中 A 点),$\theta < \pi/2$,电通量 $\Delta\Phi_E$ 为正;在电场线进入曲面的地方(如图 13-13 中的 B 点),$\theta > \pi/2$,电通量 $\Delta\Phi_E$ 为负。

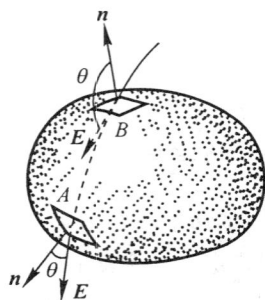

图 13-13　通过闭合面的电通量

2. 高斯定理

高斯(C. F. Gauss)定理可表述如下:

通过任意一个闭合曲面 S 的电通量等于闭合面内所有电荷的代数和 $\sum\limits_{i} q_i$ 除以 ε_0,与闭合面外的电荷无关。

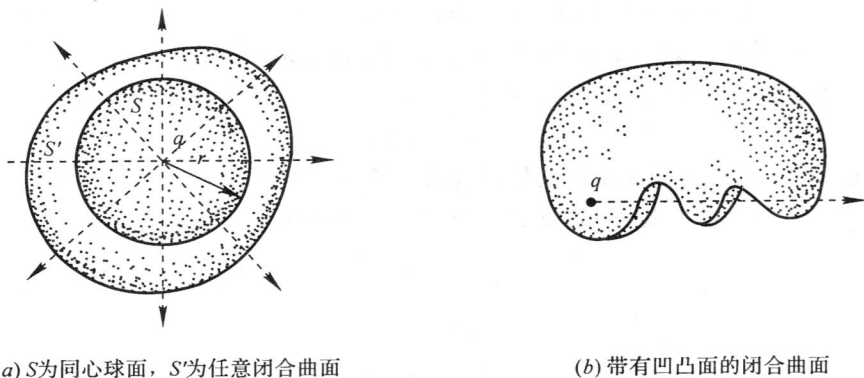

(a) S 为同心球面,S' 为任意闭合曲面　　　(b) 带有凹凸面的闭合曲面

图 13-14　通过包围点电荷的闭合曲面 S 的电通量等于 q/ε_0

用公式来表示高斯定理,则有

$$\oint_S \boldsymbol{E} \cdot \mathrm{d}\boldsymbol{S} = \frac{1}{\varepsilon_0} \sum_i q_{i(内)} \tag{13-13}$$

式中 $\oint_S$ 表示沿一个闭合曲面 S 的积分,这个闭合曲面 S 习惯上叫做高斯面。

下面我们来证明高斯定理的正确性。

(1)通过包围点电荷 q 的同心球面的电通量都等于 q/ε_0。

以点电荷 q 为球心,作一半径为 r 的球面 S。球面上各点 $\boldsymbol{E}$ 的大小相同,方向均沿半径向外,如图 13-14(a) 所示。通过球面 S 的电通量为

$$\Phi_E = \oint_S \boldsymbol{E} \cdot \mathrm{d}\boldsymbol{S} = \oint_S E\mathrm{d}S = \frac{q}{4\pi\varepsilon_0 r^2} \cdot 4\pi r^2 = \frac{q}{\varepsilon_0}$$

(2)通过包围点电荷 q 的任意闭合曲面 S' 的电通量都等于 q/ε_0。

在离开点电荷 q 不同距离处,电场线呈现的情况不同,但从同一点电荷 q 发出的电场线总数则保持不变。因此,闭合曲面 S 无论形状如何,穿出的电场线数目都是一样的,如图

13-14(a)中的闭合曲面 S' 所示,因而电通量都与同心球面一样,等于 q/ε_0。

若闭合曲面有凹凸面,如图 13-14(b)所示,则对于从点电荷 q 发出的一根电场线来说,通过闭合面的次数为奇数次。根据从闭合曲面穿出的电通量为正,进入闭合曲面的电通量为负的规定,只要计算最后穿出的一次就行了,其余偶数次的都两两互相抵消。因此,对于形状为凹凸面的闭合曲面来说,电通量数值并不改变,同样等于 q/ε_0。

(3)通过不包围点电荷的任意闭合曲面 S 的电通量为零

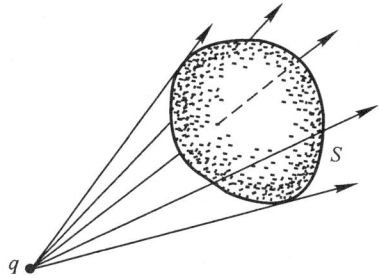

图 13-15 点电荷 q 在闭合曲面 S 外面电通量为零

如图 13-15 所示。如果点电荷 q 在闭合曲面 S 外面,则只有与闭合面相切的锥体内的电场线才通过闭合面;每一条电场线总是通过偶数次,故电通量一正一负,其代数和为零。可见,闭合面外的电荷对计算该闭合面的电通量无关。

(4)多个点电荷的电通量等于它们单独存在时的电通量的代数和

当带电体系总共由 k 个点电荷组成时,而其中 $1\sim n$ 个点电荷在闭合面内,$n+1\sim k$ 个点电荷在闭合面外。根据场强叠加原理,它们在闭合面上产生的总场强为

$$\boldsymbol{E} = \boldsymbol{E}_1 + \boldsymbol{E}_2 + \cdots + \boldsymbol{E}_k$$

于是,带电体系通过闭合面的总电通量为

$$\varPhi_E = \oint_S \boldsymbol{E} \cdot \mathrm{d}\boldsymbol{S} = \oint_S (\boldsymbol{E}_1 + \boldsymbol{E}_2 + \cdots + \boldsymbol{E}_k) \cdot \mathrm{d}\boldsymbol{S} = \oint_S \boldsymbol{E}_1 \cdot \mathrm{d}\boldsymbol{S} + \oint_S \boldsymbol{E}_2 \cdot \mathrm{d}\boldsymbol{S} + \cdots$$

$$+ \oint_S \boldsymbol{E}_k \cdot \mathrm{d}\boldsymbol{S} = \frac{q_1}{\varepsilon_0} + \frac{q_2}{\varepsilon_0} + \cdots + \frac{q_n}{\varepsilon_0} = \frac{1}{\varepsilon_0} \sum_{i=1}^n q_{i(内)}$$

至此,高斯定理全部证毕。从数学上来说,高斯定理与库仑定律是等效的,但是高斯定理是用来计算电场的一个很好的方法。

必须指出,高斯定理是说明场强 $\boldsymbol{E}$ 的通量与电荷之间的关系的,要区分场强 $\boldsymbol{E}$ 和 E 的通量是二回事。其次,高斯定理是讲 E 的通量只与闭合面内的电荷有关,与面外的电荷无关;若面内电荷代数和等于零时,则 E 的通量为零,但不能说面上的场强 $\boldsymbol{E}$ 一定为零,因为闭合面上任意点的场强 $\boldsymbol{E}$ 仍然是由面内和面外所有电荷共同产生的。

13-5 利用高斯定理计算电场

在许多情况下,利用高斯定理求场强比利用点电荷场强公式(13-5)和场的叠加原理来求要简单得多。但是,能够直接运用高斯定理求出场强的情况,必须是电场分布具有一定的对称性的情况,否则数学上的积分十分困难。在下面的一些例子中,我们都先作电场的对称性分析,然后运算。读者要特别注意掌握好分析方法。

1. 球对称分布的电场

(1)均匀带电球壳的电场

一个半径为 R、均匀带正电 q 的球壳所产生的电场显然是球对称的,这意味着场强 E 的方向过球心沿矢径指向外面,在距球心距离 r 相等处,E 的大小处处相等。因此,我们可以作一个通过所求场点 P 点的同心球面作为高斯面,如图 13-16(a)所示。

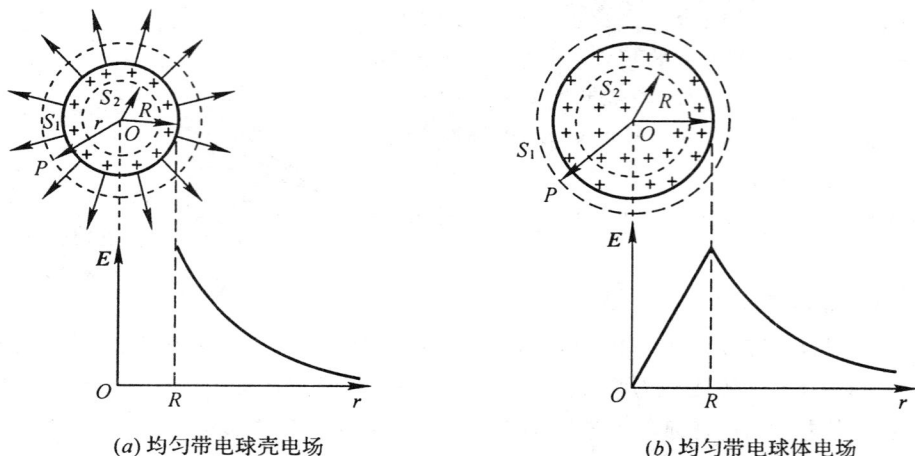

(a) 均匀带电球壳电场

(b) 均匀带电球体电场

图 13-16

上述对称性分析对球壳内外的电场都是适用的。如果 P 点在球壳外,即 $r > R$,应用高斯定理得

$$\oint_{S_1} \boldsymbol{E} \cdot \mathrm{d}\boldsymbol{S} = E \oint_{S_1} \mathrm{d}S = E \cdot 4\pi r^2 = \frac{q}{\varepsilon_0}$$

则 P 点场强为

$$E = \frac{1}{4\pi\varepsilon_0} \frac{q}{r^2} \tag{13-14}$$

这表明:均匀带电球壳外一点的场强与把球壳上电荷全部集中在球心时产生的场强一样。

如果 P 点在球壳内,即 $r < R$,则有

$$\oint_{S_2} \boldsymbol{E} \cdot \mathrm{d}\boldsymbol{S} = E \cdot 4\pi r^2 = 0$$

得 P 点场强为

$$E = 0 \tag{13-15}$$

这表明:均匀带电球壳内部场强为零。

均匀带电球壳的场强分布如图 13-16(a)所示。可以看出,球壳上($r = R$)E 的数值有一跃变。

(2)均匀带电球体的电场

均匀带电球体的电场分布也是球对称的。如果 P 点在球外,即 $r > R$,我们可过 P 点作一同心球面作为高斯面 S_1,如图 13-16(b)所示。根据高斯定理,得

$$\oint_{S_1} \boldsymbol{E} \cdot \mathrm{d}\boldsymbol{S} = E \cdot 4\pi r^2 = \frac{q}{\varepsilon_0}$$

$$E = \frac{1}{4\pi\varepsilon_0} \frac{q}{r^2} \tag{13-16}$$

这表明:球体外一点的场强与把球体上的电荷全部集中在球心时产生的场强一样。

如果 P 点在球内,即 $r<R$,则高斯面 S_2 内所包含的体积为 $\frac{4}{3}\pi r^3$,高斯面 S_2 内包围的电荷为

$$q' = \frac{q}{\frac{4}{3}\pi R^3} \cdot \frac{4}{3}\pi r^3 = \frac{qr^3}{R^3}$$

应用高斯定理,得

$$\oint_{S_2} \boldsymbol{E} \cdot \mathrm{d}\boldsymbol{S} = E \cdot 4\pi r^2 = \frac{q'}{\varepsilon_0} = \frac{qr^3}{R^3 \varepsilon_0}$$

$$E = \frac{1}{4\pi\varepsilon_0} \frac{qr}{R^3} \qquad (13\text{-}17)$$

即 E 与 r 成正比地增加。

球体内外场强 E 随 r 变化的情况,如图 13-16(b)所示。在带电球体的表面上($r=R$),内外场强的大小趋于相等,为 $\frac{1}{4\pi\varepsilon_0}\frac{q}{R^2}$。

2. 轴对称分布的电场

设有一根均匀带正电的无限长直线,直线上的电荷线密度为 λ,那么如何求线外一点 P 的场强 $\boldsymbol{E}$ 呢? 稍加分析,我们就可以判断出电场是以带电直线为轴呈辐射状的轴对称分布的。与带电直线垂直距离 r 相等处,$\boldsymbol{E}$ 的大小相等,而 $\boldsymbol{E}$ 的方向与直线垂直呈辐射状。

由上面的分析,取过 P 点与带电直线同轴的圆柱面为高斯面,其半径为 r,长度 l 是任意的,如图 13-17 所示。闭合圆柱面上、下二底根据电场分布的分析,电通量均为零,只有侧面上有电通量。应用高斯定理,得

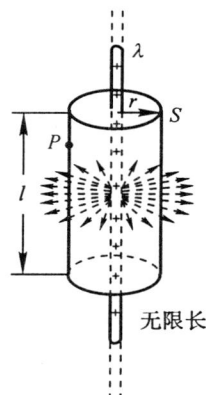

图 13-17 均匀带正电无限长直线的电场

$$\oint_S \boldsymbol{E} \cdot \mathrm{d}\boldsymbol{S} = \int_{\text{上底}} \boldsymbol{E} \cdot \mathrm{d}\boldsymbol{S} + \int_{\text{下底}} \boldsymbol{E} \cdot \mathrm{d}\boldsymbol{S} + \int_{\text{侧面}} \boldsymbol{E} \cdot \mathrm{d}\boldsymbol{S}$$

$$= \int_{\text{侧面}} \boldsymbol{E} \cdot \mathrm{d}\boldsymbol{S} = E \cdot 2\pi r l = \frac{\lambda l}{\varepsilon_0}$$

$$E = \frac{\lambda}{2\pi\varepsilon_0 r} \qquad (13\text{-}18)$$

实际上无限长的带电直线是没有的,但只要靠近直线中部,离开直线的距离比直线的长度小得多的地方,电场的分布情况就与无限长的带电直线类似。

对于均匀带电的"无限长"圆柱体或圆柱面,若单位长度上所带电荷为 λ,则在圆柱体外一点的场强也为

$$E = \frac{\lambda}{2\pi\varepsilon_0 r} \qquad (13\text{-}19)$$

式中 r 为该点到圆柱体轴线的垂直距离。

3. 平面对称分布的电场

（1）无限大均匀带电平面的电场

设有一无限大均匀带电平面，其电荷面密度为$+\sigma$。由对称性分析可知，其电场分布是平面对称的，即平面两侧等距离处场强大小相等，方向处处与平面垂直。于是，我们可把高斯面取成如图 13-18 所示的圆柱面，它的两个底面与带电面平行，并与带电面等距离，侧面与带电面垂直。令 E 为两底面上的场强，底面积为 S。应用高斯定理得

$$\oint_S \boldsymbol{E} \cdot \mathrm{d}\boldsymbol{S} = ES + ES = 2ES = \frac{\sigma S}{\varepsilon_0}$$

$$E = \frac{\sigma}{2\varepsilon_0} \qquad (13\text{-}20)$$

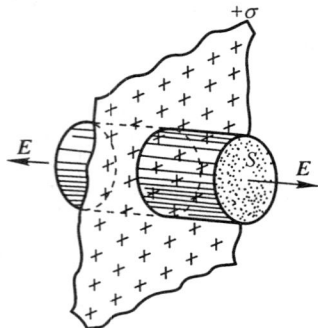

图 13-18　无限大均匀带电平面的场强

（2）两块带等量异号电荷的平行平板的电场

设有两块平行平板 A 和 B，电荷面密度分别为 $+\sigma$ 和 $-\sigma$。假设两板之间的距离远小于板面的线度，如图 13-19 所示，则可利用（13-20）式来进行计算场强。根据场强叠加原理，在两板之间的区域 II 中：

$$E = E_A + E_B = \frac{\sigma}{2\varepsilon_0} + \frac{\sigma}{2\varepsilon_0} = \frac{\sigma}{\varepsilon_0} \qquad (13\text{-}21)$$

在两板外侧的区域 I 和 III 中

$$E = E_A - E_B = 0 \qquad (13\text{-}22)$$

可见，带等量异号电荷的两无限大平行平板之间的电场为均匀电场，其场强数值等于$\frac{\sigma}{\varepsilon_0}$；两板之外不存在电场。

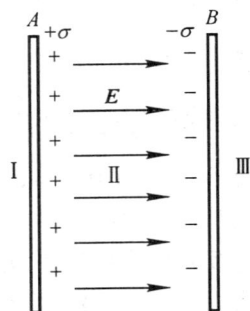

图 13-19　两块等量异号平行平板间的电场

13-6　电　势

1. 静电力是保守力

我们研究静止点电荷 q 产生的电场。试探电荷 q_0 从场中点 1 沿任意路径运动到点 2，考虑在场中任意点 P 处取一位移元 $\mathrm{d}l$。设 $\mathrm{d}l$ 两端离 q 的距离分别为 r 和 $r+\mathrm{d}r$；并设 P 点处的场强为 $\boldsymbol{E}$，如图 13-20 所示；则相对于位移元 $\mathrm{d}l$，q_0 所受到的静电力 $\boldsymbol{F}$ 所作的功为

$$\mathrm{d}W = \boldsymbol{F} \cdot \mathrm{d}l = q_0 \boldsymbol{E} \cdot \mathrm{d}l = q_0 E \mathrm{d}l \cos\theta$$

式中 θ 为 $\boldsymbol{E}$ 与 $\mathrm{d}l$ 间的夹角。考虑到 $\mathrm{d}l\cos\theta = \mathrm{d}r$，且 $E = \frac{1}{4\pi\varepsilon_0}\frac{q}{r^2}$，代入上式后可得

$$\mathrm{d}W = \frac{1}{4\pi\varepsilon_0}\frac{q_0 q}{r^2}\mathrm{d}r$$

当 q_0 从点 1 移到点 2 时，静电力做功为

$$W_{12} = \int dW = \int_{r_1}^{r_2} \frac{1}{4\pi\varepsilon_0} \frac{q_0 q}{r^2} dr$$

$$= \frac{q_0 q}{4\pi\varepsilon_0} \left(\frac{1}{r_1} - \frac{1}{r_2} \right) \qquad (13\text{-}23)$$

式中 r_1 和 r_2 分别为试探电荷 q_0 由起点和终点到点电荷 q 处的距离。由此可见,在单个点电荷的场中,静电力所作的功与路径无关,而与试探电荷 q_0 的始末位置有关。

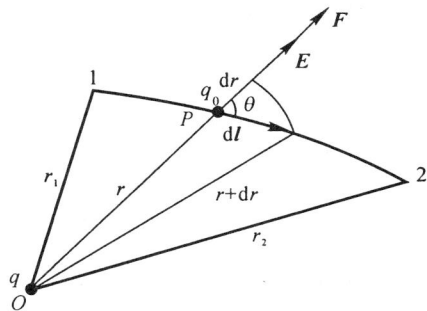

图 13-20　静电力是保守力

上述结论对于任何带电体系产生的电场都是正确的。因为任何带电体总可以划分为许多电荷元,每一电荷元均可看成一个点电荷,因此可把任何带电体系视为点电荷系。由电场的叠加原理,其合力所作的功等于各分力所作的功的代数和,即

$$W_{12} = \int_1^2 \boldsymbol{F} \cdot d\boldsymbol{l} = q_0 \int_1^2 (\boldsymbol{E}_1 + \boldsymbol{E}_2 + \cdots + \boldsymbol{E}_k) \cdot d\boldsymbol{l}$$

$$= W_1 + W_2 + \cdots + W_k = \sum_i W_i$$

由于上式右方的每一项都与路径无关,所以总静电力的功 W_{12} 也与路径无关。

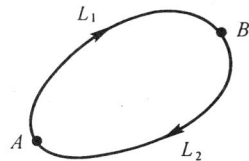

图 13-21　场强 $\boldsymbol{E}$ 沿任意闭合环路的环流等于零

这样,我们得出结论:试探电荷在任何静电场中移动时,静电力所作的功仅与 q_0 的大小和始末位置有关,而与路径无关。可见,静电力是保守力。

静电力做功与路径无关的结论,还可以表述成另一种等效的形式。如图 13-21 所示,若试探电荷 q_0 从场中 A 点出发,沿任意闭合环路绕行一周时,静电力做功等于零,即

$$\oint_L \boldsymbol{F} \cdot d\boldsymbol{l} = q_0 \oint_L \boldsymbol{E} \cdot d\boldsymbol{l} = q_0 \left(\int_{A(L1)}^{B} \boldsymbol{E} \cdot d\boldsymbol{l} + \int_{B(L2)}^{A} \boldsymbol{E} \cdot d\boldsymbol{l} \right)$$

$$= q_0 \left(\int_{A(L1)}^{B} \boldsymbol{E} \cdot d\boldsymbol{l} - \int_{A(L2)}^{B} \boldsymbol{E} \cdot d\boldsymbol{l} \right) = 0$$

故

$$\oint_L \boldsymbol{E} \cdot d\boldsymbol{l} = 0 \qquad (13\text{-}24)$$

上式表示:静电场中场强 $\boldsymbol{E}$ 沿任何闭合环路的线积分等于零。习惯上,我们就称为:场强 $\boldsymbol{E}$ 沿任意闭合环路的环流等于零。这是静电场的基本性质之一,它反映了静电场是一个保守力场。

必须指出,(13-24)式仅在静电场情况下才是正确的。以后我们将阐明,对运动电荷的场 (13-24)式不成立。

2. 电　势

静电力是保守力,静电场是保守力场(或称有势场),因此在静电场中可以引入电势能的概念。

设想在静电场中把一个试探电荷 q_0 从 a 点移到 b 点,则静电力 $\boldsymbol{F}$ 对 q_0 所作的功 W_{ab} 应

等于它的电势能减少,即

$$W_{ab} = \int_a^b \boldsymbol{F} \cdot \mathrm{d}\boldsymbol{l} = q_0 \int_a^b \boldsymbol{E} \cdot \mathrm{d}\boldsymbol{l} = U_a - U_b \qquad (13\text{-}25)$$

式中 U_a 和 U_b 是 q_0 在 a 点和 b 点的电势能。如同引力势能一样,通常将试探电荷 q_0 在无限远处的电势能取为零,即 $U_\infty = 0$,则有

$$U_a - U_\infty = U_a = W_{a\infty} = q_0 \int_a^\infty \boldsymbol{E} \cdot \mathrm{d}\boldsymbol{l} \qquad (13\text{-}26)$$

这表明:电荷 q_0 在电场中某点 a 处的电势能等于将 q_0 从 a 点处移到无限远处时静电力所作的功。

在静电场中的同一点,不同的试探电荷 q_0 将具有不同的电势能 U;但对所有的电荷来说,比值 $\dfrac{U}{q_0}$ 都是相同的。这一比值是表征静电场中给定点电场性质的物理量,称为电势。用 V_a 表示 a 点的电势,即

$$V_a = \frac{U_a}{q_0} = \int_a^\infty \boldsymbol{E} \cdot \mathrm{d}\boldsymbol{l} \qquad (13\text{-}27)$$

由(13-27)式可知:电场中一点的电势等于单位正电荷置于该点时所具有的电势能,或等于把单位正电荷从该点移到无限远处时静电力所作的功。电势是标量,但有正或负的量值。

在静电场中,任意两点 a 和 b 的电势差称为电压,即

$$V_a - V_b = \int_a^\infty \boldsymbol{E} \cdot \mathrm{d}\boldsymbol{l} - \int_b^\infty \boldsymbol{E} \cdot \mathrm{d}\boldsymbol{l} = \int_a^b \boldsymbol{E} \cdot \mathrm{d}\boldsymbol{l} \qquad (13\text{-}28)$$

由(13-28)式可知,当任意电荷 q_0 在静电场中从 a 点移到 b 点,静电力所作的功均可用电势差表示为

$$W_{ab} = q_0 \int_a^b \boldsymbol{E} \cdot \mathrm{d}\boldsymbol{l} = q_0(V_a - V_b) \qquad (13\text{-}29)$$

在实际应用中经常遇到电势差,因此(13-29)式在计算静电力做功时是非常有用的。

由(13-27)式可知,某点电势数值的确定和电势能一样。一般,我们选取离场源无限远处的参考点的电势为零。必须指出,这只有在点电荷和有限大小连续带电体产生电场的情况下是适当的。例如,对带电体是无限大的,像无限大带电平面(或无限长带电直线)这样的带电体的情况,如果把电势或电势能的零点选在无限远处,电场中各点的电势值就没有意义了。因为,对无限大带电平面的电场是均匀电场 $E = \dfrac{\sigma}{2\varepsilon_0}$ 的情况而言,若选无限远处 $V_\infty = 0$,则电场内任意点的电势

$$V_P = \int_P^\infty \boldsymbol{E} \cdot \mathrm{d}\boldsymbol{l} = E \cdot \infty$$

即变得无法确定。同样,对无限长带电直线的电场也有类似情况。因此,对于无限大带电体产生的电场,只能选取空间某一参考点作为电势零点,从而求出电势分布,这时电场中某点 P 的电势应写为

$$V_P = \int_P^{P_0} \boldsymbol{E} \cdot \mathrm{d}\boldsymbol{l} \qquad (P_0 \text{ 是电势零点})$$

在实际问题中,常选地球的电势为零,或在仪器上取机壳的电势为零。

在 SI 中,电势的单位是 J/C,称为伏[特](V)。

在物理学中,常常使用所谓电子伏特(eV)来做能量和功的单位。电子伏特是指带电量等于电子电量 e 的一个电荷通过 1V 电势差时,静电力对它所做的功:

$$1eV = 1.6 \times 10^{-19}C \times 1V = 1.6 \times 10^{-19}J$$

根据电势的定义,点电荷 q 周围某点 P 处的电势为

$$V_P = \int_P^\infty \boldsymbol{E} \cdot \mathrm{d}\boldsymbol{l} = \int_r^\infty \frac{1}{4\pi\varepsilon_0} \frac{q}{r^2} \mathrm{d}r = \frac{1}{4\pi\varepsilon_0} \frac{q}{r} \tag{13-30}$$

对于由点电荷系产生的电场,根据场强叠加原理,场中某点 P 的电势为

$$V_P = \int_P^\infty \boldsymbol{E} \cdot \mathrm{d}\boldsymbol{l} = \int_P^\infty (\boldsymbol{E}_1 + \boldsymbol{E}_2 + \cdots + \boldsymbol{E}_k) \cdot \mathrm{d}\boldsymbol{l}$$

$$= \int_P^\infty \boldsymbol{E}_1 \cdot \mathrm{d}\boldsymbol{l} + \int_P^\infty \boldsymbol{E}_2 \cdot \mathrm{d}\boldsymbol{l} + \cdots + \int_P^\infty \boldsymbol{E}_k \cdot \mathrm{d}\boldsymbol{l}$$

$$= V_{P1} + V_{P2} + \cdots + V_{Pk} = \sum_i V_{Pi} \tag{13-31}$$

式中 $V_{P1}, V_{P2}, \cdots, V_{Pk}$ 是各点电荷单独存在时的电势。(13-31)式表明:

点电荷系电场中某点的电势等于各个点电荷单独存在时产生的电势的代数和。

这就是电势的叠加原理。

如果产生静电场的电荷是连续分布的,则可把任意带电体系看成点电荷系,然后根据电势叠加原理进行积分,得场中某点 P 处的电势为

$$V_P = \int \frac{\mathrm{d}q}{4\pi\varepsilon_0 r} \tag{13-32}$$

式中 $\mathrm{d}q$ 为带电体中的任意电荷元,r 为 $\mathrm{d}q$ 到 P 点的距离。

3. 电势的计算

电势是标量,叠加时用代数和;而场强是矢量,必须用矢量和相加。可见,电势的计算要比场强的计算简单得多。

(1)均匀带电球壳产生的电场的电势

设球壳带电量为 q,半径为 R。我们已经求得球壳的场强分布为

$$E = 0 \qquad (r < R)$$

$$E = \frac{q}{4\pi\varepsilon_0 r^2} \qquad (r > R)$$

方向沿矢径方向,因此计算电势时可沿着矢径积分。

在球壳外($r > R$),由电势定义得距球心 r 处的电势为

$$V_P = \int_P^\infty \boldsymbol{E} \cdot \mathrm{d}\boldsymbol{l} = \frac{1}{4\pi\varepsilon_0} \frac{q}{r} \tag{13-33}$$

若 P 点在球壳内($r < R$),积分要分两段进行,同一段中,E 的表达式要相同,即

$$V_P = \int_P^\infty \boldsymbol{E} \cdot \mathrm{d}\boldsymbol{l} = \int_r^R \boldsymbol{E} \cdot \mathrm{d}\boldsymbol{l} + \int_R^\infty \boldsymbol{E} \cdot \mathrm{d}\boldsymbol{l} = \int_R^\infty \boldsymbol{E} \cdot \mathrm{d}\boldsymbol{l} = \frac{q}{4\pi\varepsilon_0 R} \tag{13-34}$$

由此可见:在球壳外的电势分布与点电荷的情况一样;在球壳内的电势与表面的电势一

样,是个常量。电势 V 随 r 变化的关系曲线如图 13-22 所示。

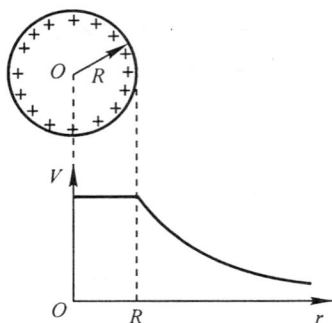

图 13-22 均匀带电球壳的电势分布 图 13-23 均匀带电圆环轴线上的电势分布

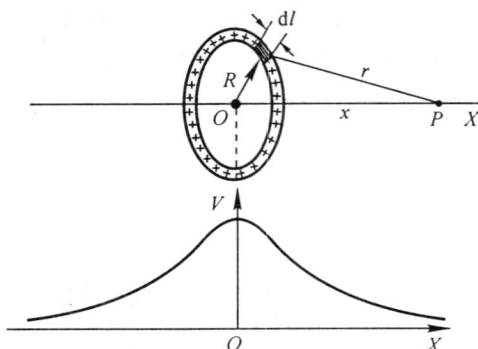

（2）均匀带电圆环轴线上的电势

设圆环半径为 R，带电量为 q，轴线上 P 点离圆环中心 O 点的距离为 x，如图 13-23 所示。在圆环上取一线元 $\mathrm{d}l$，则带电量为 $\mathrm{d}q = \lambda \mathrm{d}l = \dfrac{q}{2\pi R}\mathrm{d}l$，故电荷元 $\mathrm{d}q$ 在 P 点产生的电势为

$$\mathrm{d}V = \frac{1}{4\pi\varepsilon_0}\frac{\mathrm{d}q}{r} = \frac{1}{4\pi\varepsilon_0}\frac{\lambda\mathrm{d}l}{r}$$

式中 r 为 $\mathrm{d}l$ 到 P 点的距离，且 $r = \sqrt{x^2 + R^2}$ 在整个圆环上是常量；λ 为圆环上的电荷线密度。由电势叠加原理，整个圆环在 P 点产生的电势为

$$V = \int\mathrm{d}V = \int_0^{2\pi R}\frac{1}{4\pi\varepsilon_0}\frac{\lambda}{r}\mathrm{d}l = \frac{\lambda R}{2\varepsilon_0 r} = \frac{q}{4\pi\varepsilon_0(x^2 + R^2)^{1/2}} \qquad (13\text{-}35)$$

若 P 点在圆环的中心 O 点，因 $x = 0$，可得

$$V_O = \frac{q}{4\pi\varepsilon_0 R} \qquad (13\text{-}36)$$

电势 V 随 r 变化的关系曲线如图 13-23 所示。

4. 等势面

对电场中的场强分布，可用电场线来形象地描绘；对于电势的分布，也同样能找到描绘它的几何图象，这就是等势面图。

一般说来，静电场中的电势值是逐点变化的，但电场中总有一些点的电势数值是相等的，我们把这些电势相等的点所组成的面叫做等势面。例如，点电荷 q 产生的电场中的电势 $V = \dfrac{q}{4\pi\varepsilon_0 r}$，因此该电场中的等势面是以 q 为中心的一系列同心球面，如图 13-24(a) 所示。两个等量异号的点电荷的等势面如图 13-24(b) 所示。

综合各种等势面，可以看出等势面有如下性质：

（1）等势面与电场线处处正交

因为当电荷 q_0 沿等势面从 a 点移到 b 点时，静电力的功 $W_{ab} = q_0(V_a - V_b)$。由于 $V_a - V_b = 0$，所以 $W_{ab} = 0$，故静电力不做功。当静电力沿等势面作微小位移 $\mathrm{d}l$ 时，根据功的定义，$\mathrm{d}W$

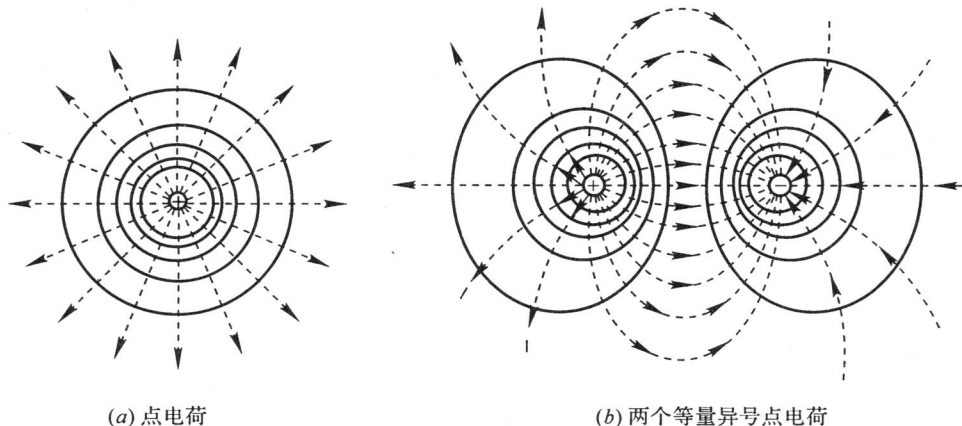

(a) 点电荷　　　　　　　　　　　　(b) 两个等量异号点电荷

图 13-24　等势面和电场线

$=F \cdot \mathrm{d}l=q_0 E \mathrm{d}l \cos\theta=0$,但 $q_0,E,\mathrm{d}l$ 均不为零,因此必然有 $\cos\theta=0,\theta=\pi/2$,即 E 与 $\mathrm{d}l$ 垂直,这就表示场强 E 与等势面垂直,从而使得电场线与等势面正交。

（2）等势面密集处场强大,稀疏处场强小

场强 E 的方向总是指向等势面电势降落的方向。这里我们不另加证明。

由于等势面容易用实验的方法描绘出来,而且在实际问题中,往往遇到需要控制和调整电场中某些等势面的形状和电势值的情况,因此,等势面的概念在科学技术中有很重要的意义。

13-7　电势梯度

电场既可以用矢量 E 描述,也可以用标量 V 描述。这意味着,在这两个量之间存在着某种联系。如果考虑到场强 E 与作用在电荷 q 上的静电力成正比,电势 V 与电荷 q 的势能（电势能）成正比,而静电力是保守力,就能很容易地领悟出两者之间的关系应当类似于保守力和势能之间的关系。现在,我们就从保守力与势能的关系出发,导出场强 E 和电势 V 的关系。

在前面 4-4 节中讲到：一维情况下,保守力的大小等于势能导数的负值,即

$$F = -\frac{\mathrm{d}U}{\mathrm{d}x}$$

如果势能 $U=U(x,y,z)$ 是三维空间位置的函数,则这种导数应为偏导数；在直角坐标系中,保守力 F 的各个分力应为

$$F_x = -\frac{\partial U}{\partial x}, \qquad F_y = -\frac{\partial U}{\partial y}, \qquad F_z = -\frac{\partial U}{\partial z} \tag{13-37}$$

知道了分量后,保守力的矢量表达式为

$$F = F_x i + F_y j + F_z k = -\frac{\partial U}{\partial x} i - \frac{\partial U}{\partial y} j - \frac{\partial U}{\partial z} k \tag{13-38}$$

具有分量 $\frac{\partial}{\partial x},\frac{\partial}{\partial y},\frac{\partial}{\partial z}$ 的矢量称为函数 $U(x,y,z)$ 的梯度,并用符号 $\mathrm{grad}U$ 或 ∇U 表示（∇ 称

为倒三角算符，∇U 读作 U 的梯度）。顺便提一下，"梯度"一词通常为一个物理量的空间变化率；用数学语言来说，就是物理量对空间坐标的导数。由梯度定义得

$$\nabla U = \frac{\partial U}{\partial x}\boldsymbol{i} + \frac{\partial U}{\partial y}\boldsymbol{j} + \frac{\partial U}{\partial z}\boldsymbol{k} \tag{13-39}$$

由(13-38)式和(13-39)式可知，保守力等于势能梯度取负号，即

$$\boldsymbol{F} = -\nabla U \tag{13-40}$$

对于处在静电场中的电荷 q，静电力 $\boldsymbol{F} = q\boldsymbol{E}$，电势能 $U = qV$。把这些值代入(13-40)式，得

$$q\boldsymbol{E} = -\nabla(qV)$$

把常量 q 提到梯度符号外并与左边的 q 相消，得如下公式：

$$\boldsymbol{E} = -\nabla V = -\left(\frac{\partial V}{\partial x}\boldsymbol{i} + \frac{\partial V}{\partial y}\boldsymbol{j} + \frac{\partial V}{\partial z}\boldsymbol{k}\right) \tag{13-41}$$

它确定了场强 $\boldsymbol{E}$ 和电势 V 的关系。

由梯度的定义得

$$E_x = -\frac{\partial V}{\partial x}, \qquad E_y = -\frac{\partial V}{\partial y}, \qquad E_z = -\frac{\partial V}{\partial z} \tag{13-42}$$

与此类似，矢量 $\boldsymbol{E}$ 在任意方向 $\boldsymbol{l}$ 上的分量，等于 V 对 l 的导数的负值，即

$$E_l = -\frac{\partial V}{\partial l} \tag{13-43}$$

例4 试用场强 $\boldsymbol{E}$ 和电势 V 的关系式 $\boldsymbol{E} = -\nabla V$，求出点电荷的场强。

解 在直角坐标系中，点电荷电势公式为

$$V = \frac{1}{4\pi\varepsilon_0}\frac{q}{r} = \frac{1}{4\pi\varepsilon_0}\frac{q}{\sqrt{x^2 + y^2 + z^2}}$$

由(13-42)式得

$$E_x = -\frac{\partial V}{\partial x} = \frac{q}{4\pi\varepsilon_0}\frac{x}{(x^2 + y^2 + z^2)^{3/2}} = \frac{q}{4\pi\varepsilon_0}\frac{x}{r^3}$$

类似地有

$$E_y = -\frac{\partial V}{\partial y} = \frac{q}{4\pi\varepsilon_0}\frac{y}{r^3}, \quad E_z = -\frac{\partial V}{\partial z} = \frac{q}{4\pi\varepsilon_0}\frac{z}{r^3}$$

将求得的值代入(13-41)式得

$$\boldsymbol{E} = \frac{q}{4\pi\varepsilon_0 r^3}(x\boldsymbol{i} + y\boldsymbol{j} + z\boldsymbol{k}) = \frac{q}{4\pi\varepsilon_0 r^3}\boldsymbol{r} = \frac{q}{4\pi\varepsilon_0 r^2}\hat{\boldsymbol{r}}$$

式中 $\hat{\boldsymbol{r}}$ 为矢量 $\boldsymbol{r}$ 的单位矢量，此式与前面得到的结果一致。

例5 求均匀带电圆盘轴线上任意点 P 的电势和场强。设圆盘半径为 R，电荷面密度为 σ。

解 如图13-25所示，轴线上 P 点离圆盘中心 O 的距离为 x。将圆盘看成为由不同半径的圆环所组成，并在圆盘上任取半径为 r、宽度为 $\mathrm{d}r$ 的圆环，则环上带电量为

$$\mathrm{d}q = \sigma 2\pi r\mathrm{d}r$$

由(13-35)式可知，它在 P 点的电势为

$$\mathrm{d}V = \frac{\mathrm{d}q}{4\pi\varepsilon_0\sqrt{r^2 + x^2}} = \frac{\sigma r\mathrm{d}r}{2\varepsilon_0\sqrt{r^2 + x^2}}$$

整个带电圆盘在 P 点产生的电势为

$$V = \int dV = \int_0^R \frac{\sigma r dr}{2\varepsilon_0 \sqrt{r^2 + x^2}} = \frac{\sigma}{2\varepsilon_0}(\sqrt{R^2 + x^2} - x)$$

可见, P 点的电势 V 为 x 的函数, 利用(13-42)式可求得 P 点的场强

$$E_x = -\frac{\partial V}{\partial x} = \frac{\sigma}{2\varepsilon_0}(1 - \frac{x}{\sqrt{R^2 + x^2}})$$

由对称性分析可以看出: P 点场强矢量的方向就是轴线的方向, 它的大小为 $E = E_x$。

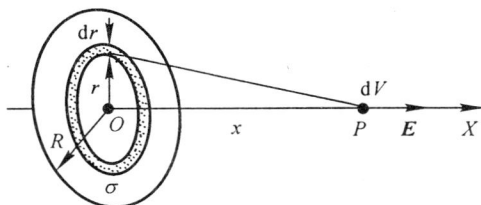

图 13-25 均匀带电圆盘的轴线上一点的
电势和场强

从上面例题中我们看到: 由于电势是标量, 用标量积分计算电势比用矢量积分计算场强简便得多, 所以我们往往先求出电势, 然后利用求偏导数或梯度的方法求场强。这从一个方面体现了引进电势这个标量的优越性。

本章摘要

1. 电荷的电量是量子化的, 基本电荷 $e = 1.6 \times 10^{-19} C$, 任何电荷的电量均为 e 的整数倍:

$$q = \pm Ne$$

2. 电荷守恒定律和相对论不变性紧密关联。

从不同的惯性参考系测量同一电荷, 其电量相同, 这叫相对论不变性。说明电荷的量值与该电荷是静止还是运动无关。

3. 静电场的基本规律是库仑定律, 从库仑定律出发可以导出两条基本定理

高斯定理: $\oint_S \boldsymbol{E} \cdot d\boldsymbol{S} = \frac{1}{\varepsilon_0} \sum_i q_{i(内)}$

电场强度的环流为零: $\oint_L \boldsymbol{E} \cdot d\boldsymbol{l} = 0$, 它是引进电势的先决条件

高斯定理与电场强度环流等于零, 全面地反映了静电场的基本性质。

4. 静电场中两个基本物理量:

电场强度 $\boldsymbol{E}$, 是矢量, 服从矢量叠加原理; 电势 V, 是标量, 服从标量叠加原理。

两者之间的关系是积分和微分的关系:

$$V_P = \int_P^\infty \boldsymbol{E} \cdot d\boldsymbol{l}$$

$$\boldsymbol{E} = -\nabla V, \qquad E_l = -\frac{\partial V}{\partial l}$$

思考题

13-1 试解释为什么物体在摩擦起电时, 总是在物体的不同位置会出现等量异号的电荷?

13-2 库仑定律的适用条件是什么? 当公式 $f = \frac{q_1 q_2}{4\pi\varepsilon_0 r^2}$ 中的 $r \to 0$ 时, 此式是否成立, 为什么?

13-3 试说明静电力和万有引力的相似与相异之处。

13-4 在静电场中从静止开始释放正点电荷,其运动方向是否一定沿电场线的方向? 为什么? 试举例说明。

13-5 在真空中有 A,B 两平行板,相距为 d,两板面积均为 $S(d^2 \ll S)$,其带电量分别为 $+q$ 和 $-q$。若用 f 表示两板间的相互作用力,有人说 $f = \dfrac{q^2}{4\pi\varepsilon_0 d^2}$;又有人说 $f = qE$,而 $E = \dfrac{\sigma}{\varepsilon_0}$,$\sigma = \dfrac{q}{S}$,所以 $f = \dfrac{q^2}{\varepsilon_0 S}$。他们说得对吗? 为什么? f 到底应该等于多少?

13-6 电场线、电通量和电场强度三者之间有何关系? 电通量的正、负分别表示什么物理意义?

13-7 电场中的高斯定理是否仅在对称分布的电场中才成立? 在什么情况下能用高斯定理求场强 E? 应用高斯定理求场强时,高斯面应怎样选取才合适? 下列各形状的带电体能否用高斯定理求各点场强? 为什么?

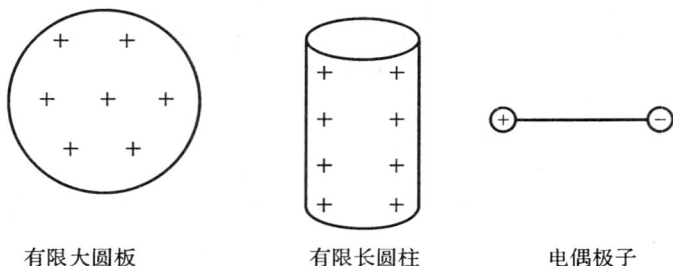

有限大圆板　　　　　有限长圆柱　　　　　电偶极子

思考题 13-7 图

13-8 一点电荷 q 放在球形高斯面的中心,试问下列情况下,穿过这高斯面的电通量是否改变?面上各点的场强 E 是否改变?

(1)另一个点电荷放在高斯面外附近;

(2)另一个点电荷放在高斯面内;

(3)将原来的点电荷移离高斯面的球心,但仍在高斯球面内。

13-9 电场强度线积分 $\displaystyle\int_L \boldsymbol{E} \cdot \mathrm{d}\boldsymbol{l}$ 的物理意义是什么? $\displaystyle\oint_L \boldsymbol{E} \cdot \mathrm{d}\boldsymbol{l} = 0$ 表明静电力具有怎样的特性?

13-10 静电场的电场线有何特点? 两条电场线能否相交? 同时用环路定理证明:静电场的电场线永不闭合。

13-11 在气候干燥的的日子里,当你在夜间脱去腈纶或化纤原料制作的衣服时,会发现放电火花,它们是怎样产生的? 在潮湿的天气中,为何没有这种现象?

13-12 下列说法是否正确? 如不正确,试举一例说明。

(1)场强相等的区域,电势也处处相等;

(2)电势相等处,场强也相等;

(3)场强越大处,电势一定越高;

(4)场强为零处,电势也一定为零;

(5)电势为零处,场强一定为零。

13-13 在电场中,已知某点的场强 E,能否确定该点的电势 V? 已知某点的电势 V,能否确定该点的场强 E?

13-14 有一球形的橡皮气球,电荷均匀分布在气球表面上,问在气球吹大过程中下列各点的场强和电势怎样改变?

(1)始终在气球内部的点;

(2)始终在气球表面上的点;

(3)始终在气球外部的点。

13-15 一只小鸟停在一根几万伏的高压输电线上,它是否有受到电击的危险? 试说明理由。

13-16 在实际工作中,有时将电学仪器或机器外壳选作电势零点。若机壳未接地,机壳是否带电? 人站在地上是否可以随意接触机壳? 若机壳接地,情况又如何?

习　题

13-1 最新研究表明,质子、中子和介子等基本粒子由更小的夸克(quark)组成。如一个正 π 介子由一个 u 夸克和一个反 d 夸克组成,u 夸克带电量为 $\frac{2}{3}e$,反 d 夸克带电量为 $\frac{1}{3}e$。将夸克看作点电荷,试计算正 π 介子中夸克间的电场力(设两夸克之间的距离为 1.0×10^{-15}m)

13-2 两个正点电荷 q 和 $2q$ 相距为 l,试问将第三个点电荷放在何处、电量与符号应如何设置,才能使所有三个电荷均处于平衡?

13-3 电子所带的电量($-e$)最先是由密立根通过油滴实验测出的。如图所示,一个很小的油滴在均匀电场 E 中所受的静电力恰好与重力平衡。如果油滴半径为 $R = 2.76 \times 10^{-6}$m,密度 $\rho = 920$kg·m^{-3},场强 $E = 1.65 \times 10^6$N·C^{-1},试求油滴上的电荷并说明共带有几个电子。

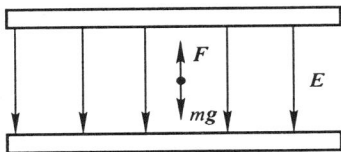

习题 13-3 图

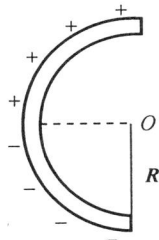

习题 13-4 图

13-4 有一细玻璃棒被弯成半径为 R 的半圆形,其上半部均匀带有电荷 $+Q$,下半部均匀带有电荷 $-Q$,如图所示。试求半圆中心 O 处的场强。

13-5 如图所示,一带电细棒长为 L,沿 X 轴正方向平行放置,其一端在原点。设单位长度的电荷 $\lambda = kx$,式中 k 为正常量,求 X 轴上 $x = L + b$ 处的电场强度。

习题 13-5 图

13-6 半径为 R 的非导体半球壳均匀带电,总电量为 q。求球心 O 处的电场强度。

13-7 如图所示,一无限大均匀带电平面的电荷面密度为 σ,现在其上挖去一个半径为 R 的圆孔。在通过孔中心并垂直于平面的直线上有一点 P,$OP = x$,求 P 处的电场强度。

13-8 实验表明:在靠近地面处有相当强的电场,大小约为 200N·C^{-1},方向垂直地面向下。试求地球带的总电量。(地球半径 $R = 6.37 \times 10^6$m)

13-9 一边长为 $l = 2$m 的正方体的一个顶点在坐标原点,三条边分别为 X, Y, Z 轴。今有 $\mathbf{E} = 200\mathbf{i} + 400\mathbf{j}$(N·C^{-1}),求通过三个面($XY, YZ, ZX$)的电通量。

13-10 如图所示,一高为 $h = 0.2$m、底面半径 $R = 0.1$m 的圆锥体,其顶点与底面圆心连线的中点上放置一个 $q = 10^{-6}$C 的点电荷,求通过该圆锥体侧面的电通量。

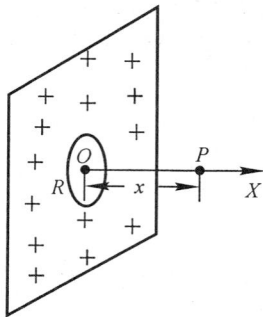

习题 13-7 图

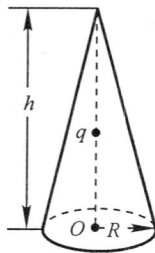

习题 13-10 图

13-11 两个均匀带电的同心球面,内球面带有净电荷 q_1,外球面带有净电荷 q_2。两球面之间的电场强度为 $\frac{3000}{r^2}$N·C^{-1},且方向沿半径向内;球外的电场强度为 $\frac{2000}{r^2}$N·C^{-1},且方向沿半径向外。试求 q_1 和 q_2 各等于多少?

13-12 半径为 R 的长直圆柱体均匀带电,电荷体密度为 ρ。试求下列各处的场强分布:

(1)在圆柱体外;

(2)在圆柱体内;

(3)电场在何处最强?何处最弱?

13-13 一对均匀带电无限长的共轴圆柱面半径分别为 R_1 和 R_2,沿轴向单位长度上的带电量分别为 λ_1 和 $\lambda_2(\lambda_1 > 0, \lambda_2 > 0)$。求:

(1)各电场区域内的场强分布;

(2)若 $\lambda_2 = -\lambda_1$,情况如何?试画出其 E-r 分布曲线。

13-14 两根无限长的均匀带电直线相互平行。相距为 $2a$,电荷线密度分别为 $+\lambda$ 和 $-\lambda$,求带电直线单位长度所受的电场力。

13-15 半径为 R 的非导体带电球体,已知 $\rho = \rho_0(1 - \frac{r'}{R})$。其中 ρ_0 为一正常量,r' 为带电球体中某点离球心距离,试求:

(1)球内外电场强度分布;

(2)r 为多大时电场强度最大?E_{max} 为多少?

13-16 一厚度为 d 的无限大平板均匀带电,电荷体密度为 ρ。求平板内外场强的分布,并以其对称面为坐标原点作出 E-X 分布曲线。

13-17 两个无限大均匀带电平面,电荷面密度分别为 $\sigma_1 = 4 \times 10^{-11}$C·$m^{-2}$ 和 $\sigma_2 = -2 \times 10^{-11}$C·$m^{-2}$。求此带电系统的电场分布。

13-18 已知空气的击穿场强为 3.0×10^6V·m^{-1},一处于空气中的半径为 1.0m 的导体球,电荷仅分布在其表面,问该球能够带有的最大电量为多少?在这种条件下能达到多高电势?由此得到什么结论?

13-19 如图所示,a 点放有正点电荷 $+q$,b 点放有负点电荷 $-q$,$\overline{ab}$ 长为 $2l$,$\overset{\frown}{Ocd}$ 是以 b 为中心,l 为半径的半圆,试求:

(1)将单位正电荷从 O 点沿 $\overset{\frown}{Ocd}$ 移到 d 点,静电力对它作了多少功?

(2)把单位负电荷从 d 点沿 $\overline{ab}$ 的延长线移到无限远处,静电力对它作了多少功?

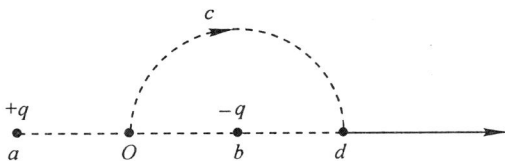

习题 13-19 图

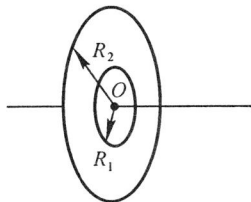

习题 13-20 图

13-20 如图所示,在静电透镜实验装置中,有一均匀带电圆环,其内半径 $R_1 = 0.4m$,外半径 $R_2 = 0.8m$,总电量 $Q = -6 \times 10^{-7}C$。现有一电子沿轴线从无限远处射向带负电的圆环。欲使电子能穿过圆环,它的初始动能至少要多大?

13-21 半径为 R 的均匀带电球面带电量为 Q;沿半径方向上有一均匀带电细棒,电荷线密度为 λ,长度为 l,细棒近端离球心距离也为 l,如图所示。假设球和细棒上的电荷分布保持不变,求细棒的电势能。

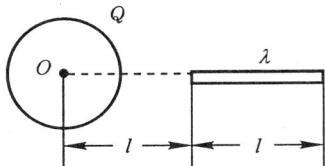

习题 13-21 图

习题 13-22 图

13-22 有一点电荷带电量 $q = 10^{-9}C$,与它在同一直线上的 A,B,C 三点分别距 q 为 $0.1m, 0.2m, 0.3m$,如图所示。若选 B 为电势零点,试求 A,C 两点的电势 V_A, V_C。

13-23 有两块带等量异号电荷的大金属平板,负板接地(电势为零),如图所示。若各板电荷面密度均为 $\sigma = 1.77 \times 10^{-6} C \cdot m^{-2}$;在两板间有 A,B,C 三点,它们离负板距离分别为 $0.1cm, 0.1cm, 0.3cm$,试求:

(1) A,B,C 三点的电势各为多少?

(2) 把一个 $q = -1.5 \times 10^{-8}C$ 的点电荷从 A 点移到 C 点,静电力做功多少?

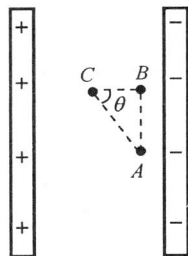

习题 13-23 图

13-24 在氢原子中,正常状态下电子和质子(原子核)的距离约为 $5.29 \times 10^{-11}m$。已知氢原子核和电子带电分别为 $+e$ 和 $-e$。把正常状态中的电子拉到无限远处所需的能量称为氢原子的电离能,求此电离能是多少电子伏?折合为多少焦?

13-25 一电荷线密度为 λ 的均匀带电线弯成如图所示的形状,其中 AB 段和 CD 段的长度均为 R,试求圆心 O 点的电势。

13-26 一无限长的均匀带电直线,电荷线密度为 $\lambda = 4 \times 10^{-9}C \cdot m^{-1}$。带电直线附近有 $a、b$ 两点,如果 b 点离带电直线的距离是 a 点的两倍,求 $a、b$ 两点间的电势差。

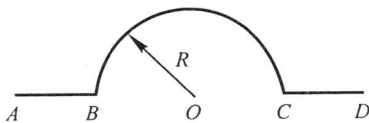

习题 13-25 图

13-27 如图所示,有一长为 $2l$、带电量为 Q 的均匀带电细棒,试求:

(1) 在带电细棒的中垂线上,离棒中心距离为 y_1 的 A 点的电势 V_A 和场强 $\boldsymbol{E}_A$;

(2) 在带电细棒的延长线上离中心为 x_1 处的 B 点的电势 V_B 和场强 $\boldsymbol{E}_B$。

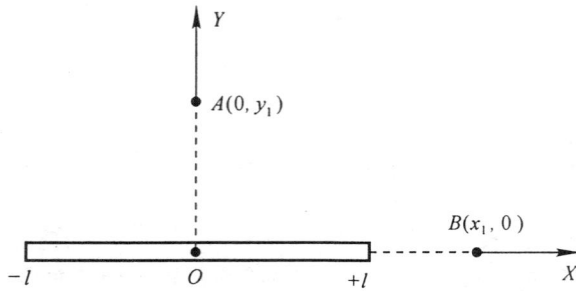

习题 13-27 图

13-28　两个同心的均匀带电球面,半径分别为 $R_1=0.05\text{m}$,$R_2=0.2\text{m}$,已知内球面的电势为 $V_1=60\text{V}$,外球面的电势为 $V_2=-30\text{V}$。

(1)求内、外球面上所带的电量;

(2)两球面间何处的电势为零?

13-29　某电场的电势分布函数为 $V=a(x^2+y^2)+bz^2$,其中 a、b 为常量。求该电场中任一点的电场强度 E。

13-30　(1)设计一个计算机程序来计算点电荷系的电场分布。输入带电粒子的数目、带电量、位置坐标,然后输入需计算场强点的坐标。要求程序在演示前一点后能接受新的所求点。为简单起见,假定所有电荷及所求点均分布在 XY 平面内。假设点电荷 q_i 位于 (x_i,y_i),则其对所求点 (x,y) 处产生的场强为 $E_{ix}=\dfrac{q_i(x-x_i)}{4\pi\varepsilon_0 r_i^3}$,$E_{iy}=\dfrac{q_i(y-y_i)}{4\pi\varepsilon_0 r_i^3}$,$E_{iz}=0$,其中 $r_i=\sqrt{(x-x_i)^2+(y-y_i)^2}$。最后算出所求场强的大小和场强与 X 轴的夹角。

(2)假设有两个点电荷均位于 X 轴上:$q_1=6\times10^{-9}\text{C}$,位于 $x_1=0.03\text{m}$ 处;$q_2=3.0\times10^{-9}\text{C}$,位于 $x_2=0.03\text{m}$ 处。用你设计的程序计算 Y 轴上下列各点的场强:$y=0,0.050,0.100,0.150,0.200\text{m}$。用计算机画图表示出电荷的位置及用矢量线表示各点的场强,矢量线的相对长度表示该处场强的大小,其与 X 轴的夹角表示方向。

(3)用你的程序计算 Y 轴上下列点的场强:$y=-0.050,-0.100,-0.150,-0.200\text{m}$;画出场强分布图;说明 $y=0.050$ 处与 $y=-0.050$ 处场强的 X 分量、Y 分量的联系;其余各对应点之间的关系。

第14章

静电场中的导体和电介质

在上一章静电场的讨论中,我们几乎完全忽略了物质的存在,这是为了强调静电场与电荷有关,而不是与物质相联系。在这一章,我们主要讨论静电场与导体及电介质的相互作用。

14-1 导体的静电平衡

1. 导体的静电平衡条件

导体就是电荷能够从产生的地方迅速转移或传导到其他部分的一类物质。金属、电解液、人体、地球等都是导体。

当一带电导体中的电荷静止不动,从而电场分布不随时间变化时,我们就说该带电导体达到了静电平衡。导体的特点是其体内存在自由电荷,它们在电场的作用下可以自由移动,从而改变电荷的分布;反过来,电荷分布的改变也会影响到电场的分布。可见,当静电场中存在导体时,电荷分布和电场分布是相互影响、相互制约的。因此,导体的静电平衡必须满足如下条件:

(1)导体内部场强处处为零,即

$$E = 0 \tag{14-1}$$

根据场强和电势梯度的关系,这意味着导体内部 V 为常量,是个等势体,从而导体表面是个等势面。

这个平衡条件可这样证明:如果导体内的场强 E 不处处为零,则在 E 不为零的地方自由电荷就会移动,即导体没有达到静电平衡。反过来,当导体达到静电平衡时,其内部场强必处处为零。

(2)导体表面上每一点处的场强处处与它的表面垂直,即

$$E = E_n \tag{14-2}$$

式中 E_n 表示 E 沿该处表面的法线方向。因为电场线与等势面正交,所以导体表面的场强必与其表面垂直。

2. 导体的电荷分布

如果将电荷 q 传给导体,当电荷分布使导体达到静电平衡后,我们在导体内部取一个任意的闭合面,则由于导体内 E 处处为零,所以穿过该闭合面的电通量也为零。根据高斯定理,闭合面内净电荷为零。只要该闭合面整个地在导体内部,闭合面不管形状和大小如何,这个结论都是正确的。由此可见,导体内部任何地点都不能够存在净电荷,因此传给导体的电荷 q 只能以面密度形式分布在导体表面上。

既然在静电平衡时,导体内部没有净电荷,那么,如果我们从导体内部挖掉一部分物质,也不会对电荷分布产生任何影响。由此可见,空心导体(导体空腔)上净电荷的分布完全与实心导体一样,即净电荷只能分布在外表面上。

上述结论还可作如下更严格的证明,如图14-1所示。

我们在导体空腔内、外表面之间取一闭合曲面 S,将空腔包围起来。根据静电平衡条件,闭合曲面 S 上的场强处处为零,因此,没有电通量穿过它。根据高斯定理,导体空腔内表面上净电荷为零。

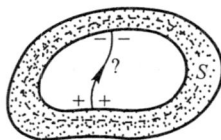

图 14-1　导体空腔内表面处处没有电荷

现在我们还需进一步证明,导体空腔不仅内表面上电荷的代数和(即净电荷)为零,而且其各处的面电荷密度 σ 也为零。我们利用反证法,假定内表面上 σ 处处不为零,由于净电荷为零,则必然有的地方 $\sigma>0$,有的地方 $\sigma<0$。于是,从内表面上 $\sigma>0$ 的地方就会有电场线发生并通过空腔终止于内表面 $\sigma<0$ 的地方。根据场强和电势的关系,电场线的两个端点间有电势差;但这两端同在一个导体上,而导体的静电平衡告诉我们,这两点的电势相等。因此,上述结果与静电平衡条件相违背。由此可见,导体空腔在静电平衡时,其内表面上电荷处处为零。

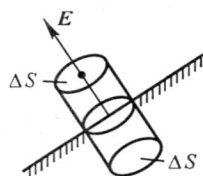

图 14-2　导体表面附近场强

下面我们研究导体表面上面电荷密度 σ 的分布与表面附近场强 E 的关系。设想在导体表面之外的附近空间取一个小的圆柱面,其轴线垂直于导体表面,两底面积均为 ΔS,并且上底在导体之外,下底在导体内部,如图14-2所示。由于 ΔS 很小,上底面上场强 E 相等;又由于场强垂直于导体表面,并注意到导体内部场强为零,因此圆柱面侧面和下底面的电通量为零。根据高斯定理,通过圆柱面的总电通量为

$$\oint_S \boldsymbol{E} \cdot \mathrm{d}\boldsymbol{S} = E\Delta S = \frac{1}{\varepsilon_0}\sigma\Delta S$$

故导体表面附近的场强为

$$E = \frac{\sigma}{\varepsilon_0} \tag{14-3}$$

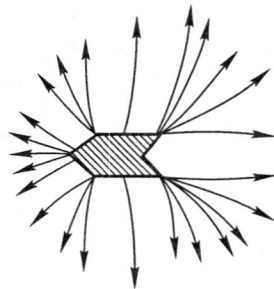

图 14-3　导体表面曲率对电荷分布的影响

(14-3)式给出了导体表面上面电荷密度和表面附近场强的关系,但并没有告诉我们在导体表面上的电荷究竟是怎样分布的。一般地讲,它不仅与导体的形状有关,而且还和附近的带电体有关。在没有外电场的情况下,电荷的分布与导体表面的曲率有关。导体凸出的地方,曲率较大,面电荷密度 σ 较大,这意味着该处场强较大;表面平坦的地方,曲率较小,σ 也较小,场强也小;表面凹进去的地方,曲率为负,σ 更小,场强最弱,如图14-3所示。

导体尖端处的面电荷密度特别大,以至于尖端附近的场强可以大到使周围的气体分子发生电离,进而使那些与导体上电荷异号的离子受到吸引而与导体上的电荷中和;与导体上电荷同号的离子受到排斥朝着与尖端相反的方向运动,并引走中性的气体分子。结果就产生一种叫做"电风"的可感觉到的气体运动。导体上的电荷于是不断减少,好像是从尖端"流出"而被风带走一样,这一现象称为尖端放电。图14-4中蜡烛火焰的偏斜就是受到这种离子

流移动形成的电风吹动的结果。

尖端放电时,其周围会隐约地笼罩着一层光晕,叫做电晕。高压输电线附近的离子与空气分子碰撞时会使分子处于激发状态,从而产生光辐射,形成电晕。在夜间,高压输电线附近常能看到这种现象。高压输电线附近的电晕放电浪费了电能,为了避免损失,高压输电线表面要求尽量光滑,半径也不能太小。一些高压设备的电极做成光滑的球面就是为了避免尖端放电漏电,以维持高压的。

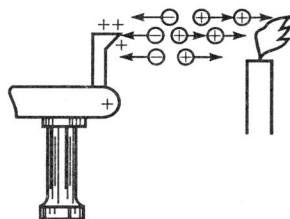

图 14-4　尖端放电

利用尖端放电最典型的例子就是避雷针。当带电的雷云临近地面的树木和建筑物时,由于静电感应使树木和建筑物带上异号电荷,当电荷达到一定程度后,就会在云层和这些物体之间发生强大的电晕放电;当这些强大的电流通过树木和建筑物时,就发生雷击现象。为了避免雷击,可在建筑物上安装避雷针(尖端导体),用粗导线将避雷针联接,另一端埋入地下深处。这样,当雷云接近时,放电电流就通过避雷针和粗导线这条通路进入地下,从而保护了建筑物的安全。

14-2　外电场中的导体

1. 实心导体

把不带电的导体放入电场时,导体上的电荷在外电场的作用下要发生移动,结果在导体表面的两端分别出现异号电荷,我们称之为感应电荷,这种现象称为静电感应。这些感应电荷的电场与外电场的方向相反,因此导体两端感应电荷的积聚使导体内的电场减弱。导体内部电荷的重新分布一直要进行到导体达到静电平衡时为止,这时导体内的场强为零。可见,放入外电场中的不带电导体将使电场线不能穿过导体内部,它们将终止于负的感应电荷,并重新由正的感应电荷发出。如图 14-5 所示。

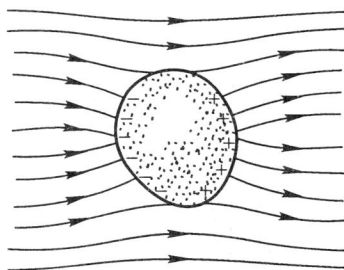

图 14-5　实心导体

2. 导体空腔

(1)空腔内无带电体的情况

一导体在外电场中,感应电荷分布在导体的外表面上。如果在导体内部存在着空腔,则达到静电平衡时,空腔内的场强等于零。这时空腔内的物体或仪器不会受到外电场的影响,这就是所谓的静电屏蔽原理。当想要某一仪器不受外电场的影响时,我们可以用一个金属罩把它包围起来。通常用较密的金属网就能起到很好的屏蔽作用。

(2)空腔内有带电体的情况

当导体空腔内带有电荷 $+q$ 时,由于静电感应,导体空腔的内外表面将出现等量异号的

(a) 未接地   (b) 接地

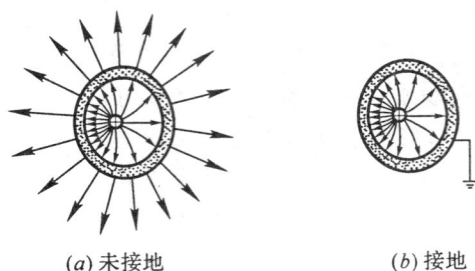

图 14-6　导体空腔

感应电荷;当达到静电平衡时,空腔的内表面带电$-q$,外表面带电$+q$。结果,外表面上电荷产生的电场要对外界产生影响,如图 14-6(a)所示。这时,只要把外表面接地,如图 14-6(b),外表面上就不会再有电荷,相应的电场也消失了,空腔内的电场也就不会对外界有影响了。由上所述,屏蔽对空腔内外均有效,空腔内外的电场互不影响,彼此独立。

3. 范德格拉夫(R. J. Vande Graaff)静电起电机

根据导体壳(导体空腔)的电荷分布在外表面的性质设计成的起电机称为范德格拉夫静电起电机,它是于 1931 年由范德格拉夫制成的。它可以将电荷不断地由电势低的导体传送到电势较高的导体,使后者电势不断地升高,从而在两导体之间产生数量级为几兆伏的电势差。静电起电机在物理学中的主要应用是用它所产生的电势差加速带电粒子,获得高能粒子束,进行各种高能物理的实验。

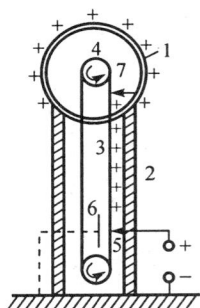

图 14-7　范德格拉夫静电
起电机示意图

图 14-8　一位有较长头发的女学生用手接触能产生 10^5V 电势的范德格拉夫起电机,她的头发像"发怒"一样沿着电场线方向伸展

图 14-7 是它的示意图,大金属壳 1 由绝缘支柱 2 支撑着,橡胶布做成的传送带 3 由一对滑轮 4 带动不停地运转,放电针 5 与 5~10 万伏高压电源相联接而带正电,由于放电针 5 尖端放电,电荷被不断地喷射到传送带上,接地导体板 6 的作用是加强放电针 5 向传送带的电荷喷射,刮电针 7 把经过它的带电传送带上的电荷传送给与它相接的大金属壳 1。由于这些电荷分布在大金属壳的外表面,金属壳上的电荷愈积愈多,电势也愈来愈高,从而便产生了几兆伏的电势差。图 14-8 是一位女学生用手接触能产生 10^5V 电势的范德格拉夫起电机的电极时,她的头发尖端发出许多很小的电火花的情况,图中彼此互相排斥的带电长头发显

示出始于她的带电头部的电场线的分布。

4. 等电势和静电屏蔽原理的应用

等电势和静电屏蔽原理在工农业生产中有很多实际的应用。

高压带电作业法就是利用这一原理来保证高压带电作业的安全性的。

日常经验告诉我们,接触高压电是很危险的。这不仅是因为电势高,主要是因为电势梯度大。为了在不停电的情况下检修高压线路,可采用等电势高压带电作业法。操作者连同手一起穿上用金属丝网编织成的金属均压服,然后通过绝缘软梯和瓷瓶进入强电场区(高压区)。当手与高压线接触时,在金属均压服与高压线之间发生火花放电后,人和高压线就等电势了,从而可进行带电操作。均压服主要起到屏蔽和均压的作用。首先,均压服相当于一个导体空腔,因而对人体起到电屏蔽的作用;其次,均压服起到分流作用,当操作者经过不同的电势区域时,要出现较大的脉冲电流,而均压服的电阻比人体电阻要小得多,这使绝大部分的脉冲电流流经均压服,从而保证了操作者的安全。

例 1 两块平行带电的大导体平板面积均为 S,两板分别带电 Q_a 和 Q_b。若略去边缘效应,求每块板表面上的面电荷密度各为多少?

解 两板均可看成无限大导体平板。设两板处于静电平衡时,板内场强为零,两板表面的面电荷密度如图 14-9 所示。在两板内任取两点 P_a 和 P_b,由静电平衡条件知 $E_{P_a}=0$,$E_{P_b}=0$;规定向右为场强的正方向,得

$$E_{P_a}=\frac{\sigma_1}{2\varepsilon_0}-\frac{\sigma_2}{2\varepsilon_0}-\frac{\sigma_3}{2\varepsilon_0}-\frac{\sigma_4}{2\varepsilon_0}=0 \qquad (1)$$

$$E_{P_b}=\frac{\sigma_1}{2\varepsilon_0}+\frac{\sigma_2}{2\varepsilon_0}+\frac{\sigma_3}{2\varepsilon_0}-\frac{\sigma_4}{2\varepsilon_0}=0 \qquad (2)$$

根据电荷守恒定律,有

$$\sigma_1 S+\sigma_2 S=Q_a \qquad (3)$$

$$\sigma_3 S+\sigma_4 S=Q_b \qquad (4)$$

联立解方程(1)—(4),得

$$\sigma_1=\sigma_4=\frac{Q_a+Q_b}{2S}$$

$$\sigma_2=-\sigma_3=\frac{Q_a-Q_b}{2S}$$

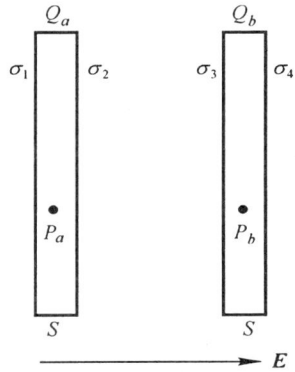

图 14-9 两平行带电的大导体平板的电荷分布

于是得出结论:对于两平行带电的大导体平板来说,相向的两面上,面电荷密度总是大小相等而符号相反;相背的两面上,面电荷密度总是大小相等而符号相同。

例 2 半径为 R 的金属球与地相连,在与球心相距 $2R$ 处有一点电荷 q,求球上的感应电荷 q' 有多大?

解 如图 14-10 所示,金属球在静电平衡时是一个等势体,与地等电势,即 $V=0$。

由叠加原理知,球心上的电势等于点电荷 q 及球面上电荷 q' 在 O 点的电势的代数和,设球面上某元的面电荷密度为 σ,则得

$$V_O=V_q+V_{球}=\frac{q}{8\pi\varepsilon_0 R}+\oint_S\frac{\sigma \mathrm{d}S}{4\pi\varepsilon_0 R}$$

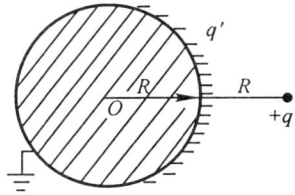

图 14-10 点电荷的场与金属球的相互作用

$$= \frac{q}{8\pi\varepsilon_0 R} + \frac{q'}{4\pi\varepsilon_0 R} = 0$$

$$q' = -\frac{q}{2}$$

14-3　电　容

1. 孤立导体的电容

所谓孤立导体,就是说在这导体周围没有其他导体和带电体。

使一个孤立导体带电 q,则电荷将沿导体的表面分布,使导体内部的场强为零。这样的电荷分布是惟一的一种分布。如果让已经带有电荷 q 的孤立导体再带上同样一份电荷,则这份电荷在导体上的分布也应该与原来一样,否则后带的这份电荷在导体内部产生的场强就不会等于零了。应当说明,如果不是孤立导体,附近还有别的导体,则由于静电感应,该导体上各份电荷分布的相似性就会受到破坏。

由于数值不同的各份电荷在孤立导体上将做相似分布,因此,导体上的电荷增加几倍,导体周围空间中每一点处的场强也会因之增加几倍,于是静电力将单位电荷由导体表面移到无穷远处所做的功也相应地增加同样倍数。根据电势定义,这个功就等于导体的电势。由此得出结论:孤立导体的电势与导体上电荷的电量成正比,即

$$q = CV \qquad\qquad (14\text{-}4)$$

式中比例系数 C 称为导体的电容,由(14-4)式可得

$$C = \frac{q}{V} \qquad\qquad (14\text{-}5)$$

上式表明,电容在数值上等于使导体电势提高一个单位所需要传给导体的电量。它的大小只与导体的形状大小有关而与 q,V 无关,它表征了导体容纳(储存)电荷的能力。

对于一个半径为 R 的孤立导体球,因电势 $V = \frac{q}{4\pi\varepsilon_0 R}$,故电容为

$$C = \frac{q}{V} = 4\pi\varepsilon_0 R \qquad\qquad (14\text{-}6)$$

在 SI 中,电容的单位是 C/V,我们称之为法[拉],记为 F。

一个孤立导体球要具有 1F 的电容,其半径应为 $9 \times 10^9 \mathrm{m}$,为地球半径的 1500 倍。由此可见,F 是一个很大的单位,所以在实用上常使用微法(μF)或皮法(pF)等较小的单位,它们与 F 的换算关系为

$$1\mu\mathrm{F} = 10^{-6}\mathrm{F}$$

$$1\mathrm{pF} = 10^{-12}\mathrm{F}$$

2. 电容器

孤立导体的电容不大,即使像地球这样大的球体,其电容也不过 700μF。而工程技术上却需要在电势不高的装置中能容纳数量可观的电荷,这种装置称为电容器,其原理基于如下

的事实:导体的电容随着其他导体的靠近而增大。之所以如此,是由于在带电导体产生的电场作用下,靠近该导体的其他导体上将产生感应电荷,由于异号感应电荷比同号感应电荷更靠近该导体,所以使得该导体电势的绝对值减小,由(14-6)式可知,导体的电容增大了。

使两个导体彼此靠近,就可以构成一个电容器,构成电容器的两个导体称为极板。为了不让外部导体影响电容器的电容,两块极板要彼此靠近,其形状可为彼此靠近的平行板、两个同心球面或两个共轴圆柱面。这样,当两极板带上等量异号电荷时,电场就局限在电容器内,电场线将自一块极板发出,终止于另一块极板。

电容器的主要指标是电容,它与每一极板上的电量 q 成正比,与两极板间的电势差 $V_A - V_B$ 成反比,即

$$C = \frac{q}{V_A - V_B} \tag{14-7}$$

孤立导体的电容与电容器的电容的定义实际上是相同的。孤立导体的电容,实际上就是它和地球组成的电容器的电容,而地球的电势为零,所以孤立导体的电势就是它和地球的电势差。

下面我们来计算几种典型电容器的电容。

(1)平行板电容器

设有两块彼此靠得很近的金属板组成的平行板电容器,两板面积均为 S,两板间距为 d。在极板面积的线度远大于两板间距时,可忽略边缘效应,这时极板间的场强是均匀电场,如图 14-11 所示。令两板分别带等量异号电荷 $+q$ 和 $-q$,则两板间场强为

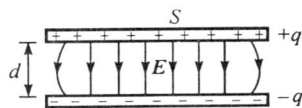

图 14-11 平行板电容器

$$E = \frac{\sigma}{\varepsilon_0}$$

式中 $\sigma = \frac{q}{S}$ 为板上的面电荷密度,根据电容器定义式(14-7)得

$$C = \frac{q}{V_A - V_B} = \frac{q}{Ed} = \frac{\varepsilon_0 S}{d} \tag{14-8}$$

(2)同心球形电容器

如图 14-12 所示,球形电容器由两个同心导体球壳组成,半径分别为 R_A 和 R_B。设内外球壳分别带电为 $+q$ 和 $-q$,则两球壳间 P 点的场强为

$$E = \frac{1}{4\pi\varepsilon_0} \frac{q}{r^2}$$

其方向沿矢径。因为内外球壳间的电势差为

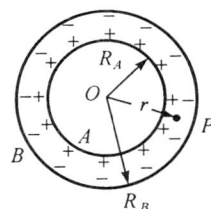

图 14-12 同心球形电容器

$$V_A - V_B = \int_A^B \boldsymbol{E} \cdot \mathrm{d}\boldsymbol{l} = \int_{R_A}^{R_B} \frac{1}{4\pi\varepsilon_0} \frac{q}{r^2} \mathrm{d}r$$

$$= \frac{q}{4\pi\varepsilon_0} \frac{R_B - R_A}{R_A R_B}$$

由电容定义得

$$C = \frac{q}{V_A - V_B} = \frac{q}{q(R_B - R_A)/4\pi\varepsilon_0 R_A R_B} = 4\pi\varepsilon_0 \frac{R_A R_B}{R_B - R_A} \qquad (14\text{-}9)$$

(3)同轴圆柱形电容器

如图 14-13 所示。圆柱形电容器由两个同轴的圆柱面极板组成,其半径分别为 R_A 和 R_B,长度为 l。因为 $l \gg (R_B - R_A)$,因此圆柱面两端可忽略边缘效应。设内外圆柱面分别带电为 $+q$ 和 $-q$,利用高斯定理可得,两圆柱面间场强为

$$E = \frac{\lambda}{2\pi\varepsilon_0 r}$$

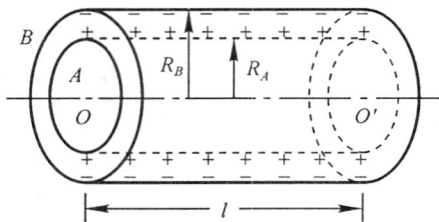

图 14-13　同轴圆柱形电容器

式中 $\lambda = \dfrac{q}{l}$ 为每个圆柱面单位长度上所带的电荷,场强方向为垂直于轴向外呈辐射状。由此得两圆柱面极板间的电势差为

$$V_A - V_B = \int_A^B \boldsymbol{E} \cdot \mathrm{d}\boldsymbol{l} = \int_{R_A}^{R_B} \frac{\lambda}{2\pi\varepsilon_0 r} \mathrm{d}r = \frac{\lambda}{2\pi\varepsilon_0} \ln \frac{R_B}{R_A}$$

故

$$C = \frac{q}{V_A - V_B} = \frac{\lambda l}{V_A - V_B} = \frac{2\pi\varepsilon_0 l}{\ln \dfrac{R_B}{R_A}} \qquad (14\text{-}10)$$

电容器的另一重要指标是极限电压 $V_{\max}$。所谓极限电压,是指可以加于电容器两极板间而不致引起其击穿的最高电压。电压一旦超过极限电压,极板之间就会跳过火花,使电介质击穿,从而使电容器遭到损坏。

3. 电容器的串联和并联

电容器是常用的电子元件,其用途十分广泛。在电子线路中,单个电容器往往不能满足要求,需要几个电容器组合起来使用,其总电容叫等效电容。电容器联接的基本方式有串联和并联两种。

(1)串　联

如图 14-14 所示。串联就是将每个电容器的极板只和另一个电容器的极板相联接,电源接到整个组合电容器两端的两个极板上。若给 C_1 的左极板带上电荷 $+q$,其右极板将由于静电感应产生电荷 $-q$,由此,在其他电容器的两板上将分别感应出等量的电荷 $+q$ 和 $-q$。于是每个电容器上电压为

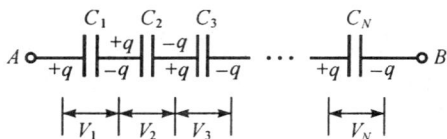

图 14-14　电容器的串联

$$V_1 = \frac{q}{C_1}, \quad V_2 = \frac{q}{C_2}, \quad \cdots, \quad V_N = \frac{q}{C_N}$$

若把电容器组看成一个电容为 C、极板间电压为 V 的等效电容器,则有

$$V = V_1 + V_2 + \cdots + V_N = q\left(\frac{1}{C_1} + \frac{1}{C_2} + \cdots + \frac{1}{C_N}\right) = \frac{q}{C}$$

由此得出

$$\frac{1}{C} = \frac{1}{C_1} + \frac{1}{C_2} + \cdots + \frac{1}{C_N} \tag{14-11}$$

这表明,电容器串联时,总电容的倒数等于各个电容器电容的倒数之和。

(2)并　联

如图 14-15 所示,把 N 个电容器联接起来,称为电容的并联。若使其中任意电容器带电 q,电荷将在各个电容器之间流动,直到静电平衡时各电容器两极板间电势相等为止。设每一电容器分别带电 $q_1, q_2, \cdots, q_N$,那么,电容器两极板间的电压为

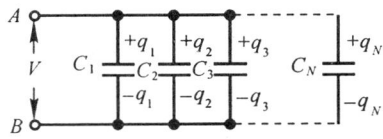

图 14-15　电容器的并联

$$V = \frac{q_1}{C_1} = \frac{q_2}{C_2} = \cdots = \frac{q_N}{C_N}$$

若把这种电容器的组合看成一个电容为 C、总电量为 q 的等效电容器,则

$$q = q_1 + q_2 + \cdots + q_N = C_1 V + C_2 V + \cdots + C_N V$$
$$= (C_1 + C_2 + \cdots + C_N) V = CV$$

即

$$C = C_1 + C_2 + \cdots + C_N \tag{14-12}$$

这表明,并联电容器的总电容等于各个电容器的电容之和。

14-4　电介质的极化

1. 电介质

电流不能在其中传导的物质称为电介质(绝缘体)。自然界中不存在理想的绝缘体,所有的物质都能传导哪怕是微不足道的电流,但是称为电介质的物质,其传导电流的能力应是导体的 $1/10^5 \sim 1/10^{20}$。

如果把电介质放入静电场中,则电场和电介质均将发生变化。为了理解发生这种变化的原因,需要了解电介质中的原子和分子中正负电荷组成的电结构。

一个分子所带的正电荷和负电荷的数值相等,这些正负电荷在分子里并不集中在一点,而是分布于分子的体积中。我们把分子中的全部正电荷等效为一个总的正电荷,这个等效正电荷的位置称为分子的正电荷的"重心",同样,每个分子的等效负电荷的位置就是这个分子的负电荷的"重心"。

不同电介质的分子有不同的电结构,据此可把电介质分为两大类。在一类电介质中,当没有外电场时,分子中正负电荷的"重心"重合在一起,这样的分子不具有固有的电偶极矩,因而称为无极分子电介质;在另一类电介质中,正负电荷的"重心"彼此错开,分子具有固有电偶极矩,因而称为有极分子电介质。

2. 电介质的极化

在没有外电场时,无极分子电介质中各分子的电偶极矩通常等于零;而有极分子电介质中的每个分子虽有电偶极矩,但由于分子作无规则的热运动,所以各分子的电偶极矩在空间的取向是杂乱无章的,在这种情况下,电介质的合电偶极矩也等于零。

在外电场的作用下,电介质将要发生极化。我们分以下两种情况来讨论。

(1)无极分子的位移极化

H_2,O_2,N_2 等对称分子是无极分子。在外电场作用下,无极分子中的正负电荷彼此拉开距离,正电荷沿场方向位移,负电荷沿相反的方向位移,结果分子形成一个电偶极子,分子电偶极矩的方向沿外电场方向。这种在外电场作用下产生的电偶极矩称为感生电偶极矩。

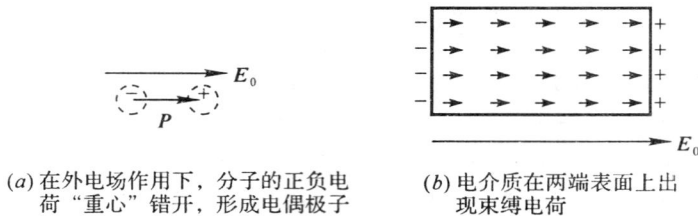

(a)在外电场作用下,分子的正负电荷"重心"错开,形成电偶极子

(b)电介质在两端表面上出现束缚电荷

图 14-16　无极分子的极化

就整体而言,由于电介质中每个分子都形成电偶极子,各电偶极子在外电场方向排列成一条条的链子,链上相邻的电偶极子间的正负电荷互相靠近,因而对于均匀电介质来说,其内部各处是电中性的。但在电介质和外电场垂直的两个表面上会出现正负电荷。这种电荷不能离开电介质而转移到其他带电体上,也不能在电介质内部自由运动,故称为束缚电荷,如图 14-16 所示。在外电场作用下,电介质出现束缚电荷的现象称为电介质极化。由于电子质量比原子核小得多,所以在外电场作用下,位移主要是电子的位移,所以无极分子的极化称为电子位移极化。

(2)有极分子的转向极化

CO,HCl,H_2O 等非对称性分子是有极分子。外电场对有极分子的作用可以归结为使分子的电偶极矩转到外电场的方向上去。也就是说,外电场实际上对于分子电偶极矩的数值并无影响。就整体而言,由于电介质中的分子电偶极子均趋向外电场方向排列,所以合电偶极矩,即 $\sum p_{分子}$ 不等于零。但由于分子的热运动,这种转向排列并不十分整齐。外电场愈强,分子电偶极子的转向排列愈整齐,于是在电介质与外电场垂直的两端表面上的束缚电荷愈多,极化的程度愈高。这种极化称为转向极化,如图 14-17 所示。

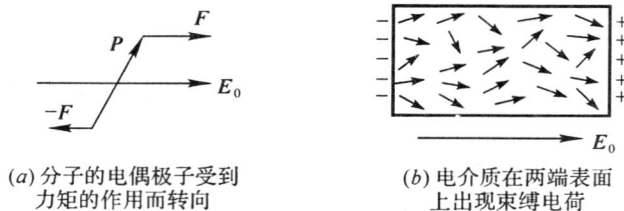

(a)分子的电偶极子受到力矩的作用而转向

(b)电介质在两端表面上出现束缚电荷

图 14-17　有极分子的极化

3. 电介质的极化强度

电介质处于极化状态时，其任意宏观小体积元 ΔV 内分子的电偶极矩矢量和均不为零。为了定量描述电介质内各处的极化情况，我们取单位体积内的电偶极矩矢量和来表征电介质极化的程度

$$P = \frac{\sum p_{分子}}{\Delta V} \qquad (14-13)$$

式中 P 称为电介质的极化强度，简称为电极化强度。它的单位是 C/m^2。

如果电场或电介质不均匀，则在电介质中的不同点处，极化是不均匀的。

14-5 面束缚电荷和体束缚电荷

在电介质未极化时，束缚电荷的面密度 σ' 和体密度 ρ' 都等于零。由于极化，不但束缚电荷的面密度不为零，而且在电场或电介质不均匀的情况下其体密度也不等于零。

1. 束缚电荷面密度

束缚电荷面密度 σ' 和电极化强度 P 之间有一简单关系。为了求得这个关系，我们来考虑由均匀电介质制成并放在均匀电场中的一块厚度为 d 的无限大平行平面板。在板中取长度为 l、底面积为 ΔS，且与板两侧重合的斜圆柱体，其轴线与电极化强度 P 平行，如图 14-18 所示。这体积元的体积为

$$\Delta V = l \Delta S \cos\theta$$

式中 θ 是 P 与板表面外法线 n 间的夹角。设两个底面 ΔS 上的束缚电荷面密度分别为 $-\sigma'$ 和 $+\sigma'$，则整个斜圆柱体相当于一个电偶极子，其电偶极矩为 $ql = \sigma' \Delta S l$，它应等于 ΔV 体积内所有分子电偶极矩的矢量和 $\sum p_{分子}$，即

$$\sum p_{分子} = ql = \sigma' \Delta S l$$

根据电极化强度 P 的定义，其大小应为

$$P = \frac{|\sum p_{分子}|}{\Delta V} = \frac{\sigma' \Delta S l}{\Delta S l \cos\theta} = \frac{\sigma'}{\cos\theta}$$

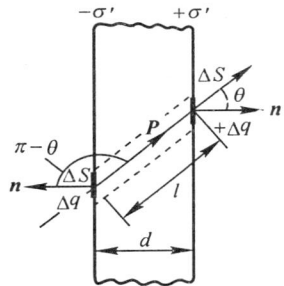

图 14-18　极化电荷面密度和电极化强度的关系

于是得

$$\sigma' = P\cos\theta = P_n \qquad (14-14)$$

式中 P_n 是电极化强度 P 沿电介质表面外法线方向的分量。(14-14)式表明，电介质极化时产生的束缚电荷面密度等于电极化强度沿电介质相应表面外法线方向的分量。若 $\theta < \pi/2$，则 σ' 为正，$\theta > \pi/2$，则 σ' 为负。

2. 束缚电荷体密度

如果电介质和外电场是不均匀的,则除在电介质的表面上出现面束缚电荷外,还将在电介质内部出现体束缚电荷,这是由于电介质极化时,各处电极化强度 P 不同,因此进入一个小体积元的束缚电荷和移出这个体积元的束缚电荷不再相同之故。

如果我们任取一个闭合曲面 S,那么可以证明,电极化强度 P 通过闭合曲面的通量等于该闭合曲面 S 所包围的体积内的净余束缚电荷的负值,即

$$\oint_S \boldsymbol{P} \cdot \mathrm{d}\boldsymbol{S} = -\sum_{(S内)} q' = -\int_V \rho' \mathrm{d}V \tag{14-15}$$

式中 q' 是闭合面 S 所包围的体积 V 内的束缚电荷,ρ' 是体积元 $\mathrm{d}V$ 处的束缚电荷体密度。

(14-15)式表达的电极化强度 P 与束缚电荷分布的关系是具有普遍意义的。无论是在均匀电介质还是在非均匀电介质的情况下,(14-15)式都是成立的。

14-6 电介质中的静电场

1. 束缚电荷产生的电场

包含在电介质分子内的束缚电荷和其他电荷的区别在于它在外电场的作用下,仅能从自己的平衡位置作些许移动,而不能离开自己所属分子的范围。除此之外,它与所有别的电荷无异,都是静电场的源,即束缚电荷产生的电场与其他电荷产生的电场没有丝毫区别。

电介质中的场应是外电荷产生的场 E_0 与束缚电荷产生的场 E' 的矢量和,即

$$\boldsymbol{E} = \boldsymbol{E}_0 + \boldsymbol{E}' \tag{14-16}$$

一般来说,E' 的大小和方向是逐点变化的。在均匀的电介质内部,E' 处处和外电场 E_0 的方向相反,其结果是使总电场 E 比原来的 E_0 为弱。

对于任意类型的各向同性电介质,同一点处的极化强度和电场强度有如下简单关系:

$$\boldsymbol{P} = \chi_e \varepsilon_0 \boldsymbol{E} \tag{14-17}$$

式中 χ_e 称为电介质的极化率,它与场强 E 无关,仅与电介质的种类有关,是一个无量纲的常数。

由(14-17)式可知,决定电介质极化程度的不是原来的外电场 E_0,而是电介质中实际的总电场 E,E 减弱了,电极化强度 P 也就减弱,所以束缚电荷在电介质内部的附加电场 E' 总是起着减弱极化的作用。这里需要指出的是,(14-17)式中所描述的 E 和 P 的线性关系仅在不太强的电场中才是正确的。

2. 电位移矢量 D 和有电介质时的高斯定理

外电场的存在使电介质极化,束缚电荷产生的场又使得电介质内部的电场发生改变。我们在这种情况下应用高斯定理时,闭合曲面内的电荷既包括"自由"电荷,又包括束缚电荷。而由于束缚电荷事先是不知道的,从而使电介质内的场强的计算变得复杂和麻烦。如果能避

开束缚电荷的出现,计算就可以大大简化,为此我们引入一个新的物理量,即电位移矢量 $\boldsymbol{D}$。

高斯定理在有电介质存在时可写为

$$\oint_S \boldsymbol{E} \cdot \mathrm{d}\boldsymbol{S} = \frac{1}{\varepsilon_0} \sum_{(S内)} (q_0 + q') \tag{14-18}$$

式中 q_0 和 q' 分别为高斯面 S 内的自由电荷和束缚电荷。

根据(14-15)式知

$$\oint_S \boldsymbol{P} \cdot \mathrm{d}\boldsymbol{S} = - \sum_{(S内)} q'$$

将上式代入(14-18)式,消去束缚电荷 $\sum\limits_{(S内)} q'$,得

$$\oint_S \boldsymbol{E} \cdot \mathrm{d}\boldsymbol{S} = \frac{1}{\varepsilon_0} \left(\sum_{(S内)} q_0 - \oint_S \boldsymbol{P} \cdot \mathrm{d}\boldsymbol{S} \right)$$

整理后得

$$\oint_S (\varepsilon_0 \boldsymbol{E} + \boldsymbol{P}) \cdot \mathrm{d}\boldsymbol{S} = \sum_{(S内)} q_0$$

我们引进一个辅助性的物理量 $\boldsymbol{D}$,它的定义式为

$$\boldsymbol{D} = \varepsilon_0 \boldsymbol{E} + \boldsymbol{P} \tag{14-19}$$

称 $\boldsymbol{D}$ 为电位移矢量,于是上式可用 $\boldsymbol{D}$ 改写成

$$\oint_S \boldsymbol{D} \cdot \mathrm{d}\boldsymbol{S} = \sum_{(S内)} q_0 \tag{14-20}$$

(14-20)式中只包含“自由”电荷,不包含束缚电荷,习惯上称为有电介质时的高斯定理。

下面我们再进一步考虑矢量 $\boldsymbol{D}, \boldsymbol{E}, \boldsymbol{P}$ 之间的关系。把 $\boldsymbol{P} = \chi_e \varepsilon_0 \boldsymbol{E}$ 代入(14-19)式得

$$\boldsymbol{D} = \varepsilon_0 \boldsymbol{E} + \chi_e \varepsilon_0 \boldsymbol{E} = (1 + \chi_e) \varepsilon_0 \boldsymbol{E} \tag{14-21}$$

其中无量纲的比例常数

$$\varepsilon = 1 + \chi_e \tag{14-22}$$

称为电介质的相对介电常数或简称为介电常数。于是(14-21)式可以记为

$$\boldsymbol{D} = \varepsilon_0 \varepsilon \boldsymbol{E} \tag{14-23}$$

必须指出,(14-23)式中矢量 $\boldsymbol{D}$ 正比于 $\boldsymbol{E}$ 是在各向同性的电介质中,而且 $\boldsymbol{E}$ 不很大的情况下才成立的。在各向异性的电介质中,$\boldsymbol{D}$ 与 $\boldsymbol{E}$ 的方向一般是不同的。

矢量 $\boldsymbol{D}$ 可以借助于电位移线来描述。这种线的方向和密度的定义与电场线类似。电场线既能发自和终止于“自由”电荷,也能发自和终止于束缚电荷;而电位移线只能发自和终止于自由电荷,但电位移线可连续地通过束缚电荷所在之点而不中断。

3. 电介质在电容器中的作用

电容器有两个重要指标:电容和极限电压。如果在电容器中加入电介质,对提高电容器这两方面的性能均有好处。下面分别作简单的叙述。

(1)增大电容量,减小体积

设平行板电容器在未放入电介质前,电容为 C_0,两板间电势差为 V_0,极板上的电量为 q_0,则

$$C_0 = \frac{q_0}{V_0}$$

若在电容器的两极板间充满相对介电常数为 ε 的电介质,如图 14-19 所示,则可在上极板作一正圆柱形高斯面。由有电介质时的高斯定理可得

$$\oint_S \boldsymbol{D} \cdot \mathrm{d}\boldsymbol{S} = DS = \sigma_0 S$$

式中 σ_0 为极板上的"自由"电荷面密度,S 为高斯面上底面的面积。于是得

$$D = \sigma_0$$

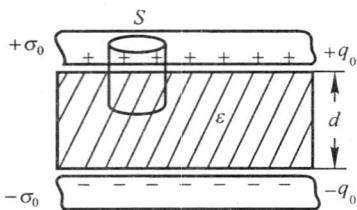

图 14-19 平行板电容器充满电介质后电容增加

因为未放入电介质时极板间场强 $E_0 = \dfrac{\sigma_0}{\varepsilon_0}$,由此得到

$$E = \frac{D}{\varepsilon_0 \varepsilon} = \frac{\sigma_0}{\varepsilon_0 \varepsilon} = \frac{E_0}{\varepsilon} \tag{14-24}$$

考虑到 $V_0 = E_0 d$,所以充满电介质后,电容器的电容为

$$C = \frac{q_0}{V} = \frac{q_0}{Ed} = \frac{\varepsilon q_0}{E_0 d} = \frac{\varepsilon q_0}{V_0} = \varepsilon C_0 \tag{14-25}$$

可见,充满电介质后的电容器的电容比无电介质时增大 ε 倍。对于相同尺寸的电容器,充入电介质的 ε 越大,电容量就越大。同理,对于相同电容量的电容器,若电介质的 ε 越大,电容器的体积就越小。

(2)提高极限电压,增大耐压能力

电介质在一般情况下是不导电的,但在很强的电场中其绝缘性能会遭到破坏,即通常说的电介质的击穿。一种电介质材料所能承受的最大场强称为击穿场强。例如,在一个大气压 (10^5Pa) 的空气中,击穿场强经测定为 10^6V/m。一旦超过这个数值,空气就会发生电击穿现象。多数电介质材料的击穿场强比空气高,从而提高了电容器的耐压能力。

例3 如图 14-20 所示,沿 X 轴放置的被极化的电介质圆柱体底面积为 S。已知电介质内各点电极化强度 $\boldsymbol{P} = kx\boldsymbol{i}$($k$ 为常量,$\boldsymbol{i}$ 为 X 轴单位矢量),求圆柱体两端面上的束缚电荷面密度和圆柱体内的束缚电荷体密度?

解 左端面上,$\sigma'_a = P_a \cos\pi = -ka$;右端面上,$\sigma'_b = P_b \cos 0° = kb$。

体内束缚电荷的体密度可由 $\boldsymbol{P}$ 的通量和 q' 的关系求得。在圆柱体内距原点 O 为 x 处任取一长度为 $\mathrm{d}x$ 的圆柱体闭合面,则面内所包围体积为 $\mathrm{d}V = S\mathrm{d}x$,体积元内束缚电荷体密度为 ρ'。由此得

$$\oint_S \boldsymbol{P} \cdot \mathrm{d}\boldsymbol{S} = P_{(x+\mathrm{d}x)}S - P_x S = -\rho' \mathrm{d}V = -\rho' S \mathrm{d}x$$

故

$$\rho' = -\frac{P_{(x+\mathrm{d}x)} - P_x}{\mathrm{d}x} = -\frac{k(x+\mathrm{d}x) - kx}{\mathrm{d}x} = -k$$

例4 如图 14-21 所示,一平行板电容器两极板相距为 d,面积为 S,中间平行于极板放入厚度为 t、相对介电常数为 ε 的电介质。设两极板间的电势差为 V,极板上的自由电荷面密度为 σ_0。试求电介质中和空气

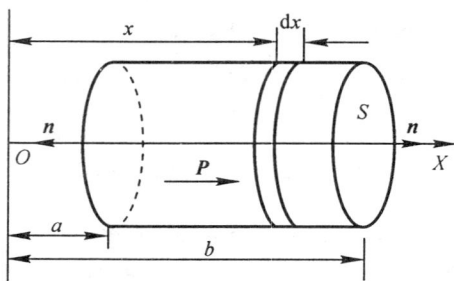

图 14-20 沿轴非均匀极化的电介质圆柱体

间隙中的场强和电位移,并计算电容器中的电容 C。

解 设空气中的场强和电位移分别为 E_0 和 D_0,电介质中的场强和电位移分别为 E 和 D。如图作一柱形高斯面 S_1,由高斯定理得

$$\oint_{S_1} \boldsymbol{D} \cdot \mathrm{d}\boldsymbol{S} = D_0 \Delta S = \sigma_0 \Delta S$$

故

$$D_0 = \sigma_0$$

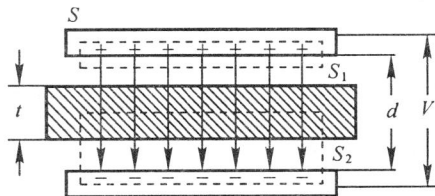

图 14-21 未充满电介质的平行板电容器

$$E_0 = \frac{D_0}{\varepsilon_0} = \frac{\sigma_0}{\varepsilon_0}$$

又如图作一柱形高斯面 S_2,得

$$\oint_{S_2} \boldsymbol{D} \cdot \mathrm{d}\boldsymbol{S} = -D\Delta S = -\sigma_0 \Delta S$$

故

$$D = \sigma_0 = D_0$$

$$E = \frac{D}{\varepsilon_0 \varepsilon} = \frac{\sigma_0}{\varepsilon_0 \varepsilon} = \frac{E_0}{\varepsilon}$$

两极板间的电势差为

$$V = E_0(d - t) + Et = \varepsilon E(d - t) + Et$$

整理后得电介质中的场强和电位移为

$$E = \frac{V}{\varepsilon d + (1 - \varepsilon)t}$$

$$D = \varepsilon_0 \varepsilon E = \frac{\varepsilon_0 \varepsilon V}{\varepsilon d + (1 - \varepsilon)t}$$

空气间隙中的场强为

$$E_0 = \varepsilon E = \frac{\varepsilon V}{\varepsilon d + (1 - \varepsilon)t}$$

电容器的电容为

$$C = \frac{q}{V} = \frac{\sigma_0 S}{V} = \frac{DS}{V} = \frac{\varepsilon_0 \varepsilon S}{\varepsilon d + (1 - \varepsilon)t}$$

[**说明**] 平行板电容器中放入未充满的平行于极板的均匀电介质时,空气和电介质中的电位移矢量处处相等,均为 $D = \sigma_0$。电介质中的场强是空气中场强的 $\frac{1}{\varepsilon}$,即 $E = \frac{E_0}{\varepsilon}$。

例 5 球形电容器由半径为 R_1 的导体球和与它同心的半径为 R_2 的导体球壳组成;其间充有一层同心的均匀电介质球壳,内外半径分别为 r_1 和 r_2,相对介电常数为 ε,如图 14-22 所示。设导体球和导体球壳分别带电为 $+q$ 和 $-q$,求电容器的电容。

解 由高斯定理得空气中场强为

$$E = \frac{q}{4\pi\varepsilon_0 r^2} \qquad (R_1 < r < r_1, r_2 < r < R_2)$$

电介质中场强为

$$E = \frac{D}{\varepsilon_0 \varepsilon} = \frac{q}{4\pi\varepsilon_0 \varepsilon r^2} \qquad (r_1 < r < r_2)$$

则导体球和导体球壳间的电势差为

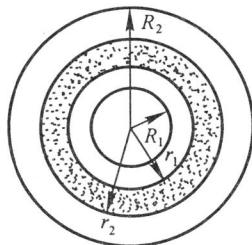

图 14-22 未充满电介质
的球形电容器

$$V_{12} = \int_{R_1}^{R_2} \boldsymbol{E} \cdot \mathrm{d}\boldsymbol{r} = \int_{R_1}^{r_1} \frac{q}{4\pi\varepsilon_0 r^2}\mathrm{d}r + \int_{r_1}^{r_2} \frac{q}{4\pi\varepsilon_0 \varepsilon r^2}\mathrm{d}r$$

$$+ \int_{r_2}^{R_2} \frac{q}{4\pi\varepsilon_0 r^2}\mathrm{d}r = \frac{\varepsilon r_1 r_2 (R_2 - R_1) + (1 - \varepsilon)(r_2 - r_1)R_1 R_2}{4\pi\varepsilon_0 \varepsilon R_1 R_2 r_1 r_2} q$$

所以,电容为

$$C = \frac{q}{V_{12}} = \frac{4\pi\varepsilon_0 \varepsilon R_1 R_2 r_1 r_2}{\varepsilon r_1 r_2 (R_2 - R_1) + (1 - \varepsilon)(r_2 - r_1)R_1 R_2}$$

14-7 电场的能量

1. 带电导体的能量

由于同号电荷之间存在着静电斥力,因此要把电荷聚到一个原来不带电的导体上,外力必须反抗静电斥力而做功。设某一时刻导体上具有电荷 q',则这时导体具有电势 $V' = \dfrac{q'}{C}$。如果再从无限远处把电荷 $\mathrm{d}q'$ 迁移到导体上,则外力必须反抗静电力所作的元功为

$$\mathrm{d}W = -\mathrm{d}W_e = -(V_\infty - V')\mathrm{d}q' = V'\mathrm{d}q'$$

式中 $\mathrm{d}W_e$ 为把 $\mathrm{d}q'$ 从无限远处移至导体过程中静电力所作的元功;V_∞ 为无限远处的电势,即 $V_\infty = 0$。因此,导体上的电荷从零增加到 q 时,外力反抗静电力所作的总功 W 全部转变为带电导体的能量,即

$$U_e = \int_0^q V'\mathrm{d}q' = \int_0^q \frac{q'}{C}\mathrm{d}q' = \frac{1}{2}\frac{q^2}{C} \tag{14-26}$$

设导体带电 q 时的电势为 V,则上式可写为

$$U_e = \frac{1}{2}\frac{q^2}{C} = \frac{1}{2}CV^2 = \frac{1}{2}qV \tag{14-27}$$

2. 带电电容器的能量

现在,我们来考虑电容器的情况。电容器充电做功的过程可以作这样形象化的描述:设想外力把电子从一块极板迁移到另一块极板上去,从而使正、负电荷分离。对电容器充电做功通常是以消耗电源中的电能(或电池中储藏的化学能)为代价来完成的。

假设两极板间的电势差增大到 V'_{12} 时,迁移到极板上的电荷为 q';如果再迁移微量电荷 $\mathrm{d}q'$,就必须再作微小的功 $\mathrm{d}W$,这功使两极板上正、负电荷间的电势能增大 $\mathrm{d}U_e$:

$$\mathrm{d}W = \mathrm{d}U_e = V'_{12}\mathrm{d}q'$$

如果继续迁移电荷直到迁移了总电荷 q 时,将上式积分,就得到带电电容器所储存的总能量为

$$U_e = \int_0^q V'_{12}\mathrm{d}q' = \int_0^q \frac{q'}{C}\mathrm{d}q' = \frac{1}{2}\frac{q^2}{C} \tag{14-28}$$

由关系式 $q = CV_{12}$,可将上式改写成

$$U_e = \frac{1}{2}CV_{12}^2 = \frac{1}{2}qV_{12} \tag{14-29}$$

(14-29)式与(14-27)式的区别在于用电容器中两极板的电势差 V_{12} 代替了带电导体的电势 V。

3. 电场的能量

带电导体和带电电容器的能量公式都与电荷和电势联系在一起,似乎能量的携带者是电荷。但是在电磁波中,变化的电场可以脱离电荷而传播到很远的地方。电磁波携带能量已是无线电技术中人所共知的事实,这种事实使我们认识到能量的携带者是电场才是符合客观存在的。既然电容器中所储藏的能量是存在于电场中的,用场强而不用电荷来表述电容器中储藏的能量就更有意义。

已知平行板电容器的场强为

$$E = \frac{\sigma}{\varepsilon_0 \varepsilon} = \frac{q}{\varepsilon_0 \varepsilon S}$$

注意到电势差 $V_{12} = Ed$, $C = \frac{\varepsilon_0 \varepsilon S}{d}$,代入(14-29)式可得

$$U_e = \frac{1}{2} \varepsilon_0 \varepsilon E^2 S d$$

式中 Sd 是两极板间电场的空间体积。由于电场是均匀分布的,所以电场的能量也是均匀分布的。我们把电场中单位体积的能量称为电场能量密度,即

$$u_e = \frac{U_e}{Sd} = \frac{1}{2} \varepsilon_0 \varepsilon E^2 \tag{14-30}$$

上述结果虽是从均匀电场的特例中得出的,但是可以证明,这是一个普遍适用的公式。对于非均匀的连续变化的电场,只要知道每一点的电场能量密度,就可以求出任意体积中的电场能量。为此需要计算积分

$$U_e = \int_V u_e dV = \int_V \frac{1}{2} \varepsilon_0 \varepsilon E^2 dV \tag{14-31}$$

例 6 计算半径为 R、电荷为 q 的导体球壳电场中的总电势能。设球壳外真空。

解 电场能量密度为

$$u_e = \frac{1}{2} \varepsilon_0 E^2$$

在导体球壳内,场强为零;球壳外,场强为

$$E = \frac{1}{4\pi\varepsilon_0} \frac{q}{r^2}$$

在球壳外半径为 r 的球面上,取半径从 r 到 $r+dr$ 之间的体积元 $dV = 4\pi r^2 dr$,可得电场中的能量为

$$U_e = \int_V \frac{1}{2} \varepsilon_0 E^2 dV = \int_R^\infty \frac{1}{2} \varepsilon_0 \left(\frac{q}{4\pi\varepsilon_0 r^2}\right)^2 4\pi r^2 dr = \frac{q^2}{8\pi\varepsilon_0 R}$$

由此可见,能量储存在导体球壳外的空间中。

本章摘要

1. 导体静电平衡条件:

$$\boldsymbol{E}_{内} = 0, \qquad \boldsymbol{E}_{表面} \text{ 垂直导体表面}$$

2. 导体静电平衡时，导体是等势体，表面是等势面，电荷分布在外表面上。孤立导体曲率半径小处电荷密度大。

3. 静电屏蔽：接地导体空腔，内外电场互不影响。

4. 电容的定义：

$$C = \frac{q}{V}$$

孤立导体球电容： $C = 4\pi\varepsilon_0 R$

平行板电容器： $C = \frac{\varepsilon_0 S}{d}$

球形电容器： $C = 4\pi\varepsilon_0 \frac{R_A R_B}{R_B - R_A}$

圆柱形电容器： $C = \frac{2\pi\varepsilon_0 l}{\ln \dfrac{R_B}{R_A}}$

电容器串联： $\dfrac{1}{C} = \dfrac{1}{C_1} + \dfrac{1}{C_2} + \cdots + \dfrac{1}{C_N}$

电容器并联： $C = C_1 + C_2 + \cdots + C_N$

5. 电介质：

电介质在外电场中极化产生束缚电荷。

束缚电荷面密度： $\sigma' = P\cos\theta = P_n$

束缚电荷体密度与 P 的通量的关系为：$\displaystyle\int_S \boldsymbol{P} \cdot \mathrm{d}\boldsymbol{S} = -\sum_{(S内)} q' = -\int_V \rho' \mathrm{d}V$

6. 电介质中的电场：

$$\boldsymbol{E} = \boldsymbol{E}_0 + \boldsymbol{E}'$$

各向同性电介质的电极化强度： $\boldsymbol{P} = \chi_e \varepsilon_0 \boldsymbol{E}$

有电介质时的高斯定理： $\displaystyle\oint_S \boldsymbol{D} \cdot \mathrm{d}\boldsymbol{S} = \sum_{(S内)} q_0$

其中电位移矢量： $\boldsymbol{D} = \varepsilon_0 \boldsymbol{E} + \boldsymbol{P}$

$\boldsymbol{D}$ 与 $\boldsymbol{E}$ 的关系为： $\boldsymbol{D} = \varepsilon_0 \varepsilon \boldsymbol{E}$

7. 电介质充满电容器时可增大电容 ε 倍，即

$$C = \varepsilon C_0$$

8. 电场的能量：

带电导体的能量： $U_e = \dfrac{1}{2}\dfrac{q^2}{C} = \dfrac{1}{2}CV^2 = \dfrac{1}{2}qV$

带电电容器的能量： $U_e = \dfrac{1}{2}\dfrac{q^2}{C} = \dfrac{1}{2}CV_{12}^2 = \dfrac{1}{2}qV_{12}$

电场的能量密度： $u_e = \dfrac{1}{2}\varepsilon_0\varepsilon E^2$

电场的能量： $U_e = \displaystyle\int_V \dfrac{1}{2}\varepsilon_0\varepsilon E^2 \mathrm{d}V$

思考题

14-1 导体静电平衡的条件是什么？静电平衡时的导体如果带电,那这些电荷分布在哪里?

14-2 在一个带电荷的金属球附近 P 点处,放置一个点电荷 $+q$,测得它所受静电力为 F,试问 F/q 是大于、等于还是小于 P 点原来的场强?

14-3 将一个带电体移近一个空腔导体时,带电体单独在导体空腔内产生的电场是否等于零?静电屏蔽如何来体现?

14-4 平行板电容器的电容公式可写成 $C=\dfrac{\varepsilon_0\varepsilon S}{d}$,当两板间距 $d\to0$ 时,$C\to\infty$。在实际应用中,我们为什么不能用尽量减小 d 的办法来制造大电容量的电容器呢?

14-5 如图所示,若半径为 R 的导体球壳 A 带有电量 $+Q$,则非常接近球面的 P 点场强大小和方向如何?若将另一带电体 B(带电量为 $-q$)移近,A 球面的场强是否改变?P 点的场强是否仍可用 $E=\sigma/\varepsilon_0$ 来表示?若可以,$-q$ 的影响体现在何处?

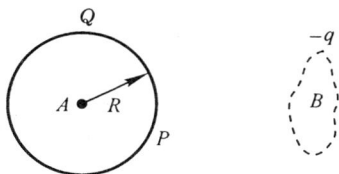
思考题 14-5 图

14-6 已知无限大均匀带电平面的电荷面密度为 σ,其两侧的场强为 $E=\dfrac{\sigma}{2\varepsilon_0}$。又已知静电平衡的导体表面某处面电荷密度为 σ,在其表面处紧靠该处的场强为 $E=\dfrac{\sigma}{\varepsilon_0}$。为什么前者比后者小一半,试解释之。

14-7 在电量为 q 的点电荷附近,有一细长的圆柱形均匀电介质棒。有人用有介质时的高斯定理计算出图示 P 点处的 $D=\dfrac{q}{4\pi r^2}$,再根据 $D=\varepsilon_0\varepsilon E$ 求出 P 点场强为 $E=\dfrac{D}{\varepsilon_0}=\dfrac{q}{4\pi\varepsilon_0 r^2}$,他的解法是否正确?为什么?

思考题 14-7 图

14-8 既然每个导体都有电容,为什么一般电容器通常都要用两个相距很近的电极板?

14-9 如图所示,同心金属薄球壳 A 和 B 分别带有电荷 q 和 Q,现测得 A、B 间的电势差为 V_{AB},则此时由 A、B 组成的球形电容器的电容值该如何确定?

14-10 试说明电介质的极化与导体的静电感应有何异同之处。

14-11 空气电容器充电后,在其两极板间注入煤油。试在下列条件下,讨论注满煤油前后极板的电荷面密度、两板间的电位移、电场强度、电势差和电场能量密度如何变化?

(1)煤油注入时,电容器与电源断开;

(2)煤油注入时,电容器仍与电源连接。

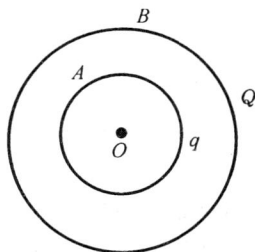
思考题 14-9 图

14-12 在高压电器设备周围,通常都要围上一接地的金属网,以保证网外人身的安全,试说明其理由。

14-13 高层建筑上的避雷针如果接地导线遭到损坏,会出现什么危险?

习　题

14-1　有一球形电容器内球 A 半径为 R_1,外球壳 B 半径为 R_2;内球带有电荷 q,外球壳带有电荷 Q,如图所示。现将内球 A 接地,求其上的电量。

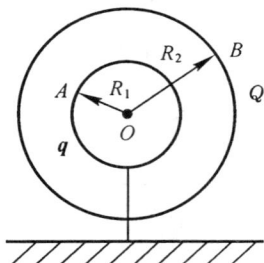

习题 14-1 图

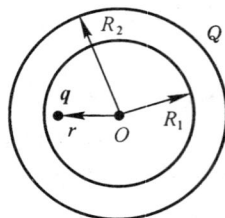

习题 14-2 图

14-2　如图所示,有一球形金属空腔,内半径为 R_1;外半径为 R_2,其上带有电荷 $+Q$;空腔内与球心 O 相距 r 处有一点电荷 q。求球心处的电势。

14-3　如图所示,把一无限大的金属平板置于电场强度为 E_0 的匀强电场中,试求平板上的感应电荷面密度。

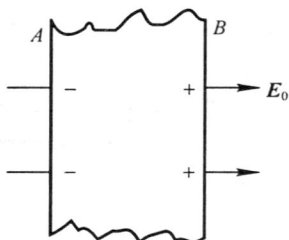

习题 14-3 图

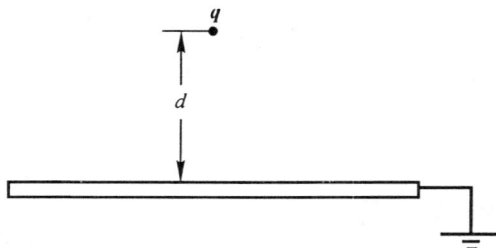

习题 14-4 图

14-4　在距一个接地的无限大导体板距离 d 处有一点电荷 q,如图所示,求导体板表面各点的感应电荷面密度 σ。

14-5　两同心导体球壳的内球壳半径为 a,外球壳半径为 b。设球壳极薄,若使内球壳带上电量 Q,试问:

(1)外球壳内表面 $S_{内}$ 和外表面 $S_{外}$ 上的电荷如何分布?

(2)若要使内球壳电势为零,则外球壳必须带多大电量?

14-6　半径为 R_1 的导体球带有电荷 q,球外有一个内、外半径分别为 R_2 和 R_3 的同心导体球壳,球壳上带有电荷 Q,如图所示。试求:

(1)内、外两球的电势 V_1 和 V_2 及它们的电势差 ΔV;

(2)将外球壳接地,V_1 和 V_2 及 ΔV 变为多少?

(3)在情形(1)中,用导线将球和球壳连接,则 V_1 和 V_2 及 ΔV 又变为多少?

14-7　如图所示的两个金属物体各带有净电荷 3.8×10^{-11}C 和 -3.8×10^{-11}C,从而在它们之间产生 19.0V 的电势差,则:

(1)该系统的电容多大?

(2)如果使两物体的带电量分别增加到 7.6×10^{-11}C 和 -7.6×10^{-11}C,则该系统的电容变为多少? 两物体间的电势差变为多少?

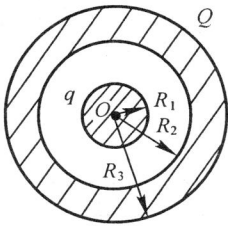

习题 14-6 图

习题 14-7 图

14-8 研究表明,生物的细胞膜系统都有一定的电容。如果已知细胞膜的面积为 5×10^{-6}cm^2,细胞膜的极性脂质双分子层膜的厚度为 10^{-6}cm,膜中脂质分子的相对介电常数 $\varepsilon=3$,试计算该细胞膜电容的大小。当膜两侧的电势差为 0.085V 时,细胞膜两侧的电荷为多少? 如果是钾离子(K$^+$)造成了这种电势差,则需要多少个钾离子?

14-9 若把半径为 6 370km 的地球视为一个孤立导体球,则其电容有多大? 如果要制成学生实验室中电容为 1F 的电容器,其几何尺寸只有几个厘米,如图所示,你觉得可能吗? 如何才能制成功?

14-10 实验仪器中常用的盖革计数管由一根细金属丝和包围它的同轴导体圆筒组成,丝的直径为 2.5×10^{-5}m,圆筒直径为 2.5×10^{-2}m,管长为 0.1m,试计算此盖革计数管的电容。(设导体间为真空,忽略边缘效应)

习题 14-9 图

14-11 常用计算机键盘的每一个键下面均连有一小块金属片,它下面隔一定的空气隙是一块固定的金属片,这样两块金属片就组成了一个小平行板电容器。当键被按下时,此小电容器的电容就发生变化,与之相连的电子线路就能检测出是哪个键被按下了,从而给出相应的信号。设每个金属片的面积为 50mm^2,两金属片之间的距离为 0.6mm。如果电子线路能检测出的电容变化是 0.25pF,那么需要将键按下多大的距离才能给出必要的信号?

14-12 电介质的相对介电常数是材料的重要参数之一,利用平行板电容器就可测定材料的相对介电常数。现有某介质材料(如 BaTiO$_3$)样品,其厚度为 $d=5\times10^{-3}$m,面积 $S=7.85\times10^{-5}$m^2。把样品放入如图所示的平行板电容器,在精密的电容电导电桥上测得电容值 $C=873$pF,试求此材料的相对介电常数。

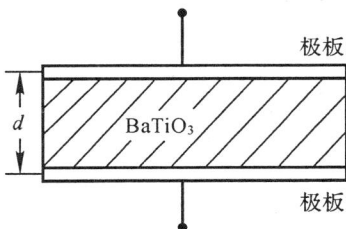

习题 14-12 图

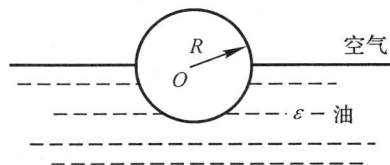

习题 14-14 图

14-13 一圆柱形电容器外圆柱面的内半径 $R_2=2\times10^{-2}$m,内圆柱面的半径 $R_1=1\times10^{-2}$m,两圆柱面间充满击穿电场强度为 2.0×10^7V·m^{-1} 的电介质,问该电容器能承受的最大电压是多少?

14-14 一个黄铜做的金属球一半浸在油中,一半在空气中,如图所示。已知油的相对介电常数 $\varepsilon=3$,

球上带有净电荷 2.0×10^{-6}C,试求球上、下两部分各带有多少电荷?

14-15 一电容器的两极板均为边长为 a 的正方形,两板间成 θ 角,如图所示。试证明:当 θ 角很小时,它的电容为 $C = \frac{\varepsilon_0 a^2}{d}(1 - \frac{a\theta}{2d})$。

14-16 一空气平行板电容器,两极板间距 $d = 1.5 \times 10^{-2}$ m,接在 3.9×10^4V 的电源上。如果空气的击穿电场强度为 3×10^6V·m^{-1},这电容器会被击穿吗?现将一厚度为 $\frac{1}{5}d$,相对介电常数 $\varepsilon = 7$ 的玻璃板平行插入此电容器。若玻璃的击穿电场度为 1.0×10^7V·m^{-1},这时该电容器会被击穿吗?

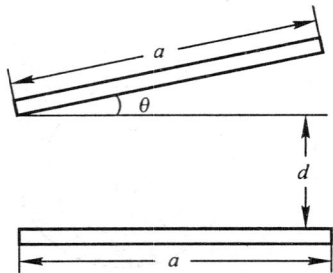

习题 14-15 图

14-17 空气的击穿电场强度为 3.0×10^6V·m^{-1},试求空气中半径为 1.0cm,1.0mm,0.1mm 的长直导线上单位长度最多各能带多少电荷?

14-18 一平行板电容器两极板上带有等量异号电荷,两板间充满相对介电常数为 $\varepsilon = 3$ 的电介质。已知电介质中的 $E = 1 \times 10^6$V·m^{-1},试求:

(1)电介质中 D, P 的大小;

(2)极板上自由电荷及介质束缚电荷分别产生的场强 E_0 和 E' 的大小。

14-19 一圆柱形电容器是由半径为 R_1 的圆柱导体和与它同轴的导体圆筒构成,圆筒的内半径为 R_2,长为 $l(l \gg R_1 、R_2)$,其间充满相对介电常数为 ε 的电介质。设沿轴向单位长度带电量分别为 $+\lambda_0$ 与 $-\lambda_0$,略去边缘效应,试求:

(1)电介质中的 D, E, P;

(2)两极板间的电势差;

(3)电介质表面的束缚电荷面密度 σ'。

14-20 一半径为 R_1 的导体球带电量为 Q,球外有一层用均匀电介质做成的同心球壳,其内、外半径分别为 R_2 和 R_3,电介质的相对介电常数为 ε,如图所示。试求:

(1)电介质内、外的 D 和 E 分布;

(2)电介质内 P 和介质表面的束缚电荷面密度 σ'。

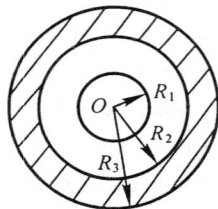

习题 14-20 图

14-21 一空气平行板电容器两极板的间距为 d,板面积为 S。将其充电到带电荷 Q 后与电源断开,然后用外力缓慢地把两极板间距拉大到 $2d$。试求在拉大过程中:

(1)电容器内电场能量的变化;

(2)外力所作的功;

(3)讨论其中的功能转换关系。

14-22 半径为 a 的长直导线外面套有内半径为 b 的同轴导体圆筒,两导体间充满相对介电常数为 ε 的均匀电介质;沿轴向单位长度上的导线带电 $+\lambda$,圆筒带电 $-\lambda$。忽略边缘效应,求沿轴向单位长度的电场能量。

14-23 有一半径为 R 的导体球,其上带有电荷 Q,处在一无限大的均匀电介质中。若电介质的相对介电常数为 ε,试求:

(1)电场的总能量;

(2)电场能量的一半分布在半径多大的球面内?

14-24 地球表面附近晴天时的电场强度约为 $100V \cdot m^{-1}$。

(1)相应的电场能量密度多大?

(2)假设地球表面以上 10km 范围内的电场强度都是这一数值,那么在此范围内所储存的电场能量有多少?

第15章

电流和磁场

在本章中,我们将简单地介绍电流和电动势的概念,着重讨论电流和运动电荷在真空中产生磁场的规律以及磁场对电流和运动电荷的作用规律。

与传统教科书不同的是,我们用相对论和电荷不变性来阐明运动电荷的电场和磁场,从库仑定律和狭义相对论出发推导出磁力的公式,从而在狭义相对论的基础上建立起一个统一的电磁场。

15-1 电 流

电荷的定向流动形成电流。电流可以出现在固体(金属、半导体)和液体(电解液)中,也可以出现在气体里。[①] 但无论何种介质,要产生电流首先必须存在能够移动的带电粒子,这种带电粒子称为载流子。它们可以是电子或者离子,也可以是带有净余电荷的宏观粒子(例如带电尘埃和液滴)。除此之外,还要存在电场。在无场时,电荷载流子参与分子热运动,故电流为零。当加上电场后,在电荷载流子杂乱无章的运动速度v上将叠加定向运动速度u。由此可见,电荷载流子的速度是$v+u$,因为v的统计平均值为零。因此,电荷载流子的平均速度为

$$\overline{(v+u)} = \bar{v} + \bar{u} = \bar{u}$$

这一平均速度通常称为漂移速度,其数量级为10^{-3}m/s。

我们用单位时间内通过某一截面内的电量来定量地表征电流。如果在 dt 时间内通过截面的电量为 dq,则电流等于

$$I = \frac{\mathrm{d}q}{\mathrm{d}t} \tag{15-1}$$

通常取正电荷载流子的流动方向为电流的方向。电流的单位叫安[培],记为 A。

电流在通过的截面上的分布可以是不均匀的。为了详细描述电流的分布,我们引入电流密度矢量的概念。它在数值上等于通过某点与电流方向垂直的单位截面上的电流,即

$$j = \frac{\mathrm{d}I}{\mathrm{d}S_\perp}$$

若截面元 dS 的法线 n 与电流方向成 θ 角,则

$$j = \frac{\mathrm{d}I}{\mathrm{d}S\cos\theta}$$

j 的方向为该点正电荷载流子的速度方向。上式可写成

---

① 电流通过气体称为气体放电。

$$dI = jdS\cos\theta = \boldsymbol{j} \cdot d\boldsymbol{S} \tag{15-2}$$

知道了空间每一点处的电流密度矢量,就可以求出通过任意截面积为 S 的电流:

$$I = \int_S \boldsymbol{j} \cdot d\boldsymbol{S} \tag{15-3}$$

由(15-3)式可知,电流是电流密度矢量穿过截面的通量。

15-2　电　动　势

如果我们对导体中产生的电场不采取措施来维持,那么载流子的流动很快就会导致导体内部电场的消失和电流的停止。这是由于导体中存在电阻,静电力移动电荷所做的功转化为电阻上消耗的焦耳热,这使电荷不可能再返回到电势较高的原来位置,即电流不能维持下去。因此,为了维持长时间的电流,需要从导体上的电势较低端(假定载流子是正的)不断地将电流所携带的正电荷送到电势较高端,如图 15-1 所示。换句话说,必须使电荷沿闭合电路循环流动。

我们知道,静电场的场强环流等于零,即

$$\oint_L \boldsymbol{E} \cdot d\boldsymbol{l} = 0$$

所以在闭合电路中,除存在正载流子从电势高向电势低运动的线段外,还必然存在正载流子从电势低朝电势高方向迁移的线段。对后者,正电荷是朝反抗静电力的方向迁移(如图 15-1 中虚线所示的线段)的,因此载流子的迁移只有借助非静电起源的外来力才能实现。这种非静电起源的外来力称为非静电力。由此可见,为了维持电流,

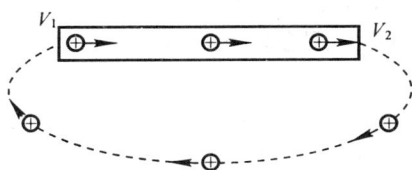

图 15-1　非静电力将正电荷从电势低端
送到电势高端

必须有非静电力,这种力可以由化学过程、载流子在两种不同物质界面上的扩散或者随时间变化的磁场所产生的电场(非静电场,即以后讲到的涡旋电场)等提供。

提供非静电力的装置称为电源。在电源的外部,只有静电场 $\boldsymbol{E}$;在电源的内部,除有静电场 $\boldsymbol{E}$ 外,还有非静电力 $\boldsymbol{F}_{非}$。电源有两个极,电势高的叫做正极,电势低的叫做负极,非静电力由负极指向正极。非静电力把正电荷从负极移向正极,必须消耗其他形式的能量而做功。为了表示电源做功的本领,我们把单位正电荷从负极通过电源内部移到正极时,非静电力所作的功定义为电源的电动势(EMF)$\mathscr{E}$。若电荷 q 在电源内部从负极移到正极,非静电力所作的功为 W,则

$$\mathscr{E} = \frac{W}{q} \tag{15-4}$$

由上式可知,电动势 $\mathscr{E}$ 的量纲和电势的一样,所以 $\mathscr{E}$ 的单位也是伏[特],记为 V。电动势是标量,习惯上,常规定自负极经电源内部到正极的方向为电动势的方向。

存在于电源内部的非静电力,可以等效地看成是一种非静电性场强的作用,因此可以仿效静电场,将作用于电荷 q 上的非静电力 $\boldsymbol{F}_{非}$ 表示为

$$\boldsymbol{F}_{非} = q\boldsymbol{E}_K \tag{15-5}$$

式中 $\boldsymbol{E}_K$ 称为非静电性场强。非静电力在电源内部从负极 A 到正极 B 对电荷 q 所作的功为

$$W_{AB} = \int_{\substack{A \\ (\text{内})}}^{B} \boldsymbol{F}_{\text{非}} \cdot \mathrm{d}\boldsymbol{l} = q \int_{\substack{A \\ (\text{内})}}^{B} \boldsymbol{E}_K \cdot \mathrm{d}\boldsymbol{l}$$

于是,得到电源的电动势为

$$\mathscr{E}_{AB} = \frac{W_{AB}}{q} = \int_{\substack{A \\ (\text{内})}}^{B} \boldsymbol{E}_K \cdot \mathrm{d}\boldsymbol{l} \tag{15-6}$$

对于整个闭合回路上都有非静电力的情况,整个回路的电动势为

$$\mathscr{E} = \oint \boldsymbol{E}_K \cdot \mathrm{d}\boldsymbol{l} \tag{15-7}$$

应该着重指出:不要由于电动势和电势差的单位相同,就将两者混为一谈。这是非常重要的。因为电荷分布所确定的电场 E 是保守力场,而和电源有关的电场 E_K 是非保守力场。

15-3 磁 力

1819 年,丹麦哥本哈根大学的教授奥斯特(H. C. Oersted)在讲授电学和磁学课时发现,放在载流导线上面的罗盘针旋转起来,如图 15-2 所示。使他感到惊奇的是,罗盘针不是南北指向,而是在转动后慢慢静止在与导线垂直的方向上。于是,奥斯特确信小磁针受到电流的作用力。

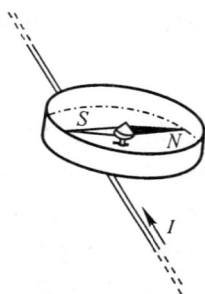

图 15-2　奥斯特实验

1820 年,安培(A. M. Ampere)在实验中发现了电流间存在着相互作用力,进而指出两根载流的平行直导线,在它们的电流同向时互相吸收;在电流反向时,互相排斥。如图 15-3 所示。

上述这些力,无论是电流和磁铁之间的力,还是电流和电流之间的力都可以归结为运动电荷之间的一个基本力。小磁针看起来和电流很不相象。但是,现在我们知道,根据原子的观点,磁铁中包含着永久运动着的电荷,即原子尺度上的电流。因此,作用在磁铁上的力同样可用运动电荷之间的基本力来解释,这个基本力叫做磁相互作用力,简称磁力。

两根平行载流导线中每一根的单位长度上所受到的磁相互作用力,与两者的电流值 I_1 和 I_2 成正比,与两者间的距离 b 成反比:

$$F_{\text{m}} = k \frac{I_1 I_2}{b} \tag{15-8}$$

式中 k 为比例系数。

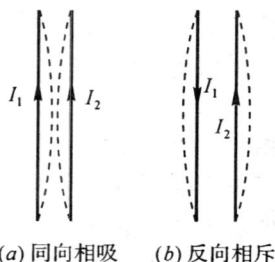

(a) 同向相吸　　(b) 反向相斥

图 15-3　平行电流间相互作用

根据(15-8)式,可以确定 SI 的电流单位。国际标准计量委员会颁发的文件对电流的单位安培是这样定义的:载有等量的恒定电流的两根无限长平行直导线在真空中相距 1m 时,若每 1m 长度上的相互作用力为 $2 \times 10^{-7}\mathrm{N}$ 时,则每根导线上的电流均为 1A。

(15-8)式的有理化形式可表示为

$$F_{\text{m}} = \frac{\mu_0 I_1 I_2}{2\pi b} \tag{15-9}$$

式中 μ_0 称为磁学常量。为了求出 μ_0 的数值，可根据"安培"的定义，在 $I_1=I_2=1\text{A}$，$b=1\text{m}$，力 $F_m=2\times10^{-7}\text{N/m}$ 时，将这些值代入(15-9)式得

$$\mu_0 = 4\pi \times 10^{-7}\text{N/A}^2$$

15-4 磁 场

电流之间或运动电荷之间的相互作用是通过一种称为磁场的场来实现的。之所以称为磁场，是由于上节中提到的奥斯特实验中，发现了一种由电流激发的场对小磁针有取向作用。

由奥斯特的实验可知，磁场具有方向性，因而可用一个矢量来表征。这个量通常用字母 $\boldsymbol{B}$ 表示。本来按照与电场强度 $\boldsymbol{E}$ 的类比，合乎逻辑的称呼应是把 $\boldsymbol{B}$ 称为磁场强度，但由于历史的原因，磁场的这个基本的强度特征量被称为磁感应强度。"磁场强度"这个名称则被一个类似于电场中 $\boldsymbol{D}$ 的辅助量 $\boldsymbol{H}$ 所占用。

与电场不同，磁场对静止电荷没有作用，仅当电荷运动时才会有力的产生。

载流导线是一个电中性的电荷系统，在它里面，一种符号的电荷朝一个方向运动，另一种符号的电荷则朝相反方向运动(或处于静止)，由此可知，磁场是运动电荷产生的，即运动电荷(或电流)在其周围的空间中产生磁场。磁场的存在可用运动电荷(或电流)在磁场中受到磁力的作用而表现出来。这是磁场的基本性质。

实验表明，磁场作用在运动的试探电荷上的磁力的大小，与试探电荷的电量 q 和运动速率 v 成正比；力的方向垂直于该电荷的速度方向。磁场中每一点都存在一个特征方向，当试探电荷 q 沿着这个方向运动时，不受力，如图 15-4(a)所示，我们把这个方向规定为磁感应强度 $\boldsymbol{B}$ 的方向，即该点磁场的方向；而对磁场中的每一点，当试探电荷 q 的运动速度 v 垂直于 $\boldsymbol{B}$ 的方向时，它所受到的磁力最大，如图 15-4(b)所示，这个力的大小 $F_{m,max}$ 与 qv 的比值仅决定于该点磁场的性质，与试探电荷的 qv 值的大小无关，我们把这个比值定义为 $\boldsymbol{B}$ 的大小，即 $B=\dfrac{F_{m,max}}{qv}$ 表示该点磁场强弱的大小。

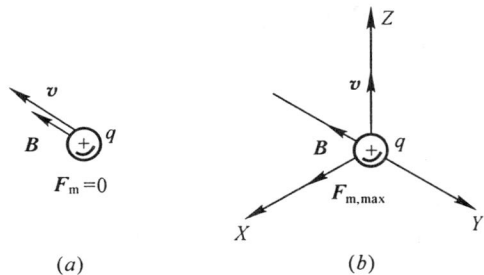

图 15-4 磁场作用在运动电荷 $+q$ 上的磁力

在 SI 中，磁感应强度 $\boldsymbol{B}$ 的单位是特[斯拉]，用符号 T 表示。

实验指出，像电场一样，磁场同样服从叠加原理，即若干个运动电荷(或电流)所产生的磁场 $\boldsymbol{B}$ 等于每一运动电荷(或电流)单独产生的磁场 $\boldsymbol{B}_i$ 的矢量和，即

$$\boldsymbol{B} = \sum_i \boldsymbol{B}_i \tag{15-10}$$

类似电场线，我们可以用磁感线来形象地描述磁感应强度 $\boldsymbol{B}$ 的空间分布。磁感线上任意点的切线方向和该处的磁场方向一致。在磁场中，磁感线都是环绕电流的无头无尾的闭合线，因此磁场是涡旋场。电流的方向与磁感线的方向服从右手螺旋定则。

15-5　运动电荷的场

因为空间是各向同性的,所以如果电荷是静止的,则所有的方向都是等价的。由此,可以解释为什么静止的点电荷所产生的静电场是球对称这一事实。

在电荷以速度v运动的情况下,空间中出现一个占优势的方向,即矢量v的方向,因此可以预期运动电荷产生的磁场具有轴对称性。必须指出,这里讲的运动电荷是以恒定速度v运动的。

现在我们来研究以恒定速度v运动的点电荷q在P点所产生的磁场,如图15-5所示。我们知道,场是以速度$c=3\times10^8$ m/s在空间传播的,所以P点在时刻t的B是由点电荷q在某个更早的时刻$t-\tau$的位置决定的,而不是由t时刻电荷q的位置所决定。这一点在讲波动方程时已经讲清楚了。因此,

$$B(P,t)=f[q,v,r(t-\tau)]$$

式中P表示在某一静止参考系中所确定的位置,$r(t-\tau)$是电荷q在时刻$(t-\tau)$时所在点的位置到P点的矢径。

图15-5　t时刻运动电荷q在P点产生的磁场

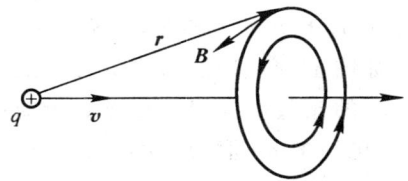

如果电荷的运动速度大小v远小于c,即$v\ll c$时,则磁场B传播的滞后时间τ便小到可以忽略不计。在这种情况下,可以认为t时刻的B是由电荷q在同一时刻t的位置所决定。因此,有

$$B(P,t)=f[q,v,r(t)] \tag{15-11}$$

(15-11)式中函数$B(P,t)$的具体形式只能由实验来确定。

实验指出,在$v\ll c$的情况下,运动电荷的磁场的磁感应强度B决定于公式

$$B=\frac{\mu_0}{4\pi}\frac{q(v\times\hat{r})}{r^2} \tag{15-12}$$

式中r是场源电荷q到场点P的距离,$\hat{r}$是矢径r的单位矢量。

由(15-12)式可知,恒速运动的电荷产生的磁场的磁感应强度B总是垂直于v和$\hat{r}$所决定的平面,其磁感线是一些以运动电荷的运动轨迹为轴的同心圆,如图15-6所示。由于磁场B也随运动电荷一起运动,因此,在空间每一点的磁场B随时间而变化。

图15-6　以恒速运动的电荷q产生的磁场

必须指出:在电荷q运动的情况下,空间中优势方向的出现,将导致运动电荷产生的电场失去球对称性而变为轴对称性。相应的计算表明,以恒定速度v运动着的电荷,其电场线具有如图15-7所示的形状。

P点的电场强度E的方向是从t时刻电荷q的位置引向P点的矢径r的方向。

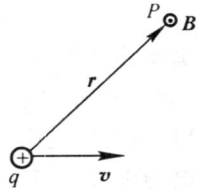

场强的大小则由如下公式决定[①]：

$$E = \frac{1}{4\pi\varepsilon_0} \frac{q}{r^2} \frac{1-v^2/c^2}{[1-(v^2/c^2)\sin^2\theta]^{3/2}} \qquad (15\text{-}13)$$

式中 θ 是速度 $\boldsymbol{v}$ 与矢径 $\boldsymbol{r}$ 间的夹角。

在 $v \ll c$ 的情况下，P 点的场强大小为

$$E = \frac{1}{4\pi\varepsilon_0} \frac{q}{r^2}$$

写成矢量形式为

$$\boldsymbol{E} = \frac{1}{4\pi\varepsilon_0} \frac{q}{r^2}\hat{r} \qquad (15\text{-}14)$$

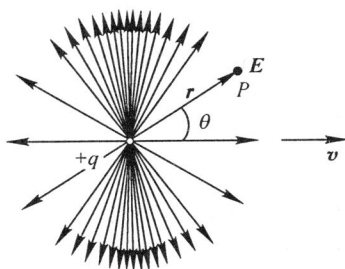

图 15-7　以恒速运动的电荷 q 产生的电场

(15-14)式表明，在 $v \ll c$ 时，恒速运动点电荷在每一时刻的电场，实际上与位于该时刻运动电荷所在点的静止电荷产生的静电场没有区别。但是要记住，这个"静电场"是随电荷一道运动的，因此空间中每一点的电场都随时间变化。

在 v 可与 c 相比时，在垂直于 $\boldsymbol{v}$ 的方向上的场强将显著地大于运动方向上离电荷同样远处的场强。电场的电场线将在运动方向上"变疏"，并主要集中在通过电荷而垂直于矢量 $\boldsymbol{v}$ 的方向的那部分空间附近。

15-6　毕奥-萨伐尔定律

现在我们来研究任意载流导线在其周围产生的磁场。由于磁场是遵守叠加原理的，因此我们可以把任意形状的载流导线分成许多电流元，则整个载流导线产生的磁场就是所有电流元产生磁场的叠加。但是，这里有一个问题，恒定电流总是连续闭合的，我们不能用实验得出电流元产生的磁场。为此，毕奥(J. B. Biot)和萨伐尔 (F. Savart)在 1820 年，对不同形状的载流导线所产生的磁场进行了大量的研究工作，数学家拉普拉斯(P. Laplacian)分析了他们所得到的大量实验数据，并发现任意电流所产生的磁场都是所有电流元单独产生的磁场的矢量和，从而倒推出长为 $\mathrm{d}l$ 的电流元产生的磁场的磁感应强度公式——毕奥-萨伐尔定律。

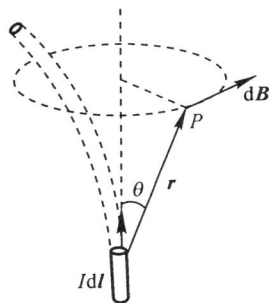

图 15-8　电流元 $I\mathrm{d}l$ 产生的磁场

如图 15-8 所示，在一段电流为 I 的导线上任取一电流元 $I\mathrm{d}l$，则电流元的大小为 $I\mathrm{d}l$，其电流方向可用线元矢量 $\mathrm{d}l$ 的方向来表示。于是，毕奥-萨伐尔定律可表述如下：

载流导线中任意电流元 $I\mathrm{d}l$ 在空间任意点 P 处的磁感应强度 $\mathrm{d}\boldsymbol{B}$ 可表示为

$$\mathrm{d}\boldsymbol{B} = \frac{\mu_0}{4\pi} \frac{I\mathrm{d}l \times \hat{r}}{r^2} \qquad (15\text{-}15)$$

上式中 $\hat{r}$ 是源点（电流元）到场点 P 的矢径 $\boldsymbol{r}$ 的单位矢量，r 为矢径 $\boldsymbol{r}$ 的大小；$\mathrm{d}\boldsymbol{B}$ 的方向垂直

---

①　以恒速运动的点电荷产生的电场的电场线图和场强 E 的大小的计算，可看[美]E. M. 珀塞尔著电磁学《伯克利物理学教程》第二卷中译本，科学出版社，1979 年第一版，p.199～204。

于 $Id\boldsymbol{l}$ 与 $\boldsymbol{r}$ 所决定的平面,可用右手螺旋定则确定,即从 $Id\boldsymbol{l}$ 经 θ 角转向 $\boldsymbol{r}$ 的方向时,螺旋前进的方向。$d\boldsymbol{B}$ 的大小可表示为

$$dB = \frac{\mu_0}{4\pi} \frac{Idl\sin\theta}{r^2} \qquad (15\text{-}16)$$

式中 θ 为 $Id\boldsymbol{l}$ 和 $\boldsymbol{r}$ 的夹角。

需要指出,(15-15)式是先于(15-12)式由实验确定出来的,不仅如此,(15-12)式正是由(15-15)式推导出的。

利用叠加原理,对(15-15)式进行积分,可求出任意形状的载流导线所产生的磁感应强度,即

$$\boldsymbol{B} = \oint d\boldsymbol{B} = \frac{\mu_0}{4\pi} \oint \frac{Id\boldsymbol{l} \times \hat{\boldsymbol{r}}}{r^2} \qquad (15\text{-}17)$$

下面就利用(15-17)式,计算载流直导线的磁场。

图 15-9　载流直导线的磁场

如图 15-9 所示。根据毕奥-萨伐尔定律,载流直导线上任意电流元 $Id\boldsymbol{l}$ 在同一点 P 处产生的元磁场 $d\boldsymbol{B}$ 的方向都相同(垂直纸面向里),因此总磁场 $\boldsymbol{B}$ 的大小就是 $d\boldsymbol{B}$ 的代数和。对于一段有限长导线来说,P 点的磁感应强度 B 为

$$B = \int_{A_1}^{A_2} dB = \frac{\mu_0}{4\pi} \int_{A_1}^{A_2} \frac{Idl\sin\theta}{r^2}$$

若 P 点到直导线的距离为 r_0,电流元 $Id\boldsymbol{l}$ 到垂足 O 点的距离为 l,则由图 15-9 可以看出

$$r = \frac{r_0}{\sin(\pi - \theta)} = \frac{r_0}{\sin\theta}$$

$$l = r\cos(\pi - \theta) = -r\cos\theta = -r_0\cot\theta$$

取微分得

$$dl = r_0\csc^2\theta d\theta$$

于是,将上面积分中的变量统一变换成 θ 后,可得

$$B = \frac{\mu_0}{4\pi} \int_{\theta_1}^{\theta_2} \frac{I\sin\theta d\theta}{r_0} = \frac{\mu_0 I}{4\pi r_0}(\cos\theta_1 - \cos\theta_2) \qquad (15\text{-}18)$$

式中 θ_1 和 θ_2 分别为 θ 角在 A_1 和 A_2 两端的数值。

对于无限长导线,$\theta_1 = 0$,$\theta_2 = \pi$,则

$$B = \frac{\mu_0 I}{2\pi r_0} \qquad (15\text{-}19)$$

载流直导线的磁场,其磁感线是一组围绕直导线的同心圆。

在恒定电流的情况下,载流直导线只产生磁场而不产生电场。这是由于载流直导线是呈电中性的,导线中的传导电子和以点阵形式排列整齐且静止不动的正离子的电荷线密度等值异号,故载流直导线的净电荷线密度为零,由此得出净电场为零。

图 15-10　载流圆线圈轴线上的磁场

我们再利用(15-15)式来计算载流圆线圈轴线上的磁场。

如图 15-10 所示。设圆线圈的半径为 R,圆心为 O,电流元 $Id\boldsymbol{l}$ 在轴线上一点 P 处产生

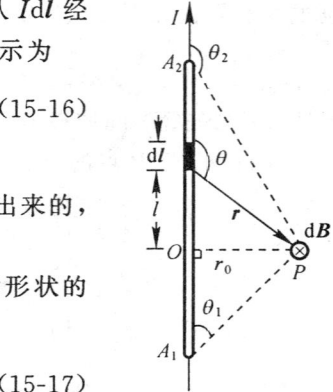

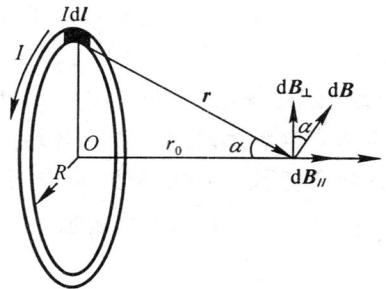

的元磁场 d$\boldsymbol{B}$ 的大小为

$$dB = \frac{\mu_0}{4\pi} \frac{Idl\sin 90°}{r^2} = \frac{\mu_0}{4\pi} \frac{Idl}{r^2}$$

由于轴对称性,圆线圈上各电流元在 P 点产生的元磁场大小相等;方向虽各不相同,但有着轴对称分布的特点,因此合成后垂直于轴线的分量互相抵消,只剩下沿轴线的分量。对于整个圆线圈来说,总磁感应强度 $\boldsymbol{B}$ 将沿轴线方向,其大小等于各元磁场的轴线分量 d$B\sin\alpha$ 的代数和,即

$$B = \oint dB\sin\alpha = \frac{\mu_0}{4\pi} \frac{I\sin\alpha}{r^2} \oint dl = \frac{\mu_0}{4\pi} \frac{IR}{r^3} 2\pi R = \frac{\mu_0}{2} \frac{IR^2}{(R^2 + r_0^2)^{3/2}} \tag{15-20}$$

在圆线圈的圆心处,$r_0 = 0$,则

$$B = \frac{\mu_0 I}{2R} \tag{15-21}$$

当轴线上 P 点远离圆线圈时,即 $r_0 \gg R$,则轴线上 P 点的磁场为

$$B = \frac{\mu_0}{2} \frac{IR^2}{r_0^3} = \frac{\mu_0}{2\pi} \frac{I\pi R^2}{r_0^3} = \frac{\mu_0}{2\pi} \frac{IS}{r_0^3}$$

式中 $S = \pi R^2$ 为圆线圈的面积。令

$$\boldsymbol{p}_m = IS = IS\boldsymbol{n}$$

为线圈的磁矩,则有

$$\boldsymbol{B} = \frac{\mu_0}{2\pi} \frac{\boldsymbol{p}_m}{r_0^3} \tag{15-22}$$

载流圆线圈的磁感线如图 15-11 所示。可以看出,磁感线是套在圆线圈上的闭合曲线。也可用右手螺旋定则判断磁感线的方向,即右手弯曲的四指表示电流的方向;伸直的姆指指向沿着曲线上 $\boldsymbol{B}$ 的方向。

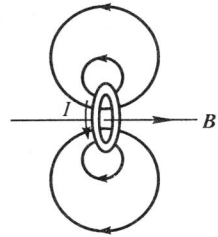

图 15-11　载流圆线圈的磁感线

例1　假定地球磁场是由一个在赤道下面离地心平均距离5 000km的环形圆电流产生的,若两磁极处的地球磁场为 10^{-4}T,试问该电流值应为多大?

解　设地球磁极到地心的距离 $r_0 = 6$ 370km。由题意知,圆电流半径 $R = 5$ 000km。由(15-20)式

$$B = \frac{\mu_0}{2} \frac{IR^2}{(R^2 + r_0^2)^{3/2}}$$

得

$$I = \frac{2(R^2 + r_0^2)^{3/2}B}{\mu_0 R^2} = \frac{2[(5 \times 10^6)^2 + (6.37 \times 10^6)^2]^{3/2} \times 10^{-4}}{4\pi \times 10^{-7} \times (5 \times 10^6)^2} = 3.38 \times 10^9 (\text{A})$$

可见,地球内部存在约 10^9A 数量级的电流,这种电流产生的起因可用所谓的直流发电机理论来解释。

根据直流发电机理论,地球的铁镍核心与法拉第的直流发电机的铜圆盘相似,而且其作用也像一个巨大的天然直流发电机。当地核的辐射使地核中的液体产生运动对流时,这种对流现象使得地核靠里面部分的旋转速度比靠外面的部分快,因而地核中里外两部分液体旋转速度的差异就产生电流,这种电流就产生地球磁场并使它维持下去。

一个有趣而奇妙的事实是地球磁场的方向出现反转现象。据科学家估计,在过去的360万年中,地球磁场出现了 9 次反转。

地球磁场的磁轴和地理轴之间有个夹角,地球磁轴的两极叫做磁北极和磁南极,而地理轴的两极才是真正的北极和南极。现在,磁南极大约在加拿大以北,纬度高于 70°的某个岛屿上;磁北极在南极洲的罗斯海附近。由于地球磁极和地理极大约相距 160km,所以大部分地区罗盘针的北极通常指向地理北极的东侧或西侧。在地球表面上的任何一个地方,罗盘针的北极与地理北极之间的夹角,就叫做那个地方的磁偏角。经过长期对地球磁场的观测,人们发现:地球上某一固定地点的磁偏角并非固定不变,而是随时间而变化的。在某些地方,一个世纪变化几度,例如自 1600 年以来,伦敦的磁偏角从偏东 11°变到偏西 24°。

15-7 磁场的高斯定理·安培环路定理

1. 磁场的高斯定理

仿照前面引入电通量的办法,我们定义磁感线通过某一曲面 S 的通量(简称磁通量)为

$$\Phi_B = \int_S B\cos\theta \mathrm{d}S = \int_S \boldsymbol{B} \cdot \mathrm{d}\boldsymbol{S} \tag{15-23}$$

式中 θ 是磁感应强度 $\boldsymbol{B}$ 和面元 $\mathrm{d}S$ 的法线 $\boldsymbol{n}$ 之间的夹角。

在 SI 中,磁通量 Φ_B 的单位是韦[伯](Wb)。

由于自然界不存在磁荷[①],所以磁感线都是无头无尾的闭合曲线。可以想象,从一个闭合曲面 S 的某处穿进的磁感线必定从另一处穿出。由此可见,通过任意闭合曲面的磁通量为零,即

$$\oint_S \boldsymbol{B} \cdot \mathrm{d}\boldsymbol{S} = 0 \tag{15-24}$$

(15-24)式称为磁场的高斯定理。

2. 安培环路定理

在静电场中,电场强度 $\boldsymbol{E}$ 沿任意闭合环路的线积分为零。它反映了静电场是保守力场。现在我们通过分析磁感应强度 $\boldsymbol{B}$ 沿任意闭合环路的线积分,从而了解恒定磁场的基本性质。

安培环路定理是反映磁场的基本特性的,其表述如下:

在恒定磁场中,磁感应强度 $\boldsymbol{B}$ 沿任意闭合环路的线积分,等于穿过该环路所有电流的代数和的 μ_0 倍,即

$$\oint_L \boldsymbol{B} \cdot \mathrm{d}\boldsymbol{l} = \mu_0 \sum_{(L内)} I \tag{15-25}$$

上式中,电流 I 的正负规定如下:当穿过闭合环路 L 的电流方向与环路 L 的绕行方向服从右手定则时,I 为正;反之,I 为负。若电流 I 不穿过环路 L,则对上式右端无贡献。

下面用最简单的无限长载流直导线产生的磁场来加以证明(设闭合环路处在一个与电

---

① 狄拉克(P. A. M. Dirac)曾提出自然界中存在磁荷(即磁单极子)的假设,但至今尚未找到这种磁荷,所以磁荷是否存在的问题仍是一个悬案。

流垂直的平面内)。

(1)环路围绕电流

如图 15-12 所示,在环路平面内作以导线为圆心、r 为半径的圆,则圆上任意点的磁感应强度 B 与 dl 方向处处一致,其大小为

$$B = \frac{\mu_0 I}{2\pi r}$$

故磁感应强度 B 沿圆的环路的线积分为

$$\oint_L \boldsymbol{B} \cdot d\boldsymbol{l} = \oint_L B dl = B \oint_L dl$$

$$= \frac{\mu_0 I}{2\pi r} \cdot 2\pi r = \mu_0 I$$

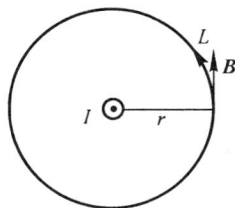

图 15-12　环路为以电流为圆心的圆

如果闭合环路是任意形状的平面环路,如图 15-13 所示,考虑到 $dl\cos\theta = r d\varphi$,故

$$\oint_L \boldsymbol{B} \cdot d\boldsymbol{l} = \oint_L B dl\cos\theta = \int_0^{2\pi} \frac{\mu_0 I}{2\pi r} r d\varphi$$

$$= \frac{\mu_0 I}{2\pi} \int_0^{2\pi} d\varphi = \mu_0 I$$

所得结果与(15-25)式相同。必须指出:若电流 I 与环路绕行方向相反,则 θ 为钝角,$dl\cos\theta = -r d\varphi$,其线积分等于 $-\mu_0 I$。

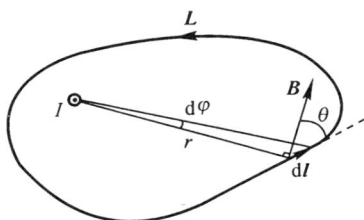

图 15-13　环路为任意形状

(2)环路不环绕电流

如图 15-14 所示,这时环路 L 中存在着如 dl_1 和 dl_2 的这样一对线元,它们对导线张有相同的圆心角 $d\varphi$。设 dl_1 和 dl_2 到导线的距离分别为 r_1 和 r_2,则有

$$dl_1\cos\theta_1 = r_1 d\varphi \quad dl_2\cos\theta_2 = -r_2 d\varphi$$

于是,对于每一对线元 dl_1 和 dl_2,都有

$$\boldsymbol{B}_1 \cdot d\boldsymbol{l}_1 + \boldsymbol{B}_2 \cdot d\boldsymbol{l}_2 = B_1 dl_1\cos\theta_1 + B_2 dl_2\cos\theta_2$$

$$= \frac{\mu_0 I}{2\pi r_1} r_1 d\varphi - \frac{\mu_0 I}{2\pi r_2} r_2 d\varphi = 0$$

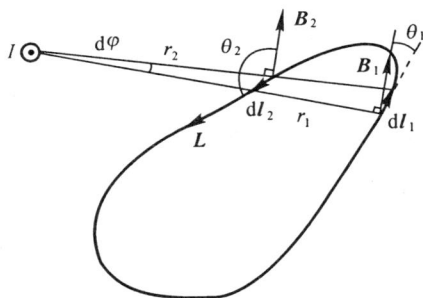

图 15-14　环路不环绕电流

由于在沿环路的线积分中每一对线元的贡献互相抵消,所以沿整个闭合环路 L 的线积分 $\oint_L \boldsymbol{B} \cdot d\boldsymbol{l} = 0$,可见不穿过环路的电流对线积分 $\oint_L \boldsymbol{B} \cdot d\boldsymbol{l}$ 没有贡献。

(3)环路包围多根载流导线

假定环路包围多根载流导线,利用叠加原理可得

$$\oint_L \boldsymbol{B} \cdot d\boldsymbol{l} = \oint_L \left(\sum_i \boldsymbol{B}_i\right) \cdot d\boldsymbol{l} = \sum_i \oint_L \boldsymbol{B}_i \cdot d\boldsymbol{l} = \mu_0 \sum_i I_i$$

上面的证明虽然局限在无限长载流直导线,并且闭合环路限制在与直导线垂直的平面

内的情况下,事实上,它们对于任意形状的载流导线和任意闭合环路都是普遍成立的。

如果电流是分布在闭合环路所在处的整个空间,则环路所包围的电流的代数和可表示为

$$\sum_i I_i = \int_S \boldsymbol{j} \cdot \mathrm{d}\boldsymbol{S} \tag{15-26}$$

式中 $\boldsymbol{j}$ 是面积元 $\mathrm{d}\boldsymbol{S}$ 所在点的电流密度,S 是环路所包围的面积。

把(15-26)式中的电流代数和代入(15-25)式,得到

$$\oint_L \boldsymbol{B} \cdot \mathrm{d}\boldsymbol{l} = \mu_0 \int_S \boldsymbol{j} \cdot \mathrm{d}\boldsymbol{S} \tag{15-27}$$

安培环路定理反映了恒定磁场是有旋场,是非保守力场。它的详细研究已超出本书的范围,这里不再赘述。

利用安培环路定理可以帮助我们计算某些具有一定对称性的载流导线的磁场分布,下面举几个这方面的例子。

例 2　求均匀载流无限长圆柱导线内外的磁场分布。

解　如图 15-15 所示,圆柱导线半径为 R,通过电流为 I。根据磁场分布的轴对称性,在垂直于轴线的平面内,以轴为圆心、r 为半径的圆上,磁感应强度 $\boldsymbol{B}$ 的大小均相等,其方向沿圆的切线方向。

如果过圆柱导线外一点 P 作一以轴线为中心的圆作为积分环路 L,由安培环路定理得

$$\oint_L \boldsymbol{B} \cdot \mathrm{d}\boldsymbol{l} = \oint_L B \mathrm{d}l = B \oint_L \mathrm{d}l = B2\pi r = \mu_0 I$$

得

图 15-15　载流圆柱导
线的磁场

$$B = \frac{\mu_0 I}{2\pi r} \qquad (r > R) \tag{15-28}$$

同样可求得圆柱导线内任意点的磁感应强度。不同的是,环路 L 内只有部分电流通过积分环路。由于导线中的电流密度为 $j = \dfrac{I}{\pi R^2}$,故穿过环路的电流为

$$\sum_i I_i = j\pi r^2 = \frac{Ir^2}{R^2}$$

于是有

$$\oint_L \boldsymbol{B} \cdot \mathrm{d}\boldsymbol{l} = B2\pi r = \mu_0 \sum_i I_i = \mu_0 \frac{Ir^2}{R^2}$$

可得

$$B = \frac{\mu_0 I}{2\pi R^2} r \qquad (r < R) \tag{15-29}$$

例 3　求载流长直圆形螺线管内的磁场分布。

解　如图 15-16 所示,当密绕螺线管的直径远小于其长度时,管内的磁场是均匀的,方向与管的轴线平行。在管的外侧,磁场十分微弱,可忽略不计。取过管内场点 P 作一矩形闭合线圈 $abcd$,ab 线段在管内且平行于轴线,cd 线段在管外,两边线段 ad 和 bc 与轴线垂直。设 n 为螺线管单位长度上的线圈匝数,则根据安培环路定理有

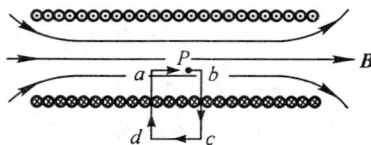

图 15-16　载流长直螺线
管内的磁场

$$\oint_L \boldsymbol{B} \cdot \mathrm{d}\boldsymbol{l} = B\,\overline{ab} = \mu_0 n\,\overline{ab}I$$

所以

$$B = \mu_0 nI \qquad\qquad (15\text{-}30)$$

例 4 求载流密绕螺绕环的磁场分布。

解 如图 15-17 所示，密绕螺绕环的磁场也集中于管内。由于对称性，管内的磁感线都是同心圆，因此我们取过场点 P、半径为 r 的圆形环路，则环路上磁感应强度 $\boldsymbol{B}$ 的数值相等，其方向都沿环路的切线方向。如果螺绕环总共有 N 匝，线圈中电流为 I，则有

$$\oint_L \boldsymbol{B} \cdot \mathrm{d}\boldsymbol{l} = B \cdot 2\pi r = \mu_0 NI$$

故

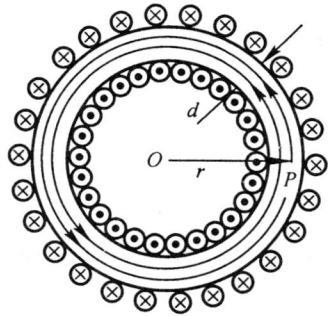

图 15-17　载流螺绕环的磁场

$$B = \frac{\mu_0 NI}{2\pi r} \qquad\qquad (15\text{-}31)$$

由此可见：在螺绕环的横截面上各点 $\boldsymbol{B}$ 的大小是不相等的，B 与 r 成反比，这与螺线管的情况不同。

当螺绕环的平均半径 R 远大于线圈直径 d，即 $R \gg d$ 时，管内所有各点的比值 $\frac{r}{R} \approx 1$，这时 $r \approx R$，因而 (15-31) 式可写成

$$B = \frac{\mu_0 NI}{2\pi R} = \mu_0 nI$$

式中 n 是螺绕环单位长度上线圈匝数。此时，螺绕环管内各点的磁场可看成是均匀的。

如果环路不在螺绕环管内，而是在管的外边，则环路内包围电流的代数和为零，即

$$B2\pi r = 0$$
$$B = 0$$

由此可见：在螺绕环管的外面，磁感应强度等于零，磁场被全部封在螺绕环内。

例 5 求无限大均匀载流导体薄板的磁场分布。

解 如图 15-18 所示，设无限大导体薄板以面电流密度 $\boldsymbol{j}$ 均匀流有电流。所谓面电流密度，就是说在 X 方向的单位长度上沿着 Y 方向流过的电流。

由对称性分析可知，无限大均匀载流平面两侧距离相等处的 $\boldsymbol{B}$ 大小相等，方向相反，它们都平行于载流平面且与 $\boldsymbol{j}$ 垂直。

取矩形闭合环路 $abcd$，$\overline{ab} = \overline{cd} = l$，且平行于平面，由安培环路定理得

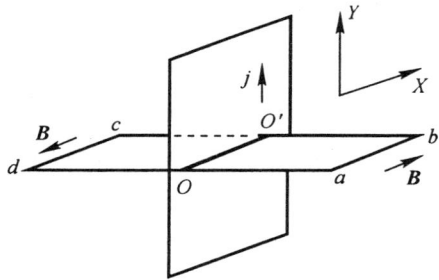

图 15-18　无限大载流导体薄板的磁场

$$\oint_L \boldsymbol{B} \cdot \mathrm{d}\boldsymbol{l} = B\,\overline{ab} + B\,\overline{cd} = 2Bl = \mu_0 jl$$

故有

$$B = \frac{\mu_0}{2} j \qquad\qquad (15\text{-}32)$$

可见，无限大载流导体薄板两侧的磁场均匀分布，且大小相等、方向相反。

15-8　洛伦兹力

在磁场中运动的电荷将受到磁力的作用，这力取决于电荷的电量 q、电荷的运动速度 $\boldsymbol{v}$ 和电荷在该时刻所在处的磁感应强度 $\boldsymbol{B}$。

根据 15-4 节中对运动电荷在磁场中所受磁力的讨论可知，一个以速度 $\boldsymbol{v}$ 运动的电荷 q 在磁场 $\boldsymbol{B}$ 中所受的磁力可用矢量表示为

$$\boldsymbol{F}_{\mathrm{m}} = q\boldsymbol{v} \times \boldsymbol{B} \tag{15-33}$$

必须指出，这个公式的正确性只能从实验中加以确定。

从(15-33)式可见，运动电荷所受的磁力的大小为

$$F_{\mathrm{m}} = qvB\sin\theta \tag{15-34}$$

式中 θ 为运动速度 $\boldsymbol{v}$ 和 $\boldsymbol{B}$ 的夹角。

磁力的方向垂直于 $\boldsymbol{v}$ 和 $\boldsymbol{B}$ 所在的平面。如果运动电荷 q 是正的，力的方向与矢量 $\boldsymbol{v} \times \boldsymbol{B}$ 的方向一致；如果运动电荷为负，其力的方向与 $\boldsymbol{v} \times \boldsymbol{B}$ 的方向相反。

既然磁力永远垂直于带电粒子的速度方向，那么磁力对带电粒子就不做功。因此，恒定磁场对带电粒子的作用力是不能够改变带电粒子的能量的。

如果同时存在电场和磁场，则作用于带电粒子的力等于

$$\boldsymbol{F} = q\boldsymbol{E} + q(\boldsymbol{v} \times \boldsymbol{B}) \tag{15-35}$$

上式是洛伦兹(H. A. Lorentz)从实验中得出的，因而这个力就称为洛伦兹力。

若电荷 q 以速度 $\boldsymbol{v}$ 平行于一根载有电流 I 的无限长直导线运动，则作用于电荷的磁力的大小为

$$F_{\mathrm{m}} = qvB = qv\,\frac{\mu_0 I}{2\pi b} \tag{15-36}$$

式中 b 为从电荷到导线的距离。若电荷为正，且电流方向与运动电荷方向相同，则力指向导线；如果电流方向和电荷运动方向相反，则力的方向背离导线。如图 15-19 所示。

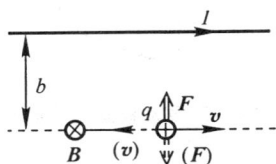

图 15-19　电荷沿平行于无限长直导线
方向运动时的受力情况

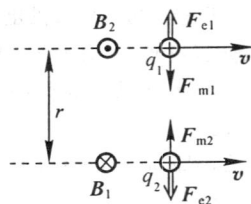

图 15-20　两个同号点电荷 q_1 和 q_2
沿平行直线运动

现在我们研究两个带正电的点电荷 q_1 和 q_2 以远小于光速 c 的相同速度 $\boldsymbol{v}$ 分别沿两条平行直线的运动。如图 15-20 所示。在 $v \ll c$ 时，电场实际上与静止电荷的电场没有区别，所以作用于电荷的电力可以认为等于

$$F_{\mathrm{e1}} = F_{\mathrm{e2}} = \frac{1}{4\pi\varepsilon_0}\frac{q_1 q_2}{r^2}$$

根据(15-12)式和(15-33)式，得到作用于电荷上的磁力为

$$F_{m1} = F_{m2} = \frac{\mu_0}{4\pi} \frac{q_1 q_2 v^2}{r^2}$$

于是得到磁力和电力之比为

$$\frac{F_m}{F_e} = \varepsilon_0 \mu_0 v^2 \tag{15-37}$$

由于这一比值是无量纲的,所以常量$\dfrac{1}{\varepsilon_0 \mu_0}$应具有速度平方的量纲。令

$$c^2 = \frac{1}{\varepsilon_0 \mu_0}$$

式中c是一个常量,其数值为

$$c = \frac{1}{\sqrt{\varepsilon_0 \mu_0}}$$

代入ε_0, μ_0值后得

$$c = 3 \times 10^8 \text{m/s}$$

可见,它实际上就是电磁波在真空中的传播速度,它与实验中测定的光在真空中的速度相等。正是由于这一事实,使得光学和电磁学的研究有了重大进展,并导致光波就是电磁波这一认识的确立。

把c值代入(15-37)式可得

$$\frac{F_m}{F_e} = \frac{v^2}{c^2} \tag{15-38}$$

可见,磁力比电力小得多。这是由于运动电荷之间的磁相互作用是一种相对论效应(见15-10)。

15-9　安培定律

当载流直导线处在磁场中时,导线中每一传导电子都要受到洛伦兹力的作用,这种力的作用通过传导电子与晶格点阵的相互作用传递给导线,结果使载流导线在宏观上表现出受到磁场的作用力。

我们来求作用在线元dl上的磁力dF。设n是单位长度中传导电子的数目,故线元dl中所含传导电子的数目为ndl。根据每一个传导电子所受的洛伦兹力,可得电流元Idl在磁场B中的受力为

$$dF = ndle\bm{v} \times \bm{B} \tag{15-39}$$

由电流的定义可知,流过线元dl中的电流为$I = nev$,再考虑到负电荷的运动和正电荷的运动(即沿电流的方向)是等效的,因此有

$$dl\bm{v} = vdl$$

于是得

$$ndle\bm{v} = nevdl = Idl$$

代入(15-39)式可得

$$dF = Idl \times \bm{B} \tag{15-40}$$

(15-40)式表示电流元 $I\mathrm{d}l$ 在磁场中受到的作用力,它是安培从实验基础上确立的,因而称为安培定律。通常把力 $\mathrm{d}F$ 称为安培力。

必须指出,以上我们是从磁力表达式(15-33)出发推出的安培定律,而事实上,磁力表达式是从实验确定的安培定律得出的。

用适当的方法对(15-40)式积分,可以求得任意载流导线上的磁力 F。

例 6 一处于磁场 B 中、半径为 R 的半圆形导线,通有电流 I,B 垂直纸面向里,求作用在导线上的力。

解 如图 15-21 所示。电流元 $I\mathrm{d}l$ 在磁场 B 中受力 $\mathrm{d}F$,其大小为

$$\mathrm{d}F = I\mathrm{d}lB = IBR\mathrm{d}\theta$$

$\mathrm{d}F$ 的方向沿着矢径向外。我们把各电流元受力的 $\mathrm{d}F$ 分解为 $\mathrm{d}F_x$ 和 $\mathrm{d}F_y$ 两个分量,则由于电流分布的对称性,其中 X 方向的分量 $\mathrm{d}F_x$ 相互抵消,只剩下 Y 方向的分量 $\mathrm{d}F_y = \mathrm{d}F\sin\theta$,故半圆形导线所受的合力为

$$F = \int \mathrm{d}F\sin\theta = IBR\int_0^\pi \sin\theta\mathrm{d}\theta = 2IBR$$

其方向向上。

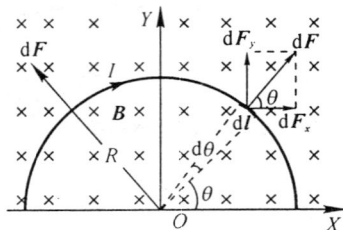

图 15-21　半圆形载流
导线在磁场中的受力

15-10　相对论磁学

1. 运动电荷和电流之间的磁相互作用——磁力的推导

在电学和磁学之间存在着很密切的关系。根据狭义相对论和电荷不变性可以证明,电荷和电流之间的磁相互作用是库仑定律的结果。现在我们用一个以速度 v_0 平行于无限长直电流 I 运动的电荷 $+q$ 为例来证明这一点。根据(15-36)式,作用于运动电荷上的磁力为

$$F = qv_0B = qv_0\frac{\mu_0 I}{2\pi b} \tag{15-41}$$

式中 b 为运动电荷 q 到载流导线的距离。力 F 的方向指向载流导线,如图 15-22 所示。

现在我们从库仑定律和狭义相对论出发,推导磁力的公式(15-41)。我们知道,载流导线中只是传导电子在运动,正离子是静止不动的。为了使我们讨论的问题简化一些,我们对恒定载流直导线采取了更为对称的模型。我们先来研究分别由正负电荷组成但实际上重合在一条直线上的两串无限长点电荷,其中每一电荷的电量都是 e。由于电荷数目很多,并且彼此间的间距 l_0 很小,以至于可以不必考虑它们的不连续性,于是正负电荷的线密度数值都相等,即

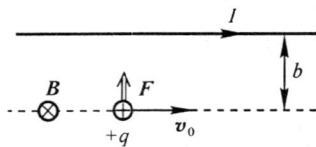

图 15-22　以速度 v_0 平行于无限
长直电流 I 运动的电
荷 $+q$ 所受的磁力

$$\lambda_0 = \frac{e}{l_0}$$

现在我们在 S 参考系(实验室参考系)中研究当两串正负电荷都以速度 u 沿彼此相反

方向的运动,如图 15-23(a)所示。根据相对论中关于长度收缩的著名结论,无论是正电荷之间的距离,还是负电荷之间的距离,都将要缩短而变得等于

$$l = l_0 \sqrt{1 - u^2/c^2}$$

由于电荷的不变性,电荷的数值和静止时一样。结果,在 S 系中测量到的正负电荷线密度数值将发生变化,即为

$$|\lambda_+| = |\lambda_-| = \lambda = \frac{e}{l} = \frac{\lambda_0}{\sqrt{1 - u^2/c^2}} \tag{15-42}$$

而以速度 u 沿彼此相反方向运动的这两串正负电荷合起来,就相当于一根无限长直电流,其电流数值为

$$I = 2u\lambda = \frac{2u\lambda_0}{\sqrt{1 - u^2/c^2}} \tag{15-43}$$

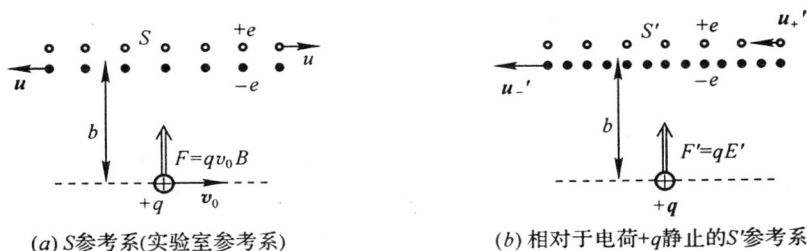

(a) S参考系(实验室参考系)   (b) 相对于电荷+q静止的S'参考系

图 15-23

由于两串正负电荷的线密度等量异号,其数值均等于 λ,因此其总电荷线密度 $\lambda_+ + \lambda_- = 0$,所以在周围没有电场,但有磁场,运动电荷 +$q$ 受到磁力的作用。把(15-43)式中的电流 I 代入(15-41)式,则磁力公式(15-41)变为

$$F = qv_0 \frac{\mu_0 u\lambda_0}{\pi b \sqrt{1 - u^2/c^2}} \tag{15-44}$$

如果我们选取相对于电荷 +q 静止的 S' 参考系,在 S' 系中的观察者看来,电荷 +q 是静止的,而两串无限长正负电荷中的所有电荷都在运动。根据相对论,所有电荷沿运动方向的间距都要缩短,因为负电荷比正电荷运动得更快,因此负电荷串的间距比正电荷串的间距缩得更多,如图 15-23(b)所示。所以,S' 系中测量到的负电荷串的电荷线密度 λ'_- 大于正电荷串的电荷线密度 λ'_+,因而无限长直电流中的总电荷线密度为负值而不为零[①],即为

$$\lambda' = \lambda'_+ + \lambda'_- = - \frac{2\lambda_0 uv_0}{c^2 \sqrt{1 - v_0^2/c^2} \sqrt{1 - u^2/c^2}} \tag{15-45}$$

正负电荷串在 S' 参考系中出现净余负电荷意味着这是一根带负电的直线,其电荷线密度为 λ',它在空间将产生电场 E',于是对电荷 +q 产生一个方向指向电荷串直线的吸引力 F'。这个力不可能是磁力,因为电荷 +q 不动。由上面分析可知,力 F' 显然是电力。由电力的定义,其大小为

---

① 详细推导可参看[美]E. M. 珀塞尔著《电磁学》,科学出版社,1979 年第一版,p. 215~219。

$$F' = qE' = q\frac{\lambda'}{2\pi\varepsilon_0 b}$$

将(15-45)式中的 λ' 的大小代入上式得

$$F' = q\frac{u\lambda_0 v_0}{\pi\varepsilon_0 bc^2\sqrt{1-v_0^2/c^2}\sqrt{1-u^2/c^2}}$$

因为 $c^2 = \dfrac{1}{\varepsilon_0\mu_0}$，代入上式后可得

$$F' = qv_0\frac{\mu_0 u\lambda_0}{\pi b\sqrt{1-u^2/c^2}}\frac{1}{\sqrt{1-v_0^2/c^2}} \tag{15-46}$$

现在我们已经从相对论得到了在 S' 参考系中作用在电荷 $+q$ 上的力 F'。

由上述分析可见，力并不是一个不变量。在由一个惯性参考系过渡到另一个惯性参考系时，力要按相当复杂的规律进行变换。在特殊的情况下，例如，在我们所考察的问题中，可以证明，力的变换公式为

$$F = F'\sqrt{1-v_0^2/c^2} \tag{15-47}$$

式中 F 是在 S 参考系（实验室参考系）中测量到的作用在电荷 $+q$ 上的磁力，如果把(15-47)式与(15-46)式、(15-44)式进行比较，可知，它就是以速度 v_0 沿平行于无限长直电流 I 运动的电荷 $+q$ 所受到的磁力，即

$$F = qv_0\frac{\mu_0 I}{2\pi b} \tag{15-48}$$

综上所述，我们从库仑定律和相对论的结论出发，并利用电荷不变性，推导出运动电荷 $+q$ 所受磁力的公式。

必须指出，力 F 和 F' 是同一个力分别在 S 系和 S' 系中确定的值。如果 S' 系不是以运动电荷 $+q$ 的速度 v_0 相对于 S 系运动的话，那么，在 S' 系中测量到作用于电荷 $+q$ 上的力将是电力和磁力相加而成。

2. B 和 E 的相对论变换

上面得到的结果表明：电场和磁场不是相互独立存在的，而是不可分割地联系在一起并组成一个统一的电磁场。在某些特定的参考系中，场可以表现为纯电场或纯磁场，但在其他参考系中，同一个场却将是电场和磁场的综合。

在不同的惯性系中，同一电荷组合的电场和磁场将是不同的。当 S' 惯性系相对于 S 惯性系沿 X 轴方向以速度 v_0 运动时，B 和 E 的变换公式为

$$\left.\begin{array}{l}
E'_x = E_x, \quad E'_y = \dfrac{E_y - v_0 B_z}{\sqrt{1-\dfrac{v_0^2}{c^2}}}, \quad E'_z = \dfrac{E_z + v_0 B_y}{\sqrt{1-\dfrac{v_0^2}{c^2}}} \\[4mm]
B'_x = B_x, \quad B'_y = \dfrac{B_y + \dfrac{1}{c^2}v_0 E_z}{\sqrt{1-\dfrac{v_0^2}{c^2}}}, \quad B'_z = \dfrac{B_z - \dfrac{1}{c^2}v_0 E_y}{\sqrt{1-\dfrac{v_0^2}{c^2}}}
\end{array}\right\} \tag{15-49}$$

式中 E_x, E_y, E_z, B_x, B_y, B_z 是 S 系中 E 和 B 的分量,而带撇的类似符号是 S' 系中 E' 和 B' 的分量。电磁场的这六个分量,在与之作相对运动的参考系看来,已混在一起了。

关于(15-49)式中场的变换公式的推导已超出大学物理学的范围,故我们不再一一加以叙述。

(15-49)式表示的电磁场,用数学语言来说,已不是一个矢量,而是一个张量。在这里我们不想再扩大这种数学语言,还是用矢量来表示电场和磁场。如果将矢量 E 和 B 以及 E' 和 B' 分解为平行于运动电荷速度 v_0 和垂直于 v_0 的两个分量;而 v_0 的方向就是(15-49)式中正 X 轴(或正 X' 轴)的方向,垂直 v_0 的方向就是 Y 轴的方向或 Z 轴的方向。这时矢量 E 和 B 可分别表示为

$$E = E_{/\!/} + E_\perp, \quad B = B_{/\!/} + B_\perp$$

于是可将(15-49)式改写成矢量形式:

$$E'_{/\!/} = E_{/\!/}, \quad E'_\perp = \frac{E_\perp + (v_0 \times B_\perp)}{\sqrt{1 - v_0^2/c^2}}$$

$$B'_{/\!/} = B_{/\!/}, \quad B'_\perp = \frac{B_\perp - \frac{1}{c^2}(v_0 \times E_\perp)}{\sqrt{1 - v_0^2/c^2}} \tag{15-50}$$

在 $v_0 \ll c$ 的情况下,(15-50)式可以简化为

$$E'_{/\!/} = E_{/\!/}, \quad E'_\perp = E_\perp + (v_0 \times B_\perp)$$

$$B'_{/\!/} = B_{/\!/}, \quad B'_\perp = B_\perp - \frac{1}{c^2}(v_0 \times E_\perp)$$

于是得到

$$E' = E'_{/\!/} + E'_\perp = E_{/\!/} + E_\perp + (v_0 \times B_\perp) = E + (v_0 \times B_\perp)$$

$$B' = B'_{/\!/} + B'_\perp = B_{/\!/} + B_\perp - \frac{1}{c^2}(v_0 \times E_\perp) = B - \frac{1}{c^2}(v_0 \times E_\perp) \tag{15-51}$$

然而,矢量 v_0 和 $B_{/\!/}$ 为同一方向,它们的矢积 $v_0 \times B_{/\!/} = 0$,所以有

$$(v_0 \times B) = (v_0 \times B_{/\!/}) + (v_0 \times B_\perp) = (v_0 \times B_\perp)$$

类似地有

$$(v_0 \times E) = (v_0 \times E_{/\!/}) + (v_0 \times E_\perp) = (v_0 \times E_\perp)$$

考虑到上述关系式,(15-51)式可改写成

$$\left. \begin{array}{l} E' = E + (v_0 \times B) \\[2mm] B' = B - \dfrac{1}{c^2}(v_0 \times E) \end{array} \right\} \tag{15-52}$$

由此可见,在 S' 惯性系相对于 S 惯性系的速度 v_0 远小于真空中的光速 $c(v_0 \ll c)$ 的情况下,电场和磁场的变换关系就是按(15-52)式进行的。

例7 如图 15-24 所示,一根均匀带电无限长直线静止时,电荷线密度为 λ_0。若带电直线以速度 $v_0(v_0 \ll c)$ 向左运动,则在实验室中测得离直线距离为 r 处的 P 点的电场和磁场各为多少?

解 设相对于带电直线静止的参考系为 S 系,则在 S 系中测得 P 点的电场强度为

$$E = \frac{\lambda_0}{2\pi\varepsilon_0 r}$$

方向垂直带电直线向下,而 P 点的磁感应强度为
$$B = 0$$

若设实验室参考系为 S' 系,则 S' 系相对于 S 系(带电直线)以速度 v_0 沿正 X' 方向运动。在 $v_0 \ll c$ 的情况下,根据(15-52)式,得到在实验室参考系中测得的 E' 和 B' 分别为
$$E' = E$$
$$B' = -\frac{1}{c^2}v_0E = -\frac{\varepsilon_0\mu_0v_0\lambda_0}{2\pi\varepsilon_0r} = -\frac{\mu_0v_0\lambda_0}{2\pi r}$$

负号表示 B' 的方向与 $v_0 \times E$ 的方向相反,即垂直纸面向上。

例 8 如图 15-25 表示一根不带电荷但载有电流 I 的直线和一手拿电荷 $+q$、以速度 v_0 向右运动的观察者。求在 $v_0 \ll c$ 的情况下,观察者在电荷 $+q$ 处测到的电场和磁场各为多少?

解 设相对于直线静止的实验室参考系为 S 系,则在 S 系中,直线周围的场强 $E = 0$。若设 $+q$ 到直线的垂直距离为 b,则在 $+q$ 处的磁感应强度
$$B = \frac{\mu_0I}{2\pi b}$$

设手拿电荷 $+q$、以速度 v_0 向右运动的观察者为 S' 系,则在 S' 系中看来,由于相对论效应,直线上的负电荷线密度大于正电荷线密度,因此他将测量到直线上有净余负电荷。在 $v_0 \ll c$ 的情况下,根据(15-52)式,他在电荷 $+q$ 所在处测得的场强为
$$E' = E + v_0B = \frac{\mu_0v_0I}{2\pi b}$$

其方向垂直直线向上。

他在电荷 $+q$ 所在处测得的磁感应强度为
$$B' = B - \frac{1}{c^2}v_0E = \frac{\mu_0I}{2\pi b}$$

其方向垂直图面向里。

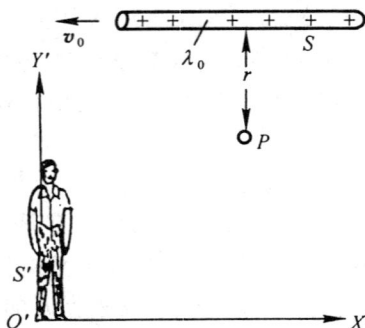

图 15-24　以速度 $v_0(v_0 \ll c)$ 向左运动的带电直线

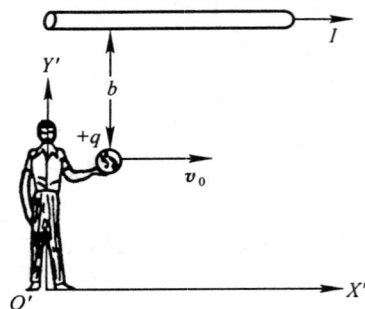

图 15-25　以速度 v_0 向右运动的观察者测量到的 E' 和 B'

15-11　均匀磁场对载流线圈的作用

1. 载流线圈在均匀磁场中所受合力为零

我们这里讨论的磁场是均匀磁场,载流线圈是任意形状的线圈。由安培定律,作用于载流线圈任意电流元 Idl 上的力为
$$dF = Idl \times B$$

载流线圈所受的合力等于
$$F = \oint Idl \times B$$

将恒量 I 和 B 提到积分号之外,得到

$$F = I[(\oint d\boldsymbol{l}) \times \boldsymbol{B}] \tag{15-53}$$

式中积分 $\oint d\boldsymbol{l}$ 等于零,所以 $F=0$。载流线圈在均匀磁场中所受的合力等于零。不论线圈形状如何(包括非平面的),这个结论都是正确的,这里均匀磁场是载流线圈所受合力为零的关键。

2. 载流线圈在均匀磁场中所受的磁力矩

我们仅限于讨论任意形状的平面载流线圈。为了叙述方便,我们规定线圈的正法线方向 $\boldsymbol{n}$ 与线圈中电流 I 的方向满足右手螺旋定则,即若以右手四指弯曲代表电流的绕行方向,则大姆指指向线圈正法线 $\boldsymbol{n}$ 的方向。设线圈正法线 $\boldsymbol{n}$ 垂直于磁场 $\boldsymbol{B}$,如图 15-26(a)所示。我们沿磁场 $\boldsymbol{B}$ 方向把线圈分割成宽度为 dy 的许多小窄带,图 15-26(b)是其中一条窄带的放大图。磁场对窄带两端的电流元 $I d\boldsymbol{l}_1$ 和 $I d\boldsymbol{l}_2$ 上作用力的大小分别为

$$dF_1 = IB d l_1 \sin\theta_1 = IB dy$$
$$dF_2 = IB d l_2 \sin\theta_2 = IB dy$$

上述结果表明:作用在 $d\boldsymbol{l}_1$ 和 $d\boldsymbol{l}_2$ 上的两力大小相等,方向相反,其合力为零,但不作用在同一直线上,故产生一力偶。由于力矩是对某一点而言,并且与该点的选择无关,因此其力矩可写成

$$dM = IBx dy = IB dS$$

式中 x 为 $d\boldsymbol{l}_1$ 和 $d\boldsymbol{l}_2$ 之间的距离,dS 为窄带的面积。由于力矩 dM 的方向垂直于矢量 $\boldsymbol{n}$ 和 $\boldsymbol{B}$,从而可将上式表示为矢量形式

$$d\boldsymbol{M} = I dS(\boldsymbol{n} \times \boldsymbol{B})$$

将上式对所有窄带求和,得到作用在整个线圈上的总力矩为

$$\boldsymbol{M} = \int I dS(\boldsymbol{n} \times \boldsymbol{B})$$

考虑到磁场是均匀的,所以对任意条窄带来说,$\boldsymbol{n} \times \boldsymbol{B}$ 均相同,故可以移到积分号之外,即

$$\boldsymbol{M} = I(\boldsymbol{n} \times \boldsymbol{B})\int dS = IS(\boldsymbol{n} \times \boldsymbol{B}) \tag{15-54}$$

式中 S 为载流线圈面积。

(15-54)式中的 ISn 是载流线圈的磁矩,即

$$\boldsymbol{p}_m = IS\boldsymbol{n}$$

于是,可以把(15-54)式写成如下形式:

$$\boldsymbol{M} = \boldsymbol{p}_m \times \boldsymbol{B} \quad (\boldsymbol{p}_m \perp \boldsymbol{B} \text{ 时}) \tag{15-55}$$

可以证明,如果载流线圈的正法线 $\boldsymbol{n}$ 与磁场 $\boldsymbol{B}$ 的方向一致,则整个线圈所受合力矩为

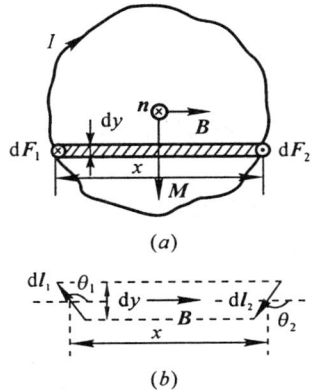

图 15-26　任意形状平面线圈在磁场中所受的磁力矩

零。作用于线圈上各电流元 $I\mathrm{d}l$ 的磁力既不会使线圈转动,也不会将它从原位置移开,而只能使线圈在其平面内受到拉伸。若 $\boldsymbol{n}$ 与 $\boldsymbol{B}$ 方向相反,则磁力使线圈收缩。

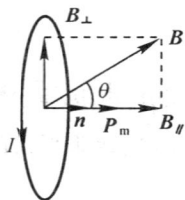

图 15-27　线圈正法线 $\boldsymbol{n}$ 与磁场 $\boldsymbol{B}$ 成任意角度

在线圈的正法线 $\boldsymbol{n}$ 与磁场 $\boldsymbol{B}$ 成任意角度的情况,可将 $\boldsymbol{B}$ 分解为垂直于 $\boldsymbol{n}$ 的分量 $\boldsymbol{B}_\perp$ 和平行于 $\boldsymbol{n}$ 的分量 $\boldsymbol{B}_\parallel$,如图 15-27 所示。分量 $\boldsymbol{B}_\parallel$ 只能产生使线圈拉伸或压缩的力,而其值等于 $B_\perp = B\sin\theta$ 的分量 $\boldsymbol{B}_\perp$ 使线圈产生力矩,即

$$M = p_{\mathrm{m}} \times B_\perp$$

由图 15-27 可见,

$$p_{\mathrm{m}} \times B_\perp = p_{\mathrm{m}} \times B$$

因而在最普遍的情况下,均匀磁场中作用于任意形状的平面载流线圈的磁力矩由下式决定

$$M = p_{\mathrm{m}} \times B \tag{15-56}$$

综上所述,任意形状的载流平面线圈在均匀外磁场中所受的合力为零,但受到一个磁力矩,这个磁力矩总是力图把线圈的磁矩转到磁感应强度 $\boldsymbol{B}$ 的方向。当 p_{m} 和 $\boldsymbol{B}$ 的夹角 $\theta=\pi/2$ 时,磁力矩 M 最大;当 $\theta=0$ 时,磁力矩为零。

例 9　一电流计的线圈所包围的面积是 $6\times10^{-3}\mathrm{m}^2$。线圈共有 200 匝,线圈中的导线通以电流 $I=1\times10^{-5}\mathrm{A}$。将其放在 $B=0.1\mathrm{T}$ 的均匀磁场中,其所受的最大磁力矩是多少?

解　线圈在磁场中所受磁力矩为 $M=p_{\mathrm{m}}\times B$,M 最大时

$$M_{\max} = p_{\mathrm{m}}B = NISB = 200\times10^{-5}\times6\times10^{-3}\times0.1 = 1.2\times10^{-6}(\mathrm{N\cdot m})$$

本章摘要

1. 电流:　　　$I = \dfrac{\mathrm{d}q}{\mathrm{d}t} = \displaystyle\int_S \boldsymbol{j}\cdot\mathrm{d}S$

2. 电动势:　　$\mathscr{E}_{AB} = \displaystyle\int_{A\atop(内)}^{B} \boldsymbol{E}_K\cdot\mathrm{d}l$　　或　　$\mathscr{E}_{AB} = \displaystyle\oint_L \boldsymbol{E}_K\cdot\mathrm{d}l$

其中 $\boldsymbol{E}_K$ 为非静电性场强。

3. 平行载流导线中的每一根在单位长度上所受到的磁力为

$$F_{\mathrm{m}} = \frac{\mu_0 I_1 I_2}{2\pi b}$$

式中 b 为两导线间的距离,$\mu_0 = 4\pi\times10^{-7}\mathrm{N/A}^2$,是磁学常量。

4. 运动电荷的磁场:　　$B = \dfrac{\mu_0}{4\pi}\dfrac{q(\boldsymbol{v}\times\hat{\boldsymbol{r}})}{r^2}$　　$(v\ll c, q>0)$

运动电荷的电场大小:　　$E = \dfrac{1}{4\pi\varepsilon_0}\dfrac{q}{r^2}\dfrac{1-v^2/c^2}{\left[1-(v^2/c^2)\sin^2\theta\right]^{3/2}}$

当 $v\ll c$ 时,有 $E = \dfrac{1}{4\pi\varepsilon_0}\dfrac{q}{r^2}$。

5. 毕奥-萨伐尔定律:

电流元 $I\mathrm{d}l$ 产生的磁场:　　$\mathrm{d}B = \dfrac{\mu_0}{4\pi}\dfrac{I\mathrm{d}l\times\hat{\boldsymbol{r}}}{r^2}$

长直载流导线的磁场： $B=\dfrac{\mu_0 I}{4\pi r_0}(\cos\theta_1-\cos\theta_2)$，式中 r_0 为场点到长直导线的距离；θ_1 和 θ_2 分别是导线两端电流元 $I\mathrm{d}l$ 与矢径 r 间的夹角。

无限长载流导线的磁场： $B=\dfrac{\mu_0 I}{2\pi r_0}$

圆电流圆心处的磁场： $B=\dfrac{\mu_0 I}{2R}$

6. 磁场的高斯定理： $\oint_S \boldsymbol{B}\cdot\mathrm{d}\boldsymbol{S}=0$

7. 安培环路定理： $\oint_L \boldsymbol{B}\cdot\mathrm{d}\boldsymbol{l}=\mu_0\displaystyle\sum_{(L内)}I$

载流长圆形螺线管的磁场： $B=\mu_0 nI$，式中 n 为单位长度的线圈匝数。

载流密绕螺绕环磁场： $B=\dfrac{\mu_0 NI}{2\pi r}$，式中 N 为螺绕环线圈总匝数。

无限大均匀载流导体薄板的磁场： $B=\dfrac{\mu_0}{2}j$。两侧磁场均匀分布，且大小相等，方向相反。

8. 洛伦兹力：

运动电荷在同时存在电场和磁场时的受力：
$$\boldsymbol{F}=q\boldsymbol{E}+q(\boldsymbol{v}\times\boldsymbol{B})\quad(q>0)$$

电荷 $+q$ 以速度 $\boldsymbol{v}$ 平行于无限长载流导线运动时所受的磁力为： $F=qv\dfrac{\mu_0 I}{2\pi b}$。式中 b 为电荷 $+q$ 到导线的距离。

9. 安培定律：

电流元 $I\mathrm{d}l$ 在磁场 $\boldsymbol{B}$ 中的受力： $\mathrm{d}\boldsymbol{F}=I\mathrm{d}\boldsymbol{l}\times\boldsymbol{B}$。

一段载流导线在磁场 $\boldsymbol{B}$ 中的受力： $\boldsymbol{F}=\displaystyle\int_L I\mathrm{d}\boldsymbol{l}\times\boldsymbol{B}$。

10. 相对论磁学：

根据相对论的结论和电荷不变性，电荷和电流之间的磁力是库仑定律的必然结果。在两个不同的惯性系中，在特殊的情况下，可以证明，力的变换公式为
$$F=F'\sqrt{1-v_0^2/c^2}$$

式中 F 是 S 系中测到的力，F' 为 S' 系测到的力，v_0 为 S' 系相对于 S 系的速度，即运动电荷 $+q$ 的速度。

利用狭义相对论可以证明，电场和磁场不可分割地联系在一起并组成统一的电磁场。

11. 均匀磁场对载流线圈的作用：

载流线圈所受合力等于零。

载流线圈所受磁力矩为： $\boldsymbol{M}=\boldsymbol{p}_\mathrm{m}\times\boldsymbol{B}$。

思考题

15-1 磁感应线与电场线在表征场的性质方面有哪些相同？哪些不同？

15-2 为什么我们不把运动电荷所受磁力的方向定义为磁感应强度 B 的指向？

15-3 两个相距不远的点电荷 q_1 和 q_2，都相对于参考系 S 以相同的速度 v 运动，它们之间除电力以外，还有磁力作用。若将其中一个电荷选为参考系 S'，则在参考系 S' 中两电荷都是静止电荷，它们之间只剩下电力，磁力"消失"了。这是为什么？这种现象说明了什么物理本质？

15-4 一带电量为 q 的粒子在均匀磁场中运动。试判断下列各说法是否正确，并说明理由。

(1)只要速度大小相同，所受的洛仑兹力就一定相同。

(2)速度相同，电量分别为 $+q$ 和 $-q$ 的两个粒子，它们所受的洛仑兹力大小相等、方向相反。

(3)质量为 m，电量为 q 的带电粒子，受洛仑兹力作用，其动能和动量都保持不变。

(4)洛仑兹力总与速度方向垂直，所以带电粒子运动的轨迹必定是圆。

15-5 在某些电子仪器中，常把载有大小相等但方向相反的电流的那些导线扭在一起，其用意何在？

15-6 用安培环路定理能否求出下列两种情况下的磁感应强度？说明理由。

(1)有限长载流直导线产生的磁场；

(2)圆电流产生的磁场。

15-7 载流长直螺线管内部 $B_内 = \mu_0 nI$，外部 $B_外 = 0$，所以在螺线管外面作环绕一周的环路 L，其环流 $\oint_L \boldsymbol{B} \cdot d\boldsymbol{l} = 0$。但从安培环路定理来看，环路 L 中有电流 I 通过，故其环流应为 $\oint_L \boldsymbol{B} \cdot d\boldsymbol{l} = \mu_0 I$，这是为什么？

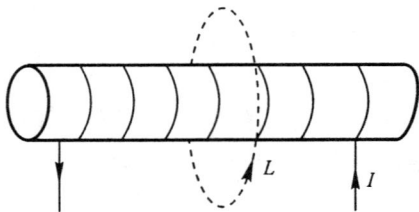

思考题 15-7 图

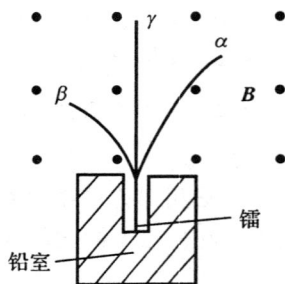

思考题 15-9 图

15-8 有人说："在没有电流的空间区域里，如果磁感应线是一些同方向的平行直线，则磁场一定均匀。"该说法是否正确？试用安培环路定理来证明。

15-9 如图所示，放射性元素镭放出的射线进入磁场后分成三束，向左偏转的叫 β 射线，向右偏转的叫 α 射线，不偏转的叫 γ 射线。试分析这三种射线中的粒子是否带电？带正电还是带负电？

15-10 试比较毕奥-萨伐尔定律 $d\boldsymbol{B} = \dfrac{\mu_0}{4\pi} \dfrac{I d\boldsymbol{l} \times \hat{r}}{r^2}$ 与点电荷的场强公式 $d\boldsymbol{E} = \dfrac{1}{4\pi\varepsilon_0} \dfrac{dq}{r^2} \hat{r}$ 的类似和差别之处。

15-11 如果想让一个质子在地球磁场中一直沿赤道运动，我们应向东发射它还是向西发射它？

15-12 如图所示，有两个竖直放置的载流圆环，它们的直径几乎相等，可绕同一竖直轴转动。当两圆环所在的平面相互垂直时，在两圆环中通以大小相同的电流，试问这两个圆环将如何运动？

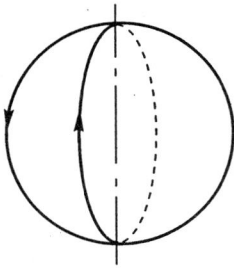

思考题 15-12 图

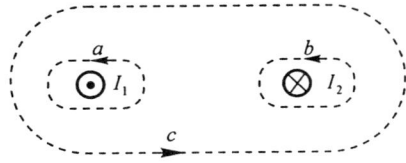

思考题 15-14 图

15-13 安培定律 $d\boldsymbol{F} = Id\boldsymbol{l} \times \boldsymbol{B}$ 的三个矢量中,哪两个矢量始终正交? 哪两个矢量之间可以有任意的角度?

15-14 两根载有等量但流向相反电流的无限长直导线平行放置,$I_1 = I_2 = I$,如图所示,构作三个闭合回路 a, b, c。

(1)试分别写出对各回路的安培环路定理表达式;

(2)试问在每个回路上 $\boldsymbol{B}$ 的大小是否相等?

(3)试问在回路 c 上,各点的 $\boldsymbol{B}$ 是否为零?

习　题

15-1 已知电视显像管中一电子束的电流为 $1.6\mu A$,试求每秒钟撞击荧光屏幕的电子数。(每个电子所带的电量大小为 $1.6 \times 10^{-19}C$)

15-2 两个正点电荷 q_1 和 q_2 分别以速度 $\boldsymbol{v}_1$ 和 $\boldsymbol{v}_2$ 运动,当它们运动到相距为 a 的图示位置时,求:

(1)q_1 在 q_2 处所产生的磁感应强度和作用在 q_2 上的力;

(2)q_2 在 q_1 处所产生的磁感应强度和作用在 q_1 上的力;

(3)它们之间的相互作用力满足牛顿第三定律吗? 为什么?

15-3 有一均匀带电细棒以速度 $v = 1m \cdot s^{-1}$ 沿图中 X 轴正方向运动,棒长 $l = 0.1m$,带电 $q = 10^{-10}C$。试求棒运动到图示位置时坐标原点 O 处的磁感应强度 $\boldsymbol{B}$。(图中 $a = 0.1m$)

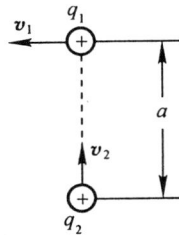

习题 15-2 图

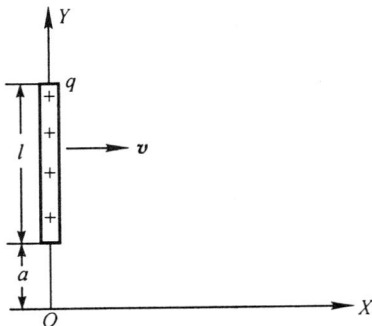

习题 15-3 图

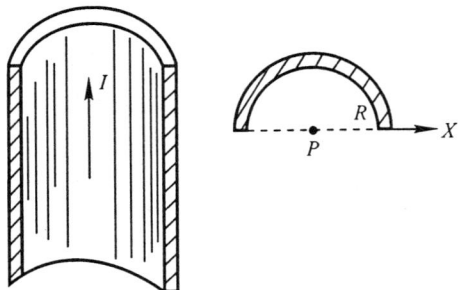

习题 15-4 图

15-4 在半径 $R=0.01\text{m}$ 的无限长半圆筒形金属薄壁上,自下而上地通过电流 $I=5.0\text{A}$。设电流均匀地分布在薄壁上,如图所示,试求轴线上任意一点 P 处的磁感应强度的大小和方向。

15-5 若通以电流为 I 的导线弯曲成如图所示的形状(直线带虚线的部分伸长至无限远),试分别求出 O 点的磁感应强度 B。

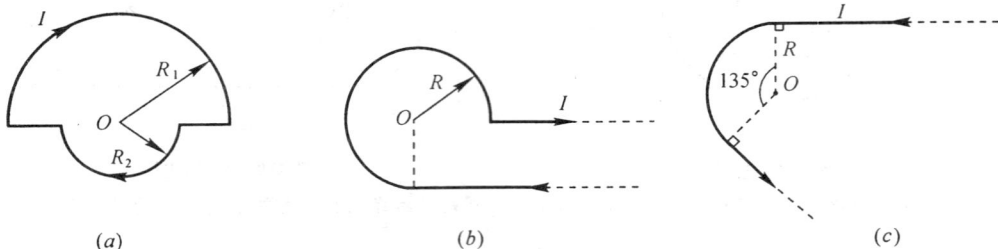

(a) (b) (c)

习题 15-5 图

15-6 如图所示,正方形线圈 $ABCD$ 的边长为 0.1m,载有电流为 0.5A,试求正方形中心 O 处磁感应强度的大小。

15-7 在半径为 R 的木球上密绕着细导线,相邻的线圈彼此平行地靠着,以单层排列并盖住半个球面,共有 N 匝,如图所示,当导线中通有电流 I 时,求球心 O 处的磁感应强度。

15-8 如图所示,两根直导线沿半径方向引到导线环上的 A,B 两点,并在很远处与电源相连。已知导体圆环的粗细和密度都是均匀的,求环中心 O 点的磁感应强度。

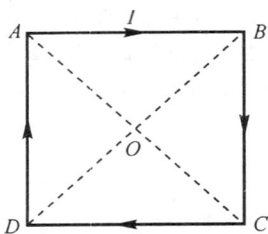

习题 15-6 图

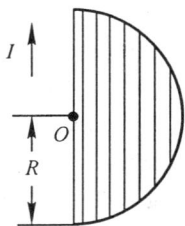

习题 15-7 图

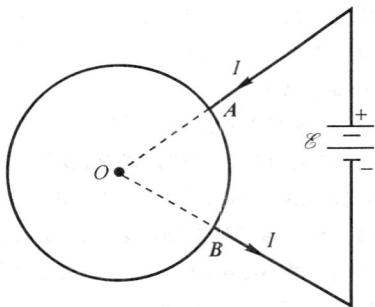

习题 15-8 图

15-9 某地区的一条高压输电线在地面上空约 5m 处,通过电流大小为 $1.8\times10^3\text{A}$,试求:

(1)该电流在地面上所产生的磁感应强度大小;

(2)在该地区,地磁场大小为 $6.0\times10^{-5}\text{T}$,试比较输电线产生的磁场和地磁场的大小。

15-10 由同轴实心圆柱形导体与圆筒形导体构成一长的同轴电缆,其尺寸如图所示。使电缆中的电流 I 从导体圆柱输出,从导体圆筒流回。设电流都是均匀分布在导体的横截面上的,求下列各处的磁感应强度:

(1)导体圆柱内($r<R_1$);

(2)两导体之间($R_1<r<R_2$);

(3)导体圆筒内($R_2<r<R_3$);

(4)电缆外$(r>R_3)$。

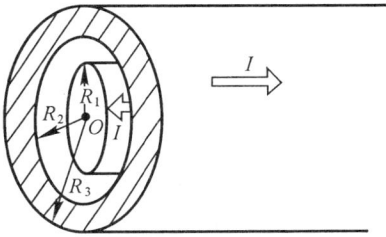

习题 15-10 图

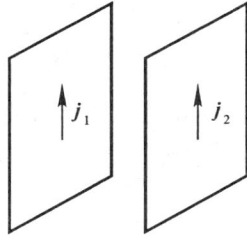

习题 15-11 图

15-11　两无限大的平行导体平面分别载有均匀分布的电流,面电流密度分别为 j_1 和 j_2,且 $j_1>j_2$,如图所示。试求两平面间和两平面外的磁感应强度。

15-12　在半径为 R 的长直圆柱导体内部,与轴线平行地挖去一块半径为 $r(r<\frac{R}{2})$ 的长直圆柱体,两圆柱体轴线距离为 a,其横截面如图所示。设该导体通有均匀分布的电流 I,试求:

(1)圆柱导体轴线上的磁感应强度 $\boldsymbol{B}_0$ 的大小;

(2)圆柱体空心轴线上的磁感应强度 $\boldsymbol{B}'_0$ 的大小。

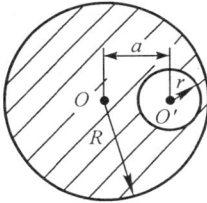

习题 15-12 图

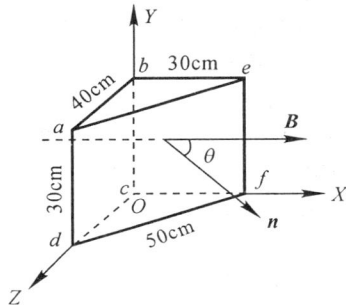

习题 15-13 图

15-13　已知有一磁感应强度 $B=2.0\mathrm{T}$ 的均匀磁场,方向沿 X 轴正向,如图所示,试求:

(1)通过图中 $abcd$ 面的磁通量;

(2)通过图中 $efcb,adfe,abe,dcf$ 面的磁通量;

(3)通过整个封闭曲面的磁通量。

15-14　一根很长的铜线载有分布均匀的电流 $I=10\mathrm{A}$。在铜线内部作一假设的平面 S,如图所示,试求通过平面 S 单位长度上的磁通量。

15-15　横截面为矩形的螺绕环尺寸如图所示,外直径 D_1,内直径 D_2,高 h,绕有 N 匝线圈,并通有电流 I,试求:

(1)环内磁感应强度的分布;

(2)通过螺绕环截面的磁通量。

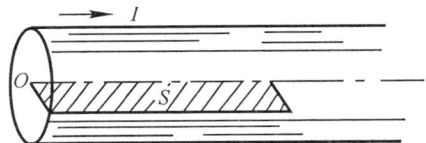

习题 15-14 图

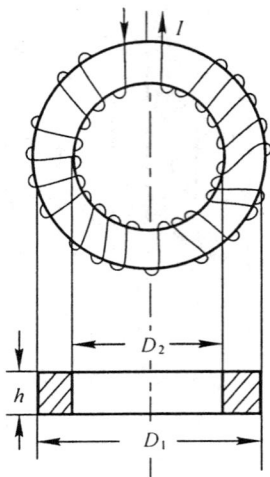

习题 15-15 图

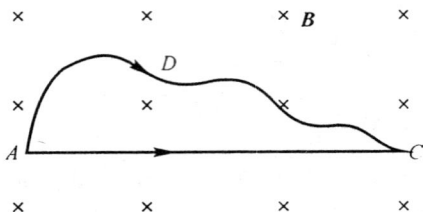

习题 15-16 图

15-16 如图所示,ADC 为弯成任意形状的导线,导线置于与均匀磁场 $\boldsymbol{B}$ 垂直的平面内。试证明:通过相同恒定电流 I 的直导线 AC 与导线 ADC 所受的磁力相等。

15-17 目前正在研究的一种电磁导轨炮(理论上子弹的出口速度可达到 $10\mathrm{km \cdot s^{-1}}$)的原理图如图所示。子弹置于两条平行导轨之间,通以电流后子弹会被磁力加速而以高速从出口射出。以 I 表示电流,r 表示导轨(视为圆柱)半径,a 表示两轨面之间的距离。将导轨近似地按无限长处理,证明子弹受的磁力可近似地表示为

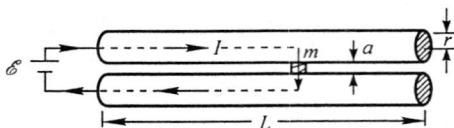

习题 15-17 图

$$F = \frac{\mu_0 I^2}{2\pi} \ln \frac{a+r}{r}$$

设导轨长度 $L=5.0\mathrm{m}$,$a=1.2\mathrm{cm}$,$r=6.7\mathrm{cm}$,子弹质量为 $m=317\mathrm{g}$,发射速度为 $4.2\mathrm{km \cdot s^{-1}}$。

(1)设子弹从导轨的末端起动,求该子弹在导轨内的平均加速度是重力加速度的几倍?

(2)通过导轨的电流应多大?

(3)若能量的转换效率为 40%,则该子弹发射需要多少千瓦功率的电源?

15-18 如图所示,一长直导线通有电流 I_1,旁边放有一长为 b 的导线 AB 带有电流 I_2,其近端离长直导线距离为 a,求导线 AB 所受的磁力和对 O 点的力矩。

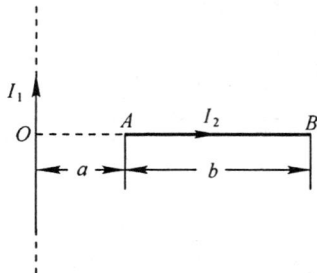

习题 15-18 图

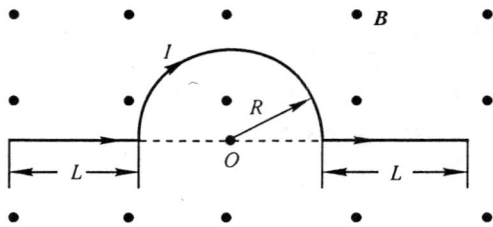

习题 15-19 图

15-19 载有电流为 I 的一根直导线中部被弯成半径为 R 的半圆形导线,如图所示。现将其置于垂直平面向外的均匀磁场 B 中,求该导线所受的磁力。

15-20 目前,有科学家在研究用超导材料做成的导线建造巨大的电磁铁以储存用电峰值期间所需的能量。在一种设计方案中,以半径 100m 的圆形线圈来承载 150 000A 的电流,但在这样大的电流在传输过程中会产生平均磁感应强度为 5T 的磁场,从而使线圈受到磁场力的作用,为了克服这种磁场力,常将线圈放在凿进岩层的山洞里以获得对结构的支持。假如磁场方向与圆形线圈的平面垂直,试问线圈承受的张力为多大?(线圈的形变忽略不计。)

15-21 如图所示,矩形线圈共有 20 匝,其边长分别为 $l_1=0.050m$ 和 $l_2=0.10m$,线圈平面与 XY 平面成 $\theta=30°$ 的角,整个线圈可绕 Y 轴旋转。今将线圈通上 0.1A 的电流,并放在磁感应强度为 0.50T 的均匀磁场中,磁场方向沿 X 轴正方向,试求作用在该线圈上的力矩。

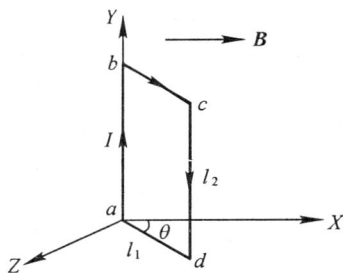

习题 15-21 图

15-22 如图所示,一半径为 R 的塑料圆盘以角速度 ω 绕通过其中心且与盘面垂直的轴转动。求:

(1)当有电量为 $+q$ 的电荷均匀分布于圆盘表面时,圆盘中心点 O 的磁感应强度;

(2)此时圆盘的磁矩;

(3)若将上述圆盘置于与圆盘表面平行的均匀外磁场 B 内,试证明:磁场 B 作用于圆盘的力矩大小为 $M=\dfrac{q\omega R^2 B}{4}$。

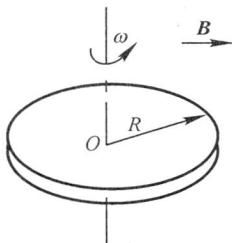

习题 15-22 图

习题 15-23 图

15-23 如图所示,磁表式电流计线圈共有 250 匝,线圈长为 0.02m,宽为 0.01m,线圈所在处 $B=0.2T$。当线圈偏转 θ 角时,游丝(即弹簧)产生的扭力矩 $M=C\theta$。设扭转系数 $C=3.3\times10^{-8}N\cdot m\cdot deg^{-1}$,当线圈中通以电流后,线圈偏转 30°。问流过的电流多大?

15-24 在参考系 S 中坐标原点处的电场强度大小为 $3\times10^6 V\cdot m^{-1}$,其方向与 X 轴 30°角,与 Y 轴成 60°角,在 XOY 平面内。参考系 S' 中坐标轴与 S 系中的轴平行,S' 系以 $0.6c$ 的速度沿 X 轴正方向相对于 S 系运动,试求在 S' 系中观测者所观测到的电场和磁场的大小和方向。

15-25 一电容器由两平行的长方形板组成,两板之间的距离为 $2.0\times10^{-2}m$;板的东西方向长度为 0.2m,南北方向长度为 0.1m。若电容器接到 300V 的电源上充电后,断开电源,此时极板带有多少电荷?两板间的电场强度多大?在实验室中电容器是静止的,在相对于实验室以速率 $0.6c$ 向东运动的参考系中测量时,极板上带有多少电荷?板间的电场强度多大?若在向上以 $0.6c$ 速率运动的参考系测量,结果如何?

15-26 一架喷气式飞机在地球磁场的垂直分量为 $6\times10^{-5}T$(方向指向地面)的地方以 $v_0=278m\cdot s^{-1}$ 的速度朝正北方向飞行。求:

(1)飞行员测到的飞机外的电场为多大?

(2)飞机机翼上是否带电?

15-27 一质量 $m=1.7\times10^{-27}$kg 的粒子带有电量 $q=1.6\times10^{-19}$C,在 $B=1.1$T 的均匀磁场中运动;B 的方向沿着 Z 轴正方向。当 $t=0$ 时,粒子位于坐标原点,并具有沿 X 轴正方向的初速度 $v_0=6.0\times10^5$m·s^{-1}。

(1)设计一个计算机程序来画出 $t=0$ 到 $t=6.5\times10^{-8}$s 时间内粒子的位置及相应的速度,取时间间隔 $\Delta t=3\times10^{-11}$s;

(2)在计算精度内,粒子的速度大小是否为常量? 若不是,减小时间间隔重新计算;

(3)计算粒子运动的轨道半径并与值 $\dfrac{mv}{Bq}$ 比较。

第 16 章

物质中的磁场

在上一章中,我们讨论的磁场都处在真空中,如果把某一物质放入磁场中,由于物质和磁场的相互作用,磁场将发生变化。从这个意义上来说,我们把这些物质称为磁介质,即在磁场作用下能够获得磁矩的物质。

一些物质的磁效应是十分微弱的,我们把其中能被吸向较强磁场区域的物质叫做顺磁质,如铝、锰、铂等;而被磁体排斥的物质叫做抗磁质,如水、氯化钠、水银等。最后,像铁、钴、镍等受磁场影响最强烈的一类物质叫做铁磁质。本章首先对这些磁性材料的宏观现象作一些分析,然后探讨各种磁效应的微观本质。

16-1 磁介质的磁化

磁介质在外磁场作用下能够获得磁矩的现象称为磁介质的磁化。磁化后的磁介质产生的附加磁场 B' 与电流产生的磁场 B_0 叠加在一起,便产生合磁场

$$B = B_0 + B' \tag{16-1}$$

为了解释磁介质的磁化,安培假设:磁介质的分子里环流着一种圆电流,即分子电流。[①] 每一个这样的电流都具有磁矩,称为分子磁矩,从而在其周围空间里产生磁场。在没有外磁场时,由于各单个分子磁矩的杂乱取向,磁介质的合磁矩等于零,因而它们产生的磁场等于零。在外磁场作用下,各个分子磁矩在外磁场方向取向排列趋向整齐,即磁介质发生磁化,合磁矩不等于零。在这种情况下,各分子电流的磁场已不能互相抵消,从而产生附加磁场。

磁介质的磁化程度可以用单位体积内的磁矩来表征,这个量称为磁化强度,用字母 M 表示。如果磁介质的磁化是不均匀的,则考察点的磁化强度由下式定义:

$$M = \frac{\sum p_{\mathrm{m}}}{\Delta V} \tag{16-2}$$

式中 ΔV 是取自考察点附近的物理上无限小的体积,$\sum p_{\mathrm{m}}$ 表示体积元 ΔV 内各分子磁矩的矢量和。

16-2 磁场强度

1. 束缚电流

我们考虑无限长直载流螺线管,管内充满磁介质(如铁芯),电流在管内产生均匀磁场。

---

① 现在我们知道,原子是由带正电的原子核和绕核旋转的负电子组成,电子不仅绕核转,而且还有自旋。原子、分子内的电子的这些运动形成分子电流。

在外磁场作用下,磁介质中分子电流的磁矩将趋向磁场的方向排列起来,这时磁介质被磁化。图 16-1 是磁介质磁化的微观机制和横截面图。由图可见,由于分子电流的环绕方向一致,在磁介质内部任意位置上,通过的分子电流是成对的,而且方向相反,它们的效果互相抵消。只有在截面的边缘上,分子电流未被抵消,形成和截面边缘重合的圆电流。对磁介质整体来说,未被抵消的电流沿圆柱面流动,宏观上我们把它称做束缚电流,通常用 I_m 表示。

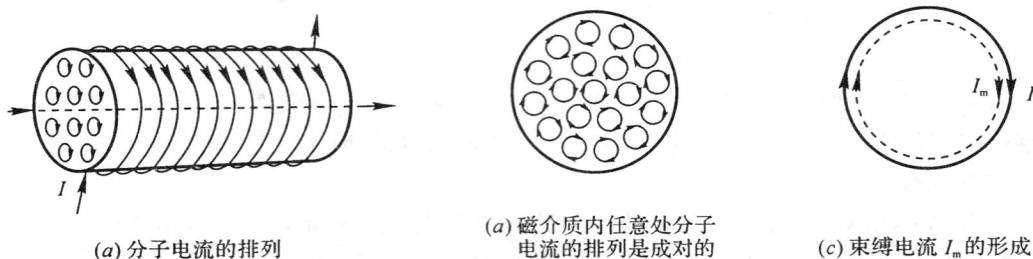

(a) 分子电流的排列   (a) 磁介质内任意处分子电流的排列是成对的   (c) 束缚电流 I_m 的形成

图 16-1   充满磁介质的长直螺线管

2. 束缚电流与磁化强度的关系

正如电介质中极化强度 P 与束缚电荷之间有一定关系一样,磁介质中磁化强度 M 与束缚电流之间也有一定的关系。下面我们通过特例来说明。

如图 16-2 所示,在磁介质中取长为 l、截面积为 S 的圆柱体体积。设 j_m 为磁介质表面单位长度上的束缚电流,称为面束缚电流密度,则该圆柱体表面的总束缚电流为

$$I_m = j_m l$$

由磁矩的定义,该段磁介质体积中的总磁矩为

$$\left| \sum \boldsymbol{p}_m \right| = I_m S = j_m l S$$

图 16-2   束缚电流与磁化强度的关系

再根据磁化强度的定义,有

$$M = \frac{\left| \sum \boldsymbol{p}_m \right|}{\Delta V} = \frac{j_m l S}{l S} = j_m \tag{16-3}$$

下面我们再来计算磁化强度沿闭合回路的线积分。在图 16-2 中,取一矩形闭合回路 $abcd$,其中 ab 在磁介质中,平行于圆柱体轴线且与 M 平行;而 bc,ad 两边则垂直于柱面,故与 M 垂直,且 cd 在磁介质外。于是 M 对闭合回路 $abcd$ 的线积分为

$$\oint_L \boldsymbol{M} \cdot \mathrm{d}\boldsymbol{l} = \int_{ab} \boldsymbol{M} \cdot \mathrm{d}\boldsymbol{l} = M \cdot \overline{ab}$$

将(16-3)式中的 M 值代入上式得

$$\oint_L \boldsymbol{M} \cdot \mathrm{d}\boldsymbol{l} = j_m \cdot \overline{ab} = \underset{(L内)}{I_m} \tag{16-4}$$

这里 I_m 是通过闭合回路的束缚电流。

(16-4)式告诉我们:磁化强度 M 对闭合回路的线积分等于通过回路所包围的束缚电流。它虽然是从均匀磁介质及矩形闭合回路的特例推导出来的,但却是对任何情况下都普遍

适用的。

3. 磁场强度·磁介质中的安培环路定理

现在考虑有磁介质时安培环路定理的形式。这时穿过回路 L 的不但有传导电流,而且还有束缚电流,即

$$\oint_L \boldsymbol{B} \cdot \mathrm{d}\boldsymbol{l} = \mu_0 \left(\sum_{(L内)} I + I_m \right) \tag{16-5}$$

式中传导电流是已知的,可测量的;而束缚电流是不能直接测量的,因而是未知的。因此,我们要设法在公式中避开它,为此利用(16-4)式,得到

$$\oint_L \boldsymbol{B} \cdot \mathrm{d}\boldsymbol{l} = \mu_0 \left(\sum_{(L内)} I + \oint_L \boldsymbol{M} \cdot \mathrm{d}\boldsymbol{l} \right)$$

或

$$\oint_L \left(\frac{\boldsymbol{B}}{\mu_0} - \boldsymbol{M} \right) \cdot \mathrm{d}\boldsymbol{l} = \sum_{(L内)} I$$

现在我们定义一个新的物理量,称为磁场强度 $\boldsymbol{H}$,即

$$\boldsymbol{H} = \frac{\boldsymbol{B}}{\mu_0} - \boldsymbol{M} \tag{16-6}$$

这样,有磁介质存在时的安培环路定理可以简洁地表示为

$$\oint_L \boldsymbol{H} \cdot \mathrm{d}\boldsymbol{l} = \sum_{(L内)} I \tag{16-7}$$

(16-7)式表明,$\boldsymbol{H}$ 的环流等于穿过闭合回路所包围的传导电流的代数和,与磁介质的束缚电流无关。这使我们联想到,引入电位移矢量 $\boldsymbol{D}$ 后,我们能在电介质存在的情况下把高斯定理写成只包含自由电荷的形式。

磁场强度 $\boldsymbol{H}$ 与电位移矢量 $\boldsymbol{D}$ 相似。最初,曾经有人认为自然界中存在类似于电荷的磁荷,因而磁学是根据与电学的类比发展起来的,于是在历史上就把 $\boldsymbol{B}$ 称为磁感应强度,而把 $\boldsymbol{H}$ 称为磁场强度。后来才明白,自然界中并不存在磁荷,并且称为磁感应强度 $\boldsymbol{B}$ 的那个量实际上并不与电位移矢量 $\boldsymbol{D}$ 相似,而与电场强度 $\boldsymbol{E}$ 相似。但是,由于长期的使用习惯,所以一直沿用至今。

在真空中,$\boldsymbol{M}=0$,所以 $\boldsymbol{H}=\boldsymbol{B}/\mu_0$。对于无限长直电流,它在真空中产生的磁场强度为

$$H = \frac{B}{\mu_0} = \frac{1}{\mu_0} \frac{\mu_0 I}{2\pi b} = \frac{I}{2\pi b} \tag{16-8}$$

由上式可见:磁场强度 $\boldsymbol{H}$ 的量纲等于电流的量纲除以长度的量纲。因此,在 SI 中,磁场强度的单位为安培/米(A/m)。

4. 磁导率 μ

对于各向同性的磁介质,磁化强度与磁场强度成正比,即在磁介质中每一点上,有

$$\boldsymbol{M} = \chi_m \boldsymbol{H} \tag{16-9}$$

式中 χ_m 是一个反映磁介质磁学特性的常数,称为磁化率。它是一个没有量纲的纯数。实验指出:对于弱磁性(非铁磁)物质,在不太强的磁场中,χ_m 与 H 无关。

将(16-9)式代入(16-6)式得

$$H = \frac{B}{\mu_0} - \chi_m H$$

由此得到

$$H = \frac{B}{\mu_0(1 + \chi_m)} \tag{16-10}$$

没有量纲的常数

$$\mu = 1 + \chi_m \tag{16-11}$$

称为磁介质的相对磁导率,简称为磁导率。[①]

将(16-11)式代入(16-10)式得

$$H = \frac{B}{\mu_0 \mu} \tag{16-12}$$

或

$$B = \mu_0 \mu H \tag{16-13}$$

例1 在螺绕环的导线内通有1A电流,环上所绕线圈共有800匝,环的平均周长为0.5m。实验测得环内磁感应强度 $B = 0.5$T。设环内磁场均匀。求:(1)环内磁场强度;(2)磁化强度;(3)磁化率;(4)面束缚电流密度和相对磁导率。

解 (1)由磁介质存在时的安培环路定理

$$\oint_L H \cdot dl = NI$$

得

$$H = \frac{NI}{l} = \frac{800 \times 1}{0.5} = 1600(\text{A/m})$$

(2) $M = \frac{B}{\mu_0} - H = (\frac{5 \times 10^{-1}}{4\pi \times 10^{-7}} - 1600) = 3.984 \times 10^5 (\text{A/m})$

(3) $\chi_m = \frac{M}{H} = \frac{3.984 \times 10^5}{1600} = 249$

(4) $j_m = M = 3.984 \times 10^5 (\text{A/m})$, $\mu = 1 + \chi_m = 250$

16-3　顺磁性与抗磁性

分子磁矩不等于零的物质是顺磁质,顺磁质表现的磁性叫做顺磁性。顺磁质在外磁场 B_0 中磁化后产生的附加磁场 B' 的方向和 B_0 的方向相同,下面我们来讨论顺磁性的微观本质。

在外磁场 B_0 的作用下,分子中沿轨道运动的电子就如同一只陀螺,因此电子应具有回转仪在外加作用力下运动的一切特点,包括电子的旋进(进动)。如图16-3所示,分子电流具有的分子磁矩为 p_m,由于旋转着的电子在磁场中受到一个 $M_B = p_m \times B_0$ 的磁力矩作用,根据角动量原理 $M_B dt = L' - L$,电子产生旋进,即电子除参与绕核的轨道运动和自旋外,还要

---

① 把电学常量 ε_0 和磁学常量 μ_0 称为真空中的介电常数和真空中的磁导率,是没有物理意义的。相应地,不应当研究没有物理意义的绝对介电常数 $\varepsilon_{绝} = \varepsilon_0 \varepsilon$ 和绝对磁导率 $\mu_{绝} = \mu_0 \mu$。

附加一个以外磁场 B_0 为轴的转动。当面对 B_0 的方向看，电子旋进的方向是逆时针转向。电子的旋进也相当于一个圆电流，考虑到电子带负电，因此，旋进产生的附加磁矩 Δp_m 的方向与外磁场 B_0 的方向相反。可以证明：如果电子沿轨道运动的方向相反，电子旋进的方向仍为逆时针。所以，附加磁矩 Δp_m 的方向仍和 B_0 相反。

图 16-3 电子在外磁场 B_0 中的旋进

在顺磁质中，每个分子的分子磁矩有一定的量值 p_m，而且要比附加磁矩 Δp_m 大得多，即 $p_m \gg \Delta p_m$，以至于 Δp_m 可以忽略不计。所以，分子磁矩是顺磁质产生磁效应的主要原因。外磁场 B_0 不但产生附加磁矩，而且还对分子磁矩 p_m 有取向作用，使得 p_m 沿着外磁场 B_0 的方向。在这种情况下，沿着 B_0 方向的分子磁矩 p_m 总是远远大于附加磁矩 Δp_m，故合磁矩将沿着 B_0 方向，因而附加磁场 B' 也和 B_0 相同，从而表现为顺磁性。

在顺磁质中，外磁场力图使分子磁矩 p_m 沿着 B_0 方向取向，然而分子运动又力图使 p_m 沿着各个方向均匀分布。结果，沿着磁场的方向便建立起分子磁矩的某一优势取向，B_0 愈大，优势取向作用愈强，而温度愈高，优势取向作用愈弱。

1895 年，居里(P. Curie)从实验上发现，顺磁质的磁化强度 M 与外磁场的磁感应强度 B_0 成正比而与温度成反比，即

$$M = C \frac{B_0}{T} \tag{16-14}$$

式中 C 是居里常量，T 为热力学温度。(16-14)式叫做居里定律。从上述的物理意义来看，居里定律是十分合理的。

磁介质的分子磁矩可以用量子力学的基本原理计算出来。为此，我们不妨先看一下分子磁矩的来源。近代科学研究表明，电子在原子或分子中的运动包括轨道运动和自旋运动两部分。绕原子核旋转运动的电子相当于一个电流环，从而有一定的磁矩，称为轨道磁矩；与电子自旋运动相联系的是自旋磁矩。现在我们扼要地叙述一下如何计算分子磁矩。假设电子是在半径为 r 的圆形轨道上，则电流环的电流等于 $I = \dfrac{e}{T} = \dfrac{e}{2\pi r/v} = \dfrac{ev}{2\pi r}$，故轨道磁矩为

$$\mu_L = IS = \frac{ev}{2\pi r}\pi r^2 = \frac{evr}{2} = \frac{e}{2m}(mvr)$$

式中 mvr 即为电子的轨道角动量 L，故

$$\mu_L = \frac{e}{2m}L$$

以后我们在量子力学中将会学到，一个电子的轨道角动量 $L = n\dfrac{h}{2\pi}$，这里 n 称为量子数，$h = 6.63 \times 10^{-34} \text{J} \cdot \text{s}$，称为普朗克常量。可见，轨道磁矩是量子化的，所以当 $n = 1$ 时，得最小的轨道磁矩为

$$\mu_B = \frac{e}{2m}\frac{h}{2\pi} = 9.3 \times 10^{-24} \text{A} \cdot \text{m}^2$$

式中 μ_B 是轨道磁矩的基本单位，叫做玻尔磁子。

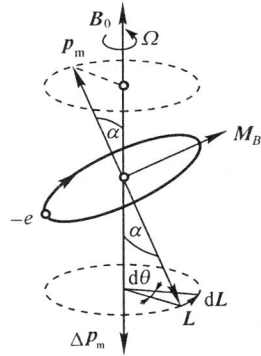

由量子力学同样可得到电子自旋磁矩为

$$\mu_S = \frac{e}{m}S$$

式中 μ_S 为电子的自旋磁矩, S 为电子的自旋角动量。由于自旋角动量是量子化的,所以自旋磁矩也是量子化的。

在原子和分子内一般不止有一个电子,整个分子磁矩 $\boldsymbol{p}_m$ 应是各个电子轨道磁矩和自旋磁矩的矢量和。

根据上述简单分析,我们大致可以了解到:顺磁性的量子理论考虑到了分子磁矩相对于外磁场只能够有分立的取向这样的一个事实,即在外磁场 $\boldsymbol{B}_0$ 作用下, $\boldsymbol{p}_m$ 在空间的取向是量子化的。详细介绍已超出本书的研究范围,这里不再叙述了。

如果分子本身不具有分子磁矩的性质,即分子中电子的轨道磁矩和自旋磁矩的矢量和等于零,则分子磁矩 $\boldsymbol{p}_m = 0$。这样的物质称为抗磁质,抗磁质表现的磁性叫做抗磁性。抗磁质在外磁场 $\boldsymbol{B}_0$ 中磁化后产生的附加磁场 $\boldsymbol{B}'$ 的方向与 $\boldsymbol{B}_0$ 相反。抗磁性的微观机理可作如下解释。

抗磁质在外磁场的作用下产生的附加磁矩 $\Delta \boldsymbol{p}_m$ 是抗磁质产生磁效应的惟一原因。附加磁矩 $\Delta \boldsymbol{p}_m$ 的方向与外磁场 $\boldsymbol{B}_0$ 的方向相反,因而附加磁场 $\boldsymbol{B}'$ 和 $\boldsymbol{B}_0$ 相反,从而表现为抗磁性。这里必须指出:抗磁质的分子磁矩虽然等于零,但抗磁质中各个电子的轨道磁矩和自旋磁矩的方向是各不相同的,它们在外磁场 $\boldsymbol{B}_0$ 中均受到磁力矩的作用,故电子仍能产生旋进。

16-4 铁磁性

在没有外磁场作用的情况下就具有磁化强度的物质属于另一类磁介质。由于铁是这类物质中最有代表性的,所以就把这一类物质称为铁磁质。这里必须强调一下,铁磁质仅仅在处于结晶状态时才具有铁磁性。

铁磁质是强磁性物质,其磁化强度比属于弱磁性物质的顺磁质和抗磁质的磁化强度高出 10^{10} 个数量级。

1. 铁磁质的磁化规律

铁磁质的磁化规律实际上就是研究 M 和 H 或 B 和 H 之间的依赖关系,这种关系曲线称为磁化曲线。

弱磁性物质(顺磁质和抗磁质)的 $B\text{-}H$ 关系是线性变化的,铁磁质的 $B\text{-}H$ 曲线却有着比较复杂的关系。如图 16-4 所示。

实验表明,当磁场强度 H 开始从零增加时,磁感应强度 B 随之增加(O—1 段), H 再继续增大时, B 先经过一段急剧增加的过程(1—2 段),然后缓慢下来(2—3 段),接着在曲线 3—a 段, $B\text{-}H$ 间呈线性变化。到达 a 点后, H 再继续增大时, B 几乎不再增加,这时铁磁质的磁化达到饱和,饱和时的磁感应强度 B_m 称为饱和磁感应强度。从未磁化到饱和磁化的这段磁化曲线,叫做铁磁质的起始磁化曲线。

当铁磁质的磁化达到饱和之后,减小磁场强度 H,这时 B 的值也要减小,但不沿原来起

(a) 弱磁性物质的磁化曲线　　　(b) 铁磁质的磁化曲线

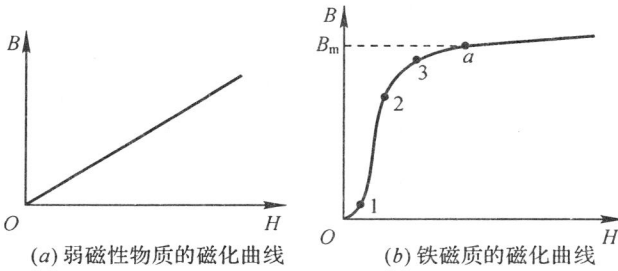

图 16-4　磁介质的磁化曲线

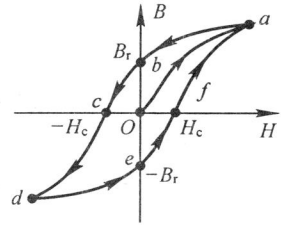

图 16-5　磁滞回线

始曲线 Oa 下降，而是沿着曲线 ab 下降，如图 16-5 所示。当 $H=0$ 时，磁感应强度 B 并不等于零，而是保留一定的大小 B_r，B_r 称为剩余磁感应强度。这就是铁磁质的剩磁现象。它说明当 $H=0$ 时，磁化并未消失。要使 B 继续减小，必须使磁场强度 H 反向，即加上反方向的磁场。当 $H=-H_c$ 时，磁感应强度才能变为零。磁场强度 H_c 称为矫顽力，矫顽力 H_c 的大小反映了铁磁质保留剩磁的能力。当 $B=0$ 时，铁磁质将完全退磁。

B 随 H 变化的全部过程构成了闭合曲线 $abcdefa$，它显示出铁磁质中磁感应强度 B 值的变化总是落后于磁场强度 H 的变化，这种现象称为磁滞，是铁磁质的重要特性之一，所以这一闭合曲线又称为磁滞回线。不同的铁磁质有不同的磁滞回线，其区别的主要标志是矫顽力的大小。

实验表明，铁磁质在交变磁场作用下反复磁化的过程中要发热，从而引起能量损耗。这种能量损失称之为磁滞损耗。磁滞回线所包围的面积愈大，磁滞损耗也越大。

2. 铁磁质的分类

(1)软磁材料

从铁磁质的性能和使用来说，可按矫顽力的大小分为软磁材料和硬磁材料两大类。矫顽力很小的(H_c 约 1A/m)叫做软磁材料；矫顽力很大的(H_c 约 $10^4 \sim 10^6$A/m)叫做硬磁材料。

矫顽力小，意味着磁滞回线狭长，它所包围的面积小，从而在交变磁场中的磁滞损耗小。所以软磁材料适于用作在交变磁场中使用的电子元件的材料，如各种电感元件、变压器、镇流器和发电机中的铁芯。

(2)硬磁材料(永磁体)

永磁体是外加磁场强度去掉后(即 $H=0$)仍保留较强的剩余磁感应强度的物质。用以制造永磁体的材料的矫顽力愈大，永磁体愈容易保持较强的剩磁，因此永磁体是一种硬磁材料。硬磁材料的特征是具有宽阔的磁滞回线。在各种电器设备中，如电表、扬声器、电话机和录音机等，都需要永磁体。这里特别值得一提的是，1998 年 6 月 2 日随航天飞机送上太空的阿尔法磁谱仪中的永磁体就是由中国的科学家制造成功的。

硬磁材料性能好坏的标志主要是矫顽力 H_c 和剩磁 B_r。

3. 磁畴理论

铁磁性的微观理论基础是夫伦克尔(Я. И. Френкель)和海森伯(W. K. Hesienberg)于1928 年奠定的。实验表明，对铁磁质的磁性有贡献的是电子的自旋磁矩。在没有外磁场的条件下，铁磁质晶体中能够产生一种迫使各电子自旋磁矩矢量彼此平行排列的力①，结果形成一个个小小的自发磁化的区域，这种区域称为磁畴。在每一个磁畴的范围内，铁磁质自发磁化到饱和状态从而有一定的磁矩。铁磁质在未磁化时，各磁畴内的自发磁化磁矩方向是不同的，因此整个物质的合磁矩等于零，如图 16-6(a)所示，于是在宏观上不显示出磁性。

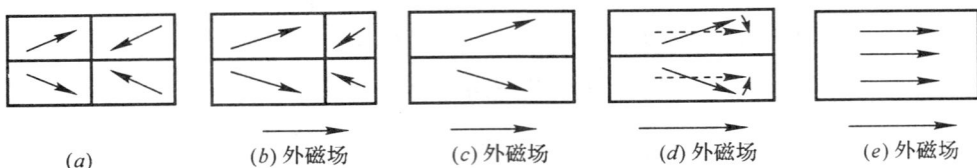

(a)　　　(b) 外磁场　　　(c) 外磁场　　　(d) 外磁场　　　(e) 外磁场

图 16-6　铁磁质的磁化过程

加上外磁场后，在铁磁质磁化过程的不同阶段，磁场对磁畴产生不同的作用。开始，当外加磁场比较弱时，可以观察到各磁畴边界的移动，结果发现：磁矩 p_m 的方向与磁场强度 H 成较小角度的磁畴的体积逐渐增大，而磁矩 p_m 与外磁场成较大角度的磁畴的体积逐渐缩小，如图 16-6(b)所示。随着外磁场的增大，这种过程不断地进行下去，直到角度较小的磁畴整个地把角度较大的磁畴吞并掉为止，如图 16-6(c)所示，继而发生各磁畴的磁矩向外磁场方向的转动。在这种情况下，单个磁畴范围内的各电子磁矩将同时转向而不影响它们之间的严格平行性，如图 16-6(d)所示。这时，铁磁质就显示出宏观的磁性。当所有磁畴的磁矩都按外磁场方向排列时，铁磁质的磁化就达到饱和，如图 16-6(e)所示。

磁畴理论能解释剩磁、磁滞和磁滞损耗等现象。实践证明，固体并不是理想的完整结构，在晶体中往往存在着各种缺陷，这些缺陷阻碍了磁畴壁的运动，使磁畴的运动成为一个不可逆的过程。因此，当外磁场逐渐减小时，铁磁质里的缺陷和内应力就阻碍磁畴恢复到原来的状态，使 B 随 H 的变化不能简单地按原来曲线返回，这是产生磁滞现象的主要原因。甚至在外磁场停止作用，即 $H=0$ 时，铁磁质中各磁畴的某种排列还被部分地保留下来，这使物质保留部分磁性，这就是所谓剩磁现象。另外，当铁磁质反复磁化时，磁畴壁在运动中不断地受到缺陷和杂质的阻碍，消耗掉一部分能量，使铁磁质发热，这就是磁滞损耗。

磁畴理论还能解释在高温或强烈震动时的去磁作用。在高温下，由于铁磁质中分子的剧烈热运动可瓦解磁畴内电子自旋磁矩的有规则排列，从而破坏了磁畴。居里发现，对于任何铁磁质，都存在一个临界温度。高于这一温度时，磁畴完全解体，从而失去铁磁性质，铁磁质变为顺磁质。这一温度叫做居里点。对于铁，它等于 768℃，对于镍，它等于 365℃。

现在，磁畴的存在已被实验证实，用铁粉撒在抛光去过的铁磁质的表面上，在电子显微镜中就能观察到磁畴的结构图形。图 16-7 就是显示磁畴结构的铁粉图形。实验检测到，磁畴线度的数量级为 $1\sim10\mu m$，体积约 $10^{-8}m^3$，其形状十分复杂。

图 16-7　显示磁畴结构的铁粉图形

----

① 这种力称为交换力。按照量子力学理论，电子之间存在着一种交换作用，它使电子自旋磁矩在平行排列时能量更低。交换作用是一种量子效应。

本章摘要

1. 磁介质的分类：

   顺磁质：被磁场吸引，B 与 B' 同向 ⎫
   抗磁质：被磁场排斥，B_0 与 B' 反向 ⎬ 弱磁性物质；
   铁磁质：强磁性物质。 ⎭

2. 磁介质在外磁场作用下能够获得磁矩的现象称为磁介质的磁化，其合磁场为

$$B = B_0 + B'$$

   其中 B_0 为外磁场，B' 为磁化后的附加磁场。

3. 磁化强度 M：描述磁介质的磁化程度

$$M = \frac{\sum p_m}{\Delta V}$$

   式中 $\sum p_m$ 为体积元 ΔV 内分子磁矩的矢量和。

4. 磁场强度 H：

   H 是一个辅助量，与电介质中的电位移矢量 D 相似。

   在磁介质中的安培环路定理：$\oint_L H \cdot dl = \sum_{(L内)} I_0$，式中 $\sum_{(L内)} I$ 为环路所包围的传导电流代数和。

5. 三个磁矢量的关系：

   $H = \dfrac{B}{\mu_0} - M$，　$M = \chi_m H$，　χ_m 为磁化率

   相对磁导率（或磁导率）：$\mu = 1 + \chi_m$。

   磁介质中任意点处的 B 和 H 的关系式为：$B = \mu_0 \mu H$。

   对于真空中的磁场：$B = \mu_0 H$。

6. 相对磁导率：

   顺磁质的相对磁导率 $\mu > 1$，抗磁质的相对磁导率 $\mu < 1$，它们的 B 和 H 成正比关系。

   铁磁质的相对磁导率 $\mu \gg 1$，且不是常数，B 和 H 不是简单的正比关系，而是比较复杂的函数关系。

7. 磁畴理论——铁磁性的现代理论。

   软磁材料——矫顽力 H_c 小，

   硬磁材料——矫顽力 H_c 大。

思考题

16-1 试分析下列说法是否正确？

(1)安培环路定理 $\oint_L \boldsymbol{H} \cdot \mathrm{d}\boldsymbol{l} = \sum I_内$ 表明：若闭合回路 L 内没有传导电流，则回路 L 上各点的 $\boldsymbol{H}$ 必为零；

(2)$\boldsymbol{H}$ 仅与传导电流有关；

(3)对于各向同性的非铁磁质，不论是抗磁质还是顺磁质，$\boldsymbol{B}$ 总与 $\boldsymbol{H}$ 同方向；

(4)对于所有磁介质而言，$\boldsymbol{H} = \dfrac{\boldsymbol{B}}{\mu_0\mu}$ 均成立。

16-2 试分别说明顺磁质和抗磁质在外磁场中产生磁化的微观原因和宏观表现。

16-3 把两种不同的磁介质放在磁铁的两个不同磁极之间，它们磁化后变成磁体，但磁极的位置不同，如图所示。试指出哪一种是顺磁质？哪一种是抗磁质？

16-4 试分析下列情况：

(1)磁铁为什么能吸引小铁钉之类未被磁化的铁制物体？

(2)钢铁厂搬运出炉的高温钢锭时，为什么不能用安全的电磁铁起重机搬运？

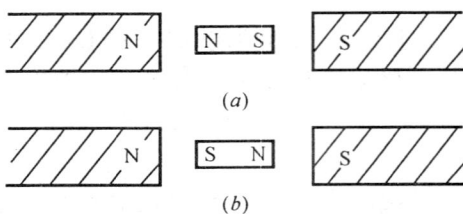

思考题 16-3 图

16-5 什么是矫顽力？软磁材料与硬磁材料的矫顽力各有什么特点？

16-6 为什么一块永久磁铁由高处掉到地板上时其磁性就可能会减弱？把一根铁条南北放置，敲它几下，就可能出现磁性，这又是什么道理？

16-7 如图所示是两种不同铁磁质的磁滞回线，问用哪一种来制造永久磁铁较合适？用哪一种来制造便于产生变化磁场的电磁铁较合适？

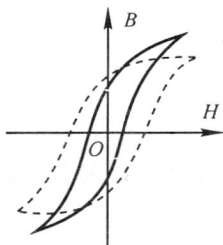

思考题 16-7 图

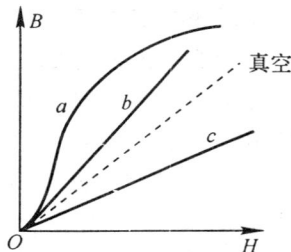

思考题 16-9 图

16-8 一种介质可否既是电介质又是磁介质？

16-9 如图所示，三条实线分别表示不同磁介质的磁化曲线，虚线表示在真空中的 $B\text{-}H$ 关系，试指出哪一条是表示顺磁质的？哪一条是表示抗磁质的？哪一条是表示铁磁质的？

习 题

16-1 地球的地磁矩为 $6.4 \times 10^{21} A \cdot m^2$,如果用一绕地球赤道的单匝线圈来产生如此大的磁矩,则:

(1)该线圈中需通多大的电流?

(2)此装置产生的磁场能否正好抵消地面上空各点的地磁场?

(3)能否抵消地球表面处的地磁场?

16-2 一根相对磁导率为 μ_1 的无限长直圆柱形铜导线的半径为 R_1,其上均匀地通过电流 I。铜导线外包一层相对磁导率为 μ_2 的圆筒形不导电的磁介质,如图所示。试求:

(1)磁介质内、外的磁场强度 H 和磁感应强度 B 的分布;

(2)外层磁介质外表面上的面束缚电流密度。

16-3 有一铁环,平均周长为 0.3m,截面积为 $1.0 \times 10^{-4} m^2$,其上均匀绕有 300 匝线圈。当每匝线圈内通过的电流为 0.032A 时,铁环内的磁通量为 $2.0 \times 10^{-6} Wb$,试求:

(1)铁环内的磁场强度和磁化强度;

(2)面束缚电流密度;

(3)铁环的相对磁导率。

16-4 一个通电的空芯长直螺线管内部的磁感应强度为 $6.5 \times 10^{-4} T$,当插入铁芯后,其内部的磁感应强度变为 1.4T,试求铁芯内部的磁场强度和相对磁导率。

16-5 一个铁原子的磁矩为 $1.8 \times 10^{-23} A \cdot m^2$。设一根铁棒长为 0.05m,截面积为 $1.0 \times 10^{-4} m^2$。当其磁化后,铁棒中所有铁原子的磁矩都整齐排列,此时其总磁矩为 $7.57 A \cdot m^2$,试求:

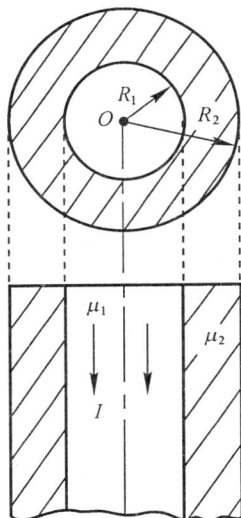

习题 16-2 图

(1)铁棒中的磁化强度;

(2)若要这根铁棒在 $B_0 = 1.5T$ 的均匀外磁场中转到与磁场正交的位置,需要多大的转动力矩?

16-6 有一根均匀磁化的铁棒,其矫顽力 $H_c = 4.0 \times 10^3 A \cdot m^{-1}$,现将它放入长为 0.12m、绕有 60 匝线圈的长直螺线管中退磁,问线圈中至少需通以多大的电流?

16-7 退火纯铁的起始磁化曲线如图所示。一长直螺线管用这种纯铁做芯,在该长直螺线管上的导线中通入 6.0A 的电流时,管内产生 1.2T 的磁场。如果抽出铁芯,要使管内产生同样的磁场,需要在导线中通入多大的电流?

16-8 一个闭合的铁环平均周长为 0.45m,其上均匀密绕着 300 匝线圈。如果需要在该铁环内产生 0.9T 的磁感应强度。试求下列两种情况下线圈上需通过的电流:

(1)铁环材料为铸铁;

(2)铁环材料为硅钢片。

(已知铸铁在 $B = 0.9T$ 时,$H_1 = 0.9 \times 10^4 A \cdot m^{-1}$;硅钢片在 $B = 0.9T$ 时,$H_2 = 2.6 \times 10^2 \cdot m^{-1}$)

16-9 铁氧体的磁滞回线接近矩形,如图 (a) 所示,铁氧体

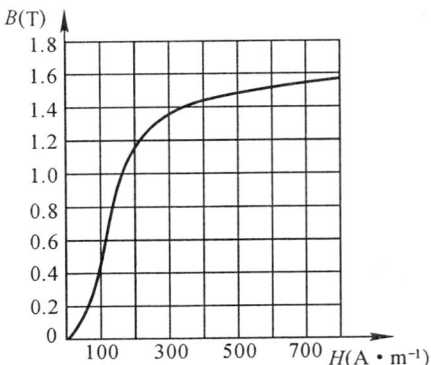

习题 16-7 图

这种特性常被用来制造电子计算机存储元件的环形磁芯。这种环形磁芯外直径为 8×10^{-4}m，内直径为 5×10^{-4}m，高为 3×10^{-4}m，其矫顽力 $H_c=\dfrac{500}{\pi}$A·m^{-1}，如图 (b) 所示。假设磁芯已被磁化，现在其中心轴处通过线性电流 I 产生反向磁场,当反向磁场一旦超过矫顽力,其磁化方向就会反转。试求:

(1)当 I 多大时,磁芯中磁化方向开始反转?

(2)要使磁芯中从内到外的磁化方向全部反转,则 I 至少为多大?

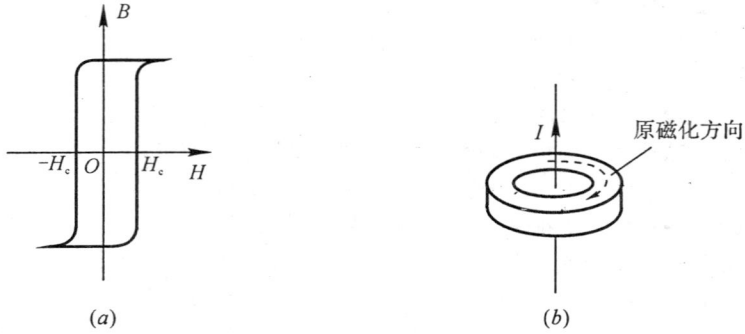

习题 16-9 图

第 17 章

电磁感应

电磁感应就是磁产生电的效应,是电磁学中最重大的发现之一,它从另一方面揭示了电与磁之间的密切联系。电磁感应的发现不仅推动了电磁学理论的发展,而且在当代电工和电子学技术领域得到广泛的应用。

17-1　法拉第实验

自 1819 年奥斯特发现电流能够产生磁场之后,法拉第(M.Faraday)开始潜心研究磁作用产生的电流效应。

在早期的实验研究中,法拉第因发现恒定电流对附近的线圈并不产生影响而感到迷惑,尽管如此,他的实验研究工作一直没有停下来。其中一个实验的装置是这样的:两个线圈靠得很近,其中一个线圈和电流计一起形成一个回路,另一个线圈和电池联接并通上电流,结果电流计的指针不发生偏转,即线圈中没有电流产生,这使法拉第感到十分失望。但是,就在 1831 年法拉第重复做这一实验时,一次偶然的机会,他发现电流在接通或断开时,电流计指针有一轻微的摆动,这使他立刻意识到线圈中的电流不是由恒定电流感生的,而是由变化的电流感生的,进而他从这些电磁感应现象中总结出电磁感应定律。

下面,我们通过法拉第的实验来说明什么是电磁感应现象,产生电磁感应的条件是什么。

1. 磁铁与线圈的相对运动

图 17-1(a)表示一个线圈 H_1 的两端连接在电流计上,由于没有电源,电流计指针不会

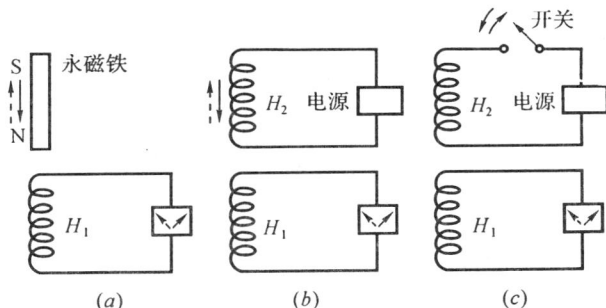

图 17-1　电磁感应现象的实验

发生偏转。但如果我们把条形磁铁插入线圈,在磁铁插入的过程中,电流计指针就发生偏转,这表明线圈中有电流产生,如果磁铁和线圈保持相对静止,电流计指针就不偏转。如果把磁

铁从线圈内抽出,电流计指针又发生偏转,但偏转方向与插入磁铁时相反,这表明电流的方向与前面相反。

在实验中,磁铁插入或抽出的速度越快,电流计指针偏转的角度越大,这表明产生的电流越大。

2. 线圈与线圈的相对运动

如图 17-1(b)所示,用另一个与电源相连接的线圈 H_2 来代替条形磁铁重复上面的实验,可以发现:在线圈 H_2 移近或离开线圈的过程中,线圈 H_1 中有电流流过;相对运动的速度越快,产生的电流越大;在线圈移近或离开两种情况下,电流方向相反。

上述两个实验中产生电流的起因究竟是由于它们和线圈间的相对运动,还是由于在线圈 H_1 处的磁场发生变化呢?为搞清这个问题,我们继续观察下面一个实验。

3. 两线圈相对静止,一线圈中的电流变化

如图 17-1(c)所示。通电线圈 H_2 和线圈 H_1 靠近,但彼此保持相对静止。在线圈 H_2 的电路中连接一只开关,当开关接通或断开的瞬间,亦即当线圈 H_2 中的电流发生变化时,电流计的指针就发生短暂的偏转。在开关接通和断开两种情况,线圈 H_1 中的电流方向是相反的;但在开关保持接通或断开状态时,线圈 H_1 中并没有电流产生。

实验表明,线圈 H_2 和线圈 H_1 之间并没有相对运动。它和前面两个实验有一个共同点,那就是线圈 H_1 处的磁场都发生了变化。只不过前者是通过相对运动使线圈 H_1 处的磁场变化,而这个实验是通过线圈 H_2 中的电流变化使磁场发生的变化。于是我们认识到,只要使线圈 H_1 处的磁场变化,H_1 中就会产生电流,但这样的认识是否很全面呢?

4. 导线在均匀磁场中作切割磁感线的运动

如图 17-2 所示。导线框 abcd 放在均匀稳定的磁场中。当导线 ab 朝右边运动时,电流计指针发生偏转,即线框中产生电流。导线 ab 滑得愈快,电流计指针偏转的角度愈大,即线框中的电流愈大;导线 ab 朝反方向运动,电流的方向也相反。

在这个实验里,当导线 ab 滑动时,线框所在处的磁场并没有发生变化,只是线框的面积发生了变化,结果同样产生了电流。由此可见,把电流的起因完全归结为磁场的变化,是不全面的。

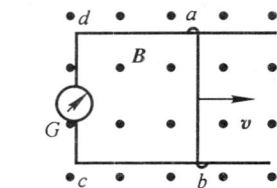

图 17-2　导线作切割磁感线运动

上面实验中所出现的电流,都叫做感应电流。从引起的效果来看,磁场的变化和线框面积的变化都导致线圈或线框中的磁通量 Φ_B 发生变化。

从以上四个实验中,我们可以得到结论:当穿过闭合回路的磁通量发生变化时,回路中就产生感应电流。这就是产生感应电流的条件。

闭合回路中有感应电流产生时,就意味着回路中有电动势存在。这种由于磁通量变化而引起的电动势叫做感应电动势。感应电动势比感应电流更能反映电磁感应现象的本质。实际上,当回路不闭合的时候,也会发生电磁感应现象,这时并没有感应电流,但感应电动势却依然存在。另外,感应电流的大小是随着回路中电阻的变化而改变的,而感应电动势的大小

则不随回路中电阻的变化而改变。因此,对于电磁感应现象可以理解为:当穿过导体回路的磁通量发生变化时,回路中就产生感应电动势。

17-2　法拉第定律与楞次定律

法拉第在他上述的实验中敏锐地察觉到线框的磁通量 Φ_B 的变化是产生感应电动势的起因,而且穿过导线回路的磁通量变化得越快,感应电动势越大;在不同的条件下,感应电动势的方向也不同。法拉第经过十年的努力,在大量精确实验的基础上得出结论:导体回路中的感应电动势 $\mathscr{E}$ 等于通过回路的磁通量随时间的变化率的负值。如果磁通量的变化率用韦伯/秒(Wb/s)为单位,则感应电动势的单位为伏[特](V),用公式表示为

$$\mathscr{E} = -\frac{\mathrm{d}\Phi_B}{\mathrm{d}t} \tag{17-1}$$

(17-1)式得出的结论,实现了法拉第"把磁变成电"的愿望,并仿照静电感应的含义把这种现象称为电磁感应,人们通常把它称为法拉第电磁感应定律,简称为法拉第定律。

如果回路不是单匝线框而是多匝线圈,且假定每一匝中通过的磁通量 Φ_B 相同,则每一匝线圈都要产生相同的感应电动势,由于匝与匝之间是互相串联的,故整个线圈的总电动势就等于各匝所产生的电动势之和,即

$$\mathscr{E} = -N\frac{\mathrm{d}\Phi_B}{\mathrm{d}t} = -\frac{\mathrm{d}(N\Phi_B)}{\mathrm{d}t} = -\frac{\mathrm{d}\Psi}{\mathrm{d}t} \tag{17-2}$$

式中 $\Psi = N\Phi_B$ 叫做磁通匝链数。

到现在为止,我们还没有说明感应电动势的方向。下面我们用楞次定律来确定感应电动势的方向。这一定律是楞次(H. F. Lenz)于1834年在大量实验基础上推断出来的。楞次定律的内容是:

闭合回路中感应电流的方向,总是使感应电流所产生的通过回路面积的磁通量,去反抗引起感应电流的磁通量的变化。

法拉第定律中的负号就表示这个"反抗"的意思。

楞次定律只适用于闭合回路。如果回路不闭合,通常我们可以把它设想为闭合回路,并考虑这时产生感应电流的方向,然后据此求出感应电动势的方向。

用楞次定律来判断感应电流方向的步骤为:首先判明穿过闭合回路的磁通量沿什么方向,发生什么变化(增加还是减少);然后根据楞次定律确定感应电流产生的磁场沿何方向(与原来磁场同向还是反向);最后由右手定则从感应电流产生的磁场方向确定感应电流的方向。

现在我们来讨论17-1节中法拉第的第一个实验。图17-3表示把磁铁的N极推向线圈时,通过线圈的磁通量增加。按照楞次定律,感应电流产生的磁场要反抗这种增加,因而其方向必须从左到右穿过该线圈平面。根据右手螺旋定则可确定出感应电流在线圈中沿逆时针方向,于

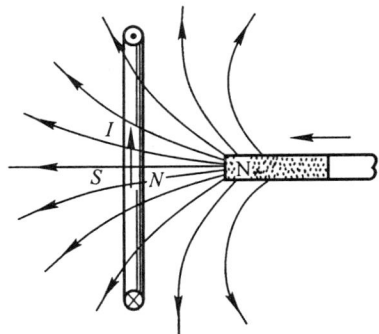

图 17-3　感应电流的方向

是线圈中感应电动势的方向也就确定了。

用楞次定律来确定感应电流的方向是符合能量守恒定律的。我们知道,感应电流在闭合回路中流动时将释放出焦耳热,显然这些热能只能从其他形式的能量转化而来。在上述例子中,当磁铁被推向线圈时,总要受到一个感应电流产生的反抗力,后者将阻止磁铁的运动,因此外力必须做功。这个功正好等于线圈中所消耗的焦耳热。因为只有外力做功,才能在线圈中维持感应电流,而由于感应电流的流动,线圈中就会产生焦耳热。这足以证明焦耳热的来源是外力所作的功。如果我们使线圈回路断开,再作这个实验,回路中就没有感应电流,不会产生焦耳热,磁铁上也没有受到反抗力,因而使磁铁运动就无须做功。但是,回路中仍然有感应电动势,只不过不产生感应电流。

对于一个电阻为 R 的闭合回路,感应电流为

$$I = -\frac{1}{R}\frac{\mathrm{d}\Phi_B}{\mathrm{d}t} \tag{17-3}$$

式中的负号就是楞次定律的数学表述。

例1 一圆形线圈半径为 $R=0.1\mathrm{m}$,线圈内均匀磁场 B 的方向垂直纸面向里,其大小为 $B=6-1.5t$(SI)。求线圈中的感应电动势。

解 如图 17-4 所示。对于均匀磁场

$$\Phi_B = BS = (6-1.5t)\pi R^2$$

$$\mathscr{E} = -\frac{\mathrm{d}\Phi_B}{\mathrm{d}t} = 1.5\pi R^2$$

$$= 1.5 \times 3.14 \times (0.1)^2 = 4.7 \times 10^{-2}(\mathrm{V})$$

由于磁通量是减小的,所以由楞次定律可知,感应电动势的方向是沿顺时针方向的。

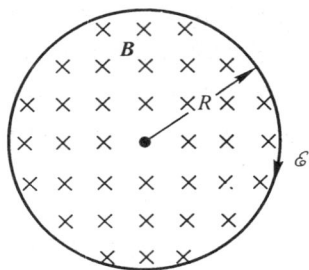

图 17-4　线圈中的感应电动势

例2 一铁芯上绕有 $N=50$ 匝的线圈,铁芯中每一匝线圈产生的磁通量为 $\Phi_B = 4\times10^{-5}\cos100\pi t$(SI),求任意时刻的感应电动势。

解 由法拉第定律有

$$\mathscr{E} = -N\frac{\mathrm{d}\Phi_B}{\mathrm{d}t} = 50 \times 4 \times 10^{-5} \times 100\pi\sin\pi t = 0.2\pi\sin100\pi t(\mathrm{SI})$$

可以看出:$\mathscr{E}$ 的大小、方向是随时间按正弦规律变化的。

17-3　动生电动势

法拉第定律告诉我们,当穿过回路的磁通量 Φ_B 发生变化时,回路中就产生感应电动势。按照引起磁通量变化原因的不同,感应电动势可以分为两种:一种是在恒定磁场中运动的导体中产生的感应电动势,通常在习惯上称为动生电动势;另一种是导体不动,由磁场变化产生的感应电动势,称为感生电动势。

我们先讨论动生电动势。如图 17-5 所示,长度为 l 的导线 ab 在均匀磁场 B 中以速度 v 向右运动时,导线 ab 中的自由电子也以速度 v 向右运动。结果,每一个自由电子都将受到洛伦兹力:

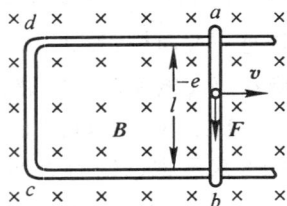

图 17-5　动生电动势

$$F = -e(v \times B) \tag{17-4}$$

式中 $-e$ 为电子的电量，F 的方向由 a 指向 b。在洛伦兹力作用下，自由电子将沿 ab 方向运动，即电流是沿 $adcb$ 方向的。若导线 ab 不与线框相联接，则洛伦兹力使自由电子聚集在 b 端，使 b 端带负电、a 端带正电，导线 ab 可看成一个电源。

作用在电子上的洛伦兹力是一种非静电力，这个力的作用等效于一个场强为

$$E_K = \frac{F}{-e} = (\boldsymbol{v} \times \boldsymbol{B})$$

的电场对电子的作用。这个电场称为非静电性电场，相应地 E_K 为非静电性场强。根据前述的电动势的定义，非静电性场强 E_K 沿回路的环流就是回路中的动生电动势之值：

$$\mathscr{E} = \oint E_K \cdot \mathrm{d}l = \int_b^a E_K \cdot \mathrm{d}l = \int_b^a (\boldsymbol{v} \times \boldsymbol{B}) \cdot \mathrm{d}l \tag{17-5}$$

式中 E_K 只有在导线 ab 上才不为零，在回路的其他导线上均为零。

从以上讨论可以看出：动生电动势只存在于运动的这一段导线上；不动的导线上没有电动势，它只是提供电流流动的通路。如果仅仅有一段导线在磁场中运动，而没有回路，则该段导线中没有感应电流，但仍可能有动生电动势。至于运动导线在什么情况下才有电动势，关键是看导线在磁场中是如何运动的。若导线沿切割磁感线的方向运动，就会产生动生电动势。

动生电动势的方向可由楞次定律判断。上例中 $\mathscr{E}$ 的方向是从 b 指向 a。由于运动导线相当于一个电源，而在电源内部，电动势的方向是由低电势指向高电势的，因此 a 点的电势比 b 点高。

在推导动生电动势的公式 (17-5) 的讨论中，非静电力是洛伦兹力，因此根据电动势的定义，动生电动势是由洛伦兹力做功引起的。这一结果表面上看与以前陈述的洛伦兹力不可能对电荷做功的结论有矛盾，其实并不矛盾。因为 (17-4) 式中出现的力并不是作用于电子上的总洛伦兹力，而只是总洛伦兹力中由速度 $\boldsymbol{v}$ 引起的平行于导线方向的一个分力 $F_{/\!/}$，在这个分力的作用下，电子将以速度 u 沿导线运动，因此就产生一个垂直于导线的洛伦兹分力 $F_\perp$。如图 17-6 所示，

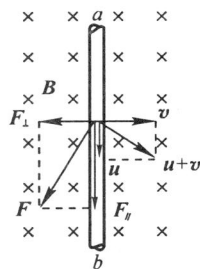

图 17-6 总洛伦兹力不做功

$$F_\perp = -e(\boldsymbol{u} \times \boldsymbol{B})$$

由于 $F_\perp$ 垂直于导线，故它对 E_K 的环流量无贡献。

于是，作用于电子的总洛伦兹力为

$$F = F_{/\!/} + F_\perp = -e(\boldsymbol{u} + \boldsymbol{v}) \times \boldsymbol{B}$$

它与电子的合成速度 $u+v$ 垂直，故总的洛伦兹力 F 对电子不做功。但 F 的一个平行于导线的分力 $F_{/\!/}$ 对电子作正功，形成动生电动势；而另一个垂直导线的分力 $F_\perp$ 因方向与 v 相反，故它阻碍导体运动作负功。可以证明，两个分力所做的功的代数和为零。可见，总洛伦兹力的作用并不提供能量，而只是传递能量，因此为了能使运动导线以速度 v 运动，需要在其上加一个外力，它克服洛伦兹力的一个分力 $F_\perp$ 所作的功通过另一个力 $F_{/\!/}$ 转化为感应电流所释放的能量（焦耳热）。

例 3 一根长为 L 的铜棒在垂直于均匀磁场 B 的平面内以一端点 O 为圆心，以角速度 ω 旋转，如图

17-7 所示。求铜棒两端之间产生的感应电动势。

解 因铜棒旋转时棒上各点线速度不一样,故必须积分。在棒上任取一线元 $\mathrm{d}l$,它离 O 点距离为 l。当线元 $\mathrm{d}l$ 以速度 $\boldsymbol{v}$ 运动,而 $\boldsymbol{v}$ 与 $\boldsymbol{B}$ 垂直时,$\mathrm{d}l$ 上产生的动生电动势为

$$\mathrm{d}\mathscr{E} = (\boldsymbol{v} \times \boldsymbol{B}) \cdot \mathrm{d}\boldsymbol{l} = Bv\mathrm{d}l$$

由于每一线元 $\mathrm{d}l$ 的线速度 $v = \omega l$,而且均与 $\boldsymbol{B}$ 垂直,所以整根铜棒的感应电动势为

$$\mathscr{E}_{Oa} = \int \mathrm{d}\mathscr{E} = \int_0^L Bv\mathrm{d}l = \int_0^L B\omega l\mathrm{d}l = \frac{1}{2}B\omega L^2$$

因 $\mathscr{E}_{Oa} > 0$,所以铜棒电动势的方向从 O 指向 a。

例 4 三角形金属框 ABC 放在均匀磁场 B 中,B 平行于边 AC。当金属框绕 AC 边以角速度 ω 转动时(图 17-8),求各边的感应电动势和回路的总感应电动势。

解 由动生电动势公式得

$$\mathscr{E}_{AB} = \int_A^B (\boldsymbol{v} \times \boldsymbol{B}) \cdot \mathrm{d}\boldsymbol{l}$$

$$= \int_0^a Bv\mathrm{d}l = \int_0^a B\omega l\mathrm{d}l = \frac{1}{2}\omega Ba^2$$

$$\mathscr{E}_{CB} = \int_C^B (\boldsymbol{v} \times \boldsymbol{B}) \cdot \mathrm{d}\boldsymbol{l} = \int_0^b vB\cos\left(\frac{\pi}{2} - \alpha\right)\mathrm{d}l$$

$$= \int_0^b \omega B\sin^2\alpha l\mathrm{d}l = \omega B\sin^2\alpha \frac{1}{2}b^2 = \frac{1}{2}\omega Ba^2$$

$$\mathscr{E}_{AC} = 0$$

各段感应电动势的方向如图 17-8 所示。

回路的总感应电动势为

$$\mathscr{E}_{总} = \mathscr{E}_{AB} + \mathscr{E}_{BC} + \mathscr{E}_{CA} = \mathscr{E}_{AB} - \mathscr{E}_{CB} - \mathscr{E}_{AC} = 0$$

可见,三角形线框的感应电动势为各边感应电动势的代数和,求和时应注意各边电动势的方向。

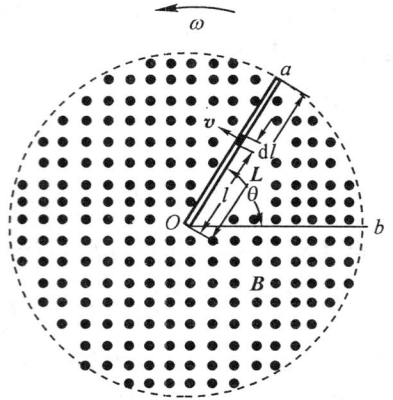

图 17-7 例 3 图

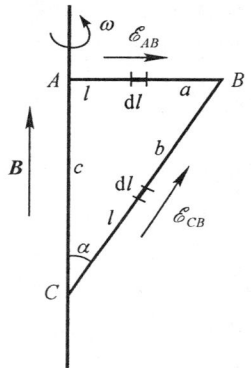

图 17-8 例 4 图

17-4 发电机和电动机的原理

交流发电机是根据电磁感应原理制成的,它是动生电动势的典型例子。图 17-9 是交流发电机的原理示意图。图 17-9(a)中 $abcd$ 是单匝矩形线圈,可以绕固定轴 OO' 在均匀磁场中转动,B 的方向与 OO' 轴垂直。线圈的两个引线端 1 和 2 接在两个与线圈一起转动的铜环上,铜环通过两个带有弹性的金属触头与外电路接通。当线圈在汽轮机或水轮机的带动下,在均匀磁场中转动时,线圈的 ab 边和 cd 边切割磁感线,在线圈中就产生感应电动势。如果外电路是闭合的,则在线圈和外电路组成的闭合回路中就出现感应电流。

在线圈的转动过程中,感应电动势的大小和方向都在不断变化。下面我们用(17-5)式来计算感应电动势。设线圈的 ab 和 cd 边长均为 l_1,bc 和 da 边长均为 l_2,线圈面积为 $S = l_1 l_2$。在某一时刻,线圈处于如图 17-9(b)所示的位置,线圈平面法线 n 的方向与磁感应强度 B 的方向的夹角为 θ。于是,在 ab 边中产生的感应电动势为

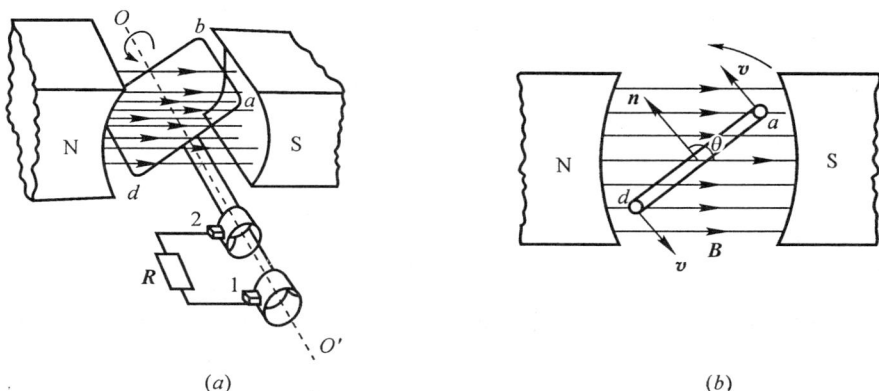

图 17-9 交流发电机原理

$$\mathscr{E}_{ab} = \int_a^b (\boldsymbol{v} \times \boldsymbol{B}) \cdot \mathrm{d}\boldsymbol{l} = \int_a^b vB\sin\theta \mathrm{d}l = vBl_1\sin\theta$$

同理,在 cd 边中产生的感应电动势为

$$\mathscr{E}_{cd} = \int_c^d (\boldsymbol{v} \times \boldsymbol{B}) \cdot \mathrm{d}\boldsymbol{l} = \int_c^d vB\sin(\pi - \theta)\mathrm{d}l = vBl_1\sin\theta$$

由于在线圈回路中,这两个电动势方向相同,而 bc 和 da 边又不产生感应电动势,所以整个回路中的感应电动势为

$$\mathscr{E} = \mathscr{E}_{ab} + \mathscr{E}_{cd} = 2vBl_1\sin\theta$$

设线圈转动的角速度为 ω,并设 $t=0$ 时,$\theta=0°$,则得

$$\theta = \omega t, \qquad v = \frac{l_2}{2}\omega$$

代入上式得

$$\mathscr{E} = 2\frac{l_2}{2}\omega Bl_1\sin\omega t = BS\omega\sin\omega t = \mathscr{E}_0\sin\omega t$$

式中 $\mathscr{E}_0 = BS\omega$ 表示线圈中最大感应电动势的量值。

这一结果也可以用法拉第定律分析。当线圈处于图 17-9(b) 的位置时,通过线圈的磁通量为

$$\Phi_B = \boldsymbol{B} \cdot \boldsymbol{S} = BS\cos\theta$$

于是有

$$\mathscr{E} = -\frac{\mathrm{d}\Phi_B}{\mathrm{d}t} = BS\omega\sin\omega t = \mathscr{E}_0\sin\omega t$$

可见,两种方法所得结果相同。

从上述结果可以看出,感应电动势随时间按余弦曲线变化,这种电动势叫做交变电动势,简称交流电。交变电动势的大小和方向都是不断地变化的,当线圈转动一周时,电动势的大小和方向又恢复原状,即电动势做了一次完全的变化。电动势做一次完全变化所需的时间,叫做交流电的周期,用符号 T 表示。1s 内电动势所作完全变化的次数,叫做交流电的频率,我国所用的交流电频率为 50Hz。周期和频率的关系为

$$T = \frac{2\pi}{\omega} = \frac{1}{\nu}$$

当线圈中产生感应电流时,线圈在磁场中要受到磁力的作用,产生的磁力矩的方向在阻碍线圈转动的方向。因此,为了继续发电,外界要对线圈做功,这在工程上一般是通过动力机(汽轮机、水轮机)来实现的。所以,从能量的观点来看,发电机就是利用电磁感应把机械能转化为电能的装置。

在工程上,实际的交流发电机的线圈是固定的(即定子),且线圈分布于圆周上,磁场在转动。这个磁场是由通电的电磁铁(即转子)产生的。由于大型发电机产生的电压较高,电流很大,因此线圈中产生的焦耳热也很大,为了散热,发电机必须做得很大。为了解决这个难题,浙江大学的电机专家在 1958 年发明了用冷水通过线圈导线内部来使之冷却的发电机——双水内冷发电机,从而把发电机的制造技术大大向前推进了一大步。

如果先对磁场中的线圈通以电流,则线圈将在磁力矩 $M = p_m \times B$ 的作用下发生转动,这就是电动机的原理。但线圈一旦转动起来,由于线圈中磁通量的变化会产生一个与通电电流方向相反的感应电动势,从而消耗电能,因此电动机是把电能转换成机械能的装置。

由以上分析可见,发电机与电动机的结构实际上是一样的,它们都是一种能量转换装置,区别在于使用目的不同。

17-5 感生电动势

现在我们来研究电磁感应的另一种情况:导体回路并不运动,但由于磁场变化使通过回路的磁通量发生变化,因而在回路中产生感生电动势。那么,产生感生电动势的非静电力是什么呢?它似乎既不与导体中的化学过程有关,也不与热过程有关,同样它也不可能是磁力,因为磁力对运动的电荷是不做功的。麦克斯韦在分析了一些电磁现象之后,敏锐地指出,即使不存在导体回路,变化的磁场也会在其周围激发一种电场——感应电场。由于这种电场的电场线是闭合的,象涡旋一样,所以为了与静电场区别,又把这种电场称为涡旋电场,用 $E_旋$ 表示。产生感生电动势的非静电力正是来源于涡旋电场对电荷的作用力。也就是说,是感生电动势引起感生电流。如果有导体回路,涡旋电场对电荷的作用力将导致导体回路中出现感应电流;如果无导体回路,涡旋电场照样存在。换句话说,变化磁场周围存在的感应电场与空间有无导体无关。由于涡旋电场的存在已为许多实验事实所证实,于是麦克斯韦就把原来对导体回路而言的法拉第定律推广到对空间任意闭合回路都是适用的。

按照麦克斯韦的思想,涡旋电场 $E_旋$ 与静止电荷所产生的静电场 E 的共同点就是对电荷有作用力,但它们之间也有着本质的区别:静电场是由电荷激发的,是保守力场,即有势场;而涡旋电场是由变化的磁场激发的,其电场线是闭合的,因而是非保守力场。

根据法拉第定律,对空间任意闭合回路 L,有

$$\mathscr{E} = -\frac{d\Phi_B}{dt} \tag{17-7}$$

由电动势的定义,闭合回路 L 中的感生电动势为

$$\mathscr{E} = \oint_L E_旋 \cdot dl \tag{17-8}$$

如果把(17-7)式和(17-8)式合并,得

$$\oint_L \boldsymbol{E}_旋 \cdot \mathrm{d}\boldsymbol{l} = -\frac{\mathrm{d}\Phi_B}{\mathrm{d}t} \qquad (17\text{-}9)$$

(17-9)式是电磁学的基本方程之一。

例5 在半径为 $R=0.10\mathrm{m}$ 的圆柱形空间内有一垂直纸面向里的均匀磁场 $\boldsymbol{B}$,$\boldsymbol{B}$ 随时间以 $\frac{\mathrm{d}B}{\mathrm{d}t}=0.10\mathrm{T/s}$ 的速率增加,求空间各处涡旋电场的场强 $\boldsymbol{E}_旋$。

解 如图17-10所示,由对称性分析可知,涡旋电场的电场线是以 O 为圆心的同心圆,且为逆时针绕向。圆环上涡旋电场 $\boldsymbol{E}_旋$ 大小相等,方向沿圆环的切线方向且指向逆时针一边。现以 O 为圆心,r 为半径作一闭合回路。

(a)当 $r<R$ 时,通过这回路的磁通量 Φ_B 为

$$\Phi_B = B\pi r^2$$

由(17-9)式得

$$\oint_L \boldsymbol{E}_旋 \cdot \mathrm{d}\boldsymbol{l} = E_旋 \cdot 2\pi r = -\frac{\mathrm{d}\Phi_B}{\mathrm{d}t} = -\pi r^2 \frac{\mathrm{d}B}{\mathrm{d}t}$$

解得

$$E_旋 = -\frac{1}{2}r\frac{\mathrm{d}B}{\mathrm{d}t}$$

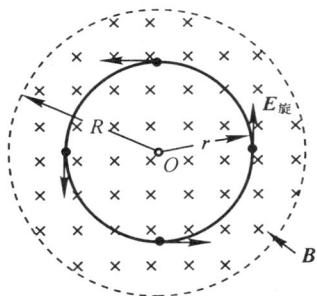

图17-10 在 $\frac{\mathrm{d}B}{\mathrm{d}t}>0$ 的均匀磁场中产生的涡旋电场

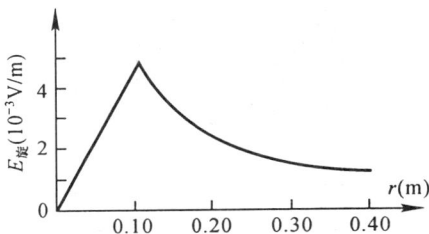

· 图17-11 $E_旋$ 与 r 的关系曲线

式中负号表明,涡旋电场 $E_旋$ 有反抗磁场变化的作用。注意 $E(r)$ 与 $\frac{\mathrm{d}B}{\mathrm{d}t}$ 有关而与 B 无关。假定 $r=0.05\mathrm{m}$,将题设有关数据代入上式,得 $E_旋$ 的大小为

$$E_旋 = \frac{1}{2}r\frac{\mathrm{d}B}{\mathrm{d}t} = \frac{1}{2} \times 0.05 \times 0.10 = 2.5 \times 10^{-3}(\mathrm{V/m})$$

(b)当 $r>R$ 时,通过该回路的磁通量为

$$\Phi_B = B\pi R^2$$

必须指出,这里被回路所包围的面积中,一部分面积(即 πR^2)在磁场范围以内,对磁通量是有贡献的;一部分面积在磁场范围以外,此时由于 $B=0$,所以对磁通量没有贡献。

同样,由(17-9)式得

$$\oint_L \boldsymbol{E}_旋 \cdot \mathrm{d}\boldsymbol{l} = E_旋 \cdot 2\pi r = -\frac{\mathrm{d}\Phi_B}{\mathrm{d}t} = -\pi R^2 \frac{\mathrm{d}B}{\mathrm{d}t}$$

解得

$$E_旋 = -\frac{1}{2}\frac{R^2}{r}\frac{\mathrm{d}B}{\mathrm{d}t}$$

假定 $r=0.15\text{m}$，代入数据后，得 $E_{旋}$ 的大小为

$$E_{旋} = \frac{1}{2}\frac{R^2}{r}\frac{\mathrm{d}B}{\mathrm{d}t} = \frac{1}{2}\times\frac{(0.1)^2}{0.15}\times 0.10 = 3.3\times 10^{-3}(\text{V/m})$$

对于 $r=R$，上述 $E(r)$ 的两个表达式应有同样的结果，这是意料之中的。图 17-11 是 $E_{旋}$ 与 r 的关系曲线。

图 17-12 表示可以应用法拉第定律的四个回路。这四个回路具有相同的形状和面积，但却处在不同的位置。回路 1 和回路 2 的感生电动势 $\mathscr{E}$ 相同，因为这两个回路都处在变化着的磁场之中，具有相同的面积，因而有相同的数值 $\dfrac{\mathrm{d}\Phi_B}{\mathrm{d}t}$。必须指出，虽然这两个回路的电动势 $\mathscr{E} = \displaystyle\oint_L \boldsymbol{E}_{旋}\cdot\mathrm{d}\boldsymbol{l}$ 相同，但是，正如电场线所表示的那样，两个回路周边上的电场 $\boldsymbol{E}_{旋}$ 的分布并不相同。回路 3 的感生电动势小些，因为这个回路的 Φ_B 与 $\dfrac{\mathrm{d}\Phi_B}{\mathrm{d}t}$ 都较小，回路 4 的感生电动势为零。

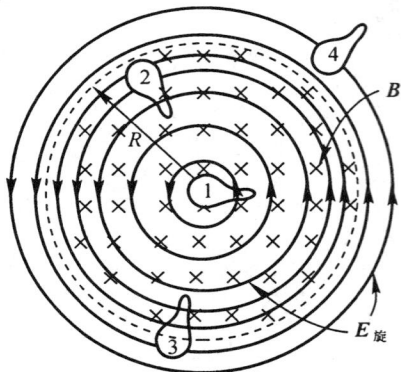

图 17-12 涡旋电场中的四个回路

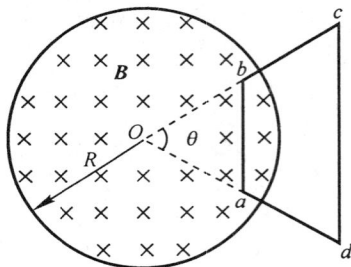

图 17-13 例 6 图

我们还要再次强调的是，由电磁感应过程建立的涡旋电场是一个非保守力场。电势这个概念对于电磁感应所产生的涡旋电场是毫无意义的，因为只有对保守力场才能定义电势的概念，因此在涡旋电场中计算电动势 $\mathscr{E} = \displaystyle\oint_L \boldsymbol{E}_{旋}\cdot\mathrm{d}\boldsymbol{l}$ 时，我们不能问在涡旋电场中哪一点电势高、哪一点电势低，因为电势在涡旋电场中无从谈起，只有在静电场中才能定义两点之间的电势差。

例 6 如图 17-13 所示。半径为 $R=0.10\text{m}$ 的圆柱形空间中有一均匀磁场 $\boldsymbol{B}$，方向垂直纸面向里。设磁场以 $\dfrac{\mathrm{d}B}{\mathrm{d}t}=1.0\text{T/s}$ 增加，已知 $\theta=\dfrac{\pi}{3}$，$\overline{Oa}=\overline{Ob}=0.04\text{m}$，求等腰梯形导线框 $abcd$ 内感生电动势的大小和方向？

解 由已知得

$$\mathscr{E} = -\frac{\mathrm{d}\Phi_B}{\mathrm{d}t} = -S\frac{\mathrm{d}B}{\mathrm{d}t}$$

$$S = S_{扇} - S_{\triangle Oab} = \frac{1}{2}R^2\theta - \frac{1}{2}(\overline{ab})^2\sin\frac{\pi}{3}$$

于是得

$$\mathscr{E} = -S\frac{\mathrm{d}B}{\mathrm{d}t} = -\left[\frac{1}{2}R^2\theta - \frac{1}{2}(\overline{ab})^2\sin\frac{\pi}{3}\right]\frac{\mathrm{d}B}{\mathrm{d}t}$$

$$= - \left[\frac{1}{2} \times (0.1)^2 \times \frac{\pi}{3} - \frac{1}{2} \times (0.04)^2 \times \frac{\sqrt{3}}{2} \right] \times 1.0 = - 4.54 \times 10^{-3}(V)$$

负号表示感生电动势反抗原来磁通量的变化,其方向为 $c \rightarrow b \rightarrow a \rightarrow d$,即沿逆时针方向。

17-6　涡电流

　　许多电磁设备中有大块密实的金属存在(如发电机和变压器中的铁芯),当这些金属块处于变化的磁场中或相对于磁场运动时,在它们的内部也会产生感应电流。如图 17-14 所示,在圆柱形的铁芯中绕有通有交变电流的线圈,这时铁芯就处在交变磁场中。铁芯可看成是由一系列半径不同的圆柱状薄壳组成,每层薄壳形成一个闭合回路。在交变磁场中,通过这些薄壳的磁通量都在不断变化,所以在每一层薄壳中将产生感应电动势,在薄壳的回路中产生感应电流。这些感应电流的流线呈闭合的涡旋状,因此这种感应电流称为涡电流,简称为涡流。由于大块金属的电阻很小,所以涡电流可以达到很大的强度。

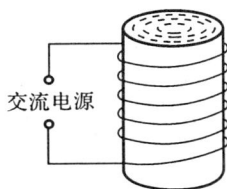

图 17-14　涡电流

图 17-15　高频感应炉原理

　　涡电流在金属内流动时,会释放出大量的焦耳热。涡流的这种热效应被利用来制成高频感应电炉来冶炼金属。高频感应电炉的结构原理如图 17-15 所示,坩埚外面绕有线圈。当线圈同大功率高频交变电源接通时,高频交变电流将在线圈内激发很强的高频交变磁场,这时放在坩埚内的待冶炼金属因电磁感应而产生涡流,进而释放出大量的焦耳热,结果就使金属块熔化。由于这种加热和冶炼方法的优点是无接触加热,因此在真空技术方面常利用这种方法加热被抽真空的仪器内的金属,去掉吸附在金属上的气体。例如在制造电子管时,常常应用感应加热的方法隔着玻壳使金属电极加热,温度升高,使电极上的气体放出,同时进行抽真空把玻壳内的气体排出电子管外。此外,由于这种加热方法是在金属内部各处同时加热,而不是把热量从外面传进去的,因此加热的效率很高。目前,高频感应电炉已广泛用于冶炼特种钢,冶炼难熔或活泼性较强的金属,以及生产半导体材料的工艺中。这里值得一提的是,浙江大学的电机专家曾在 20 世纪 70 年代研制出中频感应电炉,为国家作出了很大的贡献。

　　以上虽然列举了一些应用涡流热效应创造生产效益的例子,但在许多情况下,涡流所引起的发热是有害的。例如,变压器和电机的铁芯在交变磁场中会产生涡流发热,这不但损耗了大量的电能,而且因发热量很大,温度很高极易烧毁这些设备和破坏绝缘材料的绝缘性。为了减少涡流,通常采用片状且表面绝缘的硅钢片叠合起来代替整块铁芯,并使硅钢片平面与磁感线平行,如图 17-16(a)所示。这样,涡流就受到绝缘层的限制,只能在各自的薄片内流动,如图 17-16(b)所示。于是,因为电阻的增加,涡流大大减少,从而减少了电能的损耗。

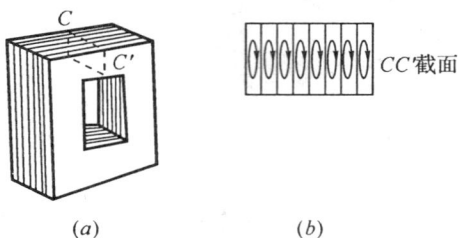

图 17-16　变压器铁芯中减少涡流的办法

图 17-17　电磁阻尼原理

涡流除产生热效应外,它产生的机械效应也在实际中有广泛的应用。例如,可用作电磁阻尼,其原理如图 17-17 所示,把一块扇形状的铝板悬挂在磁铁的两极之间,形成一个摆。当金属摆进入磁场时,由于穿过运动的摆的磁通量发生变化,金属摆内产生涡电流。根据楞次定律,涡流的作用总是尽可能强烈地反抗引起涡流的原因,因此铝板摆锤受到一个阻尼力的作用而迅速地停止下来。这种阻尼起源于电磁感应,称为电磁阻尼。这种装置的优点在于阻尼仅在铝板摆锤运动时才会发生,而当铝板摆锤静止时即消失,所以电磁阻尼仪器完全不会阻止系统准确地抵达平衡位置。在现今的许多电磁仪表中,为了使测量时指针的摆动能够迅速稳定下来,常常把仪表指针的轴接在铝板摆的转动轴上。指针一摆动,铝板摆内就产生涡电流,而由于电磁阻尼的作用,指针很快地就稳定在平衡位置上。

在直流电路中,均匀导线横截面上的电流密度是均匀的。但是在交流电路中,随着频率的增加,导线截面上的电流分布越来越向导线表面集中,这种现象叫做趋肤效应。

趋肤效应使导线的有效截面积减少了,从而使导线的等效电阻增加,所以在高频下导线的电阻会显著地随频率增加。为了减少趋肤效应,在频率不太高时,可将相互绝缘的细导线编织成辫线,以代替同样总截面积的实心导线。

产生趋肤效应的原因是由于在通有交变电流的导线中所产生的涡电流 I_1,其取向将削弱导线内部的电流而增强靠近表面处的电流,结果是交变电流沿横截面的分布不均匀,电流好像被挤到导线表面附近去了。如图 17-18 所示。

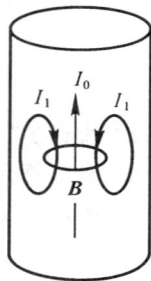

图 17-18　趋肤效应的原因——涡流

趋肤效应在工业上可用于金属表面淬火:用高频强电流通过一块金属,则由于趋肤效应,它的表面首先被加热,并迅速达到淬火的温度,而内部温度仍较低;这时马上使之冷却,金属表面就会变得很硬,但内部仍保持原有的韧性。在高频电路中,由于趋肤效应,导线的内部变成是多余的,所以高频电路中采用的是管状导线。

例 7　将一个圆柱形金属块放在高频感应炉中加热。如图 17-19 所示。设感应炉线圈产生的磁场为均匀磁场,磁感应强度的方均根值为 B,频率为 ν;金属圆柱的直径和高分别为 D 和 h,电导率为 σ。若忽略涡电流产生的磁场,试证明金属圆柱内涡电流产生的平均热功率

$$\overline{P} = \frac{1}{32}\pi^3\nu^2\sigma B^2 D^4 h$$

证明　由题意,线圈产生的磁场随时间变化的规律为

$$B_t = B_0\sin\omega t = B_0\sin 2\pi\nu t$$

在圆柱形金属块内取半径为 r、厚度为 $\mathrm{d}r$ 的导体薄圆筒,在此薄圆筒内产生的感应电动势的大小为

$$\mathscr{E} = \frac{\mathrm{d}\Phi_B}{\mathrm{d}t} = \frac{\mathrm{d}}{\mathrm{d}t}(B_0\sin 2\pi\nu t \cdot \pi r^2) = 2\pi^2 r^2 \nu B_0 \cos 2\pi\nu t$$

感应电动势在薄圆筒内引起的涡电流所产生的瞬时热功率为

$$\mathrm{d}P = \frac{\mathscr{E}^2}{R} = \frac{(2\pi^2 r^2 \nu B_0 \cos 2\pi\nu t)^2}{\dfrac{2\pi r}{\sigma h \mathrm{d}r}} = 2\pi^3 \nu^2 \sigma h B_0^2 \cos^2 2\pi\nu t \cdot r^3 \mathrm{d}r$$

整个圆柱形金属块内涡电流产生的瞬时热功率为

$$P = \int \mathrm{d}P = \int_0^{D/2} 2\pi^3 \nu^2 \sigma h B_0^2 \cos^2 2\pi\nu t\, r^3 \mathrm{d}r$$
$$= \frac{1}{32}\pi^3 \nu^2 \sigma h D^4 B_0^2 \cos^2 2\pi\nu t$$

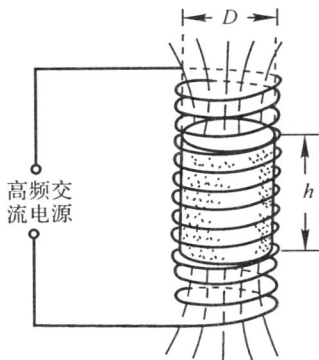

图 17-19　高频感应炉

故在一个周期内的平均热功率为

$$\overline{P} = \frac{1}{T}\int_0^T P\mathrm{d}t = \frac{1}{32}\pi^3 \nu^2 \sigma h D^4 \frac{1}{T}\int_0^T B_0^2 \cos^2 2\pi\nu t\, \mathrm{d}t = \frac{1}{32}\pi^3 \nu^2 \sigma B^2 D^4 h$$

式中 $B^2 = \dfrac{1}{T}\displaystyle\int_0^T B_0^2 \cos^2 2\pi\nu t\, \mathrm{d}t$,即 B 为方均根值。可见,频率 ν 越高,平均热功率越大。

17-7　自感现象

　　如果一个线圈中的电流发生变化,它所激发的磁场通过线圈的磁通匝链数也将变化,使线圈自身产生感应电动势。这种因线圈中电流变化而在线圈自身所引起的电磁感应现象叫做自感现象,由此而产生的电动势叫做自感电动势。自感电动势同其他感应电动势一样,遵从法拉第电磁感应定律。

　　根据毕奥-萨伐尔定律,磁感应强度 $\boldsymbol{B}$ 与产生该磁场的电流 I 成正比。由此可知,穿过线圈回路的磁通匝链数 Ψ 与线圈中的电流 I 成正比

$$\Psi = LI \tag{17-10}$$

式中比例系数 L 称为自感系数,简称自感,与线圈中的电流无关[①],仅由线圈的大小、几何形状以及匝数决定。当线圈中的电流改变时,Ψ 也随之改变。如果我们考虑的回路是一个有 N 匝的线圈,且假设通过每一匝线圈的磁通量都是 Φ_B,则该回路的磁通匝链数 $\Psi = N\Phi_B$,因此根据法拉第电磁感应定律,整个线圈中的自感电动势为

$$\mathscr{E}_L = -N\frac{\mathrm{d}\Phi_B}{\mathrm{d}t} = -\frac{\mathrm{d}(N\Phi_B)}{\mathrm{d}t} = -L\frac{\mathrm{d}I}{\mathrm{d}t} \tag{17-11}$$

式中负号表示自感电动势将反抗回路中电流的改变。

　　在 SI 中,自感的单位是这样定义的:当线圈中通有 1A 的电流时,产生的总磁通量等于 1Wb,这时线圈的自感称为 1 亨[利],国际符号用 H 表示:

$$1\mathrm{H} = \frac{1\mathrm{Wb}}{1\mathrm{A}}$$

---

　　① 这是指不存在磁介质的情况。若存在磁介质,L 还与磁介质的性质有关;若磁介质是铁磁质,还与线圈中的电流有关。

自感的国际单位是为纪念亨利(J. Henry)而命名的,亨利是与法拉第同时代的美国物理学家。

我们可以根据楞次定律来求得自感电动势的方向。当电流 I 增大时,自感电动势 $\mathscr{E}_L$ 与 I 方向相反;当电流减小时,自感电动势 $\mathscr{E}_L$ 与 I 方向相同。

自感系数一般不易计算,通常用实验来测定。只有少数几种特殊的自感器件,可以用简单的方法来计算其自感。

对于附近没有铁磁质的密绕螺线管来说,当螺线管的长度比其宽度来说足够长时,就可认为它是无限长的。当螺线管通有电流 I 时,管内将激发出一个均匀磁场,其磁感应强度为

$$B = \mu_0 n I$$

式中 n 为单位长度上的匝数。通过螺线管的总磁通量为

$$\Psi = N\Phi_B = NBS = ln\mu_0 nIS = \mu_0 n^2 lSI \tag{17-12}$$

式中 N 为总匝数,l 为螺线管长度,S 为横截面积。

由(17-10)式得

$$L = \frac{\Psi}{I} = \mu_0 n^2 lS = \mu_0 n^2 V \tag{17-13}$$

式中 $V=lS$ 是螺线管的体积。

(17-13)式表明,长为 l 的一段螺线管的自感,与螺线管的体积成正比,并与其单位长度上匝数的平方成正比。上述分析是近似的,实际测得的自感系数比按上述公式计算的结果要小些。这是因为计算中,我们假定整个螺线管中的磁场均匀,都等于 $\mu_0 nI$;而对于有限长的螺线管,实际上存在着边缘效应,其两端的磁场只有中间部分磁场的一半,所以实际磁通匝链数要相应地小些。

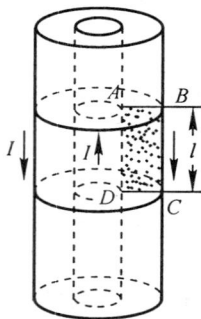

图 17-20　长为 l 的传输线的自感

例8　设传输线为两个同轴长圆筒组成,半径分别为 R_1 和 R_2,如图 17-20 所示。电流 I 由内圆筒一端流入,由外圆筒的另一端流回,求此传输线上一段长度为 l 的自感系数。

解　由于磁场分布具有轴对称性,可用安培环路定理求出两圆筒之间的磁感应强度为

$$B = \frac{\mu_0 I}{2\pi r}$$

而在内圆筒之内和外圆筒之外的空间中,磁感应强度为零。

在长度为 l 的截面 $ABCD$ 中,离轴线距离为 r 处取面积元 $dS=ldr$,则通过该面积元的磁通量为

$$d\Phi_B = \boldsymbol{B} \cdot d\boldsymbol{S} = BdS = \frac{\mu_0 I}{2\pi r}ldr$$

于是,通过截面 $ABCD$ 的总磁通量为

$$\Phi_B = \int d\Phi_B = \int_{R_1}^{R_2} \frac{\mu_0 I}{2\pi r}ldr = \frac{\mu_0}{2\pi}Il\ln\frac{R_2}{R_1}$$

由公式 $\Phi_B=LI$ 可知,长度为 l 的传输线的自感系数为

$$L = \frac{\Phi_B}{I} = \frac{\mu_0}{2\pi}l\ln\frac{R_2}{R_1}$$

自感现象在电工和电子技术中应用十分广泛,利用线圈具有阻碍电流变化的特性,可以稳定电路里的电流。日光灯电路中的镇流器就是利用自感现象来点亮日光灯管和限制电路

中的电流的。电子线路中常用自感线圈与电容器组成谐振电路以产生电磁振荡。

在某些情况下,自感现象也非常有害。例如具有大自感线圈的电路在切断时,由于电路中电流变化很快,因而在电路中产生很大的自感电动势,从而导致开关处产生强烈的电弧,这可能会烧坏电闸开关或击穿线圈本身的绝缘层,因此要采取相应的"灭弧"措施,以避免损失。

17-8 LR 电路

一个由自感与电阻组成的 LR 电路在接通或切断时,由于自感的作用,电路中的电流不会瞬间突变,而是经过一个逐渐趋于稳态的过程。下面,我们逐一进行研究。

1. 电路接通时的电流

如图 17-21 所示的电路。当开关拨向 1 时,LR 电路接上电源,由于自感的作用,在电流从零开始增长的过程中,电路中出现自感电动势 $\mathscr{E}_L$:

$$\mathscr{E}_L = -L\frac{\mathrm{d}I}{\mathrm{d}t}$$

根据楞次定律,自感电动势 $\mathscr{E}_L$ 是反抗电流增加的。

设电源电动势为 $\mathscr{E}$,内阻为零,某瞬间电路中的电流为 I,由闭合电路的欧姆定律得

图 17-21 LR 电路

$$\mathscr{E} + \mathscr{E}_L = \mathscr{E} - L\frac{\mathrm{d}I}{\mathrm{d}t} = IR$$

或

$$L\frac{\mathrm{d}I}{\mathrm{d}t} + IR = \mathscr{E} \tag{17-14}$$

这是电路中变化着的电流 I 所满足的微分方程。用分离变量法求解,可写成

$$\frac{\mathrm{d}I}{\dfrac{\mathscr{E}}{R} - I} = \frac{R}{L}\mathrm{d}t$$

对上式两边进行积分,并注意到初始条件:$t=0$ 时,$I=0$,于是有

$$\int_0^I \frac{\mathrm{d}I}{\dfrac{\mathscr{E}}{R} - I} = \int_0^t \frac{R}{L}\mathrm{d}t$$

积分后得

$$I = \frac{\mathscr{E}}{R}\left(1 - \mathrm{e}^{-\frac{R}{L}t}\right) \tag{17-15}$$

(17-15)式表示的函数关系可用图 17-22 表示。它说明电路接通时,电流逐渐由零增大到稳定值 $I_0 = \mathscr{E}/R$。电路中的比值 L/R 具有时间的量纲,不同的 L/R 值,达到稳定值的过程持续时间不同,当 $t=\tau=L/R$ 时,

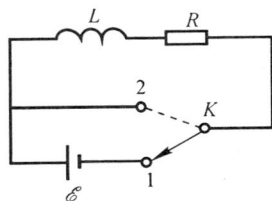

$$I = \frac{\mathscr{E}}{R}\left(1 - \frac{1}{e}\right) = 0.63\frac{\mathscr{E}}{R} = 0.63 I_0$$

即电路中的电流达到稳定值的 0.63 倍。当 $t=5\tau$ 时,I $=0.994 I_0$。可见,当经过 5τ 这段时间后,电流的增长过程基本结束。由此可见,$\tau=L/R$ 是标志 LR 电路中电流增长过程持续时间长短的程度,我们把 τ 称为 LR 电路的时间常量或弛豫时间。L 越大,R 越小,则 τ 越大,电流增长得越慢。

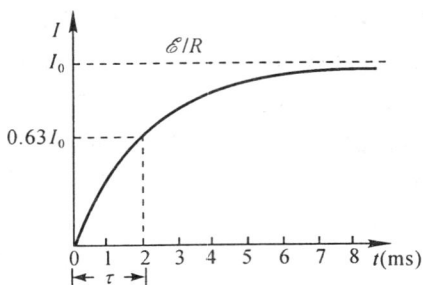

图 17-22　电路接通时电流的增长

2. 电路切断时的电流

在图 17-21 中,在开关拨向 2 之前,电路中的电流为 $I_0=\mathscr{E}/R$;当开关由 1 拨向 2 时,电路中的外加电动势 $\mathscr{E}$ 没有了,电路中的电流开始减小,并即刻产生一个反抗这一电流减小的自感电动势 $\mathscr{E}_L$。由闭合电路欧姆定律得

$$-L\frac{\mathrm{d}I}{\mathrm{d}t} = IR$$

或

$$\frac{\mathrm{d}I}{\mathrm{d}t} + \frac{R}{L}I = 0$$

分离变量后得

$$\frac{\mathrm{d}I}{I} = -\frac{R}{L}\mathrm{d}t$$

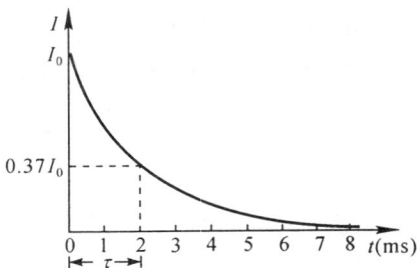

图 17-23　电路切断时电流的衰减

两边积分,并利用初始条件 $t=0$ 时,$I=\dfrac{\mathscr{E}}{R}=I_0$,得

$$I = \frac{\mathscr{E}}{R}\mathrm{e}^{-\frac{R}{L}t} = I_0\mathrm{e}^{-\frac{R}{L}t} \tag{17-16}$$

(17-16)式表示的函数关系如图 17-23 所示。由此可见,电路中的电流并不立即变为零,而是按(17-16)式的指数规律减小。在经过一段时间常量 $\tau=L/R$,电流降低为原稳定值的 $1/e$ 倍(约 37%)。因此,电流递减的快慢可用同一时间常量 τ 来表征。

17-9　互　感

考虑两个彼此靠近的回路 1 和 2。当回路 1 中的电流变化时,它激发的变化磁场在邻近的回路 2 中产生感应电动势,如图 17-24 所示。同样,回路 2 中的电流变化时,也会在回路 1 中产生感应电动势,这种现象称为互感现象,所产生的感应电动势称为互感电动势。这种称呼说明互感现象是两个回路之间的相互作用,而自感现象只涉及一个回路。

现在我们半定量地来研究互感现象。设两个回路的相对位置固定,则由回路 1 中的电流 I_1 所产生的穿过回路 2 的磁通量 Φ_{21} 和 I_1 成正比,即

$$\Phi_{21} = M_{21}I_1 \tag{17-17}$$

当电流 I_1 变化时,回路 2 中将产生感应电动势

$$\mathscr{E}_{21} = -\frac{\mathrm{d}\Phi_{21}}{\mathrm{d}t} = -M_{21}\frac{\mathrm{d}I_1}{\mathrm{d}t} \qquad (17\text{-}18)$$

同样,回路 2 中电流 I_2 所产生穿过回路 1 的磁通量与 I_2 成正比,即

$$\Phi_{12} = M_{12}I_2 \qquad (17\text{-}19)$$

当电流 I_2 变化时,回路 1 中将产生感应电动势

$$\mathscr{E}_{12} = -\frac{\mathrm{d}\Phi_{12}}{\mathrm{d}t} = -M_{12}\frac{\mathrm{d}I_2}{\mathrm{d}t} \qquad (17\text{-}20)$$

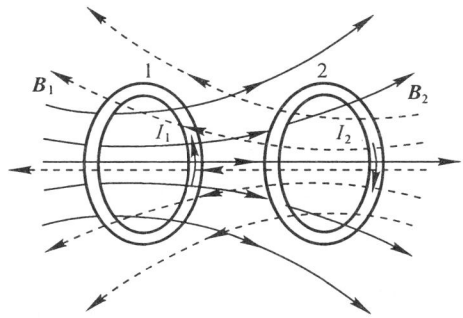

图 17-24　互感现象

式中比例系数 M_{21} 和 M_{12} 称为回路的互感系数。相应的计算表明:在没有铁磁质的情况下,这两个系数永远是相等的,可统一用 M 来表示,即

$$M_{21} = M_{12} = M$$

式中 M 只和两个回路的形状、大小、相对位置以及回路磁介质的磁导率有关,M 的单位和自感系数 L 相同,用亨[利]表示。如果回路周围有铁磁性物质,那么 Φ_{21} 与 I_1 之间(或 Φ_{12} 与 I_2 之间)就没有简单的线性正比关系,互感电动势 $\mathscr{E}_{21}$ 与电流变化率 $\dfrac{\mathrm{d}I_1}{\mathrm{d}t}$ 之间(或 $\mathscr{E}_{12}$ 与 $\dfrac{\mathrm{d}I_2}{\mathrm{d}t}$ 之间)也没有简单的线性正比关系。当前面考虑的回路是匝数分别为 N_1 和 N_2 的两个载流线圈时,根据法拉第电磁感应定律,有

$$\mathscr{E}_{21} = -N_2\frac{\mathrm{d}\Phi_{21}}{\mathrm{d}t}, \quad \mathscr{E}_{12} = -N_1\frac{\mathrm{d}\Phi_{12}}{\mathrm{d}t}$$

相应的感应电动势仍可表示为

$$\mathscr{E}_{21} = -M\frac{\mathrm{d}I_1}{\mathrm{d}t}, \quad \mathscr{E}_{12} = -M\frac{\mathrm{d}I_2}{\mathrm{d}t}$$

不过这时应改用磁通匝链与电流之间的关系来表示:

$$N_2\Phi_{21} = MI_1, \quad N_1\Phi_{12} = MI_2 \qquad (17\text{-}21)$$

两个线圈的互感系数通常是用实验测定的,只有一些简单的情况才能计算。

工程上常用到互感现象,例如变压器等。用它可以变电压、变电流,以及电路间的耦合。有时互感现象也会带来不利的因素,例如,收音机各线路之间,电话线与输电线之间会产生有害的干扰,产生燥音,因此要设法改变线路和元件的布局,以减小线路间的相互影响。

例9　两个共轴圆线圈半径分别为 R 和 r,匝数分别为 N_1 和 N_2,两者相距为 d。设 r 很小,则小线圈所在处的磁场可视为均匀磁场。求它们的互感系数。

解　如图 17-25 所示。设半径为 R 的大线圈中有电流 I 流过,则在半径为 r 的小线圈中心处产生的磁场为

$$B = N_1\frac{\mu_0}{2}\frac{IR^2}{(R^2+d^2)^{3/2}}$$

通过小线圈的磁通匝链数为

$$\Psi_{21} = N_2BS_2 = \frac{\mu_0\pi N_1N_2R^2r^2I}{2(R^2+d^2)^{3/2}}$$

因此互感系数为

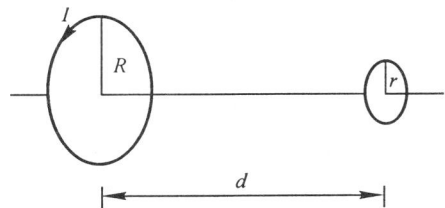

图 17-25　相距为 d 的两个同轴线圈的互感系数

$$M = \frac{\Psi_{21}}{I} = \frac{\mu_0 \pi N_1 N_2 R^2 r^2}{2(R^2 + d^2)^{3/2}}$$

17-10 磁场的能量

电场具有能量,那么,磁场是否也具有能量呢?下面,我们通过磁场建立过程的功能关系,来回答这一问题。

我们研究图 17-21 所示的自感电路。在电源接通时,由于自感现象的存在,线圈中的电流逐步由零达到稳定值 I。在这段时间内,电路中的电流增大,因而有反方向的自感电动势存在,电源供给的能量不仅要供给电路中产生焦耳热的能量,而且还要反抗自感电动势 $\mathscr{E}_L$ 做功。在 $\mathrm{d}t$ 时间内,电源反抗自感电动势所作的功为

$$\mathrm{d}W = - \mathscr{E}_L i \mathrm{d}t$$

式中 i 为电流的瞬时值,而自感电动势 $\mathscr{E}_L$ 为

$$\mathscr{E}_L = - L \frac{\mathrm{d}i}{\mathrm{d}t}$$

因而有

$$\mathrm{d}W = L i \mathrm{d}i$$

在电流从零增加到稳定值 I 时,线圈内逐步建立起磁场。在这整个过程中,电源反抗自感电动势所做的功为

$$W = \int \mathrm{d}W = \int_0^I L i \mathrm{d}i = \frac{1}{2} L I^2$$

这部分功是以能量的形式储存在线圈内的。当电源切断时,电流由稳定值 I 减少到零,线圈中产生与电流方向相同的自感电动势,线圈中原已储存起来的能量通过自感电动势做功全部地释放出来。自感电动势在电流减少的整个过程中做功为

$$W' = \int \mathscr{E}_L i \mathrm{d}t = - \int_I^0 L i \mathrm{d}i = \frac{1}{2} L I^2 \tag{17-22}$$

由于(17-22)式的功伴随着线圈周围空间原来存在着的磁场的消失,因此,做功所需的能量是磁场提供的,正是靠消耗这份能量才做功的。由此可见,在一个自感系数为 L 且通有电流为 I 的线圈中储存的能量为

$$U_m = \frac{1}{2} L I^2 \tag{17-23}$$

这份能量即为电流所激发的磁场能量。很显然,在建立磁场的过程中,外界要提供能量,在磁场消失过程中,这份能量又释放了出来。

现在我们用表征磁场本身的一些物理量来表示磁场的能量。为简单起见,取长直螺线管为例来进行讨论。于是有

$$L = \mu_0 \mu n^2 V \qquad\qquad B = \mu_0 \mu n I$$

因此(17-23)式磁场的能量可写成

$$U_m = \frac{1}{2} L I^2 = \frac{1}{2} \mu_0 \mu n^2 V \left(\frac{B}{\mu_0 \mu n}\right)^2 = \frac{1}{2} \frac{B^2}{\mu_0 \mu} V \tag{17-24}$$

在长直螺线管内部,磁场是均匀的,上式中的 V 就是它的体积。(17-24)式表明,磁场的能量与磁场所占的体积 V 成正比,因而单位体积内的磁能,即磁能密度为

$$u_\mathrm{m} = \frac{U_\mathrm{m}}{V} = \frac{1}{2}\frac{B^2}{\mu_0\mu} \tag{17-25}$$

利用关系式 $B = \mu_0\mu H$,磁能密度也可改写成

$$u_\mathrm{m} = \frac{1}{2}\mu_0\mu H^2 = \frac{1}{2}HB \tag{17-26}$$

对于不均匀磁场,空间各点的 B 和 H 不同,因而各点的磁能密度也不同,这时磁场的总能量应是磁能密度的体积分,即

$$U_\mathrm{m} = \int_V u_\mathrm{m}\mathrm{d}V = \int_V \frac{1}{2}\mu_0\mu H^2 \mathrm{d}V \tag{17-27}$$

积分应遍及整个磁场空间。

例 10 在玻尔氢原子模型中,若电子绕原子核作圆周运动,轨道半径 $R = 5.3 \times 10^{-11}\mathrm{m}$,频率 $\nu = 6.8 \times 10^{15}1/\mathrm{s}$,问这轨道中心的磁场能量密度有多大?

解 电子绕核的圆周运动可看成是圆电流,其中心的磁感应强度为

$$B = \frac{\mu_0 I}{2R} = \frac{\mu_0 e\nu}{2R} = \frac{4\pi \times 10^{-7} \times 1.6 \times 10^{-19} \times 6.8 \times 10^{15}}{2 \times 5.3 \times 10^{-11}} = 13(\mathrm{T})$$

故轨道中心的磁场能量密度为

$$u_\mathrm{m} = \frac{1}{2}\frac{B^2}{\mu_0} = \frac{1}{2}\frac{(13)^2}{4\pi \times 10^{-7}} = 6.8 \times 10^7(\mathrm{J/m^3})$$

本章摘要

1. 法拉第定律与楞次定律: $\qquad \mathscr{E} = -\dfrac{\mathrm{d}\Phi_B}{\mathrm{d}t}$。

  感应电动势的方向由楞次定律得出,即感应电流的方向总是使感应电流所产生的通过回路的磁通量,去反抗引起感应电流的磁通量的变化。式中负号就是表示"反抗"的意思。

2. 动生电动势:

  磁场不变,导体在磁场中运动而产生的感应电动势: $\qquad \mathscr{E}_{ab} = \displaystyle\int_a^b (\boldsymbol{v} \times \boldsymbol{B}) \cdot \mathrm{d}\boldsymbol{l}$。

交流发电机是动生电动势的典型例子。

3. 感生电动势、涡旋电场:

  导体不动,磁场变化引起的感应电动势: $\qquad \mathscr{E} = \displaystyle\oint_L \boldsymbol{E}_旋 \cdot \mathrm{d}\boldsymbol{l} = -\dfrac{\mathrm{d}\Phi_B}{\mathrm{d}t}$。

  变化的磁场产生感应电场,或称为涡旋电场。它是一个非保守力场。

4. 自感现象:

  自感电动势: $\qquad \mathscr{E}_L = -L\dfrac{\mathrm{d}I}{\mathrm{d}t}$。

  自感系数: $\qquad L = \dfrac{\Psi}{I}$,其中 Ψ 称为线圈回路的磁通匝链数。

5. LR 电路:

电流不能突变。

电路接通时的电流：$\qquad I = \dfrac{\mathscr{E}}{R}(1 - \mathrm{e}^{-\frac{R}{L}t})$。

电路切断时的电流：$\qquad I = \dfrac{\mathscr{E}}{R}\mathrm{e}^{-\frac{R}{L}t}$。

时间常量：$\qquad \tau = \dfrac{L}{R}$。

6. 互感现象：

互感电动势：$\qquad \mathscr{E}_{21} = -M\dfrac{\mathrm{d}I_1}{\mathrm{d}t}$。

互感系数：$\qquad M = \dfrac{N_2 \Phi_{21}}{I_1}$，　或　$M = \dfrac{N_1 \Phi_{12}}{I_2}$。

7. 磁场的能量：

自感为 L，通有电流为 I 的线圈内的磁场能量：$U_{\mathrm{m}} = \dfrac{1}{2}LI^2$。

磁场的能量密度：$u_{\mathrm{m}} = \dfrac{1}{2}\dfrac{B^2}{\mu_0 \mu} = \dfrac{1}{2}\mu_0 \mu H^2 = \dfrac{1}{2}BH$。

磁场的能量：$U_{\mathrm{m}} = \displaystyle\int_V u_{\mathrm{m}}\mathrm{d}V = \int_V \dfrac{1}{2}\mu_0 \mu H^2 \mathrm{d}V$。

思考题

17-1　法拉第定律告诉我们：当通过回路的磁通量发生变化时，回路中就要产生感应电动势。试问：有哪些方法能使通过回路的磁通量发生改变？

17-2　试分析导致产生动生电动势和感生电动势的异同点。

17-3　若一段有限长的导体棒在均匀磁场中作如图所示的运动，试分析它们能否产生感应电动势？方向如何？

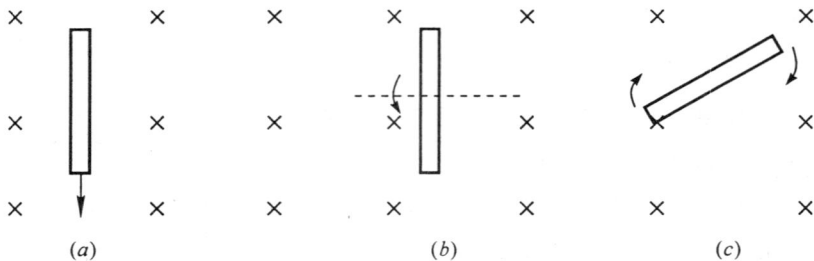

思考题 17-3 图

17-4　一半径为 R 的无限长圆柱内沿轴向充满均匀磁场 $\boldsymbol{B}$，$\dfrac{\mathrm{d}B}{\mathrm{d}t} = K$（$K$ 为常量）。如图所示，作两个闭合回路 L_1 和 L_2，其中 L_1 为一圆，L_2 为一扇形，试讨论以下问题：

(1) L_1 和 L_2 上每一点的 $\dfrac{\mathrm{d}B}{\mathrm{d}t}$ 是否为零？$E_{\text{旋}}$ 是否为零？$\displaystyle\oint_{L_1} \boldsymbol{E}_{\text{旋}} \cdot \mathrm{d}\boldsymbol{l}$ 与 $\displaystyle\oint_{L_2} \boldsymbol{E}_{\text{旋}} \cdot \mathrm{d}\boldsymbol{l}$ 是否为零？

(2) 若 L_1 和 L_2 均为导体回路，两回路内有无感应电流？

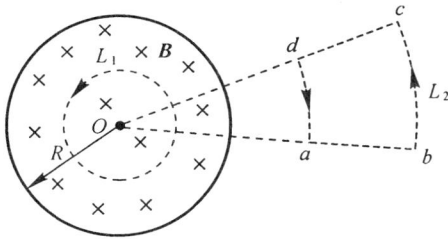

思考题 17-4 图

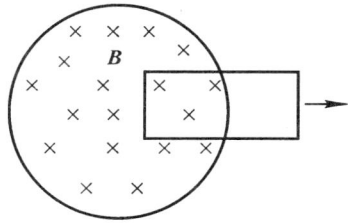

思考题 17-6 图

17-5 让一条形磁铁在一根很长的铅直铜管内下落,若不计空气阻力,试分析磁铁的整个运动情况。

17-6 如图所示,将一块薄铜片放在磁场中。如果我们将该铜片从磁场中拉出或推入,均要受到阻力,试解释这种阻力的来源。

17-7 感应电动机的简单模型如图所示。当外面的磁铁按顺时针方向旋转时,闭合线圈也会在磁铁的空气隙中产生旋转。试解释线圈旋转的原因,并指出其旋转的方向。

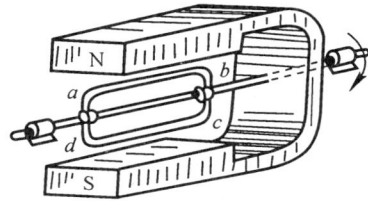

思考题 17-7 图

17-8 有两个形状完全相同的铜环和木环,使通过两环的磁通量的变化相等,问这两个环中的感应电动势和感应电场是否相同?

17-9 实验室中灵敏电流计的线圈始终处于永磁体的磁场中,当通入电流时线圈就发生偏转;切断电流后,线圈在回复到原来的位置前总要来回摆动好几次。这时如果用导线将线圈的两头短路,则摆动立即停止,试问这是什么原因?

17-10 金属探测器的工作原理图如图所示。在金属探测器的探头内通入脉冲电流,利用地下金属物品发回的电磁信号,就能发现埋在地下的金属物品,试说明为什么金属物品能发回电磁信号? 如果在探头内通入恒定电流,能否探测到地下的金属?

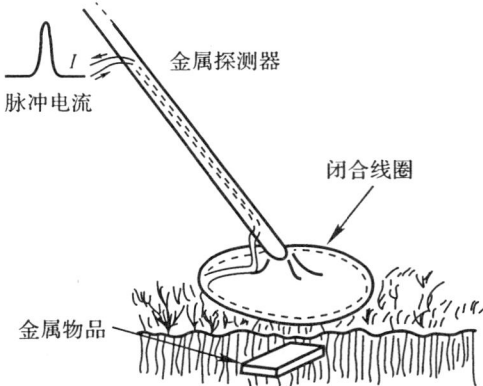

思考题 17-10 图

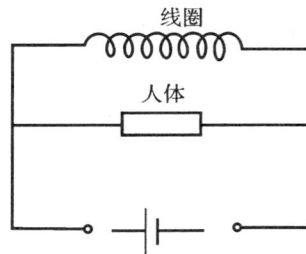

思考题 17-15 图

17-11 "高频感应炉"常用来熔化金属,它的主要部件是一个铜制线圈,线圈中有一坩埚,坩埚中放有待熔的金属块。当线圈中通以高频电流时,坩埚中的金属被熔化,试分析这是什么道理?

17-12 变压器的铁芯总是用片状的铁片排列组成,而且每个铁片涂上绝缘漆相互隔开,说明这样做的理由。铁片放置的方向应和线圈中磁场的方向有什么关系?

17-13 用金属丝绕制的标准电阻要求是无自感的,怎样绕制才能达到这一要求?

17-14 如果你准备绕制一个自感系数较大的线圈,则应从哪些方面去考虑?

17-15 用双手各捏住变压器或电机线圈的两端,再用普通干电池接通一下,然后断开,如图所示。此时为什么人会有强烈的电击感觉?平时用电表来检查电机线圈是否断线时,应注意哪些事项?

17-16 如果电路中通有强电流,当突然打开刀闸断电时,就会有一大电火花跳过刀闸,这是为什么呢?

17-17 一般的交流收音机中都有一个输入电源变压器和输出变压器,为了减小它们之间的相互干扰,这两个变压器的位置应如何放置?为什么?

17-18 试比较平行板电容器(产生电场)与长直螺线管(产生磁场)这两者在形式上的所有相似之处。

习　题

17-1 如图所示,圆形回路放在一均匀磁场中,磁场方向垂直于线圈平面向外。设通过该回路的磁通量对时间的函数关系式为:$\Phi_B=6t^2+7t+1$(SI),则当 $t=2$s 时,求:

(1)回路中感应电动势的大小;

(2)试说明电阻 R 上电流的方向。

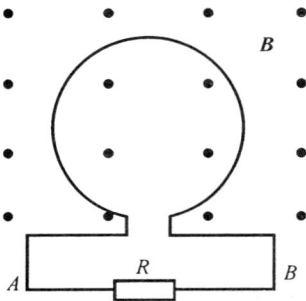

习题 17-1 图

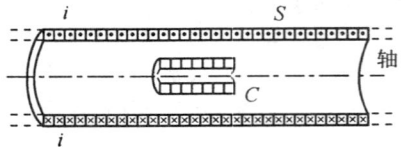

习题 17-2 图

17-2 如图所示,一长直螺线管每米长度上有线圈 2.2×10^5 匝。若每匝线圈上通有电流 $i=1.5$A;螺线管直径 $d=3.2\times10^{-2}$m,其中心处放有一个直径 $d_c=2.1\times10^{-2}$m 的密绕 130 匝的线圈 C。在 0.16s 内,长螺线管中的电流从零均匀地增加到 1.5A,试求长螺线管中的电流变化时,线圈 C 中产生的感应电动势多大?

17-3 某型号喷气式飞机两机翼长为 47m。如果此飞机以 960km·h^{-1} 的速度水平飞行,设飞机所处地磁场的竖直分量为 6.0×10^{-5}T,试求两翼尖之间的感应电动势多大?

17-4 海洋工作者有时依靠地磁场产生的动生电动势,探测海洋中水的流动速率。假设在海洋某处地磁场的竖直分量为 7.0×10^{-5}T,两个电极垂直插入被测的相距 2.0m 的水流中,则当与两极相连的灵敏电压计指示出电压为 7.0×10^{-5}V 时,水流速率为多少?

17-5 法拉第圆盘发电机是一个磁场中转动的导体圆盘。设圆盘的半径为 R,它的轴线与均匀外磁场 B 平行,圆盘以角速度 ω 绕轴线转动。已知 $R=15$cm,$B=0.60$T,转速 $n=30$rev·s^{-1},试计算盘边与盘心间的感应电动势。

17-6 如图所示,一边长为 0.05m、由铜线做成的正方形线圈在磁感应强度 $B=0.84$T 的均匀磁场中转动。线圈共有 10 匝,线圈绕中心轴的转速 $n=10$rev·s^{-1},转轴与 B 垂直,试求:

(1)从图示位置转过 30°时,线圈内的瞬时感应电动势。

(2)最大感应电动势为多少,这时线圈的位置如何?

(3)由图示位置开始,经过 10s 时线圈内的感应电动势。

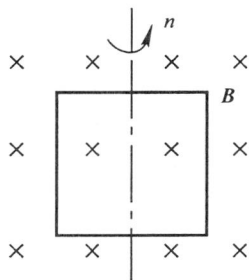

习题 17-6 图

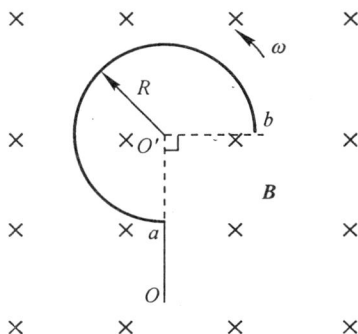

习题 17-7 图

17-7 一导线被弯成如图所示的形状,放在均匀磁场 **B** 中,$\overset{\frown}{ab}$ 为半径为 R 的 3/4 圆弧,$\overline{Oa}=R$,若此导线以角速度 ω 绕通过 O 点并与磁场平行的轴逆时针匀速转动,求其中的动生电动势,方向如何?

17-8 如图所示,一恒定电流为 I 的长直导线与一直角三角形线圈 ABC 共面,其 AC 边与长直导线平行,其长为 b。初始时,B 点离长直导线的距离为 d,BC 边长为 a。求 t 时刻下列情况中线圈的感应电动势:

(1)线圈以 v_1 平行于导线向下运动;

(2)线圈以 v_2 垂直导线向右运动。

17-9 如图所示,一无限长直导线中通有电流 I。在其右侧,有一根刚性导线 abc 以速度 v 平行于长直导线作匀速运动。若导线 abc 的近端离长直导线的距离为 l_1,求导线 abc 中的动生电动势。

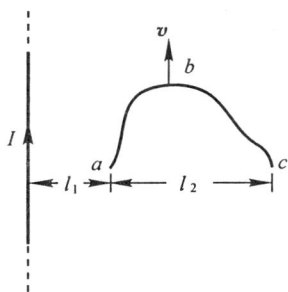

习题 17-8 图

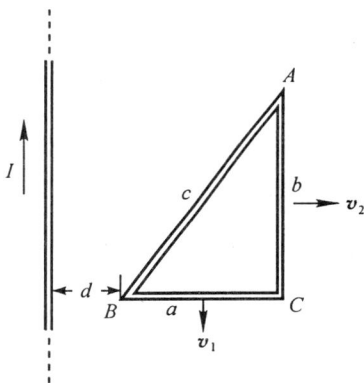

习题 17-9 图

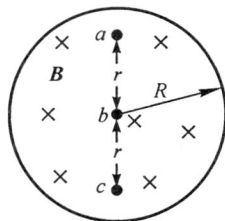

习题 17-10 图

17-10 如图所示,一个限制在半径为 R 的圆柱体内的均匀磁场 **B**,以 0.01T·s^{-1} 的恒定速率减少,试计算在磁场中 a,b,c 各点处的电场,设 r=0.05m。

17-11 在上题所述的磁场中放置长为 2R 的金属棒,如图所示。若 AB=BC=R,设 R=0.1m,求棒中的感生电动势。

17-12 一非均匀磁场方向垂直纸面向里。在如图所示的坐标系中,其磁感应强度的变化规律为 B=$4t^2x$(SI)。若在磁场中放置一边长为 $2×10^{-3}$m 的正方形线框 abcd,d 与原点 O 重合,试求当 t=0.25s 时,

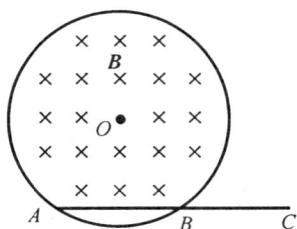

习题 17-11 图

习题 17-12 图

线框中感应电动势的大小和方向。

17-13　在交变磁场中有一半径为 r 的铝环,磁场的方向与环面垂直,磁感应强度 $B = B_m\cos\omega t$。若铝环的电阻为 R,忽略涡流产生的磁场。求铝环中产生的涡流以及时刻 t 涡流的电功率。

17-14　一均匀磁场的磁感应强度 $B = kt (k > 0,$ 为常量);一导线回路放置在该磁场中,导线回路的法线 n 与 B 成 60°角,如图所示。设金属杆 ab 长为 l,且以速率 v 向右滑动。若 $t = 0$ 时,$x = 0$,求该导线回路任意时刻感应电动势的大小和方向。

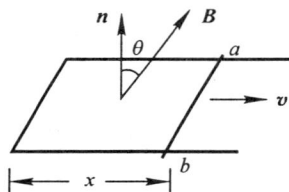

习题 17-14 图

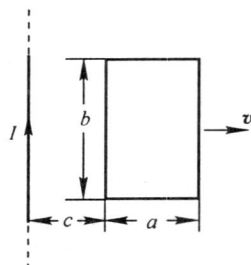

习题 17-15 图

17-15　如图所示,真空中的长直导线和矩形线圈在同一平面内。

(1)当长直导线中通以电流 I,线圈以速度 v 向右运动时,求图示位置线圈中的感应电动势;

(2)若线圈在图示位置不动,但长直导线中通有电流 $i = I_0 e^{-\alpha t}$(I_0,α 为正常量)时,求线圈中的感应电动势。

17-16　一个同轴电缆长为 l,内、外圆筒半径分别为 R_1 和 R_2,中间充以相对磁导率为 μ 的磁介质,试用磁场能量的方法求其单位长度上的自感系数。

17-17　如图所示,横截面为矩形的环形螺线管,共绕有 1000 匝,内半径 $a = 0.05\text{m}$,外半径 $b = 0.1\text{m}$,厚度 $h = 0.01\text{m}$,求其自感系数。

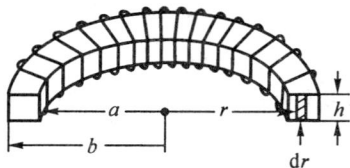

习题 17-17 图

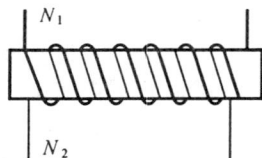

习题 17-19 图

17-18　有一半径为 0.02m、长 0.3m 的螺线管,上面均匀密绕有 1200 匝线圈,线圈内为空气。问:

(1)这螺线管的自感多大?

(2)如果在螺线管中的电流以 $3.0\times10^2\mathrm{A\cdot s^{-1}}$ 的速率改变,则在该线圈中产生的自感电动势多大?

17-19 两个长度均为 l、横截面积均为 S 的同轴长直螺线管,匝数分别为 N_1 和 N_2,如图所示绕制。若管内充满相对磁导率为 μ 的磁介质,求:

(1)两线圈之间的互感系数;

(2)两线圈自感系数与互感系数的关系。

17-20 一无限长的直导线和一正方形线圈按如图所示的位置放置(导线和线圈接触处绝缘),求线圈和导线间的互感系数。

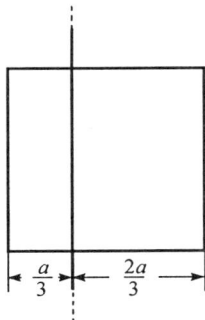

习题 17-20 图

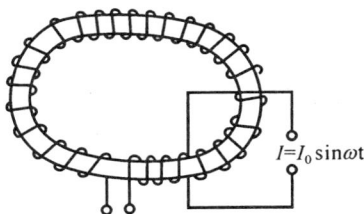

习题 17-21 图

17-21 截面积为 S、单位长度上匝数为 n 的螺绕环上套有一个边长为 l 的正方形线圈,如图所示。今在正方形线圈中通以交变电流 $I=I_0\sin\omega t$,试求螺绕环中感应电动势的大小。

17-22 把一个自感系数 $L=2\mathrm{H}$、电阻 $R=10\Omega$ 的线圈接到电动势 $\mathscr{E}=100\mathrm{V}$、内阻可忽略的电池上,求:

(1)电流达到最大值时,线圈中所储存的磁场能量 $U_{\mathrm{m,max}}$;

(2)从接通电路作为计时起点,要使所储存的磁场能量达到 $U_{\mathrm{m,max}}$ 的一半,需经过多长时间?

17-23 在一 LR 串联电路中,电流在 5.0s 内达到稳定值的 $\dfrac{1}{3}$。试求:

(1)此电路的时间常量 τ;

(2)要使该电路中的电流达到与稳定值仅差 0.1%,需经过几个"时间常量"的时间?

17-24 (1)地磁场的磁感应强度 $B=5.0\times10^{-5}\mathrm{T}$,试求它的磁场能量密度为多大?

(2)假设在比地球半径小得多的距离中,磁感应强度较为恒定,并且忽略地磁极附近的磁场变化,试问从地球表面到表面上空 16km 之间的球壳中贮藏了多大的磁场能量?($R_{\text{地}}=6\,370\mathrm{km}$)

17-25 利用高磁导率的铁氧体材料(相对磁导率 $\mu=400$),可在实验室中产生 $B=0.5\mathrm{T}$ 的强磁场,试求:

(1)该磁场的能量密度 u_{m};

(2)若要产生能量密度等于该值的电场,则电场强度 E 应为多大?这在实验上容易做到吗?

17-26 两根无限长平行直导线构成一电流回路,导线直径 $D=1\mathrm{mm}$,两导线中心相距 $d=1.0\mathrm{m}$,导线中电流 $I=1.0\mathrm{A}$。试求导线单位长度上储存的磁场能量。(忽略导线内部的能量)

第 18 章

麦克斯韦方程·电磁波

麦克斯韦理论的主要贡献是提出了"涡旋电场"和"位移电流"两个假设,并预言了电磁波的存在。他总结了电磁场的规律,用简洁优美的数学语言将电磁场的全部性质概括成麦克斯韦方程。麦克斯韦理论的主要结果是得到电磁波的传播速度与光速相等的结论,肯定了光波是一种电磁波。

本章在位移电流概念的基础上除介绍麦克斯韦电磁场理论外,还介绍了电磁波的产生、发射和传播,以及电磁波的基本性质。

18-1 位移电流

麦克斯韦(J. C. Maxwell)系统地总结了前人有关电磁学说的全部成就,并在其基础上加以发展,提出了"涡旋电场"和"位移电流"的假设,由此预言了电磁波的存在。关于涡旋电场及其实验验证已在第 17 章 17-5 节中讨论过了,现在介绍位移电流假设[①]。

位移电流的概念是从安培环路定理引出的。

在恒定电流的情况下,磁场满足安培环路定理。无论载流回路周围是真空或有磁介质,安培环路定理都可写成

$$\oint_L \boldsymbol{H} \cdot \mathrm{d}\boldsymbol{l} = I \tag{18-1}$$

式中 I 是穿过以闭合回路 L 为边界的任意曲面 S 的传导电流。

但是,在非恒定电流的情况下,安培环路定理就出现了困难。我们来分析一下电容器充电或放电的过程。在此过程中导线内的电流随时间变化,是一个非恒定的过程,且传导电流在电容器两极板之间的空间中断开。如图 18-1 所示,在电容器的一个极板周围取一闭合积分回路 L,并以它为边界作两曲面 S_1 和 S_2,前者与导线相交;后者通过电容器两极板之间的空间,不与导线相交。设通过导线的传导电流为 I,它流过曲面 S_1 后,在电容器的极板上中断,故通过曲面 S_2 的电流为零。此时,通过以同一闭合曲线 L 所作的两个曲面上的电流不同。按理,同一时刻的磁场强度 $\boldsymbol{H}$ 沿同一闭合回路 L 的环流只能有一个值,现在却变成了两个:一个等于 I,

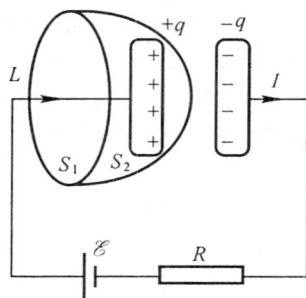

图 18-1　电容器充电时,曲面 S_1 中有电流流过,曲面 S_2 中没有电流流过。

---

① 位移电流这个名词是麦克斯韦首先提出来的,由于历史的原因一直沿用至今,现在看来已经不是很恰当了。

一个为零。由此得出的结论是:在非恒定的情况下,(18-1)式不再是正确的。那么,在非恒定的情况下,原来的安培环路定理将作如何修正呢? 它的普遍规律是什么呢?

其实在上面的讨论中,不仅暴露了矛盾,也提供了解决矛盾的线索。因为穿过 S_1 的电流 I 没有穿过 S_2,自由电荷就在电容器的极板上积累下来。根据电荷守恒定律,极板上积累的自由电荷 q 与 I 的关系为

$$I = \frac{\mathrm{d}q}{\mathrm{d}t}$$

现考虑由 S_1 和 S_2 组成的一个闭合曲面 S。按照高斯定理,电位移通量为

$$\Phi_D = \oint_S \boldsymbol{D} \cdot \mathrm{d}\boldsymbol{S} = q$$

由于在导体内 $E=0, D=0$,所以通过 S_1 的电位移通量为零。这样,通过闭合曲面 S 的电位移通量就等于通过 S_2 的电位移通量,即

$$\Phi_D = \int_{S_2} \boldsymbol{D} \cdot \mathrm{d}\boldsymbol{S} = q$$

于是可得到电路中的传导电流 I 为

$$I = \frac{\mathrm{d}q}{\mathrm{d}t} = \frac{\mathrm{d}\Phi_D}{\mathrm{d}t} = \frac{\mathrm{d}}{\mathrm{d}t}\int_{S_2} \boldsymbol{D} \cdot \mathrm{d}\boldsymbol{S} \tag{18-2}$$

即电路中的传导电流 I 在量值上等于通过 S_2 的电位移通量的时间变化率 $\frac{\mathrm{d}\Phi_D}{\mathrm{d}t}$。麦克斯韦把 $\frac{\mathrm{d}\Phi_D}{\mathrm{d}t}$ 称为位移电流,并以 I_D 表示之。于是,在电容器极板上中断的传导电流 I 被位移电流 I_D $= \frac{\mathrm{d}\Phi_D}{\mathrm{d}t}$ 接替下去,在形式上保持着电流的连续性,如图 18-2 所示。这样,就消除了引起矛盾的根源。

所以,在非恒定电流的情况下,当同时考虑到有传导电流和位移电流穿过以闭合回路 L 为边界的任意曲面的情况时,安培环路定理应写为

$$\oint_L \boldsymbol{H} \cdot \mathrm{d}\boldsymbol{l} = I + \frac{\mathrm{d}\Phi_D}{\mathrm{d}t} \tag{18-3}$$

安培环路定理的这个重要推广是由麦克斯韦作出的,这是一个极为重要的有巨大意义的贡献。

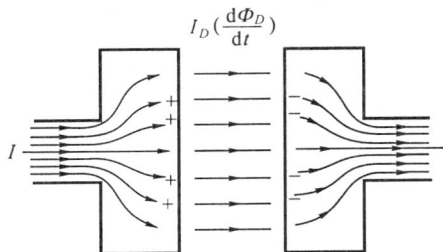

图 18-2　极板间的位移电流
接替导线中的传导电流

必须强调指出,位移电流纯粹是一种叫法。因为它并没有与之相应的实际电荷的定向运动,从实质上说,位移电流是随时间而变化的电场,它和真实电流仅仅有一点是相同的,那就是位移电流的磁效应和同样大小的真实电流产生的磁效应是一样的。也就是说,电容器两极板间随时间变化的电场也要产生磁场。这一结论是普遍正确的,即变化的电场产生磁场。

凡是有随时间变化的电场的地方,都会有位移电流。在通有交变电流的导体里也会存在位移电流。但是在导体内部,与传导电流相比,位移电流通常总是小到可以忽略不计。前面我们曾提到导体中的 E 和 D 为零,这同样是一种近似。因为可以证明,由于导体的电导率($\sigma = 1/\rho$)较大,所以一般说来,导体内的 E 和 D 都远比两极板间的 E 和 D 为小,故通过曲面 S_1 的电位移通量可忽略不计,从而忽略了导体中的位移电流。

类比于传导电流,同样可引进位移电流密度的概念,用 j_D 表示。根据

$$I_D = \frac{\mathrm{d}\Phi_D}{\mathrm{d}t} = \frac{\mathrm{d}}{\mathrm{d}t}\int_S \boldsymbol{D} \cdot \mathrm{d}\boldsymbol{S} = \int_S \frac{\mathrm{d}\boldsymbol{D}}{\mathrm{d}t} \cdot \mathrm{d}\boldsymbol{S}$$

和电流密度的定义式

$$I_D = \int_S \boldsymbol{j}_D \cdot \mathrm{d}\boldsymbol{S}$$

得

$$j_D = \frac{\mathrm{d}\boldsymbol{D}}{\mathrm{d}t} \tag{18-4}$$

即变化电场中某点的位移电流密度等于该点电位移对时间的变化率。

麦克斯韦把通过空间任意截面的传导电流和位移电流之和称为通过该截面的全电流。即

$$I_全 = I + I_D \tag{18-5}$$

全电流永远是连续的,不会中断的。有了全电流的概念后,(18-3)式可写成

$$\oint_L \boldsymbol{H} \cdot \mathrm{d}\boldsymbol{l} = I_全$$

例1 一个平行板电容器由半径 $R=0.1\mathrm{m}$ 的两块圆形平板组成,两板间距 $d \ll R$,如图 18-3 所示。假定电容器以均匀速率充电,因而极板间的电场以恒定的变化率 $\frac{\mathrm{d}E}{\mathrm{d}t}=10^{13}\mathrm{V}/(\mathrm{m} \cdot \mathrm{s})$ 变化。试求电容器两极板间的位移电流;导出平行于极板方向上、离电容器中心为 r 处的 P 点的磁感应强度 $\boldsymbol{B}$ 的大小的表达式,并计算 $r=R$ 处 B 的数值。

解 由于 $d \ll R$,故可认为两板间的电场均匀,边缘效应可忽略。由位移电流的定义可得

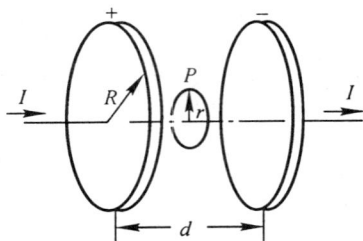

图 18-3　圆形平行板电容器

$$I_D = \frac{\mathrm{d}\Phi_D}{\mathrm{d}t} = \varepsilon_0 \frac{\mathrm{d}E}{\mathrm{d}t}\pi R^2$$
$$= 8.85 \times 10^{-12} \times 10^{13} \times 3.14 \times (0.1)^2 = 2.78(\mathrm{A})$$

因为两板间无传导电流,因此两板间的全电流 $I_全 = 2.78\mathrm{A}$。

由于两板间位移电流的分布对中心轴线是对称的,所以它激发的磁场也是轴对称的。离中心轴线距离为 r 处,$\boldsymbol{B}$ 的大小相等。由普遍的安培环路定理可得

$$\oint_L \boldsymbol{H} \cdot \mathrm{d}\boldsymbol{l} = \frac{\mathrm{d}\Phi_D}{\mathrm{d}t}$$

当 $r < R$ 时

$$H \cdot 2\pi r = \varepsilon_0 \frac{\mathrm{d}E}{\mathrm{d}t}\pi r^2$$

$$H = \frac{\varepsilon_0}{2}r\frac{\mathrm{d}E}{\mathrm{d}t}$$

$$B = \mu_0 H = \frac{\varepsilon_0 \mu_0}{2}r\frac{\mathrm{d}E}{\mathrm{d}t}$$

当 $r > R$ 时

$$H \cdot 2\pi r = \varepsilon_0 \frac{\mathrm{d}E}{\mathrm{d}t}\pi R^2$$

$$H = \frac{\varepsilon_0 R^2}{2r} \frac{\mathrm{d}E}{\mathrm{d}t}$$

$$B = \mu_0 H = \frac{\varepsilon_0 \mu_0}{2} \frac{R^2}{r} \frac{\mathrm{d}E}{\mathrm{d}t}$$

在 $r = R$ 处,磁感应强度 B 的数值为

$$B = \frac{\varepsilon_0 \mu_0}{2} R \frac{\mathrm{d}E}{\mathrm{d}t} = \frac{1}{2} \times 8.85 \times 10^{-12} \times 4\pi \times 10^{-7} \times 0.1 \times 10^{13} = 5.56 \times 10^{-6} (\mathrm{T})$$

从上面的结果可见,即使位移电流很大,它所产生的感生磁场仍很小,以致很难用简单的仪器测量出来,这与由法拉第定律得到的感应电动势截然不同——后者很容易显示出来。这种实验上的差别的部分原因是,感应电动势可以很容易由增加线圈的匝数而成倍增加,而对于磁场来说,不存在类似的简单方法。只有在涉及电磁振荡的实验中,在频率很高时,$\frac{\mathrm{d}E}{\mathrm{d}t}$ 才可能很大,结果就产生大得多的感生磁场。这就是法拉第在做那些实验时没能发现变化的电场产生感生磁场这个效应的一个根本原因。

18-2 麦克斯韦方程

位移电流的发现使麦克斯韦为创立电现象和磁现象的统一理论打下了基础。这个理论能够解释当时所知道的一切实验事实并能预言一系列新现象,并在以后得到了证实。麦克斯韦理论的主要结果是关于存在着以光速传播的电磁波的结论。对电磁波的性质所做的理论研究则使麦克斯韦得以创立光的电磁理论。

麦克斯韦总结电磁场的规律,除提出涡旋电场和位移电流的假设外,还推广了电学中的高斯定理,得出了磁学中的高斯定理在非恒定情况下仍成立的结论,并由此得到了适用于普遍情况下的电磁场方程。

(1)电学的高斯定理——麦克斯韦第一方程:

$$\oint_S \boldsymbol{D} \cdot \mathrm{d}\boldsymbol{S} = \sum_i q_i \tag{18-6}$$

它表明:在任何电场中,通过任何闭合曲面的电位移通量等于该闭合曲面内自由电荷的代数和。

(2)磁学的高斯定理——麦克斯韦第二方程:

$$\oint_S \boldsymbol{B} \cdot \mathrm{d}\boldsymbol{S} = 0 \tag{18-7}$$

它表明:在任何磁场中,通过任何闭合曲面的磁通量为零。

(3)法拉第电磁感应定律——麦克斯韦第三方程:

$$\oint_L \boldsymbol{E} \cdot \mathrm{d}\boldsymbol{l} = -\frac{\mathrm{d}\Phi_B}{\mathrm{d}t} \tag{18-8}$$

它表明:在任何电场中,电场强度沿任意闭合回路的线积分等于该回路中磁通量对时间的变化率的负值。

(4)普遍的安培环路定理——麦克斯韦第四方程:

$$\oint_L \boldsymbol{H} \cdot \mathrm{d}\boldsymbol{l} = I + \frac{\mathrm{d}\Phi_D}{\mathrm{d}t} \tag{18-9}$$

它表明：在任何磁场中，磁场强度 H 沿任意闭合回路的线积分等于通过回路的全电流。

以上便是麦克斯韦方程的积分形式。

电磁理论的基础是麦克斯韦方程。麦克斯韦方程与电磁学的关系如同牛顿运动定律与经典力学的关系一样。然而二者有一个重要的差别，爱因斯坦在 1905 年提出相对论，它比牛顿定律的出现大约迟了 200 年，比麦克斯韦方程的出现大约迟了 40 年。正如相对论所证明的，在物体速度接近光速时，牛顿定律必须作较大的修改。然而，麦克斯韦方程一点也不需要修改。

麦克斯韦方程的应用范围十分惊人，它包括电机、电视机、回旋加速器以及微波雷达等所有大型电磁设备。

在麦克斯韦预言电磁波存在 20 多年之后，赫兹(H. R. Hertz)在实验室中产生了电磁波，并证实了电磁波具有麦克斯韦所预言的性质。

18-3 电磁波

1. 电磁波的产生

电磁波的产生，首先要有适当的振源——一个产生电磁振荡的源。所谓电磁振荡就是电路中电荷和电流的周期性变化；产生电磁振荡的电路是 LC 振荡电路，它由一个电容器与一个自感线圈串联而成。如图 18-4 所示。

假如把已充电的电容器 C 与自感线圈 L 相联接，电容器将通过自感线圈放电，电流将在自感线圈内激起磁场。根据法拉第定律，自感线圈中将产生自感电动势，来反抗电流的增大，所以在电容器放电过程中，电容器两极板上的电量逐渐减少，电路中的电流 I 逐渐增加，直到电容器两极板上的电荷全部消失，电路中电流达到最大值。根据能量守恒定律，这时电容器中的电场能量全部转换为线圈内的磁场能量（如图 18-4(a)）。

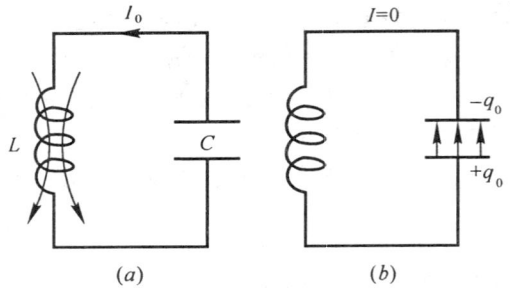

图 18-4　LC 振荡电路

当电容器极板上电荷 $q=0$ 时，电流并不立即为零，而是逐渐减小并沿原方向继续流动，使电容器作反方向充电。这是由于在电流减小的过程中，自感线圈中激起的自感电动势和电流方向相同，从而维持了电流的继续流动。随着电容器两极板上的电荷逐渐增大，电流逐渐减小，直到电路中电流为零，极板上电荷达到最大值，这时磁场能量又全部转换成电场的能量（如图 18-4(b)）。如此重复循环，直到回复原始状态，从而完成了一个完全的电磁振荡过程。之后又重复上述一系列的过程。

在上述过程中，如果电路中没有电阻，也不产生辐射，则由能量守恒定律，其总能量不变，即

$$U = \frac{1}{2}\frac{q^2}{C} + \frac{1}{2}LI^2 = 常量$$

式中 q 为某一时刻电容器极板上的电荷，I 为该时刻电路中的电流。将上式求导，并考虑到 $I = \dfrac{\mathrm{d}q}{\mathrm{d}t}$，并令 $\omega^2 = \dfrac{1}{LC}$，整理后可得

$$\frac{\mathrm{d}^2 q}{\mathrm{d}t^2} + \omega^2 q = 0$$

这是无阻尼自由振荡的微分方程，其解为

$$q = q_0 \cos(\omega t + \varphi) \tag{18-10}$$

对时间微分后得

$$I = \frac{\mathrm{d}q}{\mathrm{d}t} = -q_0 \omega \sin(\omega t + \varphi) = I_0 \cos\left(\omega t + \varphi + \frac{\pi}{2}\right) \tag{18-11}$$

(18-10)式和(18-11)式说明：LC 振荡电路中的电荷 q 与电流 I 都随时间作周期性变化，不断地产生电磁振荡。设 T 和 ν 分别为无阻尼自由电磁振荡的周期和频率，则有

$$\omega = \frac{1}{\sqrt{LC}} = \frac{2\pi}{T}$$

于是得

$$T = 2\pi\sqrt{LC}, \qquad \nu = \frac{1}{2\pi\sqrt{LC}} \tag{18-12}$$

可见，振荡周期和频率仅由电路本身的性质 L 和 C 决定。

上述 LC 电磁振荡仅是理想的情况。由于热损耗和电磁辐射，振荡时电荷和电流的振幅都会随时间逐渐减小，这种振荡称为阻尼振荡。如果在电路中另外有一个周期性变化的电动势不断地供给能量，以补偿由于阻尼而引起的能量损耗，就是受迫振荡。当外加电动势的频率等于电路中无阻尼自由振荡的频率时，电流振幅达到最大值，这种现象称为电共振，由(18-12)式可以看出，通过调节电容器的电容能够达到电共振，这称为调谐。收音机中的调谐作用就是电共振现象的一种实际应用。

以上分析说明，LC 振荡电路能够产生电磁波，可作为电磁波的振源。

2. 电磁波的发射

LC 振荡电路虽然可以作为发射电磁波的振源，但要有效地把电路中的电磁能辐射出去，除了电路中必须不断的补给能量之外，还必须具备以下条件：

(1)频率必须特别高。可以证明，电磁波在单位时间内辐射的能量与频率的四次方成正比。因此，振荡电路中的固有频率(即无阻尼自由振荡频率)只有很高，才能有效地把电磁波能量发射出去。而(18-12)式表明，固有频率 $\nu = \dfrac{1}{2\pi\sqrt{LC}}$，要加大固有频率 ν，就必须减小电路中的 L 和 C 的值。

(2)电路必须开放。LC 振荡电路中，电场和电能都集中在电容器中，磁场和磁能都集中在自感线圈中。为了把电磁场和电磁能拓宽和发射到更大的空间去，必须对电路中的集中元件 L 和 C 加以改造。

为此，我们设想把 LC 振荡电路按图 18-5 所示的顺序逐步进行改造。改造的措施是使电容器的极板面积越来越小，间隔越来越大；而自感线圈的匝数越来越少，且把各匝拉开直

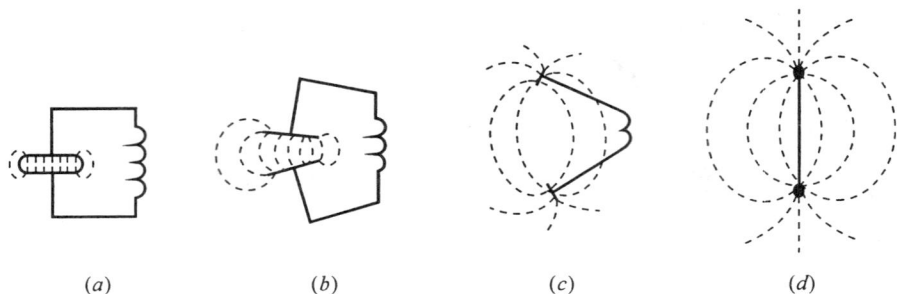

(a) $\qquad$ (b) $\qquad$ (c) $\qquad$ (d)

图 18-5 把 LC 振荡电路改造成偶极振子

至一条直线。于是,根据平行板电容器公式 $C=\varepsilon_0 S/d$ 和自感线圈公式 $L=\mu_0 n^2 V=\mu_0 N^2 S/l$ 可知,这一方法可以使 L 和 C 的数值越来越小,从而提高固有频率 ν。而随着电路越来越开放,电场和磁场分布到周围更大的空间中去,最后振荡电路完全演化成一根直导线。如图 18-5(d)所示,此时,电路两端出现正负交替的等量异号电荷,它相当于电偶极矩为 $p=ql$ 的大小和方向迅速变化的振荡偶极子。如此,它已适合于作有效地发射电磁波的振源了。1889 年,赫兹用这种偶极子做了许多实验,证实了振荡偶极子能够发射电磁波;同时,还证明了电磁波与光波一样,能产生反射、折射等现象。目前实际中的广播电台和电视台的天线,都可看成是这类振荡偶极子的应用。

3. 电磁波的传播

我们知道,波是振动在空间的传播。对于机械波,必须有传播振动的介质。例如,在真空中就不能传播声波。但是电磁波在真空中能够传播,例如发射到大气层外宇宙空间的卫星或飞船可以把无线电讯号发回地球,太阳光和无线电的辐射也可以通过真空到达地球。为什么电磁波的传播不像机械波那样需要介质呢?下面我们来具体分析这个问题。

电磁波能够在空间传播,靠的是两条:一是变化的磁场激发涡旋电场,二是变化的电场激发涡旋磁场。

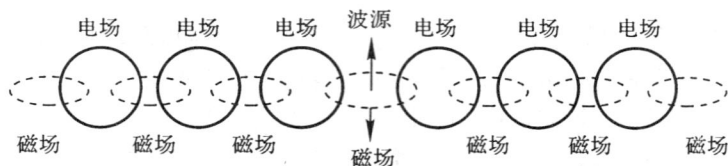

图 18-6 电磁振荡传播机理示意图

如图 18-6 所示。我们设想在空间某处有一个电磁振荡源。因此,有交变电场的存在,它在自己周围激发涡旋磁场,而这个交变的磁场又在自己周围激发涡旋电场。交变的涡旋电场和涡旋磁场相互激发,闭合的电场线和磁感线就像链条的环节一样一个个地套连下去,在空间传播开来,形成电磁波。实际上电磁振荡是沿各个不同方向传播的,这里只是电磁振荡在某一直线上传播过程的示意图,并非真实的电场线和磁感线的分布图。

可以想象，一个振荡偶极子周围产生的电场和磁场是十分复杂的。电磁波产生之后，就脱离了振荡偶极子，因此，是变化的电场和变化的磁场的相互激发保证了电磁波的传播，就像"鸡生蛋，蛋生鸡"一直循环下去一样。如果在变化电场和变化磁场中，不存在能量损耗，这样的过程就会永远进行下去，而实际上这是不可能的。

4. 电磁波的性质

振荡电偶极子辐射的电磁波在距离 r 足够大时是球面波，这时波的振幅与距离 r 成反比。但在远离振荡电偶极子的空间，电磁波可看成平面波，如图 18-7 所示。下面我们简单介绍在自由空间传播的电磁波的一些普遍性质。

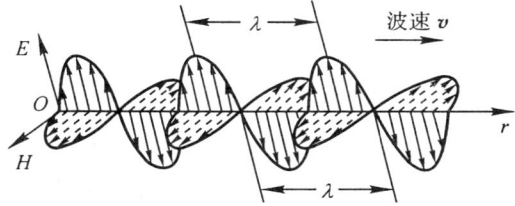

图 18-7　平面电磁波

①电磁波是横波。电磁波振动的电矢量 E 和磁矢量 H 都与传播方向垂直。

②电矢量 E 和磁矢量 H 相互垂直，即

$$E \perp H$$

③任何给定点上的 E 和 H 都在作周期性变化，两者相位相同。

④E 和 H 的量值成比例。

设 E 和 H 表示 E 和 H 的量值，理论计算表明，E 和 H 有如下比例关系：

$$\sqrt{\varepsilon_0 \varepsilon} E = \sqrt{\mu_0 \mu} H \tag{18-13}$$

同样可得，E 和 H 的振幅 E_0 和 H_0 也有相同的比例关系，即

$$\sqrt{\varepsilon_0 \varepsilon} E_0 = \sqrt{\mu_0 \mu} H_0 \tag{18-14}$$

⑤电磁波的传播速度。理论计算表明，电磁波的传播速度为

$$v = \frac{1}{\sqrt{\varepsilon_0 \varepsilon \mu_0 \mu}} \tag{18-15}$$

在真空中，$\varepsilon = \mu = 1$，电磁波的速度为

$$c = \frac{1}{\sqrt{\varepsilon_0 \mu_0}} = 3.0 \times 10^8 \text{m/s} \tag{18-16}$$

这一结果与实验中测得的真空中的光速恰好相等，因此可以肯定光波是一种电磁波。

⑥振荡电偶极子辐射的电磁波频率等于振荡电偶极子的振动频率，E 和 H 的量值和频率的平方成正比，即

$$\left. \begin{array}{l} E = \dfrac{\omega^2 p_0 \sin\theta}{4\pi\varepsilon_0 \varepsilon v^2 r} \cos\omega\left(t - \dfrac{r}{v}\right) \\[3mm] H = \dfrac{\omega^2 p_0 \sin\theta}{4\pi v r} \cos\omega\left(t - \dfrac{r}{v}\right) \end{array} \right\} \tag{18-17}$$

式中 p_0 为振荡偶极子电偶极矩振幅，ω 为角频率，v 为电磁波的传播速度，r 为矢径的大小，θ 为矢径 r 与电偶极子轴线间的夹角。

5. 电磁波的能量

电磁波的传播就是变化的电磁场的传播。由于电磁场具有能量，所以电磁波也携带能量在传播。电磁波携带的电磁能量称为辐射能。

我们知道，电场和磁场的能量体密度分别为

$$u_e = \frac{1}{2}\varepsilon_0\varepsilon E^2 \qquad u_m = \frac{1}{2}\mu_0\mu H^2$$

因而电磁场的总能量密度为

$$u = u_e + u_m = \frac{1}{2}\varepsilon_0\varepsilon E^2 + \frac{1}{2}\mu_0\mu H^2$$

由于上述能量是 E 和 H 的函数，所以辐射能的传播方向就是电磁波的传播方向，其传播速度即为电磁波的传播速度。设 dA 为垂直于电磁波传播方向的截面积，在介质不吸收电磁能量的情况下，在 dt 时间内通过 dA 面积的辐射能量为 $u\,dAv\,dt$。设 S 表示在单位时间内通过垂直于传播方向上单位面积的辐射能，则

$$S = \frac{u\,dAv\,dt}{dA\,dt} = uv = \frac{v}{2}(\varepsilon_0\varepsilon E^2 + \mu_0\mu H^2)$$

把 $v = \dfrac{1}{\sqrt{\varepsilon_0\varepsilon\mu_0\mu}}$ 和 $\sqrt{\varepsilon_0\varepsilon}E = \sqrt{\mu_0\mu}H$ 代入上式得

$$S = \frac{1}{2\sqrt{\varepsilon_0\varepsilon\mu_0\mu}}(\sqrt{\varepsilon_0\varepsilon}E\sqrt{\mu_0\mu}H + \sqrt{\mu_0\mu}H\sqrt{\varepsilon_0\varepsilon}E) = EH \qquad (18\text{-}18)$$

由于 E 和 H 互相垂直，又和传播方向垂直，故(18-18)式可用矢量形式表示为

$$\boldsymbol{S} = \boldsymbol{E} \times \boldsymbol{H} \qquad (18\text{-}19)$$

式中 $\boldsymbol{S}$ 的方向就是电磁波的传播方向。$\boldsymbol{S}$ 是电磁波的能流密度矢量，叫做坡印廷(J. H. Poynting)矢量。

电磁波中 E 和 H 都随时间迅速变化。在实际中重要的是平均能流密度，即它在一个周期内的平均值。对于简谐波，平均能流密度为

$$\overline{S} = \frac{1}{2}E_0H_0 \qquad (18\text{-}20)$$

式中 E_0 和 H_0 是 E 和 H 的振幅。

坡印廷矢量的概念不仅适用于迅变的电磁场，也适用于稳恒场。

例 2　在真空中有一个平面电磁波的电场强度的最大值为 $E_0 = 1 \times 10^{-4}\,\text{V/m}$，求该电磁波的磁场强度的振幅 H_0 是多少？

解　由电磁波的性质得

$$\sqrt{\varepsilon_0}\,E_0 = \sqrt{\mu_0}\,H_0$$

$$H_0 = \sqrt{\frac{\varepsilon_0}{\mu_0}}E_0 = \sqrt{\frac{8.85 \times 10^{-12}}{4\pi \times 10^{-7}}} \times 1 \times 10^{-4} = 2.65 \times 10^{-7}\,(\text{A/m})$$

例 3　一广播电台的平均辐射功率为 $P = 10\,\text{kW}$，假定辐射出来的能流均匀地分布在以电台为中心的半个球面上。求在距离电台 $r = 10^4\,\text{m}$ 处坡印廷矢量的平均值？若该处的电磁波可看成平面电磁波，再求该处电场强度的振幅？

解 坡印廷矢量的平均值为

$$\overline{S} = \frac{P}{2\pi r^2} = \frac{10^4}{2 \times 3.14 \times (10^4)^2} = 1.6 \times 10^{-5} (\text{W/m}^2)$$

因为 $\overline{S} = \frac{1}{2} E_0 H_0$，$\sqrt{\varepsilon_0}\, E_0 = \sqrt{\mu_0}\, H_0$，故

$$\overline{S} = \frac{1}{2} \sqrt{\frac{\varepsilon_0}{\mu_0}} E_0^2$$

$$E_0 = \left(2\overline{S} \sqrt{\frac{\mu_0}{\varepsilon_0}} \right)^{1/2} = \left(2 \times 1.6 \times 10^{-5} \times \sqrt{\frac{4\pi \times 10^{-7}}{8.85 \times 10^{-12}}} \right)^{1/2} = 0.11 \ (\text{V/m})$$

18-4 电磁波谱

图 18-8 表示我们现在所知道的电磁波谱的范围。所有电磁波都具有相同的性质和速

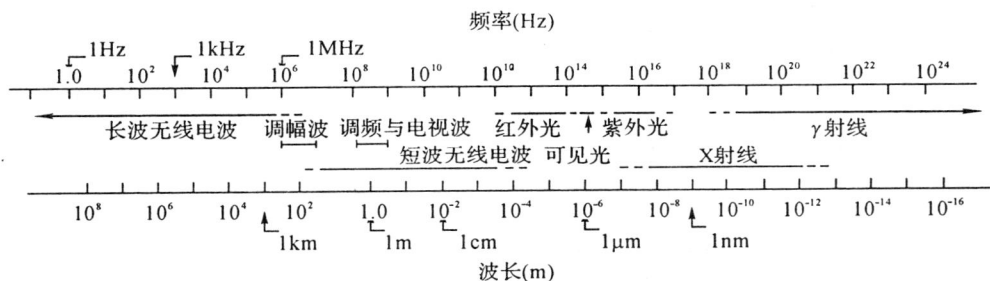

图 18-8 电磁波谱(图中频率和波长均用对数标度)

度,它们的差别仅在于频率不同(因而波长不同),所以可以按照它们的频率(或波长)的次序排列成谱,称之为电磁波谱。对电磁波谱中各个区域的命名是根据产生和检测该区域中的波的实验方法来确定的。对于调幅(AM)波段和调频与电视(FM-TV)波段,其频率范围由法律规定,其划分十分明确。

电磁波谱中各波段的波的产生方法各不相同。无线电波由振荡电路产生,波长范围从 30 000~0.001m;红外线波段的波长范围从零点几厘米到 760nm;可见光的波长范围从 760~400nm;紫外线的波长从 400~5nm。红外线和紫外线是人类视觉感受不到的,只能用仪器探测。无论是红外线、可见光或紫外线都是由原子或分子的振荡所激发产生的。

X 射线由原子的电子结构中的扰动产生,可用高速电子流轰击金属靶得到,其波长范围从 $10^{-7} \sim 10^{-13}$m 之间。

γ 射线是因原子核内部衰变发出的一种波长极短的电磁波,范围从 $10^{-9} \sim 10^{-10}$m。

电磁波谱中不存在间隙,举例来说,我们既可用微波技术(微波振荡器)也可用红外技术(热辐射源)来产生频率为 3×10^{11}Hz 的电磁波。此外,频率或波长范围不具有明显的上限和下限。

太阳是我们的主要电磁辐射源,而人类也在地球上创造了许多电磁辐射源。无线电波和从雷达系统、微波炉、电话系统等等装置辐射出来的微波都可能对人类的健康产生影响。

本章摘要

1. 位移电流： $I_D = \dfrac{\mathrm{d}\Phi_D}{\mathrm{d}t} = \dfrac{\mathrm{d}}{\mathrm{d}t}\displaystyle\int_S \boldsymbol{D}\cdot\mathrm{d}\boldsymbol{S}$。

   位移电流密度： $\boldsymbol{j}_D = \dfrac{\mathrm{d}\boldsymbol{D}}{\mathrm{d}t}$。

2. 麦克斯韦方程：

   (1) $\displaystyle\oint_S \boldsymbol{D}\cdot\mathrm{d}\boldsymbol{S} = \sum q_i$　　　电学的高斯定理；

   (2) $\displaystyle\oint_S \boldsymbol{B}\cdot\mathrm{d}\boldsymbol{S} = 0$　　　　磁学的高斯定理；

   (3) $\displaystyle\oint_L \boldsymbol{E}\cdot\mathrm{d}\boldsymbol{l} = -\dfrac{\mathrm{d}\Phi_B}{\mathrm{d}t}$　　　法拉第电磁感应定律；

   (4) $\displaystyle\oint_L \boldsymbol{H}\cdot\mathrm{d}\boldsymbol{l} = I + \dfrac{\mathrm{d}\Phi_D}{\mathrm{d}t}$　　普遍的安培环路定理。

3. 电磁波：

   LC 电路是产生电磁振荡的振源。

   无阻尼自由电磁振荡的周期和频率： $T = 2\pi\sqrt{LC}$，$\nu = \dfrac{1}{2\pi\sqrt{LC}}$。

   电磁波的发射必须具备的条件是：

   　　(1)频率必须特别高；

   　　(2)电路必须开放；

   电磁波的传播不需要介质,主要靠交变的涡旋电场和交变的涡旋磁场相互激发,在空间传播开去。

   电磁波的性质:横波,传播速度等。

   电磁波的能量:能流密度矢量——坡印廷矢量 $\boldsymbol{S} = \boldsymbol{E}\times\boldsymbol{H}$；

   平均能流密度： $\overline{S} = \dfrac{1}{2}E_0 H_0$。

4. 电磁波谱:把电磁波按频率(或波长)的大小次序排列成谱,这个谱就是电磁波谱。

思考题

18-1　什么叫位移电流？什么叫全电流？位移电流和传导电流有哪些区别和相似之处？

18-2　变化的电场所产生的磁场是否一定随时间而变化？反之,变化的磁场所产生的电场,是否一定随时间而变化？

18-3　为什么导线中传导电流的磁效应通常很容易探测到,而通常情况下电容器中位移电流的磁效应却很难探测到？

18-4　试说明麦克斯韦方程组中每个方程所表示的物理意义？ 确定下列事实为哪个方程所包括？

(1)电场线仅起始或终止于电荷或无限远处；

(2)磁感线无头无尾；

(3)变化的电场一定伴随有磁场；

(4)变化的磁场一定伴随有电场。

18-5 一个作匀速直线运动的点电荷能在其周围空间产生哪些场？

18-6 试分析当电荷分别作下列两种运动时,能否辐射电磁波？

(1)电荷在空间作简谐振动；

(2)电荷在圆轨道上运动。

18-7 为什么当半导体收音机中的磁性天线的磁棒和电磁波的磁场强度方向平行时,收音机收到的信号最强？

18-8 电磁波有哪些基本性质？它和机械波在本质上有何区别？

18-9 什么是坡印廷矢量？它和电场、磁场各有什么关系？

18-10 电磁场的物质性反映在哪些方面？

习 题

18-1 在一个 $C=1\mu F$ 的平行板电容器的两极板上,加一频率为 50Hz、峰值为 1.74×10^5V 的交变电压,试计算极板间位移电流的最大值(忽略边缘效应)。

18-2 试证明平行板电容器的位移电流可写为(忽略边缘效应)：

$$I_D = C\frac{dV}{dt}$$

式中 C 是电容器的电容,V 是两极板间的电势差。

18-3 如图所示,一平板电容器由两圆形极板组成,极板面积为 A,极板间距为 d,极板外部引线与一电压 $V=V_0\sin\omega t$ 的交流电源连接。试求：

(1)穿过电容器的位移电流大小；

(2)在电容器中距轴为 r 处的磁感应强度大小。

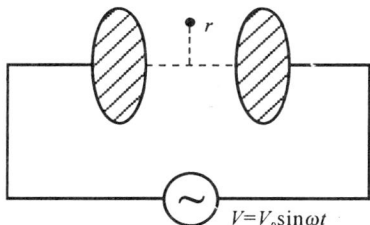

习题 18-3 图

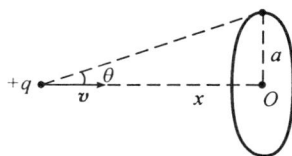

习题 18-4 图

18-4 如图所示,一正点电荷 q 以速度 $\boldsymbol{v}$ 向 O 点运动(电荷到 O 点的距离用 x 表示)。若以 O 点为圆心,作一半径为 a 的圆,圆平面与 $\boldsymbol{v}$ 垂直,试计算通过该圆平面的位移电流。

18-5 圆形平行板电容器板间为空气电介质。充电时极板上的电荷面密度随时间不断增加,即 $\sigma=kt$,k 为常量,试求电容器内距轴线距离 r 处的磁感应强度。

18-6 收音机内有一自感为 $2.6\times10^{-4}H$ 的线圈,如果要使该收音机能接收波长为 200～600m 的无线电广播信号,则振荡电路中的电容器的电容应能在什么范围内变动？

18-7 一平面电磁波在真空中传播,其电场强度 $E=E_0\cos[\omega(t-\frac{x}{c})]\boldsymbol{j}$,试求：

(1)波的传播方向；

(2)磁场强度的表达式；

(3)坡印廷矢量的表达式。

18-8 一电容器由两个半径为 R、间距为 d 的圆板构成，边缘效应可忽略不计。当电容器充电时，试证明：单位时间内流进两极板间空间的总能量等于电容器单位时间内静电能的增加量。（由此可见，储存在电容器中的电能并不是通过导线进入电容器的，而是由电磁波从极板周围的空间输入的）

18-9 某一用于打孔的激光束截面直径为 $60\mu m$，功率为 $300kW$。试求该激光束的坡印廷矢量的大小。该激光束中的电场强度和磁感强度的振幅各多大？

18-10 太阳能电池是直接把光能转变为电能的一种装置，它的电流是由太阳光对半导体 p-n 结的电场区内原子的作用产生的。假设有一太阳能电池板的尺寸为 58cm×53cm。当正对太阳光时，此电池板能产生 14V 的电压，并提供 2.7A 的电流。太阳光对垂直于光线的面积的辐射能流密度为 $1.35kW \cdot m^{-2}$，试计算此电池板利用太阳能的效率。

18-11 有一平面电磁波在真空中传播。当电磁波通过空间某点时，该点 $E=50V \cdot m^{-1}$，试求该时刻该点处 B 和 H 的大小，以及电磁能量密度 u 和坡印廷矢量 S 的大小。

18-12 一长直螺线管半径为 a，单位长度上有 n 匝线圈，内部为真空。螺线管中载有正在增加的电流 i，试求螺线管内距轴线 r 处坡印廷矢量的大小和方向。

第19章

带电粒子在电场和磁场中的运动

带电粒子在电场和磁场中的运动在现代科学技术中有许多实际应用,在现代物理学研究的各个方面意义重大。因此,本章比较系统地介绍了电子射线管、电子比荷的测定、带电粒子加速器和霍尔效应的基本原理以及在科学技术中的应用,体现了电磁学与各工程学科之间的联系。

19-1　带电粒子在均匀磁场中的运动

我们分两种情况来讨论带电粒子在均匀磁场中的运动。

1. 带电粒子的速度 v 垂直于磁场 B

设想一个带电粒子 q,它在均匀磁场中的速度矢量 v 垂直于磁感应强度 B。由于洛伦兹力 F 永远在垂直于 B 的平面内,而带电粒子的速度矢量 v 也在这个平面内,因此带电粒子就在这个平面内运动。

由于洛伦兹力永远垂直于粒子的速度,它只能改变粒子速度的方向,不能改变粒子速度的大小,因此带电粒子将在上述平面内作匀速圆周运动,如图 19-1 所示。设带电粒子的质量为 m,圆周的半径为 R,则带电粒子作匀速圆周运动的向心加速度为 $a=v^2/R$。粒子作圆周运动的向心力就是洛伦兹力,其大小为 $F=qvB$,由牛顿第二定律有

图 19-1　带电粒子在均匀
磁场中作匀速圆周运动

$$qvB=m\frac{v^2}{R}$$

由此得圆周的半径为

$$R=\frac{mv}{qB}=\frac{v}{B(q/m)} \tag{19-1}$$

上式表明,R 与粒子的速度 v 成正比,与 B 成反比。q/m 称为粒子的比荷,旧时称荷质比。

粒子转动一周所需的时间,即周期 T 为

$$T=\frac{2\pi R}{v}=\frac{2\pi m}{qB} \tag{19-2}$$

可见,粒子的转动周期与其速度无关。

粒子在单位时间里所转的圈数,即频率 ν 为

$$\nu=\frac{1}{T}=\frac{B}{2\pi}\frac{q}{m} \tag{19-3}$$

ν 叫做带电粒子在磁场中的回旋共振频率,其回旋共振频率与粒子的速度和回旋半径无关。这一结论是下面将介绍的回旋加速器的理论依据。

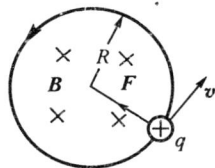

2. 带电粒子速度 v 与磁场 B 成任意夹角 θ

在一般情况下,速度 v 与磁场 B 成任意夹角 θ,这时可将速度 v 分解为两个分量:垂直于 B 的分量 $v_\perp = v\sin\theta$,平行于 B 的分量 $v_\| = v\cos\theta$。若只有 $v_\perp$ 分量,则粒子在垂直于 B 的平面内作匀速圆周运动;若只有 $v_\|$ 分量,由于洛伦兹力在 B 方向没有作用力,粒子将以恒定速度 $v_\|$ 沿着 B 方向作匀速直线运动。当两个分量同时存在时,粒子的运动可以表示为两种运动的叠加,即为等间距的螺旋线运动,其轴与 B 的方向一致,如图 19-2 所示。粒子每转动一周所前进的距离,即螺距为

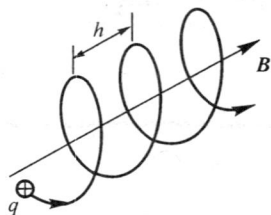

图 19-2 带电粒子在磁场中作等间距螺旋线运动

$$h = v_\| T = \frac{2\pi m v_\|}{qB} \tag{19-4}$$

h 与 $v_\perp$ 分量无关。

例1 一个动能为 10eV 的电子在垂直于均匀磁场的平面上作圆周运动,磁场的磁感应强度 $B = 1.0 \times 10^{-4}$T,求:(1)电子的圆周轨道半径 R;(2)回旋频率 ν;(3)旋转周期 T。

解 (1)电子的速率为

$$v = \sqrt{\frac{2E_k}{m}} = \sqrt{\frac{2 \times 10 \times 1.6 \times 10^{-19}}{9.1 \times 10^{-31}}} = 1.9 \times 10^6 (\text{m/s})$$

电子的圆周轨道半径为

$$R = \frac{mv}{qB} = \frac{9.1 \times 10^{-31} \times 1.9 \times 10^6}{1.6 \times 10^{-19} \times 1.0 \times 10^{-4}} = 0.11(\text{m})$$

(2)电子的回旋频率为

$$\nu = \frac{B}{2\pi}\frac{q}{m} = \frac{1.0 \times 10^{-4} \times 1.6 \times 10^{-19}}{2 \times 3.14 \times 9.1 \times 10^{-31}} = 2.8 \times 10^6 (\text{Hz})$$

(3)旋转周期为

$$T = \frac{1}{\nu} = \frac{1}{2.8 \times 10^6} = 3.6 \times 10^{-7}(\text{s})$$

即电子在该磁场中旋转一周所需时间是 $0.36\mu s$。

19-2　运动的带电粒子在电场和磁场中的偏转

下面,我们来考察由相同的带电粒子(例如电子)所组成的一束细线。在没有电场和磁场时,电子束将射在与它垂直的屏上的 O 点,如图 19-3 所示。现在我们来求电子束通过均匀电场时所引起的偏转。设电子束以速度 v_0 进入电场,v_0 与场强 E 垂直,则电子在电场中受到静电力 $F = -eE$。电子的偏转方向与 E 相反,即垂直向下的方向;电子在垂直方向的加速度为 $a = \dfrac{eE}{m}$;在电场作用下所经

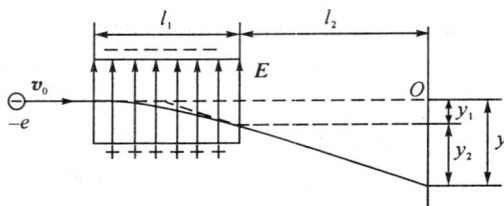

图 19-3　电子束在均匀电场中的偏转

过的时间为 $t_1 = \dfrac{l_1}{v_0}$。在这段时间内，电子将在垂直方向偏转一段距离

$$y_1 = \frac{1}{2}at_1^2 = \frac{1}{2}\frac{eE}{m}\frac{l_1^2}{v_0^2}$$

在经过时间 t_1 后，电子在垂直方向的分速度将由零增加到

$$v_\perp = at_1 = \frac{eE}{m}\frac{l_1}{v_0}$$

电子在离开电场的偏转板到达屏上所需的时间为

$$t_2 = \frac{l_2}{v_0}$$

但电子通过电场的偏转板后不再受电场的作用，所以电子在时间 t_2 内偏转的距离为

$$y_2 = v_\perp t_2 = \frac{eE}{m}\frac{l_1 l_2}{v_0^2}$$

由此可见，电子束相对于屏上 O 点的总偏转为

$$y = y_1 + y_2 = \frac{1}{2}\frac{eE}{m}\frac{l_1^2}{v_0^2} + \frac{eE}{m}\frac{l_1 l_2}{v_0^2} = \frac{e}{m}\frac{El_1}{v_0^2}\left(\frac{l_1}{2}+l_2\right) \tag{19-5}$$

现在假定在长为 l_1 的距离上加入一个与其速度 $\boldsymbol{v}_0$ 垂直的均匀磁场，如图 19-4 所示。设磁场 $\boldsymbol{B}$ 垂直于图面指向外，磁场的范围用一圆周标出。在磁场的作用下，电子得到的加速度为 $a = ev_0B/m$。当磁场所引起的电子束偏转不太大的情况下，可以近似地认为加速度 a 的方向是恒定的并垂直于 $\boldsymbol{v}_0$。在这种情况下，电子在磁场中和离开磁场到屏上所经过的时间分别为

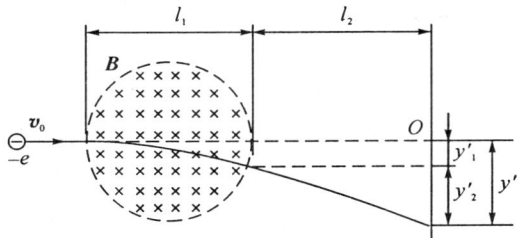

图 19-4　电子在磁场中的偏转

$$t_1 = \frac{l_1}{v_0}, \qquad t_2 = \frac{l_2}{v_0}$$

电子经过磁场的偏转距离为

$$y'_1 = \frac{1}{2}at_1^2 = \frac{1}{2}\frac{ev_0B}{m}\frac{l_1^2}{v_0^2} = \frac{eBl_1^2}{2mv_0}$$

经过时间 t_1 后，电子在垂直方向的分速度为

$$v_\perp = at_1 = \frac{ev_0B}{m}\frac{l_1}{v_0} = \frac{eBl_1}{m}$$

但电子离开磁场后不再受磁场作用，故电子在 t_2 时间内偏转的距离为

$$y'_2 = v_\perp t_2 = \frac{eBl_1 l_2}{mv_0}$$

由此可见，电子束相对于屏上 O 点的总偏转为

$$y' = y'_1 + y'_2 = \frac{eBl_1^2}{2mv_0} + \frac{eBl_1 l_2}{mv_0} = \frac{e}{m}\frac{Bl_1}{v_0}\left(\frac{l_1}{2}+l_2\right) \tag{19-6}$$

由 (19-6) 式可知，不论是电场引起的偏移还是磁场引起的偏移，都是与电子的比荷 e/m

成正比。

电场或磁场所引起的电子束偏转现象,在电子射线管中得到了应用。如图 19-5 所示,在具有电偏转的管内,除产生快速电子束的电子枪外,还放有两对彼此垂直的偏转板。无论在哪一对板上加电压,都可以使电子束在垂直于该板的方向上产生偏转,偏移量与所加电压成正比。由于射线管的屏涂以荧光材料,所以在屏上电子束的入射处将呈现明亮的光点。

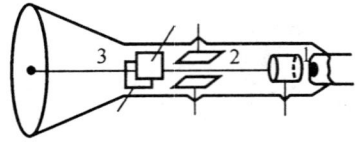

1. 阴极　2. 垂直偏转系统　3. 水平偏转系统

图 19-5　电子射线管示意图

电子射线管被应用于示波器中,这种仪器使我们能够研究迅变过程。在其中一对偏转板上加上一个随时间发生线性变化的扫描电压,在另一对板上加上待研究电压。由于电子束的惯性极小,所以电子束的偏移实际上能够随两对偏转板上的电压变化而无滞后现象;同时,电子束将在示波器的屏上描绘出所研究电压随时间的变化曲线。因为有许多非电学量可以借助于传感器变换为电压,所以利用示波器可以研究各种过程。

电子射线管是电视机中不可缺少的一个组成部分。电视机中常常应用一种对电子束实行磁控的管,称为磁控管。在管子中,用两个放在外面并互相垂直的线圈组来代替偏转板,每一组线圈会产生一个垂直于电子束的磁场。改变线圈中的电流,将使电子束在屏上所产生的光点发生移动,从而出现图象的画面。

19-3　电子比荷的测定

利用电子在磁场中偏转的特性,可以测定电子的电荷和质量之比 e/m,即所谓电子的比荷(荷质比)。比荷是带电微观粒子的基本参量之一。测定比荷的方法很多,这里只介绍汤姆孙(J. J. Thomson)方法。

电子比荷最先是由汤姆孙于 1897 年在英国剑桥市卡文迪许实验室测出的。当时他在实验室观察电子在磁场和电场共同作用下的偏转,完成了一个决定性的实验——测定了电子的电荷 e 与质量 m 的比值。可以说,正是这个实验发现了电子这一基本粒子。这里,我们把它作为磁场和电场对带电粒子作用的一个实际例子进行讨论。

图 19-6 是汤姆孙测量装置的近代形式。电子从电热灯丝 F 发射出来,并在外加电压 V 的作用下得到加速。然后,它通过小孔 C 进入电场 E 与磁场 B 同时存在的区域,其运动方向同时垂直于 E 和 B,而 E 和 B 又互相垂直。当电子束射在荧光屏 S 上时,形成可见的光斑。电子运动的全部区间抽成高度真空,以免电子与空气分子发生碰撞。

带电粒子在电场与磁场中运动时,受到的洛伦兹力为

$$F = qE + (qv_0 \times B)$$

由图 19-6 可知,电场使电子向上偏转,而磁场使电子向下偏转。如果这两个偏转力(即静电力和磁力)互相抵消(即 $F=0$),则上式可简化为

$$eE = ev_0 B$$

即

$$E = v_0 B \tag{19-7}$$

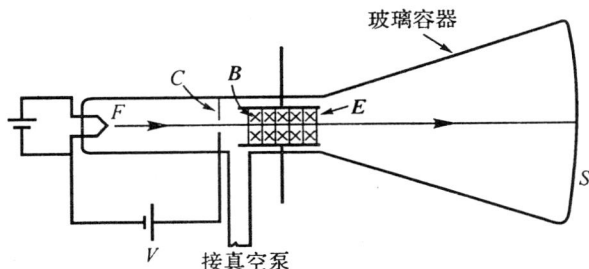

图 19-6 汤姆孙测量电子比荷的装置

因此,对于给定的电子速度 v_0,可以通过调节 E 或 B 来满足这个偏转为零的条件。

汤姆孙的实验步骤为:

(1)当 **E** 和 **B** 两者为零时,记下无偏转的电子束光点的位置 O 点;

(2)加一固定电场 **E**,在荧光屏上测出由此产生的电子束偏转;

(3)再加一磁场 **B**,同时调节 **B** 的大小直到电子束的偏转为零、光点回到位置 O 点为止。

根据(19-5)式,在纯电场时,电子束光点相对于无偏转时屏上 O 点位置的总偏转为

$$y = \frac{e}{m} \frac{El_1}{v_0^2}\left(\frac{l_1}{2} + l_2\right)$$

式中 v_0 是电子的速度,l_1 是电场偏转板的长度,l_2 是电场区域的边界处到荧光屏的距离,E 和 y 的数值由实验测出。显然,只有 $\frac{e}{m}$ 和 v_0 是未知量,而实验步骤(3)就是为了求出速度 v_0。

根据步骤(3)得到的(19-7)式,可得电子束的速度为

$$v_0 = \frac{E}{B}$$

将 v_0 代入上面含 y 的方程式,可得电子的比荷为

$$\frac{e}{m} = \frac{yE}{B^2 l_1\left(\dfrac{l_1}{2} + l_2\right)} \tag{19-8}$$

(19-8)式右端各量都可以测量出来。汤姆孙测得电子比荷 $\frac{e}{m}$ 的数值是 1.7×10^{11}C/kg。

1977 年测得的电子比荷数值是

$$\frac{e}{m} = 1.758\,805 \times 10^{11}(\text{C/kg}) \tag{19-9}$$

这是目前最准确的数值。汤姆孙测出的数值与之符合得极好。

(19-9)式给出的是电子电荷与静止质量之比;汤姆孙实验所确定的则是电子电荷与相对论质量 $m = \dfrac{m_0}{\sqrt{1-v^2/c^2}}$ 之比,电子的速度大约是 $0.1c$。在这样的速度下,相对论质量比静止质量约大 0.5%。在以后的一些实验里,电子的速度达到很大的值。但所有的情况都发现,e/m 的测量值随速度 v 的增大而减小,而且减小的结果与按相对论计算的结果符合得很准确。如 19 世纪末发现的 β 射线是一种带负电的粒子流,不同放射性物质发出的 β 射线粒子具有不同的速度,一般说来其数值都十分巨大,接近光速 c。实验表明,β 粒子的比荷与速度

有关,速度愈大,比荷愈小。这些结果均与相对论符合。

19-4 带电粒子加速器

在原子核和粒子物理学研究中,利用高能带电粒子束的实验起着巨大的作用。用以获得高能粒子束的装置,叫做带电粒子加速器。这种装置的类型、名目繁多,我们只介绍其中三种的基本原理。

1. 回旋加速器

回旋加速器是劳伦斯(E.O.Lawrence)首先于1932年在美国伯克利的加利福尼亚大学建成并开始使用的,主要用于加速如氢核(质子)和重氢核(氘)之类的带电粒子,以使这些粒子得到很高的能量,然后进行轰击原子核的实验[①]。

带电粒子在均匀磁场中的回旋周期与其速度无关,这就是回旋加速器的基本原理。

回旋加速器由两个扁圆形的金属盒电极构成,由于它们每个都像字母 D 的形状,故称 D 形电极,两 D 形电极之间留有窄缝,中心附近放置有离子源(如质子、氘核,或 α 粒子等),

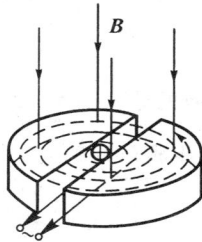

图 19-7　回旋加速器 D 形电极　　　　图 19-8　回旋加速器工作原理

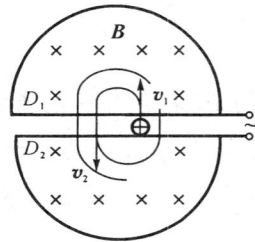

如图19-7所示。两个 D 形电极装在高度真空的罩内,整个装置则位于巨大的电磁铁两极之间,它们所产生的磁场是均匀磁场,其方向垂直于 D 形电极的平面(如图19-8)。电子高频振荡器所激发的交变电压加在两个 D 形电极上,其频率的数量级约为每秒改变几百万次,于是在缝隙内形成交变电场。由于电屏蔽作用, D 形电极内的电场很弱。

现在我们考虑离子的运动情况。设想当 D_2 形电极的电势高的时候,一个带正电的离子从离子源发出,它在缝隙中被加速,并以速度 v_1 进入 D_1 形电极内部的无电场区。在这里,离子仅在磁场的作用下沿圆周轨道运动,其半径为

$$R_1 = \frac{mv_1}{qB}$$

离子绕行半个圆周后又回到缝隙处。如果我们所选择的两 D 形电极间的电压变化频率刚好在此一瞬间使缝隙间的电场恰好反向,则离子通过缝隙时又将被加速,并以更大的速度 v_2 进入 D_2 形电极内部的无电场区,然后沿较大的半径 $R_2 = \frac{mv_2}{qB}$ 作圆周运动。由于离子在均匀磁场中的回旋周期与速度无关,所以它在通过 D_2 形电极中半个圆周所用的时间保持不变,

---

① 劳伦斯由于这一工作而获得1939年的诺贝尔物理奖。

它们都等于回旋周期的一半，即 $\dfrac{T}{2}=\dfrac{\pi m}{qB}$。所以，尽管粒子的速度和回旋半径一次比一次增大，只要缝隙中的交变电场以不变的回旋周期 $T=\dfrac{2\pi m}{qB}$ 往复变化，就能保证离子每次经过缝隙时都受到电场的加速。只要这个过程一直继续下去，不断加速的离子将沿着螺旋线轨道到达 D 形电极边缘，从而被引出这个系统之外。

回旋加速器中所产生的离子的能量依赖于 D 形电极的半径 R。由 $R=\dfrac{mv}{qB}$ 可知，离子在这个回旋加速器中最终获得的速度为

$$v=\frac{qBR}{m}$$

于是，离子的动能为

$$E_{\mathrm{k}}=\frac{1}{2}mv^2=\frac{q^2B^2R^2}{2m} \tag{19-10}$$

上式表明：离子获得的能量受到磁感应强度 B 和 D 形电极半径 R 的限制。

例 2 一回旋加速器的回旋频率 $\nu=1.2\times10^7$Hz，D 形电极的半径 $R=0.53$m，求加速氘核需要的磁场 B 为多大？加速后氘核的动能为多大？已知氘核质量 $m=3.3\times10^{-27}$kg，电量 $q=1.6\times10^{-19}$C。

解 回旋加速器的回旋频率为

$$\nu=\frac{qB}{2\pi m}$$

故得

$$B=\frac{2\pi\nu m}{q}=\frac{2\pi\times1.2\times10^7\times3.3\times10^{-27}}{1.6\times10^{-19}}=1.6(\mathrm{T})$$

氘核的动能为

$$E_{\mathrm{k}}=\frac{q^2B^2R^2}{2m}=\frac{(1.6\times10^{-19})^2\times(1.6)^2\times(0.53)^2}{2\times3.3\times10^{-27}}=2.8\times10^{-12}(\mathrm{J})=17.5\mathrm{MeV}$$

2. 电子感应加速器

电子感应加速器是利用变化的磁场在空间激发涡旋电场来加速电子的感应式加速器。它的主要装置如图 19-9 所示。这种仪器由放在特别形状的电磁铁两极之间的环形管状真空室构成，电磁铁的线圈供以频率约 100Hz 的交变电流。在这种情况下所产生的交变磁场起两个作用：一是产生涡旋电场以加速电子，二是让电子在磁场中在洛伦兹力的作用下，沿圆形轨道运动。以下简单介绍一下它的工作原理。

首先，为了加速电子，在图 19-9 所示的情况下，涡旋电场应是顺时针方向的，即磁场变化的第一和第四个 1/4 周期可以用来加速电子，如图 19-10 所示。其次，为了使电子能不断加速，电子必须沿圆形轨道运动，电子受到的磁场的洛伦兹力应指向圆心，而这只有在磁场变化的第一和第二个 1/4 周期才能做到。为了能同时满足这两个条件，只有在磁场变化的第一个 1/4 周期的区间内，电子才能在涡旋电场作用下不断加速。由此可见，电子感应加速器是以脉冲形式工作的。在脉冲开始时，电子枪把电子束引入真空室。于是电子便在涡旋电场中以愈来愈大的速度沿圆形轨道运动，它们在每个磁场变化的第一个 1/4 周期内（约 10^{-3}s）被加速，这样，经过上百万次旋转获得数百兆电子伏的能量，在这样的能量下，电子的速度几

平等于光速。

为了使电子维持在恒定的轨道半径 R 上作圆周运动,对磁场的径向分布有一定的要求。设电子轨道处的磁场为 B_R,电子运动的向心力为洛伦兹力,则有

$$evB_R = m\frac{v^2}{R} \qquad (19\text{-}11)$$

由此得

$$mv = ReB_R \qquad (19\text{-}12)$$

(19-12)式表明:在任意时刻,只要电子的动量随磁感应强度成比例增加,就可以维持其在一定的轨道上运动。为了实现这个条件,我们分析电子的加速过程,不难看出:由于电子受到一个切向力 F(图 19-9),因此根据牛顿定律,有

$$F = \frac{\mathrm{d}(mv)}{\mathrm{d}t} = Re\frac{\mathrm{d}B_R}{\mathrm{d}t} \qquad (19\text{-}13)$$

电子轨道半径 R 处的涡旋电场可由下式求出,即

$$\oint_L \boldsymbol{E} \cdot \mathrm{d}\boldsymbol{l} = E \cdot 2\pi R = -\frac{\mathrm{d}\Phi_B}{\mathrm{d}t}$$

$$E = -\frac{1}{2\pi R}\frac{\mathrm{d}\Phi_B}{\mathrm{d}t}$$

即有

$$F = -eE = \frac{e}{2\pi R}\frac{\mathrm{d}\Phi_B}{\mathrm{d}t} \qquad (19\text{-}14)$$

由(19-13)式和(19-14)式得

$$\mathrm{d}(mv) = \frac{e}{2\pi R}\mathrm{d}\Phi_B$$

设加速过程开始时,电子的速率 $v=0$,$\Phi_B=0$,对上式积分得

$$mv = \frac{e}{2\pi R}\Phi_B = \frac{e}{2\pi R} \cdot \pi R^2 \overline{B} = \frac{Re}{2}\overline{B} \qquad (19\text{-}15)$$

式中 $\overline{B}$ 为电子运动轨道内圆面积的平均磁感应强度。

比较(19-12)式和(19-15)式得

$$B_R = \frac{1}{2}\overline{B} \qquad (19\text{-}16)$$

这就是维持电子在全部时间内都能沿恒定圆形轨道上运动的条件。它表明:为了使加速电子能在与其速度无关的恒定半径 R 的圆周上作圆周运动,电子运动轨道上的磁感应强度 B_R 应等于轨道所包围的圆面积内的平均磁场 $\overline{B}$ 的一半。必须指出,以上推导即使在速度接近光速时也成立的。我们可以设计电磁铁的造型,使它既能产生较强大的中心磁场,又能在电子轨道位置处产生较弱的磁场,以满足上述条件。

电子感应加速器对电子的加速虽然不受相对论效应的限制,但却受到电子因加速运动而辐射能量的限制。无论何时,当一个电子被加速时,它就要辐射能量,当由于辐射所损失的能量等于从电子感应加速器所获得的能量时,电子就不可能再加速。这个问题可以用增大轨

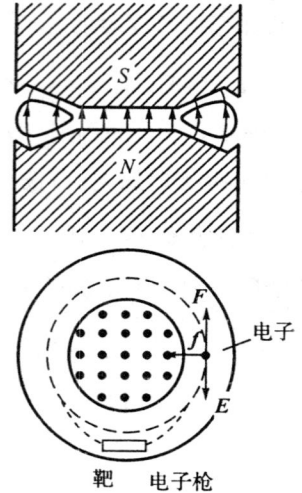

图 19-9 电子感应加速器

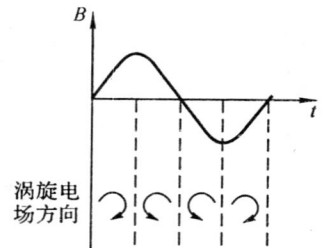

图 19-10 电子感应加速器中产生涡旋电场的方向

道半径的方法来加以改进,但是,这时又要受到电磁铁尺寸的限制。

在一个100MeV的电子感应加速器里,一个电子旋转一周增加的能量为430eV,电子必须旋转大约 2.3×10^5 周,才能获得100MeV的能量。具有这样大能量的电子,其速度为 $0.9987c$。

电子感应加速器主要用于核研究。能量在50MeV以下的小型电子感应加速器在工业上可用来产生硬X射线,供工业上作无损探伤之用。

19-5 霍尔效应

1879年,霍尔(E.H.Hall)在哈佛大学首次观察到:当把一载流导体板放在垂直于它的磁场中时,则如果磁场方向与电流方向垂直,在导体板样品中垂直于电流和磁场的方向上就出现横向电势差。这一现象叫做霍尔效应。电势差 $V_H = V_1 - V_2$ 叫霍尔电势差。如图19-11所示。

实验表明,在磁场不太强时,霍尔电势差 V_H 与电流 I 和磁感应强度 B 成正比,与导体板的厚度 d 成反比,即

$$V_H = R_H \frac{IB}{d} \tag{19-17}$$

式中比例系数 R_H 称为霍尔系数。

霍尔效应的出现可以简单地用洛伦兹力来解释。由于导体板内的运动电荷 q(载流子,即电子)在磁场 B 中受到洛伦兹力 F_m 的作用而发生偏转,使导体板的上下界面聚集了正负电荷形成电势差。

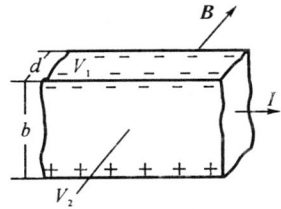
图 19-11 金属导体中的霍尔效应

设导体板内载流子(电子)的平均定向运动速度 v_d,它们在磁场中受到的洛伦兹力的大小为

$$F_m = qv_d B \tag{19-18}$$

这时载流子除有宏观的定向运动外,还将产生向上的速度分量,于是在导体板的上侧出现剩余的负电荷,下侧出现剩余的正电荷(如图19-12所示),因而产生一个附加的横向电场 E_H,称为霍尔电场。霍尔电场的出现将阻止载流子向上偏转,使其还受到一个方向相反的力

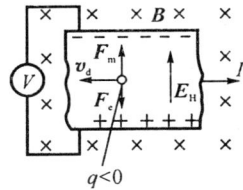
图 19-12 霍尔效应的电子论解释

$$F_e = qE_H \tag{19-19}$$

最后,这两个力达到平衡,即

$$qE_H = qv_d B$$

由此得霍尔电场为

$$E_H = v_d B \tag{19-20}$$

霍尔电势差为

$$V_H = E_H b = v_d B b$$

式中 b 为导体板的横向宽度。

设载流子的浓度为 n，则电流 I 可写成 $I=nqv_ddb$，用 I,n 和 q 来表示 v_d，则 $v_d=\dfrac{I}{nqdb}$，代入上式后得

$$V_H = \frac{1}{nq}\frac{IB}{d} \tag{19-21}$$

将此式与(19-17)式比较后得霍尔系数为

$$R_H = \frac{1}{nq} \tag{19-22}$$

上式表明，R_H 与载流子的浓度有关。测出霍尔系数，就可以求出金属导体中载流子的浓度。

霍尔效应不仅可以在金属中观察到，也可以在半导体中观察到，半导体中载流子的浓度远比金属中的载流子的浓度小，所以半导体的霍尔系数比金属的大得多，而且半导体内载流子的浓度受温度、杂质等因素的影响很大，因此霍尔效应为研究半导体载流子浓度的变化提供了重要的方法。

根据霍尔系数的符号可以判断出半导体究竟是属于 n 型还是 p 型半导体。[①] 图 19-13 表示分别具有正负两种载流子试样的霍尔效应。在图 19-13(a)中，$q>0$，载流子的定向运动速度 v_d 的方向与电流 I 方向一致，洛伦兹力使它向上偏转，结果 $V_H>0$；反之，在图 19-13(b)中，$q<0$，载流子的定向运动速度 v_d 的方向与电流的方向相反，洛伦兹力也使它向上偏转，结果 $V_H<0$。因此，根据霍尔电势差或霍尔系数的正负号，就可以判断出半导体的类型。

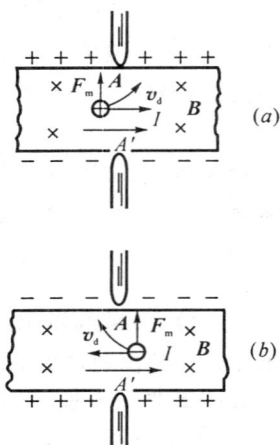

图 19-13　霍尔效应与载流子电荷正负的关系

有趣的是，对于非单价金属、铁与类似铁的磁性物质以及象锗这样的半导体，用自由电子模型对霍尔效应所作的这种简单解释并不正确；而以量子物理为基础对霍尔效应所作的解释，才与实验结果有相当好的符合。

例 3　将一宽为 2.0cm，厚为 1.0mm 的铜片放在 $B=1.5$T 的磁场中，如果铜片中载有 200A 的电流，则在铜片两侧之间的霍尔电势差有多大？设铜的载流子浓度 $n=8.4\times10^{28}/m^3$。

解　根据(19-21)式，得霍尔电势差为

$$V_H = \frac{1}{nq}\frac{IB}{d} = \frac{200\times1.5}{8.4\times10^{28}\times1.6\times10^{-19}\times1\times10^{-3}} = 2.2\times10^{-5}(\text{V}) = 22\mu\text{V}$$

本章摘要

1. 带电粒子在均匀磁场中的运动：

　　(1) $v \perp B$——带电粒子作匀速圆周运动。

----

① 在 n 型半导体中，载流子为电子型；而在 p 型半导体中，载流子为"空穴"型，相当于带正电荷。

圆周的半径： $R = \dfrac{mv}{qB}$；

转动周期： $T = \dfrac{2\pi m}{qB}$；

频率： $\nu = \dfrac{1}{T} = \dfrac{B}{2\pi}\dfrac{q}{m}$。

(2) $\boldsymbol{v}$ 与 $\boldsymbol{B}$ 成任意夹角 θ——带电粒子作等间距螺旋线运动。

螺距——带电粒子转动一周时前进的距离：

$$h = \frac{2\pi m v_{/\!/}}{qB} = \frac{2\pi m v \cos\theta}{qB}。$$

2. 带电粒子在电场和磁场中的偏转：

(1) 电偏转。

电子通过均匀电场时的偏转： $y_1 = \dfrac{1}{2}\dfrac{eE}{m}\dfrac{l_1^2}{v_0^2}$；

电子离开电场到达屏上时的偏转： $y_2 = \dfrac{eE}{m}\dfrac{l_1 l_2}{v_0^2}$；

电子相对于屏上 O 点的总偏转： $y = y_1 + y_2 = \dfrac{e}{m}\dfrac{El_1}{v_0^2}\left(\dfrac{l_1}{2} + l_2\right)$。

(2) 磁偏转。

电子经过磁场时的偏转： $y'_1 = \dfrac{eBl_1^2}{2mv_0}$；

电子离开磁场到屏上时的偏转： $y'_2 = \dfrac{eBl_1 l_2}{mv_0}$；

电子相对于屏上 O 点的总偏转： $y' = y'_1 + y'_2 = \dfrac{e}{m}\dfrac{Bl_1}{v_0}\left(\dfrac{l_1}{2} + l_2\right)$。

3. 电子的比荷：

汤姆孙测量的电子比荷的公式： $\dfrac{e}{m} = \dfrac{yE}{B^2 l_1\left(\dfrac{l_1}{2} + l_2\right)}$

4. 带电粒子加速器：

(1) 回旋加速器。

(2) 电子感应加速器。

5. 霍尔效应——1879 年霍尔首次发现。

霍尔电势差： $V_{\mathrm{H}} = R_{\mathrm{H}}\dfrac{IB}{d}$。

霍尔系数： $R_{\mathrm{H}} = \dfrac{1}{nq}$。

思考题

19-1 如果一电子束沿一直线通过空间某一区域而不发生偏转,我们能否肯定该区域内没有电场或没有磁场的结论?

19-2 回旋加速器在加速带电粒子时,其中的电场和磁场各起什么作用?

19-3 如图所示,可用电子测定 O 点的电场和磁场。若电子静止在 O 点或以速度 v 沿 Z 轴正方向射入 O 点,测得电子受的力均为 F,且指向 Y 轴负向;而若电子以速度 v 沿 X 轴正方向射入 O 点,则测得电子受的力为零,试分析 O 点处 E 和 B 的大小和方向。

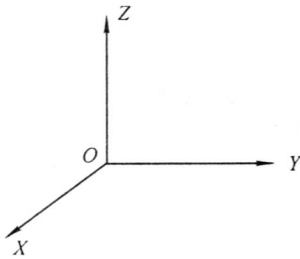

思考题 19-3 图

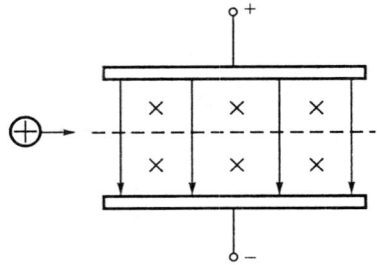

思考题 19-4 图

19-4 速度选择器(又称滤速器)的原理图如图所示:在一对平行金属板间加上电压形成垂直向下的均匀电场 E(忽略边缘效应);在与 E 垂直方向上有一均匀磁场 B,方向垂直纸面向里。一束带电量为 q 的粒子流,以垂直于 E 和 B 的方向入射,试分析速度选择器选择所需速率粒子的原理,并说明具有何种速率的带电粒子才能无偏转地通过场区?

19-5 地球赤道处的地磁场方向沿水平面并指向北。假设大气电场方向指向地面,因而电场和磁场相互垂直。我们必须沿什么方向发射电子,才能使它的运动不发生偏转?

19-6 (1)测量载流导体板在磁场中由于霍尔效应产生的横向电势差时,为什么必须注意两探针的接触点刚好相对?

(2)如果两个接触点之一可以移动,则为了保证两接触点处在合适的位置应怎样调节移动点?

习 题

19-1 有一带电粒子在 $B=1.0 \times 10^{-3}\text{T}$ 的均匀磁场中运动,该粒子的质量为 $1.0 \times 10^{-12}\text{kg}$;所带电量为 $1.0 \times 10^{-4}\text{C}$;运动初速为 $1.0 \times 10^{4}\text{m·s}^{-1}$,方向与磁场方向成 $30°$ 角。试求该粒子所作的螺旋线运动的周期 T、半径 R 和螺距 h。

19-2 质谱仪是分析同位素用的重要仪器,其原理图如图所示:离子源 P 所产生的离子经过窄缝 S_1 和 S_2 之间的加速电场加速后,进入速度选择器;速度选择器中的电场强度 E 和磁感应强度 B 都垂直离子速度 v,且 $E \perp B$;通过速度选择器的离子接着进入均匀磁场 B_0 中,它们沿半圆周运动而达到记录它们的照相底片上形成谱线。如果测得某一谱线 A 到入口处 S_0 的距离为 x,试证明与此谱线相应的离子的质量为:

$$m=\frac{qB_0Bx}{2E}, q \text{ 为离子所带的电量}$$

19-3 在一个电视显象管中,电子沿水平方向从南向北运动。已知其动能为 $1.2 \times 10^{4}\text{eV}$。假定该处地球磁场在竖直方向上的分量向下,其大小为 $5.5 \times 10^{-5}\text{T}$。试问:

(1)电子受到地磁场的影响朝哪个方向偏转?

(2)电子的加速度多大?

(3)电子在电视显象管中飞行 20cm 时的偏转有多大?

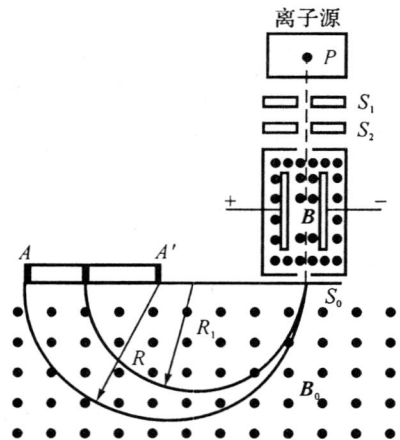

习题 19-2 图

19-4 北京正负电子对撞机中电子在周长为 240m 的储存环中作圆轨道运动。已知其中一电子的动量是 $1.49 \times 10^{-18} kg \cdot m \cdot s^{-1}$，求偏转磁场的磁感应强度。

19-5 一电子在电子感应加速器中沿半径为 1m 的轨道作圆周运动。如果电子每运动一周其动能增加 700eV，试求轨道内磁通量的变化率。

19-6 一回旋加速器的 D 形室的圆周半径 $R=35cm$，用它来加速质量为 $1.67 \times 10^{-27} kg$、电量为 $1.6 \times 10^{-19} C$ 的质子。已知加速用的磁场 $B=1.5T$，试问：

(1)经过多长时间 D 形盒间的电压要反向？

(2)质子能被加速到的最大速度如何？

(3)质子要通过多大等效加速电压，才能获得这样的最大回转速度？

19-7 一汽泡室中的磁场为 20T，一个高能质子垂直于磁场飞过该汽泡室时留下一半径为 3.5m 的圆弧径迹。试求此质子的动量和能量。

19-8 磁流体发电机是利用导电流体的霍尔效应制成的新型发电装置，主要由磁场、导电管、导电管电极组成。它利用燃烧石油、煤等燃料或核反应堆的余热，将气体加热到很高的温度(约 3 000K)使之电离，形成等离子体，后者以高速(约 1 000m·s^{-1})通过处在强磁场中耐高温材料制成的导电管发电。如图所示，设导电管中上、下两平板的电极为 a 和 b，板间的距离为 d。若磁感应强度为 B，高温等离子体速度为 v，试问气流中正负电荷各向何板积累？哪个极板电势高？两极板的电势差可达多大？

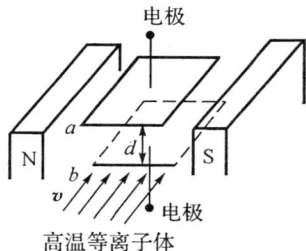

习题 19-8 图

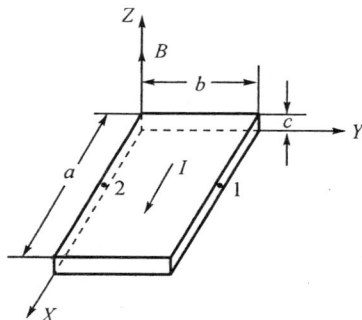

习题 19-10 图

19-9 硅片掺入砷成为 n 型半导体，假设其电子浓度为 $n=2.0 \times 10^{21}/m^3$，电阻率为 $\rho=1.6 \times 10^{-2} \Omega \cdot m$。用这种硅片做成霍尔探头可以测量磁场，其尺寸为 $0.50cm \times 0.20cm \times 0.005 0cm$。将此硅片长度方向的两端接入电压为 1.0V 的直流电路中，当探头放在磁场某处并使其最大表面与磁场方向垂直时，测得宽度为 0.2cm 两侧的霍尔电势差为 1.05mV，试求磁场中该处的磁感应强度。

19-10 如图所示，一块半导体样品平放在 XY 面上，其长、宽和厚度依次沿 X、Y 和 Z 轴方向。已知沿 X 轴方向有电流通过，在 Z 轴方向加有均匀磁场，现测得：$a=1.0cm$，$b=0.35cm$，$c=0.10cm$，$I=1.0mA$，$B=0.30T$，在宽度为 0.35cm 两侧的电势差 $V_1-V_2=6.55mV$。

(1)试问这块半导体是 p 型(空穴导电)还是 n 型(电子导电)半导体？

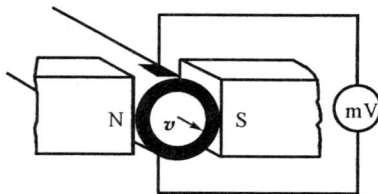

习题 19-11 图

(2)试求载流子的浓度。

19-11 霍尔效应可用来测量血管中血流的速度，其原理图如图所示。在动脉血管两侧分别安装电极并加上磁场(实际应用中的磁场由交流电产生)。设血管直径是 2.0mm，磁场为 0.08T，毫伏表测出的电压为 0.1mV，则血流的速度多大？

第 20 章

光的干涉

　　光学是物理学的一门分支科学,它主要研究光的本性、光的发射、传播和吸收的规律,以及光和其他物质的相互作用及其应用。

　　光学通常可分为几何光学和物理光学两部分,物理光学又可分为波动光学和量子光学两个分支。以光的直线传播性质为基础,研究光在透明介质中传播问题的光学称为几何光学;以光的波动性质为基础,研究光的干涉、衍射等现象的光学称为波动光学;以光的粒子性为基础,研究光和物质相互作用的光学称为量子光学。在这一章及后两章中,我们介绍波动光学,主要内容有光的干涉、光的衍射和光的偏振。

20-1　光的本性

　　关于光的本性,从 17 世纪开始,就存在两派不同的学说。一派是牛顿所主张的光的微粒说,认为光是按照惯性定律沿直线运动的微粒流。该学说很自然地解释了光的直线传播性,也能说明光的反射和折射现象,但在解释牛顿环等现象时却遇到了困难。另一派是惠更斯(C. Huygens)所主张的光的波动说,认为光是在一种特殊弹性介质中传播的机械波。这一学说也能解释光的反射和折射等现象,但它在说明光的直线传播时也遇到了困难。由于早期波动理论的不完善,以及牛顿理论的权威性,在惠更斯提出光的波动说的 100 多年里,光的微粒说一直占据着统治地位。直到 19 世纪初,托马斯·杨(T. Young)提出了波动的干涉理论,从而成功地解释了薄膜的彩色条纹。十几年后,菲涅尔(A. Fresnel)以杨氏干涉原理补充了惠更斯原理,由此产生了著名的惠更斯-菲涅尔原理。用这个原理既能圆满地解释光的直线传播,也能解释光通过障碍物时所产生的衍射现象。从此,人们开始放弃光的微粒说。到 19 世纪后期,麦克斯韦(J. Maxwell)建立了电磁场理论,这个理论预言了电磁波的存在,并指出电磁波的速度和光速相同。麦克斯韦确信光是一种电磁现象,后经实验证实,光波实质上是波长大致在 400.0～760.0nm 区间的电磁波,于是波动说有了更坚定的理论和实验基础。但是,19 世纪末至 20 世纪初,人们的研究开始深入到光和物质的相互作用时,发现了一系列新的现象,如黑体辐射、光电效应等。这些现象不能用光的波动理论来解释,而必须假定光是具有一定能量和动量的粒子所组成的粒子流。那么,光究竟是粒子还是波动呢?近代科学实践证明,光不仅具有波动性,还具有粒子性,这就是所谓的光的波粒二象性。

20-2　光的相干性

1. 相干光波

　　干涉现象是波动过程的基本特征之一。光是电磁波,因此光也有干涉现象。对于可见光波,干涉现象表现为在它们的叠加区域内,有些地方较亮,有些地方较暗,从而形成一系列有规则的明暗相间的条纹。但是,并不是任何两个光源所发出的光波都能产生干涉现象。要发生干涉现象,两列波必须满足相干条件即频率相同、振动方向相同、相位差恒定。这些条件对机械波来说,比较容易满足,但对光波来说并不那么容易实现。这是和光源的发光机理密切相关的。下面我们就来谈谈光源的发光机理。

2. 普通光源的发光机理

光是由光源中许多原子、分子等微观客体辐射的。近代物理学理论和实验都已表明,原子或分子的能量只能取一系列分立值,这些值称为能级。能量最低的状态称为基态,其他能量较高的状态称为激发态。当原子处在某个能级上时,原子并不辐射电磁波。通常,原子总是处于基态,但是如果受到外界的某种激励,原子可以吸收一定的能量从基态跃迁到激发态。处于激发态的原子是不稳定的,它会自发地跃迁回到基态或低激发态,在这一跃迁过程中,原子将向外辐射电磁波。由于这一跃迁所经历的时间是很短的,约为 10^{-8}s,所以原子所发出的光波是一个在时间上很短、在空间上也是有限长的波列,如图 20-1 所示。由于构成光源的大量原子或分子是各自独立地发出一个个波列的,它们的辐射是偶然的,彼此间没有联系,因此各原子或分子所发出的光,即使频率相同,但相位和振动方向也是各不相同的。所以,由两个独立的光源或者同一光源不同部分所发出的光是不相干的。不但如此,即使同一原子前后两次所发的光也不会产生干涉。

那么,怎样才能获得两束相干光呢?如果使一光源上同一点发出的光分为两部分,并沿两条不同的路径传播,然后再使它们相遇,这样的两束光波必满足相干条件,在它们相遇的区域能够产生干涉现象。通常,把从光源同一点发出

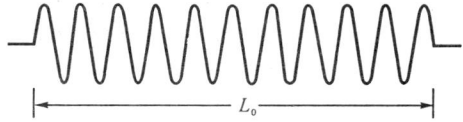

图 20-1 原子一次跃迁发出的波列

的光分为两束光波的方法有两种,即分波阵面法和分振幅法。分波阵面法是将从一点(线)光源发出的光波在其波阵面上分离为两部分,后面要讨论的杨氏双缝干涉、洛埃镜干涉等实验就是利用分波阵面法获得相干光的。分振幅法是通过部分反射和部分透射,将一束光分为若干部分的方法,薄膜干涉就是利用分振幅法得到相干光的。

3. 相干长度

若已得到了两束相干光波,要能产生干涉现象,还有一定的限制。我们已经知道,一个原子在某一时刻所发的光波是有限长的波列,如图 20-1 所示,波列长度为 L_0。设某个原子前后发射了三个波列 a,b,c。把这三个波列分别分为两部分 a_1 与 a_2,b_1 与 b_2,c_1 与 c_2,再使它们经过不同的路径在 P 点相遇。当路程相差不太大时,在 P 点相遇的是 a_1 和 a_2,b_1 和 b_2,c_1 和 c_2,如图 20-2(a)所示,由于它们都是相干的,所以可以观察到干涉现象。但是,如果路程相差太大,以至 a_1 的尾部已通过 P 点而 a_2 的首部尚未到达,则 b_1 相遇的不是 b_2,也许是 a_2,如图20-2(b)所示。这时,由于 a,b,c 这三列波是不相干的,在 P 点就不能产生干涉现象。因此,一束光波分为两束相干光波,再次相遇时,要能产生干涉现象,路程差必须小于 L_0,此极限长度 L_0 就称为该光源的相干长度。相干长度常用来描述光源相干性的好坏。一般普通的单色

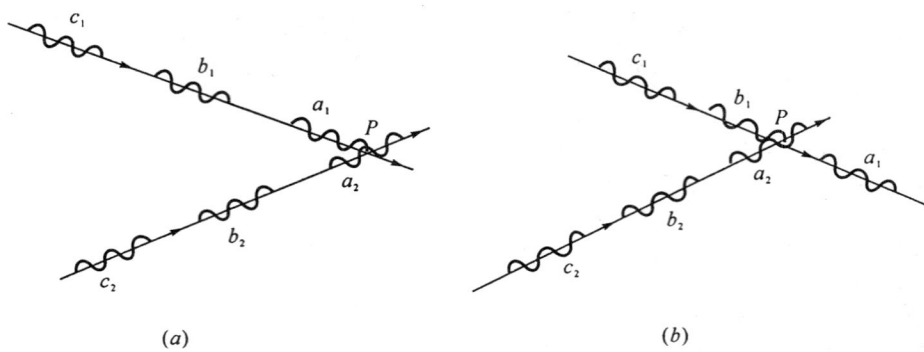

图 20-2 说明相干长度用图

光源,如钠光灯、水银灯等,相干长度在几厘米到几十厘米范围,而激光器的相干长度可达几十公里。

20-3 杨氏双缝实验

英国科学家托马斯·杨在 1801 年首先用实验的方法研究了光的干涉现象。他最初所做的干涉实验是让日光通过一针孔 S,再通过离 S 一段距离的两针孔 S_1 和 S_2,从而实现两光束的相干叠加。后人重复此实验时,把针孔改为狭缝,并称为杨氏双缝实验。

现代的杨氏双缝实验装置如图 20-3(a) 所示。单色平行光垂直照射到开有狭缝 S 的不

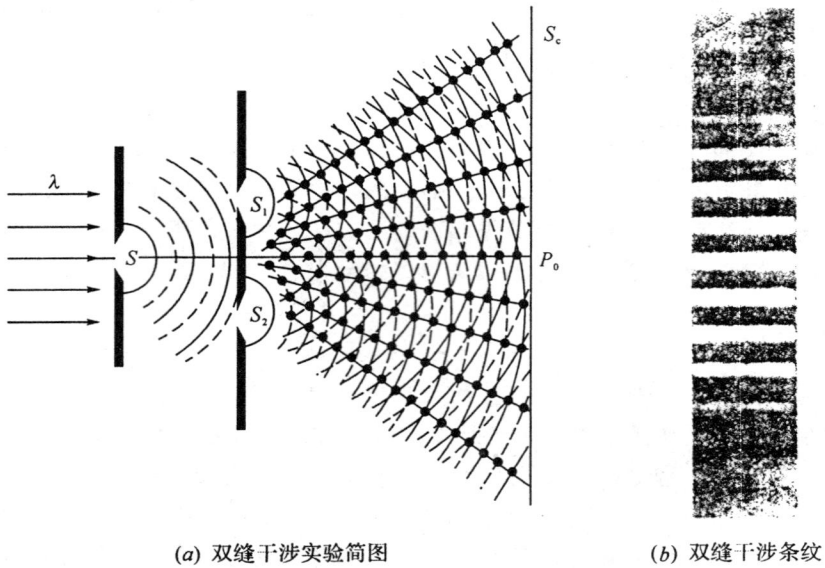

(a) 双缝干涉实验简图 (b) 双缝干涉条纹

图 20-3

透明的遮光板上,通过 S 形成一柱面光波。然后再入射到后面另一开有两个狭缝 S_1 和 S_2 的遮光板,S_1 和 S_2 到 S 的距离相等,且均与 S 平行。光通过 S_1 和 S_2,又形成两个柱面波并在

空间交叠起来。从 S_1 和 S_2 透出的光波,是同一波阵面上分离出来的,是相干光波,在它们的交叠区域将产生干涉现象。若在 S_1 和 S_2 后放一屏幕 S_c,在 S_c 上将出现一组稳定的、和缝平行的明暗相间直条纹,称为干涉条纹,如图 20-3(b)所示。下面,我们从干涉原理出发,对干涉条纹的形成及其特点作定量分析。

如图 20-4 所示,设 S_1 和 S_2 之间的距离为 d,其中点为 M,到屏幕 S_c 的距离为 D。在屏幕上任取一点 P,P 到 S_1 和 S_2 的距离分别为 r_1 和 r_2。从 S_1 和 S_2 所发的光到达 P 点的波程差为

$$\delta = r_2 - r_1 \approx d\sin\theta$$

式中 θ 是 PM 与 S_1S_2 的中垂线 P_0M 之间的夹角。通常实验中,$D \gg d$,$D \gg x$,所以这一夹角是非常小的。

从波动理论可知,若入射单色光的波长为 λ,则当

$$\delta = d\sin\theta = \pm k\lambda \quad k = 0,1,2,\cdots \tag{20-1}$$

时,P 点因两光波干涉相互加强而成为亮点,在 S_c 上通过 P 点出现一条明纹,其中 k 称为明条纹的级次。相应于 $k=0$ 的明条纹称为零级明条纹或称中央明纹。相应于 $k=1,2,\cdots$ 的分别称为第一级、第二级、……明纹,每一级明纹都有两条,它们对称地分布在中央明条纹的两侧。如果

$$\delta = d\sin\theta = \pm(2k-1)\frac{\lambda}{2} \quad k = 1,2,\cdots \tag{20-2}$$

则 P 点因两光波干涉相互减弱而成为暗点,在 S_c 上通过 P 点出现一暗条纹,相应于 $k=1,2,\cdots$ 称为第一级、第二级、……暗条纹。

如果两光束到达 P 点时的波程差对上述两条件均不满足,则 P 点光强介于最明和最暗之间。

综上所述,在干涉区域内,我们在屏幕上可以看到以中央明纹为中心的两侧对称的明暗相间的干涉条纹。设 P 点到屏幕上的对称中心 P_0 点的距离为 x,从图 20-4 可得

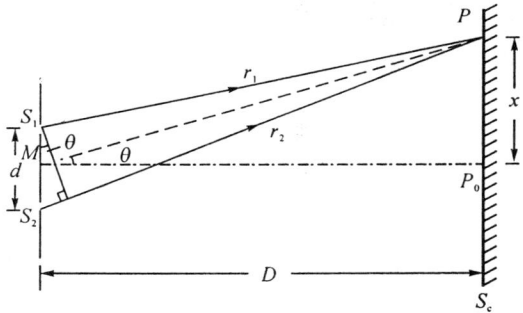

图 20-4 干涉条纹计算用图

$\tan\theta = \dfrac{x}{D}$,当 θ 很小时,$\tan\theta \approx \sin\theta \approx \dfrac{x}{D}$,利用

(21-1)式和(20-2)式可得到的各级明纹中心的位置为

$$x_k = \pm k\frac{D}{d}\lambda \quad k = 0,1,2,\cdots \tag{20-3}$$

各级暗纹中心的位置为

$$x_k = \pm(2k-1)\frac{D}{2d}\lambda \quad k = 1,2,\cdots \tag{20-4}$$

从(20-3)式和(20-4)式,还可进一步得到相邻两条明纹或暗纹之间的距离为

$$\Delta x = \frac{D}{d}\lambda \tag{20-5}$$

此 Δx 称为条纹的间距。由(20-5)式可知,Δx 与条纹级次 k 无关,即干涉条纹是等距分布的。若在实验中测得 D 和 d 各量,又测出条纹的间距 Δx,则可算出入射单色光的波长。杨氏根据他的实验在历史上第一次测定了光的波长。

以上讨论的是以单色光入射的情形。如果是白光入射,屏上的干涉条纹除中央明纹中心是白色外,其余各级是彩色条纹。这是因为不同波长的光,所产生的干涉条纹的位置是不同的。对不同波长光的明纹,除中央明纹中心都重合而显示白色外,其余各级因略有分离可显彩色。级数越高,分离越大,而且还会发生不同级次的条纹重叠以致模糊一片分不清条纹的情况。白光干涉条纹的这一特点提供了判断零级干涉条纹的可能性,在干涉测量中常用到它。

杨氏双缝干涉实验是确定光的波动学说的关键性实验。在此之后,又出现了一系列新的干涉实验,其中比较著名的有菲涅尔在 1828 年所做的双棱镜、双面镜干涉实验,洛埃(H. Lloyd)在 1834 年所做的洛埃镜干涉实验等。

20-4　洛埃镜实验·半波损失

洛埃镜实验装置如图 20-5 所示。S_c 是一屏幕,MN 是一块平面反射镜,S 是一狭缝光源。从 S 射出的光一部分直接射到屏幕 S_c 上,另一部分以接近 90° 的入射角射向平面镜 MN,然后反射到屏幕 S_c 上。这两部分光是相干光,在它们相遇的区域会产生干涉现象。图中画有阴影的区域表示相干光叠加的区域。若将 S_c 放在阴影区域,则在 S_c 上可看到明暗相间的干涉条纹。

如果把反射光看作是由虚光源 S' 发出的,S' 是 S 经 MN 反射所成的虚象,则 S' 和 S 构成一对相干光源。洛埃镜中干涉条纹的计算和杨氏实验完全类似,不过在计算由 S' 发出的光的波程时,必须考虑一"半波损失"。这是因为电磁波理论告诉我们,在正入射和掠入射的情况下,光从光疏介质射向光密介质,在界面的反射光有相位 π 的突变,即相当于有

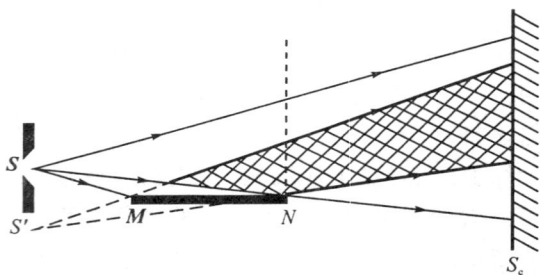

图 20-5　洛埃镜实验简图

$\lambda/2$ 的路程改变,所以通常称为"半波损失"。如果把屏幕移近到和平面镜相接触,由于从 S 和 S' 发出的光到接触点 N 的路程相等,接触处似乎应出现明纹,但实验结果却显示 N 处为一暗纹。这表明,直接射到屏幕上的光和由镜面反射的光在 N 处相位相反。由于直接入射的光不可能有相位的变化,所以只能认为光从空气掠射向玻璃反射时,反射光有一相位 π 的变化。电磁波关于"半波损失"这一结论,在洛埃镜实验中得到证实。

20-5　光程和光程差

在前面讨论的干涉实验中,光始终在同一介质中传播,光的波长不发生变化,所以只要

知道光所通过的几何路程 x,即可求得相应的相位变化 $\Delta\varphi = 2\pi\dfrac{x}{\lambda}$。此式中的 λ 为光在介质中的波长。当光通过不同的介质时,由于光波的波长在不同的介质中是不相同的,所以由光所经过的几何路程来求相位差就不方便了。为此,我们引进光程的概念。

设有一频率为 ν 的单色光,它在真空中的波长为 λ_0,传播速度为 c;在折射率为 n 的介质中,速度为

$$v = \frac{c}{n}$$

波长为

$$\lambda_n = \frac{v}{\nu} = \frac{c}{n\nu} = \frac{\lambda_0}{n}$$

当该单色光在折射率在 n 的介质中所经过的几何路程为 x 时,相应的相位变化

$$\Delta\varphi = \frac{2\pi}{\lambda_n}x = \frac{2\pi}{\lambda_0}nx$$

上式也可以理解为光在真空中传播路程 nx 时所引起的相位变化。由此可见,同一频率的光在折射率为 n 的介质中经过 x 距离所引起的相位变化和在真空中经过 nx 距离所引起的相位变化是相同的。于是定义,光在某介质中所经过的几何路程 x 与这种介质折射率的乘积 nx,为光在该介质中相应于几何路程 x 的光程。引进光程这一概念,可以把单色光在不同介质中的传播都折算为在真空中的传播,这样,可以方便地计算在不同介质中传播的光的相位差。相位差和光程差的关系是

$$相位差 = \frac{光程差}{\lambda_0}2\pi \tag{20-6}$$

上式说明:如果两束相干光在不同介质中传播,对干涉起决定作用的是两束光的光程差,而不是它们的几何路程差。

在光的干涉、衍射实验中常使用透镜,下面我们简单地讨论一下透镜对光程的影响。

由几何光学知道,平行光入射薄透镜时,所有光线都会聚于焦平面上的一点,形成亮点。如图 20-6 所示。这一结果

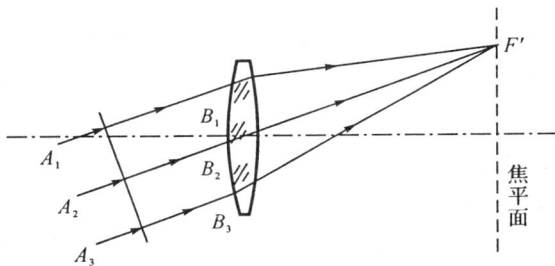

图 20-6　光通过透镜的光程

说明了,在会聚点各光线的相位是相同的。如果我们作一垂直于这束平行光的平面,由于该平面是同相面,所以从该平面发出的垂直于该平面的光线经透镜直到会聚点,各光线的光程都是相等的。例如图 20-6 中,光线 A_1B_1F',A_2B_2F' 和 A_3B_3F' 虽然经过的几何路程不同,但是它们的光程是相等的。由此可以得出结论:一束平行光通过透镜后会聚于焦平面上某一点,透镜的存在不会引起附加的光程差。

例 1　如图 20-7 所示,S_1 和 S_2 是同相的相干光源,由 S_1 和 S_2 所发出的两相干光在与光源等距离的 P 点相遇,它们到 P 点的距离为 d。S_1 发出的光只经过折射率为 n_1 的介质,而 S_2 发出的光要经过一段折射率为 n_2、厚度为 t 的介质。计算由 S_1 和 S_2 发出的光到达 P 点的相位差。

解：由 S_1 和 S_2 发出的光到达 P 点所经过的光程分别是 n_1d 和 $n_1(d-t)+n_2t$。它们的光程差

$$\delta = n_1(d-t) + n_2t - n_1d = (n_2 - n_1)t$$

根据(20-6)式可求得相位差

$$\Delta\varphi = \frac{2\pi}{\lambda_0}\delta = \frac{2\pi}{\lambda_0}(n_2 - n_1)t$$

由所求得的光程差或相位差，可进一步讨论在 P 点的干涉是加强还是减弱。

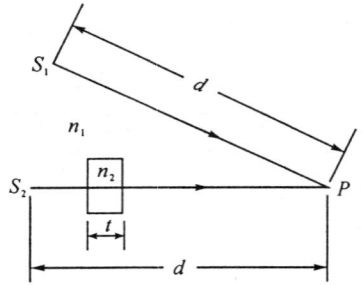

图 20-7　例 1 图

20-6　薄膜干涉

光的干涉现象是多种多样的。上几节我们讨论的是利用一定的装置来观察光的干涉现象。实际上，在自然界中我们也能看到光的干涉现象。例如，在太阳光下常看到浮于平静的水面上的油膜呈现的彩色图案；在太阳光下观看吹起的肥皂泡，也能看到类似的现象。这些彩色图案，是天然光在薄膜两表面的反射光相互干涉形成的。这种由薄膜两表面的反射光（或透射光）所产生的干涉称薄膜干涉。一般的薄膜干涉现象的研究是比较复杂的，但实际意义最大的是厚度均匀的薄膜所产生的等倾干涉以及厚度不均匀的薄膜所产生的等厚干涉。下面我们分别来讨论这两种情况。

1. 匀厚薄膜干涉（等倾干涉）

如图 20-8 所示，设厚度为 e、折射率为 n_2 的平面薄膜放在折射率为 n_1 的介质中。光源中一点 S 发出的一束极细的光线以入射角 i 投射到膜的上表面 A 点，其中一部分反射成光线 1；另一部分折射入膜内并在膜的下表面 B 处反射至 C 点，又折射回膜的上方成为光束 2。因为光线 1 和 2 是从同一条光线分离出来的，所以它们满足相干光的条件；又因为它们的能量也是从同一条光线中分离出来的，而能量和振幅有关，所以这种产生相干光的方法称为分振幅法。

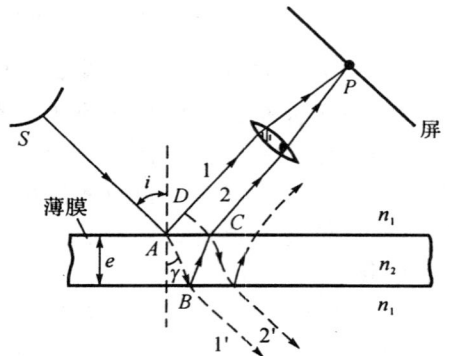

由几何光学知，1 和 2 这两束相干光是平行

图 20-8　等倾干涉

的。在实验中，为了观察干涉条纹，在右上方加一透镜，并在透镜的焦平面上放一光屏（也可用眼直接观察）。这两束光经过透镜的会聚，将相交于屏上的 P 点而发生干涉，P 点的光强取决于两光束的光程差。为了计算光程差，从 C 点作一垂直于光线 1 的垂线 CD，则 1 和 2 两光线的光程差为

$$\delta = n_2(AB + BC) - n_1AD + \frac{\lambda}{2} \tag{20-7}$$

式中 $\lambda/2$ 是由半波损失而附加的光程差。电磁理论指出，当薄膜 n_2 放在介质 n_1 中时，无论 $n_1 > n_2$ 或 $n_2 > n_1$ 薄膜上下表面反射光之间由于相位突变引起的附加光程差均为 $\lambda/2$。用 $AB =$

$BC = \dfrac{e}{\cos\gamma}, AD = AC\sin i = 2e\tan\gamma\sin i$ 代入(20-7)式,得

$$\delta = 2n_2\frac{e}{\cos\gamma} - 2n_1 e\tan\gamma\sin i + \frac{\lambda}{2}$$

再利用折射定律 $n_1\sin i = n_2\sin\gamma$,则

$$\delta = 2n_2 e\cos\gamma + \frac{\lambda}{2} \tag{20-8}$$

或

$$\delta = 2e\sqrt{n_2^2 - n_1^2\sin^2 i} + \frac{\lambda}{2} \tag{20-9}$$

于是,反射光干涉出现明纹和暗纹的条件为

$$\delta = 2e\sqrt{n_2^2 - n_1^2\sin^2 i} + \frac{\lambda}{2} = \begin{cases} k\lambda & k = 1,2,\cdots \text{明纹} \\ (2k+1)\dfrac{\lambda}{2} & k = 0,1,2,\cdots \text{暗纹} \end{cases} \tag{20-10}$$

由(20-9)式可知,对给定的匀厚薄膜来讲,光程差完全由入射角 i 决定。凡有相同入射角的光线,经膜上、下表面反射后产生的相干光均有相同的光程差,从而对应于干涉图样中的同一级条纹。故称这种干涉为等倾干涉,相应的干涉条纹称为等倾条纹。

实验上观察反射光的等倾条纹可用图 20-9(a)所示的方法。其中 S 为扩展光源,MN 为

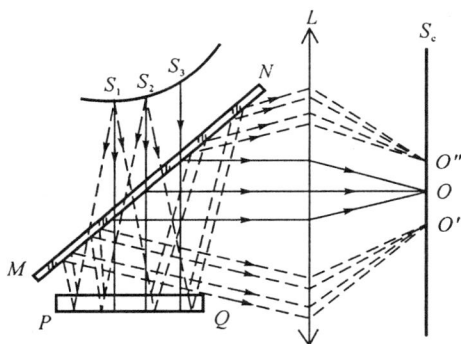

(a) 产生等倾条纹的实验装置　　　　　　　　(b) 等倾干涉条纹

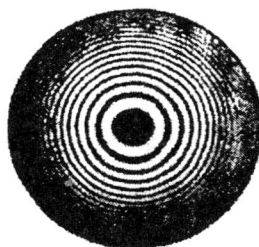

图 20-9

半反射半透射的平面镜,PQ 为一薄膜,L 为透镜,S_c 为置于透镜焦平面上的屏。我们可把扩展光源看成是由许多点光源组成的。先考虑某一点光源所发出的光线,入射到薄膜上有相同入射角的光线应在同一锥面上,它们的反射光经透镜会聚后应分别相交于焦平面上的同一个圆周上。因此,在屏上可形成一组明暗相间、同心环状的干涉条纹。光源上每一点光源发出的光都会产生一组相应的干涉环。因为干涉环的位置只决定于入射角,与点光源所在的位置无关,因而所有点光源发出光线产生的干涉环都将重叠在一起,使干涉条纹更为明亮、清晰。所以,在观察等倾干涉时,扩展光源成为有利的条件。

扩展光源所形成的等倾干涉条纹如图 20-9(b)所示。它是一组内疏外密、明暗相间的圆环。由于入射角 i 越小,对应的干涉圆环条纹的半径越小,故 $i = 0$ 对应的是中央环心。由(20-10)式可知,$i = 0$ 时,δ 取最大值,相应的 k 取最大值,所以中央环心级次最高。如果在实验中

能使膜慢慢变厚,则随 e 增大,环心的级次 k 也增大,这时可观察到所有的圆环在扩大,在环心处不断有新的环纹冒出来。如果慢慢减小薄膜的厚度,则会看到所有圆环都向中心收缩,并不断在中心处消失。

除了反射光的干涉现象外,对透射光来说也有干涉现象。如图 20-8 所示,类似于前面的讨论,我们可以推出两透射光束 $1'$ 和 $2'$ 的光程差为

$$\delta = 2e \sqrt{n_2^2 - n_1^2 \sin^2 i}$$

进一步地,我们可以得出透射光干涉出现明纹、暗纹的条件为

$$\delta = 2e \sqrt{n_2^2 - n_1^2 \sin^2 i} = \begin{cases} k\lambda & k = 0,1,2,\cdots \text{(明纹)} \\ (2k + 1)\dfrac{\lambda}{2} & k = 0,1,2,\cdots \text{(暗纹)} \end{cases} \tag{20-11}$$

和(20-10)式比较可知,对同一方向的入射光来说,当反射光相互加强时,透射光将相互减弱;当反射光相互减弱时,透射光将相互加强。它们的干涉环纹是互补的。

例2 一厚度均匀、折射率 $n_1 = 1.33$ 的肥皂膜浮在一折射率 $n_2 = 1.50$ 的玻璃片上。将波长可连续变化的平面光波垂直入射肥皂膜,观察其反射光:在 $\lambda_1 = 525.0$nm 处有一干涉极小,$\lambda_2 = 612.5$nm 处有一干涉极大。若在这干涉极大和极小之间没有另外极值,求此肥皂膜的厚度 e。

解 由于肥皂膜的折射率介于空气和玻璃的折射率之间,所以光从空气垂直入射到肥皂膜,在膜上、下表面反射的反射光均存在着半波损失,即两束反射光的光程差为

$$\delta = 2n_1 e$$

反射光干涉加强或减弱的条件为

$$\delta = 2n_1 e = \begin{cases} k\lambda & k = 0,1,2,\cdots \text{ (加强)} \\ (2k + 1)\dfrac{\lambda}{2} & k = 0,1,2,\cdots \text{ (减弱)} \end{cases}$$

因为 e 恒定,由上式可知,反射光出现干涉极大或极小仅决定于入射光的波长。据题意可得

$$2n_1 e = (k_1 + \frac{1}{2})\lambda_1$$

$$2n_1 e = k_2 \lambda_2$$

$$k_1 = k_2 = k$$

解上述三式,得

$$k = \frac{\lambda_1}{2(\lambda_2 - \lambda_1)} = \frac{525.0}{2 \times (612.5 - 525.0)} = 3$$

$$e = \frac{k\lambda_2}{2n_1} = \frac{\lambda_1 \lambda_2}{4n_1(\lambda_2 - \lambda_1)} = \frac{505.0 \times 612.5}{4 \times 1.33 \times (612.5 - 525.0)} = 690.8 \text{(nm)}$$

2. 劈尖干涉(等厚干涉)

前面我们介绍了光波入射到厚度均匀的薄膜时产生的干涉现象,接下来我们将讨论膜厚度不均匀的情况。如图 20-10(a)所示,薄膜上表面略有倾斜,和下表面构成一夹角 θ 很小的楔形膜,简称劈尖。当光波的入射角不大时,膜上、下表面的反射光将在膜表面附近相交产生干涉。实际上,若使平行单色光近于垂直地入射到劈面上,如图 20-10(b)所示,则因为劈尖角很小,从劈尖上、下两表面反射的光可看作是垂直反射的。为了定性地说明干涉的形成,

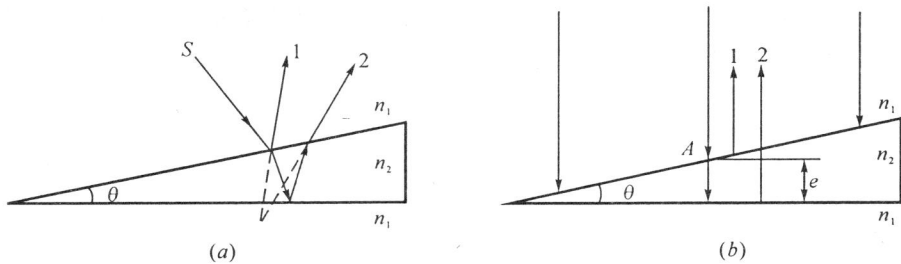

图 20-10　劈尖干涉

考虑一波长为 λ 的光线垂直入射到劈尖 A 处的情况。设此处膜的厚度为 e，则上、下两表面的反射光 1 和 2 的光程差为

$$\delta = 2n_2 e + \frac{\lambda}{2}$$

其中 $\frac{\lambda}{2}$ 来自反射光的半波损失。因此，劈尖反射光干涉出现明纹和暗纹的条件为

$$\delta = 2n_2 e + \frac{\lambda}{2} = \begin{cases} k\lambda & k = 1,2,\cdots \quad \text{（明纹）} \\ (2k+1)\dfrac{\lambda}{2} & k = 0,1,2,\cdots \quad \text{（暗纹）} \end{cases} \tag{20-12}$$

由上式可知，在劈尖干涉中，反射光的光程差完全决定于膜的厚度。膜厚度相同的各点，反射光的光程差相同，有相同的 k 值，构成同一级干涉条纹。因此，这种干涉称为等厚干涉，所形成的干涉条纹称为等厚条纹。

实验上常用如图 20-11(a)所示的装置观察等厚干涉条纹。图中 G_1 和 G_2 为两片平板玻

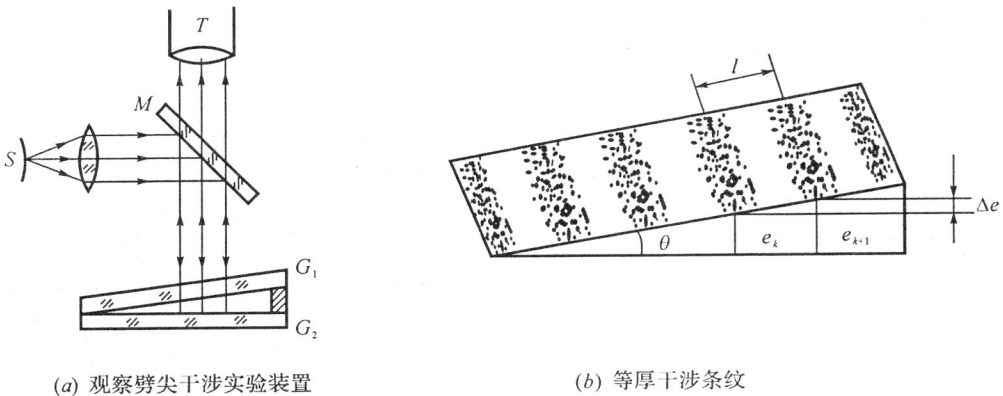

(a) 观察劈尖干涉实验装置　　　　　　　　　(b) 等厚干涉条纹

图 20-11

璃，一端接触，一端夹一张薄纸。这样，G_1 的下表面和 G_2 的上表面就构成一空气劈尖。M 为半反射半透射玻璃片，T 为显微镜，S 为放在透镜 L 焦点上的单色光源。发自 S 的单色光经透镜后成为平行光，再经 M 反射后，垂直入射到空气劈尖上产生等厚干涉，于是从显微镜中可观察到放大的明暗相间的等厚干涉条纹。如图 20-11(b)所示，干涉条纹是一系列平行于棱边的明暗相间的等距条纹。在棱边处 $e=0$，两反射光的光程差为 $\lambda/2$，因此在该处应看到暗条纹，而实验结果正是这样。这是"半波损失"的又一个有力的证据。

由(20-12)式还可求出任何相邻明纹(或相邻暗纹)之间的厚度差 Δe 以及它们之间的距离 l。设 k 级和 $k+1$ 级暗纹处的膜厚分别为 e_k 和 e_{k+1}，由(20-12)式可得

$$2n_2 e_k + \frac{\lambda}{2} = (2k + 1)\frac{\lambda}{2}$$

$$2n_2 e_{k+1} + \frac{\lambda}{2} = (2k + 3)\frac{\lambda}{2}$$

两式相减得

$$\Delta e = e_{k+1} - e_k = \frac{\lambda}{2n_2} \tag{20-13}$$

由图 20-11(b)可求得

$$l = \frac{\Delta e}{\sin\theta} = \frac{\lambda}{2n_2 \sin\theta} \tag{20-14}$$

对明纹也可求得同样的结论。由(20-14)式可知，条纹间距 l 和膜的厚度 e 无关，即条纹是等距的；但 l 和劈尖角 θ 有关，θ 越大，条纹间距越小，条纹越密。θ 过大时，条纹过密，明暗难辨而成模糊一片，观察不到干涉现象，所以干涉条纹只能在劈尖角很小时才能观察到。

3. 牛顿环

图 20-12(a)是观察牛顿环的实验简图。在一块平玻璃板 B 上，放一曲率半径 R 很大的平凸透镜 A，于是透镜的凸面和平玻璃板的上表面之间形成一个类似于劈尖的空气层。当平行光垂直入射时，在空气层的上、下两表面的反射光将发生干涉。如果考虑在空气层厚度为 e 处的反射，则在上、下两表面反射光的光程差 $\delta = 2e + \lambda/2$。由于这一光程差取决于空气薄层的厚度，所以这种干涉也是一种等厚干涉。又由于空气层厚度相等的地方是以 O 为圆心的同心圆，所以干涉条纹是一系列明暗相间的同心圆环，如图 20-12(b)所示，称为牛顿环。

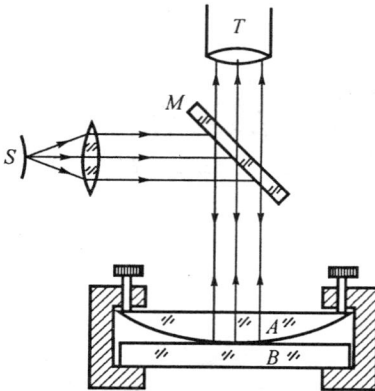

(a) 观察牛顿环实验简图　　　　　　　　(b) 牛顿环的照相图

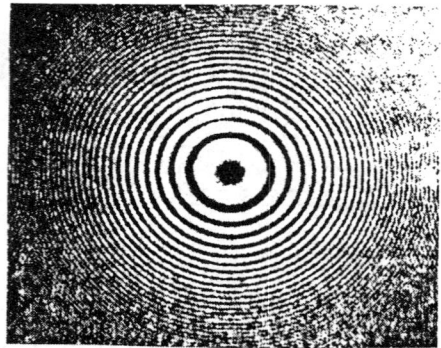

图 20-12

形成明环和暗环的条件为

$$\delta = 2e + \frac{\lambda}{2} = \begin{cases} k\lambda & k = 1, 2, \cdots \quad \text{(明环)} \\ (2k+1)\frac{\lambda}{2} & k = 0, 1, 2, \cdots \quad \text{(暗环)} \end{cases} \tag{20-15}$$

根据这一条件可求出相应明环和暗环的半径。由图 20-13 所示的几何关系,可得

$$r^2 = R^2 - (R-e)^2 = 2Re - e^2$$

式中 e 为空气层的厚度,r 为相应圆环半径。因为 $R \gg e$,上式中 e^2 可略去,于是得

$$r = \sqrt{2Re}$$

再利用(20-15)式可得 k 级明环半径为

$$r_k = \sqrt{\left(k - \frac{1}{2}\right)R\lambda} \qquad k = 1, 2, \cdots \qquad (10\text{-}16)$$

k 级暗环半径

$$r_k = \sqrt{kR\lambda} \qquad k = 0, 1, 2, \cdots \qquad (20\text{-}17)$$

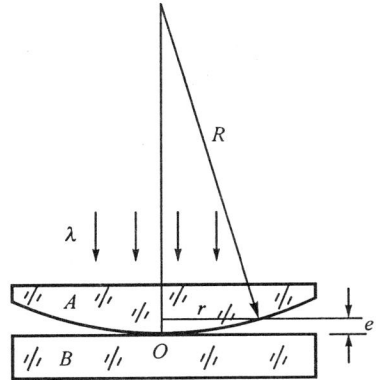

图 20-13　计算牛顿环半径用图

在牛顿环实验中,常通过测出某一级明环(或暗环)所对应的半径来求出入射光的波长或透镜的曲率半径。

需要注意的是,虽然牛顿环和等倾干涉条纹都是内疏外密的明暗相间的圆环,但它们在本质上是不同的。对应于等倾干涉,中心环的级次是最高的;而对牛顿环来说,中心环的级次是最低的。如果我们在实验中用手指向下按一下上方的透镜,则会看到牛顿环的环纹从中心冒出并向外扩大。

与等倾干涉相似,除反射光存在等厚干涉外,透射光也发生干涉。而且,透射光干涉产生的明环、暗环和反射光干涉产生的明环、暗环正好是互补的。

例 3　在透镜磨制中,经常利用牛顿环的干涉条纹来测定凹曲面的曲率半径。方法是:将已知曲率半径的平凸透镜放置在待测的凹面上(如图 20-14 所示),则在两镜面之间形成空气层,可以观察到环状的干涉条纹。试证明第 k 个暗环的半径为 r_k、凹面曲率半径 R_2 和凸面曲率半径 R_1,以及光波波长 λ 之间的关系式为

$$r_k^2 = \frac{R_1 R_2}{R_2 - R_1} k\lambda$$

如果在实验中测得第 40 个暗环半径 $r_{40} = 2.25\text{cm}$,而 $R_1 = 1.023\text{m}$,$\lambda = 589.3\text{nm}$,则 R_2 为多大?

解　由图知

$$r_k^2 = R_1^2 - (R_1 - e_1)^2 = R_2^2 - (R_2 - e_2)^2$$

$$r_k^2 \approx 2R_1 e_1, \qquad r_k^2 \approx 2R_2 e_2$$

$$e = e_1 - e_2 = \frac{r_k^2}{2R_1} - \frac{r_k^2}{2R_2}$$

再根据暗环条件

$$\delta = 2e + \frac{\lambda}{2} = (2k+1)\frac{\lambda}{2}$$

得

$$\frac{r_k^2}{R_1} - \frac{r_k^2}{R_2} = k\lambda$$

于是有

$$r_k^2 = \frac{R_1 R_2}{R_2 - R_1} k\lambda$$

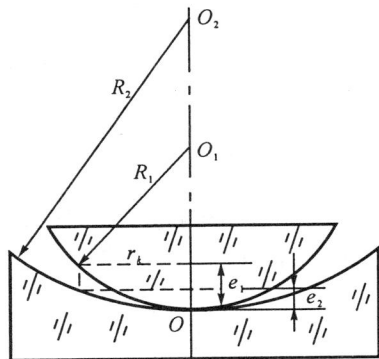

图 20-14　测定凹曲面曲率半径

$$R_2 = \frac{r_k^2}{\left(\frac{r_k^2}{R_1} - k\lambda\right)} = \frac{(2.25 \times 10^{-2})^2}{\left[\frac{(2.25 \times 10^{-2})^2}{1.023} - 40 \times 589.3 \times 10^{-9}\right]} = 1.074(\text{m})$$

20-7 干涉现象的应用

光的干涉现象在实际中有许多应用。例如,利用干涉条纹的位置、形状和间距等的变化,可以测定微小的角度、微小的厚度、单色光的波长和介质的折射率等;利用光的干涉使光强分布改变的现象,可制成反射率极高的反射镜、滤光片等。下面,我们就列举一些这方面的应用。

1. 测量长度的微小改变

从劈尖干涉可知,当其劈尖角保持不变,而厚度发生变化时,等厚干涉条纹的间距不发生改变,但干涉条纹要发生移动。因为相邻条纹的厚度差为 $\lambda/2n$,所以当劈尖的厚度变化为 $\lambda/2n$ 时,干涉条纹将移动一个条纹的间距。通过测量干涉条纹的移动,就可算出微小厚度的变化。利用这个原理制成的干涉膨胀仪,可测量很小的固体样品的热膨胀系数。

图 20-15 是测定固体热膨胀系数的原理图,其中 C 和 C' 是热膨胀系数极小的石英环,AB 和 $A'B'$ 是平面玻璃板,W 是上表面磨成稍微倾斜的样品,因此平板玻璃 AB 的下表面和样品的上表面形成一空气劈尖。当波长为 λ 的单色光自 AB 板上垂直入射时,此空气劈尖上将产生等厚干涉条纹。若加热仪器,则样品膨胀时,空气膜的厚度将改变,可看到干涉条纹的移动;若

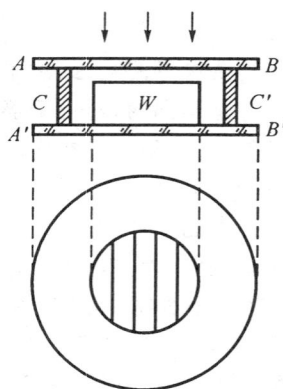

图 20-15 干涉膨胀仪原理图

仪器的温度从 t_0 升至 t,可观察到条纹移动的数目为 N,则空气劈尖的厚度改变为

$$\Delta L = N \cdot \frac{\lambda}{2}$$

如果我们忽略石英环 C 和 C' 的长度变化,ΔL 就为样品在温度 t 时的长度 L 和 t_0 时的长度 L_0 之差,即

$$L - L_0 = N \cdot \frac{\lambda}{2}$$

由此可求出样品的热膨胀系数 α 为

$$\alpha = \frac{L - L_0}{L_0(t - t_0)} = \frac{N\lambda}{2L_0(t - t_0)}$$

干涉膨胀仪的优点在于,只需很小的样品便可进行测量。我们知道,如果能把物体做成长杆的形状,用普通的方法就可测量它的线膨胀系数。但是如果只得到小块样品,要测出线膨胀系数,必须要测量一个很小的长度变化,而这用普通方法是很难测准的。光的干涉方法则能测出这样微小的长度变化。

2. 检查工件表面的平整度

光学仪器所用的棱镜或透镜要求具有与理想的几何形状相接近的形状,如精确的平面和球面等。检测这样高精度的表面,常用干涉的方法。

图 20-16 表示检查平面的情况。$A'B'$ 为一待测平面,AB 为放在 $A'B'$ 上的一标准平面,一端 B 处放有一极薄的垫片,这使得标准平面和待测平面之间形成一空气劈尖。当单色光垂直入射时,劈尖上将观察到明暗相间的等厚条纹。根据条纹的形状,便可推知待测平面的质量。下面我们来看几种简单的情形。如果待测平面是

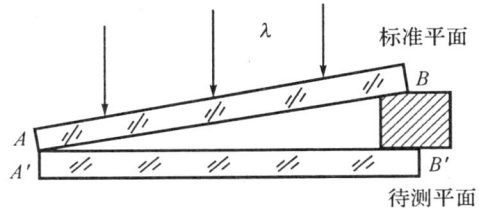

图 20-16　干涉法检测平面平整度

一精确的平面,观察到的等厚条纹应是等距离的平行直条纹,如图 20-17(a)所示。如果待测

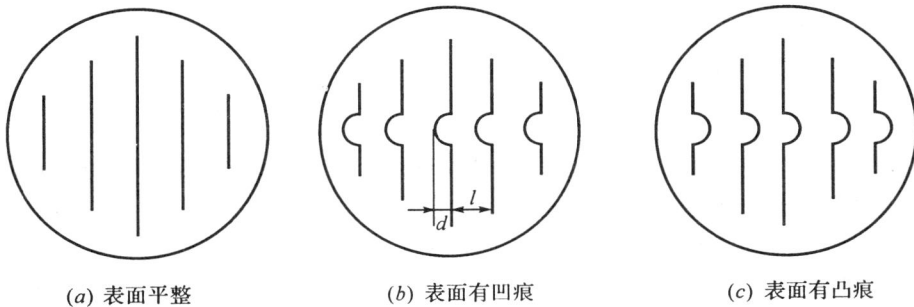

(a) 表面平整　　　　　(b) 表面有凹痕　　　　　(c) 表面有凸痕

图 20-17

平面沿 $A'B'$ 方向有一凹痕,由于凹痕处的空气膜的厚度较其两侧平面部分为大,等厚直条纹在凹痕处将向空气膜较薄的 A 处发生弯曲,此时的干涉条纹如图 20-17(b)所示。在实验中测出弯曲条纹的偏离距离 d,以及相邻条纹的间距 l,则可求出凹痕的深度 h 为

$$h = \frac{d}{l}\ \frac{\lambda}{2}$$

如果待测平面沿 $A'B'$ 方向有一凸痕,将观察到如图 20-17(c)所示的干涉条纹,根据条纹的弯曲程度可求出凸痕的高度。一般情况下,待测表面的缺陷不会是十分规则的,因此观察到的等厚条纹也比较复杂。

3. 减反射膜(增透膜)和高反射膜

(1) 减反射膜

在各种光学仪器中,为了矫正象差或其他原因,往往采用多透镜的镜头。例如,一架双筒望远镜由 6 个透镜组成,在潜水艇上用的潜望镜中约有 20 个透镜。由于每一个透镜有两个与空气相界的表面,所以一般较复杂的光学仪器常有几十个界面。当光在仪器中传播时,每遇一个界面,光的能量并不全部透过界面,而是总有一部分从界面上反射回来。如果每个界面因反射光能损失 4%,则经过几十个界面光能的损失就非常巨大。计算表明,双筒望远镜光能损失接近 45%,而潜望镜则高达 80%。这种界面的反射不仅会损失大量的光能从而使

象的亮度减小,而且还会造成有害的杂光而影响象的清晰度。为了避免反射造成的不利因素,近代光学仪器常采用真空镀膜的方法,在透镜表面镀上一层适当材料的透明介质膜。它能减小光的反射,增强光的透射,所以被称为减反射膜。

减反射膜是薄膜干涉原理的一种实际应用。如图 20-18 所示,在折射率为 n 的玻璃表面镀上一层折射率为 $n'(n'<n)$ 的氟化镁(MgF_2),当光从空气垂直入射到膜上时,膜上、下两表面的反射光将因叠加而发生干涉。如果我们适当选择膜的厚度,可使反射光为干涉相消,从而消除反射光而增强透射光。根据反射光相消的条件

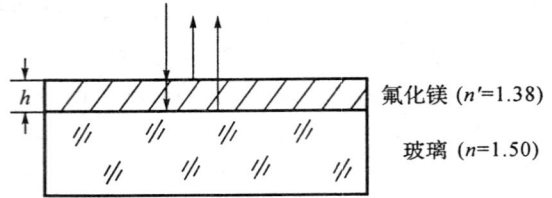

图 20-18 减反射膜

$$\delta = 2n'h = (2k+1)\frac{\lambda}{2} \qquad k = 0,1,2,\cdots$$

可知,只要膜的厚度为 $\dfrac{\lambda}{4n'},\dfrac{3\lambda}{4n'},\cdots$,这些膜就为减反射膜。为了减小薄膜对光能的吸收,应该用较薄的膜,通常都采用厚度为 $\dfrac{\lambda}{4n'}$ 的膜。

由上面的讨论可以看出,减反射膜只能使个别波长的反射光达到极小,对于其他波长相近的反射光也有不同程度的减弱。至于控制哪一波长的反射光达到极小,视实际需要而定。对于助视光学仪器,一般选择对视觉及普通照相底片较敏感的波长为 $\lambda=550.0$ nm 的绿光来消除反射,所以减反射膜的反射光中呈现与它互补的蓝紫色。这也是平时当我们注视照相机镜头时,看到蓝紫色的原因。

(2) 高反射膜

与减反射膜相反,有的光学元件要求反射越强越好。例如通常的反光镜及激光器谐振腔中的反射镜等。为了增强反射,通常也是在镜面上镀上一层透明的介质膜。它能降低透射,提高反射,所以称为高反射膜。

如图 20-19(a)所示,在折射率为 n 的玻璃上镀一层折射率为 $n'(n'>n)$ 的硫化锌(ZnS)薄膜。如果膜的厚度是 $\dfrac{\lambda}{4n'}$,则膜上、下表面所反射的光将发生干涉加强而增加反射光。计算表明,依靠单膜是不能把反射率(反射光强与入射光强之比)提高太多的。例如在玻璃上镀一

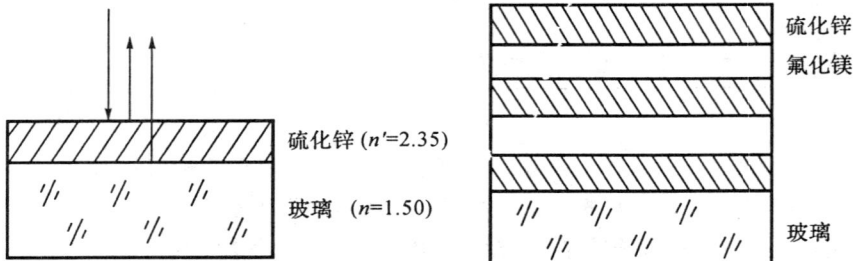

(a) 高反射膜

(b) 多层高反射膜

图 20-19

层硫化锌，其反射率约为 34%。为进一步提高反射率，可采用多层膜。如图 20-19(b)所示，在玻璃基底上，依次交替地镀上硫化锌和氟化镁，当镀 3 层氟化镁和 4 层硫化锌时，反射率可达 70% 左右，而 13 层这样的膜系，可使反射率高达 99% 以上。用这样的方法，我们可以得到极高反射率的镜片。

20-8 迈克尔孙干涉仪

上节介绍的是干涉现象应用的几个例子。实际上，利用干涉现象去测量各种物理量也是十分广泛的应用，为此发展出许多专门的光学干涉仪，如精密机械中检测表面光洁度的显微干涉仪、测量气体或液体折射率的瑞利干涉仪、测量星体视直径和双星间距的天体干涉仪等等。上述多种干涉仪，都是从迈克尔孙干涉仪的基础上发展出来的。虽然迈克尔孙干涉仪现已被其他更完善的干涉仪所代替，但对于了解其基本原理，仍具有重要的意义。

1. 迈克尔孙干涉仪

图 20-20 是迈克尔孙干涉仪的光路图。图中 M_1 和 M_2 是一对精密磨光的平面反射镜，其中 M_1 是固定的，M_2 由螺旋测微计控制可作微小的移动。G_1 和 G_2 是两块材料相同、厚度相等的平行玻璃片，它们和 M_1，M_2 均成 45°角。在 G_1 的背面镀有半透明的薄银层，以便从光源射来的光线在这里分为强度差不多相等的两部分，因此 G_1 称为分光板。

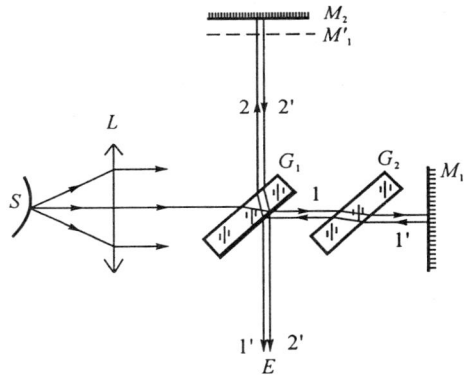

由面光源 S 发出的光射在 G_1 上，其中一部分在薄银层上反射，另一部分穿过薄银层。经薄银层反射的光线 2 经 M_2 反射，再经过 G_1 向 E 处传播，如图 20-20 中所示的光线 2′。穿过薄银层的光线 1 通过 G_2 射向 M_1，经 M_1 反射又通过 G_2 到达 G_1，经薄银层再次反射也向 E 处传播，如图 20-20 中所示的光线 1′。由于光线 1′ 和 2′

图 20-20　迈克尔孙干涉仪光路图

来自同一束光，它们是相干光，所以在它们相遇处观察，可见到干涉条纹。由光路图可以看出，光线 22′ 三次通过了平板玻璃；G_2 的存在是为了使光线 11′ 也三次通过厚度相等的玻璃板，从而避免 1′ 和 2′ 存在较大的光程差，并使得干涉仪对不同波长的光 1′ 和 2′ 的光程差只与 M_1 和 M_2 的相对位置及入射角有关，而与波长无关。

在图 20-20 中，M_1' 是 M_1 经薄银层所形成的虚象。来自 M_1 的反射光线 1′ 可看作是从 M_1' 处反射的，因此干涉所产生的图样就如同由 M_1' 和 M_2 之间的空气膜产生的一样。如果 M_1' 和 M_2 不严格平行，M_1' 和 M_2 之间的空气层可等效成一空气劈尖，因此在视场中将观察到等厚干涉条纹。如果 M_1' 和 M_2 严格平行，M_1' 和 M_2 之间的空气层可等效成一匀厚空气膜，这时可观察到等倾干涉条纹。

我们知道，上述干涉条纹的位置取决于光程差，只要光程差有微小的变化，干涉条纹即发生移动。若入射光的波长为 λ，则当 M_2 向上或向下移动 $\lambda/2$ 的距离时，在视场中将看到干

涉条纹平移一个条纹间距。数出视场中移过的条纹数目 N，即可求得 M_2 移动的距离为

$$d = N\frac{\lambda}{2}$$

上式表明，利用迈克尔孙干涉仪，已知光的波长可测定长度；已知长度可测定光的波长。迈克尔孙用它的干涉仪最先以光的波长测定了巴黎标准米棒的长度。他用镉(Cd)的红色谱线($\lambda_{Cd}=643.846\ 96nm$)作为光源，测量了标准米的长度，结果为 1m 等于镉红线波长的 1 553 164.13 倍。由于氪(Kr^{86})的一条橙色谱线($\lambda_{Kr}=605.780\ 210\ 5nm$)具有更好的单色性，1960 年第 11 届国际计量大会规定此波长(λ_{Kr})为长度的新标准：$1m=1\ 650\ 763.73\lambda_{Kr}$。随着科学技术发展的需要，这一波长标准也不够精确，于是 1983 年第 17 届国际计量大会对标准米作了新规定：1m 等于真空中光在 1/299 792 458s 时间间隔内所经过的距离。

本章摘要

1. 普通光源发光机理：

原子每次发光形成一有限长的波列，每个原子每次发光相互独立，各波列互不相干。

2. 获得相干光的方法：

分波阵面法——如杨氏双缝实验。

分振幅法——如薄膜干涉。

3. 杨氏双缝实验：

条纹形状：明暗相间的等距直条纹。

明纹位置：　　　$x=\pm\dfrac{D}{d}k\lambda,\ k=0,1,2,\cdots$

暗纹位置：　　　$x=\pm(2k-1)\dfrac{D\lambda}{2d},\ k=1,2,\cdots$

条纹间距：　　　$\Delta x=\dfrac{D}{d}\lambda$。

4. 光程：

相位差 $=\dfrac{2\pi}{\lambda_0}$ 光程差。

透镜不引起附加的光程差。

5. 薄膜干涉：

(1)等倾干涉——匀厚膜干涉

条纹形状：明暗相间同心圆环。

明环条件：　　　$2e\sqrt{n_2^2-n_1^2\sin^2 i}+\dfrac{\lambda}{2}=k\lambda,\ k=1,2,\cdots$

暗环条件：　　　$2e\sqrt{n_2^2-n_1^2\sin^2 i}+\dfrac{\lambda}{2}=(2k+1)\dfrac{\lambda}{2},\ k=0,1,2,\cdots$

(2)等厚干涉

劈尖干涉：干涉条纹是明暗相间等间距直条纹。

牛顿环：干涉条纹是明暗相间同心圆环。

明纹条件：　　$2ne+\dfrac{\lambda}{2}=k\lambda$, $k=1,2,\cdots$

暗纹条件：　　$2ne+\dfrac{\lambda}{2}=(2k+1)\dfrac{\lambda}{2}$。$k=0,1,2,\cdots$

6. 干涉现象的应用：

  (1)测微小长度；

  (2)检测平面；

  (3)减反射膜和高反射膜。

7. 迈克尔孙干涉仪。

思考题

20-1　如题图所示,有两盏钠光灯发出波长相同的光,照射到屏幕上,问能否观察到干涉条纹? 若改用一个钠光灯,其中部用黑纸遮住。则从钠光灯上、下两部分发出的光照射到屏幕上,能否观察到干涉条纹?

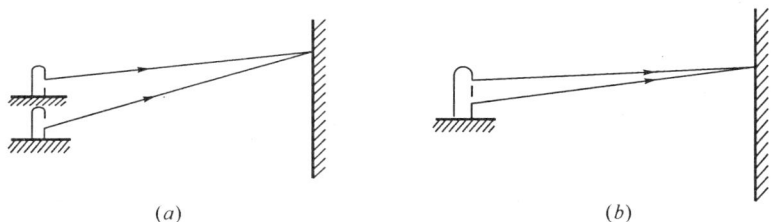

(a)　　　　　　　　　　　　(b)

思考题 20-1 图

20-2　在杨氏双缝实验中,如果有一条狭缝稍稍加宽一些,屏幕上的干涉条纹有什么变化?

20-3　窗玻璃也是介质平板,为什么在日光照射下我们观察不到干涉条纹?

20-4　在双缝干涉实验中,

(1)当双缝间距 d 变小时,干涉条纹将如何变化?

(2)当缝光源 S 在垂直于轴线向下或向上移动时,干涉条纹如何变化?

(3)若将双缝干涉实验装置全部浸入水中,干涉条纹如何变化?

20-5　我们从肥皂水里拉出一肥皂膜时,可看到一些彩色图案。把膜逐渐拉大,在其破裂前彩色图案消失而呈现黑色,这是为什么?

20-6　从一点光源发出的两束光在两种不同的介质中走过相同的几何路程,它们的光程是否相同? 为什么在讨论光的干涉时要引入光程的概念?它们的物理意义如何?

20-7　牛顿环与等倾干涉条纹有何异同? 实验上如何区分这两种干涉图样?

20-8　用两块平玻璃板构成的劈尖观察等厚条纹时,

(1)若将劈尖上表面向上缓慢地平移,干涉条纹有什么变化?

(2)若将劈尖角逐渐减少,干涉条纹有什么变化?

(3)若在劈尖中充入折射率为 n 的液体,干涉条纹又将怎样变化?

20-9　用波长为 λ 的单色光垂直照射如题图所示的装置,从下面观察透射光,试粗略地画出透射光的牛顿环花样。

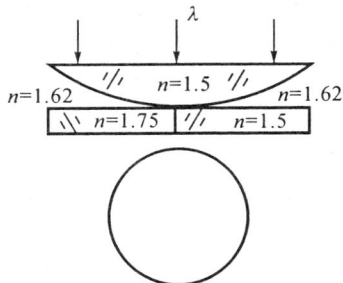

思考题 20-9 图

20-10 在迈克尔孙干涉仪中,往往在其中一光路插入一块补偿板,这是为什么?

习 题

20-1 汞弧灯发出的光通过一绿色滤光片照射两相距 0.60mm 的狭缝,进而在 2.5m 远处的屏幕上出现干涉条纹。测量相邻两明条纹中心的距离为 2.27mm,试计算入射光的波长。

20-2 利用洛埃境观察 X 射线的干涉条纹,测得间距为 0.002 5cm。设波长为 0.833nm,光源到屏的距离为 3m,问 X 射线点光源应放置在镜平面上方多高的地方?

20-3 用很薄的云母片($n=1.58$)覆盖在双缝实验中的一条缝上,这时屏幕上的零级明条纹移动到原来的第七级明条纹的位置上。如果入射光波长为 550.0nm,试问此云母的厚度为多少?

20-4 一射电望远镜的天线设在湖岸上,距湖面高度为 h。对岸地平线上方有一恒星正在升起,恒星发出波长为 λ 的电磁波。试求当天线测得第一级干涉极大时,恒星所在的角位置 α。

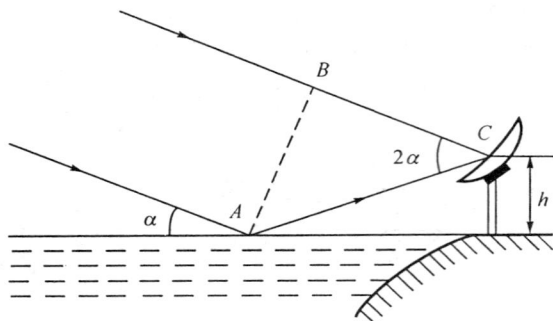

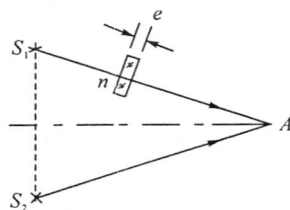

习题 20-4 图 　　　　　　　　　　　　 习题 20-5 图

20-5 有两个同相的点光源 S_1 和 S_2,发出波长为 500nm 的光,A 是它们连线的中垂线上的一点,若在 S_1 与 A 之间插入厚度为 e、折射率为 1.5 的薄玻璃片,A 点恰为第四级明纹中心,求玻璃片的厚度。

20-6 在双缝干涉实验中,波长为 550nm 的单色平行光垂直入射到间距为 2×10^{-4}m 的双缝上,屏到双缝的距离为 2m,求:

(1)中央明纹两侧的两条第 10 级明纹中心的间距;

(2)用一厚度为 6.6×10^{-6}m、折射率为 1.58 的玻璃片覆盖一缝后,零级明纹将移到原来的第几级明纹处。

20-7 一平面单色光波垂直照射在厚度均匀的薄油膜上,油膜覆盖在玻璃板上。若所用光源波长可以连续变化,并观察到 500.0nm 与 700.0nm 这两个波长的光在反射中消失。已知油的折射率为 1.30,玻璃的折射率为 1.50,试求油膜的厚度。

20-8 空气中有一片厚度均匀的肥皂水膜,折射率 $n=1.33$。在太阳光下观察其反射光,在视线与薄膜法线成 45°角的方向上,薄膜是绿色($\lambda=546$nm)的,问薄膜最薄的厚度为多少? 若垂直注视,薄膜将呈现什么颜色?

20-9 利用劈尖的等厚干涉条纹可测量很小的角度。今在很薄的劈尖玻璃板上,垂直入射波长为 589.3nm 的钠光。若相邻条纹间的距离为 5mm,玻璃的折射率为 1.52,求此劈尖的夹角。

20-10 观察肥皂膜的等倾干涉。设入射角为 35°,肥皂膜折射率为 1.33,膜厚 670.0nm。试问可见光中哪些波长将不会出现? 反射光呈现何种颜色?

20-11 有一劈尖折射率 1.4,劈尖的夹角 $\theta=10^{-4}$rad。当用某一单色光垂直入射时,测得相邻条纹的距离为 0.25cm,试求:

(1) 此单色光在空气的波长；

(2) 若劈尖长为 3.5cm，则总共可出现多少条明条纹？

20-12　如题图所示，将符合标准的轴承钢珠 a,b 和待测钢珠 c 一起放在两块平板玻璃之间。若垂直入射光的波长 $\lambda=0.58\mu m$，问钢珠 c 的直径比标准小多少？如果距离 D 不同，对检测结果有何影响？

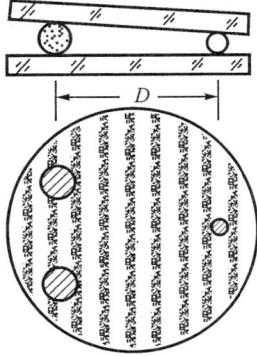

习题 20-12 图

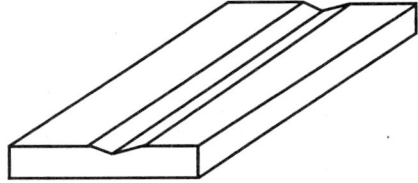

习题 20-13 图

20-13　如题图所示，平晶玻璃 $(n_1=1.50)$ 上刻有一截面为等腰三角形的浅槽，内装肥皂水 $(n_2=1.33)$。若用波长为 $\lambda=600.0nm$ 的黄光垂直照射，从反射光中观察到肥皂水液面上共有 15 条暗条纹。求：

(1)条纹的形状；

(2)液体最深处的厚度。

20-14　用复色光垂直照射一玻璃 $(n=1.5)$ 劈尖。当观察反射光的干涉条纹时，测得波长为 600nm 的黄光的第 m 级暗纹与波长为 550nm 的绿光的第 $m+1$ 级暗纹重合。求该处玻璃的厚度。

20-15　如题图所示，一滴油 $(n_1=1.20)$ 放在平玻璃片 $(n_2=1.52)$ 上，以波长 $\lambda=600.0nm$ 的黄光垂直照射。从反射光看到有多个亮环和暗环。问：

(1)最边缘处是亮环还是暗环？

(2)从边缘向中心数，第 5 个亮环处油的厚度是多少？

(3)若油滴逐渐扩大时，所看到的条纹将如何变化？

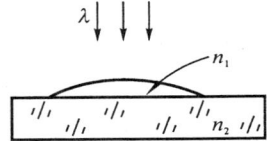

习题 20-15 图

20-16　(1)若用波长不同的光观察牛顿环，观察到用 $\lambda_1=600.0nm$ 时的第 k 个暗环与用 $\lambda_2=450.0nm$ 时的第 $k+1$ 个暗环重合，已知透镜的曲率半径为 190cm，求用 λ_1 时第 k 个暗环的半径。

(2)又如在牛顿环中由波长为 500.0nm 的第 5 级明环与用 λ_3 时的第 6 级明环重合，则波长 λ_3 为多大？

20-17　用牛顿环装置可以测透明液体的折射率。设平凸透镜的曲率半径为 1.00m。在空气中测得某级等厚干涉环的直径为 4.73mm；而将此装置放入某液体中测得同级环的直径为 4.10mm，问此液体的折射率为多少？

20-18　在折射率 $n_1=1.52$ 的镜头表面涂有一层折射率 $n_2=1.38$ 的氟化镁增透膜，如果此膜适用于波长 $\lambda=550.0nm$ 的光，膜的最小厚度应为多少？

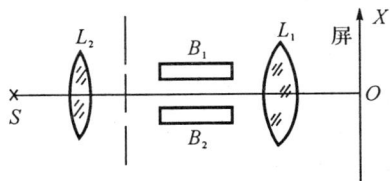

习题 20-19 图

20-19　瑞利干涉仪的光路如题图所示。B_1,B_2 两管内物质的折射率分别为 n_1 和 n_2，管长均为 l，屏上条纹间距为 Δx。如果测出这时干涉条纹相对于两管均抽成真空时，移动了 h，试证明两种物质的折射率差值为

$$\Delta n = n_2 - n_1 = \frac{h\lambda}{l}(\Delta x)^{-1}$$

20-20 题图所示的一测量玻璃厚度变化的简单装置。S 是单色点光源，P 是接收屏，从 S 直接发出的光与从 S 发出经玻璃反射后的光在 P 上发生干涉，如果在厚度变化前，B 处接收到的是亮条纹，随着玻璃厚度的变化，条纹由亮变暗。求达到最暗时，玻璃厚度变化量 d 的表达式。(假设玻璃的折射率不变)

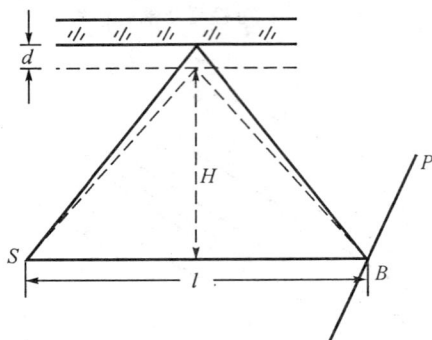

习题 20-20 图

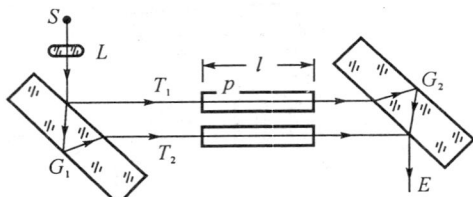

习题 20-22 图

20-21 用迈克尔孙干涉仪可测量单色光的波长。若动臂反射镜移动 0.322 0mm，干涉条纹移过 1024 条，求所用光的波长。

20-22 常用雅敏干涉仪来测定气体在各种温度和压力下的折射率。干涉仪的光路如题图所示：S 为单色光源；L 为会聚透镜；G_1 和 G_2 为两块材料完全相同的等厚而且平行的玻璃板；T_1 和 T_2 为等长的两个玻璃管，长度为 l。进行实验时，先将 T_1 和 T_2 抽成真空，然后将待测气体徐徐注入其中一管。在 E 处观察并测出干涉条纹的变化，就可以求出待测气体的折射率。例如，某次测量某种气体时，将气体徐徐注入 T_2 管中，自开始进气到标准状态，在 E 处共看到有 98 条干涉条纹移动。所用光源的波长为 589.3nm，$l=20$cm。求该气体在标准状态下的折射率。

第 21 章

光的衍射

除干涉现象外,波动的另一重要特征是衍射现象。光是电磁波,光也有衍射现象。本章将从惠更斯-菲涅尔原理出发,讨论衍射现象,并介绍光的衍射现象在几个方面 的重要应用。

21-1 光的衍射现象·惠更斯-菲涅尔原理

1. 光的衍射现象

由于光波波长较短,在一般的光学实验中,通常显示的都是光的直线传播。只有当障碍物的线度和入射光波的波长可比拟时,才可观察到明显的衍射现象。

在图 21-1 所示的实验中,遮光屏 K 上开了一条狭缝,按光线的直线传播,从光源 S 发出的光线穿过窄缝后,在屏幕 S_e 上应呈现一个单缝的光斑。但实验中发现,屏上出现的是明暗交替的许多直条纹。光照射到其他的障碍物上,也有类似的情况。例如,把一条金属细丝作为对光的障碍物放在屏幕的前面,在"影"的中央应该是最暗的地方,实际上观察到的却是一条亮线,周围伴随着明暗条纹。这种光通过障碍物时,偏离直线传播而进入几何阴影,使光的强度重新分布的现象,称为光的衍射现象。

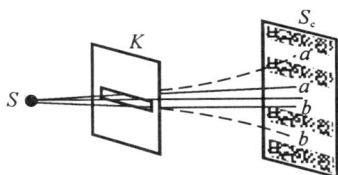

图 21-1 光的衍射现象

事实上不借助于实验装置,在日常生活中也能观察到衍射现象。如果你五指并拢,通过指缝观看电灯灯丝,可以看到灯丝两旁有明暗相间并带有彩色的条纹,这就是光通过指缝产生的衍射。用天文望远镜观察恒星时,也可看到在恒星周围有一些明暗相间的圆环,这是星光透过望远镜的透镜时所产生的衍射效应。

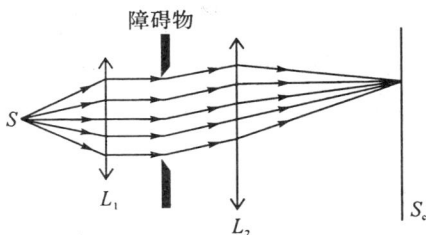

图 21-2 夫琅禾费衍射

按照光源、障碍物和观察屏幕三者的位置,可把衍射分为两类:一类是障碍物到光源和观察屏的距离都是有限远,这时出现的衍射称为菲涅尔衍射;另一类是障碍物到光源和观察屏的距离是无限远,这时光源发出的光到达障碍物几乎变成平行光,通过障碍物的衍射光,到达观察屏时也成为平行光,这类衍射称为夫琅禾费(J. Franhofer)衍射。夫琅禾费衍射是菲涅尔衍射的极限情况,可通过如图 21-2 所示的装置来实现。把光源 S 放在透镜 L_1 的前焦点上,这时照在障碍物上的光是平行光。屏幕 S_c 放在透镜 L_2 的后焦平面上,这样相当于把无限远处的衍射图样"拉"到了 L_2 的后焦平面上,更便于观察和测量。由于对夫琅禾费衍射的分析和计算比较简单,同时夫琅禾费衍射也有许多实际的重要应用,因此本章仅限于讨论夫琅禾费衍射。

2. 惠更斯-菲涅尔原理

在第 10 章中已介绍过惠更斯原理,利用惠更斯原理可以定性地解释衍射现象中光偏离直线传播的问题,但不能定量地说明所出现的各种衍射图样的光强分布。菲涅尔注意到惠更斯原理的不足,在保留了惠更斯子波概念的基础上,加进了子波相干叠加的概念。他假设:

从同一波面上各点发出的子波传播到空间某一点相遇时,各子波间也可以互相叠加而产生干涉现象。

经过这样补充的惠更斯原理称为惠更斯-菲涅尔原理。它是波动光学的基本原理,为衍射理论奠定了基础。利用惠更斯-菲涅尔原理,能够定量地计算出各种衍射结果。由于定量的积分计算比较复杂,以后我们采用比较简明的"半波带法"。

21-2 夫琅禾费单缝衍射

宽度远小于长度的长方形开孔称为狭缝。若不透光的平面物件上只开一个缝,这个缝就叫做单缝。图 21-3(a)是夫琅禾费单缝衍射的光路图。如图所示,平行光垂直入射单缝,经单

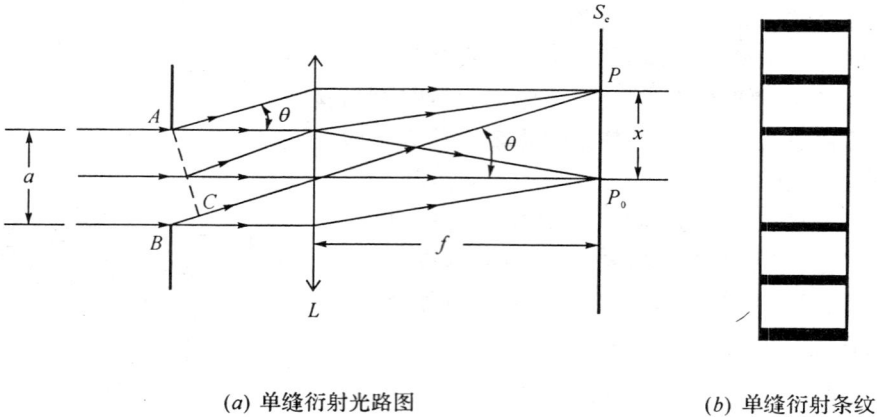

(a) 单缝衍射光路图   (b) 单缝衍射条纹

图 21-3 单缝衍射光路图

缝衍射后再经过透镜 L 会聚在观察屏幕 S_c 上,形成单缝衍射条纹。实验结果表明,单缝衍射条纹是一系列平行于狭缝的明暗相间的条纹,中央明纹最宽,约为其他各级明纹宽度的两倍;中央明纹也最亮,两侧明纹的强度由内向外逐渐减弱。

下面应用惠更斯-菲涅尔原理和菲涅尔半波带法来解释单缝衍射条纹的成因及特点。

1. 菲涅尔半波带法

在图 21-3(a)中,AB 表示单缝的截面,a 为缝的宽度。当平行光入射于单缝时,缝上各点可看成是发射子波的新的波源,各子波源所发出的子波组成了单缝后的衍射光。向同一方向传播的衍射光经透镜会聚在屏上同一点,并在该点进行相干叠加。考虑由缝处各子波源发出的和主光轴成 θ 角的光线(θ 称为衍射角),这束平行光经透镜会聚于屏上 P 点。由于 AB 上各点到 P 点的光程是不同的,所以到达 P 点各子波的振动相位也不同。过 A 点作一平面 AC,使 AC 与 BC 垂直,则由平面 AC 上各点到达 P 点的光程都相同。由图 21-3(a)可知,会聚于 P 点的各光线的最大光程差为 $BC = a\sin\theta$。为了考虑 P 点的明暗程度,作一些平行于 AC 的平面(如图 21-4 所示),使相邻平面之间的距离等于入射单色光波长的一半。这些平面将单缝处的波阵面切割成 AA_1, A_1A_2, A_2A_3 等若干个等宽度的波带。因为相邻两个波带上的对应点(如每条带的中点、最上点或最下点)发出的光在 P 点的光程差为半个波长,所以上述波带称为半波带。这样分出的半波带到 P 点的距离近似相等,因而各带发出的子波在 P 点的振幅近似相等。又因为相邻两带的对应点上发出的子波在 P 点的相位差为 π,因此相邻两波带所发出的光在 P 处合成时将相互抵消。若对某些衍射

图 21-4 半波带

角 θ,BC 正好是半波长的偶数倍,单缝可分为偶数个半波带,所有半波带所发出的光在 P 点成对地相互抵消,则 P 点为暗条纹中心;若对某些衍射角,BC 正好是半波长的奇数倍,单缝可分为奇数个半波带,所有半波带所发出的光在 P 点成对地相互抵消后,还剩一个半波带的光未被抵消,则 P 点为明纹中心;若对某些衍射角 θ,BC 不为半波长的整数倍,AB 不能分成整数个半波带,则 P 点的强度介于相邻的最明和最暗之间。

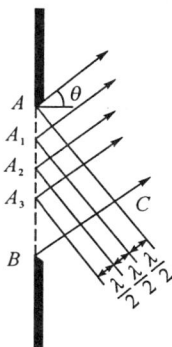

2. 明、暗纹发生的条件

综上讨论结果,我们可以得到当平行光垂直入射单缝时,单缝衍射出现明、暗纹的条件。当衍射角 θ 符合

$$a\sin\theta = \pm(2k+1)\frac{\lambda}{2} \qquad k = 1, 2, \cdots \qquad (21\text{-}1)$$

时,为各级明条纹中心的位置。对应于 $k = 1, 2, \cdots$,分别称为第一级、第二级、……明纹。当衍射角 θ 符合

$$a\sin\theta = \pm 2k\frac{\lambda}{2} = \pm k\lambda \qquad k = 1, 2, \cdots \qquad (21\text{-}2)$$

时,为各级暗纹中心的位置。对应于 $k = 1, 2, \cdots$,分别称为第一级、第二级、……暗纹。

$\theta = 0$(即 $k = 0$)为中央明纹中心的位置。在两个第一级($k = 1$)暗条纹之间的区域,即 θ 符合

$$-\lambda < a\sin\theta < \lambda$$

的范围为中央明纹区。

3. 衍射光强分布

由上可知,中央明纹是由 AB 上所有子波源发出的子波相干加强形成的,所以光强最强。其他各级明纹是由奇数个半波带中的一个带发出的子波相干叠加形成的,因此强度比中央明纹弱得多。而且,明纹的级数越高,能分成的半波带越多,每一个半波带的面积越小,所以明条纹的强度从内向外随级数 k 的增加而下降。如图 21-5 所示。

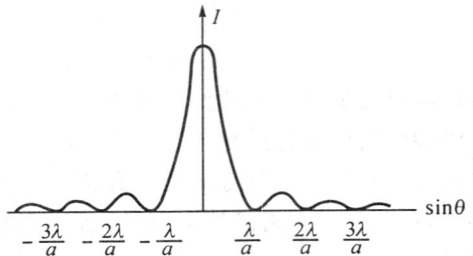

图 21-5　单缝衍射光强分布

4. 中央明纹宽度

由图 21-3(a)可知,P 点处的条纹到屏幕中心 P_0 的距离 x 为

$$x = \tan\theta \cdot f$$

式中 f 是透镜 L 的焦距。根据(21-2)式,可得第一级暗纹到 P_0 的距离 x_1 为

$$x_1 = \tan\theta_1 \cdot f \approx \sin\theta_1 \cdot f = \frac{\lambda}{a} f$$

中央明纹宽度为

$$l_0 = 2x_1 \approx 2\frac{\lambda}{a} f \tag{21-3}$$

而其他各级明纹宽度为

$$l = \tan\theta_{k+1} \cdot f - \tan\theta_k \cdot f \approx \sin\theta_{k+1} \cdot f - \sin\theta_k \cdot f = \frac{\lambda}{a} f$$

可见,中央明纹宽度约为其他各级明纹宽度的两倍。由(21-3)式可知,λ 给定时,a 越小,l_0 越大,衍射作用越显著;a 越大,l_0 越小,衍射作用越不显著。当缝宽 $a \gg \lambda$,各级衍射条纹都密集于中央明纹附近而分辨不清,只能观察到一条亮纹,它就是线光源 S 通过透镜所成的几何光学的象。由此可见,几何光学是波动光学在 $a \gg \lambda$ 条件下的近似。

若以白光入射,则白光中不同波长的光产生的衍射图样除中央明纹中心外,其他各级条纹将彼此错开,于是观察到的衍射图样其中央明纹的中心部分是白色的,边缘伴有彩色,其他各级明纹是由紫到红的彩色条纹。

例1　波长 $\lambda = 500.0$nm 的平行光斜向下入射到具有狭缝的衍射屏,缝宽 $a = 5 \times 10^4$nm,光线和屏法线夹角 $\alpha = 60°$。试求:(1)零级明纹中心的角位置;(2)零级明纹的角宽。

解　如图 21-6 所示,当平行光斜向照射单缝,在垂直入射时导出的(21-1)式和(21-2)式不能直接应用,须加以修正。与前面类似的讨论,考虑以 AB 上各点所发出的衍射角为 θ 的这束光。它们经透镜会聚到达 P 点,但 P 点出现明纹还是暗纹决定于这束光的最大光程差 $\delta = a\sin\theta + a\sin\alpha$,当 θ 符合

$$a\sin\theta + a\sin\alpha = \pm k\lambda \qquad k = 1,2,\cdots \tag{21-4}$$

P 处出现暗纹。当 θ 符合

$$a\sin\theta + a\sin\alpha = \pm(2k+1)\frac{\lambda}{2} \qquad k = 1,2,\cdots \tag{21-5}$$

P 处出现明纹。

当 δ=0 时,P 点为中央明纹中心所在处,因此有

$$a\sin\theta_0 + a\sin\alpha = 0$$

$$\theta_0 = -\alpha = -60°$$

此结果表明,中央明纹在 P_0 的下方,与屏的法线的夹角为 60°。

由(21-4)式可求得在中央明纹上方,$k=1$ 级暗纹的角位置 θ_1 为

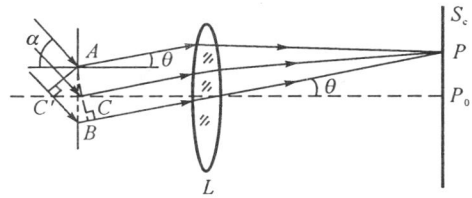

图 21-6　平行光斜入射时的单缝衍射

$$a\sin\theta_1 + a\sin60° = \lambda$$

$$\theta_1 = -58.873°$$

在中央明纹下方,$k=1$ 级暗纹的角位置 θ_{-1} 为

$$a\sin\theta_{-1} + a\sin60° = -\lambda$$

$$\theta_{-1} = -61.127°$$

所以中央明纹的角宽

$$\Delta\theta = |\theta_{-1} - \theta_1| = 2.254°$$

21-3　夫琅禾费圆孔衍射·光学仪器的分辨本领

1. 夫琅禾费圆孔衍射

大多数光学仪器的通光孔都是圆形的,并且是对平行光或近似于平行光成象。所以讨论夫琅禾费圆孔衍射具有实际意义。

图 21-7 是夫琅禾费圆孔衍射实验装置。由点光源 S 发出的光经 L_1 成一束平行光入射

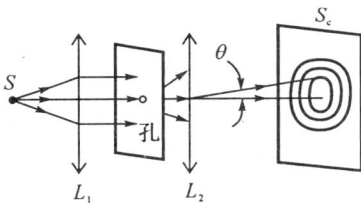

图 21-7　圆孔衍射实验装置

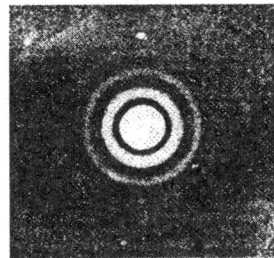

图 21-8　圆孔衍射图样

圆孔,由圆孔发出的衍射光再经 L_2 会聚,在屏上成圆孔衍射图样,如图 21-8 所示。此衍射图样由一中央亮斑及周围明暗交替的圆环组成。我们把第一圈暗环所包围的中心亮斑称为"爱里斑",光能主要集中在这一区域。由理论计算可得衍射图样的光强分布,如图 21-9 所示。从此光强分布曲线可得第一暗环的角位置 θ_1(即"爱里斑"对透镜光心张角的一半)与圆孔直径 D、入射单色光波长 λ 的如下关系

$$\sin\theta_1 = \frac{1.22\lambda}{D}$$

一般,θ_1 很小,可用 θ_1 代替 $\sin\theta_1$,于是

$$\theta_1 = 1.22 \frac{\lambda}{D} \qquad (21\text{-}6)$$

如果 L_2 的焦距为 f,则"爱里斑"的半径为

$$R = f \cdot \theta_1 = 1.22 \frac{\lambda f}{D} \qquad (21\text{-}7)$$

由此可知,圆孔直径 D 越小,"爱里斑"就越大,衍射效果越明显。反之,D 越大,"爱里斑"越小,衍射效果不明显。当 $D \gg \lambda$,则 $R \to 0$,其他各级明暗环也向中心靠拢,衍射图样成为一个亮点,这就是点光源经 L_1 和 L_2 所成的象。在此,我们又一次看到,当障碍物的线度远大于入射光的波长时,波动光学将过渡到几何光学。

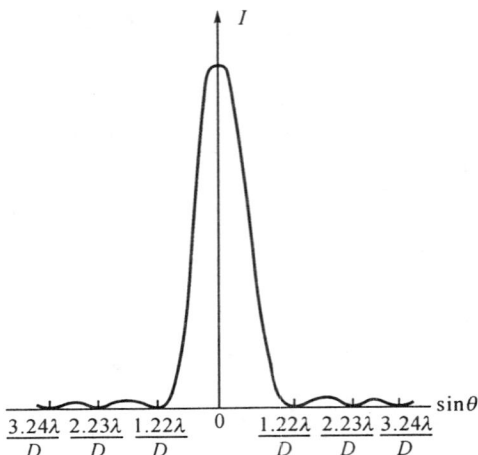

图 21-9　圆孔衍射光强分布

2. 光学仪器的分辨本领

按几何光学,物体通过光学仪器理想成象时,每一个物点的有一个对应的象点。两个物点不论离得多么近,通过光学仪器总是可以得到两个分开的象点。

一般的光学仪器中都会有一些透镜,由于只有透镜边框以内的光可以通过透镜成象,所以透镜的边框就可看成为一个圆孔。按照波动光学,由于光的衍射,一个物点经透镜所成的象并不是一个几何点,而是一个衍射图样。如果两个物点靠得太近,两个对应的衍射图样就要相互重叠,甚至不能清楚地分辨是两个物点的象。所以,光的衍射限制了光学仪器的分辨本领。下面我们仅以透镜为例来讨论光学仪器的分辨本领。

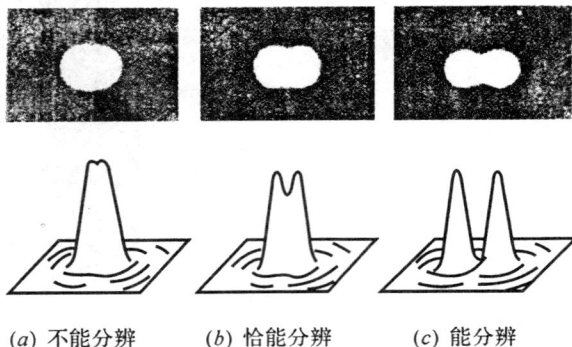

(a) 不能分辨　　　(b) 恰能分辨　　　(c) 能分辨

图 21-10　分辨两个衍射图样的条件

图 21-10 是两个非常靠近的恒星经望远镜中的会聚透镜所成的衍射图。星光透过透镜,聚焦为两个圆斑。如果这两个圆斑距离很近,大部分互相重叠,就无法分辨出是双星还是单个恒星,如图 21-10(a)所示。那么,重叠到什么程度才是分辨的极限呢?除了不同人的主观能力差异之外,客观上人们常采用瑞利(J. Rayleigh)判据。这判据规定:

如果一个物点衍射图样的中央最亮处刚好与另一个物点的衍射图样的第一个暗处相重合,这时两衍射图样中心处的光强约为最大光强的 80%,大多数人能判断出这是两个物点

的图象。这时,我们就说这两物点恰好能被这一光学仪器所分辨。

按照瑞利判据,一透镜恰能分辨的两物点的衍射图样中心间的距离,应等于"爱里斑"的半径。此时两物点对透镜中心的张角称为最小分辨角,用 $\delta\theta$ 表示,如图 21-11 所示。由(21-6)式,最小分辨角为

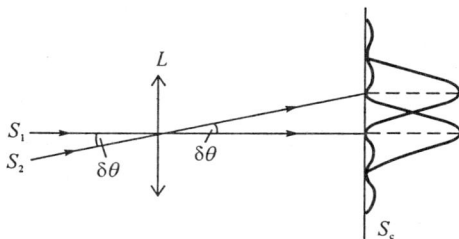

图 21-11 最小分辨角

$$\delta\theta = 1.22\frac{\lambda}{D} \qquad (21\text{-}8)$$

通常将光学仪器最小分辨角的倒数称为该仪器的分辨本领,用 R 表示,则

$$R = \frac{D}{1.22\lambda} \qquad (21\text{-}9)$$

由上式可见,要提高光学仪器的分辨本领,一是加大孔径,二是采用短波长的光。天文望远镜就是采用大口径的物镜来提高其分辨本领的。目前世界上最大的光学望远镜之一的美国巴洛马山上的海尔望远镜,直径达 5m。电子显微镜由于电子波长比可见光波要小得多,约为 $10^{-3} \sim 10^{-1}$nm 数量级,所以其分辨本领比普通光学显微镜大数千倍,这使我们能够对像病毒那样小的物体进行细致的观察。

例2 在通常的亮度下,人眼瞳孔直径约为 3mm,问人眼的最小分辨角是多大?如果人到黑板的距离是 12m,试计算人眼能分辨的黑板上最小的线距离。

解 以视觉感受最灵敏的黄绿光来讨论,波长 $\lambda = 550.0$nm,由(21-8)式可得人眼的最小分辨角

$$\delta\theta = 1.22\frac{\lambda}{D} = 1.22\frac{550.0 \times 10^{-9}}{3 \times 10^{-3}} = 2.24 \times 10^{-4}(\text{rad})$$

设人离开黑板的距离为 s,人眼能分辨的最小线距离为 Δl,则此线距离对人眼的张角 θ 为

$$\theta = \frac{\Delta l}{s}$$

恰能分辨时应有

$$\theta = \delta\theta$$

于是

$$\Delta l = s \cdot \delta\theta = 12 \times 2.24 \times 10^{-4} = 2.69 \times 10^{-3}(\text{m})$$

当黑板上的线距离小于此值时,人眼不能分辨。

21-4　衍射光栅·光栅光谱

1. 衍射光栅

前面研究的衍射,无论是单缝还是圆孔,其障碍物都是单一的,没有周期性的几何结构。任何具有空间周期性结构的衍射屏都称为光栅。光栅种类很多,光栅的衍射一般都比较复杂,为简明起见,我们仅讨论一种最简单的透射光栅。在一块透明板上,刻上一系列平行的等宽等距的直痕,刻痕处相当于毛玻璃不易透光;而两刻痕间的缝可以透光,相当于一个单缝。这样平行地排列在一起的许多等距离、等宽度的狭缝就构成了一种最简易的透射光栅。刻制

光栅是一门非常精密的技术,普通的光栅在几厘米宽度内要刻上万条刻痕,所以原刻光栅十分贵重,一般使用的大多是复制品。光栅能将入射的复色光按其波长的不同展现在光屏上,据此人们可以对入射光的波长成分进行分析,它是近代物理实验中用到的一种重要的光学元件。

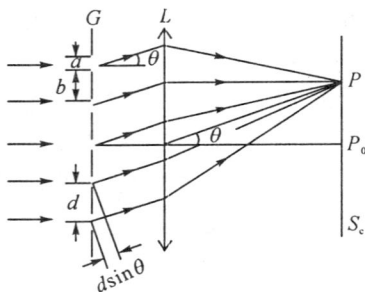

图 21-12 光栅衍射光路图

(1)光栅的衍射现象

图 21-12 是光栅衍射光路图,G 表示光栅的一个截面。设光栅的总缝数为 N,透光缝的宽度为 a,缝间不透光的部分为 b,$d = a + b$ 称为光栅常量。当平行光垂直照射光栅 G,在各个缝处将发生衍射。由于各缝所发出的衍射光都是相干光,所以它们通过透镜的会聚作用在屏上重叠时会产生干涉,并形成一组光栅衍射条纹。

(2)光栅方程

光栅衍射实际上是各单缝发出的衍射光相干涉的结果。基于这一思想,我们对光栅衍射出现明暗纹的条件以及衍射条纹的特点作一说明。

设从每个缝射出的光到达屏上 P 点的振幅都相等,它们的光振动矢量分别用 A_1,A_2,$\cdots$,A_N 表示,光栅衍射在 P 点的合振动矢量可由这 N 个振动矢量合成而求得。考虑由各缝发出的衍射角为 θ 的光束,它们相邻缝射出光线的相位差 $\Delta\varphi = \dfrac{2\pi}{\lambda}(a+b)\sin\theta$。如果此相位差满足

$$\Delta\varphi = \pm k2\pi$$

即

$$(a+b)\sin\theta = \pm k\lambda \quad k = 0,1,2,\cdots \tag{21-10}$$

则 A_1,A_2,$\cdots$,A_N 同相位,各缝振幅矢量的方向相同,合振动振幅等于 N 个分振幅之和,如图 21-13(a)所示。N 个缝的光束在 P 点相互加强形成明纹。(21-10)式为决定明条纹的公式,称为光栅方程,满足光栅方程的明纹又称为主极大。

如果相邻两缝的相位差 $\Delta\varphi$ 满足

$$N\Delta\varphi = \pm k'2\pi$$

即

$$(a+b)\sin\theta = \pm \dfrac{k'}{N}\lambda$$

$$k' \neq Nk, k' = 1,2,\cdots N-1, N+1, N+2, \cdots, 2N-1, 2N+1, \cdots \tag{21-11}$$

这时,N 个振幅矢量合成的结果恰好首尾相接,形成 k' 个重合在一起的正多边形,合成振幅为零,如图 21-13(b),(c)所示,N 个缝的光束在 P 点相消形成暗条纹。由(21-11)式可知,当 $k' = kN$ 时,属于出现主极大的情况,所以在相邻两主极大之间存在 $N-1$ 条暗纹。而两暗纹间应为明纹,故其间必定还有 $N-2$ 条明纹。计算表明,这些明纹的强度接近于零,称为次极大。当光栅缝数很大时,在两主极大之间实际上是一片暗区。

(3)衍射条纹的角宽

设第 k 级主极大的衍射角为 θ,它左右相邻的两个极小的衍射角之差为 $\Delta\theta$,称为该主极大的角宽,则对(21-11)式两边微分,得

$$(a+b)\cos\theta \cdot \Delta\theta = \frac{\Delta k'}{N}\lambda$$

因主极大两边的两个极小之间的 $\Delta k'=2$，所以

$$\Delta\theta = \frac{2\lambda}{N(a+b)\cos\theta} \qquad (21\text{-}12)$$

对一般光栅，N 很大，光栅常量 $a+b$ 又比波长 λ 大得多，因此在 θ 不大的情况下，表征衍射主极大粗细的角宽 $\Delta\theta$ 很小，即条纹很细。由于条纹很细，光能集中，使条纹很明亮。综上所述，可得光栅衍射条纹的特点：明纹细而亮，且分得很开。如图 21-14 所示。

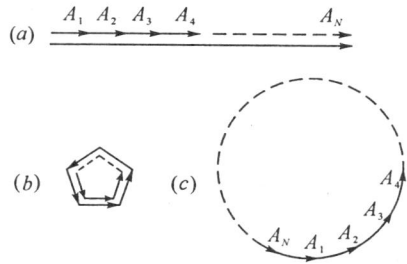

图 21-13 振动矢量叠加

图 21-14 光栅衍射条纹

（4）缺级

光栅衍射强度受单缝衍射强度的制约。我们知道，单缝衍射强度随衍射角 θ 的不同而不同，如图 21-15(a)所示，所以不同 θ 方向的衍射光相干叠加形成的主极大的强度也不同。单缝衍射光强大的方向的主极大光强也大，衍射光强小的方向的主极大光强也小。图 21-15(b)表示 $N=5$ 的光栅衍射强度的分布。

如果光栅衍射出现主极大的位置恰为单缝衍射暗纹的位置，则该级主极大就不会出现，这种现象称为缺级。若对某一衍射角 θ 满足出现多光束干涉主极大条件，即

$$(a+b)\sin\theta = \pm k\lambda \qquad k=1,2,\cdots$$

同时该衍射角又满足单缝衍射暗纹条件，即

$$a\sin\theta = \pm k'\lambda \qquad k'=1,2,\cdots$$

两式相除可得

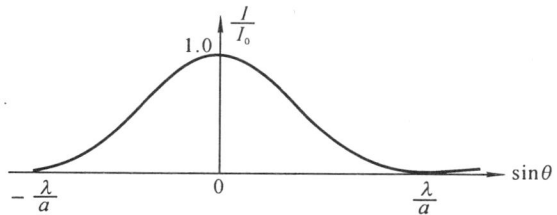

（a）单缝衍射光强分布

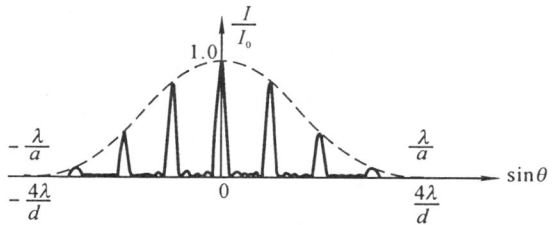

（b）光栅衍射强度分布

图 21-15

$$k = \frac{a+b}{a}k' \qquad (21\text{-}13)$$

(21-13)式称为缺级条件。如果 $\dfrac{a+b}{a}$ 为整数，例如 $\dfrac{a+b}{a}=4$，则 $k=4k'$。当 $k'=1,2,\cdots$，都为缺级，如图 21-15(b)所示。如果 $\dfrac{a+b}{a}$ 不为整数，例如 $\dfrac{a+b}{a}=\dfrac{3}{2}$，则 $k=\dfrac{3}{2}k'$，只有当 $k'=2,4,\cdots$ 才出现缺级。

例 3 波长为 600.0nm 的单色光垂直入射在一光栅上，第二级主极大出现在 $\sin\theta=0.2$ 处，第四级缺级。求：(1)光栅常量 $a+b$；(2)光栅上狭缝可能的最小宽度；(3)按上述选定的 a,b 值，写出光屏上实际呈现的光谱线数。

解 (1)按照出现主极大的光栅方程

$$(a + b)\sin\theta = \pm k\lambda$$

由题意知，$\sin\theta = 0.2$ 时，$k = 2$，所以

$$(a + b) = \frac{k\lambda}{\sin\theta} = \frac{2 \times 600.0 \times 10^{-9}}{0.2} = 6 \times 10^{-6}(\text{m})$$

(2)据缺级条件

$$k = \frac{a + b}{a}k'$$

由第四级缺级，可得

$$a = \frac{a + b}{4}k'$$

当 $k' = 1$ 时，a 取极小值

$$a_{\min} = \frac{a + b}{4} = 1.5 \times 10^{-6}(\text{m})$$

(3)把 $\sin\theta = \pm 1$ 代入光栅方程，可求得主极大的最高级数

$$k_{\max} = \frac{a + b}{\lambda} = \frac{6 \times 10^{-6}}{6 \times 10^{-7}} = 10$$

再考虑

$$k = \frac{a + b}{a}k' = 4k' \quad k' = 1,2,\cdots$$

为缺级，所以实际上所能看到的级数为 $k = 0,1,2,3,5,6,7,9$，共 15 条谱线。

2. 光栅光谱

光栅是一种分光元件。由光栅方程可知，在光栅常量 d 一定时，当以不同波长的复色光入射，各波长的光除零级条纹重合以外，其他各级条纹的位置不重合，并按波长由短到长的次序自中央向外侧依次分开排列，每一干涉级次都有这样一组谱线。在较高级次时，各级谱线可能相互重叠。光栅衍射产生的这种按波长排列的谱线称为光栅光谱。图 21-16 是白光的光栅光谱，其中央明纹中心是白色的，边缘伴有彩色；两侧的各级明纹是由紫到红的彩色光谱，并在第二和第三级光谱发生重叠。级数越高，重叠情况越复杂。

由于各种物质都有自己特定的光谱，因此测定其光栅光谱中谱线的波长及相对强度，可以确定该物质的成分和含量。测定物质中原子或分子的光谱，可以揭示原子和分子的内部结构和运动规律。这种分析方法称光谱分析。它是现代物理学研究的重要手段，在工程技术等领域得到广泛应用。

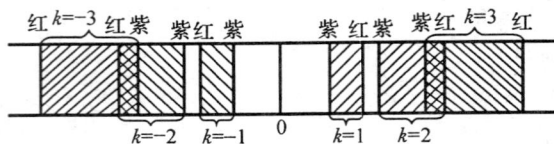

图 21-16 光栅光谱

3. 光栅的分辨本领

光栅作为一种分光仪器进行光谱分析，常常需要区分并测量波长相差很小的两条谱线，为此引进光栅分辨本领的概念。

在波长 λ 附近，有两种单色光同时垂直照射光栅，它们的衍射条纹发生重叠。若两种光

的波长差为 dλ 时,光栅刚好能够分辨出是两条谱线,则定义其分辨本领 R 为

$$R = \frac{\lambda}{\mathrm{d}\lambda}$$

它反映的是光栅分辨波长接近的两种单色光的能力。

按照瑞利判据,当一种单色光的主极大刚好落在另一相近单色光的同级主极大最近一个极小的位置上时,这两种单色光刚好能分辨。这时,与两种单色光的衍射条纹相应的衍射角之差 dθ 应等于它们衍射条纹的半角宽。利用(21-12)式可得

$$\mathrm{d}\theta = \frac{\lambda}{N(a+b)\cos\theta} \tag{21-14}$$

再对光栅方程两边微分

$$(a+b)\cos\theta \cdot \mathrm{d}\theta = k\mathrm{d}\lambda \tag{21-15}$$

由(21-14)式和(21-15)式可得

$$\mathrm{d}\lambda = \frac{\lambda}{kN}$$

把上式代入分辨本领的定义式,得

$$R = kN \tag{21-16}$$

由此式可知,光栅的分辨本领和总缝数 N 及衍射级次 k 成正比。如要提高光栅的某一级谱线的分辨本领,可通过提高缝数来实现。

例4 设计一个平面透射光栅。要求用白光垂直照射时,能在30°角衍射方向上观察到波长为600.0nm的第二级主极大,且能分辨该处 Δλ=0.005nm 的两条谱线,同时在该处不出现其他谱线的主极大。

解 要设计一个光栅,实际上是要确定该光栅的总缝数 N、光栅常量 d 和缝宽 a。

由题意知,对 $λ=600.0$nm 的光,$θ=30°$时,$k=2$。根据光栅方程,可得

$$d = \frac{k\lambda}{\sin\theta} = \frac{2 \times 600.0 \times 10^{-9}}{0.5} = 2.4 \times 10^{-6}(\mathrm{m})$$

根据这一光栅常量,通过计算可知在30°角衍射方向上还应观察到波长为400.0nm的第三级主极大。为使该处不出现该波长的第三级主极大,可通过设计 a 的大小,使第三级主极大为缺级。根据缺级的条件

$$k = \frac{d}{a}k'$$

可得

$$a = \frac{d}{3}k'$$

当 $k'=1$ 时,a 取最小值

$$a_{\min} = \frac{d}{3} = 0.8 \times 10^{-6}(\mathrm{m})$$

若要求此光栅在波长为600.0nm的第二级主极大处恰能分辨 Δλ=0.005nm 的两条谱线,则需满足

$$R = \frac{\lambda}{\Delta\lambda} = kN$$

$$N = \frac{\lambda}{\Delta\lambda \cdot k} = \frac{600.0}{0.005 \times 2} = 6 \times 10^4$$

这是光栅所需的最少的缝数。

21-5　X 射线衍射

1895 年,伦琴(W. K. Röntgen)在研究稀薄气体放电时,发现了一种新的射线。它能透过对可见光不透明的木头、铝和许多其他物质,并使一些固体产生荧光。由于当时对它的本质还不了解,伦琴称它为 X 射线,但人们通常更恰当地称它为伦琴射线。图 21-17 所示是一种产生 X 射线的真空管。图中 G 是一抽成真空的玻璃泡,K 是发射电子的热阴极,A 是由钼、钨或铜等制成的阳极,也叫对阴极。在两极间加以数万伏的高压,则由阴极发射的电子在强电场作用下加速。当高速电子撞向阳极时,就从阳极发射出 X 射线。

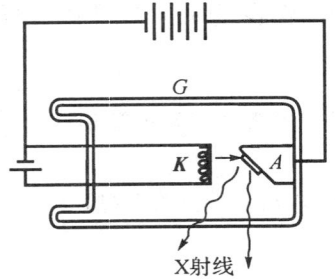

X 射线是一种波长极短的电磁波,波长在 $0.01\sim1\text{nm}$ 之间。既然 X 射线是一种电磁波,也应该有干涉和衍射现象。但是用普通的光学光栅,是观察不到 X 射线的衍射现象的。例如,$\lambda=0.1\text{nm}$ 的 X 射线垂直入射光栅常量 $a+b=3\,000\text{nm}$ 的光栅,第一级明纹出现在

$$\theta = \arcsin\frac{k\lambda}{a+b} = \arcsin\frac{1\times0.1}{3000} = 0.002°$$

的角位置。这个位置和中央明纹靠得如此近,以至于在实际上是无法分辨的。要观察到 X 射线的衍射,必须用光栅常量为纳米数量级的光栅,这样的光栅是无法用机械方法制造的。

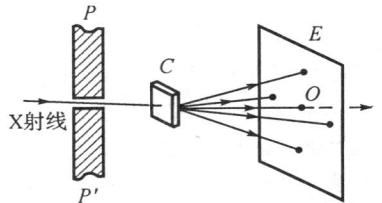

1912 年,德国物理学家劳厄(M. Von Laue)想到,晶体是由一组规则排列的微粒组成的,微粒之间距离约为 0.1nm,那么原子的这种规则排列是否正是一种适合 X 射线的天然三维衍射光栅呢?基于这一想法,他做了如图 21-18 所示的实验。一束 X 射线穿过铝板上的小孔后,射到一单晶片上,产生衍射,最后在底片上形成对称分布的一些衍射斑点,这些衍射点后来称为劳厄斑点。劳厄的 X 射线衍射实验成功地证实了 X 射线的波动性。

1913 年,苏联的乌利夫(Вулъф)与英国的布拉格父子(W. H. Bragg,W. L. Bragg)独立地对 X 射线衍射作了如下所述的简明解释:晶体中周期性排列的原子可看成为一系列相互平行的原子层,这些原子层称为晶面,各晶面之间的距离用 d 表示,如图 21-19 所示;当一束单色、平行的 X 射线以 θ 角掠射到晶面上时,将分别被表面及内部的各原子层散射,这些散射线相互叠加,就形成衍射图样。可以证明,在各原子所散射的射线中,只有按反射定律反射的射线强度为最大。由图 21-19 可见,被上、下两原子层所反射的反射线的光程差为

$$AC + BC = 2d\sin\theta$$

当此光程差满足下述条件

$$2d\sin\theta = k\lambda \quad k=1,2,\cdots \tag{21-17}$$

时,各层的反射线将相互加强。上式称为布拉格公式。

以上我们仅研究了一组晶面上的 X 射线散射。实际上，对同一块晶体的空间点阵从不同的方向看去，可以看到粒子形成取向不同、间距也各不相同的许多晶面族。如图 21-20 所示。当 X 射线入射到晶体表面上时，对不同晶面族的掠射角 θ 不同，晶面间距 d 也不同。只有对某些晶面族的 θ 和 d 满足布拉格公式，才能相互加强而形成斑点。在图 20-18 所示的劳厄实验中，得到的每一个劳厄斑点都是从某一组确定的晶面族反射叠加的结果。

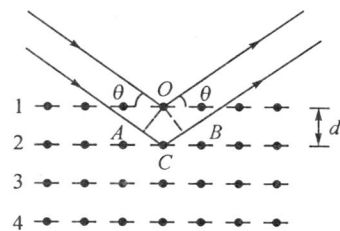

图 21-19　乌利夫-布拉格方法

由布拉格公式可知，如果已知作为衍射光栅的晶体的结构，即已知晶面间距 d，就可利用 X 射线衍射来测定 X 射线的波长。反之，若已知 X 射线的波长，就可测定晶面间距，从而推知晶体的结构。布拉格父子由于在应用 X 射线研究晶体结构方面的贡献，荣获 1915 年的诺贝尔物理奖。霍奇金（D. C. Hodgkin）由于应用 X 射线测定了一系列重要的生物化学物质的晶体结构，荣获了 1964 年的诺贝尔化学奖。总之，X 射线对科学技术的发展及人类社会进步产生极其深刻的影响，它就像一把金钥匙，为我们打开了一个个新发现的大门，诞生了许多新的学科，如 X 射线晶体学、X 射线光谱学、X 射线激光等，并在医学、化学、生物学及其他有关学科领域得到广泛应用。

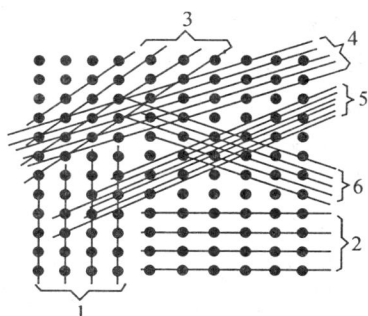

图 21-20　晶体中不同取向的原子层组

21-6　全息照相原理

早在 1948 年，伽伯（D. Gabor）就为了提高显微镜的分辨本领提出了全息原理，并开始了全息照相的研究工作。但因为没有好的相干光源，这方面工作的进展相当缓慢。直到 1960 年激光出现以后，全息才得以迅速发展，并成为科学技术的一个新的领域。

1. 普通照相与全息照相

人们所以能看到物体，是由于来自物体的光作为一种信号，被人眼接收并引起视觉的结果。这种光信号是一种电磁波，借助于物体上各点所发出的电磁波的频率、振幅以及相位的不同，人们可以区别物体的颜色、形状、明暗和远近等。普通照相是应用透镜成象的原理，通过透镜把物体的实象成在感光底片上的。入射光振幅大，所能引起的感光乳胶的化学变化深度也大，因而冲洗过的底片上各处的明暗反映的是入射光的强弱。由于普通照相底片所记录的只是光的振幅分布，所以人们看到的是物体的平面象。全息照相是应用光的干涉原理，在感光底片上同时记录光的振幅和相位这两种信息，并运用衍射原理，在一定条件下使物体各点发出光的全部信息再现出来的。这时，我们观察到的是原物体逼真的立体象。

2. 全息照相的记录

图 21-21 为拍摄全息照片的示意图。从激光器发出的波长为 λ 的相干光波被分成两部分：一部分直接投射到照相底片上，称为参考光；另一部分经平面镜反射后投射到被拍摄物体上，经物体各处散射的光也投射到照相底片上，这部分光称为物光。参考光和物光在底片上各处相遇时将发生干涉，结果在照相底片上形成复杂的干涉条纹。照相底片经过处理，就成为全息片。直接观察拍摄好的全息片时，并不能看到被摄物体的形象，看到的只是一幅复杂的条纹图样，如图 21-22 所示，但正是这些条纹记录了物光的全部信息（振幅和相位）。

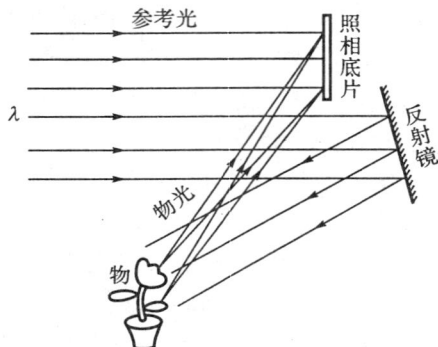

图 21-21　全息照相示意图

那么，干涉条纹是如何记录下物光的振幅和相位的呢？如图 21-23 所示，P 为物体上某

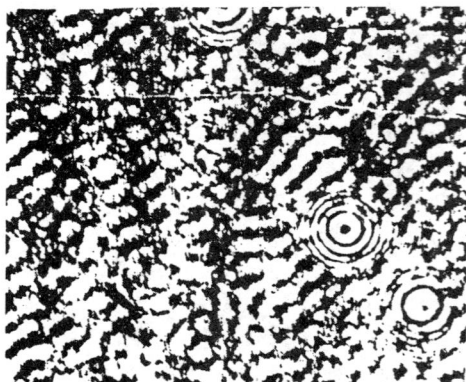

图 21-22　全息照片

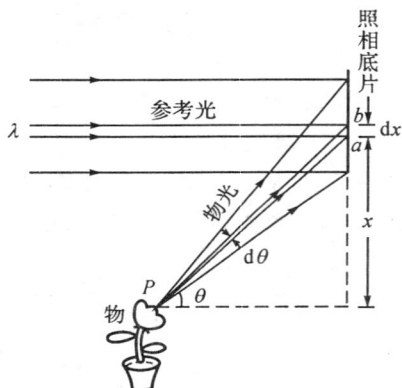

图 21-23　全息照相的记录

一发光点，它发出的光和参考光在底片上形成干涉条纹。设 a,b 为某相邻的两条暗纹所在处，则要形成暗纹，在 a,b 两处的物光和参考光必须都反相。由于参考光在 a,b 两处是同相的，所以到达 a,b 两处的物光的光程差必为 λ。由图示几何关系可得相邻条纹的间距

$$\mathrm{d}x = \frac{\lambda}{\sin\theta}$$

此式表明：在底片同一处，来自物体上不同发光点的光由于它们的 θ 角不同，与参考光形成的干涉条纹的间距就不同。由此可见，底片上干涉条纹的疏密记录了物光的相位分布。另外，由于射到底片上的参考光的振幅是各处一样的，而来自物体上不同发光点的光的振幅不一样，这样参考光和物光叠加干涉时，在底片上各处形成的干涉条纹的明暗程度就不一样。所以，干涉条纹的明暗程度记录了物光的振幅分布。

3. 全息照相的再现

观察全息照相所记录的物象，可用一束和原参考光完全相同的光束（称为照明光）沿原

参考光的方向照射全息片,如图 21-24 所示。由于全息片包含大量细密分布的干涉条纹,它相当于一个衍射光栅,照明光通过它时会产生衍射。为表述清楚起见,仍考虑相邻条纹 a 和 b。底片经过冲洗后,它们应是两条透光缝,照明光通过它们时将发生衍射。考察沿原来的物体上 P 点发来的物光方向的那两条衍射光,其光程差一定为波长 λ。这两束光的反向延长线会聚于 P' 点,它们相互叠加形成 +1 级极大。这一极大正好对应于原发光点 P',它是原来物点的虚象。在与入射照明光对称的方向还有另一个一级衍射光,它们将会聚到 P'' 点,相互叠加形成 −1 级极大。P'' 点可看成原来物点的实象。

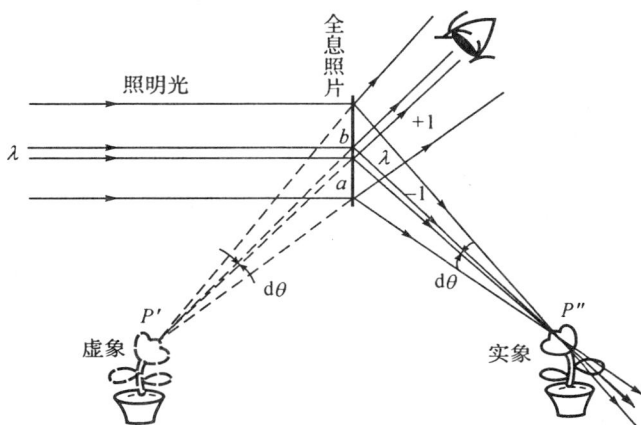

图 21-24 全息照相的再现

上面我们仅讨论了一个物点所发光波的再现,事实上任何一个物体都是由许多物点构成的。上面的讨论对物体上的每一个物点都是正确的。所以,当光照射全息片时,各物点的象就同时再现出来,在底片右边的眼睛将看到一个栩栩如生的原物立体象。如果移动眼睛,还可以看到被前面物体挡住视线的物体,正如像人们通过窗户观看室外景色一样。这是普通照片无法比拟的。

除此之外,全息照片还有一个完全有别于普通照相的重要特征:用普通照相术产生的底片,每一局部只记录物的相应局部信息,如果底片不幸破损,就无法重现完好的物象;全息片则不同,全息片的每一局部都完整地记录了整个物光波的全部信息。当不慎将全息底片破成几块时,任取一片仍可用来重现物光波,看到完整的物象。不过,光信息的容量有所减少,只能在某些方向才能看清整个物体的象,犹如通过小窗口来观察景物那样。

4. 全息的应用

由于全息照相具有一系列不同于普通照相的独特优点,它在许多领域得到广泛应用,下面仅简单的例举几方面的应用。

(1)全息干涉技术

全息干涉技术是全息的最早也最重要的应用之一。如果一个物体的形状随时间发生变化,利用二次曝光或连续曝光全息图可以将物体的变化状况记录在同一张全息照片上。再现时就得到两个或多个互相交叠的象,这两个或多个象的再现光会因干涉而形成干涉条纹,根据干纹条纹就可以确定物体形变的大小。这一测量物体微小变化的方法,称为全息干涉技术。利用这一技术，可对物体的微小振动、高速运动、容器内的爆炸过程以及风洞实验中导弹外形的变化等等进行研究。

（2）全息信息存储

全息信息存储是 20 世纪 60 年代随着激光全息发展出现的一种大容量高密度的存储方法。它主要利用了全息照相具有多次记录性，可在一张全息照片上重复记录许多物体的全息图，能利用角度选择性依次读出不同信息的特点。目前，已制成的全息存储器，可在 $1cm^2$ 胶片上存入 10^7 个信息，比磁存储或集成半导体存储高几个数量级。由于全息存储具有可靠性高、记录与再现快的优点，所以是目前正在大力发展的几种存储器之一。

（3）全息显微技术

全息显微技术是全息照相的又一种主要应用，实际上全息照相的最初想法就是为了提高显微镜的分辨本领而提出的。一般的显微镜分辨率越高景深越小，所以只能看到几乎是一个平面上的物。想观察透明体内运动颗粒的大小和分布就要多次调焦，而由于粒子在不停地运动，观测时根本来不及将显微镜调焦到这些粒子上。应用全息显微镜能很方便地解决这一问题。全息显微镜首先拍摄下一定体积内粒子在某一瞬时的运动情况的全息图，重现时就可得到在这一瞬时的粒子分布情况，再利用显微镜层层聚焦，就可从容地观察各层次真实的粒子分布情况。

本章摘要

1. 惠更斯-菲涅尔原理：从同一波阵面上各点发出的子波在空间某点相遇时，可相互叠加产生干涉。

2. 单缝夫琅禾费衍射：

　　条纹特点：中央明纹最宽，约为其他各纹明级宽度的两倍；中央明纹也最亮，两侧明纹的强度由内向外逐渐减弱。

　　单色光垂直入射时衍射暗纹中心位置：$a\sin\theta = \pm k\lambda$，$k=1,2,\cdots$

　　中央明纹区：$-\lambda < a\sin\theta < \lambda$。

3. 圆孔夫琅禾费衍射：

　　衍射条纹特点：一系列明暗交替的圆环，光能主要集中在第一暗环包围的区域——爱里斑。

　　单色光垂直入射时第一级衍射暗纹中心位置：$D\sin\theta_1 = 1.22\lambda$。

4. 光学仪器的分辨本领：

　　瑞利判据：一个物点衍射图样的中央最亮处刚好与另一个物点的衍射图样的第一个暗处相重合，这两物点恰好能被分辨。

　　光学仪器的分辨本领：$R = \dfrac{D}{1.22\lambda}$。

5. 光栅衍射：

　　衍射条纹的特点：明纹细而亮，且分得很开。

　　单色光垂直入射时主极大的中心位置（光栅方程）：$d\sin\theta = \pm k\lambda$，$k=0,1,2,\cdots$

缺级条件：$\dfrac{d}{a}=\dfrac{k}{k'}$。

光栅分辨本领：$R=\dfrac{\lambda}{\mathrm{d}\lambda}=kN$。

6. X 射线衍射：

布拉格公式：$2d\sin\theta=k\lambda, k=1,2,\cdots$

7. 全息照相。

思考题

21-1 光栅衍射和单缝衍射有何区别？为何光栅衍射时的明纹特别明亮？

20-2 在观察单缝夫琅禾费衍射时，如果衍射装置有如下变动，试讨论衍射图样的变化。

(1)单缝宽度逐渐减小；

(2)将屏幕向透镜移动；

(3)将整个装置浸入水中；

(4)单缝垂直于它后面的透镜的光轴向上或向下移动；

(5)将线光源垂直于光轴向上或向下移动。

21-3 当一束截面很大的平行光遇到一个小小的点状阻碍物时，有人认为它无关大局，其影响可以忽略，在其后面基本上还是一束平行光，这个看法对吗？

21-4 单缝衍射满足 $a\sin\theta=k\lambda$ 时，就出现暗条纹，而光栅衍射满足 $d\sin\theta=k\lambda$ 时，将出现明条纹。两个等式的左边都代表光程差，右边皆为 $k\lambda$，但两种情况出现的条纹明暗刚好相反，试解释之。

21-5 声波和无线电波能绕过建筑物传播，但对光却观察不到明显的拐弯现象，这是为什么？

21-6 对波长一定的入射光，在光栅的总缝数增加、缝间距减小以及缝宽增加时，衍射花样将怎样变化？

21-7 试解释为什么有时在月亮的周围会出现一个"亮环"。如果这个亮环直径为月亮直径的 1.5 倍，试估计空气中小水珠的大小(设月球对地球的角半径为 0.01rad)。

21-8 为什么天文望远镜物镜的直径很大？

21-9 假如人眼能感知的电磁波段不是在 500nm 附近，而是移到毫米波段，人眼的瞳孔仍保持 4mm 左右的孔径，那么人们所看到的外部世界将是一幅什么景象？

21-10 从不同角度观看全息照相，可以看到物的不同侧面的形象。如果从不同角度观看立体电影，能看到物的不同侧面的形象吗？由此说明这两者产生立体感的原因有什么不同？

21-11 全息图破损意味着丢失一些信息，为什么再现象仍然完整无损？这时再现象中包含的信息没有减少吗？如果残留的全息图太小了，对再现象有什么影响？

习 题

21-1 一单色平行光束垂直照射在宽为 1.0mm 的单缝上，在缝后放一焦距为 2.0m 的会聚透镜。已知位于透镜焦面处的屏幕上的中央明条纹宽度为 2.5mm，求入射光的波长。

21-2 水银灯发出的波长为 546nm 的绿色平行光垂直入射到一单缝上，缝后透镜的焦距为 40cm。测得透镜后焦面上中央明条纹宽度为 1.5mm，求单缝的宽度。

21-3　波长 $\lambda=632.8nm$ 的平行光垂直入射宽度 $a=0.2mm$ 的狭缝，紧靠缝后放置焦距 $f=60cm$ 的凸透镜。试求在焦平面处的观察屏上，零级明纹中心到第二级暗纹之间的距离。

21-4　单缝夫琅禾费衍射实验中，已知缝宽 $a=0.5mm$，缝后透镜的焦距 $f=50cm$，在观察屏上离中心的距离 $x=1.5mm$ 处出现明条纹。若是用平行白光垂直照射此单缝，试问此明纹由哪几种波长的光构成？明纹呈现什么颜色？

21-5　波长为 480.0nm 的平行光垂直照射到宽度为 0.4mm 的单缝上，单缝后透镜的焦距为 60cm，当单缝两边缘点 A、B 射向 P 点的两条光线在 P 点的相位差为 π 时，求 P 点离透镜焦点 O 的距离。

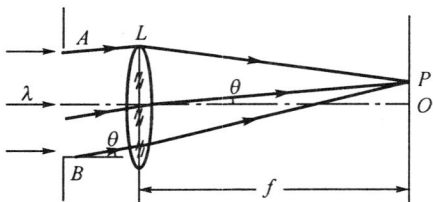

习题 21-5 图

21-6　人造卫星上装有一架照相机，它在离地面 $h=400km$ 的高度飞行时拍摄地面上的目标物。若要求它能分辨出地面上相距 $l=1.0m$ 的两盏车灯，试问照相机的镜头至少要有多大？设感光片接收的波长 $\lambda=400nm$。

21-7　如题图所示，在透镜 l 前 50m 处有两个相距 6.0mm 的发光点 a 和 b，它们在 c 处所成的象正好满足瑞利判据，透镜焦距为 20cm。试求 c 处衍射光斑的直径。

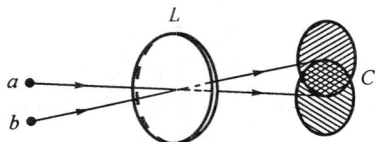

习题 21-7 图

21-8　已知天空中两颗星相对于一望远镜的角距离为 $4.84\times10^{-6}rad$，由它们发出的光波波长 $\lambda=5.50\times10^{-5}cm$。问望远镜物镜的口径至少要多大才能分辨出这两颗星？

21-9　白光垂直入射每毫米有 500 条刻痕的光栅。用置于光栅后的透镜将光谱投射到屏上，透镜与屏间距离为 4m，可见光的上下限为：红光 $\lambda=780nm$，紫光 $\lambda=400nm$。求屏上一级光谱的长度。

21-10　一光栅每毫米有 200 条刻线，总宽度为 5.00cm。求：

(1)在一级光谱中，钠黄光双线(波长为 589.0nm 和 589.6nm)的角间距是多少？每条谱线的半角宽多大？双线能否分辨？

(2)在二级光谱中，在波长为 640nm 附近能够分辨的最小波长差是多少？

21-11　一光栅在 2.54cm 中具有 15 000 条窄缝，对某一波长的光，测得第一级衍射角为 13°40′，求此光波的波长。

21-12　波长 $\lambda=600.0nm$ 的单色光垂直入射到一光栅上，测得第二级主级大的衍射角为 30°且第三级是缺级。求：

(1)光栅常量 d 等于多少？

(2)透光缝可能的最小宽度 a 等于多少？

(3)在选定了上述 d 和 a 之后，求在屏幕上可能出现的主极大的级数。

21-13　一衍射光栅，每 1cm 有 100 条透光缝，每条透光缝的宽度为 $2\times10^{-3}cm$，在光栅后放一焦距为 1m 的凸透镜，现以波长为 600nm 的单色平行光垂直照射光栅，求：

(1)透光缝 a 的单缝衍射中央明纹宽度为多少？

(2)在该宽度内，有几个光栅衍射的主极大？具体写出主极大的级次。

21-14　一束平行光垂直入射到某个光栅上，该光束有两种波长的光：$\lambda_1=440.0nm$，$\lambda_2=660.0nm$。实验发现，两种波长的谱线(不含中央明纹)第二次重合于衍射角 $\theta=60°$ 的方向上，求此光栅的光栅常量 d。

21-15　以波长为 500nm 的单色平行光斜向入射在光栅常量为 $2.10\mu m$，缝宽为 $0.70\mu m$ 的光栅上；入射角 $i=30°$，如图所示。

求：(1)斜入射时的光栅方程；

(2)第几级光谱线缺级；

(3)具体写出能看到的光谱线的级次，并说明共有几条。

21-16 一光源含有氢原子和氘原子的混合物，它所发出的光是中心波长为 $\lambda = 656.3\text{nm}$ 的红双线，其波长间隔为 $\Delta\lambda = 0.18\text{nm}$。若能用一光栅在第一级谱线中将这两条谱线分辨开来，光栅的刻痕数目 N 至少应是多少？

21-17 以波长为 0.110nm 的 X 射线照射岩盐晶面，实验测得在 X 射线和晶面的夹角为 11°30′时获得第一级极大的反射光，问：

(1)岩盐晶体原子平面间的间距 d 多大？

(2)若以另一束待测的 X 射线照射岩盐晶面，测得 X 射线与晶面的夹角为 17°30′时获得第一级极大的反射光，则待测的 X 射线的波长是多大？

21-18 如题图所示，入射 X 射线束不是单色的，而是含有由 0.095～0.13nm 这一波带中的各种波长，晶体的晶面间距 $d = 0.275\text{nm}$，问与图中所示平面相联系的衍射的 X 射线是否会产生？

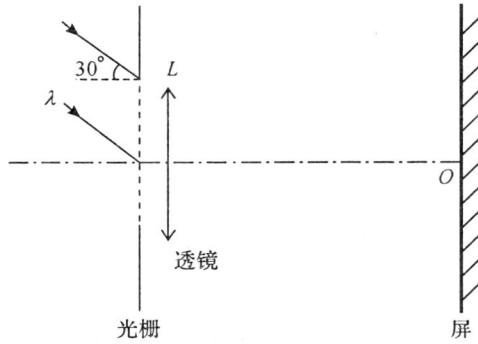

习题 21-15 图

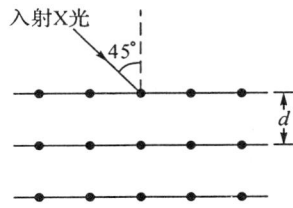

习题 21-18 图

第 22 章

光的偏振

光的干涉和衍射现象说明光具有波动性,而光的偏振现象则能确定光是横波。在纵波的情况下,通过波的传播方向所作的所有平面内,波的运动情况都是相同的,即波的振动相对于传播方向具有对称性。对横波来说,通过波的传播方向且包含振动矢量的那个平面显然和不包含振动矢量的任何平面有区别,即波的振动方向对传播方向不具有对称性。这种振动方向对波的传播方向的不对称性称为偏振。显然,只有横波才具有偏振性,它是横波区别于纵波的一个最明显的标志。电磁场理论已经告诉我们,光波是横波,光的振动矢量(光矢量)与光的传播方向垂直,所以光具有偏振性。本章主要讨论光的各种偏振态,偏振光的产生、检验和应用。

22-1　光的五种偏振态

在垂直于光传播方向的平面内,光矢量可以有各种不同的状态,据此可把光大体分为五种。

1.　自然光

光是由光源中大量原子或分子发出的。由于原子或分子发光的间歇性和独立性,大量原子在同一时间内发出的光不仅相位不同,振动方向也不同。在垂直于光的传播方向的平面内,光矢量可取任何方向的振动,没有哪一个方向比其他方向更占优势,即在所有可能的方向上,光矢量的振幅都相等,这样的光称为自然光。如图22-1(a)所示。对于自然光,我们可把它分解为两个互相垂直的强度相同的光矢量,它们的强度都等于自然光强度的一半,如图 22-1(b)所示。但由于自然光中各个光矢量之间无固定的相位关系,所以这两个相互垂直的光矢量之间无固定的相位关系。通常用,图 22-1(c)来表示自然光,点表示垂直于纸面的光振动,短线表示在纸面内的光振动。点子和短线交替均匀画出,表示这两个方向的振动强度相同。

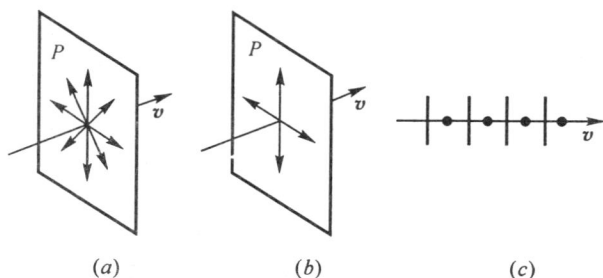

(a)　　　　　　(b)　　　　　　(c)

图 22-1　自然光及其表示

2. 线偏振光

自然光经过某些物质反射、折射或吸收后,可能只保留某一方向的光振动。这种光矢量只沿某一固定方向振动的光称为线偏振光,简称偏振光。偏振光的振动方向与传播方向组成的平面称为振动面。图 22-2(a)所示的是光振动在纸面内的线偏振光,图 22-2(b)所示的是光振动垂直于纸面的线偏振光。

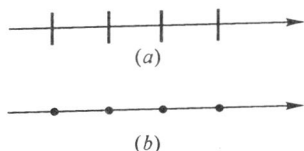

图 22-2　线偏振光及其表示

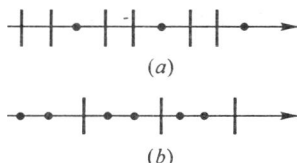

图 22-3　部分偏振光及其表示

3. 部分偏振光

除了自然光和线偏振光外,还有一种偏振态介于这两者之间的光。如果在垂直于光的传播方向的平面内,光矢量可取任何一个方向的振动;但不同方向振动的振幅不同,某一方向振动最强,而与该方向垂直的方向振动最弱,则这种光称为部分偏振光。通常,用图 22-3(a)表示在纸面内的振动强于垂直纸面振动的部分偏振光,用图 22-3(b)表示垂直于纸面的振动强于在纸面内振动的部分偏振光。

4. 椭圆偏振光和圆偏振光

如果在垂直于光的传播方向的平面内,光矢量按一定的频率旋转(左旋或右旋),当光矢量的端点轨迹是圆,这种光称为圆偏振光;而当矢量端点的轨迹是椭圆,这种光称为椭圆偏振光,如图 22-4 所示。根据相互垂直的简谐振动的合成规律,椭圆偏振光和圆偏振光可看成由两个相互垂直、频率相同的、相位差恒定的两个线偏振光合成。圆偏振光是椭圆偏振光的一种特例。

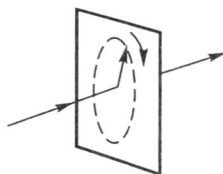

图 22-4　椭圆偏振光

22-2　偏振光的产生和检验

1. 偏振片的起偏和检偏

获得偏振光最常用的方法是利用偏振片。偏振片是一种人造的透明薄片。某些物质,例如硫酸碘奎宁晶体,能吸收某一方向的光振动,而只让与这个方向垂直的光振动通过。把这种物质蒸镀在透明薄片上,就做成了偏振片。为了便于说明,我们在所使用的偏振片上标出记号"↕",以表示该偏振片允许通过的光的振动方向,这个方向称为偏振化方向。

如图 22-5 所示,P_1 和 P_2 是两个平行放置的偏振片。当自然光垂直入射 P_1 时,透过 P_1 的光将是和 P_1 的偏振化方向相同的线偏振光。这时,偏振片 P_1 称为起偏器。偏振片不但可以用来使自然光变为偏振光,而且可以用来检验某一光波是否为偏振光。如果让通过 P_1 的偏振光射到 P_2 上,当 P_2 的偏振化方向与 P_1 的偏振化方向相同时,该偏振光可以全部通过 P_2,即透过 P_2 的光强最大,如图 22-5(a)所示;当 P_2 和 P_1 的偏振化方向相互垂直,则该偏振光不能通过 P_2,即透过 P_2 的光强为零,如图 22-5(b)所示;如果将 P_2 以光的传播方向为轴慢慢转动,则透过 P_2 的光经历着由明变暗,再由暗变明的变化过程。如果射向 P_2 的是自然光,那么在旋转 P_2 的过程中,就不会出现明暗变化。如果射向 P_2 的光是部分偏振光,当转动 P_2 时,会有由明到暗、由暗到明的变化,但此时的暗不是全黑。从上述讨论可知,偏振片 P_2 起到了检验光的偏振态的作用,故称之为检偏器。

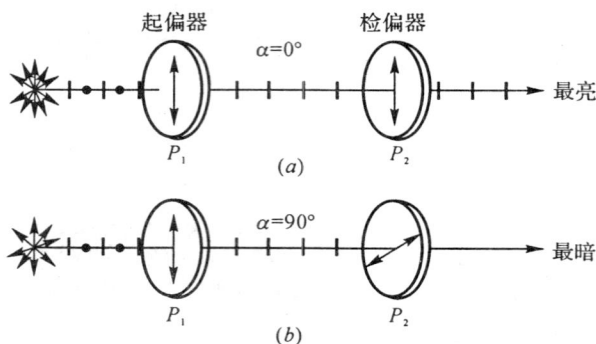

图 22-5 偏振片的起偏和检偏

前面只定性地讨论了由起偏器产生的线偏振光通过检偏器后其光强的变化。如果入射的线偏振光的振动方向和检偏器的偏振化方向成 α 角,那么透过的光的光强遵循什么规律呢? 设入射的线偏振光振幅为 A_0,光强为 I_0;透过偏振片的线偏振光振幅为 A,光强为 I。A_0 在偏振片的偏振化方向的投影就是透过光的振幅 A,即 $A=A_0\cos\alpha$,如图 22-6 所示。因光强与振幅的平方成正比,所以

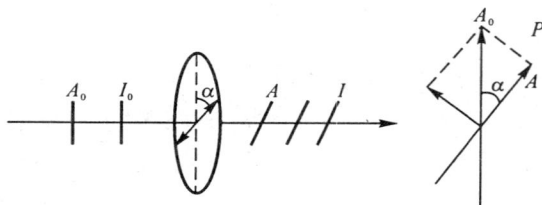

图 22-6 马吕斯定律用图

$$\frac{I}{I_0} = \frac{A^2}{A_0^2} = \cos^2\alpha$$

即

$$I = I_0\cos^2\alpha \tag{22-1}$$

这一公式称为马吕斯(E. L. Malus)定律。由此公式,当 $\alpha=0$ 或 $\alpha=\pi$ 时,$I=I_0$,透射光的光强最大;当 $\alpha=\dfrac{\pi}{2}$ 或 $\dfrac{3\pi}{2}$ 时,$I=0$,光强为零,这时没有光透过。

例 1 如图 22-7 所示,偏振片 P_1 与偏振片 P_3 的偏振化方向彼此正交,两者之间有一偏振片 P_2,其偏振化方向与 P_1 的偏振化方向成 $\pi/6$ 角度。求:(1)若用光强为 I_0 的自然光垂直照射 P_1,从 P_3 透射的偏振光光强为多大?(2)若 P_2 从图示位置以角速度 $\omega=4\pi\,\text{rad/s}$ 逆时针旋转(以光的传播方向为轴),则从 P_3 透射的光又如何?

解 (1)自然光通过偏振片 P_1 后成为偏振光,其光强为 $I_0/2$。当此强度的线偏振光射向 P_2 时,从 P_2

透过的光强为 I_1,由马吕斯定律得

$$I_1 = \frac{1}{2}I_0\cos^2\frac{\pi}{6} = \frac{3}{8}I_0$$

同理,当强度为 I_1 的光入射到 P_3,透过 P_3 的光强为

$$I_2 = I_1\cos^2(\frac{\pi}{2} - \frac{\pi}{3}) = \frac{3}{32}I_0$$

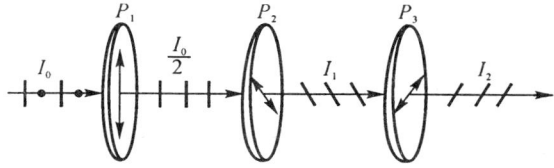

图 22-7 例 1 图

（2）若 P_2 以角速度 $\omega = 4\pi\text{rad/s}$ 绕光的传播方向逆时针旋转,则任意时刻 t,P_2 和 P_1 偏振化方向的夹角为 $\omega t + \pi/6$,透过 P_2 的偏振光光强为

$$I_1 = \frac{1}{2}I_0\cos^2(\omega t + \frac{\pi}{6}) = \frac{1}{2}I_0\cos^2(4\pi t + \frac{\pi}{6})$$

该时刻透过 P_3 的偏振光光强为

$$I_2 = I_1\cos^2[\frac{\pi}{2} - (\omega t + \frac{\pi}{6})] = \frac{1}{2}I_0\cos^2(4\pi t + \frac{\pi}{6})\sin^2(4\pi t + \frac{\pi}{6}) = \frac{1}{8}I_0\sin^2(8\pi t + \frac{\pi}{3})$$

由此可见,透过 P_3 的偏振光光强随时间发生周期性的变化。

2. 光在反射和折射时的偏振

1809 年马吕斯发现,当自然光入射到折射率分别为 n_1 和 n_2 的两种各向同性的介质的分界面上时,反射光和折射光都是部分偏振光,如图 22-8(a)所示。在反射光中垂直于入射面的光振动强于平行于入射面的光振动,而在折射光中平行于入射面的光振动强于垂直于入射面的光振动。

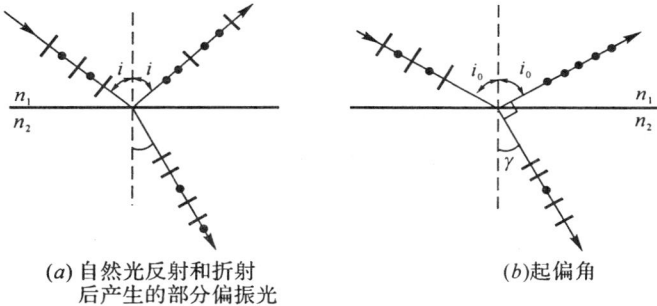

(a) 自然光反射和折射
后产生的部分偏振光

(b)起偏角

图 22-8

实验表明,改变入射角 i 时,反射光的偏振化程度也随之改变。当入射角为某一特定值 i_0 时,反射光中只有垂直于入射面的光振动,这时,反射光为偏振光,折射光仍为部分偏振光。如图 22-8(b)所示。这个特定的入射角 i_0 称为起偏角。

实验还发现,自然光以起偏角 i_0 入射到两种介质的分界面上时,反射光和折射光相互垂直,即

$$i_0 + \gamma = 90°$$

根据折射定律,有

$$n_1\sin i_0 = n_2\sin\gamma = n_2\cos i_0$$

即

$$\tan i_0 = \frac{n_2}{n_1} \tag{22-2}$$

(22-2)式是 1812 年由布儒斯特(D. Brewster)从实验中确定的,称为布儒斯特定律,起偏角 i_0 又称为布儒斯特角。

如前所述,当自然光以起偏角入射到两种介质的界面时,反射光为偏振光,折射光为部分偏振光。对一般的光学玻璃,经过计算可知,反射光的强度通常只占入射光强的 7%。为了增强反射光的强度和提高折射光的偏振化程度,可以让自然光通过由许多平行玻璃片构成的玻璃片堆,如图 22-9 所示。当自然光以起偏角入射时,垂直于入射面的振动在每一个分界面上都要被反射掉一部分,而与入射面平行的振动在分界面上都不被反射。当玻璃片数量足够多时,从玻璃堆透出的光非常接近线偏振光。因此,利用玻璃片堆可做成偏振器来得到偏振光,同样也可以利用它们来检验偏振光。

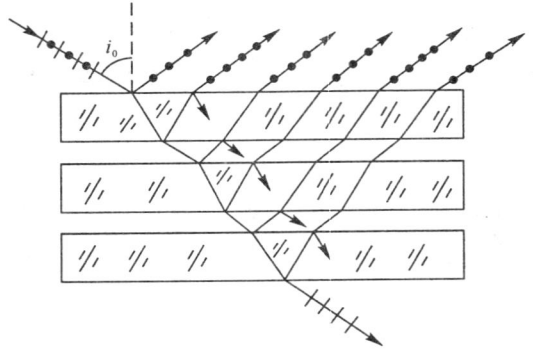

图 22-9　利用玻璃片堆产生偏振光

反射光的部分偏振化现象在日常生活中到处可见。如果我们通过一偏振片观察太阳光,将发现来自天空的太阳光也是部分偏振的。天文学上还根据从行星来的反射光的偏振性质,推断出金星表面覆盖着冰晶或水滴,并确定土星光环是冰晶所组成。

3. 双折射现象

(1)双折射现象

在有些物质中,如玻璃、水等,光的传播速度既与光的传播方向无关,也与光的偏振状态无关,这些物质称为各向同性介质。还有些物质,如方解石、石英等许多晶体,光在其中的传播速度与光的传播方向及光的偏振状态有关,这些物质称为各向异性介质。

当一束光线在两种各向同性介质的分界面上发生折射时,在入射面内只有一束折射光,其方向由折射定律决定。但是,当光射到各向异性介质中时,一束入射光线将产生两束折射光线,它们沿不同的方向传播,如图 22-10(a)所示。这种现象称为双折射现象。能够产生双

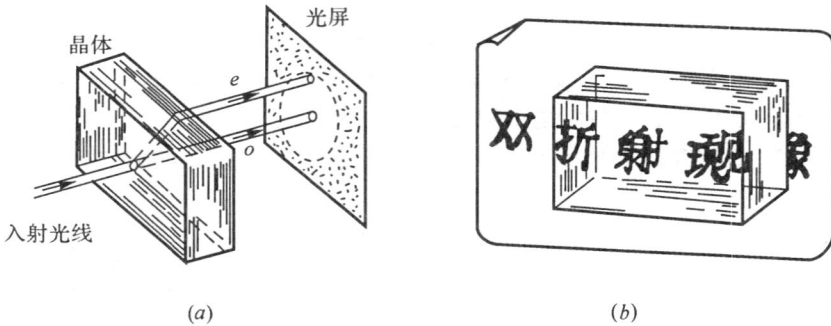

(a)　　　　　　　　　　　　(b)

图 22-10　双折射现象

折射现象的晶体称为双折射晶体。大部分晶体(除立方系晶体,如岩盐外)都是双折射晶体。通过双折射晶体观察物体时,可看到物体的双重象。如图 22-10(b)所示。

实验证明,双折射晶体中的两条折射光具有不同的性质。其中一条折射光在晶体内的传播规律与在各向同性介质中一样遵从折射定律,这条折射光称为寻常光线,简称 o 光。另一条折射光一般不遵从折射定律,也可能不在入射面内,这条折射光称为异常光线,简称 e 光。当用偏振片检查这两束光时,发现它们都是线偏振光,它们的振动方向近似相互垂直。应该指出,所谓 o 光和 e 光,只在双折射晶体内部才有意义,射出晶体以后就无所谓 o 光和 e 光了,这时它们仅是两束振动方向不同的线偏振光而已。

进一步的实验研究表明,在双折射晶体中,存在着一个特殊的方向。当光线在晶体内沿着这一方向传播时,不发生双折射现象,这一特殊的方向称为晶体的光轴。光轴仅表示晶体内的一个方向,任何一条与上述光轴方向平行的直线都可以表示光轴。晶体中仅有一个光轴方向的,称为单轴晶体,例如方解石、石英、红宝石等晶体。有些晶体具有两个光轴方向,称为双轴晶体,例如云母、蓝宝石等。本章只讨论单轴晶体。

通过光轴并与任意晶面正交的面称为晶体的主截面。在晶体中,任何光线和光轴所组成的平面称为这一光线的主平面。过 o 光和光轴的平面称 o 光的主平面;过 e 光和光轴的平面称 e 光的主平面。实验表明,o 光振动垂直于 o 光的主平面,而 e 光的振动平行于 e 光的主平面。一般情况下,o 光和 e 光的主平面并不重合,但对大多数晶体而言,两者夹角不大。当入射光线在主截面内,即入射面和晶体主截面重合时,o 光和 e 光都在主截面内。这时,o 光和 e 光的主平面与晶体的主截面合二为一,o 光和 e 光的振动方向相互垂直。

(2)惠更斯原理对双折射现象的解释

为什么在各向异性的晶体内会产生双折射现象呢?我们可以用晶体结构和光的电磁理论作出严格的理论解释,在此我们仅用惠更斯原理给出定性的说明。

惠更斯假设,沿各方向传播速度相同的 o 光在晶体中某一点所引起的子波波面是球面,而沿各方向传播速度不同的 e 光在晶体中同一点所引起的子波波面是旋转椭球面。如图 22-11所示。可以证明,o 光和 e 光沿光轴方向具有相同的传播速度,因此,任何时刻 o 光和 e 光两个波面在光轴上都是相切的。在垂直于光轴的方向上,两光线的速度相差最大。用 v_o 表示 o 光的速度,n_o 表示它的折射率;v_e 表示 e 光在垂直于光轴方向的速度,n_e 表示它在这个方向的折射率。这个折射率 n_e 称为 e 光的主折射率,e 光在其他方向上的折射率则介于 n_o 和 n_e 之间。

对于有些晶体,$v_o>v_e$,即 $n_o<n_e$,称它们为正晶体,如石英等。另外有些晶体,$v_o<v_e$,即 $n_o>n_e$,称它们为负晶体,如方解石等。

下面从两种子波的概念出发,结合惠更斯作图法,以负晶体为例,确定几种特殊情况下 o 光和 e 光的传播方向,从而说明双折射现象。

图 22-12 所示为平面波斜入射的情况。此时,光轴在入射面内并与晶体表面有一夹角,AC 为入射平面波的波阵面。当波阵面上的 C 点传播到 B 点时,自 A 向晶体内发出的子波已形成球形和旋转椭球形两个子波波面。波阵面 AC 上的其他各点,从 A 至 C 相继到达晶体表面,并相继向晶体内发出半径依次减小的球形子波面和长、短轴依次减小的旋转椭球子波波面。所有球形子波波面的包络面 BD 即为 o 光的新波阵面,引 AD 线,就得到了 o 光在

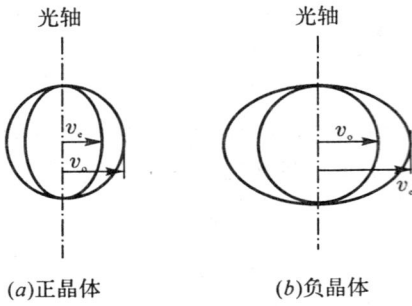

(a)正晶体　　　　(b)负晶体

图 22-11　晶体中的子波波阵面

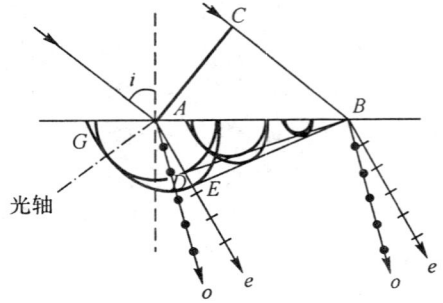

图 22-12

晶体中的传播方向。同理,所有旋转椭球形子波波面的包络面 BE 即为 e 光的新波阵面,引 AE 线,就得到 e 光在晶体中的传播方向。从图可见,e 光的传播方向和 e 光的波阵面并不垂直,e 光不遵守折射定律。

图 22-13 所示为平面波正入射的情况。此时,光轴与晶体表面平行,o 光和 e 光都沿原入射方向传播,但两者的传播速度和折射率都不相等,因而和光在晶体中沿光轴方向传播时无双折射的情况是不同的。

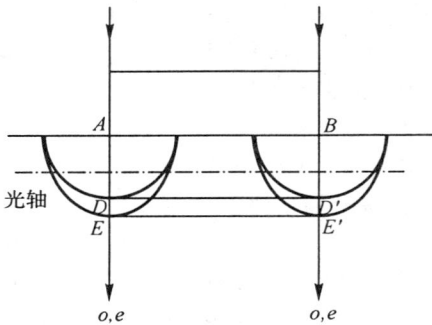

图 22-13

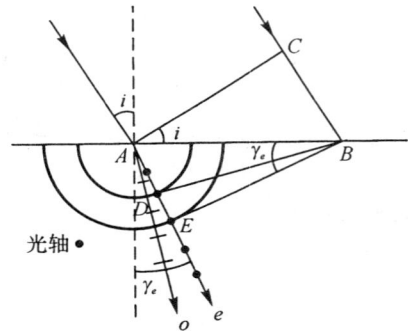

图 22-14

图 22-14 所示为平行光斜入射的情况。此时,光轴与晶面平行且与入射面垂直。在此情况下,o 光和 e 光的子波波面均被入射面截成圆形,所以 o 光和 e 光的传播方向分别与各自的波阵面垂直。虽然在一般情况下,e 光不遵从折射定律,但在此特殊情况下,e 光也遵循通常的折射定律,即有 $\sin i/\sin\gamma_e=n_e$,式中 n_e 为 e 光的主折射率。

从上面的讨论可知,利用晶体的双折射现象,从一束自然光可以获得振动方向相互垂直的两束偏振光,这两束偏振光分开的程度决定于晶体的厚度。纯净天然晶体的厚度一般都较小,因而两偏振光的分开程度很小,实用价值不大。实际上,人们利用晶体的双折射特性,制成了专门产生线偏振光的光学元件,使用较广的有尼科耳(W. Nicol)棱镜、渥拉斯顿(W. H. Wollaston)棱镜和洛匈(Rochen)棱镜。

4. 椭圆偏振光的获得

从单轴晶体中切出一块薄片,使其两个晶面和光轴都互相平行,这样的一片晶体称为晶片。如图 22-15 所示,一束波长为 λ 的线偏振光垂直入射厚度为 d 的晶片。入射光的振幅为 A,光振动方向和晶片光轴的夹角为 θ。此线偏振光进入晶体后生成 o 光和 e 光,o 光振动垂直于光轴,e 光振动平行于光轴。o 光和 e 光的振幅分别为

$$\begin{cases} A_o = A\sin\theta \\ A_e = A\cos\theta \end{cases} \qquad (22\text{-}3)$$

此种情况下,o 光和 e 光沿同一方向前进,但传播速度不同。透过晶片后,二者的光程差 δ 为

$$\delta = (n_o - n_e)d \qquad (22\text{-}4)$$

相应的相位差 $\Delta\varphi$ 为

$$\Delta\varphi = \frac{2\pi}{\lambda}(n_o - n_e)d \qquad (22\text{-}5)$$

图 22-15　椭圆偏振光

这样的两束相位差恒定、振动方向相互垂直的光互相叠加,一般来说形成椭圆偏振光。

如果适当选取晶片的厚度,使 o 光和 e 光的相位差 $\Delta\varphi = \pi/2$(光程差 $\lambda/4$),此晶片称为四分之一波片。四分之一波片的厚度为

$$d = \frac{\lambda}{4|n_o - n_e|} \qquad (22\text{-}6)$$

使线偏振光入射四分之一波片,再使 $\theta = 45°$,则 $A_o = A_e$,此时透过晶片的光将是圆偏振光。

若某一晶片,使 o 光和 e 光的相位差 $\Delta\varphi = \pi$(光程差 $\lambda/2$),此晶片称为二分之一波片。二分之一波片的厚度为

$$d = \frac{\lambda}{2|n_o - n_e|} \qquad (22\text{-}7)$$

使线偏振光通过二分之一波片后得到的仍为线偏振光,但其振动面已转过 2θ 角。若 $\theta = \pi/4$,可使线偏振光的振动面旋转 $\pi/2$。

值得注意的是,二分之一波片和四分之一波片是对特定的波长为 λ 的光而言的,不能通用。

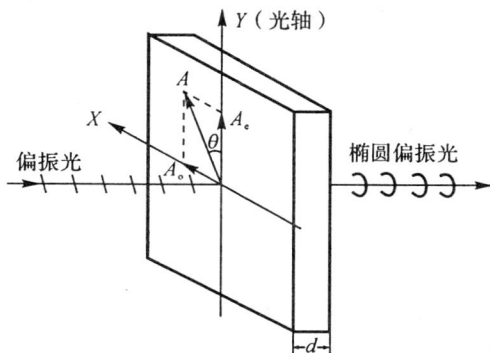

22-3　偏振光的干涉及应用

1. 偏振光的干涉

观察偏振光干涉的装置如图 22-16 所示。图中 P_1 和 P_2 是两平行放置的偏振片,它们的偏振化方向互相垂直,C 为双折射晶体,其光轴和 P_1 的偏振化方向的夹角为 α。

波长为 λ 的单色自然光垂直入射于偏振片 P_1，通过 P_1 后成为振动方向和 P_1 的偏振化方向一致、振幅为 A_1 的线偏振光。此线偏振光射入晶片后产生双折射，成为沿相同方向传播，但振动方向相互垂直的 o 光和 e 光，它们的振幅为

$$A_{1o} = A_1\sin\alpha, \quad A_{1e} = A_1\cos\alpha$$

相位差为

$$\Delta\varphi = \frac{2\pi}{\lambda}|n_o - n_e|d$$

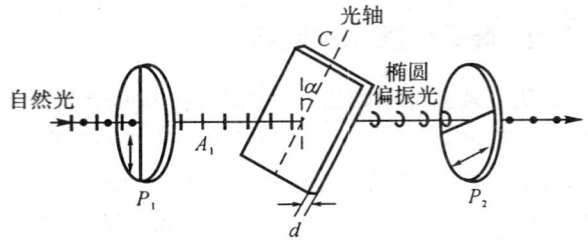

图 22-16　观察偏振光干涉的装置

当这两束光再经过偏振片 P_2 时，只有沿 P_2 偏振化方向的分量 A_{2o} 和 A_{2e} 才能通过。由图 22-17 可知，能通过 P_2 的两振动的振幅为

$$A_{2o} = A_{1o}\cos\alpha = A_1\sin\alpha\cos\alpha$$
$$A_{2e} = A_{1e}\sin\alpha = A_1\sin\alpha\cos\alpha$$

相位差为

$$\Delta\varphi = \frac{2\pi}{\lambda}|n_o - n_e|d + \pi$$

上式中的 π 是由于投影到 P_2 的偏振化方向的光矢量方向相反所引起的一附加相位差。

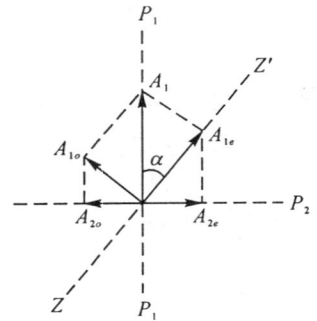

图 22-17　正交偏振片系统
中光的振幅关系

由上述讨论可见，通过 P_2 的两束光振动方向相同、频率相同、有恒定的相位差，所以它们将产生相干叠加。通过 P_2 的光强决定于这种相干叠加的结果。当

$$\Delta\varphi = 2k\pi \qquad k = 1, 2, \cdots$$

或

$$|n_o - n_e|d = (2k - 1)\frac{\lambda}{2}$$

时，干涉最强，视场最亮。当

$$\Delta\varphi = (2k + 1)\pi \qquad k = 1, 2, \cdots$$

或

$$|n_o - n_e|d = k\lambda$$

时，干涉最弱，视场最暗。若晶片厚度不均匀，各处干涉情况不同，则视场中将出现干涉条纹。如果入射光是白光，则因对不同波长的光不会同时满足干涉加强或干涉减弱的条件，必然是某些波长的光满足干涉加强，而另一些波长的光满足干涉减弱，所以在通过偏振片 P_2 的光中，波长组成及相对强度发生了变化，从而呈现出一定的色彩，这种现象称为色偏振。色偏振现象已广泛用于检验双折射现象、矿物分析以及研究晶体的内部结构等。

　　例 2　偏振光的干涉有着广泛的应用。在地质和冶金研究中，就是基于不同矿物晶体在正交偏光系统中形成不同干涉色，广泛使用偏光显微镜来观察岩石样品中的矿物组成、矿物结晶的形态和分布情况的。例如某岩石样品被磨制成 1.5×10^{-6}m 厚的薄片。如果该岩石样品中包括了几种透明的具有双折射性质的矿物：方解石、白云石、菱铁矿时，则当把该薄片放在两正交的偏振片之间，用显微镜观察时，就会发现这三

种矿物显示三种不同的颜色。试分析这三种矿物在偏光显微镜下各是什么颜色。

解 按偏振光干涉原理,主折射率之差为 $n_o - n_e$,厚度为 d 的矿物,当满足以下条件

$$(n_o - n_e)d = (2k - 1)\frac{\lambda}{2} \quad k = 1, 2, \cdots$$

时,相应各波长的光干涉得到加强。

对方解石,$n_o - n_e = 0.172$,由以上条件可得在可见光范围内干涉加强的波长为

$$\lambda = \frac{2(n_o - n_e)d}{2k - 1} = \frac{2 \times 0.172 \times 1500}{2 \times 1 - 1} = 516(\text{nm}) \qquad (绿)$$

同理,对白云石($n_o - n_e = 0.181$)、菱铁矿($n_o - n_e = 0.240$),干涉加强的波长分别为 543nm(黄)和 720nm(红)。由此可知,方解石对应于绿色,白云石对应于黄色,菱铁矿对应于红色。从这些色彩的分布,我们可以了解到该岩石中,这几种矿物的不同分布及相应的晶形。

2. 光弹效应

某些透明的物质,如玻璃、塑料等,在通常情况下是各向同性的,光通过这类物质时不发生双折射现象。但在内应力或机械应力作用下,它们会变成各向异性,从而使光产生双折射,这种现象称为光弹效应。

实验表明,在这种应力作用下的透明介质中,o 光的折射率和 e 光的折射率之差 $n_o - n_e$ 与应力 σ 成正比,即

$$n_o - n_e = k\sigma$$

式中 k 为决定于材料性质的系数。如果把这种透明介质做成厚度为 d 的片状,插在两正交的偏振片之间,由于应力不同的地方,$n_o - n_e$ 也不同,所以 o 光和 e 光的相位差也不同,在第二个偏振片后将观察到一定的干涉图样。当以白光照射,则呈现彩色的干涉图样。图 22—18 所示是圆盘受压时观察到的干涉图样。干涉条纹与应力有关,应力越集中的地方,各向异性越强,干涉条纹越细密。

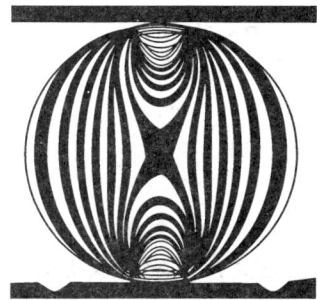

图 22-18 光测弹性干涉图样

在工程技术中,对桥梁、水坝以及机械零件的设计必须知道有荷载时内部的应力分布情况。由于绝大多数的材料是不透明的,故不能直接应用上述方法进行研究。但可采用模拟的办法,用透明材料做成与实物相似的模型,并仿照真实物体所受的荷载施以机械力。通过观察和分析所出现的彩色条纹,就可得知模型内部的应力分布。这种利用偏振光的干涉来测定物体内部应力分布的方法称为光弹性方法,现已发展为专门的学科——光测弹性学。

3. 电光效应

某些各向同性的介质在外界强电场的作用下,会变得各向异性,从而产生双折射,这种现象称为电光效应。

一种电光效应是克尔(J. Kerr)于 1875 年首次发现的,称为克尔效应。图 22-19 是观察克尔效应的实验装置。在两正交偏振片 P_1 和 P_2 之间,放置一个充有硝基苯液体的小盒,称为克尔盒。克尔盒内装有长为 l、间隔为 d 的平行板电极。在不加电场时,液体各向同性,光不能通过偏振片 P_2。加电场后,克尔盒中的介质分子因在电场作用下定向排列,而各向异

性，其光学性质和单轴晶体类似，光轴方向沿电场方向，这时由于双折射，有光通过 P_2。实验表明，o 光和 e 光的折射率之差与所加电场的平方成正比，即

$$n_o - n_e = kE^2$$

其中 k 是决定于液体性质的常数，称为克尔常数。o 光和 e 光通过厚为 l 的液体后的光程差为

$$\delta = (n_o - n_e)l = klE^2 = kl\frac{u^2}{d^2}$$

图 22-19　克尔效应装置

式中 u 为两极间所加的电压。由此式可见，加于电容器的电压改变时，光程差 δ 随之改变，从而使通过 P_2 的光强也随之改变。应用这一原理，可对光波的强度进行调制，目前这一技术已实用于激光通信和电视图象的传播装置中。

克尔效应的另一特点是弛豫时间极短，它随电场的产生和消失而很快地产生和消失，只需约 10^{-9}s 的时间，因此它是理想的高速开关。这种几乎无惯性的光开关，在 1s 内可切断光束高达 10^9 次，这是任何机械开关都不能比拟的。克尔盒作为高速开关，在高速摄影、光速测量以及激光技术中获得广泛应用。

由于克尔盒中的硝基苯液体有毒，携带不方便，因此近年来克尔盒已逐渐被具有电光效应的晶体所代替。

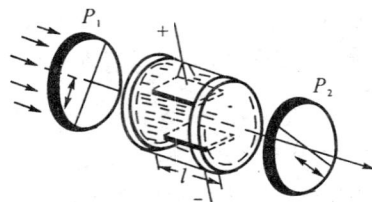

22-4　旋光现象

1811 年阿喇果（D. Arago）首先发现，当线偏振光沿着石英晶体的光轴方向通过晶体时，虽然并没有发生双折射，透射光仍是一束线偏振光，但其振动面却旋转了一个角度，这种现象称为旋光现象。

旋光现象不仅可以在石英等晶体中发现，而且在某些液体中也有发现。如松节油等纯液体、糖的水溶液和酒石酸溶液等。溶液的旋光性在制糖、制药和化工等方面很有用。例如，测定糖溶液浓度的糖量计就是根据糖溶液的旋光性而设计的一种仪器。

正如用人工方法产生双折射一样，也可用人工方法产生旋光性。其中最重要的是磁致旋光，通常称为法拉第旋转效应，是法拉第在 1846 年发现的。当线偏振光沿磁场方向通过磁性物质时，线偏振光的振动面将转过一个角度。利用这一性质可以制成光隔离器，即只允许光从一个方向通过，而不能从反方向通过的光阀门。这在激光的多级放大装置中往往是必要的。

本章摘要

1. 光波的五种偏振状态：自然光、线偏振光、部分偏振光、椭圆偏振光、圆偏振光。
2. 产生偏振光的三种方法：偏振片、反射和折射、双折射。
3. 马吕斯定律：

$$I = I_0\cos^2\alpha$$

4. 布儒斯特定律：

$$\tan i_0 = \frac{n_2}{n_1}$$

5. 双折射：

　　光进入晶体后分为 o 光和 e 光；o 光服从折射定律，e 光一般来说不服从折射定律；o 光和 e 光均是线偏振光。

6. 偏振光的干涉：利用晶片和偏振片可以使偏振光分成振动方向相同、相位差恒定的相干光而产生干涉。

7. 偏振光干涉的应用：光弹性效应，电光效应

8. 旋光现象：

　　线偏振光通过某些物质后，振动面会发生旋转。

思考题

22-1　有人说，某束光可能是①线偏振光、②圆偏振光、③自然光，你如何用实验来确定这束光是这三种光的哪一种？

22-2　一块偏振片没有标明偏振的方向，你能否想出一个简单方法来确定它的方向？

22-3　自然光经过方解石以后分成 o 光和 e 光，若把这两束光再合起来，是否可能产生干涉？

22-4　求一束圆偏振光：

(1)垂直入射到四分之一波片上时，透射光的偏振态；

(2)垂直入射到八分之一波片上时，透射光的偏振态。

22-5　一束椭圆偏振光入射四分之一波片，其长轴和光轴的夹角 $\alpha=0°$，求透射光的偏振态。

22-6　雷达波能否成为圆偏振波？空气中的声波能否成为圆偏振波？

22-7　一束自然光通过方解石后，透射光有几束？若将方解石沿垂直光传播方向对截成两块，且平移分开，此时通过这两块方解石后有几束透射光？若将其中一块绕光线转过一角度，此时透射光有几束？

22-8　怎样区别二分之一波片、四分之一波片和偏振片？

22-9　今用一检偏器观察一束光时，发现光强有一最大及一最小，但无消光现象。令该光束先经四分之一波片，波片的光轴方向与光强最大时检偏器的偏振化方向平行。若通过检偏器观察时，看到有消光现象，试分析这束光的偏振态。

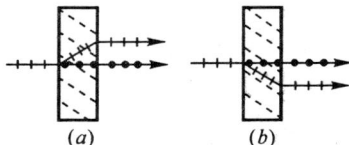

思考题 22-10 图

22-10　在题图中虚线代表光轴，试根据图中所画的折射情况判断晶体的正负。

习　　题

22-1　自然光投射到互相重叠的两块偏振片上，若透射光的强度为入射光强度的 1/9，求两块偏振片的偏振化方向的夹角。

22-2　使自然光通过两个偏振化方向相交 60° 的偏振片，透射光强为 I_1。今在这两个偏振片之间再插

入另一偏振片,它的偏振化方向与前两个偏振片均成 30°角,则透射光强为多少?

22-3 用线偏振光和自然光混合的光束垂直照射偏振片,转动偏振片,测得透射光光强最大值 I_{max} 和最小值 I_{min} 之比等于 5,求入射光中线偏振光和自然光的光强之比。

22-4 一束自然光通过偏振化方向互成 60°的两个偏振片,若每个偏振片吸收 10% 可通过的光线,求出射光强与入射光强之比。

22-5 在题图所示的各种情况中,以非偏振光或

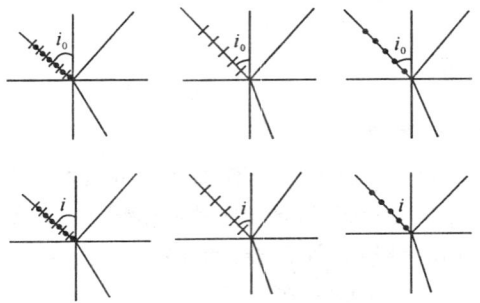

习题 22-5 图

偏振光入射于两种媒质的分界面,图中 i_0 为起偏振角,$i \neq i_0$,试画出折射光线和反射光线偏振状态。(用点和短线表示)

22-6 怎样测定不透明电介质的折射率?今测得釉质的起偏振角 $i_0 = 58°$,试求它的折射率。

22-7 水的折射率为 1.33,玻璃的折射率为 1.50。当光由水中射向玻璃而反射时,起偏角为多少?当光由玻璃射向水中而反射时,起偏角又为多少?

22-8 用方解石割成一个 60°的正三角形棱镜,光轴垂直于棱镜的正三角形截面。设非偏振光的入射角为 i,e 光在棱镜内的折射线与镜底边平行,如题图所示,求入射角 i,并在图中画出 o 光光路。已知 $n_e = 1.49$,$n_o = 1.66$。

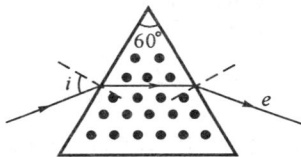

习题 22-8 图

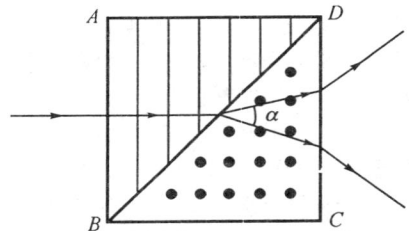

习题 22-9 图

22-9 如题图所示的二维渥拉斯顿(W.H.Wallaston)棱镜的截面是由两个棱镜均为 45°的直角方解石棱镜粘合其斜面构成的,棱镜 ABD 的光轴平行于 AB,棱镜 BDC 的光轴垂直于图截面。当自然光垂直 AB 入射时,试在图中画出 o 光和 e 光的传播方向及光矢量振动方向。

22-10 某晶体对波长 632.8nm 的折射率 $n_o = 1.66$,$n_e = 1.49$。将它制成适用于该波长的四分之一波片,晶片至少要多厚?

22-11 两片相互正交的偏振片之间,放置一片四分之一波片,当自然光垂直入射时转动四分之一波片,问什么位置时透射光的光强最大?

22-12 一束波长为 589.3×10^{-9}m 的自然光通过起偏器后垂直地进入石英晶片,该晶片的光轴平行于晶片表面。石英晶体对寻常光线的折射率和对非常光线的主折射率分别为 1.5443 和 1.5534。若要使穿过石英晶片后的透射光为圆偏振光,求:

(1)石英晶片的最小厚度;

(2)起偏器的偏振化方向与晶片光轴的夹角。

22-13 厚为 0.025mm 的方解石晶片的表面平行于光轴。将其放在两个正交的偏振片之间,光轴与两个偏振片的偏振化方向各成 45°角。如果射入第一个偏振片的光是波长为 400.0~760.0nm 的可见光,问透出第二个偏振片的光中少了哪些波长的光?

22-14 楔形水晶棱镜顶角 $\alpha = 0.5°$,棱边与光轴平行。将其置于两正交的偏振片之间,光轴与两个偏振

片的偏振化方向各成 45°角。以水银灯的 404.7nm 紫色光垂直照射,水晶对此光的 $n_o=1.557, n_e=1.566$,问:

(1)通过第二个偏振片看到的干涉图样如何?

(2)相邻亮纹的间距 d 是多少?

(3)若第二个偏振片转 90°角,干涉条纹有何变化?

第23章

量子光学基础

19世纪末,物理学理论已发展到相当完善的阶段。物体的机械运动在速度远比光速小时准确地遵从牛顿力学的规律;热现象有热力学和统计物理理论描述;电磁现象总结为麦克斯韦方程组;光现象有光的波动理论,最后也归结为麦克斯韦方程。所以,当时许多物理学家都认为物理学的基本规律已经找到,今后的任务只是应用物理定律来解释自然现象及实验结果,或提高实验精度。正当物理学家为物理学的巨大成功而感到心满意足之时,在物理学的一些领域出现了一系列实验规律与经典理论尖锐矛盾的现象。其中,最主要的有关寻找以太的迈克尔孙-莫雷实验和黑体辐射实验,它们都无法用经典物理学的理论来解释。这就迫使物理学家们跳出传统的经典物理学的理论框架,去寻找新的解决途径。迈克尔孙-莫雷实验由于爱因斯坦相对论的建立而获得圆满解释,黑体辐射实验则导致了量子理论的诞生。本章将通过介绍黑体辐射、光电效应和康普顿效应,一步步揭示光和物质相互作用时呈现的量子效应。

23-1 黑体辐射·普朗克的能量子假说

1. 热辐射

任何一个物体,在任何温度下都要向外辐射各种不同波长的电磁波,而且辐射出的总能量以及能量按波长的分布情况都与该物体的温度有关,这种辐射称为热辐射。热辐射能谱是连续波谱,波长范围由红外到可见,直到紫外,包括整个电磁波段。热辐射现象在自然界中到处可见,高温炉子有热辐射,封冻的冰窖也有热辐射。实验表明:不同物体辐射电磁波的本领不同,同一个物体在不同的温度下辐射各种不同波长的电磁波的本领也不同。为了描述这种不同,我们引入辐射出射度的概念。

如果在单位时间内,从物体表面单位面积上所辐射的、波长在 λ 到 $\lambda+d\lambda$ 范围内的辐射能为 dE_λ,那么 dE_λ 与波长间隔 $d\lambda$ 的比值称为单色辐出度,用 M_λ 表示,即

$$M_\lambda = \frac{dE_\lambda}{d\lambda} \tag{23-1}$$

M_λ 与物体的温度 T 和所取定的波长 λ 有关,是 λ 和 T 的函数,常表示为 $M_\lambda(T)$。单色辐出度反映了在不同的温度下辐射按波长的分布情况。

单位时间内从物体表面单位面积所辐射的各种波长的总辐射能,称为物体的辐射出射度,用 $M(T)$ 表示。显然,辐射出射度等于单色辐出度对波长的积分,即

$$M(T) = \int_0^\infty M_\lambda(T)d\lambda \tag{23-2}$$

实验表明,单色辐出度以及辐射出射度和辐射体的材料以及表面情况(如粗糙程度)有关。

任意物体在发出辐射能的同时,也在吸收或反射由其他物体发射来的辐射能。我们把物体在温度 T 时,吸收波长在 λ 到 $\lambda+d\lambda$ 范围内的电磁波的能量与相应波长的入射电磁波的能量之比,称为该物体的单色吸收系数,用 $\alpha(\lambda,T)$ 表示;而把物体反射波长在 λ 到 $\lambda+d\lambda$ 范围内的能量和相应波长的入射能量之比,称为该物体的单色反射系数,用 $\gamma(\lambda,T)$ 表示。对于不透明的物体,有

$$\alpha(\lambda,T) + \gamma(\lambda,T) = 1 \tag{23-3}$$

实验表明,不同物体对于入射电磁波具有不同的吸收和反射本领。如果一个物体在任何温度下,对于任何波长的电磁辐射都全部吸收,即 $\alpha(\lambda,T)=1$,则称该物体为绝对黑体。自然界中并不存在真正的绝对黑体,即使是煤烟,对太阳光的吸收系数也不超过 99%。所谓绝对黑体只是为了研究问题的方便而引入的一种理想模型。在实验室中,我们可以人为地制成一种绝对黑体模型。如图 23-1 所示,在一个用不透明材料做成的空腔壁上开一个小孔,因为孔很小,外界辐射进入小孔后,只有经过许多次反射,才能从小孔逃出。在每次反射中,器壁都要吸收辐射

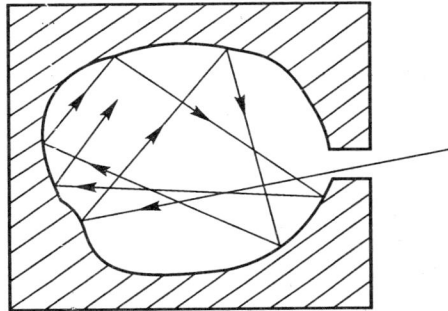

图 23-1 绝对黑体模型

能量,因此最后从小孔穿出的辐射能几乎接近零,这意味着射入小孔的辐射能几乎被全部吸收了。因此,小孔表面可看成是绝对黑体的模型。另一方面,当空腔处于某一温度时,也有电磁辐射从小孔中发射出来。因为小孔像一个黑体的表面,从小孔中发出的电磁辐射也就表征着黑体辐射特征。

2. 基尔霍夫定律

1859 年,基尔霍夫(Kirchhoff)应用热力学理论得到:

对每一个物体来说,单色辐出度与吸收系数的比值是一个与物体性质无关而只与温度和辐射波长有关的普适常量。

用数学式可表示为

$$\frac{M_\lambda(T)}{\alpha(\lambda,T)} = f(\lambda,T) \tag{23-4}$$

按照基尔霍夫定律,一个好的吸收体也一定是一个好的辐射体。

若用 $M_{0,\lambda}(T)$ 和 $\alpha_0(\lambda,T)$ 分别表示黑体的单色辐出度和单色吸收系数,因为黑体的吸收系数 $\alpha_0(\lambda,T)=1$,根据基尔霍夫定律,有

$$M_{0,\lambda}(T) = f(\lambda,T) \tag{23-5}$$

此式说明了基尔霍夫定律中的普适常量就是黑体的单色辐出度,只要知道黑体的单色辐出度,便能了解一般物体的辐射性质。所以,确定黑体的单色辐出度成为热辐射的一个中心问题。

3. 黑体辐射基本定律

利用开有小孔的空腔这一黑体模型和实验的方法可以测定黑体的单色辐出度。图 23-2 表示黑体的单色辐出度随 λ 和 T 变化的实验曲线,也称为黑体光谱分布曲线。根据实验曲线可得到有关黑体热辐射的两条普适定律。

(1)斯特藩-玻尔兹曼定律

1879 年,斯特藩(J. Stefan)从实验中总结出:

黑体的辐射出射度和黑体温度的四次方成正比,即

$$M_0(T) = \int_0^\infty M_{0,\lambda}(T)\mathrm{d}\lambda = \sigma T^4 \tag{23-6}$$

1884 年,玻尔兹曼(L. Boltzmann)从理论上证明了这一结果,所以通常把(23-6)式称为斯特藩-玻尔兹曼定律。式中 $\sigma = 5.67 \times 10^{-8}\mathrm{W}/(\mathrm{m}^2 \cdot \mathrm{K}^4)$ 为普适常量,称斯特藩-玻尔兹曼常量。

(2)维恩位移定律

由图 23-2 可见,在每条曲线上,$M_{0,\lambda}(T)$ 都有一最大值,相应于这一最大值的波长称为峰值波长,用 λ_m 表示。λ_m 随温度 T 的升高而减小,λ_m 和 T 成反比,实验确定两者的关系为

$$T\lambda_\mathrm{m} = b \tag{23-7}$$

式中 $b = 2.898 \times 10^{-3}\mathrm{m} \cdot \mathrm{K}$。该式称为维恩(W. Wien)位移定律,维恩于 1896 年根据热力学理论导出此式。

斯特藩-玻尔兹曼定律和维恩位移定律是黑体辐射的基本定律,它们在现代科学技术上具有极广泛的应用,是测量高温、遥感、红外追踪等技术的物理基础。例如,在某些工厂里有许多高温炉,用一般的温度

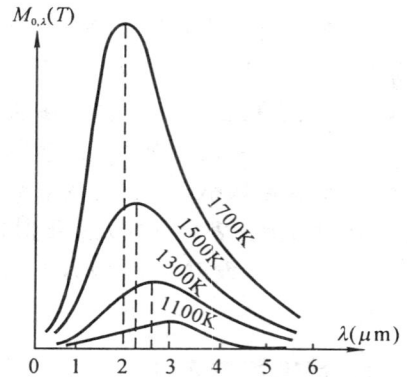

图 23-2 黑体的单色辐出度按波长分布曲线

计无法测量其内温度。若在炉子上开一小孔,则可将其看作黑体,测量光谱分布曲线,从而确定炉内的温度。恒星的有效温度也是通过类似的办法测量的。

4. 经典物理学的困难

黑体辐射实验曲线为什么具有这样的形状?如何从理论上来导出黑体的单色辐出度 $M_\lambda(T)$ 的数学表达式?19 世纪末,一些物理学家进行了很多尝试,但都遭到失败。根据经典理论导出的公式都与实验结果不相符合,其中最典型的是维恩公式和瑞利-金斯公式。

1896 年,维恩从热力学普遍理论出发,通过对实验数据的分析,假设辐射按波长的分布类似于麦克斯韦的分子速率分布,由经典统计物理学导出以下半经验公式

$$M_{0,\lambda}(T) = \frac{C_1}{\lambda^5}\mathrm{e}^{-\frac{C_2}{\lambda T}} \tag{23-8}$$

式中两个常量 C_1 和 C_2 通过实验确定。这个公式在短波范围和实验曲线相符,但在长波范围

与实验不符,如图 23-3 所示。

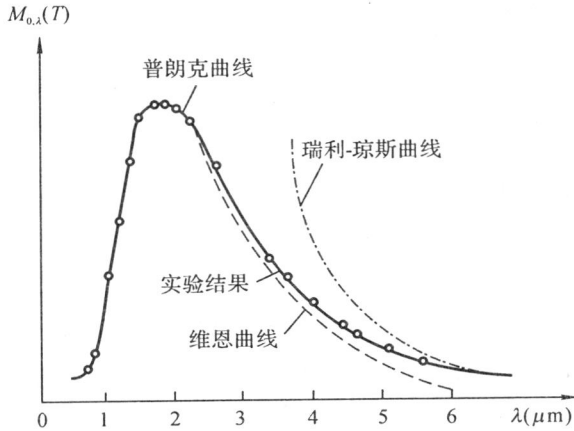

图 23-3   热辐射理论公式和实验结果的比较

瑞利(L. W. Rayleigh)和金斯(J. H. Jeans)于 1900 年把分子物理学中能量按自由度均分定理用到电磁辐射情况,得到如下的理论公式

$$M_{0,\lambda}(T) = \frac{2\pi ckT}{\lambda^4} \tag{23-9}$$

式中 c 为光速,k 为玻尔兹曼常量。此公式在长波范围与实验曲线符合得很好,但在短波(紫外区)范围完全与实验不符:$\lambda \to 0$ 时,$M_{0,\lambda}(T) \to \infty$。这种极荒谬的结论,物理学史上称之为"紫外区灾难"。这些失败暴露了经典物理学的缺陷。

5. 普朗克量子假说

普朗克(M. Planck)总结了前人失败的教训,于 1900 年从经验中找到一个和实验完全相符的公式,即

$$M_{0,\lambda}(T) = 2\pi hc^2 \lambda^{-5} \frac{1}{e^{\frac{hc}{\lambda kT}} - 1} \tag{23-10}$$

此式称为普朗克黑体辐射公式。式中 c 为光速,k 为玻尔兹曼常量,h 为普朗克常量,其值 $h = 6.626 \times 10^{-34} J \cdot s$。

为了从理论上导出上式,普朗克大胆地提出了违背经典物理学理论的量子假设:

①黑体是由许多带电的线性谐振子组成的,频率为 ν 的谐振子只能取如下的能量不连续值,即

$$E_n = nh\nu \quad n = 0,1,2\cdots \tag{23-11}$$

其中 h 为普朗克常量。

②这些谐振子能量变化时能向外辐射或吸收电磁波。根据(23-11)式,它们吸收或发出的能量只能是 $h\nu$ 的整数倍。

普朗克根据上述假设,应用经典统计理论导出了和实验完全相符的普朗克黑体辐射公式。利用这一公式,可导出斯特藩-玻尔兹曼定律和维恩位移定律。

普朗克的量子假说不仅圆满地解释了黑体辐射问题,更重要的是突破了经典物理中能

量连续分布的框架,第一次把量子的概念引入物理学中,为量子理论的建立奠定了基础。普朗克因此而获得 1918 年的诺贝尔物理奖。

23-2 光电效应·爱因斯坦光子理论

1. 光电效应的实验规律

当光照射到金属表面时,在一定的条件下,有电子从金属表面逸出的现象称为光电效应,所逸出电子称为光电子。

研究光电效应的实验装置如图 23-4 所示。在高真空的玻璃泡内装有阴极 K 和阳极 A,阴极 K 为金属板。在两极之间加上电压,如果阴极 K 不受光照射,电路中无电流。当光通过石英窗口照射到阴极 K 上时,就有光电子在阴极表面逸出,逸出的光电子在电场加速下向

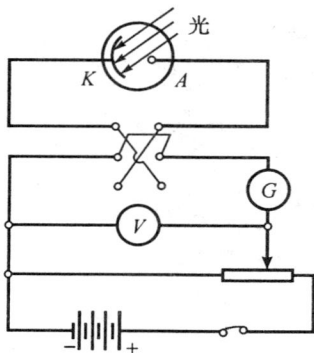

图 23-4　光电效应实验简图

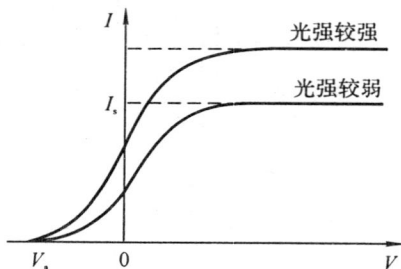

图 23-5　光电效应的伏安特性曲线

阳极 A 运动而形成电流,这种电流称为光电流。实验结果可归纳如下。

(1)入射光频率不变时,饱和光电流 I_s 与入射光的强度成正比

如果用一定频率和强度的单色光照射阴极 K,改变加在 A 和 K 两极间的电压 V,测量光电流的变化,则可得如图 23-5 所示的伏安特性曲线。实验表明,光电流 I 随加速电压 V 的增加而增加,但当加速电压增加到一定值时,光电流不再增加,而达到一饱和值 I_s。饱和电流说明了,单位时间内从阴极逸出的光电子全部到达了阳极 A。实验还表明,饱和电流 I_s 的值和入射光强成正比。这一结果也可表述为:单位时间内从金属表面逸出的光电子数目与入射光强成正比。

(2)光电子的最大初动能与入射光的频率成线性关系,与入射光强无关

由图 23-5 可看出,当加速电压减小到零并变负时,光电流并不为零,只有当两极间加上反向电压 V_a 时,光电流才为零。V_a 称为截止电压。截止电压的存在说明此时从阴极逸出的最快的光电子也不能到达阳极。这时,光电子从阴极逸出时所具有的初动能全部用于克服静电力做功。因此

$$\frac{1}{2}mv_m^2 = eV_a \qquad (23\text{-}12)$$

式中 m 为电子质量, e 为电子电量, v_m 为光电子逸出时的最大速度。

实验还表明,当改变入射光的频率时,截止电压 V_a 与入射光的频率 ν 之间有如图 23-6 所示的线性关系,即

$$V_a = k\nu - V_0 \qquad (23-13)$$

式中 k 为与金属性质无关的普适常量, V_0 由金属的性质决定。将(23-13)式代入(23-12)式,得

$$\frac{1}{2}mv_m^2 = ek\nu - eV_0 \qquad (23-14)$$

由上式可见,光电子的最大初动能随入射光频率的增大而线性增大,与入射光的强度无关。

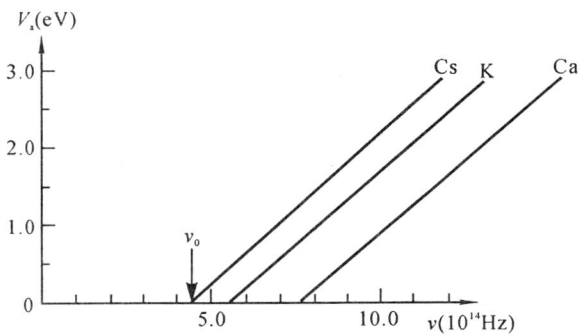

图 23-6　截止电压与频率的关系

（3）截止频率（红限频率）

对每种金属都存在一个截止频率 ν_0,只有当入射光的频率 $\nu \geqslant \nu_0$ 时,才会产生光电效应。

要使某种金属产生光电效应,必有 $\frac{1}{2}mv_m^2 \geqslant 0$,即

$$\nu \geqslant \frac{V_0}{k} \qquad (23-15)$$

$\nu_0 = \dfrac{V_0}{k}$ 称为光电效应的截止频率,也叫红限频率。不同的金属有不同的红限频率。如果入射光的频率小于和某种金属相应的 ν_0,则不论光的强度多大,照射时间多久,都不会产生光电效应。

（4）光电效应是瞬时发生的

实验表明,只要入射光的频率大于截止频率,无论入射光的强度如何,几乎在光开始照射的同时就会产生光电子,其逸出时间在 10^{-9}s 以下。

2. 经典电磁理论的困难

按照光的电磁理论,光电效应的产生是由于金属中的自由电子在入射光波的作用下作受迫振动,其振动能量达到一定数值时,克服金属对它的束缚而逸出金属表面成为光电子的现象。入射光波越强,其电场振幅也越大,电子受迫振动的振幅也越大,电子在挣脱金属表面的束缚而逸出的初始动能也越大。因此,逸出光电子的初动能应随入射光强的增大而增大,和光频率无关。而且,只要入射光的强度足够大,任何频率的光照射到金属上都应该产生光电效应。

另外,按照经典的电磁理论,光电子逸出金属表面所需的能量是直接吸收照射到金属表面上的光能量。当入射光的强度比较弱时,电子需要有一定的时间来积累能量。因此,光电效应不可能是瞬时产生的。

由此可见,经典电磁理论对光电效应不能作出圆满的解释。

3. 爱因斯坦的光量子理论

为了解决光电效应实验规律与经典理论间的矛盾,1905 年爱因斯坦在普朗克量子假说的基础上,提出了光量子的概念。他认为:

光是以光速 c 运动的粒子流,这些粒子称为光量子,简称光子;每个光子都具有一定的能量,频率为 ν 的光束的一个光子具有的能量为

$$E = h\nu \tag{23-16}$$

式中 h 为普朗克常量;光强为 I 的光束中,单位时间内通过垂直于光的传播方向单位面积的光子数为 $N = \dfrac{I}{h\nu}$。

按照爱因斯坦的光量子理论,频率为 ν 的光束可看成是由许多能量均等于 $h\nu$ 的光子所构成;频率越高的光束,其光子能量越大;对给定频率的光来说,光的强度越大,表明光子的数目越多。

应用爱因斯坦的光量子理论可以成功地解释光电效应。当频率为 ν 的光照射到金属表面时,一个光子的能量 $h\nu$ 可以立即被金属中的电子吸收。如果 $h\nu$ 足够大,其中一部分消耗在逸出功 W 上,另一部分转化为逸出电子的动能。由能量守恒定律有

$$\frac{1}{2}mv_{\mathrm{m}}^2 = h\nu - W \tag{23-17}$$

上述方程称为爱因斯坦光电效应方程。由此方程可见,当 $\nu < W/h$ 时,电子的能量不足以克服金属表面的束缚而从金属中逸出,因而不产生光电效应。这就说明了光电效应具有一定的截止频率。又因为光照射到金属上时,光子的能量是一次地被电子所吸收的,所以并不需要积累能量的时间。由爱因斯坦光电方程还可以看出,光电子的最大初动能只依赖于照射光的频率,和光的强度没有关系。另外,根据光量子理论,入射光的强度越大,光子数越多,这也就说明了饱和光电流 I_s 和入射光强成正比。

将(23-14)式和(23-17)式加以比较,可得

$$h = ke \tag{23-18}$$

$$W = eV_0 \tag{23-19}$$

通过实验测得图 23-6 中 V_a-ν 直线的斜率 k,可计算出普朗克常量为 $h = 6.56 \times 10^{-34}\mathrm{J \cdot s}$,这和由普朗克公式导出的 h 值是符合的,这也是爱因斯坦光量子理论正确性的一个很好证明。结合(23-15)式和(23-18)式,还可以得到

$$\nu_0 = \frac{W}{h} \tag{23-20}$$

此式表明,可以利用实验中所测得的截止频率来计算金属的逸出功。

爱因斯坦的光量子理论和光电效应方程使光电效应的实验规律全部得到圆满的解释。爱因斯坦由于在阐明光电效应实验规律及其他方面的贡献而获得 1922 年的诺贝尔物理奖。

23-3 康普顿效应

康普顿效应是光与物质相互作用时显示量子性的另一范例。1922～1923 年,康普顿

(A. H. Compton)研究了 X 射线经金属、石墨等物质散射后的光谱成分,发现散射谱线中除了与原入射线波长相同的成分外,还包括波长较长的成分,这种散射现象称为康普顿效应。由于这项工作,康普顿获得 1927 年的诺贝尔物理奖。

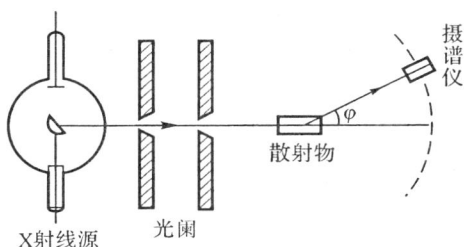

图 23-7　康普顿实验装置简图

1. 康普顿效应的实验规律

图 23-7 是康普顿实验装置简图。通过光阑后的一细束 X 射线打在散射物(例如石墨)上,由摄谱仪可测定散射线的波长。图 23-8 给出了几个不同散射角下散射线强度随波长分布的曲线。由图可知,在 $\varphi=0$ 方向的散射光只有和原波长 λ_0 相同的谱线,但 $\varphi\neq0$ 各方向的散射光除了和原波长 λ_0 相同的谱线外,还有波长 $\lambda>\lambda_0$ 的谱线。波长改变量 $\Delta\lambda=\lambda-\lambda_0$ 随着散射角的增大而增大,且满足以下的关系

$$\Delta\lambda = 2A\sin^2\frac{\varphi}{2} \tag{23-21}$$

其中 A 是与散射物质无关的普适常量,由实验测定得 $A=0.002\,42\,\text{nm}$。

实验结果还表明,原子量越小的物质,散射中波长为 $\lambda=\lambda_0+\Delta\lambda$ 的散射线的强度越大,康普顿效应越显著。而原子量越大的物质,康普顿效应越不易观察出来。

2. 经典电磁理论的困难

按经典电磁理论,当电磁波通过物质时,要引起物质内带电粒子的受迫振动。而每个作受迫振动的带电粒子都可看成振荡电偶极子,它们要向四周辐射电磁波,这就是散射光。因为电偶极子辐射电磁波的频率就是电偶极子受迫振动的频率,也就是入射电磁波的频率,故按经典电磁理论,散射光的波长应同入射光完全相同,不应该发生康普顿效应。这是经典电磁理论所面临的又一困难。

3. 光子理论对康普顿效应的解释

康普顿利用爱因斯坦的光子理论,把散射看成是光子与散射物质中的电子等粒子发生的弹性碰撞。当光子同外层电子碰撞时,因为外层电子的束缚能较小,可视其为自由电子。碰撞的结果是光子中的一部分能量传给电子,光子能量减小,它的频率也相应减小,波长变长。当光子与原子核内层的电子碰撞时,由于内层电子同原

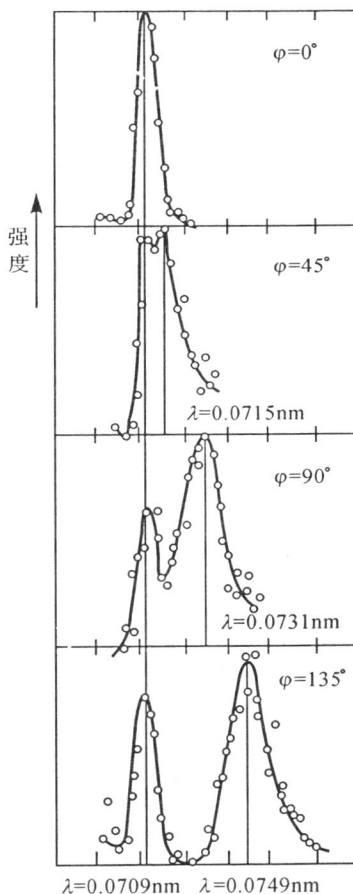

图 23-8　康普顿实验结果

子核组成一个束缚很紧的集团,其质量比光子质量大得多,故可近似地认为光子碰撞后能量不变,即散射光的波长不变。又由于重原子中的内层电子比例较大,被光子碰撞的概率也较大,因而弹性碰撞后能量不变的光子数较多,康普顿效应不明显。

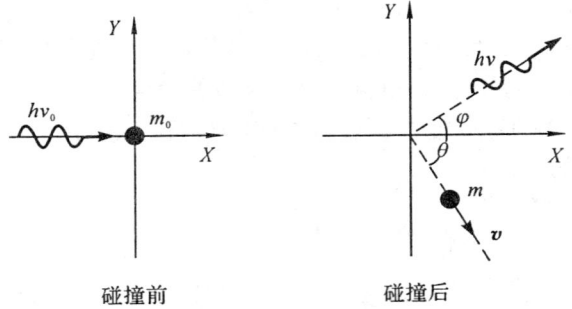

图 23-8　光子与电子的碰撞

下面我们对康普顿效应作一定量计算。如图 23-9 所示,假定光子和一个静止的电子发生碰撞,碰撞前光子的频率和波长分别为 ν_0 和 λ_0,根据相对论的质能关系 $mc^2 = h\nu$,光子的质量为 $m = h\nu_0/c^2$。光子的动量等于它的质量和光速的乘积,即

$$p = mc = \frac{h\nu_0}{c} = \frac{h}{\lambda_0} \tag{23-22}$$

碰撞后,光子失去部分能量,以散射角 φ 射出,它的频率和波长分别为 ν 和 λ。而反冲电子获得速度 v,沿着某一角度 θ 的方向飞出。根据弹性碰撞中能量守恒,有

$$m_0 c^2 + h\frac{c}{\lambda_0} = mc^2 + h\frac{c}{\lambda} \tag{23-23}$$

其中 m_0 为电子的静止质量,m 为其运动质量。再由动量守恒,得下列两个分量式

$$(x\ 方向分量)\quad \frac{h}{\lambda_0} = \frac{h}{\lambda}\cos\varphi + mv\cos\theta \tag{23-24}$$

$$(y\ 方向分量)\quad 0 = \frac{h}{\lambda}\sin\varphi - mv\sin\theta \tag{23-25}$$

在以上三个方程中,消去 v 和 θ,可得散射线波长变化与散射角 φ 的关系式,即

$$\Delta\lambda = \lambda - \lambda_0 = \frac{2h}{m_0 c}\sin^2\frac{\varphi}{2} \tag{23-26}$$

式中 $\frac{h}{m_0 c} = 0.002\,42\text{nm}$,称为康普顿波长。(23-26)式与实验公式(23-21)完全一致。

光子理论对康普顿效应的成功解释,进一步揭示了光的粒子性,证明了光子具有质量、能量和动量。同时,也证明了在微观粒子的相互作用过程中,动量和能量守恒定律仍然是成立的。

23-4　光的波粒二象性

前面各章所讨论的光的干涉、衍射和偏振等现象充分显示了光的波动性。本章所讨论的热辐射、光电效应和康普顿效应等揭示了光的粒子性。为了解释全部的光学现象,人们不得不承认光具有波动和微粒的双重性质,称为光的波粒二象性。这种二象性在表示光子的能量和动量的两个式子中表现得特别明显:

$$E = h\nu \tag{23-26}$$

$$p = \frac{h\nu}{c} = \frac{h}{\lambda} \qquad\qquad (23\text{-}27)$$

在以上的两个式子中,等号左边表示微粒的性质,即光子的能量 E 和动量 p;等号右边表示波的性质,即电磁波的频率 ν 和波长 λ。光的微粒性和波动性这两种性质通过普朗克常数 h 定量地联系了起来。事实上,光是粒子性和波动性矛盾的统一体。在不同的条件下,主要矛盾方面会发生转化。例如,在干涉和衍射实验的条件下,波动性就成为主要矛盾方面,光的行为表现为"波";而在原子吸收和发射光的情况下,粒子性就成为主要矛盾方面,光的行为表现出像"粒子"。

23-5　激　光

激光(laser)是受激辐射光放大(light amplification by stimulated emission of radiation)的简称,是 20 世纪 60 年代发展起来的一种新型光源。与普通光源相比,激光具有一系列无与伦比的特点:①方向性好。普通光源向四面八方发射光,而激光是沿一定方向射出的光束。若将激光束射向几千米之外,光束直径也只增大几厘米。②能量集中。由于激光束方向性好,使能量在空间高度集中,因此激光的亮度极高,比普通光源高出上万亿倍。③单色性好。普通原子光谱的每条谱线并不是严格单色的,而是有自己的宽度 $\Delta\lambda$,单色性最好的氪原子的 603.7nm 谱线宽度为 0.000 47nm,但氦氖激光器发射的波长为 632.8nm 的谱线宽度可小到 10^{-9}nm。④相干性好。由于激光的单色性好,它的相干长度长。例如氦-氖激光器所发的激光的相干长度可达几十公里,因此它的时间相干性很好。此外,它还有很好的空间相干性,在激光的横截面上各点的光都是相干的。由于激光的这些优异特点,自 1960 年第一台红宝石激光器诞生以来,激光理论、技术和应用各方面都得到惊人的发展,并带动了激光光谱学、非线性光学和光化学等新兴学科的发展。本节就激光的产生机理、激光器及其应用作简要介绍。

1. 激光产生的基本原理

(1)自发辐射和受激辐射

量子理论告诉我们,微观粒子(原子、分子或离子等)的能量只能取一系列分立的值。在一定的温度下,绝大多数粒子都处于能量最小的状态,即基态。只有少数粒子处于较高能态,即激发态。处于低能态的粒子由于受到外界的作用,如受到别的粒子的撞击或者吸收一定能量的光子,有可能跃迁到高能态。反之,处于高能态的粒子也可由于某种原因,通过发射光子或其他形式放出能量从而跃迁到低能态。

当粒子处于电磁辐射场时,粒子和光子就要发生相互作用。这种作用可以有三种不同的过程,即受激吸收过程、自发辐射过程和受激辐射过程。图 23-10 是这三种过程的示意图。

如图 23-10(a)所示,处于低能态 E_1 的粒子吸收了一个能量恰好为 $h\nu = E_2 - E_1$ 的光子,从而跃迁到能量为 E_2 的状态。此过程称为受激吸收。这就是一般的物质对光的吸收。

如图 23-10(b)所示,处于高能态 E_2 的粒子在没有任何外界作用的情况下,自发地向低能态 E_1 跃迁,同时辐射出能量为 $h\nu = E_2 - E_1$ 的光子,这一过程称为自发辐射。自发辐射是

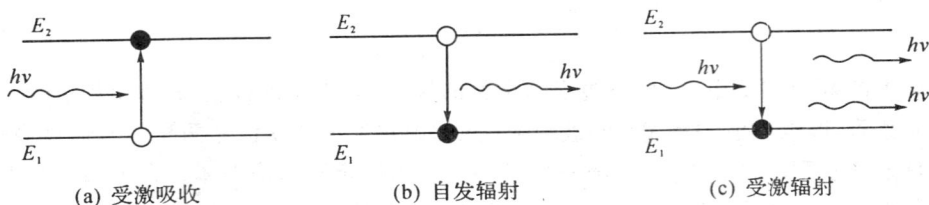

| (a) 受激吸收 | (b) 自发辐射 | (c) 受激辐射 |

图 23-10

一种随机的发射过程,各个粒子的辐射都是自发的、独立地进行的,因而各个光子的发射方向和初相位都不相同。此外,由于大量原子所处的激发态不尽相同,所以发出光子的频率也不相同。普通光源发光就属于自发辐射,由此可见,普通光源所发的光相干性很差。

如图 23-10(c)所示,处于高能态 E_2 的粒子在发生自发辐射之前,受到外来的、能量为 $h\nu=E_2-E_1$ 的光子的刺激作用,从高能态 E_2 跃迁到低能态 E_1,同时辐射出一个能量为 $h\nu$ 的光子。这一光子不仅和外来光子的频率相等,而且发射方向、初相位以及偏振状态也都相同。这一过程称为受激辐

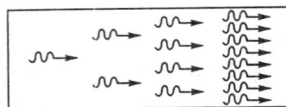

图 23-11　受激辐射的光放大

射。在受激辐射中,通过一个光子的作用,得到两个状态完全相同的光子,如果这两个光子再引起其他粒子的受激辐射,就能得到更多的状态相同的光子。这样,在一个入射光子的作用下,可以引起大量粒子受激辐射,产生大量状态完全相同的光子,从而实现了光的放大。如图 23-11 所示,产生激光的过程实际上是一种受激辐射光放大的过程。

(2)粒子数反转

由上面的讨论已经知道,激光是通过受激辐射来实现光的放大的。但是光和发光体系相互作用时,总是同时存在着受激吸收、自发辐射和受激辐射三种过程。那么怎样才能使受激辐射占主导地位而发出激光来呢?

首先考虑受激吸收和受激辐射的过程。一个能量为 $h\nu=E_2-E_1$ 的外来光子和发光体系发生相互作用时,既可以引起受激辐射,也可以被吸收。受激辐射使光子数增加,受激吸收使光子数减少。在通常情况下,两种过程同时存在,彼此竞争,哪一个过程占优势,则由发光体系中处于 E_1 状态的粒子数 N_1 和处于 E_2 状态的粒子数 N_2 的多少来决定。如果 $N_1>N_2$,则吸收过程占优势,光子数将减少,总的效果是光被吸收;如果 $N_2>N_1$,则受激辐射占优势,光子数增多,总的效果是光被放大。

按玻尔兹曼分布律,具有某一确定温度 T 的物质,在热平衡状态下,处在能级 E_i 上的粒子数 N_i 遵从

$$N_i = Ae^{-\frac{E_i}{kT}} \tag{23-28}$$

式中 A 为比例系数,k 为玻尔兹曼常量。由(23-28)式可见,若 $E_2>E_1$,则总有 $N_2<N_1$。这就是说,在热平衡状态下,处于高能级上的粒子数总小于处于低能级上的粒子数,这种分布称为粒子数的正常分布。具有这种分布的粒子体系,受激吸收占主导地位。

为了使受激辐射占主导地位,必须使高能级上的粒子数大于低能级上的粒子数,这种情况与正常的分布相反,称为粒子数反转分布。粒子数反转是产生激光的必要条件。

要实现粒子数反转分布,需要从外界输入能量,使发光体系中有尽可能多的粒子跃迁到

高能级上去,这种能量的供应过程称为激励或抽运。抽运的方式可以是光能、气体放电、化学能或核能等。除此之外,究竟能否实现这种粒子数反转,还要看作为工作物质的微观粒子是否有合适的能级结构。通常,粒子处于激发态的时间是很短的,约在 10^{-8}s 量级,抽运到这种激发态上的粒子会很快地通过自发辐射而离开该能级。但也有一些激发态由于辐射跃迁被禁戒或跃迁概率很小,粒子在其上停留较长的时间,这些能级称为亚稳态。在亚稳态上,粒子停留的时间比较长,容易积聚足够多的粒子,从而相对于低能级上的粒子实现粒子数反转。由此可见,粒子存在亚稳态是实现粒子数反转的先决条件,并不是所有物质都具有亚稳态,因而不是一切物质都可用作激光器的工作物质。

下面以氦-氖激光器为例介绍激光器工作的基本原理。

2. 氦-氖激光器

氦-氖气体激光器是实验室中使用最普遍的一种激光器。图 23-12 是这种激光器的构造图。氦-氖激光器的工作物质是封闭在放电管中的氦与氖的混合气体。氦的气压约 133Pa,氦与氖的气压比为 5:1~10:1,其中氦为辅助气体,发射激光的是氖原子。放电管为毛细管,内径约为几个毫米,管的长度从几个厘米到 1 米多不等,管越长输出功率越大。在管的两端装有精密加工的布儒斯特窗,两头还装有两个球面反射镜,其中一个的反射率为 100%,另一个为 98%,这两个面对面的反射镜构成了光学谐振腔。

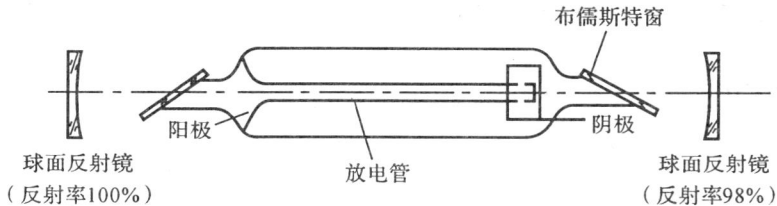

图 23-12　氦-氖激光器构造图

在氦-氖激光器中,通常用气体放电法实现粒子数反转。图 23-13 画出了与激光产生有关的氦原子、氖原子的能级。图中 E_1 和 E_2 是氦原子的两个亚稳态,它们与氖原子的两个亚稳态 E'_2 和 E'_4 能级非常接近。当放电管两极间加上几千伏的高压后,电子在电场作用下加速,并与处在基态的氦或氖原子发生碰撞。由于氦原子较易吸收电子动能,因此首先被激发到它的两个亚稳态上。处于亚稳态的氦原子并不马上跃回到基态,而是通过与基态氖原子碰撞将能量无辐射地转移给氖原子,将氖原子激发到 E'_2 和 E'_4 能级上,氦原子则回到基态。这种能量转移过程称为共振转移。这样,一方面由于氦原子的碰撞使氖原子从基态跃迁到 E'_2 和 E'_4 能级,另一方面气体中的电子直接与氖原子碰撞,也能输送一部分氖原子到 E'_2 和 E'_4 能级。于是,在这些能级上的氖原子数超过下面 E'_1 和 E'_3 能级上的原子数,形成氖原子的 E'_2,E'_4 能级相对于 E'_1,E'_3 能级的粒子数反转。

仅有粒子数反转仍然不能产生激光。这是因为引起受激辐射的最初光子来自自发辐射,而原子的自发辐射是随机的,在这样的光信号激励下发生的受激辐射也是随机的,所辐射出来的光的传播方向、相位、偏振状态都是互不相关的,如图 23-14 所示。

为了能产生激光,还需依赖光学谐振腔。谐振腔的作用是多方面的,主要是获得单色性和方向性都很好的激光。如图 23-15 所示,谐振腔使偏离轴线的光子经反射后从侧面跑掉,只有和轴线平行的光子能在谐振腔两反射镜之间不断往复地运行,进而迫使其他处于高能态的粒子发生受激辐射,使轴线方向运行的光子不断增加并从部分反射镜输出,得到具有很高方向性的激光束。

谐振腔不仅对光束的方向具有选择性,对频率也具有选择性。当激光在谐振腔中来回反射时,将形成以反射镜为节

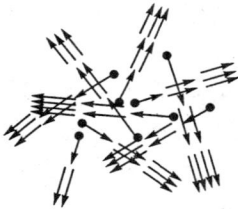

图 23-13　氦-氖原子部分能级

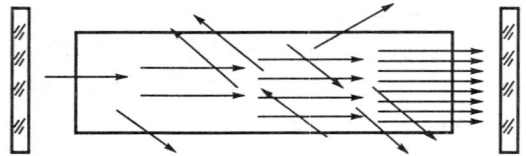

图 23-14　无谐振腔时受激辐射的方向是随机的

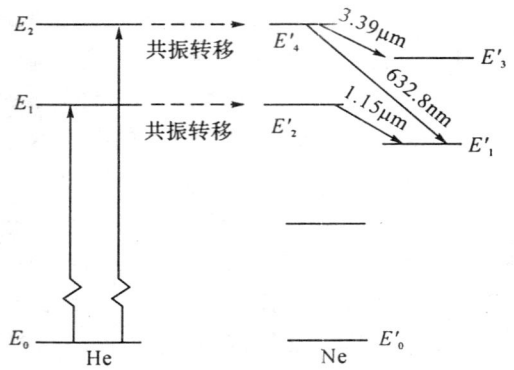

图 23-15　谐振腔对光束方向的选择性

点的驻波。由驻波条件,对一定的腔长 L,仅当受激发射光波的波长 λ 满足

$$L = k \cdot \frac{\lambda}{2} \qquad k = 1, 2, \cdots$$

的光才能在腔内形成稳定的驻波,即才能实现稳定的光振荡。不满足上述条件的光,则在多次反射过程中相互减弱以至消失,从而获得单色性很好的激光。在氦-氖激光器中,相应于上述三对粒子数反转的能级之间,可产生 $3.39\mu m$,632.8nm,$1.15\mu m$ 三种波长的激光,而通常输出的只有 632.8nm 的桔红色激光束。

有的谐振腔中还装有布儒斯特窗,它的作用是减少激光的反射损失和获得所需要的线偏振光。当激光在两反射镜之间来回运行时,要反复通过放电管两端的窗口。每次通过窗口时总会在内外表面上产生反射而损失一部分能量,而且这些反射光一般不能引起振荡。当把布儒斯特窗作为封口,布儒斯特窗的法线与放电管轴线间的夹角等于布儒斯特角 i_0 时,如图 23-16 所示,则入射激光束中垂直入射面的振动部分被反射,而平行入射面的振动全部穿过布儒斯特窗。这样来回反射多次,垂直振动光全部损失,而平行振动光全部保留下来,从而输出的激光是完全线偏振光。

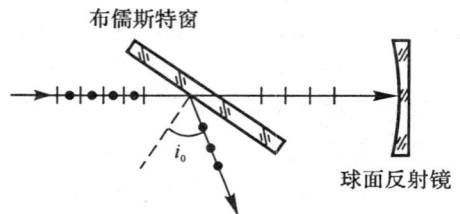

图 23-16　布儒斯特窗

3. 激光的应用

随着激光技术的不断发展,它的应用也日益广泛。下面我们就几方面的应用作简单介绍。

(1)激光加工

利用激光束能量在空间、时间上高度集中的特点,可以把激光束通过透镜聚焦于工件上,使工件局部因经受几千度至 10 万度以上的高温而迅速熔化或汽化。这整个过程发生在瞬间(约为 0.3～1ms),相当于一个微型爆炸,可在工业上用于打孔、切割、焊接、表面处理等。例如,用功率为 200W 的二氧化碳激光器聚成 $50\mu m$ 直径的光点,可用来切割 3mm 厚的水晶。由于激光加工的特点是能进行无接触加工和微型加工,对物件加工点的热影响小,加工速度快,质量好,所以特别适用于微电子元件的制造。

(2)激光手术

利用聚焦激光束的上述效应,已出现了激光外科手术。其优点是切口小、不流血、无接触感染、无痛。在眼科中,激光首先被用来治疗视网膜脱落症,通过眼球本身将激光聚焦在视网膜上,把脱落的视网膜"焊"在眼底上。对微血管较丰富的肝脏进行手术时,由于激光束的烧灼作用,可以阻止连续出血。还可以用激光直接照射癌肿瘤,杀死癌细胞而不损伤周围的正常组织。总之,激光在医学上的应用是多方面的。

(3)激光准直、测距

利用激光方向性好的特点,可用其进行测距、定位准直、导航等。例如,利用激光脉冲回波法可测量月球和地球之间的距离:先在月球上安置一些角反射器,然后用激光望远镜瞄准角反射器发射出在几十纳秒中功率达 10^9W 的激光脉冲;当这样的光束到达月球时,光束扩散的直径还不到两千米,仍有足够的光被角反射器反射回地球,被接收器中灵敏的光电管接收。于是,根据测出的两脉冲的时间间隔,就能确定月地之间的距离。用这种方法测得的月地之间的距离精度可达 30cm,这是以前光学测距仪根本达不到的。

(4)激光分离同位素

随着核电站等的发展,需要将 ^{235}U 的含量由天然铀中所占的 0.7% 提高到 3% 左右。为了进行同位素分离,以前多采用扩散法与电磁法。扩散法分离效率低,电磁法分离耗能大。采用激光分离同位素的方法,可使 ^{235}U 单位产值的能耗降低 1～2 个数量级。

量子理论告诉我们,^{235}U 的能级与 ^{238}U 的能级略有不同。可利用特定波长的激光把一种铀同位素激发到受激态,然后再通过某种反应把它们分开。

(5)激光冷却原子

众所周知,组成物质的分子或原子都是不停地运动着的,它们的平均速率可达 10^2m/s 量级。长期以来,由于原子有如此快的运动速度,科学家们一直难以对它进行更深入的观察和研究。1975 年,美国斯坦福大学的肖洛和汉斯等物理学家提出一个物理思想,将激光的光子动量传递给原子,形成辐射压力来阻尼原子的热运动,使原子气体的温度降低。

20 世纪 80 年代初,美籍华人、斯坦福大学的教授朱棣文设想了用几个方向的激光束对原子进行照射,来达到冷却原子、减慢原子运动速度的目的。因为激光束是由大量光子组成的,此时的原子仿佛掉进了一个光子海中,无论它向哪个方向运动,都会受到巨大的光压力。

如此大的光压力会迫使原子的运动速度减慢到如同一条小虫在蠕动时的速度,此时的原子温度也会随之冷却下来,人们就有足够长的时间来观察和研究原子的状态。

"激光冷却原子"技术,不但使科学家获得了一个新的研究手段,而且将进一步推动人类社会的进步。利用它可制成更精密的原子钟和高灵敏度的原子干涉仪。在生物科技方面,这项技术也有助于推进人类基因组项目的研究。朱棣文因开发出"激光冷却原子"的技术而荣获 1997 年诺贝尔物理学奖。

本章摘要

1. 黑体辐射:

斯特藩-玻尔兹曼定律: $M_0(T) = \sigma T^4$。

维恩位移定律: $\lambda_m T = b$。

普朗克黑体辐射公式: $M_{0,\lambda}(T) = \dfrac{2\pi hc^2}{\lambda^5} \dfrac{1}{e^{\frac{hc}{\lambda kT}} - 1}$。

普朗克量子假说。

2. 光电效应:

爱因斯坦光子假设。

光电效应方程: $\dfrac{1}{2}mv_m^2 = h\nu - W$。

红限频率: $\nu_0 = \dfrac{W}{h}$。

3. 康普顿效应:光子被自由电子散射而引起的波长变化: $\Delta\lambda = \dfrac{2h}{m_0 c}\sin^2\dfrac{\varphi}{2}$。

4. 光的波粒二象性:

光子的能量:$E = h\nu$。

光子的动量:$p = \dfrac{h}{\lambda}$。

5. 激光:激光是受激辐射放大的光。

激光的特点:方向性、单色性、相干性很好的强光束。

激光产生的基本原理:受激辐射、粒子数反转、亚稳态、能量抽运。

激光的应用。

思考题

23-1　既然绝对黑体能全部吸收入射于其上的能量,那么在太阳光照射下,绝对黑体的温度是否会无限地升高?

23-2　绝对黑体是否在任何温度下都呈黑色?

23-3　炼钢工人凭观察炼钢炉内的颜色就可估计炉内的温度,这是根据什么原理?

23-4　光电效应与康普顿效应都是光子与电子的相互作用,这两个过程有什么不同?

23-5 为什么可见光不能观察到康普顿效应?

23-6 激光光源发光与普通光源发光的主要不同之处是什么?

23-7 在激光出现以后,利用高强度的激光已实现了多光子的光电效应。如果发生双光子光电效应,则爱因斯坦光电方程将采取什么形式?

23-8 激光器中谐振腔的作用是什么?激光的方向性好和单色性好的特点从何而来?

习　题

23-1 如果将星球看成绝对黑体,则利用维恩位移定律测量 λ_m 便可估计其表面温度。现观测得天狼星的 λ_m 为 $0.29\mu m$,试求这颗星球表面的温度。

23-2 热核爆炸中,火球的瞬时温度达到 10^7K,求:

(1)辐射最强的波长;

(2)这种波长的光子的能量是多少?

23-3 若黑体在加热过程中,其最大单色辐出度的波长由 $0.69\mu m$ 变化到 $0.50\mu m$,求辐射出射度增加了几倍?

23-4 从钠中脱出一个电子至少需要 2.3eV 的能量,今有波长 400.0nm 的光投射到钠表面上,问:

(1)钠的截止波长为多少?

(2)出射光电子的最大动能为多少?

(3)出射光电子的最小动能为多少?

(4)截止电压为多少?

23-5 当钠光灯的黄光($\lambda=589.3$nm)照射某一光电池时,为了遏止所有电子到达阳极,需要 0.3V 的负电势。如果用波长 $\lambda=400$nm 的光照射这个电池,问要遏止电子,需加多大的负电势?

23-6 在一定条件下,人眼视网膜能够对 5 个蓝绿光的光子($\lambda=500$nm)产生光的感觉。此时视网膜上接收的光能量为多少? 如果每秒钟都能吸收 5 个这样的光子,则到达眼睛的功率为多少?

23-7 单位时间内太阳辐射到地球上每单位面积的能量为 0.14J/(cm$^2 \cdot$s)。假定太阳辐射的平均波长为 550.0nm,问这相当于每秒钟辐射到地球表面每平方厘米上多少个光子?

23-8 在康普顿散射中,入射光子的波长为 0.003nm,反冲电子的速率为光速的 60%,求散射光子的波长及散射角。

23-9 已知 X 射线光子的能量为 0.6MeV,在康普顿散射之后波长变化了 20%,求反冲电子所获得的能量。

23-10 用波长为 0.10nm 的光子做康普顿散射实验。

(1)若某散射线的波长为 0.102 4nm,求对应的散射角的大小;

(2)分配给这个散射电子的动能有多少电子伏特?

23-11 若一个光子的能量等于一个电子的静止能量,试问该光子的频率、波长和动量分别是多少? 在电磁波谱中属于何种射线?

23-12 一标准米的长度定义为^{86}Kr 的橙黄色辐射光之波长的 1 650 763.73 倍。试问这种辐射的一个光子所具有的能量是多少?

23-13 设激光束的发散角为 1mrad,问从地球射到月球上时,在月球上形成的光斑直径有多大?(已知地球至月球的距离约为 4×10^5km)

第24章

原子的玻尔理论

玻尔理论在原子物理的发展中是重大的一步。它非常明确地指出了经典物理对原子结构的不适用性和量子规律在微观世界中的主导作用。

在现代，玻尔理论的影响主要是它的历史意义。在最初解释氢原子稳定性和氢原子光谱上获得成功之后不久，它的缺陷就明显地暴露出来。它的最大困难，是在建立氦原子理论的尝试中遭到失败，而氦又是紧接在氢后面最简单的元素之一。

玻尔理论的缺陷在于它内在的逻辑矛盾性：既不是彻底的经典理论，又不是彻底的量子理论，没有一个完整的理论体系。因此玻尔理论只能看成是在建立彻底的原子理论路途上的一个过渡阶段。利用这个理论，人们解开了近三十年之久的"巴耳末公式之谜"。在1922年，玻尔因其在原子理论方面的贡献获得诺贝尔物理学奖。

24-1　原子模型

1. 汤姆孙模型

1897年，汤姆孙（J. J. Thomson）在英国剑桥卡文迪许实验室测定了电子的比荷，从而第一次发现了电子，并于1906年获得诺贝尔物理学奖。

电子的发现证实了原子不是不可分的，而是有结构的，电子是组成原子的一部分。在正常状态下，由于原子是电中性的，所以原子中必定含有正电荷，而且这些正电荷与原子中电子所带的负电荷相等。此外，由电子比荷的测量可知，电子的质量只占原子质量的很小一部分，由这一点可知，原子的大部分质量是由正电荷携带着的。这些分析使人们自然想到一个问题：原子内部的正、负电荷是怎样分布的。

汤姆孙提出了一个原子模型。他假定原子是一个球体，正电荷是连续分布在球体内的，球的半径同已知的原子半径 10^{-10}m 同一数量级；而带负电的电子则嵌在球体的某些地方，由于电子之间相互排斥，电子均匀地分布在正电荷的球体内。球的总正电荷等于球体中电子的总负电荷，因而原子在整体上是中性的。这种原子模型被称为"面包葡萄干"模型，如图24-1所示。

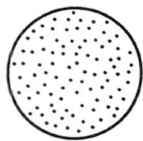

图24-1　汤姆孙的原子模型
——"面包葡萄干模型"

汤姆孙还假设，电子在原子内的平衡位置作具有一定频率的简谐振动，因此能够产生一定频率的辐射，这样就解释了原子的辐射特性。

由于汤姆孙的威望以及汤姆孙模型对一些理论和实验的论证，使该模型在一段时间内占主导地位。直到 1911 年，汤姆孙的学生卢瑟福对 α 粒子在原子上的散射实验进行分析，得出汤姆孙的原子模型是不能成立的。现在看来，这种模型只能说在原子结构概念的发展过程中具有一定的历史意义。

2. 卢瑟福的原子核式模型

α 粒子是指某些物质在放射性衰变中所放射出来的一种粒子，它是比电子质量重、带 $2e$ 正电荷的粒子。α 粒子速度的数量级为 10^7m/s。当它得到两个电子时，α 粒子将转变为氦原子。

1909 年，卢瑟福 (E. Rutherford) 和他的学生盖革 (H. Geiger)、马斯登 (E. Marsden) 在用 α 粒子做散射实验时发现，α 粒子受薄箔散射时，虽然绝大多数是小角度散射，但有 1/8 000 的 α 粒子散射偏转角大于 90°，甚至接近 180°。

α 粒子散射实验如图 24-2 所示。由放射性物质 R 发出的细窄 α 粒子束射向薄金属箔 F，在穿过箔片时，各 α 粒子以不同的角度 θ 偏离其原来的运动方向。α 粒子探测器由涂有一层 ZnS 晶体的荧光屏和一个显微镜 M 组成。散射后的 α 粒子，会在屏上产生一个微小的闪光点。闪光次数可在显微镜中观察到。

实验测出的少量 α 粒子的大角度散射，用汤姆孙的模型是无法解释的。由于 α 粒子的质量比电子大得

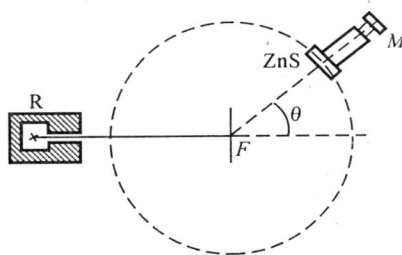

图 24-2 α 粒子散射实验示意图

多，所以 α 粒子和原子中的电子相碰撞时，电子在任何情况下都只能使 α 粒子发生很小的偏转。同时，均匀分布的正电荷产生的静电斥力也不足以使 α 粒子发生很大偏转。

卢瑟福在分析了 α 粒子散射的实验事实后说：这简直是我一生中最难以置信的事件了，那就如同你用一发 15 英寸的炮弹去轰击一张薄纸，而它却弹回来打中你自己那样难以置信。为了说明 α 粒子的大角度散射的实验事实，他提出了原子的有核模型：

原子是一个电荷系统，其中心有一个带正电荷 Ze 的核，称为原子核，核的线度不超过 10^{-14}m，原子的质量几乎都集中在核里面，而在核的周围有 Z 个电子围绕原子核运动。

按此模型，α 粒子的偏转是由原子核对它的作用引起的。在 α 粒子接近原子时，由于 α 粒子的质量比电子的质量大三个数量级，所以 α 粒子不会由于受电子的作用而发生明显的偏转。当一个 α 粒子进入原子后，从核的近旁飞过时，α 粒子受到原子核的作用力可以很大。它的静电斥力为

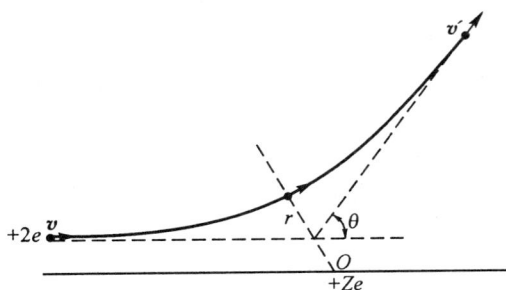

图 24-3 α 粒子穿过一个卢瑟福模型原子的散射示意图

$$F = \frac{2Ze^2}{4\pi\varepsilon_0 r^2} \qquad (24\text{-}1)$$

式中 r 为 α 粒子离原子中心的距离，它小于原子半径 R。在这种情况下，α 粒子散射的径迹将是双曲线，而双曲线的两条渐近线的夹角即为偏转角 θ，如图 24-3 所示。当 $r \ll R$ 时，α 粒子

受到的核的斥力非常大,从而产生 α 粒子的大角度散射。当 α 粒子的径迹离核愈近,α 粒子的偏转就愈大(θ 愈大)。而极少数对准原子核飞行的 α 粒子将出现几乎是 180°的散射。

α 粒子的散射实验结果使人们对卢瑟福原子核模型的正确性持肯定态度。但是,核模型与经典电磁理论也存在矛盾,一个严重的问题就是原子的稳定性问题。因为按照经典电磁理论,在电子绕核作加速运动时,它应当连续地发射电磁波,而辐射过程要伴随能量损失,因此电子将沿着螺旋线绕核运动,最终使原子坍缩成原子核的大小。

关于原子的稳定性这个难以解决的问题,终于在 1913 年被丹麦物理学家尼尔斯·玻尔(N. Bohr)攻克。他引入一些与经典概念相矛盾的假设,建立了一个简单的原子结构模型。这个模型不仅较好地解决了原子的稳定性问题,而且预言了某些原子所发射的原子光谱。下面,我们先介绍这种原子光谱的基本规律。

24-2　氢原子光谱的规律性

因为彼此无相互作用的自由原子的辐射是由分立的谱线组成的,因此,原子发射的光谱叫做线光谱。图 24-4 是最早发现的波长处于可见光区域的氢原子光谱。其他原子的光谱也具有这种线光谱的性质。

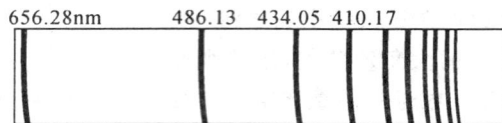

656.28nm　　　486.13　434.05　410.17

图 24-4　可见光区域的氢原子光谱

对原子光谱的研究是认识原子结构的一把钥匙。就像不同的人有不同的指纹一样,不同的原子结构有不同的原子光谱。人们首先察觉到原子光谱中的谱线不是杂乱排列的,而是构成所谓的线系。由于光谱中含有好几百条谱线,所以一般说来,它是很复杂的。

但是,氢光谱相对来说比较简单。因为氢只含有一个电子,它本身是最简单的原子。整个宇宙都含有自由的氢原子,因此,研究氢光谱具有实际意义。

1885 年,瑞士的一位数学教师巴耳末(J. J. Balmer)发现,氢原子光谱中可见光区域谱线的波长可用一简单的经验公式来表示

$$\lambda = B \frac{n^2}{n^2 - 4} \quad n = 3, 4, 5, 6 \cdots \tag{24-2}$$

其中 $B = 3.645\,6 \times 10^{-7}$m。这个公式称为巴耳末公式。图 24-4 给出了其中最亮的四条谱线的波长。

波长 λ 是实验光谱学惯用的物理量。里德伯(J. R. Rydberg)发现,若不用波长,而用波长的倒数,即单位长度内的波的数目——我们称之为波数的 $\tilde{\nu}$ 来表征光谱线,则可以把巴耳末公式写成更简洁和便于推广的形式

$$\tilde{\nu} = \frac{1}{\lambda} = R_{\mathrm{H}} \left(\frac{1}{2^2} - \frac{1}{n^2} \right) \quad n = 3, 4, 5, 6, \cdots \tag{24-3}$$

其中 $R_H = \dfrac{4}{B}$，称为氢的里德伯常量。其数值由近代实验测定为

$$R_H = 1.096\ 775\ 8 \times 10^7 \text{m}^{-1}$$

式中相应的氢原子谱线系叫做巴耳末系。进一步的研究表明，在氢原子光谱中还存在其他若干谱线。在光谱的紫外部分有莱曼(T. Lyman)系，其余线系在红外区。这些线系的谱线可以用类似于(24-3)式的公式表示

莱曼系　　　$\widetilde{\nu} = R_H\left(\dfrac{1}{1^2} - \dfrac{1}{n^2}\right)$　$n = 2, 3, 4, \cdots$

帕邢系　　　$\widetilde{\nu} = R_H\left(\dfrac{1}{3^2} - \dfrac{1}{n^2}\right)$　$n = 4, 5, 6, \cdots$

布拉开系　　$\widetilde{\nu} = R_H\left(\dfrac{1}{4^2} - \dfrac{1}{n^2}\right)$　$n = 5, 6, 7, \cdots$

普丰德系　　$\widetilde{\nu} = R_H\left(\dfrac{1}{5^2} - \dfrac{1}{n^2}\right)$　$n = 6, 7, 8, \cdots$

里德伯把氢原子的所有光谱线系用同一个公式表示：

$$\widetilde{\nu} = R_H\left(\frac{1}{m^2} - \frac{1}{n^2}\right) \quad m = 1, 2, 3, \cdots; \quad n = m+1, m+2, m+3, \cdots \tag{24-4}$$

式中当 m 给定之后，n 可取从 $m+1$ 开始的一切整数值，构成一个谱线系。(24-4)式称为氢原子光谱的巴耳末-里德伯公式，或称为里德伯公式。由(24-4)式算出的各谱线波长与实验结果符合得很好。这说明这个公式深刻地反映了氢原子内在规律性。

　　在氢光谱研究的基础上，里德伯和瑞士光谱学家里兹(W. Ritz)把(24-4)式改写成更普遍的形式

$$\widetilde{\nu} = T(m) - T(n) \tag{24-5}$$

式中 $T(m) = \dfrac{R_H}{m^2}$，$T(n) = \dfrac{R_H}{n^2}$，称为光谱项。(24-5)式称为里兹并合原则，它表明氢的每一条谱线的波数都可表示为两光谱项之差，氢光谱是数学上各种光谱项差的综合表现。对于碱金属光谱，谱线也形成有规律的线系，其光谱项与氢光谱项相似，只是谱项中多了两个改正数 α 和 β，即(24-5)式中的光谱项可写成 $T(m) = \dfrac{R_H}{(m+\alpha)^2}$ 和 $T(n) = \dfrac{R_H}{(n+\beta)^2}$。也就是说，表面上十分复杂的光谱线，可以由简单的公式表达出来。

　　不过，这些公式是凭经验整理出来的，当时许多物理学家都认为光谱太复杂，没有去思考它的深奥物理意义，因而没有引起足够的重视。直到 1913 年，玻尔从他的学生那里知道这个公式之后，结合原子的核模型和量子论最终完成了他的氢原子理论。

24-3　玻尔氢原子理论

　　玻尔在获得博士学位后，先去英国剑桥大学汤姆孙主持的卡文迪许实验室工作，很快又到曼彻斯特卢瑟福的实验室工作了四年。在这段时间里，他接触了 α 粒子散射实验，了解了原子核模型和卢瑟福的核模型在解释原子稳定性问题上的困难。1913 年，他回国工作后又知道了里德伯公式，这使他获得了他的理论"七巧板中的最后一块"。同年 3 月，他提出了氢原子光谱理论，在 7 月、9 月和 11 月连续发表了三篇历史性的论文，从而解决了卢瑟福核模

型的困难。

1. 玻尔理论的基本假设

玻尔理论仍然建立在经典理论的基础上,但他加入了一些量子化的假设。

(1)定态假设

假设电子围绕原子核作圆周运动时,只能处在一些分立的稳定状态,简称定态。当电子处在这些分立轨道上时,电子虽然作加速运动,但不辐射能量,故原子具有稳定的能量,这些能量取量子化的不连续值,称为能级:

$$E = E(n) \quad n = 1, 2, 3, \cdots \tag{24-6}$$

(2)跃迁假设

原子从一个定态到另一个定态称为跃迁。当电子从一个定态轨道跃迁到另一个定态轨道时,会发射或吸收光子。当原子从较高能量的定态跃迁到较低能量的定态时,会发出一个光子,反之,则吸收一个光子。光子频率 ν 由下述条件确定:

$$h\nu = E_n - E_k \tag{24-7}$$

式中 $h\nu$ 是光子的能量,E_n 和 E_k 为有关的两个定态能量。上式称为玻尔频率条件,它实质上是改写成能量守恒形式的里德伯公式。

(3)量子化条件

假设在定态时,电子的轨道角动量也是量子化的,只能取约化普朗克常量 $\hbar$ 的整数倍

$$L = n\hbar \qquad n = 1, 2, 3, \cdots \tag{24-8}$$

式中 $\hbar = h/2\pi$;n 为正整数,称为量子数。

原子的定态和能级的概念,表明原子处于一些具有确定能量的稳定状态,而这些状态的能量是量子化的。原子分立能级的存在已被弗兰克(J. Franck)和赫兹(G. Hertz)在 1914 年所做的实验所证实。他们因此获得 1925 年的诺贝尔物理学奖。

2. 玻尔的氢原子理论

(1)电子轨道半径的量子化

我们来研究氢原子中电子绕原子核的圆周运动。设电子的质量为 m,电量为 $-e$,电子绕核作轨道运动的速度和半径分别为 v 和 r。根据经典理论,电子的运动方程为

$$\frac{1}{4\pi\varepsilon_0} \frac{e^2}{r^2} = m \frac{v^2}{r} \tag{24-9}$$

由玻尔理论的假设(3),电子的轨道角动量应满足如下条件

$$mvr = n\hbar \quad n = 1, 2, 3, \cdots \tag{24-10}$$

由(24-9)式和(24-10)式消去 v,并以 r_n 代替 r,得到定态的轨道半径为

$$r_n = \frac{4\pi\varepsilon_0 \hbar^2}{me^2} n^2 = n^2 a_0 \quad n = 1, 2, 3, \cdots \tag{24-11}$$

式中 r_n 为原子中电子处在第 n 个轨道的半径;a_0 是氢原子中电子最靠近原子核的轨道半径,称为玻尔半径,其值为

$$a_0 = \frac{4\pi\varepsilon_0 \hbar^2}{me^2} = 0.529 \times 10^{-10} \text{m}$$

由(24-11)式可见,电子轨道半径与 n^2 成正比,是不连续的,即电子轨道半径是量子化的。

将 r_n 的值代入(24-10)式,并以 v_n 代替 v 得

$$v_n = \frac{1}{n} \frac{e^2}{4\pi\varepsilon_0\hbar} \quad n = 1, 2, 3, \cdots \tag{24-12}$$

上式说明电子的运动速度也是量子化的,当 $n=1$ 时,电子速度最大。

(2)原子能量的量子化

当电子在第 n 个轨道上运动时,原子的总能量 E_n 为

$$E_n = \frac{1}{2}mv_n^2 - \frac{e^2}{4\pi\varepsilon_0 r_n}$$

将 v_n 和 r_n 的值代入后得

$$E_n = -\frac{1}{n^2} \frac{1}{(4\pi\varepsilon_0)^2} \frac{me^4}{2\hbar^2} \tag{24-13}$$

上式表明氢原子的能量是不连续的、量子化的。这种量子化的能量值称为原子能级,简称能级。

对于氢原子,(24-13)式也可改写成

$$E_n = -\frac{13.6}{n^2}\text{eV}$$

$$n=1, E_1 = -13.6\text{eV}$$

$$n=2, E_2 = -3.4\text{eV}$$

可见,n 愈大,原子能量的绝对值愈小,亦即电子离核愈远,原子能量愈大。$n=1$ 时,能量最小,原子最稳定,称为基态;n 大于 1 的各个稳定态,能量大于基态,称为激发态。原子由基态跃迁到激发态时,原子必须吸收一定的能量。若将电子从基态激发到无限远处(这时 $n=\infty$, $E_\infty \to 0$)所需的能量为

$$E_{\text{电离}} = E_\infty - E_1 = 13.6\text{eV}$$

上式中 $E_{\text{电离}}$ 称为氢原子的电离能,这时电子成为自由电子,氢原子成为氢离子。若氢原子处于 $n \geqslant 2$ 的激发态时,则在相应的各激发态的电离能应为 $E_{n\text{电离}} = E_\infty - E_n = \frac{13.6}{n^2}\text{eV}$。

(3)氢原子光谱的解释

由玻尔理论假设(2),电子由较高能态 E_n 跃迁到较低的能态 E_k 时,所发射的光子能量为

$$h\nu = E_n - E_k$$

其频率为

$$\nu = \frac{E_n - E_k}{h} = \frac{me^4}{8\varepsilon_0^2 h^3}\left(\frac{1}{k^2} - \frac{1}{n^2}\right)$$

用波数 $\tilde{\nu} = \frac{1}{\lambda} = \nu/c$ 表示,得

$$\tilde{\nu} = \frac{me^4}{8\varepsilon_0^2 h^3 c}\left(\frac{1}{k^2} - \frac{1}{n^2}\right) \tag{24-14}$$

与氢原子巴耳末-里德伯经验公式比较可得

$$R_H = \frac{me^4}{8\varepsilon_0^2 h^3 c}$$

将各常量代入算得

$$R_H = 1.097\ 373\ 1 \times 10^7 \text{m}^{-1}$$

可见,里德伯常量的理论值与实验值两者之间符合得很好。图 24-5 表示氢原子光谱的各谱线系。从玻尔理论所得的各谱线系与实验相符,这表明玻尔理论能够成功地解释氢原子光谱实验的规律。

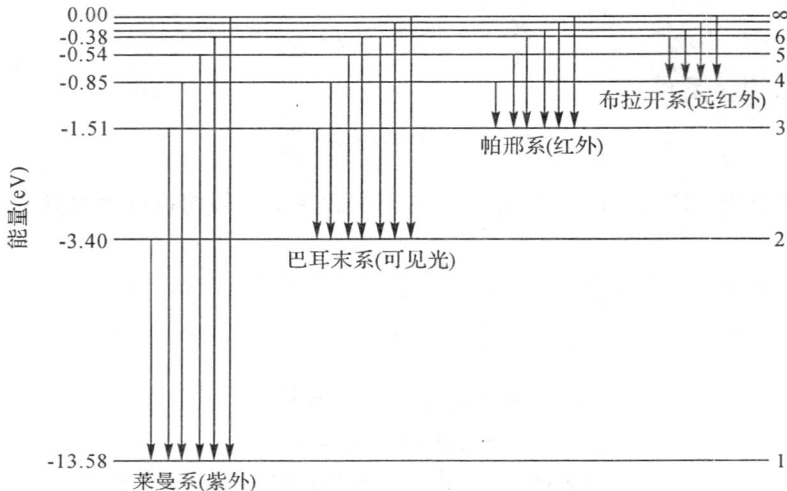

图 24-5 氢原子的能级和谱线系

例 1 试计算氢的莱曼系的最短波长和最长波长?

解 莱曼系相应于 $k=1$,于是有

$$\frac{1}{\lambda} = R_H\left(\frac{1}{1^2} - \frac{1}{n^2}\right) \quad n = 2,3,4,\cdots$$

$n=\infty$ 时对应于最短波长

$$\frac{1}{\lambda_{\min}} = R_H\left(1 - \frac{1}{\infty^2}\right) = R_H$$

$$\lambda_{\min} = \frac{1}{R_H} = 91.2(\text{nm})$$

$n=2$ 时对应于最长波长

$$\frac{1}{\lambda_{\max}} = R_H\left(1 - \frac{1}{2^2}\right) = \frac{3}{4}R_H$$

$$\lambda_{\max} = \frac{4}{3R_H} = 121.5(\text{nm})$$

例 2 在气体放电管中用能量为 12.2eV 的电子去轰击氢原子,试确定此时的氢所能发射的谱线的波长?

解 氢原子所能吸收的最大能量等于电子的能量 12.2eV,吸收这个能量之后,氢原子将激发到更高的能级 E_n(假设这个原子原来处于基态),于是

$$12.2 = E_n - E_1$$

$$E_n = 12.2 + E_1 = 12.2 + (-13.6) = -1.4(\text{eV})$$

因为 $E_n = -\dfrac{13.6}{n^2}$，故得 $-1.4 = -\dfrac{13.6}{n^2}$，即 $n = 3.12$。因为 n 只能是正整数，所以能够达到的最高能级 $n = 3$。这样，当这个原子从 $n = 3$ 能态跃迁回到基态时，将可能发出三种不同的波长，它们分别对应于 3—2、2—1 和 3—1。这三种波长由下式求得：

$$\frac{1}{\lambda_{32}} = R_H \left(\frac{1}{2^2} - \frac{1}{3^2}\right), \quad 即 \lambda_{32} = 656.3(\text{nm})$$

$$\frac{1}{\lambda_{21}} = R_H \left(\frac{1}{1^2} - \frac{1}{2^2}\right), \quad 即 \lambda_{21} = 121.5(\text{nm})$$

$$\frac{1}{\lambda_{31}} = R_H \left(\frac{1}{1^2} - \frac{1}{3^2}\right), \quad 即 \lambda_{31} = 102.6(\text{nm})$$

本章摘要

1. 原子模型：

汤姆孙模型。

卢瑟福核模型。α 粒子散射实验证实了卢瑟福核模型的正确性。

2. 玻尔假设与理论：

玻尔假设：

定态假设：　$E = E(n)$　　　$n = 1, 2, 3, \cdots$

跃迁假设：　$h\nu = E_n - E_k$。

量子化条件：　$L = n\hbar$　　　$n = 1, 2, 3, \cdots$

玻尔氢原子理论：

电子轨道半径量子化：　$r_n = n^2 a_0, n = 1, 2, 3, \cdots$，式中 a_0 为电子第一轨道半径，称为玻尔半径。

原子的能量的量子化：氢原子能量　$E_n = -\dfrac{13.6}{n^2}\text{eV}$，　　　$n = 1, 2, 3, \cdots$

氢原子光谱的理论解释。

3. 玻尔理论的地位和缺陷：

玻尔理论是原子结构理论发展中的一个伟大步骤，具有历史意义。

玻尔理论的缺陷是没有形成一个完整的理论体系，是在经典理论的基础上加上量子化条件。

思考题

24-1　卢瑟福的核式模型和汤姆孙模型的本质差别是什么？

24-2　氢原子光谱的基本规律有哪些？

24-3　在氢原子光谱研究中，为什么首先研究的是巴耳末系，而不是莱曼系或帕邢系？

24-4　为什么在氢原子光谱的同一谱线系中，愈靠近短波的区域，谱线的分布愈密？

24-5　玻尔氢原子理论的要点是什么？它与经典物理的区别何在？它能解释哪些问题？

24-6 为什么气体在电离过程中常常伴有发光现象?

24-7 处于基态的氢原子的电离能为多大? 当电子处于 $n \geqslant 2$ 能级时,其电离能是多少?

24-8 氢原子可能发射的光子的最大能量是多少?

24-9 试由玻尔氢原子理论导出里德伯常量的理论表达式。

24-10 1966 年科学家在实验室用加速器"制成了"反氢原子,它由一个反质子和围绕它运动的正电子组成,根据玻尔理论,反氢原子的光谱和氢原子的光谱是否完全相同?

习 题

24-1 根据玻尔的氢原子理论,试分别计算氢原子处于基态时电子的下列各种物理量:

(1)角动量;

(2)线动量(即 $p = mv$);

(3)角速度;

(4)绕核转动的频率;

(5)加速度。

24-2 若已知氢原子中的电子从量子数为 n 的轨道跃迁到量子数为 m 的轨道(即 $n \rightarrow m, m = 2$)时发出辐射波长 $\lambda = 487$nm 的光子,试计算 n 轨道的半径。

24-3 试计算氢原子中巴耳末系的最短波长和最长波长。

24-4 要使氢原子电离成为氢离子,可用入射电子碰撞氢原子使其电离,也可用光照射使其电离。试问计算用上述两种方法使氢原子电离时,

(1)入射电子的动能至少要多大?

(2)入射光波长最长是多少?

24-5 处在基态的氢原子被外来单色光激发后发出的巴耳末系中仅观察到三条光谱线,试求这三条谱线的波长以及外来光的频率。

24-6 试确定氢原子位于可见光谱区域(380~770nm)的各谱线的波长。

24-7 若某氢原子从 $n = 1$ 的基态被激发到 $n = 4$ 的激发态,试计算:

(1)该氢原子所必须吸收的能量;

(2)这个氢原子回到基态的过程中,可能发出的各种光子的能量。在能级图上把发出这些不同光子的跃迁过程表示出来。

24-8 用可见光照射能否使处于基态的氢原子受到激发? 若改用加热的方法,问至少需加热到多高温度才能使其激发? 若要使氢原子电离,则至少要加热到多高的温度?

(提示:温度为 T 的氢原子的平均能量为 $\frac{3}{2}kT$)

24-9 一电子与一质子相距很远,若该电子以 2eV 的动能向着质子运动并被质子所俘获,形成一个基态的氢原子,求此过程中所发出光子的波长。

24-10 用波长 $\lambda = 102.8$nm 的单色光激发氢原子使其发光,求氢原子所发光的波长。

24-11 氢原子处于电离能为 0.85eV 的定态中,它由这一定态向激发能(即该态和基态的能量差)为 10.2eV 的另一定态跃迁时,所产生的谱线波长是多少? 属什么线系? 在能级图上表示相应的跃迁。

第 25 章

量子力学基础

玻尔理论的缺陷表明,对电子等微观粒子本性的认识需要进一步深化。建立反映微观世界规律的理论体系已成为物理学家迫切关心的问题。由德布罗意(L. de Broglie)、薛定谔(E. Schrödinger)、海森伯(W. Heisenberg)等人在一系列实验基础上建立的新的量子力学理论为反映微观粒子的本性和运动规律作出了贡献。

本章只介绍量子力学的几个基本概念、薛定谔方程和几个应用的例子。

25-1 德布罗意波

1924 年,路易·德布罗意在提交巴黎大学的博士论文中,大胆地提出了存在实物粒子波的假设。但由于缺乏实验证据的支持,当时没有引起人们的注意,只有爱因斯坦认识到这些想法的重要性和正确性。后来,德布罗意的假设被实验明确无误地证实了。五年后,德布罗意因此而获得了诺贝尔物理学奖。

德布罗意的假设认为电磁辐射的波粒二象性同样也适用于实物粒子,他在他的论文中写道:"在光学中,跟波动的处理方法相比,百年以来我们过分忽略了粒子的处理方法;在实物粒子理论中,我们是不是又犯了一个相反的错误呢?"德布罗意因此假定实物粒子除了具有粒子性外,还具有波动性。进而可以推论得出一个结论:既然宇宙完全是由物质和辐射所组成的,那么,自然界就存在着一种总体的对称性。事实上,他确实指出了实物粒子的波动性和粒子性之间的关系,在定量方面完全与辐射的情况相同。对于辐射,光子具有能量和动量

$$E = h\nu$$

$$p = \frac{h}{\lambda}$$

按照德布罗意的想法,实物粒子的运动是与波动过程联系在一起的,其相应的波长为

$$\lambda = \frac{h}{p} = \frac{h}{mv} \tag{25-1}$$

这个表示式称为德布罗意关系式,此式预言了与动量为 p 的实物粒子的运动相关联的实物粒子波所具有的德布罗意波长 λ。

德布罗意假设很快就被实验证实。1927 年,戴维孙(C. J. Davisson)和革末(L. H. Germer)研究了电子在镍单晶上的散射,让被电压 V 加速而具有单一能量的细窄电子束射于单晶表面,然后用一个与电流计相联接的圆形电极收集散射后的电子,如图 25-1

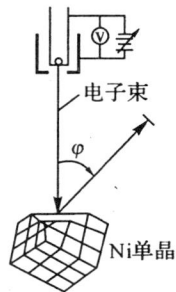

图 25-1 戴维孙-革末实验装置

所示。散射电子束的强度可以根据电流计中通过的电流来估计，实验时可以改变电子速度和散射角φ。实验发现，当固定加速电压$V = 54$V，测量散射电子束强度与散射角φ的关系以及固定散射角$\varphi = 50°$时，散射电子束强度与加速电压的关系均有明显的极大，如图25-2所示。

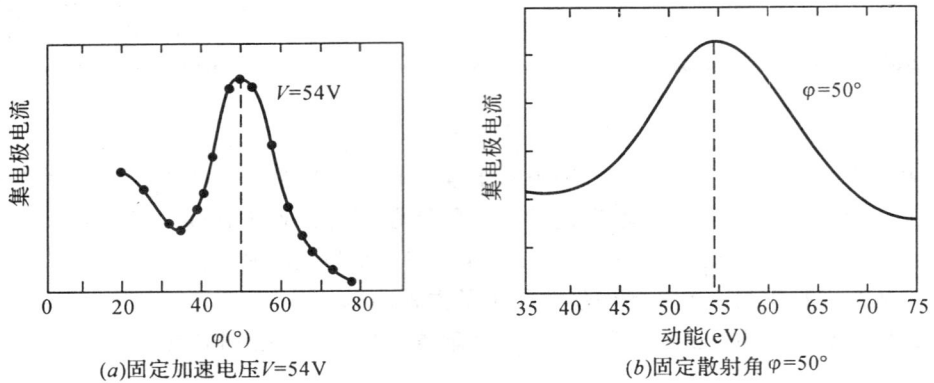

图 25-2　电子晶体衍射实验结果

用电子的德布罗意波与晶体的衍射很容易解释这一实验结果。在加速电压$V = 54$V 时，入射电子束的德布罗意波长为

$$\lambda = \frac{h}{p} = \frac{h}{\sqrt{2mE_k}} = \frac{h}{\sqrt{2meV}} = 1.67 \times 10^{-10}\text{m}$$

另一方面，根据布拉格（W. L. Bragg）公式，分别在两层晶格上反射的波的干涉加强条件为

$$2d\sin\theta = n\lambda \tag{25-2}$$

式中d是晶格常量，用 X 射线衍射测得$d = 0.91 \times 10^{-10}$m；$\theta = \frac{\pi}{2} - \frac{\varphi}{2}$为掠射角，在$V = 54$V 时的散射极大角$\varphi = 50°$，故有$\theta = 65°$。设$n = 1$，代入（25-2）式得

$$\lambda = 2d\sin\theta = 1.65 \times 10^{-10}\text{m}$$

这个值与用德布罗意公式从加速电压算得的1.67×10^{-10}m 符合得相当好。因此，戴维孙-革末实验被看成是对德布罗意假设的最好证明。

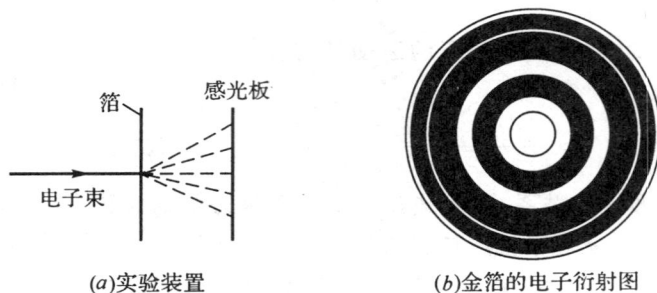

图 25-3　G. P. 汤姆孙的金箔电子衍射实验

同是 1927 年，G. P. 汤姆孙（G. P. Thomson）利用电子束通过一薄多晶金箔获得了电子衍射图。他用几万伏的电压来加速电子束，然后使高能电子通过薄金箔后射到感光板上，于

是在感光板上获得了由同心圆构成的衍射图样,如图 25-3 所示。这个实验再次证实了实物粒子波的存在。

例 1 一个质量 $m=1\text{kg}$、以速度 $v=10\text{m/s}$ 运动的足球的德布罗意波长有多大?一个动能为 100eV 的电子的德布罗意波长有多大?

解 对于足球

$$\lambda = \frac{h}{p} = \frac{h}{mv} = \frac{6.63 \times 10^{-34}}{1 \times 10} = 6.63 \times 10^{-35}(\text{m})$$

对于电子

$$\lambda = \frac{h}{p} = \frac{h}{\sqrt{2mE_k}} = \frac{6.63 \times 10^{-34}}{\sqrt{2 \times 9.1 \times 10^{-31} \times 100 \times 1.6 \times 10^{-19}}} = 1.2 \times 10^{-10}(\text{m})$$

上述计算表明,我们不能期望观察到足球有任何波动的迹象,这也是对大多数肉眼可见的实物粒子忽略其波动性的原因所在。

25-2 不确定性原理

1. 位置和动量的不确定关系

在经典力学的概念中,一个粒子的位置和动量是可以同时精确测定的。但在量子论发展之后,微观粒子的位置和动量是不可能同时精确地测定的,这就是位置和动量的不确定性原理。例如,微观粒子不能够同时具有准确的 x 坐标值和动量分量 p_x 值,x 值和 p_x 值的不确定量满足关系式

$$\Delta x \, \Delta p_x \geqslant \frac{\hbar}{2} \tag{25-3}$$

式中 $\hbar = \frac{h}{2\pi}$,Δx 为位置测量的不确定量,Δp_x 为动量测量的不确定量。由(25-3)式可知,如果粒子的位置精确测定了,即 $\Delta x \rightarrow 0$,则 $\Delta p_x \rightarrow \infty$,即粒子的动量完全不能确定。反之亦然,如果我们精确地知道了动量 p_x,那么我们对位置 x 就无法完全确定。

类似于(25-3)式,同样有

$$\Delta y \, \Delta p_y \geqslant \frac{\hbar}{2}, \qquad \Delta z \, \Delta p_z \geqslant \frac{\hbar}{2}$$

在经典力学中,把符合上述关系的 x 和 p_x 及一系列其他各对量叫做正则共轭量。如果用字母 A 和 B 表示一对正则共轭量,就可以写出

$$\Delta A \, \Delta B \geqslant \frac{\hbar}{2} \tag{25-4}$$

(25-4)式称为量 A 和 B 的不确定关系,这个关系式是海森伯(W. Heisenberg)于 1927 年发现的。它表明:

两个共轭变量的不确定量的乘积,在数量级上不会小于 $\hbar$。

这就是著名的海森伯不确定性原理。由于海森伯提出不确定关系和对量子力学中的矩阵力学的贡献,他于 1932 年获得诺贝尔物理学奖。

不确定关系实际上是粒子的波粒二象性的反映。为了说明上述问题,我们用单狭缝电子

衍射实验为例进行研究。

设一电子以动量 p 沿 Y 方向通过狭缝并落到狭缝后面的荧光屏上,如图 25-4 所示。若狭缝的缝宽为 d,电子可以通过缝宽 d 上的任何一点,则电子穿过狭缝时在 X 轴上位置的不确定量 $\Delta x = d$。缝宽做得越窄,电子在 X 轴上位置的不确定量就越小,从而它的位置就越精确。

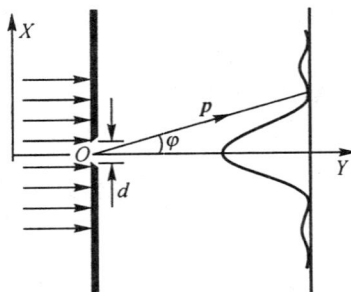

由于电子具有波动性,当它通过狭缝时将发生衍射。衍射过程对电子的动量是有影响的。在电子通过狭缝前,它在 X 轴上的位置是完全不知道的,其分动

图 25-4 单狭缝电子衍射实验

量 p_x 具有等于零的准确值。在电子通过狭缝时,情况发生了变化。X 轴上的位置不再是完全不知道,而是有一个不确定量 Δx,但这是以牺牲 p_x 值的确定性为代价的。事实上,由于衍射,电子通过狭缝后大部分集中在衍射图样的中央衍射极大内,即电子大部分集中在一级最小衍射角 φ 范围内,具有 $\sin\varphi = \dfrac{\lambda}{\Delta x}$,这里 $\lambda = \dfrac{h}{p}$ 为电子的德布罗意波长。这样,动量 p 在 X 轴方向上的分量 p_x 就在 $0 \sim p\sin\varphi$ 之间变化,因此 p_x 近似有不确定量

$$\Delta p_x \approx p\sin\varphi = p\frac{\lambda}{\Delta x} = \frac{h}{\Delta x}$$

因而得

$$\Delta x \, \Delta p_x \approx h$$

如果把衍射图样的次级也考虑在内,则应写成

$$\Delta x \, \Delta p_x \geqslant h$$

通过量子力学的严格推导,可以得到此不确定关系的精确形式为(25-3)式,即

$$\Delta x \, \Delta p_x \geqslant \frac{\hbar}{2}$$

2. 能量和时间的不确定关系

海森伯的不确定关系也可以用其他一对共轭变量来表述。例如,为了测量一个粒子的能量 E,必须在一定的时间间隔内去完成一项实验,量子力学同样可以严格证明,能量的不确定量 ΔE 与测定能量所需的时间间隔 Δt 的不确定关系为

$$\Delta E \, \Delta t \geqslant \frac{\hbar}{2} \tag{25-5}$$

能量和时间的不确定关系对受激原子这样一些系统有非常重要的意义。实验表明,原子所处的激发态能量并不是单一值,而是在一个很小的能量范围 ΔE 内,ΔE 称为能级宽度。实验同样表明,原子处于这个激发态的时间是有一定大小的,即只能存在 Δt 时间,这段时间叫做平均寿命。不确定关系给出了能级宽度和平均寿命的关系是

$$\Delta E \, \Delta t \geqslant \frac{\hbar}{2}$$

实验测量证实了这一关系。

不确定关系指出了在多大程度上可以把经典力学的概念应用于微观粒子,比方说,能够以多大的准确度谈及微观粒子的轨道。我们知道,沿轨道的运动是用每一时刻都完全确定的位置和速度来表示的。在(25-3)式中用乘积 mv_x 代替 p_x,我们可得关系式

$$\Delta x \, \Delta v_x \geqslant \frac{\hbar}{2m}$$

上式表明,粒子的质量愈大,其位置和速度的不确定量愈小,因而轨道概念的应用就会有愈大的准确性。

普朗克常量 h 作为不确定关系的限度,在微观量子现象中,具有基本的意义。由于普朗克常量非常小,所以这种不确定量非常小,只有在微观现象中才明显表现出来。在宏观现象中,这种不确定的误差可以忽略不计,因此轨道的概念近似适用。

例 2 实验测量到质量为 $m=0.05\mathrm{kg}$ 的某一子弹的速度和某一电子的速度均等于 $300\mathrm{m/s}$,不确定度为 0.01%。如果该实验在测定速度同时,还测定了它们的位置,试问我们能以多大的不确定量测定两者各自的位置?

解 对于电子

$$p_e = m_e v = 9.1 \times 10^{-31} \times 300 = 2.7 \times 10^{-8}(\mathrm{kg \cdot m/s})$$

而

$$\Delta p_e = m_e \Delta v = 2.7 \times 10^{-28} \times 0.0001 = 2.7 \times 10^{-32}(\mathrm{kg \cdot m/s})$$

因此有

$$\Delta x \geqslant \frac{h}{4\pi \Delta p_e} = \frac{6.63 \times 10^{-34}}{4\pi \times 2.7 \times 10^{-32}} = 2 \times 10^{-3}(\mathrm{m}) = 0.2\mathrm{cm}$$

对于子弹

$$p = mv = 0.05 \times 300 = 15(\mathrm{kg \cdot m/s})$$

而

$$\Delta p = 0.0001 \times 15 = 1.5 \times 10^{-3}(\mathrm{kg \cdot m/s})$$

因此有

$$\Delta x \geqslant \frac{h}{4\pi \Delta p} = \frac{6.63 \times 10^{-34}}{4\pi \times 1.5 \times 10^{-3}} = 3.5 \times 10^{-32}(\mathrm{m})$$

可见,对于子弹这类宏观物体,不确定关系并没有对测量规定出有实际意义的极限,子弹位置的不确定量 Δx 只有原子核直径的 10^{17} 分之一,因此可以忽略不计;但是,对于电子这类微观物体,却存在有实际意义的极限,这个例子里 Δx 大约为原子直径的 10^7 倍,因此必须加以考虑。

例 3 从电视台发出的信号所包含的脉冲宽度为 $\Delta t \approx 10^{-6}\mathrm{s}$。试解释为什么不可能用调幅广播频带发射电视信号。

解 由不确定关系

$$\Delta E \, \Delta t = h\Delta \nu \, \Delta t \geqslant \frac{\hbar}{2}$$

得

$$\Delta \nu \, \Delta t \geqslant \frac{1}{4\pi}$$

于是可知电视信号中频率范围为

$$\Delta \nu \approx \frac{1}{4\pi \Delta t} = 0.8 \times 10^5(\mathrm{Hz}) \approx 10^6\mathrm{Hz}$$

由于整个调幅广播频率范围是 $0.5 \times 10^6 \sim 1.5 \times 10^6 \mathrm{Hz}$,显然它只能满足 1 个电视频道的需要,因此不能用

调幅广播频带发射电视信号。而实际电视发射所用的频率 $\nu \approx 10^8 \mathrm{Hz}$，因此就可以容纳比较多的电视频道。

例 4 一个受激发原子的平均寿命约为 $10^{-8}\mathrm{s}$，在这期间它会发射出一个光子。试求：

(1)这个光子的频率的最小不确定量 $\Delta\nu$？

(2)这个原子的受激态能量的不确定量 ΔE？

解 (1)由不确定关系 $\Delta E\,\Delta t \geqslant \dfrac{h}{2}$ 得

$$\Delta\nu\,\Delta t \geqslant \frac{1}{4\pi}$$

由此得

$$\Delta\nu \geqslant \frac{1}{4\pi\Delta t} = \frac{1}{4 \times 3.14 \times 10^{-8}} = 8 \times 10^6 (\mathrm{Hz})$$

(2)由于只有有限时间可用于进行测量，所以受激态能量是无法精确测定的。由不确定关系得

$$\Delta E \geqslant \frac{h}{4\pi\Delta t} = \frac{6.63 \times 10^{-34}}{4\pi \times 10^{-8}} \approx 3.3 \times 10^{-8} (\mathrm{eV})$$

25-3 薛定谔方程

德布罗意关于实物粒子波的假设告诉我们，微观粒子的运动是受与它相联系的波的传播所支配的，但这个假设没有说明实物粒子波是怎样传播的。薛定谔(E. Schrödinger)在研究实物粒子波的基础上，于 1926 年提出了一个著名的方程——薛定谔方程。他用一个关于坐标和时间的复函数来描述微观粒子的运动，称之为波函数，并以希腊字母 Ψ 或 ψ 表示。

波函数表示微观粒子的状态，其具体形式可由求解薛定谔方程得到。

那么，如何得到薛定谔方程呢？经典力学中的牛顿方程不是从理论上推导出来的，而是从实验中总结出来的，是一条经验规律。薛定谔方程也不是从理论上推导出来的，但它不是一条经验规律，就其实质而言，它是一个基本假设，其正确性就在于由它得出的一切结论都是准确地与实验事实相一致。

下面，我们从最简单的自由粒子出发来建立薛定谔方程。首先，薛定谔所称的波函数在数学上将如何表示呢？我们知道，平面简谐行波可表示为

$$y(x,t) = A\cos 2\pi\left(\nu t - \frac{x}{\lambda}\right)$$

电磁波的电场强度可表示为

$$E(x,t) = E_0\cos 2\pi\left(\nu t - \frac{x}{\lambda}\right)$$

由此可见，微观粒子的波应当有一个与平面简谐波或电磁波的电场强度和磁场强度相当的量来描述。因此，对于一个动量为 p、能量为 E、沿 X 轴运动的自由粒子，根据德布罗意思想，自由粒子的德布罗意波波长和频率也是不变的。因此，薛定谔认为自由粒子的波函数 $\Psi(x,t)$ 是一个平面单色波

$$\Psi = \psi_0\cos 2\pi\left(\nu t - \frac{x}{\lambda}\right)$$

为了数学上演算方便，上式可用复数形式表示为

$$\Psi(x,t) = \psi_0 \mathrm{e}^{-i2\pi(\nu t - \frac{x}{\lambda})} \tag{25-6}$$

式中 ψ_0 是波函数的振幅。根据德布罗意假设,它的波长为 $\lambda = \dfrac{h}{p}$,频率为 $\nu = \dfrac{E}{h}$,于是(25-6)式可改写为

$$\Psi(x,t) = \psi_0 \mathrm{e}^{\frac{\mathrm{i}}{\hbar}(px - Et)}$$

将此表达式对时间求导一次,对 x 求导两次,得到

$$\frac{\partial \Psi}{\partial t} = -\frac{\mathrm{i}}{\hbar} E \Psi, \qquad \frac{\partial^2 \Psi}{\partial x^2} = \left(\frac{\mathrm{i}}{\hbar}\right)^2 p^2 \Psi$$

由此得

$$E = \frac{1}{\Psi} \mathrm{i}\hbar \frac{\partial \Psi}{\partial t}, \qquad p^2 = -\frac{1}{\Psi} \hbar^2 \frac{\partial^2 \Psi}{\partial x^2} \tag{25-7}$$

在非相对论力学中,自由粒子的能量 E 和动量 p 之间的关系为

$$E = \frac{p^2}{2m}$$

将(25-7)式中的 E 和 p^2 值分别代入上式,并消去 Ψ,可得方程

$$-\frac{\hbar^2}{2m} \frac{\partial^2 \Psi}{\partial x^2} = \mathrm{i}\hbar \frac{\partial \Psi}{\partial t} \tag{25-8}$$

这就是质量为 m 的作一维运动的自由粒子的薛定谔方程。

在粒子运动在势能为 U 的势场的情况下,粒子的总能量应是动能和势能之和,总能量 E 和动量 p 之间的关系应为

$$\frac{p^2}{2m} = E - U$$

将(25-7)式中的 E 和 p^2 值分别代入上式得

$$-\frac{1}{\Psi} \frac{\hbar^2}{2m} \frac{\partial^2 \Psi}{\partial x^2} = \frac{1}{\Psi} \mathrm{i}\hbar \frac{\partial \Psi}{\partial t} - U$$

将上式两边同乘 Ψ,整理后得

$$-\frac{\hbar^2}{2m} \frac{\partial^2 \Psi}{\partial x^2} + U\Psi = \mathrm{i}\hbar \frac{\partial \Psi}{\partial t} \tag{25-9}$$

这就是势场中作一维运动的粒子的薛定谔方程。在粒子作三维运动的情况下,把 $\dfrac{\partial^2}{\partial x^2}$ 换成 $\dfrac{\partial^2}{\partial x^2} + \dfrac{\partial^2}{\partial y^2} + \dfrac{\partial^2}{\partial z^2} = \nabla^2$(拉普拉斯算符),$\Psi(x,t)$ 换成 $\Psi(x,y,z,t)$,则可得

$$-\frac{\hbar^2}{2m} \nabla^2 \Psi + U\Psi = \mathrm{i}\hbar \frac{\partial \Psi}{\partial t} \tag{25-10}$$

这就是一般的薛定谔方程。

上面的讨论不能看成是薛定谔方程的推导。进行这一讨论的目的,只是说明这方程是怎样建立起来的。

如果粒子是在一个稳定的势场中运动的,则势能 U 仅是空间的坐标函数,与时间无关。在这种情况下,可以将薛定谔方程的解 $\Psi(x,y,z,t)$ 用分离变量法表达成空间坐标函数 $\psi(x,y,z)$ 和时间函数的乘积

$$\Psi(x,y,z,t) = \psi(x,y,z)\mathrm{e}^{-\frac{\mathrm{i}}{\hbar}Et}$$

式中 E 是粒子的总能量。在稳定场的情况下，E 是不变的。将上式代入(25-10)式，得

$$-\frac{\hbar^2}{2m}e^{-\frac{i}{\hbar}Et}\nabla^2\psi + U\psi e^{-\frac{i}{\hbar}Et} = i\hbar\,(-i\frac{E}{\hbar})\psi e^{-\frac{i}{\hbar}Et}$$

等式两边消去因子 $e^{-\frac{i}{\hbar}Et}$，即得到一个关于函数 ψ 的微分方程

$$-\frac{\hbar^2}{2m}\nabla^2\psi + U\psi = E\psi \tag{25-11}$$

方程(25-11)式称为定态薛定谔方程，它的解 ψ 称为定态波函数。所谓定态，就是系统的势能仅是坐标的函数，与时间无关时。上式也常写成如下的形式：

$$\nabla^2\psi + \frac{2m}{\hbar^2}(E - U)\psi = 0 \tag{25-12}$$

今后我们将只与方程(25-12)式打交道。

薛定谔方程是非相对论量子力学的基本方程，这个著名的方程式一出现，人们便很快地把它应用到原子和分子物理学的许多问题，诸如氢原子、定态能量、发射光谱线波长等，结果均取得巨大成功，从而证实了薛定谔方程的正确性。尽管这一方程是在非相对论情况下得到的，但对于很多有关原子和分子的物理问题而言，它已经够用了。

1928 年，狄拉克(P. A. M. Dirac)在发展相对论量子力学理论时，所利用的假设实质上与薛定谔所用的完全相同。

1933 年，薛定谔和狄拉克因建立量子力学基本方程而获得诺贝尔物理学奖。薛定谔不仅是物理学家，而且是分子生物学的开拓者。他提出从大分子的能量、结构和信息三个方面来探索生命的本质，特别是提出从信息的概念来研究遗传的奥秘，吸引了包括德布罗意在内的许多物理学家参加进来一起进行研究，从而促使发现了遗传物质 DNA 和 DNA 的双螺旋结构，揭开了研究分子生物学这一新篇章。

25-4 波函数的意义

对于波函数应该如何理解？如何理解波和它所描述的粒子之间的关系，对这个问题历史上曾经有过不同的看法。有人认为波是由它所描写的粒子所组成；也有人认为粒子是由波所组成。但这些企图解释波函数的尝试都因与实验事实不符而被否定。

对于波函数的正确解释是玻恩(M.Born)于 1926 年首先提出的。为了说明玻恩的解释，我们来研究电子衍射实验。如果入射电子流强度很大，则大量电子被晶体反射后在照相底片上很快会出现衍射图样。如果入射电子流强度很小，电子一个一个地从晶体表面上反射，则在照相底片上将出现一个一个的点子，显示出电子的微粒性；而每个点子在照相底片上的位置杂乱无章，表明电子在底片上任何位置都可能出现，对于每一个电子，并不能肯定地预测它将出现在什么位置，随着时间的延长，点子数目逐渐增多，它们在照相底片上的分布就形成了衍射图样，从而显示出电子的波动性。由此可见，电子的波动性实验是大量电子在同一个实验中的统计结果，或者是单个电子在长时间、许多次相同实验中的统计结果。波函数正是为描写粒子的这种行为而引进的。玻恩就在通过对上述实验分析的基础上提出了对波函数意义的统计解释：

波函数的模的平方与 t 时刻在 (x,y,z) 处找到粒子的概率成正比,即

$$P \propto |\Psi(x,y,z,t)|^2 \tag{25-13}$$

统计解释的观点认为波函数 $\Psi(x,y,z,t)$ 描述的是单个粒子,而不是大量粒子体系,这是因为电子衍射实验中可以让电子一个一个地入射并记录下来,以保证两个电子之间没有任何关联,而延长时间后可得到同样的衍射图样。

统计解释的观点还认为在物理上有测量意义的是波函数的模的平方,而不是波函数本身。波函数是复数,它不能用任何物理仪器来测量。波函数的模的平方表示 t 时刻在 (x,y,z) 处测量到粒子的概率,而不是测量到粒子的某一物理量。由此可见,波函数不是一个物理量,而是用来计算测量概率的数学量。按照这种解释,波函数所描写的粒子的波称为概率波。与经典的波不同,概率波没有直接的物理含义,不是任何物理真实的波动。

统计解释为我们提供了一个把波动性和粒子性在微观粒子上统一起来的自洽的途径。按照这个解释,粒子在体积元 $\mathrm{d}V$ 的范围内出现的概率 $\mathrm{d}P$ 为

$$\mathrm{d}P = |\Psi|^2 \mathrm{d}V \tag{25-14}$$

如果把(25-14)式对整个空间体积积分,由于粒子一定要在整个空间内出现,所以找到粒子的概率等于1,因此得

$$\int \mathrm{d}P = \int_V \Psi^* \Psi \mathrm{d}V = 1 \tag{25-15}$$

条件式(25-15)称为归一化条件。满足这个条件的函数叫做归一化函数。今后我们总是假定,我们所考虑的波函数是归一化的。

对于归一化函数,$|\Psi|^2 = \Psi^* \Psi$ 表示粒子 t 时刻在 (x,y,z) 处单位体积内出现的概率,称为概率密度。

在稳定场的情况下,相应地有

$$\Psi^* \Psi = \psi^* \mathrm{e}^{\frac{\mathrm{i}}{\hbar}Et} \cdot \psi \mathrm{e}^{-\frac{\mathrm{i}}{\hbar}Et} = \psi^* \psi$$

于是概率密度等于 $\psi^* \psi$,并与时间无关,这也就是(25-12)式中的波函数所描述的状态称为定态的原因。

由于粒子某一时刻在空间某点出现的概率是惟一的、有限的(即小于1的),在空间不同处,概率的分布是连续的,不能在任何点处发生突变,所以 Ψ 必须是坐标的单值、有限、连续的函数,此外,还应当有连续和有限的导数。这就是波函数的标准化条件。

玻恩对波函数提出统计解释以来,在物理学界引起了激烈的争论,这种争论至今尚未平息。以玻尔和海森伯为首的哥本哈根学派坚持这种统计解释的观点,而德布罗意和爱因斯坦、狄拉克则持反对的观点。其中,德布罗意始终坚持认为表现粒子波动性的不是概率波,而是一种实在波,它引导着粒子运动,即粒子的波动性和微粒性同样都是物理真实,共同构成物理实体。由于对玻恩的波函数的统计解释存在长时间的激烈争论,玻恩直到1954年才获得诺贝尔物理学奖,但这也说明波函数的统计解释已被绝大多数在物理前沿工作的物理学家所接受。

25-5　能量的量子化

薛定谔方程使我们能够求出给定状态的波函数,从而能够确定粒子在空间各个不同点

上出现的概率。但方程的意义远不止这一点，它还能够直接得出能量的量子化定则。

从微分方程理论中可以证明，定态薛定谔方程只有当其中出现的粒子能量 E 取某些特定值时，才能够具有满足标准化条件的解，这些特定值叫做能量的本征值，本征值 E 所对应的解叫做本征波函数。

能量本征值的组合叫做能量谱，如果本征值是离散的，则称为离散谱；如果本征值是连续的，则称为连续谱。今后我们仅研究离散谱的问题。在离散谱的情况下，本征值和本征波函数为

$$E_1, E_2, E_3, \cdots, E_n, \cdots$$
$$\psi_1, \psi_2, \psi_3, \cdots, \psi_n, \cdots$$

(25-16)

由此可见，能量的量子化是在没有任何附加假设的情况下由量子力学基本原理得到的。

一般说来，求出本征值和本征波函数是极其困难的数学问题。下面我们就来研究一个处在一维无限深势阱中的粒子的运动问题，它可以使我们加深对能量量子化的认识。这也是应用定态薛定谔方程的最简单的例子。

一维无限深势阱是势能在势阱内为零，在势阱外等于无穷大的情况，即

$$U(x) = 0 \qquad 0 < x < l$$
$$U(x) = \infty \qquad x \leqslant 0, x \geqslant l$$

(25-17)

如图 25-5 所示，这时粒子只能在 X 轴方向宽度为 l 的势阱内运动，不能越出势阱边界之外，所以在势阱外发现粒子的概率等于零，相应地在势阱外的波函数也等于零。由波函数的连续性条件可知，波函数在势阱两边也应当等于零，即

$$\psi(0) = \psi(l) = 0 \qquad (25-18)$$

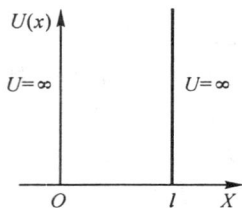

图 25-5　一维无限深势阱

在波函数不等于零的区域内，由于粒子在势阱中的势能与时间无关，且 $U(x)=0$，因此粒子在一维无限深势阱中的薛定谔方程为

$$\frac{\mathrm{d}^2\psi}{\mathrm{d}x^2} + \frac{2m}{\hbar^2}E\psi = 0$$

(25-19)

式中 m 为粒子的质量，E 为粒子的总能量。如果取 k 为

$$k^2 = \frac{2m}{\hbar^2}E$$

(25-20)

则得到一个在振动理论中很熟悉的方程

$$\frac{\mathrm{d}^2\psi}{\mathrm{d}x^2} + k^2\psi = 0$$

其解取如下形式[①]

$$\psi(x) = A\sin(kx + \varphi)$$

(25-21)

常量 k 和 φ 可以根据边界条件(25-18)式确定，即

$$\psi(0) = A\sin\varphi = 0$$

―――――――――――

① 在这个问题中，其解取正弦更为方便。

因为 A 不为零,故由此得到的 φ 应等于零。其次,

$$\psi(l) = A\sin kl = 0$$

仅当

$$kl = n\pi \quad (n = 1, 2, 3, \cdots) \qquad (25\text{-}22)$$

时才有可能($n=0$ 不存在,否则会使 $\psi=0$,从而意味着在势阱中没有粒子)。

从(25-20)式和(25-22)式消去 k,即可求出粒子能量的本征值为

$$E_n = \frac{\pi^2\hbar^2}{2ml^2}n^2 \quad (n = 1, 2, 3, \cdots) \qquad (25\text{-}23)$$

由此可见,粒子在势阱内的能谱是离散的,其能量是量子化的,如图 25-6 所示,而且,这个量子化的结果直接来源于薛定谔方程,不必人为地引入量子化条件。

将(25-22)式中得到的 k 值代入(25-21)式,即可求得势阱内的本征波函数:

$$\psi_n(x) = A\sin\frac{n\pi}{l}x$$

式中常量 A 由归一化条件(25-15)式确定,即

$$\int_0^l \psi^*(x)\psi(x)\mathrm{d}x = \int_0^l A^2\sin^2\frac{n\pi}{l}x\mathrm{d}x = 1$$

积分后得

$$A = \sqrt{\frac{2}{l}}$$

图 25-6 一维无限深势阱的能量本征值

因此,能量本征值为 E_n 的本征波函数为

$$\psi_n(x) = \sqrt{\frac{2}{l}}\sin\frac{n\pi}{l}x \quad (n = 1, 2, 3, \cdots) \qquad (25\text{-}24)$$

由此可得能量本征值为 E_n 的粒子在势阱内的概率密度为

$$|\psi_n(x)|^2 = \frac{2}{l}\sin^2\frac{n\pi}{l}x \quad (n = 1, 2, 3, \cdots) \qquad (25\text{-}25)$$

图 25-7 分别画出了本征波函数 ψ 和概率密度 $\psi^*\psi$ 在势阱内的分布。由图可见,粒子在势阱内出现的概率是不均匀的。例如,当粒子处于 $n=2$ 的状态时,粒子不可能在势阱的中部出现,但它却以相同的概率出现在势阱的左右两半部。而按照经典理论,对于粒子来说,势阱中所有的位置都是等概率的。

一维无限深势阱内的粒子在 $n=1$ 时的能量本征值为

$$E_1 = \frac{\pi^2\hbar^2}{2ml^2} \qquad (25\text{-}26)$$

这个能量本征值具有特别的意义,称为零点能。它是粒子在势阱内所能具有的最低能量,即基态能量。

零点能不为零是不确定性原理导致的必然结果。因为粒子被束缚在 $0\sim l$ 的范围内,即坐标 x 的不确定量 $\Delta x = l$,由不确定关系,动量的不确定量至少为 $\Delta p \geqslant \dfrac{\hbar}{2\Delta x} = \dfrac{\hbar}{2l}$,不可能为

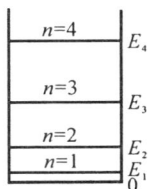

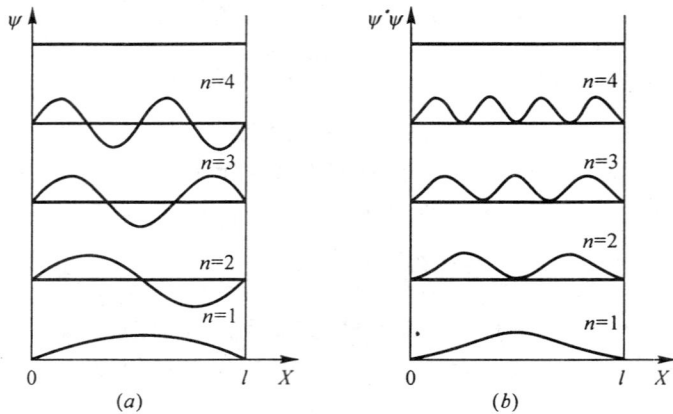

图 25-7　一维无限深势阱的
本征波函数和概率密度

零,因而粒子的能量不可能为零。

零点能的概念与经典物理中的概念是矛盾的。在经典物理中,当系统的温度处于绝对零度时,一切运动都停止了,系统的总能量等于零。然而在量子力学中,粒子存在零点能,因此必定有零点运动,即不可能绝对静止。

25-6　势垒和隧道效应

设粒子沿 X 轴运动途中遇到如图 25-8 所示的势垒。势垒的势能可以写成

$$U(x) = U_0 \qquad 0 < x < l$$
$$U(x) = 0 \qquad x \leqslant 0, x \geqslant l$$

(25-27)

按照经典理论,如果粒子的能量大过势垒的高度($E > U_0$),则粒子将穿过势垒;若粒子的能量小于 U_0,则粒子将被势垒反射而往回运动,粒子不可能穿透势垒。

而从量子力学的观点来看,粒子的行为完全是另外一种结果。即使是在粒子能量 $E > U_0$ 的情况下,粒子也有一定的概率被势垒反射往回运动。在粒子能量 $E < U_0$ 的情况下,粒子也有一定的概率穿透势垒而进入 $x > l$ 的区域。微观粒子这种从经典理论看来根本不可能的行为,可以直接从求解薛定谔方程得出。

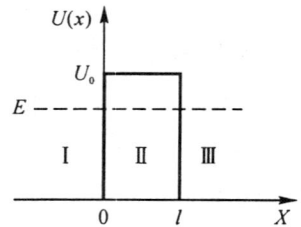

图 25-8　一维势垒

下面,我们来具体研究粒子能量 $E < U_0$ 的情况。这时,在三个区域的薛定谔方程为

$$\frac{\mathrm{d}^2\psi}{\mathrm{d}x^2} + \frac{2m}{\hbar^2}E\psi = 0 \qquad\qquad \text{区域 I 和 III} \tag{25-28}$$

$$\frac{\mathrm{d}^2\psi}{\mathrm{d}x^2} + \frac{2m}{\hbar^2}(E - U_0)\psi = 0 \qquad\qquad \text{区域 II} \tag{25-29}$$

令

$$k^2 = \frac{2mE}{\hbar^2}, \qquad \lambda^2 = \frac{2m}{\hbar^2}(U_0 - E)$$

分别代入(25-28)式和(25-29)式,这时薛定谔方程变为

$$\frac{\mathrm{d}^2\psi}{\mathrm{d}x^2} + k^2\psi = 0 \qquad\qquad 区域 \text{ I 和 III} \tag{25-30}$$

$$\frac{\mathrm{d}^2\psi}{\mathrm{d}x^2} - \lambda^2\psi = 0 \qquad\qquad 区域 \text{ II} \tag{25-31}$$

用类似的方法求解,可得

$$\begin{cases} \psi_1 = A_1 \mathrm{e}^{ikx} + B_1 \mathrm{e}^{-ikx} & 区域 \text{ I} \\ \psi_2 = A_2 \mathrm{e}^{\lambda x} + B_2 \mathrm{e}^{-\lambda x} & 区域 \text{ II} \\ \psi_3 = A_3 \mathrm{e}^{ikx} & 区域 \text{ III} \end{cases} \tag{25-32}$$

其中区域 III 中的波函数 ψ_3 里面的 $B_3 \mathrm{e}^{-ikx}$ 项由于不存在自右向左传播的波而舍去了;其余的系数 A_1, B_1, A_2, B_2 和 A_3 利用波函数及其导数在原点 0 和 l 点连续,即 $\psi_1(0) = \psi_2(0)$,$\psi_2(l) = \psi_3(l)$,$\psi'_1(0) = \psi'_2(0)$,$\psi'_2(l) = \psi'_3(l)$ 以及波函数的归一化条件加以确定。

由上述可见,区域 II 和 III 中的波函数均不为零,如图 25-9 所示。原来在区域 I 的粒子有通过区域 II 进入区域 III 的可能性。按照经典物理的观点,这是不可能的。因为粒子的能量等于动能与势能之和,在区域 II,粒子能量 $E < U_0$,所以粒子动能为负,粒子要被弹回去,反射概率

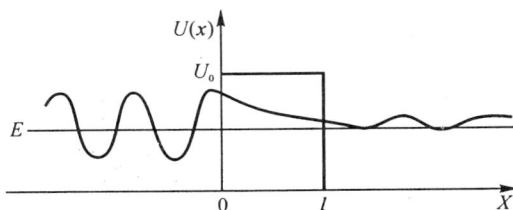

图 25-9 势垒的波函数

等于 1。但按照量子力学的观点,一部分粒子将穿越势垒到达区域 III,这种现象称为隧道效应。在势垒 U_0 比 E 大得多的情况下,用量子力学可以算出粒子的穿透概率 P 为

$$P = \left| \frac{A_3}{A_1} \right|^2 \approx \frac{16E(U_0 - E)}{U_0^2} \mathrm{e}^{-\frac{2}{\hbar}\sqrt{2m(U_0-E)}l} \tag{25-33}$$

由此可见,势垒厚度 l 越大,粒子穿透概率越小;粒子能量 E 越大,其穿透概率越大,而且越灵敏。

隧道效应是量子力学的特有现象,是微观粒子具有波动性和不确定原理应用的又一个例子。当粒子穿过势垒时,如果势垒很薄,测量它的能量会产生很大的不确定量。只有在势垒区外,它才可能被作为一个定域粒子而被探测到。隧道效应已为许多实验事实所证实。

25-7 电子显微镜和扫描隧道显微镜

电子的波动性和电子衍射现象的最早应用之一就是电子显微镜。1933 年,德国人鲁斯卡(N. Ruska)首先研制成功了电子显微镜,其原理和光学显微镜类似,它由电子枪产生电子束,然后加速电子,使其具有 50keV 以上的能量,再使其通过由轴对称的不均匀电场和磁场组成的静电透镜、磁透镜,使电子波折射后重新聚焦成象达到放大作用。电子波通过很薄的晶体样品或从样品表面反射可以形成衍射图象。整个装置放在高真空中。由于电子波的波长比可见光的波长短得多,我们只要改变加速电势差就能方便地改变电子波的波长,因此可

以获得极高的分辨本领。目前,电子显微镜的分辨率已达到 0.2nm,能清楚地看到病毒和细胞、晶体结构等,因此在生物、医学、物理和冶金等方面获得广泛应用。

扫描隧道显微镜(STM)是 1981 年由宾宁(G. Binning)和罗勒(H. Rohrer)首先制造成功的,它是根据隧道效应对于势垒高度 U_0 和宽度 l 的变化十分敏感这一原理研制的,其原

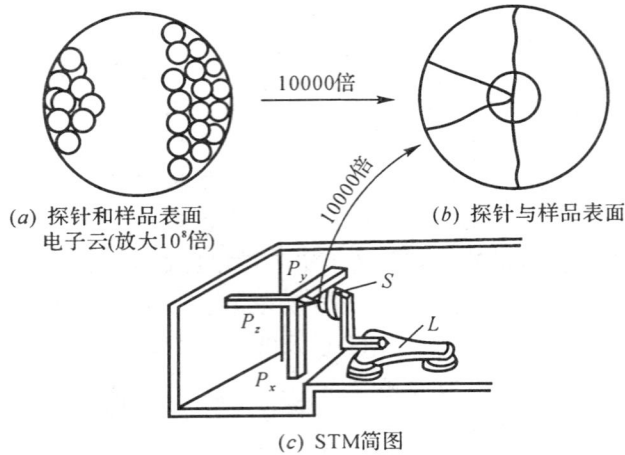

(a)探针和样品表面电子云(放大 10^8 倍),
(b)探针与样品表面,(c)STM 简图
图 25-10　扫描隧道显微镜原理图

理示意图如图 25-10 所示。它的主要构件是利用特殊工艺加工的一根金属探针,针尖非常尖锐,具有接近于一个原子大小的尺寸。当它与被研究的样品 S 表面相距很近时(零点几纳米),针尖原子的电子和样品表面原子的电子的波函数开始发生交叠,或者说电子云相接触,如图25-10(a),(b)所示。此时,若在针尖与表面之间加一小的直流电势差,则由于隧道效应而产生隧道电流,这种电流对针尖与物体表面的距离十分敏感。在典型情况下,间距增加 0.1nm,电流就下降一个数量级。实验中,针尖在压电驱动器 P_x,P_y 和 P_z 作用下在样品表面上扫描,一反馈装置控制针尖与表面之间的隧道电流为常量,于是,针尖的轨迹便提供了样品表面的电子云分布或原子分布状况,借助于电子仪器和计算机便可以将样品表面的形貌显示于电视屏幕上,其横向分辨率取决于针尖的尺寸,现在已经达到 0.1nm;纵向分辨率达 0.001nm,比电子显微镜优越得多。利用 STM 可以清晰地分辨出样品表面的单个原子和原子台阶,在原子尺度范围内观测表面形貌和原子结构,如超晶格结构、表面缺陷及其细节。另外,由于 STM 可以在大气和液体中工作,也可以在常温和低温下工作,因而在生物医学、表面物理、材料科学与微电子技术等领域有重要的应用意义。1986 年,宾宁和罗勒以及电子显微镜的发明者鲁斯卡共同获得该年度的诺贝尔物理学奖。

由于 STM 是测量电子隧道电流的,不能直接用来检测绝缘体,1986 年后,宾宁等人又在 STM 的基础上发展了一种原子力显微镜,可以在原子尺度上研究绝缘体表面。

25-8　原子中电子的状态

1. 描述原子中电子状态的四个量子数

量子力学成功地解决了氢原子的问题,它精确地解得氢原子的能级和它的电子波函数,但是,氢原子薛定谔方程的数学求解过程过于冗长和繁杂,这里不介绍其求解过程,仅扼要说明求解方程后得到的重要结果.这些结果告诉我们,对于氢原子定态,电子的能量、角动量的大小和角动量在空间的分量必须分别满足下列三个量子化条件.

(1)能量量子化和主量子数

由量子力学解得的氢原子能量是量子化的,其值为

$$E_n = -\frac{1}{n^2}\left(\frac{me^4}{8\varepsilon_0^2 h^2}\right) \tag{25-34}$$

式中 $n=1,2,3,\cdots$。称为主量子数。它确定氢原子的能量(即电子的能量),把(25-34)式与玻尔理论所得结果相比较可以看出两者是完全相同的。$n=1$ 时,氢原子处于基态,$n>1$ 时,氢原子处于激发态。

(2)角动量量子化和角量子数

由量子力学解得的氢原子中电子的轨道角动量 L 为

$$L = \sqrt{l(l+1)}\hbar \tag{25-35}$$

式中 l 称为轨道角动量量子数,简称为角量子数。其可能值为 $l=0,1,2,3,\cdots,(n-1)$。(25-35)式表明,氢原子中的电子轨道角动量也是量子化的。

必须指出,量子力学得到的轨道角动量量子化与玻尔氢原子理论中关于电子轨道角动量量子化条件(24-8)式不一样。首先玻尔氢原子理论中电子轨道角动量的值为 $L=n\hbar$,其最小值为 $L=\hbar$,而量子力学得出的电子轨道角动量的值为 $L=\sqrt{l(l+1)}\hbar$,其最小值为零,实验表明量子力学得到的结果(25-35)式是正确的。其次,量子力学中的角量子数 l 受主量子数 n 的限制。例如,当 $n=3$ 时,l 只能取 $0,1,2$,其角动量的可能值为 $0,\sqrt{2}\hbar,\sqrt{6}\hbar$,而不能取其他值。

(3)空间量子化和磁量子数

电子轨道角动量量子化的条件(25-35)式只给出了电子轨道角动量的值,但角动量是矢量,因此要完全确定电子轨道角动量,还需要知道它在空间的方位,那么轨道角动量在空间的取向有没有条件限制呢?

求解氢原子的薛定谔方程可得电子轨道角动量在空间某特定方向(如 Z 轴,通常取外磁场方向)上的分量 L_z 为

$$L_z = m_l \hbar \tag{25-36}$$

式中 m_l 称为轨道角动量磁量子数,简称磁量子数。当 l 给定时,其可能值为 $m_l=0,\pm1,\pm2,\cdots,\pm l$。(25-36)式表明,电子轨道角动量在空间的方位不是任意的,它在某特定方向上的分量是量子化的,这就是空间量子化的概念。

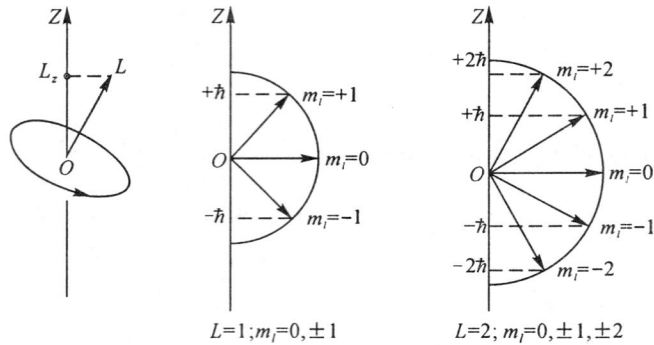

$$L=1;m_l=0,\pm1 \qquad\qquad L=2;m_l=0,\pm1,\pm2$$

图 25-11　空间量子化

需要指出,磁量子数 m_l 的可能值要受角量子数 l 的限制,当 l 给定时,m_l 共有$(2l+1)$个可能值。例如,当 $l=1$ 时,$m_l=0,\pm1$,共有三个值,表明电子轨道角动量在空间有三种可能取向,当 $l=2$ 时,$m_l=0,\pm1,\pm2$,共有五个值,表明电子轨道角动量在空间有五种可能取向。如图 25-11 所示。

上述三个量子化条件和三个量子数是在求解氢原子薛定谔方程后得到的重要结果。如果我们考虑电子的自旋,就可以得到自旋磁量子数。

(4)自旋角动量空间量子化和自旋磁量子数

原子中的电子除了绕核运动外,还要绕自身的轴旋转,这就是电子自旋。1921 年,施特恩(O. Stern)和格拉赫(W. Gerlach)用一束轨道角动量为零的银原子通过一个非均匀磁场,实验发现,银原子束在磁场作用下分裂成上下对称偏转的两条。为了解释上述实验事实,乌伦贝克(G. E. Uhlenbeck)和古兹密特(S. A. Goudsmeit)在 1925 年提出了电子存在自旋角动量的假设,而与自旋角动量相联系的自旋磁矩,正好就是施特恩和格拉赫实验中观察到的银原子束分裂成上下两束的原因。

与电子轨道角动量一样,电子自旋角动量也是量子化的,通常用 S 表示自旋角动量,其值可表示为

$$S=\sqrt{s(s+1)}\,\hbar \qquad\qquad (25-37)$$

式中 s 称为自旋角动量量子数,简称为自旋量子数。由量子力学计算可得 $s=\dfrac{1}{2}$,故电子自旋角动量的量值为 $S=\sqrt{\dfrac{3}{4}}\hbar=\dfrac{\sqrt{3}}{2}\hbar$。

在施特恩和格拉赫实验中观察到银原子束分裂成上下对称偏转的两束的实验事实,表明电子自旋角动量 S 在所加磁场的方向只能有两个分量。因此,我们得到了自旋角动量在空间某特定方向(如 Z 轴,通常取外磁场方向)上的分量为

$$S_Z=m_s\hbar \qquad\qquad (25-38)$$

式中 m_s 称为自旋磁量子数,其可能值为 $m_s=\pm\dfrac{1}{2}$。这说明自旋角动量在空间某特定方向的分量是量子化的,这就是自旋角动量空间量子化的概念。

综上所述可知,原子中电子的状态是由四个量子数 n,l,m_l,m_s 来确定的。主量子数决定

电子的能量;角量子数 l 决定电子在核外运动的轨道角动量;磁量子数 m_l 决定轨道角动量在特定方向上的分量;自旋磁量子数 m_s 决定自旋角动量在特定方向上的分量。

2. 多电子原子中电子的分布

根据描述原子中电子的运动状态的四个量子数,我们可以确定多电子原子中的电子分布情况。在多电子原子中,电子的分布是分层次的,这种电子的层次叫做电子壳层,这些壳层是由主量子数 n 来划分的,不同的 n 对应不同的壳层,通常用 K,L,M,N···等来表示 $n=1$,2,3,4,···所对应的电子壳层。在同一 n 壳层中,l 可取不同的数值,不同的 l 又分成不同的支壳层,通常用 s,p,d,f,···等来表示 $l=0,1,2,3,···$所对应的支壳层。一般说来,壳层的主量子数 n 越小,原子的能级越低。由于原子中的电子只能处于一些特定的状态,所以每一壳层上只能容纳一定数量的电子,多电子原子中的电子分布规律由下面两个原理来确定。

(1)泡里不相容原理

泡利(W. Pauli)指出:在一个原子中,不可能有两个或两个以上的电子具有相同的状态,即不可能具有相同的四个量子数,这个原理称为泡利不相容原理。

根据泡利不相容原理,可以确定各电子壳层中可容纳的最多电子数。在主量子数为 n 的电子壳层中,$l=0,1,2,···,(n-1)$,共有 n 个可能值;当 l 给定时,$m_l=0,\pm 1,\pm 2,···,\pm l$,共有 $2l+1$ 个可能值;当 n,l,m_l 都给定时,$m_s=\pm\dfrac{1}{2}$,有两个可能值,所以 n 壳层中的量子态数为

$$\sum_{l=0}^{n-1} 2(2l+1) = 2n^2 \tag{25-39}$$

根据泡利不相容原理,一个量子态 (n,l,m_l,m_s) 只能被一个电子占有,所以在主量子数为 n 的壳层上,允许容纳的最多电子数为 $2n^2$。例如,在 $n=1$ 的 K 壳层上最多有 2 个电子,以 $1s^2$ 表示。在 $n=2$ 的 L 壳层上最多有 8 个电子,其中对应 $l=0$ 的支壳层上的电子有 2 个,以 $2s^2$ 表示,而对应于 $l=1$ 的支壳层上的电子有 6 个,以 $2p^6$ 表示,其余以此类推。

(2)能量最小原理

在原子处于正常状态时,每个电子趋向于占有最低的能级,这一原理称为能量最小原理。当原子中电子的能量最小时,整个原子的能量最低,这时原子处于稳定状态,即基态。

由于能级主要决定于主量子数 n,n 越小,能级越低,所以原子中的电子根据泡利不相容原理和能量最小原理,一般来说,离原子核最近的壳层,首先被电子填满,然后再按由内壳层向外壳层的次序排列填充电子。

必须指出,原子能级除主要由主量子数 n 决定以外,还与角量子数 l 有关,因此,按能量最小原理填充电子时,电子不完全是按照 K,L,M,···等电子壳层的次序来填充的,而是根据电子能级的规律,从低能级到高能级,按下列次序在各个支壳层上排列填充:1s,2s,2p,3s,3p,4s,3d,4p,5s,4d,5p,6s,4f,5d,6p,7s,6d,···。由此可得电子的壳层结构,这里不再详述了。

本章摘要

1. 德布罗意波：

    德布罗意关系式：$\lambda = \dfrac{h}{mv}$。戴维孙-革末实验证实了德布罗意波的存在。

2. 不确定性原理：

    位置和动量的不确定关系：$\Delta x \, \Delta p_x \geqslant \dfrac{\hbar}{2}$。

    能量和时间的不确定关系：$\Delta E \, \Delta t \geqslant \dfrac{\hbar}{2}$。

3. 薛定谔方程：

    定态薛定谔方程：$\nabla^2 \psi + \dfrac{2m}{\hbar^2}(E-U)\psi = 0$，它是一个非相对论量子力学的基本方程。

    玻恩关于波函数的统计解释。

    波函数要满足单值、连续和有限的标准化条件，还要满足归一化条件

    $$\int_V \Psi^* \Psi \, dV = 1$$

    其中概率密度 $\Psi^* \Psi$ 表示粒子 t 时刻在 (x,y,z) 处单位体积内出现的概率。

4. 一维无限深势阱：

    是应用定态薛定谔方程的最简单的例子，能加深对能量量子化的认识。

5. 势垒和隧道效应：

    隧道效应是量子力学的特有现象，实际上是微观粒子具有波动性和不确定性原理应用的一个例子。扫描隧道显微镜（STM）是根据隧道效应原理制成的。

6. 原子中电子的状态：

    原子中电子的状态由四个量子数 n, l, m_l, m_s 所确定。

    多电子原子中的电子分布情况由泡利不相容原理和能量最小原理来确定。

思考题

25-1 试分析实物粒子的德布罗意波与电磁波、机械波的不同之处。

25-2 既然物质都有波动性，为什么在日常生活中往往观察不到这种波动性？若一般宏观物体都有明显的波动性，你能想象这个世界将是什么样子吗？

25-3 实物粒子的波动性是否意味着将要射进球门的足球会发生偏转？

25-4 "不确定关系"是否指"微观粒子的运动状态是无法确定的"？或者说，"微观粒子的位置和动量都无法准确地确定"？

25-5 有人认为：只要充分提高测量仪器的精度，粒子的位置坐标和相应的动量分量一定可以测准，因此"不确定关系"是错误的。试分析之。

25-6 为什么说玻尔的轨道概念违背不确定性原理？

25-7 试估计在线度为1m的台球桌上运动的台球(质量约0.1kg)的最小速度。

25-8 试分析讨论下述两种关系的相似性:波动光学与几何光学的关系及量子力学与牛顿力学的关系。

25-9 牛顿定律能给出粒子以后任意时刻的运动状态,试问:从哪种意义说,薛定谔方程也能做到这一点? 从哪种意义上说,它又不能?

25-10 波函数的意义是什么?

25-11 波函数归一化是什么意思? 为什么波函数必须满足单值、连续、有限和归一化的条件?

25-12 有人说电子是粒子,有人说电子是波,有人说电子既不是粒子也不是波,你怎样分析这种争论?

25-13 什么是势垒? 什么叫隧道效应?

习　　题

25-1 试求下列粒子相应的德布罗意波长:

(1)一质量为 1.0×10^{-15}kg、速度为 2.0×10^{-3}m·s^{-1} 运动的病毒分子;

(2)动能为 120eV 的电子。

25-2 花粉颗粒作布朗运动。已知花粉颗粒的质量为 1.0×10^{-13}kg,速度为 1m·s^{-1},问花粉颗粒的德布罗意波长为多少? 花粉颗粒的波动性能觉察到吗?

25-3 由于衍射,显微镜可达到的最高分辨率受所用光波的限制,根据瑞利判据,显微镜所能分辨的最小细节大约等于所使用光的波长。假如我们想用电子显微镜分辨 0.01nm 的细节,至少要用多大的加速电压来加速电子?

25-4 分别计算动能均为 1eV 的电子、中子和质子的德布罗意波长。

25-5 假设热中子的平均动能为 $\frac{3}{2}kT$(玻尔兹曼常量 $k = 1.38 \times 10^{-23}$J·K^{-1}),试计算室温(25℃)下热中子的德布罗意波长。

25-6 电子和光子的波长均为 0.2nm,试求它们相应的动量和动能。

25-7 质量为 0.04kg 的子弹以 1 000m·s^{-1}的速度从枪口射出,试求:

(1)该子弹的德布罗意波长;

(2)若枪口的直径为 0.1m,子弹射出枪口时的横向速度。

25-8 某电子产品制造商声称其电磁波频率计可定时每秒读数一次,精度为 0.01Hz,试判断该制造商的话是否可信?

25-9 假设电视机显像管中的加速电压为 9kV,电子枪的枪口直径取 0.50mm,枪口离荧光屏的距离为 0.30m。根据不确定性原理,试求荧光屏上一个电子形成的亮斑直径。这样的亮斑直径会影响电视图象的清晰度吗?

25-10 1974 年,法兰克福国立实验室和斯坦福大学的两个研究小组各自独立地同时发现了一个重要的新粒子,该粒子的质量是质子的3倍,它的静止能量为 3 097MeV,测量的不准确度仅为 0.063MeV。这样的重粒子会极快地衰变成轻粒子,试计算上述粒子的平均寿命。

25-11 玻尔假设氢原子的电子在轨道上运动。已知电子的质量为 9.1×10^{-31}kg,运动速度为 10^6m·s^{-1},位置不确定量 $\Delta x = 10^{-10}$m(原子半径),试求电子速度的不确定量。

25-12 一个质量为 m 的粒子被限制在宽度为 l 的一维无限深势阱中,试用不确定关系估算此粒子的最小能量。由此估算在直径 10^{-14}m 的核内质子和中子的最小动能。

25-13 试利用不确定关系估算氢原子基态的能量和第一玻尔半径。(提示:先写总能量的正确表达式,再用不确定关系分析使能量最小的条件)

25-14 设一粒子处在宽度为 l 的一维无限深势阱中,当粒子处在第一激发态($n=2$)时,试求:

(1)粒子出现概率密度最大的位置?

(2)从 $0\sim l/3$ 范围内发现粒子的概率。从经典物理考虑,该概率又应是多少?

25-15 已知某粒子的波函数

$$\psi(x)=\begin{cases} 0 & (x<0,x>L) \\ Ax(L-x) & (0\leqslant x\leqslant L) \end{cases}$$

试求:

(1)归一化常量 A;

(2)粒子出现在 $0\sim 0.1L$ 区间的概率。

25-16 设某一个作一维运动的粒子处在以下状态:

$$\psi(x)=\begin{cases} Axe^{-\lambda x} & (x\geqslant 0) \\ 0 & (x<0) \end{cases}$$

上式中 $\lambda>0$,试求:

(1)归一化常量 A;

(2)粒子分布的概率密度函数;

(3)何处最容易发现此粒子?

25-17 有一粒子沿 X 方向运动,其波函数为 $\psi(x)=\dfrac{A}{1+\mathrm{i}x}$,试求:

(1)波函数的归一化形式;

(2)粒子按坐标分布的概率密度函数;

(3)何处找到粒子的概率最大?求其最大概率密度。

25-18 一个原子中能够具有下列相同量子数的最多电子数是多少? (1)n、l、m_l;(2)n、l、m_s;(3)n、l;(4)n。

25-19 氢原子处于基态,其径向波函数为 $\psi=Ae^{-r/a_0}$,其中 a_0 为玻尔半径,$A=\dfrac{1}{\sqrt{\pi a_0^3}}$ 为常量,试求电子在径向 r 方向上出现概率密度最大的位置。(提示:径向概率密度 $P(r)=r^2|\psi(r)|^2$)

第 26 章

凝聚态物理

大量的原子或分子聚集在一起组成了物质,物质通常表现为三种状态:气态、液态和固态。液态和固态统称为凝聚态。有关凝聚态物质的微观结构和物理性质,就是凝聚态物理研究的主要内容。它是现今物理研究的主要前沿课题之一,是基础科学中应用性很强的科学。

在气体中,分子(或原子)间的平均距离比分子(或原子)本身的大小要大得多,分子(或原子)间的相互作用力比形成分子(或原子)的力要弱得多,因此可以把气体中的分子看成是彼此独立的。

在通常的压力和温度下,液体和固体中分子间的平均距离和分子本身的大小差不多,因此,液体和固体中每一个分子的行为都要受到邻近分子的影响,分子之间不再是孤立的,而是有着较强的相互作用。物质的宏观性质是大量原子或分子之间的相互作用和集体运动的结果。在凝聚态物理中,量子力学和原子物理得到了广泛的应用。

26-1　晶体结合的类型

固体通常可分为两大类:一类叫做晶体,组成晶体的粒子按一定的规则周期性地有序排列,例如天然的岩盐、水晶、半导体锗和硅等;另一类叫做非晶体,非晶体的粒子排列没有明确的周期性,是无序的,但在实际中,这类完全无序的非晶体并不存在。一般情况下,粒子在近程(小于几个原子间距的范围内)仍然是有序排列的,但在远程就无序了。例如,玻璃、橡胶和塑料等。1984 年,美国的薛克曼(D. Shechtman)等人在急骤冷却的 Al-Mn 合金中发现了属于新的一类的凝聚态物质,称为准晶;它既不属于晶体,又不属于非晶体。对于非晶体的研究只是在近 20 年才有较大的进展。这里我们主要研究晶体,如无特殊说明,固体都是指晶体。

组成晶体的粒子之间存在着相互作用力,它使粒子有序地排列形成晶体。使晶体中的粒子结合在一起的力通常称为化学键,按照键的类型的不同,晶体可分为四大类。

1. 离子键和离子晶体

碱金属和碱土金属元素的原子只有一个或两个价电子,它们与原子核结合得比较松散,原子容易失去这些价电子而成为带正电的离子。相反,卤族元素的原子有六七个价电子,容易从外部得到一个或两个电子而形成带负电的离子,当正负离子靠得很近时,就依靠它们之间的静电力而结合在一起,形成稳定的分子。这种化学键称为离子键。

通过离子键的作用而形成的晶体称为离子晶体。NaCl 晶体是典型的离子晶体。离子晶体的特点是以离子作为基本单元,晶体的结合是靠正负离子之间的静电力。离子晶体由于没有自由电子,所以电导率比较低。由于正负离子之间的静电力很强,故离子晶体具有高熔点和低挥发性,而且比较硬。

2. 共价键和共价晶体

虽然离子键能够解释很多重要化合物的性质,但是许多无机化合物分子和绝大多数有机化合物分子不是以离子状态存在的。例如 H_2,O_2 和 CO 等。这种分子的两个原子彼此接近时,它们的价电子多集中在两个核中间势能较低的区域,这时价电子为两个核共有,形成这类分子的键称为共价键或原子键。

通过共价键结合的晶体叫做共价晶体。由于组成共价晶体的粒子都是原子,所以又称原子晶体。例如,金刚石、硅、锗等。共价键的强度很大,所以共价晶体的硬度大、熔点高。

3. 金属键和金属晶体

组成金属的原子由于电离能较小而容易失去外层的价电子。原子失去价电子后,以正离子的形式排列在晶格的格点上[①];脱离原子的电子成为能在整个晶体内运动的为全体正离子所共有的自由电子,这就是所谓的电子共有化。自由电子的总体称为电子气,电子气和正离子之间的相互作用力使离子结合在一起,这种结合力称为金属键。由金属键结合的晶体叫做金属晶体,简称为金属。

由于金属内的共有化电子可以在整个晶体内自由运动,所以金属具有良好的导电性和导热性。金属键的作用较强,因此金属具有很高的硬度和熔点。

4. 范德瓦耳斯键和分子晶体

还有一类晶体,它们由外层电子已饱和的原子(如氦、氩、氖等惰性气体)或分子(如HCl,CO 等)组成。在低温下,这些原子或分子可以结合成晶体,它们的原子或分子仍保持原有的电子结构,分子或原子之间靠范德瓦耳斯力结合,这种结合力称为范德瓦耳斯键。

范德瓦耳斯键比前面三种键弱得多,它不可能破坏分子内部的结合,形成的晶体保留了每个分子的特性,所以由范德瓦耳斯键结合的晶体称为分子晶体。

对于大多数晶体,结合力是综合性的,而不是单纯的一种键。例如,石墨和金刚石一样,都是由碳原子组成的,但它们有不同的结构。在石墨晶体中既有共价键、金属键,又有范德瓦耳斯键,所以它是一种混合型晶体,而金刚石是共价晶体。

26-2　固体的能带理论

对固体来说,金属中自由电子的量子理论是一个过于简单的模型。因为它把金属中的共有化电子看作为自由电子气,电子在晶格内自由运动,势能取为零,因而在求解薛定谔方程时完全忽略了晶格和电子以及电子与电子之间的相互作用。这一理论能定性半定量地解释金属的电导和热导性质,但它不能解释晶体的结合力,也不能解释为什么固体可分为导体、

---

① 晶体中的原子或分子在空间作有规则的周期性排列,称为晶体的空间点阵,即晶格。

半导体和绝缘体。

为了研究这些相互作用对电子能级的影响,通常有两种处理方法:一种是由孤立原子的能级出发,求出它们构成固体时的能带;另一种是考虑电子在固体周期势场中运动,通过解薛定谔方程来确定固体的能带。能带理论为固体提供了一个很好的普遍适用的模型。下面作简单介绍。

1. 能带的形成

为了理解能带的起源,我们来研究一种将原子联结成晶体的虚拟过程。设我们有某种晶体的 N 个原子,当各原子彼此处于孤立时,每个原子的能量是量子化的,它们具有完全一致的能级;每一原子中的各个电子对能级的占据是与其他原子无关的。随着各原子彼此愈来愈靠近,原子之间将产生愈来愈强的相互作用,这将导致各能级位置的变化:所有 N 个原子由原来都相同的单一能级变成 N 个彼此非常靠近但并不重合的能级。由此可见,在形成晶体时,原来各孤立原子的每一个能级都因将分裂为 N 个紧密排列在一起的能级而形成一个能带。

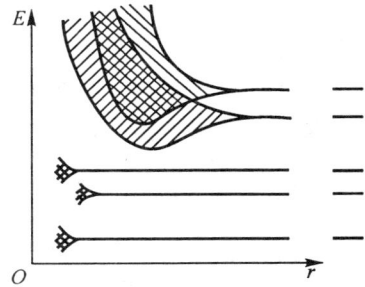

图 26-1　能级分裂与原子间距 r 的关系

对不同的能级来说,裂距的大小并不相同。原子中最外层的电子所占据的能级受扰动最大,内层电子所占据的能级受扰动最小。图 26-1 表示能级分裂与原子间距离 r 的函数关系。由图可见,内层电子由于基本上束缚在原子核附近,在两核之间势垒很高,因此内层电子所占据的能级在晶体中发生的分裂很小。而价电子所占据的能级发生了显著的分裂。基态原子中未被电子占据的那些较高的能级也将发生显著的分裂。

2. 能带的结构

能带的带状结构可以通过求解电子在周期性势场中运动时的薛定谔方程而直接得到,这种场是由晶格产生的,其解是一个具有晶格周期性的函数,称为布洛赫(F. Bloch)函数。由于固体中周期性势场的作用,电子的能谱出现一系列不容许能级存在的禁带,它们把能量容许存在的区域分割成一系列能带(称为允带)。禁带和允带组成了能带结构,如图 26-2 所示。

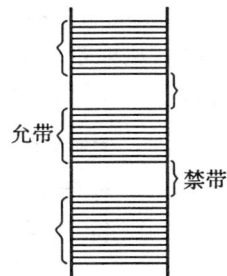

允带

禁带

图 26-2　能带结构示意图

根据泡利(W. Pauli)不相容原理,每个能级最多只能填充两个电子;而从能量最小原理知道,晶体中的电子先填充低的能级,然后再依次填充到高能级。固体中如果一个能带中所有的能级都已被电子填满,就称之为满带。价电子所在能级分裂成的能带称为价带,未被填满电子的能带称为导带,各能级均未被电子所占有的能带称为空带。

26-3 导体·绝缘体·半导体

固体按导电性能可区分为导体、绝缘体和半导体。固体能带理论的一个重要贡献是解释为什么有些固体是导体,有些固体是绝缘体或半导体。

1. 满带的电子不参与导电

在满带中,尽管每个电子在运动时都带有电流 ev。但是,在没有电场时,电子占据某个状态的概率只同该状态的能量有关。由量子力学可知,电子的状态是对称分布的,两个对称分布的状态的电子具有相同的能量,因此被占据的概率相同,它们运动的速度大小相等,方向相反。因此,这两个对称分布的状态的电子电流互相抵消,总电流为零。

有外电场时,在能带中所有的电子都以相同的速度向与电场相反的方向移动。但是,由于电子状态的分布是均匀的,电子的运动并不改变电子的分布情况。从一个能级状态上移动出去的电子实际上同时从对称分布的同一能级状态的电子移进来,从而使整个能带始终处于均匀填满的状态。因此,即使在有外电场时,满带的电子也不参与导电。

2. 未填满的能带上的电子在电场作用下参与导电

对于部分填充的能带,在没有外电场时,两个对称分布的状态以相同的概率对称地被电子填充,所以总电流等于零。

在外电场的作用下,一个未填满的能带中,电子状态的分布不再是对称的。此时,向与电场相反方向运动的电子比较多,总电流不为零。因此,在电场作用下,如果能带未填满,由于电子的运动,在固体中可以产生电流。

3. 导体、绝缘体和半导体的能带模型

能带理论说明,导体和绝缘体的区别主要在于价电子是在未填满的能带,还是在满带。至于半导体,从能带结构上看来,基本上和绝缘体相似,只是禁带比较窄。图 26-3 给出了导体、绝缘体和半导体的能带模型。下面分别作简单介绍。

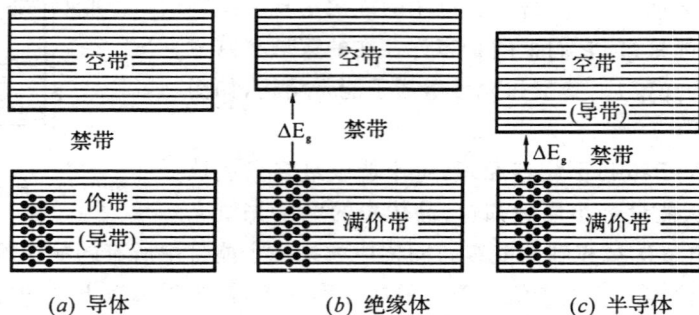

图 26-3 导体、绝缘体和半导体的能带模型

(1)导体

导体(单价金属)的能带结构如图 26-3(a)所示。单价金属的能带结构是价带(在金属情况下也叫导带)只填入部分电子,未被填满。在外电场作用下,这些未被填满的价带中能量较大的电子在电场中受到加速,动能增加,因此可以进入同一能带中更高的能级上去,从而形成电流。

(2)绝缘体

绝缘体的能带结构如图 26-3(b)所示。其价带完全被电子填满,成为满价带。这个满价带与它上面最低的空带间的禁带宽度 ΔE_g 较宽,约为 5～10eV。由于满价带电子是不导电的。若要增大满价带中电子的能量,那就必须给它一份不小于禁带宽度 ΔE_g 的能量,而外电场不能给予电子这样大的能量(除非场强大到使晶体发生击穿)。所以,这种固体为绝缘体。

(3)半导体

半导体的能带结构如图 26-3(c)所示。它的满价带和空带之间的禁带宽度比绝缘体小,约为 0.5～2eV。由于半导体的禁带宽度较小,所以一部分电子能够通过热激发从满价带的高能级跃迁到上面的空带,结果空带上的一些低能级被电子占据,空带成为导带。这些电子所起作用与金属中价电子所起的作用相似,可参与导电。另外,由于满价带顶部一部分电子受激进入空带而留下了一些空能态,称为空穴。空穴多位于满价带顶部。在外电场作用下,满价带中一个靠近空穴的电子便进入空穴,从而产生一个新的空穴,然后这个新的空穴又被靠近的电子填充起来。如此继续下去,可见空穴的运动方向与电子的运动方向相反,好像是一个带正电荷的载流子,显然,空穴对导电也有贡献,称之为空穴导电。因此,在外电场作用下,半导体导带中的受激电子和满价带中的空穴都有导电作用,即两个能带对导电都有贡献。必须指出,空穴和空穴导电的概念只有在填满了的满带中才有意义。也许有人会问,空穴运动还不是由于电子运动引起的吗?为什么还叫空穴导电?我们知道,满带中的电子是不参与导电的,当满价带顶部少数电子受激跃迁到上面的空带而留下空穴时,在外电场作用下,空穴在运动过程中,填充空穴的电子是不同的,它们在电场作用下没有作定向的运动,只有空穴才参与了定向运动,因此电流是由于满价带中空穴导电引起的。可见,空穴的运动并不是某一实在的带正电粒子的移动。空穴这一概念所反映的是半导体中整个多电子系统的运动性质。

半导体的一个主要特征是电导率随温度的变化为指数关系,这一点也可以用能带理论解释。当半导体温度升高时,由于受热激发的电子数目和温度有指数关系,因此有更多的受激电子跃迁到空带上去,电导率随温度迅速增加。

26-4 半导体的导电性

半导体的名称是由于其电导率居于金属和绝缘体之间而得来的,但是半导体的特点不在于电导率的大小,而在于电导率随温度的升高按指数规律增大。

半导体分为本征半导体和杂质半导体两类。纯净的半导体属于本征半导体,杂质半导体的导电性质取决于掺入的杂质。

1. 本征半导体的导电性

本征半导体的导电性是由于满价带顶部的电子受热激发进入空带(导带)。在这种情况下,空带中因出现电子而成为导带,与此同时,满价带顶部将出现同样数量的空穴。在外电场作用下,导带中的电子和满价带中的空穴都参与导电,并称为载流子,这种导电性称为本征导电性。一般,只有高纯度的半导体在足够高的温度下才具有本征导电性。

在半导体中,热激发电子与空穴相遇时,将返回到价带而形成复合。因此,在本征半导体中将同时发生两种过程:热激发电子和空穴的成对产生与电子和空穴的成对消失的复合。第一种过程的产生率随温度按指数规律迅速增大,即产生率与 $\exp(-\Delta E_g/kT)$ 成正比;第二种过程的复合率与热激发电子数 N^- 成正比,也与空穴数 N^+ 成正比。当达到平衡时,产生率与复合率应相等,故

$$(N^- N^+) \propto \exp(-\Delta E_g/kT)$$

对于本征半导体来说,热激发电子数和生成的空穴数相等,故

$$N^- = N^+ \propto \exp(-\Delta E_g/2kT)$$

由于热激发电子和空穴都是载流子,而电导率 σ 正比于载流子的数量,所以本征半导体的电导率也就应当按如下规律随温度而迅速增大:

$$\sigma = \sigma_0 \exp(-\Delta E_g/2kT) \tag{26-1}$$

式中 ΔE_g 是禁带宽度,σ_0 可近似看作是一个常量。

2. 杂质半导体的导电性

如果在纯净半导体内掺入少量其他元素的原子,其导电性能将有很大的改变。所掺进的原子称为杂质,掺有杂质的半导体称为杂质半导体,其导电性称为杂质导电性。

杂质半导体可分为两类:一类以电子导电为主,称为 n 型半导体;另一类以空穴导电为主,称为 p 型半导体。

(1)n 型半导体的导电性

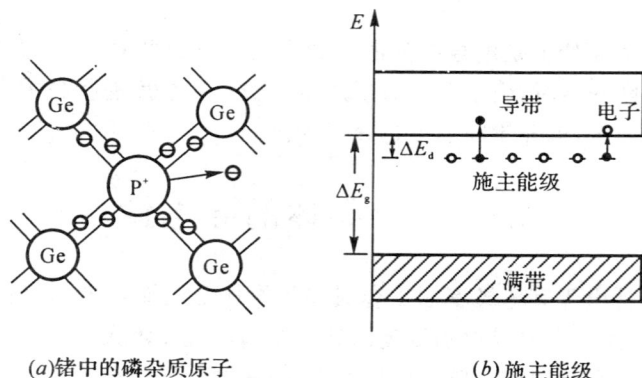

(a)锗中的磷杂质原子　　　　　(b)施主能级

图 26-4　n 型半导体

如图 26-4(a)所示,在四价元素的锗(Ge)半导体中掺入少量的五价元素磷(P)等杂质,可构成 n 型半导体。

四价元素的锗原子有四个价电子,掺进杂质原子后,锗晶格结点上的一些锗原子被一些磷原子所替代。由于磷原子有五个价电子,其中四个价电子与相邻的锗原子形成共价键,第五个价电子就显得多余了,结果是杂质原子实际上成为磷离子,这个多余的电子受到磷离子的束缚,从而环绕磷离子运动。理论计算表明,这个多余电子的能级在禁带中,而靠近导带底部的边缘的能级中,这种能级称为杂质局域能级。图 26-4(b)中靠近导带的细短线表示杂质的多余价电子在禁带中形成杂质局域能级。杂质的多余价电子在杂质局域能级中并不参与导电,但是受热激发时,很容易脱离磷离子的束缚跃迁到导带中去,成为在晶体中游荡的自由电子,所以这些局域能级又叫做施主能级,提供自由电子的那些杂质叫做施主杂质。实验结果表明,施主能级和导带底部之间的能量差值 ΔE_{d}(称为杂质电离能)的数量级仅为 10^{-2} eV。因此,这种半导体中虽然杂质原子的数目不多,但在常温下导带中自由电子的浓度比同一温度下本征半导体导带中自由电子的浓度大好多倍,从而提高了半导体的导电性能。由于参与导电的载流子是电子,因此我们称这种半导体为电子型半导体或 n 型半导体(Negative)。

(2)p 型半导体的导电性

如图 26-5(a)所示,如果在四价元素硅(Si)的半导体中掺入少量三价元素硼(B)等杂质,则可构成 p 型半导体。

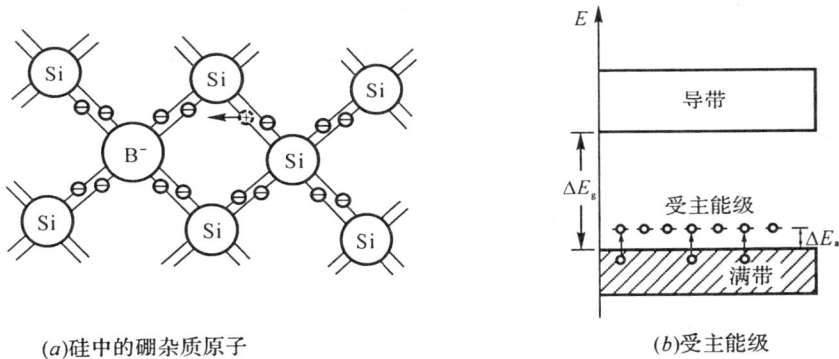

(a)硅中的硼杂质原子   (b)受主能级

图 26-5 p 型半导体

三价的硼原子在替代硅晶格中一个四价的硅原子时,能和邻近的硅原子形成三个共价键。要形成四个共价键还缺少一个电子,因此在硼原子邻域产生一个未配对的空键,这是一个能够捕获一个电子的地方。在热激发下,邻近的硅原子的共价键中的一个电子容易被捕获到这个位置形成第四个共价键,这时杂质原子变成硼离子(B^-),在被移去一个电子的硅原子上产生一个空穴。这个空穴相当于正电荷$+e$,它受到硼离子B^-的束缚,环绕其运动。计算表明,这个空穴相应于晶体禁带中靠近满带顶部空着的杂质局域能级,满带顶部与杂质局域能级的能量差值(杂质电离能)ΔE_{a}约为 0.01eV。因此,在温度不太高的情况下,满价带中的电子很容易被激发到杂质局域能级上,同时在满带中形成空穴,如图 26-5(b)所示。由于这些杂质局域能级能接受从满价带跃迁来的电子,所以又叫受主能级,而硼这类三价杂质称为受主杂质。满价带顶部的电子由于受热激发跃迁到受主能级,而留下一些空穴,于是在外电场作用下,满价带中靠近空穴的电子便进入空穴,同时形成一个新的空穴。因此,满价带中的空穴可认为是在电场作用下在硅晶体中作定向运动,参与导电。这种半导体中的空穴浓度比本征半导体的空穴浓度大好多倍,从而增强了半导体的导电性。由于参与导电的载流子是空穴,所以称这种半导体为空穴型半导体或 p 型半导体(Positive)。

由以上分析可见,在含有杂质的半导体中,若杂质原子的价数比晶体原子的价数大 1,则只存在一种类型的载流子——电子,相应的半导体称为 n 型半导体;若杂质原子的价数比晶体原子的价数小 1,则将产生另一种类型的载流子——空穴,相应的半导体称为 p 型半导体。

n 型半导体的电子型导电性质和 p 型半导体的空穴型导电性质,已经在研究霍尔效应时被实验证实。根据测量到的霍尔电势差的符号,就可以确定载流子是电子还是空穴。

26-5 半导体元件和器件

1. p-n 结——半导体器件的基本元件

如果使 p 型半导体和 n 型半导体直接紧密接触,在交界面处将形成所谓的 p-n 结。

在形成 p-n 结的最初阶段,电子从 n 型区向 p 型区扩散,而空穴从 p 型区向 n 型区扩散,结果在交界面两侧出现正负电荷的积累。在 p 型区一边是负电荷,在 n 型区一边是正电荷,因而在交界面区形成空间电荷区,其宽度通常为微米数量级,这就是 p-n 结,如图 26-6(a) 所示。因此,在 p-n 结内存在由 n 型区指向 p 型区的电场,它要阻止电子和空穴的继续扩散,最后达到动平衡。这时,在交界面两侧形成一定的接触电势差 V_d,如图 26-6(b) 所示。

由于 p-n 结中存在接触电势差 V_d,p 型一侧相对于 n 型一侧具有负的电势 $-V_d$。因此,在 p 型区电子的静电势能提高 eV_d,表现在 p 型区就是整个电子能级向上移动 eV_d,对 n 型区电子或对 p 型区空穴来说都是一个势垒,高度为 eV_d。图 26-7 中能带弯曲区相当于 p-n 结的空间电荷区,所形成的势垒区将阻止 n 型区的电子和 p 型区的空穴进一步向对方扩散,故势垒区又称为阻挡层。

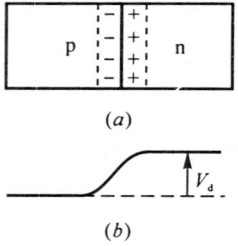

图 26-6 p-n 结和电势曲线

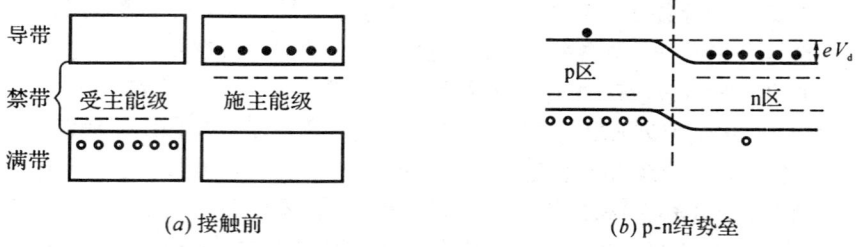

(a) 接触前   (b) p-n 结势垒

图 26-7 p-n 结的势垒

2. p-n 结的整流作用

当正向电压 V（p 型区接正极，n 型区接负极）加到 p-n 结两端时，p 型区的电势增高，n 型区的电势降低，结果势垒高度降低为 $e(V_d - V)$，打破了原来的动平衡，如图 26-8(a)所示。在这种情况下，将源源不断地有电子从 n 型区扩散到 p 型区，有空穴从 p 型区扩散到 n 型区，形成从 p 型区到 n 型区的正向宏观电流。随着正向电压的增大，电流也增大。这种现象称为 p-n 结的正向注入。

反过来，如果在 p-n 结上加上反向电压（p 型区接负极），外电场的方向与阻挡层的电场方向相同，这时 p 型区的电势降低，n 型区电势增高，结果势垒高度升高为 $e(V_d + V)$，如图 26-8(b)所示。在这种情况下，n 型区中的电子和 p 型区中的空穴更难通过阻挡层，只有在 p-n 结附近的 p 型区中少数由热激发产生的电子和 n 型区中少数由热激发产生的空穴在外电场的作用下越过势垒，形成由 n 型区到 p 型区的反向电流。由于 p 型区中的热激发电子和 n 型区中的空穴都是少数载流子，载流子浓度很小，因而反向电流很小。

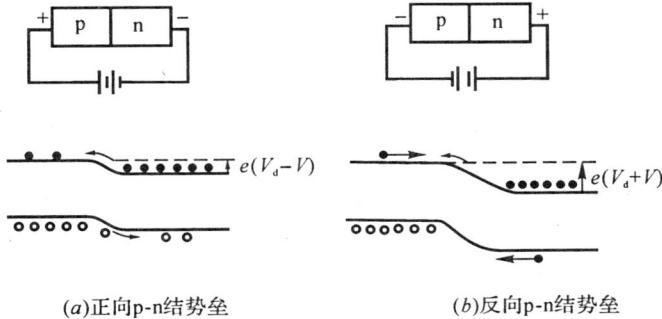

(a)正向p-n结势垒　　　　　　(b)反向p-n结势垒

图 26-8

图 26-9 给出 p-n 结的伏安特性曲线。在正向电压情况下，电流随着正向电压的增加而很快地增长。由此可见，由 p 型区指向 n 型区的方向能让电流通过，这个方向叫做导通方向。在反向电压的情况下，反向电流很小，而且反向电压增加时，电流很快趋于饱和，这时 p-n 结处于反向。p-n 结的这种单向导电性可用于整流。因此，p-n 结就是一只晶体二极管。

晶体三极管是一个有着两个 p-n 结的晶体，按不同导电类型区域的排列顺序，可以分为 n-p-n 型和 p-n-p 型两种晶体三极管。晶体三极管的中间部分称为基极，两旁

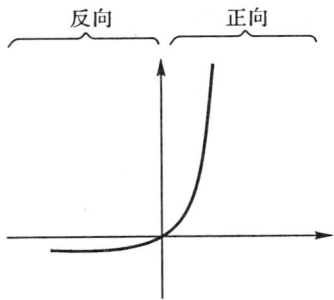

图 26-9　p-n 结的伏安特性曲线

接于基极的两个与基极导电类型不同的区域构成发射极和集电极。晶体三极管主要起放大作用。我们以 n-p-n 型晶体管为例，简单介绍其工作原理。如图 26-10 所示。在发射极-基极结上加上正向电压，则发射极区的电子源源不断地越过结流到中间的基极，形成发射极电流 I_e。为了防止与基极中的空穴复合，基极要做得很薄，以使大多数电子能够穿过薄薄的基极继续扩散到集电极区域，余下的一小部分则形成基极电流 I_b。由于基极-收集极结加的是反

向电压,它所产生的电场阻止集电极电子向基极扩散,而有利于将从基极扩散来的电子收集到集电极来,形成集电极电流 I_c。在典型的晶体三极管中,发射极电流中仅约 1% 从基极接线流出,其余 99% 都是由集电极接线端流出。集电极电流 I_c 与基极电流 I_b 之比,称为电流放大倍数,用 β 表示为

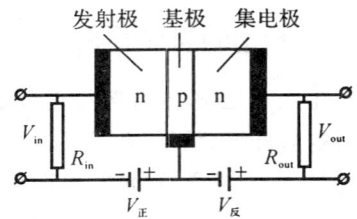

图 26-10 n-p-n 型晶体管的放大作用

$$\beta = \frac{I_c}{I_b}$$

晶体管可用来把弱信号放大。

3. 常用半导体器件

(1)光敏电阻

在光的照射下,半导体满带上的电子吸收光子的能量后会从满带跃迁到导带上去,结果是出现额外的载流子对——电子和空穴,于是半导体的电导率增大,这种效应称为内光电效应。

光敏电阻的作用原理是以内光电效应为依据的,所生成的载流子数目正比于入射光通量,所以光敏电阻可应用于光度测量。此外,它还广泛用于自动控制、遥感等技术。

(2)发光二极管

发光二极管实际上是一个很小的面结型二极管。当这种二极管外加足够强的正向电压时,自由电子在碰撞中能产生电子-空穴对。当每次电子与空穴复合时,就产生出一个能量等于 ΔE_g(禁带宽度)的光子。例如,要得到红光,由光子能量 $h\nu = \Delta E_g$ 可算出约为 2eV,则采用砷化镓半导体材料,就能发出红光。

(3)太阳能电池

在 p-n 结交界区可以观察到所谓的阻挡层光电效应,即在光的作用下,p-n 结上将产生光电动势。

在 p 型区,多数载流子是空穴。在光的作用下,满带上的少量电子吸收光子能量后直接跃迁到导带上去,它们在 p 型区形成少数载流子。在 n 型区,多数载流子是电子。在光的作用下,满带上的电子吸收光子能量后直接跃迁到导带上去,导致在满带中形成少量空穴,这些空穴对 n 型区来说也是少数载流子。这些在光的作用下产生的少数载流子将无阻碍地通过阻挡层,结果在 p 型区中积聚起过剩的正电荷,而在 n 型区积聚起过剩的负电荷,于是导致一个加在 p-n 结上的电压产生,这就是光电动势。

如果将具有 p-n 结的晶体外接负载,则外电路中将出现光电流。因此,光能直接变成电能,这就是太阳能电池。数十个串联起来的硅 p-n 结组成了太阳能电池组。太阳能电池可以用来对宇宙飞船的空间密封舱和人造地球卫星的无线电设备提供能源。

26-6 超导电性

一些金属和合金在温度低于某一临界值时,电阻突然趋于零,我们说物质过渡到超导状

态。物质的这种零电阻现象称为超导电性,具有超导电性的材料称为超导体。电阻发生这一转变时的温度叫做临界温度,以 T_c 表示之。例如钨,$T_c=0.01\text{K}$;铅,$T_c=7.2\text{K}$;铌三锡合金,$T_c=18.1\text{K}$ 等。

1. 超导体的特性

(1)零电阻

1908 年,荷兰物理学家昂尼斯(K. Onnes)成功地制备了液氦,三年后,他在实验中发现水银的电阻在 $T=4.2\text{K}$ 时突然下降到无法检测的程度,即样品电阻降到 $10^{-5}\Omega$ 以下。图 26-11 是当时水银样品的实验结果,它标志着超导电性的发现。昂尼斯把载有电流的超导环从莱顿运到剑桥,展示了这一现象,并在长达一年的时间里未观察到超导环里电流的衰减。昂尼斯因此于 1913 年获得诺贝尔物理学奖。

以后,柯林斯(G. Collins)为检验处于超导态的超导体的电阻是否真为零,在长达两年半之久的观察中得出与昂尼斯相同的结论。

(2)迈斯纳效应

超导体除了在超导状态时具有电阻为零的特点之外,另一个特点是它是一个完全抗磁体。即在超导状态时,磁场不能贯穿到超导体内部中去,这一现象叫做迈斯纳效应(Meissner effect)。它是 1933 年,迈斯纳和奥克森费尔德(R. Ochsenfeld)在一项实验中发现的。把一个超导体样品放到磁场中加以冷却,则在过渡到超导状态后,磁场将完全被排斥在样品之外,如图 26-12 所示,因而样品中的磁感应强度变为零。

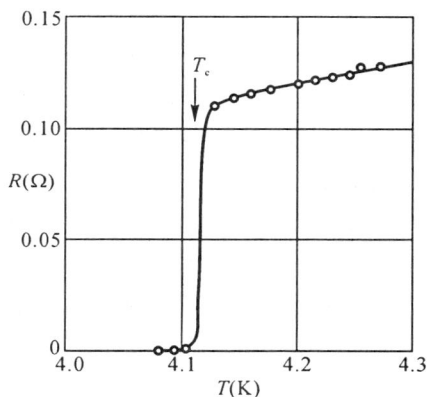

图 26-11　水银的电阻与温度关系

把处于临界温度以下的超导体放到外磁场中,发现外磁场增加到某一临界值时,超导体会出现电阻,即恢复到正常态。破坏超导电性的磁场的临界值称为临界磁场,用 H_c 表示。

临界磁场 H_c 的值与样品的温度有关。对于给定的材料,当温度从 $T=0\text{K}$ 升高到 T_c 时,临界磁场 H_c 从最大值逐渐降到零。这一依赖关系的大致图象如图 26-13 所示。

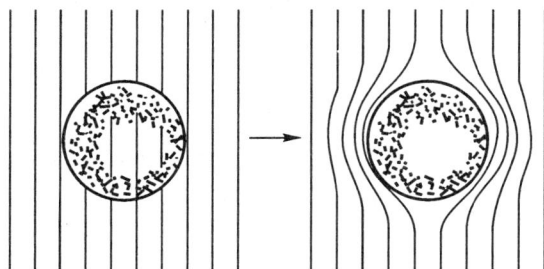

图 26-12　迈斯纳效应

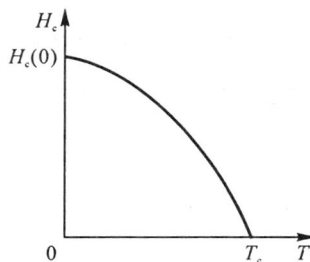

图 26-13　超导体临界磁场和温度的关系

如果把处于临界温度 T_c 以下的超导体接入电路,并增大通过超导体的电流时,发现电流在增大到某一临界值 I_c 时,超导状态将破坏,恢复到正常态。电流的这一临界值称为临界电流,以 I_c 表示,它与温度有关。这一依赖关系的图象和图 26-13 中的 H_c 与 T 关系相似。

2. 超导电性的 BCS 理论

在超导电性这种现象中,量子力学效应不是显现于微观尺度而是显现于大的宏观尺度中的。关于超导电性的微观理论,比较成功的是在 1957 年由巴丁(J. Bardeen)、库珀(L. N. Cooper)和施里弗(J. R. Schrieffer)提出来的电子和声子相互作用理论[①]。这一理论简称为 BCS 理论[②]。按照这一理论,在低温条件下,金属中的电子除受到库仑斥力外,还受到一种特别形式的相互引力。电子的这种相互引力是这样形成的:由于电子与晶格的相互作用,使晶格受到扰动而发射声子,声子又与另一个电子作用,把激发能量传递给这个电子,这相当于该电子吸收了一个声子,结果使两个电子之间的相互引力大于库仑斥力。此时,两个电子结合成电子对,称为库珀对。库珀对中的两个电子的动量大小相等、方向相反,而且它们的自旋方向彼此相反,所以库珀对的自旋为零。库珀对的协调运动就形成超导电流。

我们不应当把库珀对看成是两个粘合在一起的电子。相反,它们间的距离非常大,约为 10^{-4} cm,即比晶体中两个相邻原子之间的距离大四个数量级。

库珀对由于总自旋为零而聚集于基态,并导致金属能级的重新排列,使处于超导态的电子系统的激发态与基态之间隔开一个宽度为库珀对结合能 $E_{结}$ 的能隙(禁带宽度),所以库珀对的电子很难从基态跃迁到激发态,并久久地停留在基态中。在其运动速度很小时(低温条件下相应于电流小于 I_c),库珀对将不受激发,这就意味着运动是无摩擦的,亦即无电阻的。

能隙宽度 $E_{结}$ 随温度的升高而减小,并在临界温度 T_c 以上时变为零,这时所有的库珀对将受到破坏,因而金属将从超导态过渡为正常态。

由超导理论可知,一个通以电流的超导环的磁通是量子化的

$$\Phi = n\Phi_0$$

式中 $\Phi_0 = \dfrac{h}{2e}$ 是磁通量子。磁通量子中出现的 $2e$ 是载流子的电量,而超导体的载流子是库珀对,库珀对的电量又等于两个电子的合电量 $2e$,这是 BCS 理论正确性的一个有力的补充证据。巴丁、库珀、施里弗因提出 BCS 理论而于 1972 年获得诺贝尔物理学奖。

BCS 理论是很复杂的,要深入探讨需要用到高等量子力学和复杂的数学知识,有兴趣的读者可阅读有关超导电性的专业书籍。

3. 高温超导材料研究的进展

从 1911 年昂尼斯发现超导电现象到 1986 年初,科学家们经过 70 多年的努力,才把金属和合金超导材料的临界温度从水银的 4.2K 提高到铌三锗(Ne_3Ge)的 23.2K,平均每年增加 0.253K。

---

① 晶体中晶格振动的能量是量子化的,能量子 $\varepsilon = \hbar\omega$ 称为声子。晶格振动能量在晶体中传播就是声子在晶体点阵中的传播。

② J. Bardeen, L. N. Cooper, J. R. Schrieffer. Phys. Rev. 108, 1175, 1957.

1986 年 4 月，IBM 公司苏黎世实验室的米勒(K. A. Muller)和贝德罗兹(J. G. Bednorz)发现，镧钡铜氧(LaBaCuO)化合物是一种超导体，其转变温度为 30K[①]，这一发现成为人们研究氧化物超导材料的新起点，从此掀起了世界范围的研究高温超导热。同年 12 月 24 日，日本东京大学在 LaBaCuO 化合物中获得转变温度为 37.5K 的超导体，并测量到迈斯纳效应。1987 年 2 月 15 日，美国科学基金会宣布，休斯敦大学朱经武教授和阿拉巴马大学吴茂昆教授获得了起始转变温度为 98K 的超导体。没过多久，中国科学院物理研究所宣布获得了起始转变温度 100K 以上、超导转变温度 93K、零电阻温度 78.5K 的钇钡铜氧(YBaCuO)化合物的新超导材料，从而再次掀起了以钇系材料为主角的新高潮。1987 年 3 月 3 日至 3 月 4 日，日本和中国北京大学的科学家几乎同时制成了 YBaCuO 化合物具有零电阻温度高达 92～93K 的超导体。据统计，到 1987 年 3 月中旬为止，全世界有 260 多个实验小组投身到超导热的竞赛中去，而我国的科学家在这场超导热中站在了世界的前列。米勒和贝德罗兹由于他们的工作获得 1987 年度的诺贝尔物理学奖。

关于高温超导体的物理机制的理论探讨吸引了全世界的物理学家。一般认为，电子对是通过高温超导体中二维的 Cu-O 面形成电流的。当前的理论工作大致可分为两类：一类是继续发展 BCS 超导理论中有关电声子机制的理论；另一类是探讨新的超导机制。后者最具代表性的主要是美国普林斯顿大学安德森(P. W. Anderson)教授的共振价键模型和他提出的超导是与声子无关的电子之间的斥力引起的假说。总之，对高温超导材料的超导机制和理论研究，目前尚无定论，还需要进一步探索和完善。

26-7 超流性

在温度接近于绝对零度时出现的另一种奇特的量子力学现象是液氦的超流性。

氦(He)气在温度降到 4.18K 时就液化了，液氦在温度很低时，分子的热运动并不激烈，而量子特征很明显地表现出来，因此把它称为量子液体。

液氦在临界温度 $T_\lambda = 2.17K$ 以上时，是正常流体，我们称为氦 I(HeI)，在这个温度以下时是超流体，我们称为氦 II(He II)。

He II 具有一系列不同于正常流体的奇特性质。首先，He II 具有异乎寻常的导热性。He II 不会沸腾，其热导率极大，在它的内部没有温度梯度，只有在靠近容器壁的很薄一层内才有温度梯度。由于 He II 的这种奇特的导热性，盛在杯中的 He II 会沿着杯的内表面爬上去并越过杯顶沿着杯的外表面跑下来，进而跑出杯外，直到爬完为止。与上述相反的现象也会出现：如果将一只空玻璃杯部分地浸没在 He II 中，He II 会很快地如图 26-14 所示那样沿着杯的外表面爬到杯子里面来，直到内外 He II 的液面相平为止。普通液体是没有这种奇特行为的，因为当杯壁与液体间的范德瓦耳斯力使液体浸润上爬时，杯壁上的液体薄层与杯中液体有一极小的温度差，从而有一极小的蒸气压差。若薄层的温度稍高，则薄层表面的液体分子比杯中的液体分子蒸发得更快；若薄层的温度稍低，则有更多的液体分子蒸发凝结到薄层

---

① 高温超导体的转变温度是指电阻相对于零电阻下降 50％时对应的温度，但不是零电阻时的温度。起始转变温度是指电阻的温度曲线开始偏离线性，电阻开始明显下降时所对应的温度。

上去。这两种情况都会阻止浸润液体无限制地向上爬。而 He Ⅱ 由于热导率极大，基本上不存在任何温度差，因而能沿杯壁上爬。

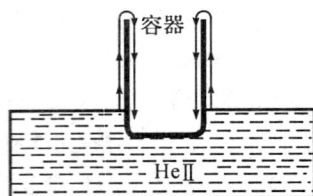

图 26-14　He Ⅱ 从杯外向杯内爬行，直到内外液面持平为止

He Ⅱ 的第二个奇特性质是超流性。1937 年，苏联科学家卡皮查（П. Л. Капица）发现，He Ⅱ 能不受阻碍地流过管子直径 $d \approx 0.1\mu m$ 的极细毛细管，而没有任何粘滞性。实际上，当温度降到 2.17K 以下时，流过毛细管的 He Ⅱ 粘滞系数约下降 10^6 倍。He Ⅱ 的这种性质称为超流性，具有超流性的流体则被称为超流体。实验表明，当 He Ⅱ 的流速超过某一临界速率 v_c 时，超流性就消失。临界速率 v_c 随毛细管半径的增加而增加。

纯净的超流体 He Ⅱ 的第三个奇特性质是，它不能施力于任何物体。从高压消防水龙头喷口射出的 He Ⅱ 液体柱甚至不能冲倒一个竖立着的硬币，使人惊异的是，He Ⅱ 会沿硬币边缘自由流动而没有任何净力作用在硬币上，这是由于超流体没有粘滞性之故。但是，它为什么没有粘滞性呢？理论上的研究已取得显著进展，一种观点是，氦原子的自旋为零，因此氦原子不遵守泡利不相容原理。任何自旋为零的粒子都能处于相同的量子态，并使 He Ⅱ 原子处于基态，而由于能隙宽度大，没有足够的能量使处于基态的 He Ⅱ 原子跃迁到激发态，所以这种 He Ⅱ 原子没有粘滞性。

本章摘要

1. 凝聚态物质：
   　　液态和固态物质的统称。
2. 固体的分类：
   　　晶体和非晶体。
   　　晶体的结合可分为四类：
   　　　　离子晶体——通过离子键的作用形成。
   　　　　共价晶体——通过共价键的作用形成。
   　　　　金属晶体——通过金属键结合而成。
   　　　　分子晶体——通过范德瓦耳斯键结合而成。
3. 固体的能带理论：
   　　晶体中的价电子共有化，使原子中的电子能级分裂形成一系列和原来能级很接近的新能级，从而连成一片——能带。
   　　能带理论能成功地解释为什么有的固体是导体，有的是绝缘体，而有的则是半导体。
4. 半导体的导电机理：
   　　半导体可分为两类：
   　　　　本征半导体——载流子是电子和空穴。
   　　　　杂质半导体，它又可分为两类：①n 型半导体——载流子以电子为主；②p

型半导体——载流子以空穴为主。

5. 半导体元件和器件：

　　p-n 结——半导体基本元件。

　　半导体器件有晶体三极管、光敏电阻、发光二极管和太阳能电池等等。

6. 超导电性：

　　一些金属和合金在温度低于某一临界值时电阻突然趋于零的现象。

　　超导体的基本特性：

　　　　零电阻。

　　　　迈斯纳效应——超导体是完全的抗磁体。

　　　　临界磁场和临界电流。

　　超导电性的 BCS 理论——电子和声子的相互作用理论。载流子是库珀对。

7. 超流性——He Ⅱ 的神奇特性：

　　(1)导热性：热导率极大，内部没有温度梯度，能沿杯壁向上爬。

　　(2)超流性：能流过管径为 0.1μm 的极细毛细管，没有任何粘滞性。

　　(3)不能施力于任何物体。

思考题

26-1　试分析固体与孤立原子中的电子在能量特性上的不同。

26-2　什么是能带、禁带、导带和价带？

26-3　试用能带理论说明导体、绝缘体与半导体导电性能的差别。

26-4　当温度足够低时，硅由半导体变成绝缘体；而温度足够高时，硅又从半导体变成导体。试分析上述现象。

26-5　本征半导体与杂质半导体在导电性能上有什么区别？

26-6　硅晶体掺入磷原子后变成什么类型的半导体？这种半导体是电子多了，还是空穴多了？这种半导体是带正电还是带负电，或者不带电？

26-7　如果某一半导体中掺有相同数量的施主和受主杂质时，它们的导电性会互相抵消吗？为什么？

26-8　p-n 结是怎样形成的？它对正向电压和反向电压各有什么作用？

26-9　半导体有哪些主要特性和应用？

26-10　已知锗的禁带宽度比硅窄。如果你准备制造一个有尽可能小的反向电流的 *p-n* 结，试问应选哪种材料？为什么？

26-11　超导体有哪些基本性质？

26-12　超流体 He Ⅱ 有哪些基本特性？

习　　题

26-1　试确定下列掺杂半导体是 p 型还是 n 型：

(1)硅中掺入锑(五价);

(2)锗中掺入铟(三价);

(3)锗中掺入铝(三价);

(4)硅中掺入砷(五价)。

26-2　硅和金刚石的能带结构很相似,只是禁带宽度不同。已知金刚石的禁带宽度为 5.33eV,硅的禁带宽度为 1.14eV,试分别计算它们能吸收辐射的最大波长。

26-3　已知金刚石的禁带宽度为 $\Delta E_g = 5.33$eV,其中电子运动的平均自由程按 0.2μm。试估算:

(1)使金刚石变成导体需要加热到多高温度?(设电子热运动能量以 kT 计);

(2)金刚石的电击穿强度多大?

26-4　一个用某种半导体材料(禁带宽度为 1.9eV)的 p-n 结制成的发光二极管(LED),试求:

(1)发射光的波长;

(2)要使其发光,必须施加的最低电势差;

(3)p-n 结的哪一侧(p 型侧还是 n 型侧)必须与电源正极相连?

26-5　硅太阳能电池是用硅(禁带宽度为 1.1eV)的 p-n 结制成,试求能使其工作的最大波长。

26-6　KCl 晶体在已填满的价带上方有一个 7.6eV 的禁带。对波长为 140nm 的光来说,此晶体是透明还是不透明?(提示:光不被晶体吸收即透明,光能被晶体吸收即不透明)

26-7　光敏元件 CdS 和 PbS 的禁带宽度分别是 2.43eV 和 0.3eV,试分别计算它们光致导电的波长极限,并由此说明为什么 CdS 可用在可见光到 X 射线的短波方面,而 PbS 却可有效地用在红外方面?

26-8　某硅晶体的禁带宽度为 1.2eV,适量掺入磷后,施主能级和硅的导带底的能级差为 $\Delta E_d = 0.045$eV,试计算此掺杂半导体能吸收光子的最大波长。

26-9　纯硅晶体中硅的密度为 2.33×10^3kg·m^{-3},自由电子数密度约为 10^{16}个·m^{-3},如果用掺磷的方法使其自由电子数密度增大 10^6 倍,试求:

(1)多大比例的硅原子应被磷原子取代?

(2)1.0g 硅按上述比例掺磷需要多少磷?

第 27 章

核物理和粒子物理简介

原子核物理主要研究原子核的结构、核力及其性质。此外，还研究核物理的实际应用，如放射性衰变、裂变和聚变反应堆。核物理在军事、能源、医学等科学技术领域得到了广泛的应用，并取得了巨大成就。

粒子物理主要在微观尺度上研究粒子之间的相互作用、转化和它们的内部结构。

本章简要介绍这两部分内容的基础知识。

27-1　原子核的组成和特征

1. 原子核的组成

最简单的原子是氢原子，它的核由一个称为质子的粒子组成。所有其余原子的核都由两种类型的粒子——质子和中子组成。这些粒子统称为核子。

（1）质　子

质子(p)具有电荷 $+e$ 和质量 $m_p = 1.007\,276u$（u 是原子质量单位，$1u = 1.660\,565\,5 \times 10^{-27} kg$）。质子的质量是电子的 1 836 倍，即 $m_p = 1\,836m_e$。

质子的自旋等于 1/2，其固有磁矩 $\mu_p = 2.79\mu_N$，而 $\mu_N = \dfrac{eh\hbar}{2m_p c}$，是一个磁矩单位，称为核磁子。$\mu_N$ 是玻尔磁子 μ_B 的 1/1 836。因而，质子的固有磁矩约为电子磁矩的 1/660。

（2）中　子

中子(n)是由英国物理学家查德威克(J. Chadwick)发现的，1935 年他因发现中子获诺贝尔物理学奖。

中子的电荷等于零，是电中性的，而质量 $m_n = 1.001\,4m_p$，很接近于质子的质量。

中子的自旋等于 1/2，其固有磁矩（尽管它没有电荷）$\mu_n = -1.91\mu_N$。负号表示固有角动量和固有磁矩两者反向。

2. 原子核的特征量

原子核最重要的特征量是电荷数 Z。它等于核中所含的质子数目并决定其电荷，此电荷为 $+Ze$。Z 决定化学元素在门捷列夫元素周期表中排列的序号，故称为原子序数。

原子核中质子和中子的总数目用字母 A 表示，并称为核的质量数。核里面的中子数 $N = A - Z$。我们采用符号 $^A_Z X$ 来标记核，其中 X 是元素的化学符号，左上角 A 为质量数，左下角 Z 为原子序数。通常，把具有相同质子数 Z 和中子数 N 的一类原子叫核素。

Z 同而 A 不同的核叫做同位素,大多数化学元素都有好几种稳定的同位素。

3. 原子核的大小和密度

实验表明,一部分原子核的形状接近于球形,其余核的形状为椭球形,不过它们绝大部分相对于球形的变形是较小的。因此,可以用原子核半径来近似地表示原子核的大小。实验确定的原子核的半径可用下式表示

$$R = r_0 A^{1/3} \tag{27-1}$$

式中 r_0 是由实验确定的常量,约为 1.2×10^{-15}m;A 是原子核的质量数(即核子数)。

由原子核的半径,可以得到原子核的大小约为

$$V = \frac{4}{3}\pi r_0^3 A \tag{27-2}$$

原子核中单位体积内的核子数目为

$$n = \frac{A}{V} = \frac{1}{\frac{4}{3}\pi r_0^3} = 1.38 \times 10^{44} \text{ 个 } /\text{m}^3$$

质量密度等于单位体积内的核子数 n 与核子质量 m_p(因为 $m_p \approx m_n$)的乘积,即

$$\rho = nm_p = 1.38 \times 10^{44} \times 1.67 \times 10^{-27} = 2.3 \times 10^{17} (\text{kg/m}^3)$$

可见,1cm³ 的核物质竟有 2.3 亿吨重!

由(27-2)式可知,核的体积 V 与核中的核子数 A 成正比,即与总质量成正比。由此可见,一切核中的物质密度几乎都相同,与核的大小无关。

一些晚期的恒星,在它们的星核中的氢作为热核聚变能源耗尽之后,星体的巨大质量引起的万有引力可将其自身压缩成密度极大的天体,这个过程就是引力坍缩,或者超新星爆发。在这种情况下原子已破坏,电子离开原子核形成所谓的"电子海洋",核沉浸在"电子海洋中",这种星称为白矮星,密度约 $10^9 \sim 10^{11}$kg/m³。

4. 原子核的质量和结合能

一个原子核的总质量总是小于组成它的核子的质量和,其原因是由于各个核子组成原子核时要将核子彼此之间的结合能释放掉。质量的差额称为原子核的质量亏损,一般以 Δm 表示:

$$\Delta m = Zm_p + (A - Z)m_n - m_A$$

式中 m_A 表示质量数为 A 的原子核的质量

核子的静止能量与其质量的关系是 $E_0 = mc^2$。因而,静止原子核的能量比彼此之间无相互作用的静止核子的总能量要小如下一个差值

$$\Delta E = [Zm_p + (A - Z)m_n - m_A]c^2 \tag{27-3}$$

式中 ΔE 称为原子核的结合能。如果要使一个原子核分裂成单个质子和中子,就必须提供与结合能等值的能量。

结合能与质量亏损的关系是 $\Delta E = \Delta mc^2$。

27-2 原子核的模型

建立核理论的尝试遇到两个困难:一个是对核子间的相互作用力认识不够,另一个是多体量子力学问题的处理极为复杂和困难.这迫使物理学家走建立核模型的路,然后借助于这类模型用比较简单的数学工具对核的某些性质加以研究.在本书范围内,我们不可能对现有的一切核模型都加以陈述,下面仅介绍其中典型的两种.

1. 液滴模型

原子核的液滴模型是 1939 年由前苏联物理学家夫伦克尔(Я. И. Френкелъ)提出随后又由玻尔和其他学者予以发展的.他注意到,各种不同核中的物质密度是一个常量表明核物质的压缩性是极微小的,而液体也具有极小的压缩性.此外,液滴中的分子之间和原子核中的核子之间的作用力都是短程力,这些都说明原子核和液滴非常相似,因而有理由把核比作带电的液滴.

利用液滴模型,我们能够推出原子核结合能的半径验公式;而且,还可解释其他一些现象,其中包括重核的裂变过程.

2. 壳层模型

核的壳层模型是 1949 年由梅耶(Maria. G. Mayer)夫人和詹森(J. H. D. Jensen)提出来的.这种模型的基本出发点是核子彼此独立地在其他核子产生的平均势场中运动.与此相应,核子存在着一些分立的能级,它们按泡利不相容原理被核子占据着,这些能级集合成壳层,每一壳层中都可以有一定数目的核子.完全填满的壳是一个特别稳定的结构.

根据实验,特别稳定的核是其中的质子数或中子数(或者两者)等于如下数值的核:

$$2, 8, 20, 28, 50, 82, 126,$$

这些数称为幻数.质子数 Z 和中子数 N 是幻数的核称为幻核,其中两者均为幻数的核称为双幻核.氦核 ${}_2^4$He 中质子数为 2,中子数也为 2,均为幻数,所以是双幻核.氦核 ${}_2^4$He 的特别稳定性表现在它是放射性衰变时重核放出的惟一的一种复合粒子(即 α 粒子).

壳层模型能很好地解决幻数之谜.梅耶夫人和詹森因此而获得 1963 年的诺贝尔物理学奖.

27-3 核　　力

到现在为止,我们认识了自然界的两种基本的相互作用力:万有引力和电磁力.在原子核范围内,万有引力的作用是可以忽略的,而质子间的静电力只能起排斥作用,核子间的磁力又不很大.那么,是什么力使核子之间如此紧密地结合在一起形成原子核呢,于是人们很自然地假设这是一种新的作用力——核力,即核子间的强作用力.

目前,人们对核力的了解仍不能像万有引力和电磁力那样,可以建立一个基本的理论和公式.但是,我们已能够从大量的研究资料中描绘出核力的主要面貌.下面将作简单的介绍.

1. 核力的性质

（1）强相互作用力

核力可以抵消质子间的电磁排斥力而使原子核存在这一事实说明了核力的强度。由核子散射实验知道，核力是一种强相互作用，其作用强度比电磁力的强度大两个数量级。

（2）核力是短程力

核力的力程大约为 2×10^{-15}m 的数量级。在大于 10^{-15}m 的距离时，核力远小于电磁斥力；但在小于 10^{-15}m 的距离时，核力比静电力大得多。

（3）强相互作用与核子的电荷无关

作用在两个质子或两个中子之间或一个质子和一个中子之间的核力，都具有相同的数值。这个性质称为核力的电荷无关性。

（4）核力具有饱和性

饱和性表现在核中核子的平均结合能不随核子数目的增多而增大，而是几乎保持不变的。这意味着核里面的每一个核子都只与少数几个核子相互作用。

2. 核力的介子场理论

按照现代观点，强相互作用是核子通过交换一种叫做介子的粒子而产生的。为了理解这一过程的实质，我们先来看一下电磁相互作用。

带电粒子之间的相互作用是通过电磁场来实现的，这种场可以看成是光子的集合。根据量子电动力学的概念，两个带电粒子之间的相互作用过程在于交换光子。即一个电子放出一个光子，另一个电子吸收这个光子。1935 年，日本物理学家汤川秀树（H. Yukawa）类比于电磁力，提出核力的介子场理论，认为核子间的相互作用是由于核子之间交换介子而产生的，即一个核子放出一个介子，这个介子被另一个核子吸收。他估算出这个自然界中存在的而当时尚未发现的介子的质量约为电子质量的 200～300 倍。由于介子的质量介于电子和核子之间，故由此而得名。

1936 年，安德森（C. D. Anderson）和尼德迈耶（S. H. Neddermeyer）从宇宙线中发现了质量等于 $207m_e$ 的称为 μ 介子或 μ 子的粒子，人们以为找到了上述的介子，但是后来很快弄清楚这种 μ 子和核子的相互作用很弱，并不是传递核力的介子。直到 1947 年，鲍威尔（C. F. Powell）在宇宙线实验中发现了另一种类型的介子即所谓的 π 介子，才证实了汤川秀树 12 年前预言的介子。π 介子有三种：正的 π 介子（π^+），负的 π 介子（π^-）和中性的 π 介子（π^0）。π^+ 和 π^- 介子的电荷等于基本电荷 e，质量 $m_{\pi\pm}=273m_e$，π^0 介子的质量 $m_{\pi^0}=264m_e$。这三种介子的自旋都等于零。它们都是不稳定的。π^+ 和 π^- 介子的寿命为 2.6×10^{-8}s，π^0 介子的寿命则为 0.8×10^{-16}s。

由于在核力理论中预言了介子的存在和对介子的发现，汤川秀树获得了 1949 年的诺贝尔物理学奖，鲍威尔获得了 1950 年诺贝尔物理学奖。

27-4　放射性衰变及其应用

在现在知道的 2 600 多种原子核中,绝大多数是不稳定的,会自发地衰变为其他原子核并放出各种射线。这种现象称为放射性衰变。

1. 放射性衰变规律

各个放射性核的衰变是互不相关的。因此,可认为在时间间隔 dt 内发生衰变的核的数目 dN 既与未衰变核的数目成正比,也与时间间隔 dt 成正比,即

$$dN = -\lambda N dt \tag{27-4}$$

式中 λ 是衰变常量,负号是为了能把 dN 看作未衰变核的数目 N 的增量。

将(27-4)式积分,可得关系式

$$N = N_0 e^{-\lambda t} \tag{27-5}$$

式中 N_0 是初始时核的数目,N 是 t 时刻尚未衰变核的数目。(27-5)式称为放射性衰变定律,它表明未衰变核的数目随时间按指数规律而减少。

在时间 t 内衰变的核的数目为

$$N_0 - N = N_0(1 - e^{-\lambda t}) \tag{27-6}$$

核的原有数目衰变到一半所需的时间叫做半衰期 T。由(27-6)式可求得半衰期为

$$T = \frac{\ln 2}{\lambda} = \frac{0.693}{\lambda} = 0.693\tau \tag{27-7}$$

式中 $\tau = 1/\lambda$ 称为核的平均寿命。

天然放射性是在 1896 年由法国科学家贝克勒尔(A. H. Becquerel)在研究铀盐和钾盐混合物的荧光现象时发现的。对于放射性物质的研究,居里夫妇(M. S. Curie 和 P. Curie)作出了巨大的贡献。为此,他们共同获得了 1903 年的诺贝尔物理学奖。

2. 放射性衰变的主要类型

(1)α 衰变

α 粒子是氦核 $_2^4$He,它由两个质子和两个中子组成,带两个单位正电荷。放射性原子核经 α 衰变后放出一个 α 粒子,变成原子序数少 2、质量数少 4 的另一个原子核。如铀的同位素 $_{92}^{238}$U 放出 α 粒子后成为钍:

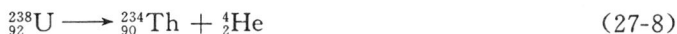

$$_{92}^{238}\text{U} \longrightarrow _{90}^{234}\text{Th} + _2^4\text{He} \tag{27-8}$$

通常只有重核才有 α 衰变。α 粒子由衰变核飞出的速度很大,约 10^7m/s。α 粒子是重带电粒子,穿过物质时要消耗很大的能量,因此行程短。它在空气中大约能走 3cm;在固体中运动的距离约 10^{-3}cm 的数量级,用普通的一张纸就足以将它挡住。

(2)β 衰变

早期认为 β 衰变是核内放出电子的物理过程,后来实验发现,存在三种不同类型的 β 衰变。除上述之外,还有放出正电子和电子俘获两种类型。所谓电子俘获是原子核俘获一个核

外电子,核内一个质子转化成一个中子,同时放出一个中微子[①] 的过程,即

$$_{-1}^{0}e + {}_{1}^{1}p \longrightarrow {}_{0}^{1}n + \nu \tag{27-9}$$

所以,后来就不再以放出电子作为 β 衰变的必要条件了。

β⁻ 衰变可用钍 $_{90}^{234}$Th 衰变为镤 $_{91}^{234}$Pa 并放出一个电子和一个反中微子作为例子:

$$_{90}^{234}\text{Th} \longrightarrow {}_{91}^{234}\text{Pa} + {}_{-1}^{0}e + \tilde{\nu} \tag{27-10}$$

β⁺ 衰变可用氮 $_{7}^{13}$N 衰变为碳 $_{6}^{13}$C 并放出一个正电子和一个中微子作为例子:

$$_{7}^{13}\text{N} \longrightarrow {}_{6}^{13}\text{C} + {}_{+1}^{0}e + \nu \tag{27-11}$$

(3)γ 辐射

原子核在经历 α 衰变和 β 衰变以后往往处于激发态。原子核从激发态跃迁到较低能态或基态,一般以辐射电磁波的方式进行,发出的就是 γ 射线。γ 辐射是一种电磁作用。

3. 半衰期与用 ^{14}C 测定年代

由于每种放射性核都有一个特征的半衰期,因此可用衰变规律确定地质年代。如果半衰期长,样品会保持大部分放射性,相反,半衰期短,样品就会很快损失放射性。利比等人根据 ^{14}C 的半衰期提出了一种方法,可以用来测定在考古中发现的古代文物的年代。这里举一个用 ^{14}C 测定古代生物死亡的例子。在活的和死的生物机体内含有少量的放射性核 ^{14}C,它是由大气宇宙线中的中子轰击大气中的氮核而产生(n+^{14}N $\longrightarrow$ ^{14}C+p)的。^{14}C 的半衰期为 5 730 年,它的浓度就是 ^{14}C 与 ^{12}C 含量之比,为 $1:10^{12}$。在生物代谢过程中,碳元素进入活体,不断地新陈代谢,因此活体内 ^{14}C 的浓度与大气中 ^{14}C 的浓度是一样的,平衡的。但是,如果机体死亡,与外界交往停止,^{14}C 就得不到补充,但体内的 ^{14}C 又在不断衰变,使 ^{14}C 浓度减少,因此通过测量古代生物遗骸中 ^{14}C 的含量,就可求出它的死亡年代。

例 1 今测量到一具需要考古的古尸体中 ^{14}C 的放射性为 8 个衰变/(分·克),而用同样方法测得活的同种生物体的 ^{14}C 的放射性为 12.5 个衰变/(分·克),求它的死亡年代。

解 由(27-5)式和(27-7)式可得

$$t = \frac{T}{0.693}\ln\frac{N_0}{N} = \frac{5730}{0.693}\ln\frac{12.5}{8} = 3\,690(\text{y})$$

例 2 根据方程

$$_{53}^{131}\text{I} \longrightarrow {}_{54}^{131}\text{Xe} + {}_{-1}^{0}e$$

在治疗甲状腺疾病中所用的碘 $_{53}^{131}$I 将发生 β 衰变。这个反应的半衰期约为 8 天。假定我们使用 10.00 克 $_{53}^{131}$I 开始治疗,问在 32 天(大约一个月)后还剩下多少碘?

解 由(27-5)式得到剩下的碘为

$$N = N_0 e^{-\lambda t} = N_0 e^{-\frac{\ln 2}{T}t} = 10 e^{-\frac{0.693}{8}\times 32} = 0.625(\text{g})$$

---

① 中微子意即微小的中子,它是根据费米的建议命名的。它是中性的,具有微小的质量,现在已肯定其静止质量不为零。

27-5　核裂变与核动力反应堆

1. 核裂变的发现

1938 年,德国学者哈恩(O. Hahn)和同事斯特拉斯曼(F. Strassmann)发现,当用中子轰击铀时,会生成位于周期表中间位置的元素——钡和镧。由于以前从未发现原子核放射出比 α 粒子还大的粒子,所以他们迷惑不解,便把实验结果送给以前的一位同事,物理学家梅特涅(L. Meitner),请她进行解释。梅特涅和她的侄子弗里施(O. Frisch)研究后认为,俘获中子后的铀核将分裂成了两个大致相等的部分——裂变碎片。弗里施为这个过程取了一个新名称——裂变,并把它与细胞分裂过程相比拟。每个发生裂变的铀核大约释放出 200MeV 的能量,这种能量以裂变碎片飞速分开时的动能形式出现。每个原子核释放的能量几乎为任何普通炸药的 10^8 倍。

进一步的研究表明,分裂能够以不同的途径发生。最概然的是分裂成质量比为 2∶3 的碎片。这些碎片是 $^{235}_{92}U$ 在慢中子(热中子[①])作用下产生的。而特别重要的是,每一个核在裂变时都有若干中子释放出来。例如,由慢中子引起的 $^{235}_{92}U$ 核裂变产物可以是 $^{141}_{56}Ba + ^{92}_{36}Kr + 3^1_0n$,或者是 $^{139}_{54}Xe + ^{95}_{38}Sr + 2^1_0n$ 等等。可见,裂变后释放的中子数都是大于 1 的。除了裂变成两块之外,偶尔也有裂变成三块甚至四块的现象。三分裂是我国科学家钱三强和何泽慧夫妇在 1947 年发现的,它出现的概率仅为 3/1 000。

原子核裂变所释放的巨大能量是从质量转化成能量这一过程中得到的。反应物的质量和裂变产物的质量之间有一个质量差,即这些产物的总质量小于反应物的质量之和。根据相对论的质能关系式 $\Delta E = \Delta mc^2$,这个质量差以能量的形式出现。

并不是所有原子核的裂变都能由慢中子引起,天然核中只有 $^{235}_{92}U$ 能被慢中子裂变,但其含量很低,只占天然铀的 0.72%。另外两种重要的慢中子裂变是 $^{239}_{94}Pu$ 和 $^{233}_{92}U$。

2. 链式反应

裂变过程中不仅能释放大量的能量,更重要的是每次裂变还会发射出更多的中子。例如,$^{235}_{92}U$ 平均每次裂变产生 2.5 个中子,这些新的中子有可能产生新的裂变,并释放出更多的中子,后者又能引起更多的其他核发生裂变,因此这个过程叫做链式反应。

费米(E. Fermi)等人发现,慢中子能有效地使 $^{235}_{92}U$ 发生裂变。当中子同原子发生碰撞时,中子会损失掉较多的能量,从而变成慢中子。首次由可裂变铀产生大规模链式反应是 1941 年在费米指导下实现的。由于裂变物体积有限而且中子穿透本领大,很多中子还来不及为铀核俘获产生裂变就从反应区跑掉了。这样,由于无法裂变而不能形成链式反应。为了不让中子飞出跑掉,可以增大铀核体积。当 $^{235}_{92}U$ 的体积大于临界体积时,中子将快速增殖产生快速链式反应,因而反应获得爆炸性质,原子弹即据此而制成。要使链式反应成为可控制的,就需要一种装置,这种装置称为反应堆。

---

① 热中子是指与物质原子处于热平衡时的中子,其能量约等于 0.03eV。

在普通的热中子反应堆中,关键之处是增加中子减速剂。它能使中子能量很快减小,变成热中子而不被 $^{238}_{92}U$ 吸收。常用的减速剂是石墨、重水等不吸收中子的轻元素。

1942 年 12 月 2 日,第一个自持式铀——石墨链式反应堆在费米领导下于美国芝加哥大学体育场看台下的网球场建造完成,从而使大规模利用原子能成为可能。1945 年,在日本广岛上空爆炸的原子弹,相当于 2 万吨梯恩梯炸药。一颗裂变原子弹基本上就是具有下述设计思想的一座反应堆,即链式反应必须以尽可能高的速率展开,并在最短时间内释放出最多的能量。$^{235}_{92}U$ 的临界质量约为 3.6kg,如果装在杯子里,还不满一杯。在一颗原子弹内,可裂变铀分为两个具有亚临界质量的部分,炸药起爆后使两块铀块合并成一个比临界质量大的铀块,然后由来自宇宙中辐射的一个中子触发链式反应。在广岛爆炸的那颗原子弹中被转化成能量的质量还不到总质量的 1/1 000,大约为 10^{-3}kg。核爆炸造成灾难性的破坏是由于它能产生引起火灾的巨大热量、强烈的冲击波以及裂变产物的放射性。

3. 核动力反应堆

目前,世界上能源的消耗急剧增加,如果仅利用现有的石油和煤等燃料,则只够用 100 年;如果只用天然热中子裂变物质 $^{235}_{92}U$ 作燃料,则只够用 3 年;如果设法利用含量较多的 $^{238}_{92}U$ 和 $^{232}_{90}Th$,也只够用 200 年。因此,核能的利用受到世界各国的极大重视。我国近些年来建成的浙江秦山和广东大亚湾核电站就是利用核能发电的一种实践。

目前的核反应堆都采用含有 $^{238}_{92}U$ 和少量 $^{235}_{92}U$ 和 $^{239}_{94}Pu$ 的燃料棒,其中后两种同位素作为燃料使用。天然铀中约 99.3% 是不可裂变的 $^{238}_{92}U$,它在俘获一个快中子而转化成钚 $^{239}_{94}Pu$ 后,就可作为燃料使用:

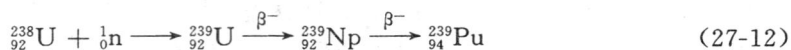

$$^{238}_{92}U + ^{1}_{0}n \longrightarrow ^{239}_{92}U \xrightarrow{\beta^-} ^{239}_{92}Np \xrightarrow{\beta^-} ^{239}_{94}Pu \qquad (27\text{-}12)$$

核电站是一种热污染源和低强度辐射源,这是它的缺点。因此,涉及核电站的一个主要问题,是反应堆的安全性问题。迄今为止,世界上发生过两起反应堆事故,一起是在美国的爱达荷洲的一座试验核电站,另一起是在乌克兰的切尔诺贝利核电站。除此之外,世界各国的商用核电站的安全性都是非常可靠的。

27-6　核聚变与受控热核反应

除了重核裂变能够放出大量的能量之外,轻核聚变也能够放出大量的能量。在核的聚变过程中,轻核聚合为重核并释放出能量。由此产生的原子核的结合能大于发生聚变的原子核结合能。聚变的优点在于,与铀的供应相比,氢和其他轻元素几乎能无限地供应。核裂变反应堆中严重的放射性废物问题,目前依然未得到解决,而这个问题对于依赖聚变的系统来说几乎是不存在的。

据研究,太阳和恒星的能量是由核聚变产生的。德国物理学家贝特(H. Bethe)曾提出一种能产生同样巨大能量的称为碳循环机制的方法。在较高的温度下,碳循环发生概率较大。在碳循环中,当通过相继俘获的四个质子聚合成一个 α 粒子时,碳起到催化剂的作用。每产生一个 α 粒子,就会释放出两个正电子和 26.7MeV 的能量。在聚变中同在裂变中一样,亏损的质量将转化为能量。实际上,氢在太阳这个"火炉"中就是作为核燃料使用的,它的消耗速度为数百万吨每秒,但由于太阳的质量非常大,它有足够多的氢,所以能维持数十亿年之久。碳循环的核聚变反应表达式为

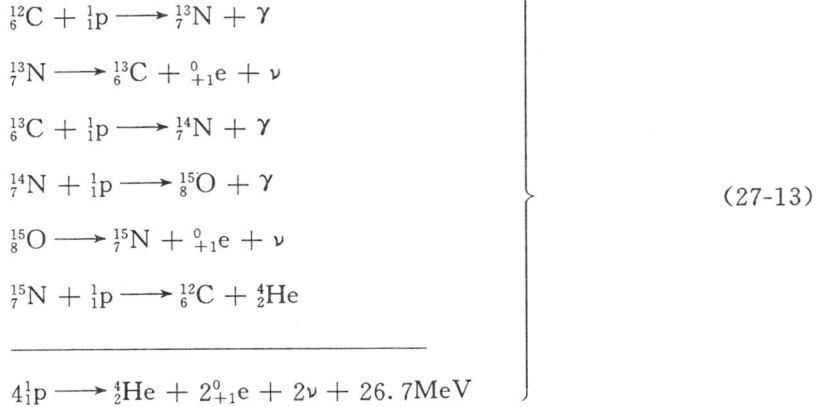

$$
\left.
\begin{aligned}
{}^{12}_{6}\text{C} + {}^{1}_{1}\text{p} &\longrightarrow {}^{13}_{7}\text{N} + \gamma \\
{}^{13}_{7}\text{N} &\longrightarrow {}^{13}_{6}\text{C} + {}^{0}_{+1}\text{e} + \nu \\
{}^{13}_{6}\text{C} + {}^{1}_{1}\text{p} &\longrightarrow {}^{14}_{7}\text{N} + \gamma \\
{}^{14}_{7}\text{N} + {}^{1}_{1}\text{p} &\longrightarrow {}^{15}_{8}\text{O} + \gamma \\
{}^{15}_{8}\text{O} &\longrightarrow {}^{15}_{7}\text{N} + {}^{0}_{+1}\text{e} + \nu \\
{}^{15}_{7}\text{N} + {}^{1}_{1}\text{p} &\longrightarrow {}^{12}_{6}\text{C} + {}^{4}_{2}\text{He} \\
\hline
4{}^{1}_{1}\text{p} &\longrightarrow {}^{4}_{2}\text{He} + 2{}^{0}_{+1}\text{e} + 2\nu + 26.7\text{MeV}
\end{aligned}
\right\}
\tag{27-13}
$$

在实验室中利用高能加速器,已经观测到聚变反应,但要使聚变反应能够大量发生却是一个大问题。因为聚变的原料都是带电粒子,不会像中子那样容易进入原子核,它们必须克服库仑斥力才能彼此靠近而被核力吸引。以氘核的聚变反应为例,当两个氘核互相接触时,每个氘核要有 206keV 的动能才能产生聚变反应,以它作为热运动的平均动能 $\frac{3}{2}kT$ 来计算,$kT=137\text{keV}$,相应的温度 $T=1.6\times10^{9}\text{K}$。考虑到其他因素,一般估计,实现可控核聚变反应的温度至少要 10^{8}K。在这样高的温度下,一切物质的原子都已电离成电子与正离子并存的物质第四态——等离子体,因此聚变反应又叫热核反应。

除了高温要求之外,要实现聚变反应还必须使从等离子体获得的能量大于维持等离子体所需要的能量,这就要求等离子体有足够大的密度,并维持足够长的时间。为此,人们研究了各种可能的聚变反应堆方案,其中有两种方案最有希望:一种是磁约束装置,利用强磁场约束等离子体围绕磁感线运动;另一种是激光惯性约束,采用强激光束均匀照射到直径约几十到几百微米的氘氚靶丸上,靶丸吸收能量熔化后向外喷射,其反冲力使靶内的氘氚燃料迅速压缩至高密度,并进一步加热到高温,从而发生强烈的聚变反应。我国著名核物理学家、中国科学院院士王淦昌教授早在 20 世纪 60 年代就提出用激光进行受控热核反应,目前这一研究还在进行之中。

27-7　粒子的性质和分类

20 世纪初,当物理学的研究开始深入到物质的微观结构之时,人们了解到原子的直径大约是 10^{-10}m 的数量级。在后来的发展中,人们又认识到:原子核的直径是在 10^{-14}m 数量级,原子核是由质子和中子组成的;质子、中子、电子和光子是组成物质的基本粒子。[①] 因此,凡是和这些粒子可以相互作用和转化并在当时认为是同一层次的粒子,统称为基本粒子。由

---

① 由于当时它们被认为可能是物质微观结构的最小单元,因此被称为基本粒子。

于高能加速器的出现,实验物理学家已发现的各种粒子的数目达到 450 多种,大大超过了化学元素的数目。实验和理论研究的继续发展,人们又意识到:某些基本粒子不能看作是点粒子,因为它们不仅有一定的大小还有内部结构,同时从内部结构情况来看,已有的基本粒子并不属于同一层次。因此,现在已将基本粒子改称粒子,基本粒子物理学改称粒子物理学,"基本粒子"这个名词愈来愈成为历史的陈迹。

1932 年,安德森发现了狄拉克量子理论预言的第一个反粒子——正电子,它是粒子物理学诞生的标志。这个发现所揭示的正反粒子对称性,是粒子物理学最基本最重要的对称性,而从这个发现开始,对称性一直是支配粒子物理学研究的基本思想。

1. 粒子运动的主要特点

①所有的粒子都是微观尺度的客体,因此都具有量子性。

②粒子运动时,其速度常达到可以和光速相比似的数量级。

③在运动过程中,常表现出粒子之间的转化,即粒子可以消失和产生,粒子数也是可变的。

上述特点决定了粒子物理学中所研究的物理规律既能反映微观粒子的量子效应,又能反映粒子高速运动的相对论效应。因此,粒子物理学研究的理论基础是量子场论。

2. 粒子的基本性质

(1)质 量

微观粒子的质量是量子化的。质量是粒子的基本性质,测定粒子质量是辨认粒子的一种基本方法。

(2)寿 命

绝大多数粒子都自发衰变,有一定的平均寿命。除了光子、电子、中微子和质子以外,其他粒子都衰变,每种粒子在衰变前平均存在的时间称为平均寿命。粒子物理学中的寿命是指粒子静止时的寿命。

(3)自 旋

自旋是粒子的内禀角动量,它的大小是粒子的固有属性。每个粒子都有惟一的自旋值。

(4)电 荷

粒子的电荷值都是量子化的。实验测到的粒子的电荷值都是电子电荷的整数倍。

3. 粒子的分类

到目前为止,已发现并被确认的粒子的种类和数目很多,要将它们分类是相当复杂的,可有多种分类方法。如按照自旋和统计性质可以分成费米子和玻色子;按照电荷可以分成带电粒子和中性粒子。目前粒子物理学中主要是按照粒子的相互作用性质来分类粒子:

(1)规范粒子——传递相互作用的粒子

电磁相互作用是一种规范相互作用,它是一类特殊的相互作用,其机制是吸收或放出相应的规范粒子。规范粒子自旋为 1。光子是其中一种规范粒子。到目前为止,这类粒子共有 4 种。

（2）轻　子

轻子为不直接参与强相互作用,但直接参与弱相互作用的自旋为半整数的粒子。现已发现的轻子共有 6 种,连同它们的反粒子共 12 种。最常见的轻子是电子,以前讲到的 μ 子也是轻子。

（3）强　子

能直接参与强相互作用的粒子统称为强子,现在已发现的粒子绝大多数是强子,最常见的强子是质子和中子。强子又按自旋值区分为两类:

①介子。自旋为整数的强子统称为介子。到现在为止,已发现并确认的介子有 100 种。

②重子。自旋为半整数的强子统称为重子（或反重子）。目前已发现并已确认的重子和反重子有 298 种。

20 世纪 80 年代,美国基本粒子物理专门小组根据 1985 年前的十几年中粒子物理所取得的重大进展,认为粒子中占绝大多数的强子是亚核粒子,但不是"基本粒子"。根据现有的知识,强子由三个夸克（quark）,或者由一个夸克和一个反夸克通过强力结合在一起而构成的。据此,他们把粒子分为如下三类:

（1）传递相互作用的粒子——规范粒子

（2）轻子

（3）夸克

关于夸克,有一个十分重要的但还没有弄清楚的问题,即是否能够从别的物质中把单个夸克分离出来,使得夸克成为自由粒子而存在?

27-8　粒子和反粒子

1928 年狄拉克提出相对论量子理论,解释了高速运动电子的许多性质,并与实验符合得很好。狄拉克还预言存在反粒子——正电子,并于 1932 年由安德森在宇宙线实验中得到证实。后来发现,各种粒子都有相应的反粒子存在,这个规律是普遍的。

一个粒子的反粒子,质量与其完全相同,但电荷完全相反。此外,一个反粒子可与它的对应粒子一起湮灭,它们的静止质量以别的粒子形式（如光子）转变成能量。

正电子与电子具有相同的质量,电荷相反。当一个正电子在物质中达到静止时,它通常会与一个电子很快地湮灭成两个光子:

$$e^+ + e^- \longrightarrow 2\gamma$$

这时每一个光子具有 0.51MeV 的能量,这正好是一个电子的静止能量。

质子的反粒子叫反质子,它是 1955 年被发现的。一年之后,又发现了反中子。

现在出现一个问题,为什么所有氢原子总是由正质子和负电子组成,而不是由负质子（反质子）和正电子（反电子）构成? 这种由反质子和反电子构成的与氢原子相反的原子称为反氢原子。由反核子与轨道正电子所构成的物质称为反物质。根据一般的对称性原理,宇宙中应有半数原子为反物质,但是实际上为什么原子核都带正电荷而不带负电荷呢?这是令人难以理解的。另一方面,即令地球上或者银河系存在任何一点反物质,它也不可能存在很长时间,而会很快地湮灭并释放出能量,其效率约为氢弹的 1 000 倍。现在有人猜测,某些星系可能是由反物质构成的,但是一直没有充分的证据。

为了寻找反物质,1998 年 6 月 2 日美国发现号航天飞机升空,把人类的第一个高能物理实验"阿尔法磁谱仪"送上太空。研究人员试图利用阿尔法磁谱仪在太空中寻找反物质,以回答两个特别的问题。其中之一是,如果像宇宙大爆炸理论所描述的那样,在宇宙形成之初产生了等量的物质和反物质,且我们的星系是由物质构成的,那么反物质到哪里去了呢?可以期待,如果阿尔法磁谱仪能帮助科学家找到反物质,整个物理学将会产生质的飞跃。

本章摘要

1. 原子核:由质子和中子组成。质子和中子称为核子。

原子核的大小近于球形,其体积约为

$$V = \frac{4}{3}\pi r_0^3 A$$

原子核的质量亏损:$\Delta m = Zm_n + (A - Z)m_n - m_A$

原子核的结合能:$\Delta E = [Zm_n + (A - Z)m_n - m_A]c^2$

2. 原子核的模型:液滴模型、壳层模型。

3. 核力:核子间的强相互作用力。

4. 放射性衰变规律:

$$N = N_0 e^{-\lambda t}$$

式中 N 为未衰变核的数目。

放射性衰变类型:α 衰变,β 衰变,γ 辐射。

5. 核裂变:指铀核俘获中子后将分裂成两个大致相等的裂变碎片的过程。

6. 核聚变:轻核聚变成重核,并释放大量的能量。

7. 粒子和粒子物理学

思考题

27-1 组成核的中子和质子能够紧密地结合在一起的原因是什么?核力有哪些基本性质?

27-2 什么叫原子核的衰变常量、半衰期和平均寿命?它们之间有什么关系?

27-3 原子核有哪些基本性质?什么是原子核的放射性衰变?如何利用放射性衰变规律来鉴定古物的年龄?

27-4 什么是结合能?它在核结构及核能的利用等研究中有何重要意义?

27-5 核能开发利用的途径有哪些?依据是什么?

27-6 为什么核的聚变要在高温下进行?而核的裂变不需在高温下进行?

27-7 基本粒子可分为几类?基本粒子之间有哪几种相互作用?其中哪一种相互作用将粒子合在一起?哪一种相互作用趋向于将粒子分开?

27-8 (1)是否有质量为零的带电粒子?

(2)是否有质量不为零的不带电粒子？

27-9　什么是反物质？目前用哪些方法来研究和探寻反物质？

习　　题

27-1　用质子轰击锂核的核反应式为：$^1_1H + ^7_3Li \rightarrow ^4_2He + ^4_2He$，试计算该反应的反应能。(已知有关同位素的质量：$^1_1H$：1.007 825u，$^7_3Li$：7.015 999u，$^4_2He$：4.002 603u，1u：931.5MeV/$c^2$)

27-2　若一中等质量的核$^{120}_{50}Sn$全部裂变成质子和中子，求：

(1)该反应所需的总能量；

(2)每个核子的结合能。

(已知质量$^{120}_{50}Sn$：119.902 199u，^1_1p：1.007 825u，^1_0n：1.008 665u)

27-3　试计算下述一个α粒子衰变过程中释放的能量：$^{238}_{92}U \rightarrow ^{234}_{90}Th + ^4_2He$。

(已知质量$^{238}_{92}U$：238.050 785u，$^{234}_{90}Th$：234.043 593u，^4_2He：4.002 603u)

27-4　有一利用铀裂变发电的原子能发电站，发电功率为5 000kW，效率为16.7%。试求该核电站中$^{235}_{92}U$核一昼夜的消耗量。(设每个铀核在裂变时平均释放200MeV的能量)

27-5　用计数器测某一放射性元素的放射性时，测得某一时刻每分钟计数4 750次，5分钟后测得每分钟计数2 700次，试求：

(1)衰变常量；

(2)半衰期。

27-6　某一放射性同位素的半衰期为6.5h，如果样品中开始含有此同位素的原子数为48×10^{19}个。试问26h后还有多少个该同位素原子？

27-7　用放射性碳测定植物、人类和动物残骸的年龄是一种较可靠的方法。今有从地下发掘出的古树片50g，测出其$^{14}_6C$每分钟衰变次数为320次。若生长的树木中$^{14}_6C$的放射性强度为每克每分钟衰变12次，$^{14}_6C$的半衰期为5730年，试估计该树片埋藏的时间。

27-8　一瓶陈酒中^3_1H的放射性强度为新鲜酒的1%。已知^3_1H的半衰期为12.33年，则该酒已存放了多少年？

27-9　在某一岩石样品中，发现^{206}Pb相对于^{238}U的比率为0.61，已知^{238}U的半衰期为4.5×10^9年，并设岩石中的^{206}Pb均为由^{238}U衰变而来，试计算该岩石的年龄。

27-10　利用放射性同位素可以测量人体血液的总量。将含有$^{24}_{11}Na$放射性的生理盐水注射进人体，注入1cm³盐水时其放射性强度为2000Bq(注：1贝克勒(Bq)＝1核衰变/s)，过了5h后，取出1cm³血液，测得放射性强度为0.27Bq，$^{24}_{11}Na$的半衰期为15h，求人体的血液总量。

27-11　原子弹的一种裂变反应为：$^{235}_{92}U + ^1_0n \rightarrow ^{141}_{55}Cs + ^{92}_{37}Rb + 3^1_0n$，试求该反应中释放的能量。

(已知质量：$^{235}_{92}U$：235.043 924u，$^{92}_{37}Rb$：91.919 661u，$^{141}_{55}Cs$：140.920 006u，^1_0n：1：008 665u)

27-12　氘核进行如下的聚变反应：

$$^2_1H + ^2_1H \rightarrow ^4_2He_。$$

已知氘核和氦核的平均结合能分别为1.11MeV和7.06MeV，试求此聚变反应发生时释放的能量。

第28章

天体和宇宙

天体物理学是研究大质量天体的物理学。它应用物理学的理论和方法来研究天体的形态、结构、化学组成以及演化规律,在最大的空间尺度(从半径为几百公里的小行星到100多亿光年范围的宇宙)和最长的时间尺度(从现在一直追溯到100多亿年以前)范围内研究天体和宇宙的演化规律。本章仅简单介绍一些大家比较感兴趣的天体演化现象和现代宇宙论中关于宇宙起源的一些理论。

28-1 恒 星

1. 恒星的形成

恒星是指由炽热气体组成的能自己发光的球状或类球状天体。恒星并非恒定不动,只是由于离我们非常遥远,不借助特殊的天文观察仪器很难发现它们在宇宙中的位置变化而已。因此,相对于行星,我国古代把它们称做恒星。

那么,恒星是怎样形成的呢?在宇宙演化的进程中,万有引力起着主导作用。在弥漫的气体云中,气体密度的分布是有涨落的,当某个区域的涨落密度稍高一点时,则这个区域内的吸引力也变得稍强一些,从而吸引来更多的物质,形成更高的密度。相反,当某个区域的密度稍低一些,这个区域的引力也变得弱一点,从而有更多的物质逃离这里,形成更低的密度。所以,即使宇宙开始时是均匀的、无结构的,它也会逐步变成非均匀、有结构的状态。在气体云收缩的过程中,有一些质量大于 $10^3 M_\odot$($M_\odot$ 是太阳的质量)的星云碎块成为吸收中心。收缩使这些星云块体积缩小,密度增大,进而聚成球状。当温度上升到一个阶段,开始向外辐射不可见的红外线时,称之为红外星。此时,星际气体云开始向原始恒星转化,这个过程需要几千万年。当红外星温度再急剧上升到表面温度达三四千度时,便发出可见光,这时恒星是红色星。恒星的引力收缩阶段约几万年到几亿年不等。当恒星内部的气体压力和辐射压力与引力收缩的压力相平衡时,恒星就进入相对稳定阶段,这就是主序星阶段,对应着恒星的中年期。现在我们所见到的恒星,包括太阳在内,大部分处于这个阶段。宇宙中的恒星就是在这样漫长的岁月里(10^9 年数量级)在万有引力作用下逐步形成和演化而成的。

2. 恒星的特征

天文学家依靠对恒星发射的光谱进行分析来了解它的温度、光度、化学成分和大小。大多数恒星光谱都同太阳光谱相似,即在一个亮的连续光谱上有许多暗线,但是也有一些恒星只有明线光谱,没有暗线。人们根据光谱的某些特征对恒星进行分类。

恒星表面的温度,较低的不足 $2\,500℃$,高的将超过 $5\,000℃$。恒星的质量和大小差别很大,质量的数量级为 $2\times10^{27}\,\mathrm{kg}$;直径小的小于太阳直径,大的超过太阳直径 500 倍。

通过多普勒效应可了解恒星的运动情况。如果一颗恒星背离我们而去,它的整个光谱将向红端或长波端移动。例如,大多数恒星在 393.366 4nm 和 396.847 0nm 波长处显示出钙原子的强吸收线。在天兔座 δ 这颗恒星的钙谱线中,有一条谱线向红端移动了 0.129 8nm。假设上述位移是由多普勒效应引起的,便能算出恒星的退行速度为 99km/s。哈勃根据对星系红移的研究,提出了宇宙正在膨胀的大胆假设。

3. 恒星的能源

多数宇宙学说认为氢是构成恒星的原始物质。恒星的形成是从冷却的氢气由于本身的引力作用而使体积不断缩小开始的。当大量氢原子相互靠近时,它们就获得动能因而温度增高。一方面,大量温度升高了的氢气具有阻碍引力收缩的压力;另一方面,气体的热能又通过电磁辐射而使体积减小,因此当体积收缩到某一程度时,一种新的热源就占了优势。这种新的能源,就是热核反应。它在 $10^7\mathrm{K}$ 的温度时开始释放能量。现在,我们可以根据太阳的质量来计算太阳的半径了。设太阳的质量 $M_\mathrm{s}=2\times10^{30}\mathrm{kg}$,由于太阳是由氢气构成的,所以这也就是太阳中氢气的质量。假设太阳的密度是均匀的,则半径为 R 的太阳由于引力收缩在中心处产生的引力压强为 $p=\dfrac{1}{2}\rho gR$,这里 $g=\dfrac{GM_\mathrm{s}}{R^2}$ 为太阳表面的重力加速度,ρ 为太阳的密度。故

$$p=\frac{1}{2}\rho G\frac{M_\mathrm{s}}{R} \tag{28-1}$$

氢气热核反应产生的热压力压强为

$$p=\frac{\rho kT}{m_\mathrm{p}} \tag{28-2}$$

式中 m_p 为质子的质量。在两种压力平衡时

$$\frac{kT}{m_\mathrm{p}}=\frac{1}{2}\frac{GM_\mathrm{s}}{R}$$
$$R=\frac{GM_\mathrm{s}m_\mathrm{p}}{2kT}\approx8\times10^8\mathrm{m} \tag{28-3}$$

太阳半径的测量值为 $7\times10^8\mathrm{m}$。对于这种只考虑数量级的估算来讲,测量值与估算值已经是符合得相当好的了。

如果原始质量很小,收缩过程将进行到原子相互接触为止,最后的产物为行星。例如地球。如果原始质量较大,以至所达到的压力与密度高得足以使原子的波函数相互重叠,则最后产物为等离子体。木星就是这类星体。

如果原始质量大于太阳质量的 8%,那么温度就会高到足以产生下述热核反应:

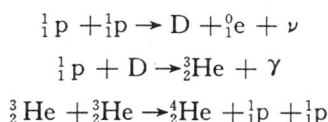

$$^1_1\mathrm{p}+{}^1_1\mathrm{p}\rightarrow\mathrm{D}+{}^0_1\mathrm{e}+\nu$$
$$^1_1\mathrm{p}+\mathrm{D}\rightarrow{}^3_2\mathrm{He}+\gamma$$
$$^3_2\mathrm{He}+{}^3_2\mathrm{He}\rightarrow{}^4_2\mathrm{He}+{}^1_1\mathrm{p}+{}^1_1\mathrm{p}$$

式中 D 为氘($^2_1\mathrm{H}$)。这三个热核反应的过程,称为质子-质子循环,如图 28-1 所示。这是太阳

和富氢恒星内部产生能量的主要机制。净效应是：用掉四个质子，产生一个 α 粒子，两个正电子，两个中微子和两个带有总能量约 26.7MeV 的光子。

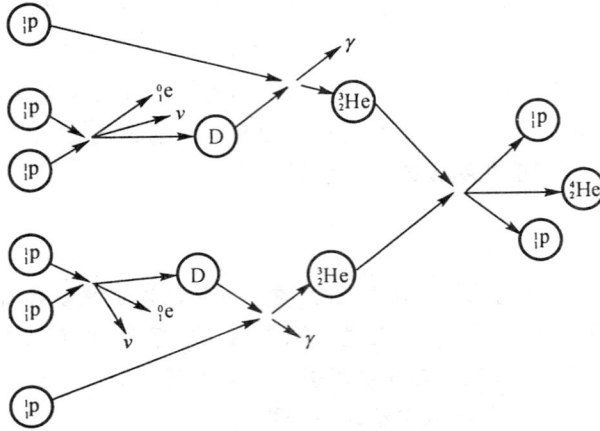

图 28-1 质子—质子循环示意图

4. 恒星的死亡

太阳的寿命据估算可能为 100 亿年，迄今已过去了一半，也就是说，太阳的氢在今后 50 亿年内将耗尽。是否存在着已把核燃料用尽的星体呢？我们知道，质量较大的恒星具有较高的温度，因而以较快的速率燃烧它们的氢。天空中有许多恒星由于它们的质量较大，温度较高，因而具有较强的亮度，发出的光是蓝色的。这样的恒星能在 10^{10} 年（即为宇宙的年龄）内耗尽它们的氢。当氢消耗完时，这样的恒星将继续辐射能量并且开始收缩。当它的半径减小时，所放出的引力势能一半用于辐射，另一半使恒星内部温度升高。当温度高到足以使氢进行进一步的热核反应时，这种收缩与升温就停止下来。这一过程将持续足够长的时间，直到恒星内部大部分物质已经变成 $^{56}_{26}Fe$ 为止。这些物质中，这种铁的同位素的核最稳定。任何进一步的核反应只能消耗能量而不会产生出能量。

当恒星的铁质核心内热核燃料已经耗尽时，阻碍恒星继续收缩的热压力就消失了。对于质量小的恒星来说，阻碍继续收缩的压力为量子力学压力[①]。但是，对于质量足够大的恒星来说，收缩不仅可能继续下去，而且还将向毁灭性的坍缩加速前进，朝着白矮星、中子星或黑洞等三个方向之一演化。导致加速坍缩的机理，至今仍在争论之中。

28-2 白矮星和中子星

1. 白矮星

恒星在核反应能量耗尽后，体积缩小，密度增加，表面温度高，发白光，成为白矮星。随着

---

① 自旋 1/2 的粒子（电子、质子、中子）互相靠得很近时，根据泡利不相容原理，它们将分别处于不同能态，直到所谓费米动量 p_F 态。这时，粒子具有动能，并在密度很高时提供强大的压力，即量子力学压力。

热能逐渐耗尽,它的表面温度下降,发光变红变暗,最后看不见。

白矮星占星系中全部恒星的10%以上。小于大约1.2个太阳质量的恒星能演化成白矮星而消亡。相对而论,它们是些比较热的恒星,它们发光较弱表明它们必定很小。天狼星B是一颗白矮星,虽然它同地球大约一般大,但它的质量和太阳相近。白矮星的密度大约比太阳大100万倍。

2. 中子星

中子星是20世纪30年代首次从理论上预言的。有些恒星在核反应停止后,在引力作用下收缩,它们内部的压力非常大,以至于能使等离子体中的电子和质子结合成为中子,最终使恒星演变成一颗以中子物质为主要成分的中子星。

中子星的密度比白矮星大得多,半径约为10km。由于角动量守恒的原因,当它从一个正常恒星的大小收缩时,将以每隔几秒一转到每秒30转的极快速度进行自转。它的引力极大,以至掉到中子星表面上的一颗软糖的能量就相当于100万吨梯恩梯炸药。

目前,大多数天体物理学家都认为,1967年利用射电望远镜发现的第一颗脉冲星就是迅速旋转的中子星。脉冲星每隔一定时间重复发射无线电噪音,这种脉冲星的周期短到约0.03s,以至很难想象除中子星外其他任何可见星体能发出这样快速的脉冲。现已发现的脉冲星有100余颗。

关于中子星假设的重要判据是,其自转能量应该减少,减少的值等于辐射出去的能量。最近的测量结果和预期的自转变慢现象相符合。据估计,我们的星系中的1 000亿颗恒星中,已有多达1亿颗恒星自行烧毁并坍缩成为中子星。

28-3 新星和超新星

有些在某个时间看起来很暗的恒星可能突然变得极亮,其亮度比以前大几千倍,这类恒星叫做新星。亮到肉眼可以看见的新星,在我们的星系中每隔几年仅出现一次;而用望远镜可以观察到的新星,出现的次数较多。新星可能在一两天内达到其最大亮度,并能保持几天或几周之久。新星是一种爆发星,它将一部分大气爆炸。新星的光辐射经过数天或数周后将减少,但在数年之后又将恢复原状。

超新星比新星更为罕见,但具有的能量更大。超新星的亮度会突然爆发到比其原来的状态大几百万倍。

《中国宋史》和《资治通鉴》等史书上记载过四次超新星爆发,其中一次是1054年在金牛座中出现的超新星爆发。目前,已公认蟹状星云就是它的遗迹。这颗超新星从肉眼看不见的状态突然在1054年7月4日变成天空中最亮的恒星之一,甚至在大白天也能看到它。这是历史上最壮观的事件之一。大家认为,天鹅座的幕状星云是另一次超新星爆发的遗迹。

超新星是目前天体物理正在研究的一个前沿课题。现在估计,超新星是核反应燃烧结束后,在发生引力坍缩过程中,大部分物质被坍缩过程的冲击波抛向太空,形成强烈爆炸的结果。如果原来恒星质量不太大,爆炸后的残核将坍缩成中子星,否则将坍缩成黑洞。英国剑桥赫威斯(A. Hewish)的研究生贝尔(J. Bell)观察到的脉冲星表明,它是蟹状星云超新星爆发后的残骸。

1987年2月23日和1993年3月28日,分别在大麦哲伦星云东北和在螺旋星系中发现了两次超新星爆发,它们为天体物理和粒子物理学家提供了大量的宇宙信息。

28-4 现代宇宙论

宇宙论是一门研究有关宇宙性质等问题的科学。这些问题是:宇宙是怎样起源的?它现在是什么模样?将来会变成什么样子?大多数现代宇宙论都建立在研究红移时推导出的哈勃定律基础上,这个定律认为其他星系都在远离我们的星系而去,而且离去的退行速度与其距离成正比。星系的距离越远,离去的退行速度越大。例如,对于室女座星系,距我们的星系距离为6×10^6光年,退行速度为1 120km/s;而狮子座星系距离我们的星系为1.05×10^8光年,退行速度为2×10^4km/s。

哈勃定律和爱因斯坦的广义相对论奠定了宇宙膨胀论的基础。根据这一理论,从前物质的密度非常大,可能相当于水的10^{14}倍,宇宙起源于一种高度压缩和极端炽热的状态。根据最新的估计,大约在120亿年以前,"大爆炸"把物质抛了出来,于是宇宙开始膨胀。随着物质向四面八方膨胀,它们变得稀薄起来,冷却后凝聚成恒星和星系。遥远星系光谱的红移表明,目前宇宙仍在不断膨胀。

星系正在相互远离这个事实本身并不构成宇宙是起源于"大爆炸"的证据。稳恒态宇宙论提出宇宙一直像我们现在所看见的一样,而且将来也仍然是这样。稳恒态宇宙论尽管也同意宇宙正在膨胀的说法,但却认为有新的物质——氢在不断产生出来,从而形成充满宇宙的新星系。现在有大量证据证明,目前仍有星系和星系团在不断形成,宇宙大爆炸理论也能提供这种证据。

支持宇宙大爆炸理论的人们提出近年来的一个发现,以加强这一理论的地位:当宇宙间的物质处于几十亿度的极端炽热的压缩状态时,就产生了一个"原始火球",它以高能γ射线的形式开始辐射,并在膨胀过程中"冷却"下来。它的波长变长,目前大部分出现在无线电波段和微波波段中,1965年彭齐亚斯(A. Penzias)和威尔孙(R. Wilson)发现了这种辐射。大爆炸宇宙论的支持者认为,背景微波辐射就代表来自大爆炸发源地附近的残余信号。

除了大爆炸论和稳恒态论之外,还有振动宇宙论和脉动宇宙论的说法,认为宇宙要膨胀很长一段时间,直到达到最大尺寸时膨胀停止,开始收缩,星系相互靠拢直到物质被压缩成超密状态并发生爆炸,然后又重新开始膨胀。

目前,虽然观察到的大多数证据有利于宇宙大爆炸理论,但仍有许多疑问。

本章摘要

1. 恒星:恒星的原始物质是氢气。恒星的能源是氢气的热核反应。当温度达到10^7K以上,恒星的引力压力和热压力抵消时,恒星的坍缩将被抑制。当恒星的热核燃料耗尽时,将产生进一步压缩,恒星的引力压缩将进一步继续下去,直至演化成白矮星、中子星或黑洞。

2. 白矮星、中子星：

　　白矮星表面温度高,发白光。它随着热能耗尽,温度下降,发光变红变暗,直至最后看不见。

　　中子星密度比白矮星大,半径约为 10km,它是快速旋转的脉冲星。中子星主要由中子组成。

3. 新星、超新星：

　　有时看起来很暗的恒星,可能会变得非常亮,其亮度比以前大几千倍。这类恒星叫新星。

　　超新星比新星更罕见,能量更大,其亮度会突然比原来增加几百万倍,形成大爆发。

4. 现代宇宙论:目前最有希望的是宇宙大爆炸理论。

思考题

28-1　我们测量到恒星光谱中有红移现象,这是为什么?

28-2　恒星的巨大能量来源是什么?

28-3　恒星的最后归宿是什么?

28-4　什么是白矮星?什么是中子星?中子星的运动特征是什么?

28-5　什么是超新星爆发?

28-6　宇宙大爆炸理论的依据是什么?

附录 I 矢量知识

1. 矢量的定义

具有大小和方向且按平行四边形定则相加的量称为矢量。最后一个条件是很重要的。如果一个量，它具有大小和方向，但其相加的方法不满足平行四边形定则，那这个量就不是矢量。例如，物体绕转轴作一有限角 φ 的转动就是一个例子。这个量有大小，其方向可用右手螺旋定则决定，即右手的四指指向转动方向，大拇指方向即为有限角 φ 的方向，若大拇指方向与转动轴正方向一致，即有限角 φ 为正，反之为负。然而它不遵守平行四边形加法定则。因此，有限角 φ 不是矢量。

矢量的大小称为矢量的模。形象地说，模给出矢量的长度，矢量的模总是正的。

几何上，矢量用一端带箭头的直线段来表示。线段的长度按规定的比例确定相应矢量的模，箭头的指向是矢量的方向。

习惯上矢量用黑体字母标记，如 v, a, F 等等。同样，字母的普通体用来表示矢量的模，例如，v 是矢量 v 的模。有时，还将矢量置于两竖直小线段间来表示矢量的模，如 $|v|$ 是矢量 v 的模。

2. 矢量的加法和减法

不画平行四边形图而进行的矢量相加在实用上是很方便的。从图 I-1 可见，若把矢量 A 和 B 首尾相接，然后从 A 矢量首端向 B 矢量尾端画出合成矢量，就能得到用平行四边形定则所得到的同样结果。两个以上矢量相加时，使用这种方法特别合适（见图 I-2）。

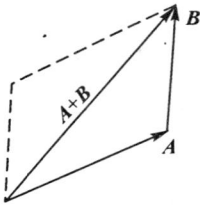
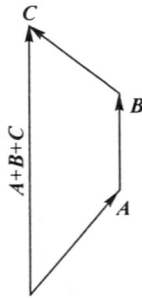
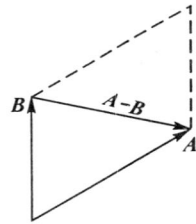

| 图 I-1 | 图 I-2 | 图 I-3 |

两个矢量 A 和 B 之差可看成矢量 A 加上矢量 $-B$，即 $A-B=A+(-B)$。如图 I-3 所示。

从几何作图法很容易看出：两个矢量的和与相加的顺序无关，这就是加法交换律：

$$A + B = B + A \tag{I-1}$$

三个或三个以上的矢量与它们相加的顺序无关，这就是加法结合律：

$$A + (B + C) = (A + B) + C \tag{I-2}$$

3. 矢量的解析表示法

物理公式用矢量表示比较简洁,但运算较烦,若化成标量运算就方便得多了。

如图 I-4 所示,在二维直角坐标系 XOY 中,有一矢量 A,其起点在坐标原点 O。从矢量 A 的端点分别向 X,Y 坐标轴作垂线,得到的量 A_x 和 A_y 就是矢量 A 的 X 分量和 Y 分量。必须指出,一个矢量的分量是代数量,其值可正可负。若分别沿 OX 和 OY 轴取单位矢量 i 和 j,(即其大小 $|i| = |j| = 1$ 的矢量),则矢量 A 可表示为

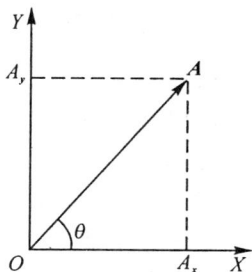

图 I-4

$$A = A_x i + A_y j \qquad (\text{I-3})$$

其大小可表示为

$$A = |A| = \sqrt{A_x^2 + A_y^2} \qquad (\text{I-4})$$

其方向可用矢量 A 与 OX 轴的夹角 θ 表示,即

$$\theta = \arctan \frac{A_y}{A_x} \qquad (\text{I-5})$$

上述解析表示可推广到三维空间的矢量。

4. 矢量的标积(点积)

矢量 A 和 B 可用两种方式相乘,其中一种相乘方式得到一个标量,它等于这两个矢量的模与它们的夹角 θ 的余弦的积,如图 I-5 所示。即

$$A \cdot B = AB\cos\theta \qquad (\text{I-6})$$

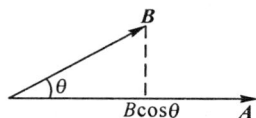

图 I-5

当书写矢量标积时,习惯上在矢量之间加一圆点,故又称为点乘,所以,标积有时也称为点积。(I-6)式表示的是一个代数量。当 $\theta < \frac{\pi}{2}$ 时,$A \cdot B > 0$;当 $\theta > \frac{\pi}{2}$ 时,$A \cdot B < 0$,彼此垂直的矢量($\theta = \frac{\pi}{2}$)的标积为零。

必须指出,一个矢量的平方就是指这个矢量与其自身的标积,即

$$A^2 = A \cdot A = AA\cos 0° = A^2 \qquad (\text{I-7})$$

所以矢量的平方等于其模的平方。例如,任意单位矢量的平方等于 1,即

$$i^2 = j^2 = k^2 = 1 \qquad (\text{I-8})$$

顺便指出,由于坐标轴上的单位矢量互相垂直,故

$$i \cdot j = i \cdot k = j \cdot k = 0 \qquad (\text{I-9})$$

由标积定义式(I-6)可知,标识是可以交换的,即

$$A \cdot B = B \cdot A \qquad (\text{I-10})$$

同样不难看出,标积服从分配律,即

$$A \cdot (B + C) = A \cdot B + A \cdot C \qquad (\text{I-11})$$

若标量用解析式表示的话,则

$$A \cdot B = A_x B_x + A_y B_y + A_z B_z \qquad (\text{I-12})$$

5. 矢量的矢积

矢量 A 和 B 的另一种相乘方式称为矢量的矢积,得到的是一个新的矢量 C,常用 $A \times B$ 表示,故又称为叉积,它的定义为

$$C = A \times B = AB\sin\theta \boldsymbol{n} \qquad (\text{I}-13)$$

式中 A 和 B 分别为相乘矢量 A 和 B 的模,θ 为矢量 A 和 B 的夹角,$\boldsymbol{n}$ 为矢量 A 和 B 所在平面的单位法向矢量,$\boldsymbol{n}$ 的方向由右手螺旋定则决定。如图 I-6 所示。矢积的模具有简单的几何关系,(I-13)式中的 $AB\sin\theta$ 在数量上等于矢量 A 和 B 所构成的平行四边形的面积。

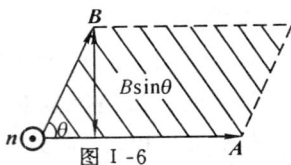

由于矢积的方向由第一个矢量 A 转向第二个矢量 B 的方向所决定,矢积的结果将依赖于相乘矢量的次序,相乘矢量交换位置将导致矢积方向的颠倒,因而矢积是不可交换的,即

$$A \times B = -B \times A \qquad (\text{I}-14)$$

可以证明矢积服从分配律,即

$$A \times (B + C) = (A \times B) + (A \times C) \qquad (\text{I}-15)$$

6. 矢量的三重积

(1)三重标积

表达式 $A \cdot (B \times C)$ 称为矢量的三重标积,或称为三个矢量的混合积,它是一个标量,是矢量 A 与矢量 B、C 矢积的标积。三重标积允许乘数循环变换,即

$$A \cdot (B \times C) = B \cdot (C \times A) = C \cdot (A \times B) \qquad (\text{I}-16)$$

(2)三重矢积

$A \times (B \times C)$ 称为矢量的三重矢积,它是一个矢量,并存在下列恒等式:

$$A \times (B \times C) = (A \cdot C)B - (A \cdot B)C \qquad (\text{I}-17)$$

7. 矢量的导数

(1)两个矢量 $A(t)$ 和 $B(t)$ 标积的导数:

$$\frac{\mathrm{d}(A \cdot B)}{\mathrm{d}t} = A \cdot \frac{\mathrm{d}B}{\mathrm{d}t} + \frac{\mathrm{d}A}{\mathrm{d}t} \cdot B \qquad (\text{I}-18)$$

(2)矢量函数 $A(t)$ 平方的导数:

$$\frac{\mathrm{d}(A^2)}{\mathrm{d}t} = 2A \cdot \frac{\mathrm{d}A}{\mathrm{d}t} \qquad (\text{I}-19)$$

其微分形式为

$$\mathrm{d}(A^2) = 2A \cdot \mathrm{d}A \qquad (\text{I}-20)$$

注意到 $A^2 = A^2$[见(I-7)式],故(I-20)式可改写成

$$2A \cdot \mathrm{d}A = \mathrm{d}(A^2) \quad \text{或} \quad A \cdot \mathrm{d}A = \mathrm{d}(\frac{A^2}{2}) \qquad (\text{I}-21)$$

(3)两个矢量 $A(t)$ 和 $B(t)$ 矢积的导数:

$$\frac{\mathrm{d}}{\mathrm{d}t}(A \times B) = (A \times \frac{\mathrm{d}B}{\mathrm{d}t}) + (\frac{\mathrm{d}A}{\mathrm{d}t} \times B) \qquad (\text{I}-22)$$

附录 II 基本物理常量表

名　　　　　称	符号	供计算用值	最佳值
真空中光速	c	3.00×10^8 m/s	$2.997\ 924\ 58 \times 10^8$ m/s
万有引力常量	G	6.67×10^{-11} m^3/(s$^2 \cdot$ kg)	$6.672\ 0 \times 10^{-11}$ m^3/(s$^2 \cdot$ kg)
阿伏伽德罗常量	N_A	6.02×10^{23}/mol	$6.022\ 045 \times 10^{23}$/mol
玻尔兹曼常量	k	1.38×10^{-23} J/K	$1.380\ 662 \times 10^{-23}$ J/K
摩尔气体常量	R	8.31 J/(mol $\cdot$ K)	$8.314\ 41$ J/(mol $\cdot$ K)
标准状态下理想气体的摩尔体积	V_m	2.24×10^{-2} m^3/mol	$2.413\ 83 \times 10^{-2}$ m^3/mol
基本电荷	e	1.60×10^{-19} C	$1.602\ 189\ 2 \times 10^{-19}$ C
电子静止质量	m_e	9.11×10^{-31} kg	$9.109\ 534 \times 10^{-31}$ kg
真空电容率	ε_0	8.85×10^{-12} F/m	$8.854\ 187\ 818 \times 10^{-12}$ F/m
磁学常量	μ_0	1.26×10^{-6} H/m	$4\pi \times 10^{-7}$ H/m
电子比荷	e/m_e	1.76×10^{11} C/kg	1.759×10^{11} C/kg
质子静止质量	m_p	1.67×10^{-27} kg	$1.672\ 648\ 5 \times 10^{-27}$ kg
中子静止质量	m_n	1.68×10^{-27} kg	$1.674\ 954\ 3 \times 10^{-27}$ kg
μ 子静止质量	m_μ	1.88×10^{-28} kg	$1.883\ 566 \times 10^{-28}$ kg
原子质量单位	u	1.66×10^{-27} kg	$1.660\ 565\ 5 \times 10^{-27}$ kg
法拉第常量	F	9.65×10^4 C/mol	$9.648\ 456 \times 10^4$ C/mol
普朗克常量	h	6.63×10^{-34} J $\cdot$ s	$6.626\ 176 \times 10^{-34}$ J $\cdot$ s
斯特藩-玻尔兹曼常量	σ	5.67×10^{-8} W/(m$^2 \cdot$ K^4)	$5.670\ 32 \times 10^{-8}$ W/(m$^2 \cdot$ K^4)
氢的里德伯常量	R_H	1.10×10^7/m	$1.097\ 373\ 177 \times 10^7$/m
玻尔半径	a_0	5.29×10^{-11} m	$5.291\ 770\ 6 \times 10^{-11}$ m
电子磁矩	μ_e	9.28×10^{-24} J/T	$9.284\ 832 \times 10^{-24}$ J/T
质子磁矩	μ_p	1.41×10^{-26} J/T	$1.410\ 617\ 1 \times 10^{-26}$ J/T
玻尔磁子	μ_B	9.27×10^{-24} J/T	$9.274\ 078 \times 10^{-24}$ J/T

附录 Ⅲ 太阳、地球与月球的数据

太 阳	
质量	1.99×10^{30}kg
半径	6.96×10^{8}m
平均密度	1 409kg/m³
表面重力加速度	274m/s²
表面温度	6 000K

地 球	
质量	5.98×10^{24}kg
赤道半径	6.378×10^{6}m
平均密度	5 518kg/m³
表面重力加速度	9.8m/s²
平均轨道速度	29 770m/s
自转角速度	7.29×10^{-5}rad/s
磁场	5.7×10^{-5}T
标准大气压	1.013×10^{5}Pa

月 球	
质量	7.36×10^{22}kg
半径	1.738×10^{6}m
平均密度	3 341kg/m³
表面重力加速度	1.62m/s²
地球到月球的平均距离	3.8×10^{8}m

附录 Ⅳ 诺贝尔奖及诺贝尔物理学奖获得者[①]

瑞典科学家诺贝尔(A. Nobel，1833～1896)通过所从事的火药研究及制造，成了当时的百万富翁。他终生未婚，没有儿女，但留下遗嘱，把整个不动产作如下处理：由指定的遗嘱执行人进行安全可靠的投资，并作为一笔基金，每年以其利息用奖金的形式分给那些在前一年中对人类有最大贡献的人。奖金共分五部分：物理学奖、化学奖、生物学或医学奖、文学奖、和平奖。

诺贝尔当时留下的基金为900万美元。1969年增设经济学奖，由瑞典银行提供奖金。

瑞典政府为此设立一个基金委员会，只掌管基金投资和奖金发放。物理奖和化学奖由瑞典皇家科学院主持选出，生物学与医学奖由瑞典卡洛琳研究院主持选出，文学奖由斯德哥尔摩研究院主持选出，和平奖由挪威议会中一个五人委员会主持选出。

诺贝尔奖获得者的推选程序如下。首先由主持单位在每一年9月拟出下一年度的推荐人名单，并向全世界650个以上(对物理学奖和化学奖来说)科学家发出邀请推荐信。第二年2月，由各个评奖委员会开始对候选人进行反复评比和筛选，直到确定其中1～3人。最后经过调查研究，根据候选人的科研成果作出决定。得奖人名单于10月公布，颁奖仪式于诺贝尔祭日(12月10日)举行。根据传统，诺贝尔奖只授予活着的人，每次不超过3人。各奖项的得奖人可得到一笔奖金、一个金质奖章和一份奖状。每年各奖项的奖金数目并不相同。如1901年的奖金是3.5万美元，1935年是4.2万美元，1975年是15万美元，1988年是47.3万美元。

时间	获奖者	国籍	研究成果
1901	伦琴(W. K. Röntgen)	德	研究真空管放电时发现X射线
1902	塞曼(P. Zeeman)	荷	发现磁场对辐射现象的影响，即塞曼效应
	洛伦兹(A. H. Lorentz)	荷	对塞曼效应的理论研究
1903	贝克勒耳(A. H. Becquerel)	法	发现天然放射性
	皮埃尔·居里(P. Curie)	法	对天然放射性现象的联合研究
	居里夫人(M. S. Curie)	法籍波	(同上)
1904	瑞利(J. Rayleigh)	英	气体密度的研究和氩的发现
1905	勒纳德(P. Lenard)	德	阴极射线研究
1906	约瑟夫·汤姆孙(J. J. Thomson)	英	电荷通过气体的理论和实验研究，发现电子
1907	迈克尔孙(A. A. Michelson)	美	创制光学精密仪器，从事光谱学和精密度量学研究
1908	李普曼(G. Lippmann)	法	发现应用干涉现象的彩色照相法

[①] 参阅：R. L. 韦伯. 诺贝尔物理学奖获得者. 上海翻译出版公司，1985年；周发勤. 诺贝尔奖金及获得者. 科学与哲学，1979年 No. 1，47.

时间	获奖者	国籍	研究成果
1909	马可尼(G. Marconi)	意	发明无线电报和对发展无线电通讯的贡献
	布劳恩(C. F. Braun)	德	对无线电报的研究和改造
1910	范德瓦耳斯(J. D. Van de Waals)	荷	气体和液体状态方程的研究
1911	维恩(W. Wien)	德	发现热辐射定律
1912	达列(N. G. Dalen)	瑞典	发明和燃点航标、浮标联合使用的自动调节装置
1913	昂尼斯(H. K. Onnes)	荷	研究低温下的物质性质,制成液氦,发现超导现象
1914	劳厄(M. Von Laue)	德	发现 X 射线的晶体衍射
1915	亨利·布拉格(W. H. Bragg)	英	利用 X 射线分析晶体结构
	劳伦斯·布拉格(W. L. Bragg)	英	(同上)
1917	巴克拉(L. G. Barkla)	英	发现元素的特征 X 射线
1918	普朗克(M. Planck)	德	发现能量子概念,为量子理论奠定基础
1919	斯塔克(J. Stark)	德	发现极隧射线的多普勒效应及光谱线在电场中的分裂
1920	纪尧姆(C. E. Guillaume)	法	对精密物理学的贡献和发现镍合金钢的反常性
1921	爱因斯坦(A. Einstein)	德	在数学物理方面的成就和发现光电效应规律
1922	尼尔斯·波尔(N. Bohr)	丹	研究原子结构和原子辐射,提出氢原子模型
1923	密立根(R. A. Millikan)	美	基本电荷和光电效应方面的工作,油滴实验
1924	曼尼·塞格巴恩(K. M. Siegbahn)	瑞典	X 射线光谱学方面的发现和研究
1925	弗兰克(J. Franck)	德	发现电子与原子碰撞时所遵循的定律
	赫兹(G. L. Hertz)	德	(同上)
1926	佩林(J. B. Perrin)	法	对物质不连续结构的研究,发现沉积平衡
1927	康普顿(A. H. Compton)	美	发现光子与自由电子的非弹性散射作用的效应
	查尔斯·威尔孙(C. T. R. Wilson)	英	发明一种观测带电粒子径迹的方法——威尔孙云室
1928	里查孙(O. W. Richardson)	英	热电子现象方面的工作,发现里查孙定律
1929	德布罗意(L. V. de Broglie)	法	提出电子的波动性
1930	拉曼(C. V. Raman)	印	发现光散射的拉曼效应
1932	海森伯(W. K. Heisenberg)	德	创立量子力学矩阵力学,提出不确定关系
1933	薛定谔(E. Schrödinger)	奥	创立量子力学非相对论波动力学,即薛定谔方程
	狄拉克(P. A. M. Dirac)	英	创立量子力学相对论波动力学,即狄拉克方程
1935	查德威克(J. Chadwick)	英	发现中子
1936	赫斯(V. F. Hess)	奥	发现宇宙线
	卡尔·安德孙(C. D. Anderson)	美	发现正电子

时间	获奖者	国籍	研究成果
1937	戴维孙(C. J. Davisson)	美	发现电子在晶体中的衍射现象
	乔治·汤姆孙(G. P. Thomson)	英	(同上)
1938	费米(E. Fermi)	意	发现辐射产生新放射性核素及慢中子产生核裂变
1939	劳伦斯(E. O. Lawrence)	美	发明和发展了回旋加速器,用加速器取得成果
1943	斯特恩(O. Stern)	美	发展了分子束方法,发现质子磁矩
1944	拉比(I. I. Rabi)	美	用核磁共振法测定原子核磁矩
1945	泡利(W. Pauli)	奥	发现泡利不相容原理
1946	布里奇曼(P. W. Bridgman)	美	发明高压装置,高压物理方面的工作
1947	阿普顿(E. V. Appleton)	英	研究大气高层物理性质,发现无线电短波电离层
1948	布莱克(P. M. S. Blackett)	英	发展威尔孙云室,在粒子和宇宙线方面的贡献
1949	汤川秀树(H. Yukawa)	日	从核力理论基础上预言介子的存在
1950	鲍威尔(C. F. Powell)	英	发展核乳胶方法,对介子的发现
1951	科克罗夫特(J. D. Cockroft)	英	用人工加速粒子进行核蜕变工作
	瓦尔顿(E. T. S. Walton)	英	(同上)
1952	布洛赫(F. Bloch)	美	在核磁共振精密测量方法上的发展及有关发现
	珀塞尔(E. M. Purcell)	美	(同上)
1953	泽尼克(F. Zernicke)	荷	发展光学中的相衬原理并发明相衬显微镜
1954	玻恩(M. Born)	英	量子力学研究,特别是对波函数的统计解释
	博思(W. W. G. Bothe)	德	提出符合法及由此取得的发现
1955	兰姆(W. E. Lamb)	美	有关氢光谱精细结构(即兰姆位移)的发现
	库什(R. Kusch)	美	精密测定电子磁矩,发现反常磁矩
1956	肖克利(W. Shockley)	美	半导体方面的研究,发现晶体管放大效应
	巴丁(J. Bardeen)	美	(同上)
	布拉顿(W. H. Brattain)	美	(同上)
1957	杨振宁(C. N. Yang)	美籍中	对宇称定律的深入研究,发现弱宇称不守恒
	李政道(T. D. Lee)	美籍中	(同上)
1958	切仑科夫(P. A. Cherenkov)	苏	发现切仑科夫效应
	弗兰克(I. M. Frank)	苏	理论解释切仑科夫效应
	塔姆(I. E. Tamm)	苏	(同上)
1959	西格里(E. G. Segre)	美籍意	发现反质子
	张伯伦(O. Chamberlain)	美	(同上)

时间	获奖者	国籍	研究成果
1960	格拉泽(D. A. Glaser)	美	发明气泡室
1961	霍夫斯塔特(R. Hofstadter)	美	研究电子被核散射问题，发现核子结构
	穆斯堡尔(R. L. Mössbauer)	德	发现无反冲 γ 共振吸收
1962	朗道(L. D. Landau)	苏	物质凝聚态理论的研究，特别是液氦
1963	梅耶夫人(M. G. Mayer)	美籍德	提出核壳层模型
	詹森(J. H. D. Jenson)	德	（同上）
	维格纳(E. P. Wigner)	美籍匈	核和基本粒子理论
1964	汤斯(C. H. Townes)	美	量子电子学的基础工作，建成微波激射——激光原理的振荡器和放大器
	巴索夫(N. G. Basov)	苏	（同上）
	普罗霍罗夫(A. M. Prokhorov)	苏	（同上）
1965	费曼(R. P. Feynman)	美	量子电动力学方面的基础工作，基本粒子
	薛温格(J. S. Schwinger)	美	物理学的一系列重要结果
	朝永振一郎(S. Tomonaga)	日	（同上）
1966	卡斯特勒(A. H. Kastler)	法	发现和发展了研究原子赫兹共振的光学方法
1967	贝斯(H. A. Bethe)	美	核反应理论，恒星能量产生理论
1968	阿尔瓦雷兹(L. W. Alvarez)	美	发展了氢汽泡室，数据分析系统，发现了大量共振态
1969	盖尔曼(M. Gell-Mann)	美	基本粒子分类和相互作用，夸克模型
1970	阿尔芬(H. O. G. Alfven)	瑞典	等离子体物理和磁流体动力学的基础研究和发现
	尼尔(L. E. F. Neel)	法	反铁磁性和铁氧体磁性的基础研究和发现
1971	伽柏(D. Gabor)	英籍匈	发明全息照相
1972	巴丁(J. Bardeen)	美	提出 BCS 超导理论
	库珀(L. N. Cooper)	美	（同上）
	施里弗(J. R. Schrieffer)	美	（同上）
1973	约瑟夫森(B. D. Josephson)	英	理论预言通过隧道阻挡层的超流现象
	贾埃弗(I. Giaever)	美籍挪	发现超导体中的隧道效应
	江崎(Leo Esaki)	日	发现半导体中的隧道贯穿，制成隧道二极管
1974	赖尔(Sir Martin Ryle)	英	射电天文物理的开拓工作，射电望远镜的发展
	赫威斯(A. Hewish)	英	射电天文物理的开拓工作，发现脉冲星
1975	阿格·玻尔(A. Bohr)	丹	发现核内集体运动和粒子运动的联系及在这一联系
	莫特尔孙(B. R. Mottelson)	丹	基础上对原子核结构理论的发展

时间	获奖者	国籍	研究成果
	雷恩瓦特(L. J. Rainwater)	美	(同上)
1976	里克特(B. Richter)	美	发现 J/ψ 粒子
	丁肇中(S. C. C. Ting)	美籍中	(同上,各自)
1977	菲利浦·安德孙(P. W. Anderson)	美	磁性和无序系统电子结构的理论研究
	莫特(N. F. Mott)	英	(同上)
	范弗莱克(J. H. ven Vleck)	美	(同上)
1978	彭齐亚斯(A. A. Penzias)	美	发现宇宙微波背景辐射
	罗伯特·威尔孙(R. W. Wilson)	美	(同上)
	卡皮查(P. L. Kapitza)	苏	低温物理方面的发明和发现
1979	温伯格(S. Weinberg)	美	提出弱电统一理论
	萨拉姆(A. Salam)	巴基斯坦	(同上)
	格拉肖(S. L. Glaschow)	美	发展了温伯格-萨拉姆理论
1980	克罗宁(J. W. Cronin)	美	作 K^0 介子衰变实验确定 CP 不守恒
	菲奇(V. L. Fitch)	美	(同上)
1981	布洛姆伯根(N. Bloembergen)	美	非线性光学和激光光谱学的研究
	肖洛(A. L. Schawlow)	美	激光及激光光谱学的研究
	凯·塞格巴恩(K. M. Siegbahn)	瑞典	发展高分辨电子能谱仪和电子能谱的研究
1982	肯尼思·威尔孙(K. G. Wilson)	美	相变的临界现象理论
1983	钱德拉塞卡(S. Chandrasekhar)	美籍印	恒星结构和演化过程的研究,特别是白矮星
	福勒(W. A. Fowler)	美	宇宙中化学元素的形成理论
1984	鲁比亚(C. Rubbia)	意	发现中间玻色子 W±,Z^0
	范德梅尔(S. Van der Meer)	荷	发明随机冷却方法聚焦质子-反质子束,使 p-p̄ 对撞
1985	克里青(K. Von Klitzing)	德	发现量子霍尔效应
1986	鲁斯卡(E. Ruska)	德	发明电子显微镜
	宾尼格(G. Binning)	德	发明扫描隧道显微镜
	罗赫尔(H. Rohrer)	瑞士	(同上)
1987	米勒(K. A. Müllor)	瑞士	发现高 T_c 氧化物超导体
	贝德罗兹(J. G. Bednorz)	美	(同上)
1988	莱德曼(L. Lederman)	美	中微子束工作,发现 ν_μ,验证轻子的二重态结构
	施瓦茨(M. Schwartz)	美	(同上)
	斯坦伯格(J. Steinberger)	美	(同上)
1989	拉姆齐(N. F. Ramsey)	美	发明分离振荡场方法并用于氢 maser 和原子钟
	德默尔特(H. G. Dehmelt)	美	发展了电磁陷阱捕获带电粒子技术

时间	获奖者	国籍	研究成果
	保罗（W. Paul）	德	（同上）
1990	弗里德曼（J. Freidman）	美	电子对质子的深度非常弹性散射的实验结果
	肯得尔（H. Kandall）	美	（同上）
	泰勒（R. Taylor）	美	证实了强子有结构的理论
1991	德热纳（Pierre-Gilles de Gennes）	法	为研究简单的系统中的有序现象而创造的方法能推广到比较复杂的物质形式,特别是推广到液晶和聚合物
1992	夏帕克（G. Charpax）	法	发明和研制出粒子探测器,特别是研制出多丝正比室
1993	赫尔斯（R. A. Hulse）	美	发现了一对脉冲双星,即两颗靠引力结合在一起的星
	泰勒（J. H. Taylor Jr）	美	（同上）
1994	布罗克豪斯（B. N. Brockhouse）	加拿大	开发了一种中子散射技术的改进形式,该技术能利用中子确定物质的原子结构
	沙尔（C. G. Shull）	美国	（同上）
1995	佩尔（M. L. Perl）	美	发现了 τ 轻子和中微子两种自然界中的亚原子粒子
	莱因斯（F. Reines）	美	（同上、各自）
1996	戴维·李（David M. Lee）	美	发现可以在无摩擦极低温状态下流动的氦
	奥谢罗夫（D. D. Osheroff）	美	（同上）
	理查森（R. C. Richardson）	美	（同上）
1997	朱棣文（Steven Chu）	美（华裔）	开发了超低温冷冻气体的方法,研究成功激光冷却和捕捉原子的方法
	塔诺季（C. Cohen-Tannoudji）	法	（同上）
	菲利普斯（W. D. Phillps）	美	（同上）
1998	劳克林（R. B. Laughlin）	美	发现在强磁场中共同发生作用的普通电子在极低温度下可以浓缩成为新的亚原子粒子
	施特默（H. L. Stmer）	德	（同上）
	崔琦（D. C. Tsul）	美籍中	（同上）
1999	霍夫特（G. Hooft）	荷	解释了物理学领域电磁相互作用和弱相互作用的量子结构
	韦尔特曼（M. J. G. Veltman）	荷	（同上）

时间	获奖者	国籍	研究成果
2000	阿尔费罗夫(Z. Alferov) 克勒默(H. Kroemer) 基比尔(J. S. Kilby)	俄 美 美	发明快速晶体管、激光二极管和集成电路,为现代信息技术奠定基础
2001	克特勒(W. Ketterle) 康奈尔(E. Cornell) 维曼(C. Wieman)	德 美 美	发明新物质状态,即玻色—爱因斯坦冷凝物
2002	戴维斯(R. J. Davis) 小柴昌俊(M. Koshiba) 贾科尼(R. Giacconi)	美 日 美	在天体物理学领域做出先驱性贡献。即在探测宇宙中微子和发现宇宙 X 射线源方面取得的成就。
2003	阿布里科索夫(A. Abrikosov) 金茨堡(V. Ginzburg) 莱吉特(A. Leggett)	俄 俄 英	发现了量子理论中的二种状态:超导性和超流性。提出解释极低温度下物质性质的理论。

主要参考书目

1 赵凯华,罗蔚茵编著.新概念物理教程:力学.北京:高等教育出版社,1995 年.

2 Resnick R,Halliday D,Krane K S. Physics. New York:John Wiley & Sons,Inc,1992.

3 Савелъев И В,Курс общей физки. Москва:Наука,1982.

4 [美]J.奥里尔著.大学物理学.北京:科学出版社,1985 年.

5 [美]M.默根著.物理科学及其现代应用.北京:科学出版社,1983 年.

6 伊·普里戈金,伊·斯唐热著.从混沌到有序.上海:上海译文出版社,1987 年.

7 谌恩华,沈小峰等编.普里高津与耗散结构理论.西安:陕西科学技术出版社,1982 年.

8 [美]E.M.珀塞尔著.电磁学.北京:科学出版社,1979 年.

9 孟庆信著.相对论电磁学.北京:科学出版社,1993 年.

10 赵凯华,陈熙谋编.电磁学.北京:人民教育出版社,1978 年.

11 梁绍荣,池无量,杨敬明编.普通物理学.北京:北京师范大学出版社,1985 年.

12 姚启钧编.光学教程.北京:高等教育出版社,1981 年.

13 赵凯华,钟锡华编.光学.北京:北京大学出版社,1984 年.

14 [美]R.埃斯伯格,R.瑞斯尼克著.量子物理学.北京:北京工业学院出版社,1985 年.

15 徐克尊等编.近代物理学.北京:高等教育出版社,1993 年.

16 黄昆原著,韩汝琦改编.固体物理学.北京:高等教育出版社,1988 年.

17 王正行编著.近代物理学.北京:北京大学出版社,1995 年.

习题答案

第1章

1-1 $[v]=LT^{-1},[a]=LT^{-2}$,
$[F]=MLT^{-2},[W]=ML^2T^{-2}$,
$[E_k]=ML^2T^{-2},[U]=ML^2T^{-2}$,
$[M]=ML^2T^{-2},[P]=ML^2T^{-3}$,
$[p]=MLT^{-1},[I]=MLT^{-1}$

1-2 $F\propto\dfrac{mv^2}{r}$ 或 $F=\dfrac{mv^2}{r}$

1-3   该结果是错误的

1-4 $m^3\cdot kg^{-1}\cdot s^{-2}$

1-5 $T\propto\sqrt{\dfrac{m}{k}}$

第2章

2-1 $a=2.78m\cdot s^{-2}$

2-2 $\Delta s=19.9m$,故该驾驶员不会闯红灯

2-3   (1)$y=2-\dfrac{1}{4}x^2$,为一抛物线;
(2)$\Delta\boldsymbol{r}=(2\boldsymbol{i}-3\boldsymbol{j})m$
(3)$\boldsymbol{v}_1=(2\boldsymbol{i}-2\boldsymbol{j})m\cdot s^{-1},\boldsymbol{a}_1=-2\boldsymbol{j}m\cdot s^{-2}$
$\boldsymbol{v}_2=(2\boldsymbol{i}-4\boldsymbol{j})m\cdot s^{-1},\boldsymbol{a}_2=-2\boldsymbol{j}m\cdot s^{-2}$

2-4   (1)$\boldsymbol{v}=-12\sin4t\boldsymbol{i}+12\cos4t\boldsymbol{j}$,
$\boldsymbol{a}=-48\cos4t\boldsymbol{i}-48\sin4t\boldsymbol{j}$;
(2)$a_\tau=0,a_n=48m\cdot s^{-2}$

2-5 $v=\sqrt{8x+2x^3}$

2-6   (1)$v=\dfrac{\cos\alpha}{\cos\theta}v_0$;
(2)$a_\tau=-g\sin\theta,a_n=g\cos\theta$;
(3)$\rho=\dfrac{v_0^2\cos^2\alpha}{g\cos^3\theta}$

2-7   (1)$v=2\pi\cos\dfrac{\pi}{2}t$;
(2)$x=4\sin\dfrac{\pi}{2}t$

2-8 $a_n=8.03m\cdot s^{-2}$

2-9 $v=5m\cdot s^{-1},a_\tau=-1m\cdot s^{-2}$,
$a_n=0.5m\cdot s^{-2},a=1.1m\cdot s^{-2}$

2-10   (1)$s=\dfrac{1}{3}ct^3$;
(2)$a_\tau=2ct,a_n=\dfrac{c^2t^4}{R}$

2-11   (1)$t=1s$;

(2)$s=1.50m$

2-12 $v=4.5m\cdot s^{-1}$

2-13 $t=30min=0.5h,v_水=5km\cdot h^{-1}$

2-14   (1)$v_{机对地}=225km\cdot h^{-1}$,方向正东偏北16.82°;
(2)飞机指向正东偏南17.60°,
$v'_{机对地}=205km\cdot h^{-1}$

2-15 $v_风=11.2m\cdot s^{-1}$,东偏北27°

2-16   (1)相对升降机向下匀加速直线运动,$a'=11.02m\cdot s^{-2}$;相对地面作竖直上抛运动,$a''=g=9.8m\cdot s^{-2}$
(2)$t=0.71s$;
(3)$h=0.74m$

2-17 $v=u\sqrt{1+(\dfrac{h}{x})^2},a=\dfrac{h^2u^2}{x^3}$

第3章

3-1 $v_1=90m\cdot s^{-1},v_3\approx127m\cdot s^{-1}$

3-2 $\dfrac{v_2}{v_1}=0.71$

3-3 $v_1=v_0+\dfrac{mu}{M+m},v_2=v_0$

3-4 $\Delta p=-16kg\cdot m\cdot s^{-1},I=-16N\cdot s$,
$\overline{F}=-8\times10^3N$;负号表示与投出时的速度方向相反

3-5 $v_A=\dfrac{F\Delta t_1}{m_A+m_B},v_B=\dfrac{F\Delta t_1}{m_A+m_B}+\dfrac{F\Delta t_2}{m_B}$

3-6 $\overline{F}=3\times10^5N$

3-7 $\overline{F}_x=5N$

3-8   (1)$v=8.24\times10^3m\cdot s^{-1}$;
(2)$v=4.02\times10^3m\cdot s^{-1}$

3-9 $\overline{F}=-1.08\times10^4N$

3-10 $v_{max}=\sqrt{\dfrac{\sin\theta+\mu\cos\theta}{\cos\theta-\mu\sin\theta}gR}$,
$v_{min}=\sqrt{\dfrac{\sin\theta-\mu\cos\theta}{\cos\theta+\mu\sin\theta}gR}$

3-11   (1)$N_{12}=84N,N_{23}=56N$;
(2)$N'_{12}=14N,N'_{23}=42N$

3-12   相对于升降机
$\boldsymbol{a}_A'=\dfrac{3}{4}g\boldsymbol{i},\boldsymbol{a}_B'=-\dfrac{3}{4}g\boldsymbol{j}$;

相对于地面

$$a_A = \frac{3}{4}gi + \frac{1}{2}gj, a_B = -\frac{1}{4}gj$$

3-13 (1) $m_c = 10\text{kg}$；

(2) $a = 2.72\text{m} \cdot \text{s}^{-2}$

3-14 $a_1 = a_2 = 0.98\text{m} \cdot \text{s}^{-2}, T = 1.96\text{N}$

3-15 $F_{\min} = 4.88 \times 10^2 \text{N}$

3-16 $a_1 = \left[\frac{2m_2 m_3(1+\mu)}{(m_1+m_2)m_3+4m_1 m_2} - \mu\right]g$,

$a_2 = \left[\frac{2m_1 m_3(1+\mu)}{(m_1+m_2)m_3+4m_1 m_2} - \mu\right]g$,

$a_3 = \left[\frac{(m_1+m_2)m_3(1+\mu)}{(m_1+m_2)m_3+4m_1 m_2} - \mu\right]g$,

$T = \frac{2m_1 m_2 m_3(1+\mu)}{(m_1+m_2)m_3+4m_1 m_2}g$

3-17 (1) $f = \mu \frac{mv^2}{R}$；

(2) $a_\tau = -\mu \frac{v^2}{R}$；

(3) $t = \frac{2R}{\mu v_0}$

3-18 $y_{\max} = \frac{m}{2k}\ln\frac{mg+kv_0^2}{mg}$

3-19 (1) $v_1 = 4.16\text{m} \cdot \text{s}^{-1}$；

(2) $v_2 = 2.78\text{m} \cdot \text{s}^{-1}$；

(3) $v_3 = 4.24\text{m} \cdot \text{s}^{-1}$

3-20 均为 $N = \frac{(2M+4m)g}{3}$

第 4 章

4-1 $W = 91\text{J}$

4-2 $P = 94\text{kW}$

4-3 $\Delta s = 0.41\text{cm}$

4-4 $v = 2.3\text{m} \cdot \text{s}^{-1}$

4-5 (1)证明略；

(2) $U = 3x^2 + x^4$；

(3) $v = 0.78\text{m} \cdot \text{s}^{-1}$

4-6 (1) $F(r) = -U_0\left(\frac{r_0}{r^2} + \frac{1}{r}\right)e^{-r/r_0}$；

(2) $0.14, 0.007\ 8, 6.8 \times 10^{-6}$

4-7 证明略

4-8 $W_f = -42.4\text{J}$

4-9 $v = 3.19 \times 10^2 \text{m} \cdot \text{s}^{-1}$

4-10 (1) $W_f = -\frac{1}{2}mv^2\left[\frac{m_0^2 + 2m_0 m}{(m+m_0)^2}\right]$；

(2) $W_f' = \frac{1}{2}mv^2\left[\frac{m_0 m}{(m+m_0)^2}\right]$；

(3) $\Delta E = \frac{m m_0}{2(m+m_0)}v^2$

4-11 $v = \sqrt{\frac{g}{l}\left[(l^2 - a^2) - \mu(l-a)^2\right]}$

4-12 $x_{\max} = \frac{m_0 g}{k} + \sqrt{\frac{2m^2 g}{km_0}}(\sqrt{H} + \sqrt{h})$

4-13 $x = 2\sqrt{\frac{5mgR}{k}} = 0.1\text{m}$

4-14 (1) $v' = \sqrt{\frac{(M+m)2gR\sin\theta}{(M+m) - m\sin^2\theta}}$

$v = \frac{m\sin\theta}{M+m}\sqrt{\frac{(M+m)2gR\sin\theta}{(M+m) - m\sin^2\theta}}$；

(2) $s_1 = \frac{m}{M+m}R$

第 5 章

5-1 (1) $L_2 = 4m\omega l^2$

(2) $L = 14m\omega l^2$

5-2 (1) $M = mgb$；

(2) $L = mgbt$；

(3)证明略

5-3 (1) $\omega = 12\text{rad} \cdot \text{s}^{-1}$；

(2) $W = 2.7 \times 10^{-2}\text{J}$

5-4 $L_B = 1\text{kg} \cdot \text{m}^2 \cdot \text{s}^{-1}, v_B = 1\text{m} \cdot \text{s}^{-1}$

5-5 $L_{地} = 2.68 \times 10^{40}\text{kg} \cdot \text{m}^2 \cdot \text{s}^{-1}$,

$L_{电} = 1.05 \times 10^{-34}\text{kg} \cdot \text{m}^2 \cdot \text{s}^{-1}$

5-6 $v_2 = 3.03 \times 10^4 \text{m} \cdot \text{s}^{-1}$,

$\omega_1 = 1.93 \times 10^{-7}\text{rad} \cdot \text{s}^{-1}$,

$\omega_2 = 2.06 \times 10^{-7}\text{rad} \cdot \text{s}^{-1}$

5-7 $L = 2ma^2\omega\sin\theta$，位于 XOZ 平面内与 Z 轴夹角

为 $\left(\frac{\pi}{2} - \theta\right)$

5-8 (1) $\theta_m = \frac{2\pi M}{M+m}$；

(2) $\Delta t = \sqrt{\frac{2\pi^2 mMR^2}{(M+m)U_0}}$

5-9 $v_2 = 6.30\text{km} \cdot \text{s}^{-1} = 6.30 \times 10^3 \text{m} \cdot \text{s}^{-1}$

5-10 $u = \frac{v}{2}$

第 6 章

6-1 $x = 1.2\text{m}$

6-2 $x_c = 0, y_c = \frac{2R}{\pi}$

6-3 (1) $I_0 = 8mR^2$；

(2) $I_c = 7.5mR^2$

6-4 $I=191\text{kg}\cdot\text{m}^2$

6-5 $(1)I_0=\dfrac{1}{3}ml^2+\dfrac{1}{2}MR^2+M(l+R)^2$;

$(2)x_c=\dfrac{ml+2M(l+R)}{2(M+m)}$,

$I_c=I_0-\dfrac{[ml+2M(l+R)]^2}{4(M+m)}$

6-6 $I_0=\dfrac{13}{24}mR^2$

6-7 $(1)x_c=\dfrac{2}{3}l$；$(2)I_0=\dfrac{1}{4}kl^4$

6-8 $(1)M_f=-33.5\text{N}\cdot\text{m}$；

$(2)W_f=-6.32\times10^4\text{J}$

6-9 $a=\dfrac{mgx}{(\frac{1}{2}M+m)g}$

6-10 $a_1=\dfrac{(m_2R-m_1r)gr}{I_1+I_2+m_1r^2+m_2R^2}$,

$a_2=\dfrac{(m_2R-m_1r)gR}{I_1+I_2+m_1r^2+m_2R^2}$,

$T_1=\dfrac{I_1+I_2+m_1r(R+r)}{I_1+I_2+m_1r^2+m_2R^2}m_1g$,

$T_2=\dfrac{I_1+I_2+m_1r(R+r)}{I_1+I_2+m_1r^2+m_2R^2}m_2g$

6-11 (1)在剪断瞬间,杆绕另一端并与杆垂直的水平轴转动;

$(2)T=\dfrac{1}{4}Mg$

6-12 $(1)a=\dfrac{(m_1-\mu m_2)g}{m_1+m_2+\dfrac{I}{r^2}}$,

$T_1=\dfrac{m_2+\mu m_2+\dfrac{I}{r^2}}{m_1+m_2+\dfrac{I}{r^2}}m_1g$,

$T_2=\dfrac{m_1+\mu m_1+\mu\dfrac{I}{r^2}}{m_1+m_2+\dfrac{I}{r^2}}m_2g$；

$(2)a=\dfrac{m_1g}{m_1+m_2+\dfrac{I}{r^2}}$,

$T_1=\dfrac{m_2+\dfrac{I}{r^2}}{m_1+m_2+\dfrac{I}{r^2}}m_1g$,

$T_2=\dfrac{m_1}{m_1+m_2+\dfrac{I}{r^2}}m_2g$

6-13 $a=\dfrac{mg}{(2M+m)}=6.53\text{m}\cdot\text{s}^{-2}$

6-14 $R=5\ 555\text{km}$

6-15 $W=-5.45\times10^3\text{J}$

6-16 $t=\dfrac{3R\omega_0}{4\mu g}$,$W_f=-\dfrac{1}{4}mR^2\omega_0^2$

6-17 $\dfrac{\text{d}E_k}{\text{d}t}=-1.99\times10^{25}\text{J}\cdot\text{s}^{-1}$,

$\Delta t=1.05\times10^{15}\text{s}=3.33\times10^7\text{y}$

6-18 $(1)\Delta E_k=-1.72\times10^{20}\text{J}$；

$(2)\overline{M}_f=-7.5\times10^{16}\text{N}\cdot\text{m}$

6-19 $l=\dfrac{\sqrt{3}}{3}L$

6-20 $(1)\omega=\dfrac{mv_0}{(\frac{1}{2}M+m)R}$；

$(2)\omega=\dfrac{2m(v_0-v_1)}{MR}$；

(3)均不守恒

6-21 $\omega=\dfrac{6mv}{Ml}$

6-22 $\omega=\sqrt{\dfrac{3(1.35kl-mg)}{ml}}$

6-23 $v=\sqrt{\dfrac{2mgh}{m+\dfrac{2M}{5}+\dfrac{I}{r^2}}}$

6-24 $(1)\omega=\dfrac{3}{2}\sqrt{\dfrac{g}{l}}$；

$(2)\alpha=\dfrac{9g}{8l}$；

$(3)N=\dfrac{27}{8}mgi+\dfrac{5}{16}mgj$

6-25 $\alpha=10.5\text{rad}\cdot\text{s}^{-2}$,$\omega=4.58\text{rad}\cdot\text{s}^{-1}$

6-26 $(1)a_c=\dfrac{4mg}{8m+3M}$,$a=\dfrac{8mg}{8m+3M}$,

$T=\dfrac{3Mmg}{8m+3M}$；

$(2)\omega=\dfrac{1}{R}\sqrt{\dfrac{4mgh}{8m+3M}}$

6-27 $a_c=\dfrac{2}{7}a$

第7章

7-1 $(1)F=8.41\times10^{-9}\text{N}$；

$(2)F=2.01\times10^{20}\text{N}$

7-2 $F=G\dfrac{Mm}{d^2}-G\dfrac{Mm}{8(d-\dfrac{R}{2})^2}$

7-3 $h=3.58\times10^7\text{m}=35\ 800\text{km}$

7-4 $U_1=\dfrac{2GMm}{3R}$,$U_2=-\dfrac{GMm}{3R}$

7-5 $W=3.1\times10^{11}\text{J}$

7-6 $v_1=m_2\sqrt{\dfrac{2G}{(m_1+m_2)a}}$,

$$v_2 = m_1 \sqrt{\frac{2G}{(m_1+m_2)a}}$$

7-7 $v_1 = 5.91 \times 10^4 \text{m} \cdot \text{s}^{-1}$,

$v_2 = 3.88 \times 10^4 \text{m} \cdot \text{s}^{-1}$

7-8 $v_{\min} = \frac{1}{3}\sqrt{gR}$, $v_{\max} = \frac{2}{3}\sqrt{gR}$

7-9 $b = R\sqrt{1+\frac{8GM}{5Rv_0^2}}$

7-10 $(1)r = \frac{16}{7}R$；

$(2)r = \frac{9}{7}R$

第 8 章

8-1 $|\Delta x'| = 6.71 \times 10^8 \text{m}$

8-2 $\Delta t = \dfrac{\dfrac{L}{v'} + \dfrac{v}{c^2}L}{\sqrt{1-(\dfrac{v}{c})^2}}$

8-3 $(1)\tau' = 2.6 \times 10^{-7}\text{s}, h' = 49.9\text{km}$；

$(2)\Delta l = 7.76\text{m}$

8-4 $\Delta t' = 5 \times 10^{-14}\text{s}$

8-5 $|\Delta x'| = 1.48 \times 10^{10}\text{m}, \Delta t = 50.25\text{s}$

8-6 $T' = 3$ 昼夜，$\Delta l = 1.04 \times 10^{14}\text{m}$

8-7 $v = 0.816c, \Delta l = 0.707\text{m}$

8-8 证明略

8-9 $v_{电} = 0.93c, v_{光} = c$

8-10 $v' = 0.976c$

8-11 $(1)v = 0.946c$；

$(2)\Delta t = 4\text{s}$

8-12 $l = l_0(\dfrac{1-\dfrac{v^2}{c^2}}{1+\dfrac{v^2}{c^2}})$

8-13 $v = 0.866c, p = 1.732m_0c, E = 2m_0c^2$

8-14 $E_k = 0.083m_0c^2, E = 1.083m_0c^2$

8-15 $l = 1.799 \times 10^4\text{m}$

8-16 $(1)\overline{F} = 10^{-10}\text{N}$；

$(2)\Delta t = \frac{1}{3} \times 10^{-8}\text{s}$

8-17 $P = 3.6 \times 10^{26}\text{W}$

8-18 $\Delta E = 4.258 \times 10^{-12}\text{J}$

8-19 $m = 2.25m_0, p = 0.75m_0c$,

$E = 2.25m_0c^2$

8-20 $E_{k\mu} = \dfrac{(m_\pi - m_\mu)^2 c^2}{2m_\pi}$,

$$E_{k\nu} = \frac{(m_\pi^2 - m_\mu^2)c^2}{2m_\pi}$$

第 9 章

9-1 $(1)\nu = 4\text{Hz}, T = 0.25\text{s}, A = 0.1\text{m}$,

$\varphi = \frac{2}{3}\pi, v_m = 2.5\text{m} \cdot \text{s}^{-1}$,

$a_m = 63\text{m} \cdot \text{s}^{-2}$

$(2)\varphi = \pi, \frac{4}{3}\pi, 2\pi$，图略

9-2 $(1)\varphi = \pi$；

$(2)\varphi = -\frac{\pi}{2}$；

$(3)\varphi = \frac{\pi}{3}$

9-3 $y = 2A\cos(\omega t + \varphi - \frac{\pi}{2})$

9-4 $(a)x = 0.1\cos(\pi t - \frac{\pi}{2})$(SI)；

$(b)x = 0.1\cos(\frac{5}{6}\pi t - \frac{\pi}{3})$(SI)

9-5 $(1)x_1 = 0.21\text{m}, F = -5.18 \times 10^{-3}\text{N}$；

$(2)\Delta t = 2\text{s}$

9-6 $x = 0.38\cos(\frac{5}{6}\pi t - \frac{5\pi}{6})$(SI)

9-7 $A = 0.1\text{m}, T_{\max} = 3 \times 10^5\text{N}$

9-8 $\nu = 498\text{Hz}$

9-9 $A_{\max} = 0.196\text{m}, E_{k,\max} = 4.8 \times 10^{-2}\text{J}$

9-10 $(1)x = 0.02\cos(15t + \pi)$(SI)；

$(2)\Delta t = 0.14\text{s}, \Delta\varphi_{\min} = \frac{2}{3}\pi$；

$(3)E = 9 \times 10^{-4}\text{J}, U = 2.25 \times 10^{-4}\text{J}$,

$E_k = 6.75 \times 10^{-4}\text{J}$

9-11 $(1)\theta = 8.8 \times 10^{-2}\cos(3.13t + 3.96)$(SI)；

$(2)U = 1.77 \times 10^{-4}\text{J}, E_k = 2 \times 10^{-4}\text{J}$

9-12 $x = 0.04\cos(100t - \frac{\pi}{2})$ (SI)

9-13 $T = 2\pi\sqrt{\dfrac{m}{2\rho Sg}}$

9-14 $T = 2\pi\sqrt{\dfrac{mR^2+I}{kR^2}}$

9-15 $T = 2\pi\sqrt{\dfrac{(4m_0+3m)l}{6(m_0+m)g}}$,

$\theta = \theta_m\cos(\omega t - \frac{\pi}{2})$

9-16 $(a)\omega = \sqrt{\dfrac{k_1+k_2}{m}}$；

$(b)\omega=\sqrt{\dfrac{k_1k_2}{m(k_1+k_2)}}$;

$(c)\omega=\sqrt{\dfrac{k}{m}}$

9-17　$k=708\text{N}\cdot\text{m}^{-1}$

9-18　$(1)k=1.066\times10^6\text{N}\cdot\text{m}^{-1}$;

　　　$(2)\nu'=2.6\text{Hz}$

9-19　$\nu=\dfrac{1}{2\pi}\sqrt{\dfrac{k}{M+6m}}$

9-20　$v=222.5\text{m}\cdot\text{s}^{-1}$

9-21　$(1)A=0.078\text{m},\varphi=84.8°$;

　　　$(2)\varphi_3=\dfrac{3}{4}\pi;(3)\varphi_3=\dfrac{5}{4}\pi$

9-22　$x=0.346\cos(4\pi t+\dfrac{\pi}{3})(\text{SI})$

9-23　$A_2=0.1\text{m},\varphi_2-\varphi_1=\dfrac{\pi}{2}$

9-24　(1)正椭圆,左旋;

　　　$(2)F=m\omega^2\sqrt{x^2+y^2}$

9-25　$\nu=256\pm2.5\text{Hz}$

9-26　$\nu_y=1.80\times10^4\text{Hz}$

第10章

10-1　$\nu=6.85\times10^{-4}\text{Hz},t=10.8\text{h}$

10-2　$(1)\lambda_1=16.5\text{m},\lambda_2=1.65\times10^{-2}\text{m}$;

　　　$(2)\nu=7.5\times10^{14}\sim3.95\times10^{14}\text{Hz}$

10-3　$\lambda=3\text{km},A=1\text{m}$

10-4　$(1)\Delta x=0.117\text{m}$;

　　　$(2)\Delta\varphi=\pi$

10-5　$(1)\lambda=0.52\text{m}$;

　　　$(2)\Delta t=8.3\times10^{-5}\text{s}$;

　　　$(3)\varphi=\dfrac{\pi}{2}$;

　　　$(4)v_m=18.8\text{m}\cdot\text{s}^{-1}$,

　　　　$a_m=3.55\times10^5\text{m}\cdot\text{s}^{-2}$

10-6　(1)沿 X 轴负方向传播;

　　　$(2)\nu=\dfrac{4}{\pi}\text{Hz},\lambda=\dfrac{2\pi}{3}\text{m},u=\dfrac{8}{3}\text{m}\cdot\text{s}^{-1}$;

　　　(3)为坐标原点处的初相

10-7　$(1)A=1.2\times10^{-3}\text{m},\nu=5\times10^4\text{Hz}$;

　　　$(2)\lambda=2.85\times10^{-2}\text{m},u=1.43\times10^3$

　　　　$\text{m}\cdot\text{s}^{-1};(3)\Delta\varphi=11\text{rad}$

10-8　$(1)y=0.2\cos[200\pi(t-\dfrac{x}{400})-\dfrac{\pi}{2}](\text{SI})$;

$(2)y=0.2\cos(200\pi t-\dfrac{3}{2}\pi)(\text{SI})$

$(3)\Delta\varphi=\dfrac{\pi}{2}$

10-9　$y=2\cos[2\pi(t+\dfrac{x}{10})+\varphi](\text{SI})$ 及

　　　$y=2\cos[2\pi(t+\dfrac{x}{10})-\pi+\varphi](\text{SI})$

10-10　$(1)y=0.1\cos(20\pi t-\dfrac{\pi}{3})(\text{SI})$;

　　　　$(2)y=0.1\cos[20\pi(t-\dfrac{x}{10})-\dfrac{\pi}{3}](\text{SI})$;

　　　　$(3)y=0.1\cos(20\pi t-\dfrac{4}{3}\pi)(\text{SI})$

10-11　$I=1.6\times10^{-10}\text{W}\cdot\text{m}^{-2}$

10-12　$(1)I=1.58\times10^5\text{W}\cdot\text{m}^{-2}$;

　　　　$(2)E=3.79\times10^3\text{J}$

10-13　$I=4I_1$ 及 $I=0$

10-14　$x=2k+15,k=0,\pm1,\pm2,\cdots,\pm7$

10-15　(1)均为减弱点;

　　　　(2)均为加强点;

　　　　$(3)\pm1,\pm3,\pm5$

10-16　$\nu_{\min}=250\text{Hz}$

10-17　$(1)\nu=2\text{Hz},\lambda=2\text{m},u=4\text{m}\cdot\text{s}^{-1}$;

　　　　(2)波节　$x=\pm(k+\dfrac{1}{2})\text{m},k=0,1,2,\cdots$

　　　　　　　波腹　$x=\pm k\text{m},k=0,1,2,\cdots$

10-18　$y=A\cos[\omega(t-\dfrac{x+2b}{u})+\pi+\varphi]$

10-19　$(1)y_2=A\cos(\omega t+kx-\pi)$

　　　　$(2)y=2A\sin kx\sin\omega t$

　　　　(3)波节 $x=\dfrac{n}{2}\lambda,n=0,1,2,\cdots,8$

　　　　　　波腹 $x=(2n+1)\dfrac{\lambda}{4},n=0,1,2,\cdots,7$

10-20　$(1)y_{人}=A\cos(10\pi t-\dfrac{\pi}{4}x+\dfrac{\pi}{2})$　(SI),

　　　　　$y_{反}=A\cos(10\pi t+\dfrac{\pi}{4}x+\dfrac{\pi}{2})$　(SI);

　　　　$(2)y=2A\cos\left(\dfrac{\pi}{4}x\right)\cos\left(10\pi t+\dfrac{\pi}{2}\right)$

　　　　　(SI);

　　　　(3)波腹$:x=4k\text{m},k=0,1,2,3$,

　　　　　　波节$:x=(4k+2)\text{m},k=0,1,2,3$

10-21　$(1)\nu_r=971\text{Hz}$;

　　　　$(2)\nu_r=1\,030\text{Hz}$

10-22　$v_s=31.4\text{m}\cdot\text{s}^{-1}$

10-23　$(1)\varphi_A-\varphi_B=2\pi$;

$(2)\varphi_A - \varphi_B = \dfrac{2}{3}\pi$

10-24　$\nu_{拍} = 1.66 \times 10^3 \text{Hz}$

第11章

11-1　$(1)p = 1.66 \times 10^5 \text{Pa}$;

　　　$(2)P = 33.3\%$

11-2　$p = 1.88 \times 10^4 \text{Pa}$

11-3　$(1)n = 2.41 \times 10^{25}/\text{m}^3$;

　　　$(2)m = 4.65 \times 10^{-26}\text{kg}$;

　　　$(3)\rho = 1.12\text{kg} \cdot \text{m}^3$;

　　　$(4)\sqrt{\overline{v^2}} = 517\text{m} \cdot \text{s}^{-1}$;

　　　$(5)\overline{\varepsilon_t} = 6.21 \times 10^{-21}\text{J}$

11-4　$(1)\overline{\varepsilon_k} = 5.65 \times 10^{-21}\text{J}, \overline{\varepsilon_r} = 3.77 \times 10^{-21}\text{J}$;

　　　$(2)E = 1.96 \times 10^3 \text{J}$

11-5　$\Delta p = 4.0 \times 10^4 \text{Pa}$

11-6　$(1)\overline{v} = 3.18\text{km} \cdot \text{s}^{-1}$;

　　　$(2)\sqrt{\overline{v^2}} = 3.37\text{km} \cdot \text{s}^{-1}$;

　　　$(3)v_p = 4\text{km} \cdot \text{s}^{-1}$

11-7　$(1)\overline{\varepsilon} = 1.29 \times 10^4 \text{eV}$;

　　　$(2)\sqrt{\overline{v^2}} = 1.57 \times 10^6 \text{m} \cdot \text{s}^{-1}$

11-8　$\Delta T = 1.28 \times 10^{-2}\text{K}$

11-9　$T = 1.16 \times 10^7 \text{K}$,

　　　$\sqrt{\overline{v^2}} = 5.36 \times 10^5 \text{m} \cdot \text{s}^{-1}$

11-10　$i = 5$

11-11　$\text{H}_2 : E_{\text{mol}} = 6.23 \times 10^3 \text{J}, \Delta E_{\text{mol}} = 20.8\text{J}$

　　　$\text{He} : E_{\text{mol}} = 3.74 \times 10^3 \text{J}, \Delta E_{\text{mol}} = 12.5\text{J}$

　　　$\text{NH}_3 : E_{\text{mol}} = 7.48 \times 10^3 \text{J}, \Delta E_{\text{mol}} = 24.9\text{J}$

11-12　证明略。取暖器加热的作用是使分子平均平动动能增加。

11-13　$T = 120\text{K}, \overline{v} = 1.13 \times 10^3 \text{m} \cdot \text{s}^{-1}$,

　　　$\sqrt{\overline{v^2}} = 1.22 \times 10^3 \text{m} \cdot \text{s}^{-1}$

11-14　$\dfrac{\Delta N_1}{\Delta N_2} = 0.27$

11-15　(1)图略;

　　　$(2)k = \dfrac{6}{v_0^3}$;

　　　$(3)v_p = \dfrac{v_0}{2}, \overline{v} = \dfrac{v_0}{2}, \sqrt{\overline{v^2}} = 0.55v_0$

11-16　$(1)f(v) = \begin{cases} \dfrac{a}{v_0}v & 0 \leqslant v \leqslant v_0 \\ a & v_0 \leqslant v \leqslant 2v_0 \\ 0 & v > 2v_0 \end{cases}$

　　　$(2)a = \dfrac{2}{3v_0}$;

　　　$(3)\Delta N = \dfrac{7}{12}N$;

　　　$(4)\overline{v} = \dfrac{11}{9}v_0$;

　　　$(5)\overline{\varepsilon_t} = \dfrac{31}{36}mv_0^2$

11-17　$(1)P = \dfrac{1}{3} = 33.3\%$;

　　　$(2)\overline{v} = \dfrac{13}{6}v_0$

11-18　$h = 2.3\text{km}$

11-19　$p = 5.85 \times 10^{-10}\text{Pa}$

11-20　$\overline{\lambda} = 1.74 \times 10^{-7}\text{m}$;

　　　$\overline{Z} = 1.02 \times 10^{10}$次 $\cdot \text{s}^{-1}$

11-21　$\overline{v} = 2\overline{v_0}, \overline{Z} = 2\overline{Z_0}, \overline{\lambda} = \overline{\lambda_0}$

11-22　$N = 6 \times 10^6$ 个, $s = 30\text{cm}$

11-23　$f_{(\varepsilon_k)} = \dfrac{2}{\sqrt{\pi}}(kT)^{-\frac{3}{2}}\varepsilon_k^{\frac{1}{2}}e^{-\frac{\varepsilon_k}{kT}}, \varepsilon_{kp} = \dfrac{1}{2}kT$

11-24　$f = 4.5 \times 10^{-2}\text{N}$

11-25　$(1)V = 7.8 \times 10^{-4}\text{m}^3$;

　　　$(2)p = 9.3 \times 10^7 \text{Pa}$

第12章

12-1　$W = 9 \times 10^3 \text{J}, Q = 2.41 \times 10^4 \text{J}$,

　　　$\Delta E = 1.5 \times 10^4 \text{J}$

12-2　$(1)Q = 300\text{J}$; (2)放热, $Q = -330\text{J}$

12-3　$(1)V_1 = 2.49 \times 10^{-3}\text{m}^3$,

　　　$V_2 = 7.47 \times 10^{-3}\text{m}^3, T_b = 900\text{K}$

　　　$(2)W_{ab} = 0, \Delta E_{ab} = 1.25 \times 10^3 \text{J}$,

　　　$Q_{ab} = 1.25 \times 10^3 \text{J}; W_{bc} = 822\text{J}$,

　　　$\Delta E_{bc} = 0, Q_{bc} = 822\text{J}; W_{ca} = -498\text{J}$,

　　　$\Delta E_{ca} = -1.25 \times 10^3 \text{J}$,

　　　$Q_{ca} = -1.75 \times 10^3 \text{J}$

12-4　$\Delta E = 124.7\text{J}, Q = -84.3\text{J}$,

　　　$C_m = -8.43\text{J} \cdot \text{mol}^{-1} \cdot \text{K}^{-1}$

12-5　$C_m = 24.93\text{J} \cdot \text{mol}^{-1} \cdot \text{K}^{-1}$

12-6　$(1)W = 378\text{J}$;

　　　$(2)\Delta E = 1.05 \times 10^3 \text{J}$

12-7 (1)$\Delta T=T_0$,$W=RT_0$,$Q=\frac{7}{2}RT_0$;

(2)$\Delta T=0$,$W=0.693RT_0$,$Q=0.693RT_0$;

(3)$\Delta T=-0.242T_0$,$W=0.605RT_0$,

$Q=0$

12-8 (1)$V_2=1.46\times10^{-2}m^3$;

(2)$p=1.12\times10^5Pa$;

(3)$\Delta E=214.3J$

12-9 (1)$\Delta E=0$;

(2)$Q=5.5\times10^4J$;

(3)$W=5.5\times10^4J$

12-10 (1)$T_a=120K$,$T_b=361K$,$T_c=181K$;

(2)$W=-250J$,$\Delta E=-224J$,

$Q=-474J$

12-11 (1)$V_2=4.0\times10^{-2}m^3$,

$p_a=1.25\times10^5Pa$;

(2)$W_{ab}<0$,$Q_{ab}<0$,$\Delta E_{ab}<0$;

$W_{bc}=0$,$Q_{bc}>0$,$\Delta E_{bc}>0$;

$W_{ca}>0$,$Q_{ca}>0$,$\Delta E_{ca}=0$

12-12 (1)$p_2=3.28\times10^6Pa$,$T_2=764.6K$;

(2)$W=-4.31\times10^3J$,

$\Delta E=4.31\times10^3J$

12-13 $\Delta E=3.76\times10^4J$

12-14 证明略

12-15 (1)$T_2=320K$;

(2)$\eta=20\%$

12-16 $W_{净}=8.3\times10^2J$,$Q_1=3.33\times10^3J$,

$Q_2=2.50\times10^3J$

12-17 (1)$\eta=6.7\%$

(2)$Q_2=14MW$

12-18 证明略

12-19 $\eta=21.7\%$

12-20 $\eta=15.4\%$

12-21 $Q_{BED}=140J$,$\eta=28.6\%$

12-22 (1)$W=3.22\times10^4J$;

(2)$P=32.2W$;

(3)$\Delta t=10^3s$

12-23 $\Delta S_{水}=1.01\times10^3J\cdot K^{-1}$,

$\Delta S_{砂}=-9\times10^2J\cdot K^{-1}$

12-24 (1)$W=1.3\times10^3J$;

(2)$Q=2.8\times10^3J$;

(3)$\Delta S=2.35J\cdot K^{-1}$

12-25 (1)$W=\frac{3}{4}p_0V_0$;

(2)$\Delta S=-17.3J\cdot K^{-1}$

12-26 $\Delta S=19.1J\cdot K^{-1}$

12-27 (1)$\Delta S=22.0J\cdot K^{-1}$;

(2)$\frac{\Omega_{水}}{\Omega_{冰}}=10^{6.90\times10^{23}}$

12-28 (1)$T=488K$,$p=1.08\times10^5Pa$;

(2)$\Delta S_{He}=9.47J\cdot K^{-1}$,

$\Delta S_{O_2}=-6.65J\cdot K^{-1}$

第 13 章

13-1 $F=51.2N$

13-2 $x=(\sqrt{2}-1)l$,$q_3=-(6-4\sqrt{2})q$

13-3 $q=-4.8\times10^{-19}C$,3 个电子

13-4 $E=\frac{Q}{\pi^2\varepsilon_0R^2}$

13-5 $E=\frac{kL}{4\pi\varepsilon_0b}+\frac{k}{4\pi\varepsilon_0}\ln\frac{b}{L+b}$

13-6 $E=\frac{q}{8\pi\varepsilon_0R^2}$

13-7 $E_P=\frac{\sigma}{2\varepsilon_0}\frac{x}{\sqrt{R^2+x^2}}$

13-8 $Q=-9.02\times10^5C$

13-9 $\Phi_{XY}=0$,$\Phi_{YX}=8.0\times10^2N\cdot m^2\cdot C^{-1}$,

$\Phi_{ZX}=1.6\times10^3N\cdot m^2\cdot C^{-1}$

13-10 $\Phi_{侧}=9.65\times10^4N\cdot m^2\cdot C^{-1}$

13-11 $q_1=-\frac{1}{3}\times10^{-6}C$,$q_2=\frac{5}{9}\times10^{-6}C$

13-12 (1)$E_1=\frac{\rho R^2}{2\varepsilon_0r}$;

(2)$E_2=\frac{\rho r}{2\varepsilon_0}$;

(3)$r=R$ 处,E 最强,$r=\infty$ 或 $r=0$ 处,E 最弱。

13-13 (1)$r<R$,$E_1=0$;$R_1<r<R_2$,$E_2=\frac{\lambda_1}{2\pi\varepsilon_0r}$;

$r>R_2$,$E_3=\frac{\lambda_1+\lambda_2}{2\pi\varepsilon_0r}$;

(2)$E_3=0$,图略

13-14 $F=\frac{\lambda^2}{4\pi\varepsilon_0a}$,方向垂直于带电直线,相互吸引

13-15 (1)$r<R$,$E=\frac{\rho_0r}{3\varepsilon_0}(1-\frac{3r}{4R})$;

$r>R$,$E=\frac{\rho_0R^3}{12\varepsilon_0r^2}$;

(2)$r=\frac{2}{3}R$ 时,$E_{max}=\frac{\rho_0R}{9\varepsilon_0}$

13-16 $|x|<\dfrac{d}{2}$, $|E_{(x)}|=\dfrac{|\rho x|}{\varepsilon_0}$；

$|x|>\dfrac{d}{2}$, $|E_{(x)}|=\dfrac{\rho d}{2\varepsilon_0}$，图略

13-17 σ_1 板外，$E_1=1.13\text{V}\cdot\text{m}^{-1}$，方向垂直离开 σ_1 板；

两板间，$E_2=3.39\text{V}\cdot\text{m}^{-1}$，方向垂直指向 σ_2 板；

σ_2 板外，$E_3=1.13\text{V}\cdot\text{m}^{-1}$，方向垂直离开 σ_2 板

13-18 $Q_{max}=3.33\times10^{-4}\text{C}$，$V_{max}=3.0\times10^6\text{V}$，任何导体带电量都有一最大值

13-19 $(1)W_{Ocd}=\dfrac{q}{6\pi\varepsilon_0 l}$；

$(2)W_{d\to\infty}=\dfrac{q}{6\pi\varepsilon_0 l}$

13-20 $E_k=1.44\times10^{-15}\text{J}$

13-21 $U=\dfrac{Q\lambda}{4\pi\varepsilon_0}\ln2$

13-22 $V_A=45\text{V}$，$V_C=-15\text{V}$

13-23 $(1)V_A=V_B=200\text{V}$，$V_C=600\text{V}$；

$(2)W_{A\to C}=6\times10^{-6}\text{J}$

13-24 $E_{电离}=27.2\text{eV}=4.35\times10^{-18}\text{J}$

13-25 $V=\dfrac{\lambda}{4\pi\varepsilon_0}(2\ln2+\pi)$

13-26 $V_{ab}=49.9\text{V}$

13-27 $(1)V_A=\dfrac{Q}{4\pi\varepsilon_0 l}\ln\dfrac{l+\sqrt{l^2+y_1^2}}{y_1}$，

$E_A=\dfrac{Q}{4\pi\varepsilon_0}\dfrac{1}{y_1\sqrt{l^2+y_1^2}}\boldsymbol{j}$；

$(2)V_B=\dfrac{Q}{8\pi\varepsilon_0 l}\ln\dfrac{x_1+l}{x_1-l}$，

$E_B=\dfrac{Q}{4\pi\varepsilon_0(x_1^2-l^2)}\boldsymbol{i}$

13-28 $(1)q_{内}=6.7\times10^{-10}\text{C}$，$q_{外}=-1.3\times10^{-9}\text{C}$；

$(2)r=0.1\text{m}$ 处

13-29 $E=-2a(x\boldsymbol{i}+y\boldsymbol{j})-2bz\boldsymbol{k}$

13-30 程序略

第 14 章

14-1 $q'_A=-\dfrac{R_1}{R_2}Q$

14-2 $V_0=\dfrac{q}{4\pi\varepsilon_0}(\dfrac{1}{r}-\dfrac{1}{R_1}+\dfrac{1}{R_2})+\dfrac{Q}{4\pi\varepsilon_0 R_2}$

14-3 $\sigma=\varepsilon_0 E_0$

14-4 $\sigma_P=-\dfrac{qd}{2\pi(r^2+d^2)^{3/2}}$

14-5 $(1)S_{内}$ 上有 $-Q$，$S_{外}$ 上有 $+Q$；

$(2)Q'=-\dfrac{b}{a}Q$

14-6 $(1)V_1=\dfrac{q}{4\pi\varepsilon_0}(\dfrac{1}{R_1}-\dfrac{1}{R_2}+\dfrac{1}{R_3})+\dfrac{Q}{4\pi\varepsilon_0 R_3}$，

$V_2=\dfrac{Q+q}{4\pi\varepsilon_0 R_3}$

$\Delta V=\dfrac{q}{4\pi\varepsilon_0}(\dfrac{1}{R_1}-\dfrac{1}{R_2})$；

$(2)V_1=\dfrac{q}{4\pi\varepsilon_0}(\dfrac{1}{R_1}-\dfrac{1}{R_2})$，$V_2=0$，

$\Delta V=\dfrac{q}{4\pi\varepsilon_0}(\dfrac{1}{R_1}-\dfrac{1}{R_2})$；

$(3)V_1=V_2=\dfrac{Q+q}{4\pi\varepsilon_0 R_3}$，$\Delta V=0$

14-7 $(1)C=2.0\text{pF}$；

$(2)C'=2\text{pF}$，$\Delta V'=38\text{V}$

14-8 $C=1.33\times10^{-12}\text{F}$，$Q=1.13\times10^{-13}\text{C}$，

$N=7.06\times10^5$ 个

14-9 $C_{地}=710\mu\text{F}$，只要减小 d，增大 ε 可以实现 $C=1\text{F}$

14-10 $C=8.05\times10^{-13}\text{F}$

14-11 $\Delta d=0.152\text{mm}$

14-12 $\varepsilon=6\,283$

14-13 $V_{max}=1.39\times10^5\text{V}$

14-14 $Q_{上}=5\times10^{-7}\text{C}$，$Q_{下}=1.5\times10^{-6}\text{C}$

14-15 证明略

14-16 插入玻璃前不会击穿，插入后会击穿

14-17 $\lambda_{max,1}=1.7\times10^{-6}\text{C}\cdot\text{m}^{-1}$，

$\lambda_{max,2}=1.7\times10^{-7}\text{C}\cdot\text{m}^{-1}$，

$\lambda_{max,3}=1.7\times10^{-8}\text{C}\cdot\text{m}^{-1}$

14-18 $(1)D=2.655\times10^{-5}\text{C}\cdot\text{m}^{-2}$，

$P=1.77\times10^{-5}\text{C}\cdot\text{m}^{-2}$；

$(2)E_0=3\times10^6\text{V}\cdot\text{m}^{-1}$，

$E'=2\times10^6\text{V}\cdot\text{m}^{-1}$

14-19 $(1)D=\dfrac{\lambda_0}{2\pi r}$，$E=\dfrac{\lambda_0}{2\pi\varepsilon_0\varepsilon r}$，$P=\dfrac{\lambda_0}{2\pi\varepsilon r}(\varepsilon-1)$，

方向均垂直轴线指向外

$(2)V_{12}=\dfrac{\lambda_0}{2\pi\varepsilon_0\varepsilon}\ln\dfrac{R_2}{R_1}$；

$(3)\sigma'_1=-\dfrac{\lambda_0(\varepsilon-1)}{2\pi\varepsilon R_1}$，$\sigma'_2=\dfrac{\lambda_0(\varepsilon-1)}{2\pi\varepsilon R_2}$

14-20 $(1)r<R_1$，$D=0$，$E=0$；

$R_1<r<R_2$，$D=\dfrac{Q}{4\pi r^2}$，$E=\dfrac{Q}{4\pi\varepsilon_0 r^2}$；

$R_2<r<R_3$，$D=\dfrac{Q}{4\pi r^2}$，$E=\dfrac{Q}{4\pi\varepsilon_0\varepsilon r^2}$；

$r>R_3, D=\dfrac{Q}{4\pi r^2}, E=\dfrac{Q}{4\pi\varepsilon_0 r^2}$,

方向均沿径向向外；

(2)$R_2<r<R_3$，$P=\dfrac{Q(\varepsilon-1)}{4\pi\varepsilon r^2}$，方向沿径向向

外，$\sigma'_1=-\dfrac{Q(\varepsilon-1)}{4\pi\varepsilon R_2^2}$，$\sigma'_3=\dfrac{Q(\varepsilon-1)}{4\pi\varepsilon R_3^2}$

14-21 (1)$\Delta U_e=\dfrac{Q^2 d}{2\varepsilon_0 S}>0$；

(2)$W_{\text{外}}=\Delta U_e=\dfrac{Q^2 d}{2\varepsilon_0 S}$

14-22 $U'_e=\dfrac{\lambda^2}{4\pi\varepsilon_0\varepsilon}\ln\dfrac{b}{a}$

14-23 (1)$U_e=\dfrac{Q^2}{8\pi\varepsilon_0\varepsilon R}$；

(2)$R_1=2R$

14-24 (1)$u_e=4.4\times10^{-8}$J·m^{-3}；

(2)$U=2.3\times10^{11}$J

第15章

15-1 $N=10^{13}$个

15-2 (1)$B_1=\dfrac{\mu_0 q_1 v_1}{4\pi a^2}$，方向垂直纸面向外，

$F_2=\dfrac{q_1 q_2}{4\pi a^2}\sqrt{\mu_0^2 v_1^2 v_2^2+1/\varepsilon_0^2}$

(2)$B_2=0$，$F_1=\dfrac{q_1 q_2}{4\pi\varepsilon_0 a^2}$；

(3)不满足。牛顿第三定律有一定适用范围

15-3 $B=5.0\times10^{-16}$T，方向垂直纸面向里

15-4 $B=6.37\times10^{-5}$T，方向沿 X 轴正方向

15-5 (1)$B_0=\dfrac{\mu_0 I}{4R_1}+\dfrac{\mu_0 I}{4R_2}$，方向垂直纸面向里；

(2)$B_0=\dfrac{3\mu_0 I}{8R}+\dfrac{\mu_0 I}{4R}$，方向垂直纸面向里；

(3)$B_0=\dfrac{3\mu_0 I}{16R}+\dfrac{\mu_0 I}{2R}$，方向垂直纸面向外

15-6 $B=5.64\times10^{-6}$T

15-7 $B=\dfrac{\mu_0 NI}{4R}$，方向沿 X 轴负方向

15-8 $B_0=0$

15-9 (1)$B=7.2\times10^{-5}$T；

(2)$\dfrac{B}{B_{\text{地}}}=1.2$

15-10 (1)$B_1=\dfrac{\mu_0 Ir}{2\pi R_1^2}$；

(2)$B_2=\dfrac{\mu_0 I}{2\pi r}$；

(3)$B_3=\dfrac{\mu_0 I(R_3^2-r^2)}{2\pi r(R_3^2-R_2^2)}$；

(4)$B_4=0$

15-11 $B_{\text{内}}=\dfrac{\mu_0}{2}(j_1-j_2)$，方向垂直纸面向里；

$B_{\text{外}}=\dfrac{\mu_0}{2}(j_1+j_2)$，左外侧方向垂直纸面向外，右外侧方向垂直纸面向里

15-12 (1)$B_0=\dfrac{\mu_0 Ir^2}{2\pi a(R^2-r^2)}$；

(2)$B'_0=\dfrac{\mu_0 Ia}{2\pi(R^2-r^2)}$

15-13 (1)$\Phi_{abcd}=-0.24$Wb；

(2)$\Phi_{efcb}=\Phi_{abe}=\Phi_{dcf}=0$，$\Phi_{adfe}=0.24$Wb；

(3)$\Phi_B=0$

15-14 $\Phi'_B=10^{-6}$Wb

15-15 (1)$B=\dfrac{\mu_0 NI}{2\pi r}$；

(2)$\Phi_B=\dfrac{\mu_0 NIh}{2\pi}\ln\dfrac{D_1}{D_2}$

15-16 证明略

15-17 (1)$\dfrac{\bar{a}}{g}=1.8\times10^5$；

(2)$I=4.1\times10^6$A

(3)$P=2.9\times10^6$kW

15-18 $F=\dfrac{\mu_0 I_1 I_2}{2\pi}\ln\dfrac{a+b}{a}$，方向竖直向上；

$M=\dfrac{\mu_0 I_1 I_2 b}{2\pi}$，方向垂直纸面向外

15-19 $F=2BI(L+R)$，方向竖直向下

15-20 $\dfrac{dF}{dl}=7.5\times10^5$N·m^{-1}

15-21 $M=4.3\times10^{-3}$N·m

15-22 (1)$B_0=\dfrac{\mu_0\omega q}{2\pi R}$，方向沿轴向上；

(2)$p_m=\dfrac{\omega R^2 q}{4}$，方向沿轴向上；

(3)证明略

15-23 $I=9.9\times10^{-5}$A

15-24 $\boldsymbol{E}'=(2.6\times10^6\boldsymbol{i}+1.88\times10^6\boldsymbol{j})$V·m^{-1}

$\boldsymbol{B}'=(-3.75\times10^{-3}\boldsymbol{k})$T

15-25 $Q=2.66\times10^{-9}$C，

$E=1.5\times10^4$V·m^{-1}，方向竖直向上；

$Q'=Q$，$E'=1.88\times10^4$V·m^{-1}，方向竖直向上；

$Q'=Q$，$E'=E$

15-26 (1)$E'=1.67\times10^{-2}$V·m^{-1}；

(2)西边机翼带正电荷，东边机翼带负电荷；

15-27 程序略

第16章

16-1   (1)$I=5.0\times10^7$A

      (2)能；

      (3)不能

16-2   (1)$0<r<R_1,H_1=\dfrac{Ir}{2\pi R_1^2},B_1=\dfrac{\mu_0\mu_1 Ir}{2\pi R_1^2}$；

      $R_1<r<R_2,H_2=\dfrac{I}{2\pi r},B_2=\dfrac{\mu_0\mu_2 I}{2\pi r}$；

      $r>R_2,H_3=\dfrac{I}{2\pi r},B_3=\dfrac{\mu_0 I}{2\pi r}$

      (2)$j_{mR_2}=\dfrac{I(\mu_2-1)}{2\pi R_2}$,方向沿轴向

16-3   (1)$H=32$A$\cdot$m^{-1},

      $M=1.59\times10^4$A$\cdot$m^{-1}；

      (2)$j_m=1.59\times10^4$A$\cdot$m^{-1}；

      (3)$\mu=498$

16-4 $H=517$A$\cdot$m^{-1},$\mu=2\,155$

16-5   (1)$M=1.51\times10^6$A$\cdot$m^{-1}；

      (2)$M=11.4$N$\cdot$m

16-6 $I=8.0$A

16-7 $I=2.6\times10^4$A

16-8   (1)$I_1=13.5$A；

      (2)$I_2=0.39$A

16-9   (1)$I=0.25$A；

      (2)$I=0.4$A

第17章

17-1   (1)$\mathscr{E}=31$V；

      (2)方向由 $B\to A$

17-2 $\mathscr{E}=117$mV

17-3 $\mathscr{E}=0.753$V

17-4 $v=0.5$m$\cdot$s^{-1}

17-5 $\mathscr{E}=1.3$V,方向为盘心指向盘边

17-6   (1)$\mathscr{E}=0.66$V；

      (2)$\mathscr{E}_{max}=1.32$V；

      (3)$\mathscr{E}=0$

17-7 $\mathscr{E}=\dfrac{5}{2}B\omega R^2$,方向由 $b\to a\to O$

17-8   (1)$\mathscr{E}_1=0$；

      (2)$\mathscr{E}_2=\dfrac{\mu_0 Iv_2 b}{2\pi a}(\ln\dfrac{a+d+v_2 t}{d+v_2 t}-\dfrac{a}{d+a+v_2 t})$,

      方向为顺时针

17-9 $\mathscr{E}=\dfrac{\mu_0 Iv}{2\pi}\ln\dfrac{l_1+l_2}{l_1}$

17-10 $E_{旋a}=2.5\times10^{-4}$V$\cdot$m^{-1},

      $E_{旋b}=0,E_{旋c}=2.5\times10^{-4}V\cdot$m^{-1}

17-11 $\mathscr{E}=6.95\times10^{-5}$V,方向由 $C\to B\to A$

17-12 $\mathscr{E}=8\times10^{-9}$V,方向为逆时针

17-13 $I=\dfrac{\pi r^2\omega B_m}{R}\sin\omega t,P=\dfrac{\pi^2 r^4\omega^2 B_m^2}{R}\sin^2\omega t$

17-14 $\mathscr{E}=klx$,方向为顺时针

17-15   (1)$\mathscr{E}=\dfrac{\mu_0 Iabv}{2\pi(a+c)c}$,方向为顺时针；

      (2)$\mathscr{E}=\dfrac{\mu_0 bai}{2\pi}\ln\dfrac{a+c}{c}$,方向为顺时针

17-16 $L'=\dfrac{\mu_0\mu}{2\pi}\ln\dfrac{R_2}{R_1}$

17-17 $L=1.4\times10^{-3}$H

17-18   (1)$L=7.6\times10^{-3}$H

      (2)$\mathscr{E}=2.3$V

17-19   (1)$M=\dfrac{\mu_0\mu N_1 N_2 S}{l}$；

      (2)$M=\sqrt{L_1 L_2}$

17-20 $M=\dfrac{\mu_0 a}{2\pi}\ln 2$

17-21 $\mathscr{E}_M=-\mu_0 nSI_0\omega\cos\omega t$

17-22   (1)$U_{m,max}=100$J；

      (2)$t=0.246$s

17-23   (1)$\tau=12.3$s；

      (2)$t=6.9\tau$

17-24   (1)$u_m=1.0\times10^{-3}$J$\cdot$m^{-3}；

      (2)$U_m=8.16\times10^{15}$J

17-25   (1)$u_m=2.5\times10^2$J$\cdot$m^{-3}；

      (2)$E=7.5\times10^6$V$\cdot$m^{-1},较难实现

17-26 $U'_m=1.52\times10^{-6}$J$\cdot$m^{-1}

第18章

18-1 $I_{D,max}=54.7$A

18-2   证明略

18-3   (1)$I_D=\dfrac{A\varepsilon_0 V_0\omega}{d}\cos\omega t$

      (2)$B_r=\dfrac{\varepsilon_0\mu_0 V_0\omega r}{2d}\cos\omega t$

18-4 $I_D=\dfrac{qva^2}{2(x^2+a^2)^{3/2}}$

18-5 $B=\dfrac{1}{2}\mu_0 kr$

18-6 $C=4.3\times10^{-11}\sim3.9\times10^{-10}$F

18-7　(1)X 轴正向；

$$(2)\boldsymbol{H}=\sqrt{\frac{\varepsilon_0}{\mu_0}}E_0\cos\left[\omega\left(t-\frac{x}{c}\right)\right]\boldsymbol{k};$$

$$(3)\boldsymbol{S}=\sqrt{\frac{\varepsilon_0}{\mu_0}}E_0^2\cos^2\left[\omega\left(t-\frac{x}{c}\right)\right]\boldsymbol{i}$$

18-8　证明略

18-9　$S=1.1\times10^{14}\text{W}\cdot\text{m}^{-2}$；

　　　$E_{\text{m}}=2.88\times10^8\text{V}\cdot\text{m}^{-1},B_{\text{m}}=0.96\text{T}$

18-10　$\eta=9.1\%$

18-11　$B=1.67\times10^{-7}\text{T},H=0.133\text{A}\cdot\text{m}^{-1}$,

　　　　$u=2.21\times10^{-8}\text{J}\cdot\text{m}^{-3}$,

　　　　$S=6.65\text{J}\cdot\text{m}^{-2}\cdot\text{s}^{-1}$

18-12　$S=\dfrac{\mu_0n^2r}{2}i\dfrac{\mathrm{d}i}{\mathrm{d}t}$,方向指向轴线

第 19 章

19-1　$T=6.28\times10^{-5}\text{s},R=5.0\times10^{-2}\text{m},h=0.54\text{m}$

19-2　证明略

19-3　(1)向东偏转；

　　　(2)$a=6.29\times10^{14}\text{m}\cdot\text{s}^{-2}$；

　　　(3)$d=3\text{mm}$

19-4　$B=0.244\text{T}$

19-5　$\dfrac{\mathrm{d}\Phi_B}{\mathrm{d}t}=700\text{Wb}\cdot\text{s}^{-1}$

19-6　(1)$\Delta t=2.18\times10^{-8}\text{s}$；

　　　(2)$v=5.03\times10^7\text{m}\cdot\text{s}^{-1}$；

　　　(3)$V=1.32\times10^7\text{V}$

19-7　$p=1.12\times10^{-17}\text{kg}\cdot\text{m}\cdot\text{s}^{-1}$,

　　　$E=3.75\times10^{-8}\text{J}=234\text{GeV}$

19-8　正电荷到 b 极,负电荷到 a 极,b 板电势高,

　　　$\Delta V=dvB$

19-9　$B=1.34\times10^{-2}\text{T}$

19-10　(1)n 型；

　　　　(2)$n=2.86\times10^{20}/\text{m}^3$

19-11　$v=0.63\text{m}\cdot\text{s}^{-1}$

第 20 章

20-1　$\lambda=545.0\text{nm}$

20-2　$h=0.05\text{mm}$

20-3　$d=6.6\times10^{-3}\text{mm}$

20-4　$\alpha=\arcsin\dfrac{\lambda}{4h}$

20-5　$e=4\mu\text{m}$

20-6　(1)$\Delta x_{10}=0.11\text{m}$

(2)7 级

20-7　$e=6.73\times10^{-4}\text{mm}$

20-8　$e_{\text{min}}=121\text{nm},\lambda=643.7\text{nm}$

20-9　$\theta=3.88\times10^{-5}\text{rad}$

20-10　$\lambda=536\text{nm},402\text{nm}$;呈黄蓝色

20-11　$\lambda=700.0\text{nm};N=14$ 条

20-12　$\Delta d=1.81\times10^{-6}\text{m}$

20-13　(1)明暗相间平行直条纹；

　　　　(2)$e_{\text{max}}=1.69\times10^{-6}\text{m}$

20-14　$e=2.2\times10^3\text{nm}$

20-15　(1)明环；

　　　　(2)$e_5=1.0\mu\text{m}$

20-16　(1)$r_k=0.185\text{cm}$；

　　　　(2)$\lambda_3=409.1\text{nm}$

20-17　$n=1.33$

20-18　$e_{\text{min}}=99.6\text{nm}$

20-19　证明略

20-20　$d=\dfrac{1}{2}\sqrt{\dfrac{\lambda^2}{4}+\lambda\sqrt{4H^2+l^2}+4H^2}-H$

20-21　$\lambda=628.9\text{nm}$

20-22　$n=1.000\ 29$

第 21 章

21-1　$\lambda=625.0\text{nm}$

21-2　$a=2.912\times10^{-2}\text{cm}$

21-3　$x_2=0.38\text{cm}$

21-4　$\lambda=430\text{nm},600\text{nm}$;紫黄色

21-5　$x_P=360\mu\text{m}$

21-6　$D=19.52\text{cm}$

21-7　$D=0.048\text{mm}$

21-8　$D=13.9\text{cm}$

21-9　$l=87.8\text{cm}$

21-10　(1)$\Delta\theta=1.2\times10^{-4}\text{rad}$；

　　　　　$\Delta\theta=1.19\times10^{-5}\text{rad}$；

　　　　(2)$\Delta\lambda=0.032\text{nm}$

21-11　$\lambda=400\text{nm}$

21-12　(1)$d=2.4\times10^{-4}\text{cm}$；

　　　　(2)$a_{\text{min}}=0.8\times10^{-4}\text{cm}$；

　　　　(3)$k=0,\pm1,\pm2$

21-13　(1)$\Delta x_0=0.06\text{m}$

　　　　(2)$0,\pm1,\pm2,\pm3,\pm4$

21-14　$d=3.05\times10^{-3}\text{mm}$

21-15 $(1) d(\sin i \pm \sin\theta) = k\lambda$　　$k = 0, \pm 1, \pm 2, \cdots$

　　　　$(2) \pm 3, \pm 6$

　　　　(3) 7 条谱线，$-2, -1, 0, 1, 2, 4, 5$

21-16　$N = 3\ 646$

21-17　$(1) d = 0.276\text{nm}$；

　　　　$(2) \lambda = 0.166\text{nm}$

21-18　$\lambda = 0.13\text{nm}, 0.097\text{nm}$ 会产生衍射

第 22 章

22-1　$\alpha = 61°52'$

22-2　$I = 2.25 I_1$

22-3　$I_{线} : I_{自} = 2 : 1$

22-4　0.101

22-5　略

22-6　$n = 1.60$

22-7　$i_0 = 48°26'$；$i_0 = 41°34'$

22-8　$i = 48°10'$

22-9　略

22-10　$d_{\min} = 930.6\text{nm}$

22-11　光轴和偏振片的偏振化方向成 $45°$ 角

22-12　$(1) d_{\min} = 16.2\mu\text{m}$

　　　　$(2) \alpha = 45°$

22-13　$\lambda = 430\text{nm}, 477.8\text{nm}, 537.5\text{nm}, 614.3\text{nm},$
　　　　716.7nm

22-14　(1) 明暗相间直条纹；

　　　　$(2) d = 5.15\text{mm}$；

　　　　(3) 明暗互换，间距不变

第 23 章

23-1　$T = 9.99 \times 10^3\text{K}$

23-2　$(1) \lambda_m = 0.289\ 8\text{nm}$；

　　　　$(2) E = 6.86 \times 10^{-16}\text{J}$

23-3　增加 2.63 倍

23-4　$(1) \lambda_0 = 540.5\text{nm}$；

　　　　$(2) E_{\max} = 1.29 \times 10^{-19}\text{J}$；

　　　　$(3) E_{\min} = 0$；$(4) V_a = 0.81\text{V}$

23-5　$V_a = 1.3\text{V}$

23-6　$E = 1.99 \times 10^{-18}\text{J}, P = 1.99 \times 10^{-18}\text{W}$

23-7　$N = 3.87 \times 10^{17}$ 个

23-8　$\lambda = 0.004\ 3\text{nm}, \varphi = 62°18'$

23-9　$E = 0.1\text{MeV}$

23-10　$(1) \varphi = \pm 90°$

　　　　$(2) E_k = 291\text{eV}$

23-11　$\nu = 1.24 \times 10^{20}\text{Hz}, \lambda = 2.43 \times 10^{-3}\text{nm},$
　　　　$p = 2.73 \times 10^{-22}\text{kg} \cdot \text{m} \cdot \text{s}^{-1}$

23-12　$E = 3.28 \times 10^{-19}\text{J}$；

23-13　$d = 400\text{km}$

第 24 章

24-1　$(1) L = \hbar$

　　　　$(2) p = \dfrac{\hbar}{r_1} = \dfrac{\hbar}{a_0}$

　　　　$(3) \omega = 4.14 \times 10^{16}\text{rad} \cdot \text{s}^{-1}$

　　　　$(4) \nu = 6.59 \times 10^{15}\text{Hz}$

　　　　$(5) a = 9.05 \times 10^{22}\text{m} \cdot \text{s}^{-2}$

24-2　$r_n = 8.48 \times 10^{-10}\text{m}$

24-3　$\lambda_{\min} = 364.6\text{nm}, \lambda_{\max} = 656.3\text{nm}$

24-4　$(1) E_k = 13.6\text{eV}$；

　　　　$(2) \lambda_{\max} = 91.4\text{nm}$

24-5　$\lambda_{52} = 434.1\text{nm}, \lambda_{42} = 486.2\text{nm},$
　　　　$\lambda_{32} = 656.3\text{nm}, \nu = 3.15 \times 10^{15}\text{Hz}$

24-6　$\lambda = 656.3\text{nm}, 486.2\text{nm}, 434.1\text{nm}, 410.2\text{nm},$
　　　　$397.0\text{nm}, 388.9\text{nm}, 383.6\text{nm}, 379.8\text{nm}$

24-7　$(1) \Delta E = 12.8\text{eV}$；

　　　　$(2) E = 12.8\text{eV}, 12.1\text{eV},$
　　　　$10.2\text{eV}, 2.55\text{eV}, 1.89\text{eV}, 0.66\text{eV}$

24-8　$T = 7.88 \times 10^4\text{K}, 1.05 \times 10^5\text{K}$

24-9　$\lambda = 7.97 \times 10^{-8}\text{m}$

24-10　$\lambda = 656.3\text{nm}, 121.5\text{nm}, 102.6\text{nm}$

24-11　$\lambda = 486.2\text{nm}$，巴耳末系中 $n = 4 \to 2$

第 25 章

25-1　$(1) \lambda = 3.32 \times 10^{-7}\text{nm}$；

　　　　$(2) \lambda = 0.112\text{nm}$

25-2　$\lambda = 6.63 \times 10^{-21}\text{mm}$；觉察不到

25-3　$V = 1.5 \times 10^4\text{V}$

25-4　$\lambda_e = 1.23\text{nm}, \lambda_p = \lambda_n = 2.87 \times 10^{-2}\text{nm}$

25-5　$\lambda = 0.146\text{nm}$

25-6　$p_{电} = p_{光} = 3.32 \times 10^{-24}\text{kg} \cdot \text{m} \cdot \text{s}^{-1},$
　　　　$E_{k光} = 6.23\text{keV}, E_{k电} = 37.9\text{eV}$

25-7　$(1) \lambda = 1.66 \times 10^{-26}\text{nm}$；

　　　　$(2) V = 1.32 \times 10^{-32}\text{m} \cdot \text{s}^{-1}$

25-8　不可信

25-9　$d=1.2\text{nm}$,不会影响

25-10　$\tau=5.2\times10^{-21}\text{s}$

25-11　$\Delta v_x=5.8\times10^5\text{m}\cdot\text{s}^{-1}$

25-12　$E_{\min}=\dfrac{h^2}{32\pi^2ml^2}$,$E_p=E_n=5.2\times10^4\text{eV}$

25-13　$E_1=-13.6\text{eV}$,$r_1=0.529\times10^{-10}\text{m}$

25-14　$(1)x=\dfrac{l}{4},\dfrac{3l}{4}$;

　　　　$(2)P=0.4,P'=\dfrac{1}{3}$

25-15　$(1)A=\sqrt{\dfrac{30}{L^5}}$;

　　　　$(2)P=8.6\times10^{-3}$

25-16　$(1)A=2\lambda\sqrt{\lambda}$;

　　　　$(2)|\psi_{(x)}|^2=4\lambda^3x^2\text{e}^{-2\lambda x}$;

　　　　$(3)x=\dfrac{1}{\lambda}$

25-17　$(1)\psi_{(x)}=\dfrac{1}{\sqrt{\pi}}\dfrac{1}{1+\text{i}x}$;

　　　　$(2)|\psi_{(x)}|^2=\dfrac{1}{\pi}\dfrac{1}{1+x^2}$;

　　　　$(3)x=0,|\psi|^2_{\max}=\dfrac{1}{\pi}$

25-18　$(1)2$;

　　　　$(2)2l+1$;

　　　　$(3)2(2l+1)$;

　　　　$(4)2n^2$

25-19　$r=a_0$ 处

第 26 章

26-1　$(1)\text{n}$;

　　　　$(2)\text{p}$;

　　　　$(3)\text{p}$;

　　　　$(4)\text{n}$

26-2　$\lambda=233\text{nm},1\,090\text{nm}$

26-3　$(1)T=6.2\times10^4\text{K}$;

　　　　$(2)E=2.67\times10^7\text{V}\cdot\text{m}^{-1}$

26-4　$(1)\lambda=654\text{nm}$;

　　　　$(2)V=1.9\text{V}$;

　　　　$(3)\text{p}$ 型一侧

26-5　$\lambda_{\max}=1\,130\text{nm}$

26-6　不透明

26-7　$\lambda=511.6\text{nm},4\,144\text{nm}$

26-8　$\lambda=27.6\mu\text{m}$

26-9　$(1)P=\dfrac{1}{5\times10^6}$;

　　　　$(2)m_P=0.2\mu\text{g}$

第 27 章

27-1　$\Delta E=17.34\text{MeV}$

27-2　$(1)\Delta E=1\,020.6\text{MeV}$;

　　　　$(2)E=8.50\text{MeV}/\text{个}$

27-3　$\Delta E=4.27\text{MeV}$

27-4　$\Delta m=3.16\times10^{-2}\text{kg}$

27-5　$(1)\lambda=1.88\times10^{-3}\text{s}^{-1}$;

　　　　$(2)T=369\text{s}$

27-6　$N=3\times10^{19}$ 个

27-7　$t=5198$ 年 ≈5200 年

27-8　$t=82$ 年

27-9　$t=3.3\times10^9\text{y}$

27-10　$V=5880\text{cm}^3$

27-11　$\Delta E=174.1\text{MeV}$

27-12　$\Delta E=23.8\text{MeV}$

内容提要

本书是浙江省高等教育重点建设教材项目,是一本面向 21 世纪的教材。本书在结构和内容上,相对以往工科物理教材均有较大的变化和更新。本书具有两个突出的特点:现代化和工程化。全书包括力学、相对论、振动和波、气体动理论和热力学、电磁学、光学、量子理论、凝聚态物理、核物理和粒子物理以及天体物理。

本书可作为高等学校工程类专业的物理教科书和参考书,也可供其他理工科专业的师生使用和参考。

图书在版编目 (CIP)数据

工程物理学 / 诸葛向彬主编. —2 版. —杭州:浙江大学出版社,2003.1 (2022.1 重印)

ISBN 978-7-308-03254-4

Ⅰ. 工⋯ Ⅱ. 诸⋯ Ⅲ. 工程物理学－高等学校－教材 Ⅳ. TB13

中国版本图书馆 CIP 数据核字(2003)第 006418 号

工 程 物 理 学

诸葛向彬 主编

责任编辑	王　波	
出版发行	浙江大学出版社	
	(杭州市天目山路 148 号　邮政编码 310007)	
	(网址:http://www.zjupress.com)	
排　　版	杭州青翊图文设计有限公司	
印　　刷	嘉兴华源印刷厂	
开　　本	787mm×1092mm　1/16	
印　　张	33.25	
字　　数	785 千	
版 印 次	2003 年 1 月第 2 版　2022 年 1 月第 18 次印刷	
书　　号	ISBN 978-7-308-03254-4	
定　　价	51.00 元	